2026 소방시설관리사 마지막 골든타임
기회는 지금뿐! 2027년 개편 전에 끝내자!

2026년 시험이 특별한 이유!

1. 출제 경향이 익숙한 기출 위주
2. 경쟁률이 시험제도 개편 후보다 낮음
3. 2027년 시험 제도 개편에 따른 합격률 하락 예상

오래 준비해온 수험생에겐 가장 익숙한 기회,
초시생에겐 난이도와 경쟁자가 적은 기회입니다.

지금이 바로, 합격할 때입니다.

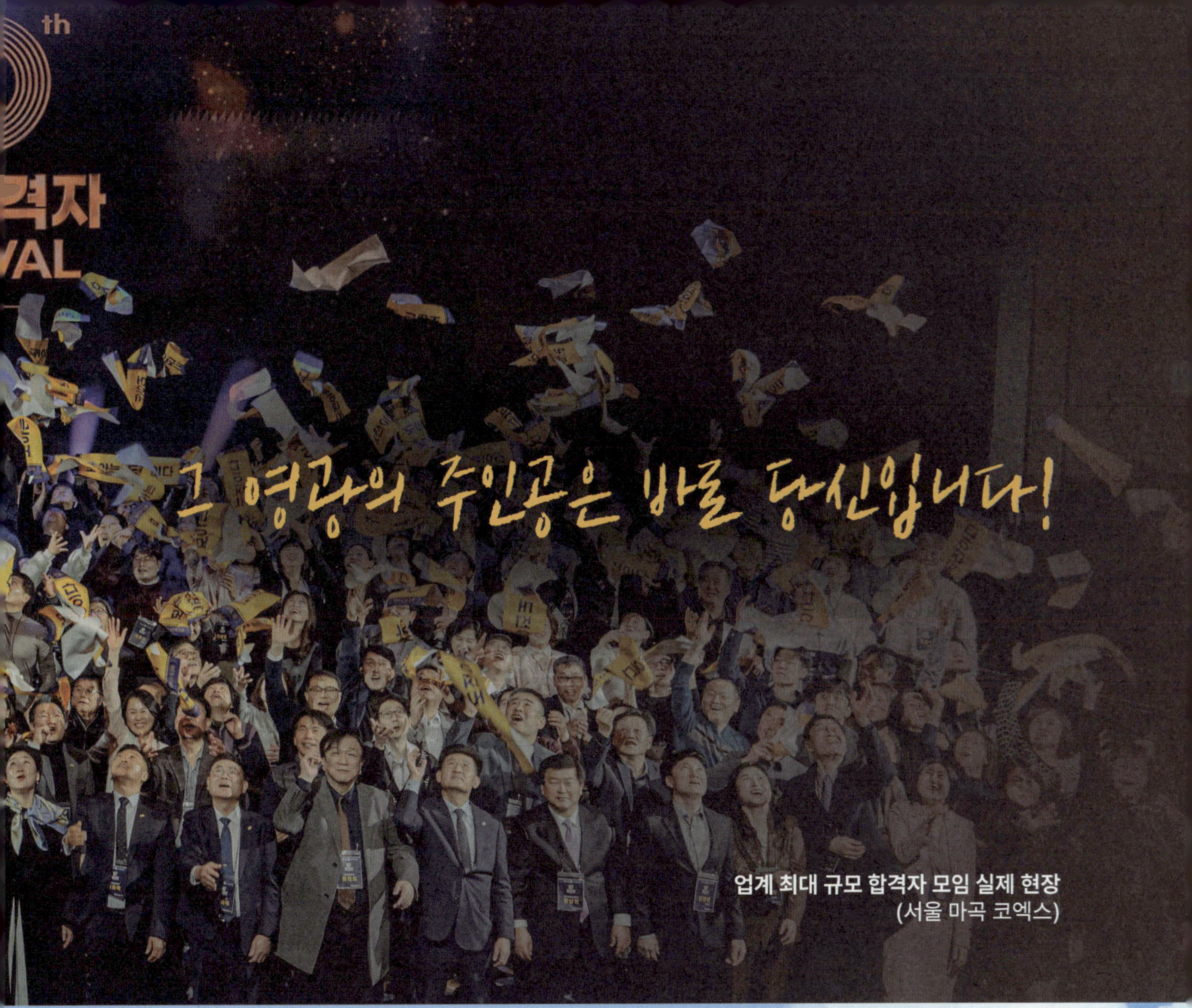

그 영광의 주인공은 바로 당신입니다!

업계 최대 규모 합격자 모임 실제 현장
(서울 마곡 코엑스)

 **기록적인 성장**
1648%
*2017년 vs 2024년 매출 기준

 **경이로운 수강생 증가**
760%
*2018년 vs 2025년 1, 2월 수강인원 기준

 **강의 만족도**
99%
*2024년, 2025년 모아바 합격수기 평가 점수 변환 기준

  **압도적인 합격률**
79%
*2024년 소방시설관리사 2차 합격률

"합격을 넘어 실무까지, 모아가 만듭니다!"

모아소방전기학원
모아직업기술교육원

소방기술사 강의

과정평가형

국가기간전략산업직종훈련

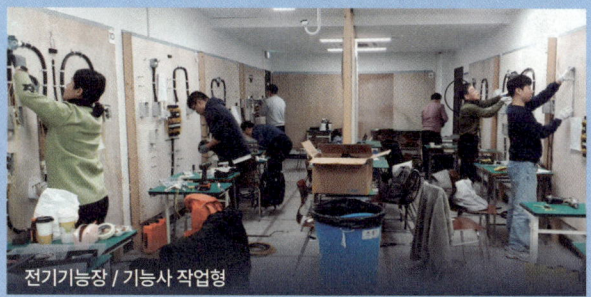
전기기능장 / 기능사 작업형

소방분야	소방기술사 / 소방시설관리사 / 소방설비기사(전기 / 기계) / 소방설비산업기사(전기 / 기계)
전기분야	전기안전기술사 / 전기응용기술사 / 발송배전기술사 / 건축전기설비기술사 / 전기기능장 / 전기기능사 / 전기기사·산업기사
안전분야	화공안전기술사 / 건축기사·산업기사 / 건축설비기사·산업기사 / 건설안전기술사 / 건설안전기사·산업기사 / 산업안전기사·산업기사 / 산업안전지도사 / 승강기기능사 / 공조냉동기계기사
통신분야	정보통신기술사
실무분야	소방감리실무 / 현장에서 통하는 소방설비 찐 실무
과정평가형	소방설비산업기사(전기 / 기계) / 산업안전산업기사 / 산업안전기사 / 건설안전기사 / 전기공사산업기사
국가기간전략훈련	[국기] 전기기능사 취득과정
위탁기관 위탁교육	서울시노동자복지관 / 제대군인지원센터 / 기아 AutoLand 조합원 단체 교육

모아소방전기학원

자격증 취득 & 과정상담

모아소방전기학원
02.2068.2851

모아직업기술교육원
02.2068.2854

평일 09:00~19:00 / 토·일 08:00~17:00 (공휴일 휴무)

모아소방전기학원 × 모아직업기술교육원

2026 버닝 업 소방시설관리사

1차 최신 경향 반영

필기 과년도 10개년

소방기술사·소방시설관리사
황모아·모성은·표윤석·윤연호·이승화

모아북스

시험 안내

■ **시험 과목 및 합격 결정 기준**

1차 시험
객관식 4지 택일형

1. 소방안전관리론 및 화재역학
2. 소방수리학·약제화학 및 소방전기
3. 소방관련법령
4. 위험물의 성상 및 시설기준
5. 소방시설의 구조원리

시험 시간 125분 (09:30~11:35) / 각 25문항

매 과목 100점을 만점으로 하여
매 과목 40점 이상,
전 과목 평균 60점 이상 득점한 자

2차 시험
논술형

- **1교시** 소방시설의 점검실무행정
  09:30~11:00
- **2교시** 소방시설의 설계 및 시공
  12:00~13:30

시험 시간 각 90분 / 각 3문항

시험과목별 5인의 채점위원이 각각 채점하는 독립 5심제이며, 최고점수와 최저점수를 제외한 점수가 채점위원 1명당 100점을 만점으로 하여 매 과목 평균 40점 이상 전 과목 평균 60점 이상 득점한 자

■ 합격률 알아보기

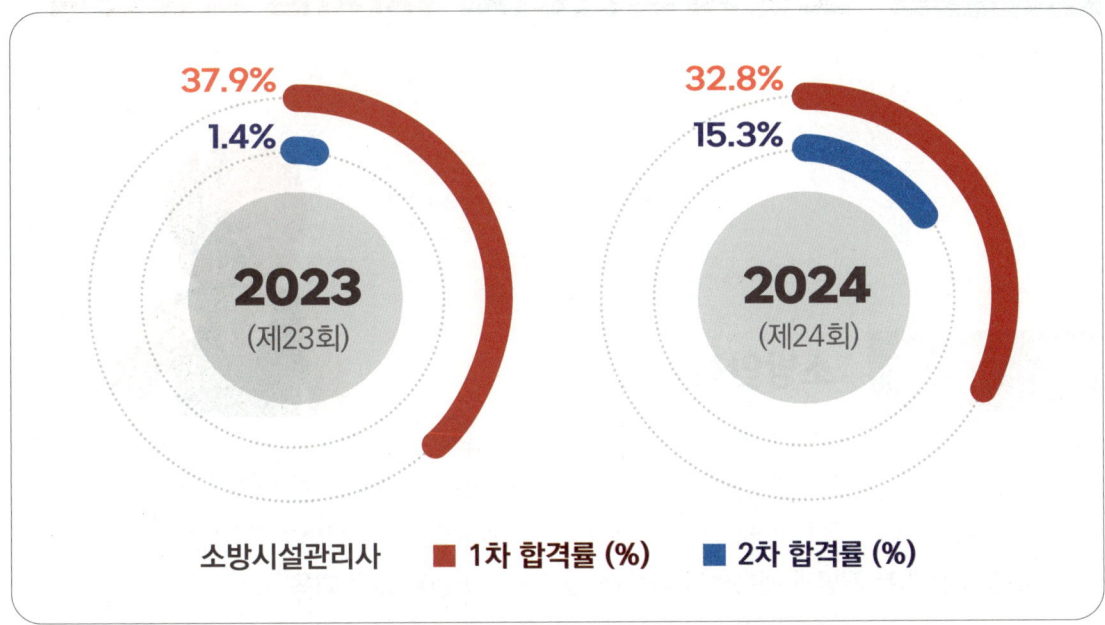

■ 2026년 소방시설관리사 시험 예상 일정 26회

※ 원서 접수 시간은 원서 접수 첫날 09:00부터 마지막 날 18:00까지

정확한 시험 일정과 관련된 정보는 Q-Net에서 확인하시길 바랍니다.

소방시설관리사 1차시험 학습전략

1과목 소방안전관리론

2026년 시험과 2027년 시험은 상당히 다를 수 있으므로 2026년 시험이 기존 방식으로 치러지는 마지막 시험임을 반드시 인지해야 합니다. 소방안전관리론은 **연소에 대한 기본 개념과 건축법을 다루어 접근하기 어렵지 않은 과목**입니다. 화재의 원리를 이해해야 소화 원리도 쉽게 파악할 수 있으며, 소화는 소방구조 및 화재안전기술기준과도 밀접한 관련이 있습니다. 따라서 **소방안전관리론을 잘 이해하면 소화약제에 대한 이해도 한층 수월**해집니다. 문제 자체가 어렵지 않고 기본적인 화재 이해도가 있다면 충분히 고득점이 가능한 과목입니다.

2과목 소방수리학·약제화학 및 소방전기

2과목은 소방수리학, 약제화학, 소방전기로 구성되어 있으며 기본적인 공학 이론을 다루기 때문에 다소 어렵게 느껴질 수 있습니다. 그러나 기본 공식을 암기하고 있으면 어렵지 않게 접근할 수 있습니다. 특히 **2차 시험과도 연관성이 깊어, 반복 학습을 통해 공식의 응용력을 높이는 것이 중요**합니다. 우선 이론을 중심으로 개념을 확실히 잡고 관련 공식을 암기한 후 반복적으로 문제를 풀면서 공식 적용 능력을 키워야 합니다. 문제를 반복해서 풀다 보면 공식별 출제 유형도 자연스럽게 파악할 수 있습니다. 특히 소방수리학은 2차 시험인 설계 및 시공과 밀접한 관련이 있으므로 **용어 정의와 단위 환산을 정확히 이해하는 것이 매우 중요**합니다.

3과목 소방관련법령

다른 과목에 비해 출제 경향이 자주 변동되는 편입니다. 소방시설법, 소방예방법, 다중이용업법 등은 주로 2차 시험 점검실무행정 과목과도 연결되기 때문에 중요한 관련 법령은 꼼꼼히 정리한 뒤 암기하면 좋습니다. **소방관련법규는 원문을 바탕으로 학습한 후 교재에 정리된 내용을 반복해서 정독**하는 것이 1차 시험뿐 아니라 2차 시험 답안 작성에도 큰 도움이 됩니다. **법령은 출제 빈도가 높은 내용과 최근 제정 또는 개정된 내용을 중심으로 공부**하는 것이 효율적입니다.

4과목 위험물의 성상 및 시설기준

위험물의 성상 및 시설기준은 기본에 충실하면 좋은 점수를 받을 수 있는 과목입니다. **화학원소, 완전연소 반응식, 유별 지정수량 등 기초 개념을 정확히 이해하고 암기하는 것이 중요합니다.** 기본 개념을 충분히 익힌 후 과년도 기출문제를 풀면 실력이 한층 향상될 것입니다. **위험물이 어렵게 느껴질 수 있지만 반복 학습을 통해 충분히 고득점을 노릴 수 있으므로** 핵심 내용을 파악하며 공부하는 것이 효과적입니다.

5과목 소방시설의 구조원리

소방시설의 구조원리는 화재안전 성능 및 기술기준을 중심으로 출제되어 범위가 매우 넓습니다. 이 과목에서는 **2차 시험 설계 및 시공처럼 계산 공식을 활용해 해결하는 문제와 점검 실무 행정과 관련된 고장 및 진단 문제도 출제**됩니다. 또한 소방용품의 형식 승인이나 성능 인증 기준에 관한 문제도 가끔 출제되곤 합니다. 본 교재의 이론과 예상·기출문제 부분을 철저히 공부하여 **1차 시험뿐 아니라 2차 실기 시험 준비까지 가능하도록 1차 시험 준비 단계에서부터 이론을 꼼꼼히 정리하고 암기**하는 것이 중요합니다.

이 책의 구성과 특징

- 위험물 품명 및 물질명 표기를 개정 법률 및 영어식 발음으로 수정 반영하였습니다.
- 최근 개정 법률에 맞게 과년도 문제와 해설을 수정하였습니다.
- 이론서 1차(상)권은 1, 2, 4과목을 1차(하)권은 3, 5과목을 수록하였습니다.

Step 1 최신 과년도 문제 수록

- 최신 기출문제를 통해서 **출제경향을 파악**하고 **필기 시험에 대비**할 수 있도록 하였습니다.

- 각 과목은 **전문 교수진이 집필**하여 단순 해설이 아닌, **정확한 개념과 응용력 향상**을 돕는 학습이 가능하도록 구성했습니다.

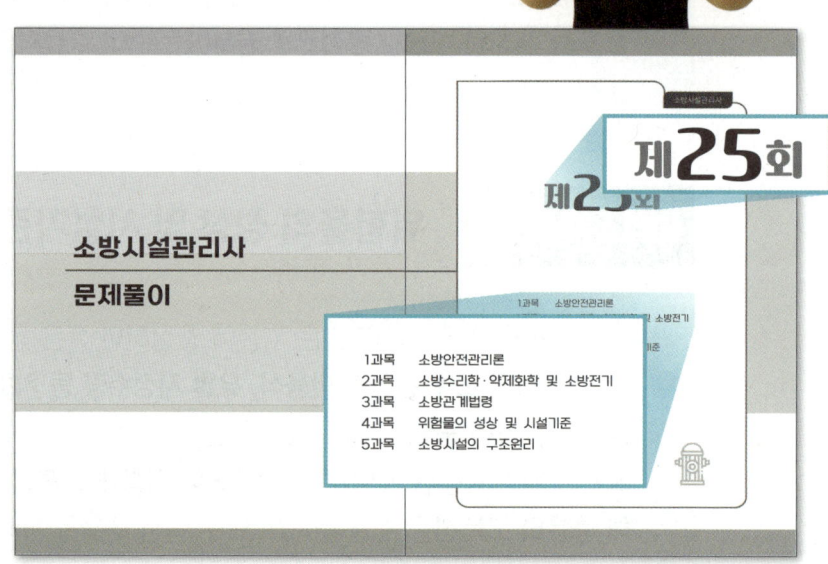

Step 2 해설과 정답

- 문제 해설마다 상세한 풀이과정과 계산공식 그리고 관련 법령을 수록하여 **문제풀이만으로도 핵심 이론을 정확하고 반복적으로 학습**할 수 있도록 하였습니다.

- **문제와 해설을 함께 배치**해 쉽고 빠른 N회독이 가능하도록 구성했습니다.

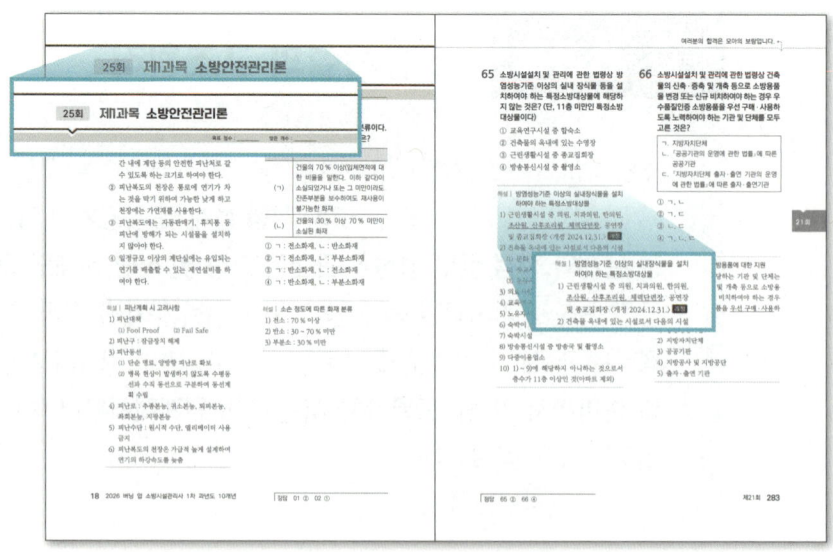

버닝 업으로 합격의 불꽃을 피우다!
- <버닝 업>으로 공부했던 선배 소방시설관리사들의 리얼 합격 스토리 -

"교재 구성 그대로 따라가니 합격이 보였습니다"

이론부터 예상문제, 과년도 기출까지 **체계적으로 구성된 교재** 덕분에 공부 순서에 고민할 필요가 없었습니다. 특히 단원마다 나오는 암기법과 실전 팁은 암기 부담을 줄이고 문제풀이에 자신감을 주었습니다. 공부 흐름이 잘 짜여 있어 **그대로 따라가기만 해도 자연스럽게 복습과 실전 대비**가 되었고, 이번 시험에서 좋은 결과로 이어졌습니다.

23회 합격자 이**

23회 합격자 박**

"기출문제로 이론 정리가 한 번에 됐습니다"

직장생활과 병행하면서 공부하는 것이 쉽지만은 않았습니다. 이론 공부를 마친 뒤에는 교재에 수록된 **문제들을 풀며 내용을 정리**했고, 이후에는 **기출문제를 통해 다시 한 번 점검**했습니다. 공부한 내용을 문제로 직접 확인하면서 **자연스럽게 복습**이 되어 큰 도움이 되었습니다.

"비전공자인 저도 이해할 수 있었습니다"

심리학 전공인 저는 처음엔 막막했지만, 교재가 **기초부터 차근차근 설명**해줘서 흐름을 쉽게 잡을 수 있었어요. 핵심이 잘 드러나는 **간결한 구성** 덕분에 공부에 집중하기도 훨씬 수월했고요. 비전공자인 저에게 정말 큰 힘이 되어준 교재였어요.

24회 합격자 김**

24회 합격자 최**

"문제-해설 한 번에, 빠른 N회독 효과 만점!"

학창시절에 보던 교재처럼 구성되어 있어서 처음부터 좀 익숙한 느낌이 들어 좋았습니다. 이 책은 문제 다음에 곧바로 해설이 이어져 있어서 **학습 흐름이 끊기지 않고 빠르게 회독**할 수 있었습니다. 해설집을 따로 찾아볼 필요 없이 한눈에 확인할 수 있어서 **학습 시간이 확 줄었고**, 반복해서 읽다 보니 내용도 훨씬 잘 익혀졌습니다. 진짜 N회독하기 딱 좋은, **반복 학습에 최적화된 교재**라고 느꼈습니다.

" 지금 **버닝 업**과 함께하는 **당신의 다짐**을 적어보세요! "

나는
**2026년 제26회
소방시설관리사 자격시험**에
최선을 다해 합격할 것입니다.

년   월   일

목 차

제25회 소방시설관리사 문제풀이
제1과목 소방안전관리론	18
제2과목 소방수리학	27
제2과목 약제화학	31
제2과목 소방전기	34
제3과목 소방관련법령	37
제4과목 위험물의 성상 및 시설기준	52
제5과목 소방시설의 구조원리	63

제24회 소방시설관리사 문제풀이
제1과목 소방안전관리론	78
제2과목 소방수리학	87
제2과목 약제화학	90
제2과목 소방전기	93
제3과목 소방관련법령	96
제4과목 위험물의 성상 및 시설기준	110
제5과목 소방시설의 구조원리	121

제23회 소방시설관리사 문제풀이
제1과목 소방안전관리론	136
제2과목 소방수리학	145
제2과목 약제화학	148
제2과목 소방전기	151
제3과목 소방관련법령	155
제4과목 위험물의 성상 및 시설기준	171
제5과목 소방시설의 구조원리	181

제22회 소방시설관리사 문제풀이
제1과목 소방안전관리론	196
제2과목 소방수리학	207
제2과목 약제화학	210
제2과목 소방전기	213
제3과목 소방관련법령	216
제4과목 위험물의 성상 및 시설기준	231
제5과목 소방시설의 구조원리	241

제21회 소방시설관리사 문제풀이
제1과목 소방안전관리론	256
제2과목 소방수리학	265
제2과목 약제화학	268
제2과목 소방전기	270
제3과목 소방관련법령	274
제4과목 위험물의 성상 및 시설기준	289
제5과목 소방시설의 구조원리	301

제20회 소방시설관리사 문제풀이
제1과목 소방안전관리론	316
제2과목 소방수리학	327
제2과목 약제화학	331
제2과목 소방전기	335
제3과목 소방관련법령	339
제4과목 위험물의 성상 및 시설기준	353
제5과목 소방시설의 구조원리	364

제19회 소방시설관리사 문제풀이

제1과목 소방안전관리론	380
제2과목 소방수리학	390
제2과목 약제화학	393
제2과목 소방전기	396
제3과목 소방관련법령	400
제4과목 위험물의 성상 및 시설기준	416
제5과목 소방시설의 구조원리	428

제18회 소방시설관리사 문제풀이

제1과목 소방안전관리론	444
제2과목 소방수리학	457
제2과목 약제화학	461
제2과목 소방전기	464
제3과목 소방관련법령	468
제4과목 위험물의 성상 및 시설기준	483
제5과목 소방시설의 구조원리	494

제17회 소방시설관리사 문제풀이

제1과목 소방안전관리론	512
제2과목 소방수리학	522
제2과목 약제화학	526
제2과목 소방전기	530
제3과목 소방관련법령	534
제4과목 위험물의 성상 및 시설기준	550
제5과목 소방시설의 구조원리	561

제16회 소방시설관리사 문제풀이

제1과목 소방안전관리론	576
제2과목 소방수리학	587
제2과목 약제화학	591
제2과목 소방전기	594
제3과목 소방관련법령	598
제4과목 위험물의 성상 및 시설기준	613
제5과목 소방시설의 구조원리	623

소방시설관리사

문제풀이

소방시설관리사

제25회

제1과목　소방안전관리론
제2과목　소방수리학·약제화학 및 소방전기
제3과목　소방관련법령
제4과목　위험물의 성상 및 시설기준
제5과목　소방시설의 구조원리

25회 제1과목 소방안전관리론

01 피난시설계획에 관한 설명으로 옳지 않은 것은?

① 피난복도의 폭은 피난인원이 빠른 시간 내에 계단 등의 안전한 피난처로 갈 수 있도록 하는 크기로 하여야 한다.
② 피난복도의 천장은 통로에 연기가 차는 것을 막기 위하여 가능한 낮게 하고 천장에는 가연재를 사용한다.
③ 피난복도에는 자동판매기, 휴지통 등 피난에 방해가 되는 시설물을 설치하지 않아야 한다.
④ 일정규모 이상의 계단실에는 유입되는 연기를 배출할 수 있는 제연설비를 하여야 한다.

해설 | 피난계획 시 고려사항
1) 피난대책
   ⑴ Fool Proof ⑵ Fail Safe
2) 피난구 : 잠금장치 해제
3) 피난동선
   ⑴ 단순 명료, 양방향 피난로 확보
   ⑵ 병목 현상이 발생하지 않도록 수평동선과 수직 동선으로 구분하여 동선계획 수립
4) 피난로 : 추종본능, 귀소본능, 퇴피본능, 좌회본능, 지광본능
5) 피난수단 : 원시적 수단, 엘리베이터 사용 금지
6) 피난복도의 천장은 가급적 높게 설계하여 연기의 하강속도를 늦춤

02 화재로 인한 피해 정도에 관한 분류이다. ( )에 들어갈 내용으로 옳은 것은?

구분	설명
(ㄱ)	건물의 70 % 이상(입체면적에 대한 비율을 말한다. 이하 같다)이 소실되었거나 또는 그 미만이라도 잔존부분을 보수하여도 재사용이 불가능한 화재
(ㄴ)	건물의 30 % 이상 70 % 미만이 소실된 화재

① ㄱ : 전소화재, ㄴ : 반소화재
② ㄱ : 전소화재, ㄴ : 부분소화재
③ ㄱ : 반소화재, ㄴ : 전소화재
④ ㄱ : 반소화재, ㄴ : 부분소화재

해설 | 소손 정도에 따른 화재 분류
1) 전소 : 70 % 이상
2) 반소 : 30 ~ 70 % 미만
3) 부분소 : 30 % 미만

정답 01 ② 02 ①

03 연소에 관한 설명이다. ( )에 들어갈 내용으로 옳은 것은?

구분	설명
(ㄱ)	화염의 안정범위가 넓고 역화 위험이 없는 연소
(ㄴ)	고체가연물이 연소에 필요한 분자 내에 산소를 가지고 있어 열분해에 의해 가스생성물과 함께 산소를 발생하며 공기 중의 산소가 부족해도 연소가 진행되는 것

① ㄱ : 예혼합연소, ㄴ : 증발연소
② ㄱ : 예혼합연소, ㄴ : 자기연소
③ ㄱ : 확산연소, ㄴ : 증발연소
④ ㄱ : 확산연소, ㄴ : 자기연소

해설 | 연소
1) 확산연소
 연소버너 주변에 가연성가스를 확산시켜 산소와 혼합되고, 연소 가능한 혼합가스를 생성하여 연소하는 현상으로 역화 위험이 없는 연소
2) 예혼합연소
 연소시키기 전에 이미 연소 가능한 혼합가스를 만들어 연소시키는 것으로 역화를 일으킬 위험성이 크다.

04 소화설비의 종류 중 물분무등소화설비에 해당하지 않는 것은?

① 포소화설비
② 할로겐화합물 및 불활성기체소화설비
③ 스프링클러설비
④ 미분무소화설비

해설 | 물분무등소화설비 종류
- 물분무소화설비, 미분무소화설비, 포소화설비, 이산화탄소소화설비
- 할론소화설비, 할로겐화합물 및 불활성기체소화설비, 분말소화설비
- 강화액소화설비

05 물리적 소화에 해당하는 것을 모두 고른 것은?

| ㄱ. 제거소화 | ㄴ. 질식소화 |
| ㄷ. 부촉매소화 | ㄹ. 냉각소화 |

① ㄷ
② ㄱ, ㄴ
③ ㄷ, ㄹ
④ ㄱ, ㄴ, ㄹ

해설 | 물리적 소화와 화학적 소화
1) 물리적 소화 : 냉각소화, 질식소화, 제거소화
2) 화학적 소화 : 부촉매소화, 억제소화

정답 03 ④ 04 ③ 05 ④

06 화재가 진행됨에 따라 실내 천장 부근에 있던 열분해 가연성기체들이 착화되어 천장에 화염덩어리가 굴러다니는 현상은?

① 플래시 오버(Flash Over)
② 보일 오버(Boil Over)
③ 롤 오버(Roll Over)
④ 슬롭 오버(Slop Over)

해설 | 롤 오버
1) 화재가 발생하여 가연성물질에서 발생된 가연성증기가 천장 부근에 축적되고 이 축적된 가연성증기가 인화점에 도달하여 연소하는 현상
2) 연소의 과정에서 천장 부근에 산발적으로 연소가 확대되는 것을 말하며 불덩어리가 천장을 굴러다니는 것처럼 뿜어져 나옴

07 화재 피난 시 인간의 본능에 관한 설명으로 옳은 것은?

① 귀소본능은 혼란 시 판단력 저하로 최초로 달리는 앞사람을 따르는 본능이다.
② 추종본능은 오른손잡이는 오른발을 축으로 좌측으로 행동하는 본능이다.
③ 지광본능은 어두운 곳에서 밝은 불빛을 따라 행동하는 본능이다.
④ 좌회본능은 무의식 중에 평상시 사용한 길, 원래 온 길을 가려고 하는 본능이다.

해설 | 피난 시 인간의 본능

본능	특성
귀소본능	인간은 비상시 늘 사용하던 친숙한 경로를 따라 대피하려고 한다.
지광본능	화재나 정전 시 주위가 어두워지면 밝은 쪽으로 피난하려고 한다.
추종본능	비상시 많은 사람들이 리더를 추종하려고 한다.
퇴피본능	화염, 연기에 대한 공포감으로 발화의 반대방향으로 이동하려고 한다.
좌회본능	좌측통행과 시계반대방향으로 회전하려고 한다.
직진본능	비상시 직진하려고 한다.

08 가연성물질의 화재 위험성에 관한 설명으로 옳지 않은 것은?

① 연소범위가 넓을수록 위험하다.
② 연소열이 클수록 위험하다.
③ 인화점이 높을수록 위험하다.
④ 증발열, 비열이 작을수록 위험하다.

해설 | 가연성물질의 위험성
1) 연소범위가 넓을수록 연소열이 클수록 위험하다.
2) 인화점이 작을수록 증발열, 비열이 작을수록 위험하다.

09 화재의 분류에 관한 설명으로 옳은 것을 모두 고른 것은?

> ㄱ. A급 화재의 가연물은 목재나 종이 등이다.
> ㄴ. B급 화재의 가연물은 인화성액체 등이다.
> ㄷ. C급 화재의 주요 가연물을 마그네슘이다.
> ㄹ. D급 화재는 주방화재로 주로 조리과정에서 발생한다.

① ㄱ, ㄴ
② ㄱ, ㄹ
③ ㄴ, ㄷ
④ ㄷ, ㄹ

해설 | 화재의 분류
1) C급은 전기화재이며 통전 중에 발생한 화재이다.
2) D급 화재는 금속화재로 철분, 마그네슘, 칼륨, 나트륨 등의 금속물질에 의한 화재이다.
3) K급 화재는 식용유 화재이며 주방에서 동식물유를 취급하는 조리기구에서 발생하는 화재이다.

10 목조건축물의 화재 특성에 관한 설명으로 옳은 것은?

① 저온장기형의 특성을 갖는다.
② 목조건축물의 화재는 무염착화, 발염착화의 순으로 진행한다.
③ 종방향보다 횡방향의 화재성장이 빠르다.
④ 습도가 높을수록 연소확대가 빠르다.

해설 | 목조건축물의 특징
1) 고온단기형의 특성을 갖는다.
2) 목조건축물의 화재는 무염착화, 발염착화의 순으로 진행한다.
3) 횡방향보다 종방향의 화재성장이 빠르다.
4) 습도가 낮을수록 연소확대가 빠르다.

11 폭굉에 관한 설명으로 옳은 것은?

① 충격파가 있다.
② 전파속도가 음속보다 느리다.
③ 폭연으로 전이될 수 있다.
④ 연소형태는 정상연소와 같은 연소열이 전달에너지이다.

해설 | 폭굉의 특징
1) 충격파가 있다.
2) 전파속도가 음속보다 빠르다.
3) 연소형태는 예혼합연소를 띤다.

정답 09 ① 10 ② 11 ①

12 분진폭발에 관한 설명으로 옳지 않은 것은? (단, 금속분은 제외한다)

① 가연성분진의 수분이 적을수록 발생 가능성이 높다.
② 환원반응으로 생성하는 가연성기체의 반응이 크다.
③ 난류는 화염의 전파속도를 증가시켜 폭발 위력이 커진다.
④ 분체 중에 휘발성이 크고 발화온도가 낮을수록 폭발이 잘 발생한다.

해설 | 분진폭발의 특징
1) 연소, 화재 폭발은 모두 산화반응이다.
2) 수분이 적을수록 잘 발생되고 휘발성이 크고 발화온도가 낮을수록 폭발이 잘 일어난다.

13 건축물의 방화계획 시 공간적 대응방법에 해당하지 않는 것은?

① 화재의 성사에 대항하여 저항하는 성능을 갖도록 계획한다.
② 출하 또는 연소의 확대 등을 감소시키고자 하는 예방적 조치로 계획한다.
③ 화재로부터 피난층으로 원활하게 피난할 수 있는 안전한 공간을 갖도록 계획한다.
④ 화재공간에서 발생한 화재의 감지, 소화 등 관련 소방시설을 계획한다.

해설 | 공간적 대응과 설비적 대응
1) 공간적 대응 : 대항성, 도피성, 회피성
2) 설비적 대응 : 공간적 대응을 보완하는 것으로 화재의 감지, 소화 등 소방시설이 이에 해당된다.

14 건축법령상 요양병원, 정신병원의 피난층 외의 층에 설치하여야 하는 피난시설을 모두 고른 것은?

ㄱ. 각 층마다 별도로 방화구획된 대피공간
ㄴ. 거실에 접하여 설치된 노대등
ㄷ. 계단을 이용하지 아니하고 건물 외부의 지상으로 통하는 경사로
ㄹ. 발코니와 인접 세대와의 경계벽이 파괴하기 쉬운 경량구조

① ㄱ, ㄴ, ㄷ
② ㄱ, ㄴ, ㄹ
③ ㄱ, ㄷ, ㄹ
④ ㄴ, ㄷ, ㄹ

해설 | 요양병원, 정신병원의 피난층 외의 층에 설치하는 피난시설 종류 3가지
1) 각층마다 별도로 방화구획된 대피공간
2) 거실에 접하여 설치된 노대등
3) 계단을 이용하지 아니하고 건물 외부의 지상으로 통하는 경사로 또는 인접 건축물로 피난 할 수 있도록 설치하는 연결복도 또는 연결통로

정답 12 ② 13 ④ 14 ①

15 건축물의 피난·방화구조 등의 기준에 관한 규칙상 교육연구시설 중 학교에 설치하는 회전문의 설치기준으로 옳은 것은?

① 계단이나 에스컬레이터로부터 2미터 미만의 거리를 둘 것
② 회전문과 문틀 사이에는 5센티미터 미만으로 할 것
③ 회전문의 중심축에서 회전문과 문틀 사이의 간격을 포함한 회전문날개 끝부분까지의 길이는 140센티미터 이상이 되도록 할 것
④ 회전문의 회전속도는 분당회전수가 10회 이상으로 할 것

해설 | 회전문 설치기준
1) 계단이나 에스컬레이터로부터 2미터 이상의 거리를 둘 것
2) 회전문과 문틀 사이에는 5센티미터 이상으로 할 것
3) 회전문과 바닥 사이에는 3센티미터 이하으로 할 것
4) 회전문의 중심축에서 회전문과 문틀 사이의 간격을 포함한 회전문날개 끝부분까지의 길이는 140센티미터 이상이 되도록 할 것
5) 회전문의 회전속도는 분당회전수가 8회를 넘지 아니하도록 할 것

16 건축물의 피난·방화구조 등의 기준에 관한 규칙상 피난안전구역의 설치기준으로 옳은 것은?

① 피난안전구역의 높이는 1.8미터 이상일 것
② 피난안전구역으로 통하는 계단은 일반계단의 구조로 할 것
③ 피난안전구역에는 식수공급을 위한 급수전을 1개소 이상 설치하고 예비전원에 의한 조명설비를 설치할 것
④ 비상용승강기는 피난안전구역에 승하차할 수 없는 구조로 설치할 것

해설 | 피난안전구역 설치기준
1) 피난안전구역의 높이는 2.1미터 이상일 것
2) 피난안전구역으로 통하는 계단은 특별피난계단의 구조로 할 것
3) 피난안전구역에는 식수공급을 위한 급수전을 1개소 이상 설치하고 예비전원에 의한 조명설비를 설치할 것
4) 비상용승강기는 피난안전구역에 승하차할 수 있는 구조로 설치할 것

정답 15 ③ 16 ③

17 화재 발생 시 건축물 내의 중성대에 관한 설명으로 옳지 않은 것은?

① 건축물 실내 상부 압력은 높아지고 하부 압력을 낮아져 압력차가 발생하는데 실내의 중간지점에 실내와 실외의 압력이 같아지는 면을 중성대라고 한다.
② 공기의 밀도가 감소되면 부력이 생겨 공기가 하강하게 되고 무거워진 실내의 기체는 압력이 높은 실외로 빠져 나간다.
③ 중성대 위쪽은 실외의 압력보다 높아져 기체가 외부로 유출된다.
④ 중성대 아래쪽은 실외의 압력보다 낮아서 외부의 공기가 들어오게 된다.

해설 | 중성대
1) 중성대 기준으로 하부에서는 외부 공기가 유입되고 상부에서는 내부 공기가 외부로 빠져 나간다.
2) 중성대 실내외 압력차가 같아지는 지점을 의미한다.
3) 공기의 밀도가 감소되면 부력이 생겨 공기는 상승하게 되며 가벼워진 실내의 기체는 압력이 낮은 외부로 빠져 나가게 된다.

18 가연물의 연소 시 필요한 공기량·산소량에 관한 설명으로 옳지 않은 것은?

① 이론공기량은 가연물이 완전연소하기 위해서 이론으로 계산해서 산출한 공기량이다.
② 실제공기량은 가연물이 실제로 연소하기 위해서 사용되는 공기량으로 이론공기량보다 크다.
③ 과잉공기량은 실제공기량을 이론공기량으로 나누어 산출한 값이다.
④ 이론산소량은 가연물이 연소하기 위해서 필요한 최소의 산소량이다.

해설 | 이론 공기량과 실제 공기량 및 과잉 공기량
1) 이론 공기량 : 가연물이 완전연소에 필요한 이론 공기량
2) 실제 공기량 : 가연물이 완전연소에 필요한 실제 공기량
3) 과잉 공기량 = 실제공기량 − 이론 공기량
4) 당량비 = $\dfrac{이론\ 공기량}{실제\ 공기량}$

19 연기농도를 측정하는 중량농도법의 단위로 옳은 것은?

① mg/m^3
② m^{-1}
③ 개$/m^3$
④ $\%/m^2$

정답 17 ② 18 ③ 19 ①

해설 | 연기농도와 가시거리 단위
1) 감광계수
   (1) 연기의 농도를 나타내는 척도
   (2) 단위 : m^{-1}
2) 질량농도(중량농도)
   (1) 단위 체적당 입자의 질량
   (2) 단위 : mg/cm^3, mg/m^3
3) 개수농도
   (1) 단위 체적당 입자의 개수
   (2) 단위 : 개/cm^3

20 표준상태 조건하에서 CH₄ 70 vol%, C₂H₆ 20 vol%, C₃H₈ 10 vol%인 혼합가스의 공기 중 폭발하안계는 약 몇 vol%인가? (단, 르샤를리에(Le Chatelier)식을 적용하고, 공기 중 각 가스의 폭발범위는 CH₄ : 5.0 ~ 15.0 vol%, C₂H₆ : 3.0 ~ 12.5 vol%, C₃H₈ : 2.1 ~ 9.5 vol%이다. 계산값의 소수점 이하 셋째자리에서 반올림한다)

① 3.93   ② 10.14
③ 11.33 ④ 13.66

해설 | 르샤틀리에 공식
1) 혼합가스의 폭발 하한 및 상한을 계산
2) 수식 $\dfrac{100}{L} = \dfrac{V_1}{L_1} + \dfrac{V_2}{L_2} + \dfrac{V_3}{L_3}$

[계산]

$\dfrac{100}{L} = \dfrac{V_1}{L_1} + \dfrac{V_2}{L_2} + \dfrac{V_3}{L_3}$

$\dfrac{100}{L} = \dfrac{70\%}{5} + \dfrac{20\%}{3} + \dfrac{10\%}{2.1}$

$L = 3.932 = 3.93\%$

21 단면적이 1 m²인 단열재를 통하여 5 kcal/min의 열이 이동하고 있다. 단열재의 두께는 3 cm이고, 열전도계수는 0.3 kcal/m·℃·h일 때 단열재 양면 사이의 온도차(℃)는 얼마인가? (단, 제시된 조건 외는 무시한다)

① 15   ② 30
③ 50   ④ 270

해설 | 전도에서의 열량 계산
1) 수식 $\ddot{q} = k \cdot A \cdot \dfrac{\Delta T}{l}$
2) 온도차

$\Delta T = \dfrac{\ddot{q} \, l}{kA} = \dfrac{(kcal/min) \times m}{(kcal/m℃h) \times m^2}$

$= \dfrac{5 \times 0.03}{(0.3/60) \times 1} = 30\ ℃$

22 표준상태 조건하에서 가연성가스의 최소산소농도(Minimum Oxygen Concentration) 순서로 옳은 것은?

| ㄱ. CH₄ |
| ㄴ. C₂H₆ |
| ㄷ. C₄H₁₀ |

① ㄱ < ㄴ < ㄷ
② ㄱ < ㄷ < ㄴ
③ ㄷ < ㄱ < ㄴ
④ ㄷ < ㄴ < ㄱ

정답 20 ① 21 ② 22 ①

해설 | 최소산소농도

- $MOC = LFL \times \dfrac{O_2(mol)}{연료(mol)}$, 연료 몰수와 산소 몰수를 구하기 위해서는 완전연소반응식을 구해야 한다.
- 완전연소반응식
  $CH_4 + 2O_2 \rightarrow CO_2 + 2H_2O$
  $C_2H_6 + 3.5O_2 \rightarrow 2CO_2 + 3H_2O$
  $C_2H_{10} + 6.5O_2 \rightarrow 4CO_2 + 5H_2O$
- 최소산소농도 구하기
  $MOC = 5 \times \dfrac{2}{1} = 10$
  $MOC = 3 \times \dfrac{3.5}{1} = 10.5$
  $MOC = 1.8 \times \dfrac{6.5}{1} = 11.7$

23 건축물에서 발생하는 연돌효과(Stack Effect)에 영향을 미치는 요인을 모두 고른 것은?

ㄱ. 화재실의 온도
ㄴ. 건축물이 내·외의 온도차
ㄷ. 건축물의 높이

① ㄱ, ㄴ
② ㄱ, ㄷ
③ ㄴ, ㄷ
④ ㄱ, ㄴ, ㄷ

해설 | 연돌효과 영향요소
화재실 온도, 건축물 내외 온도차, 건축물의 높이

24 화재성장속도 분류에서 약 1 MW의 열량에 도달하는 시간이 75초에 해당하는 것은?

① Slow 화재
② Medium 화재
③ Fast 화재
④ Ultra Fast 화재

해설 | 화재성장속도 분류
(1) Ulrtra Fast : 75초
(2) Fast : 150초
(3) Mediume : 300초
(4) Slow : 600초

25 화재실 내부 화염의 온도는 800 ℃이며 화염으로부터 벽체에 전달되는 대류열 유속은 3,200 W/m²일 때 외부 벽체의 온도(℃)는 얼마인가? (단, 대류열전달계수는 4 W/m²·℃, 제시된 조건 외는 무시한다)

① 0
② 4
③ 8
④ 20

해설 | 대류에 의한 열전달
수식 $\dot{q} = h \Delta T$
$\Delta t = \dfrac{\dot{q}}{h} = \dfrac{3200}{4} = 800\ ℃$
$\Delta t = T_i - T_0$ 이므로 $800 = 800 - T_0$
따라서 외부온도는 0 ℃

정답 23 ④ 24 ④ 25 ②

25회 제2과목 소방수리학

목표 점수 : _____   맞은 개수 : _____

26 이상기체의 상태방정식(Equation of State)에 관한 설명으로 옳은 것을 모든 것은?

> ㄱ. Avogadro의 법칙 : 일정한 온도와 압력에서 같은 부피 속에 들어있는 기체분자의 수는 동일하다.
> ㄴ. Boyle의 법칙 : 일정한 온도에서 기체의 부피는 압력에 반비례한다.
> ㄷ. Charles의 법칙 : 일정한 압력에서 기체의 부피는 절대온도에 비례한다.

① ㄱ
② ㄱ, ㄴ
③ ㄴ, ㄷ
④ ㄱ, ㄴ, ㄷ

해설 | 이상기체상태방정식
- 아보가드로의 법칙 : 0℃, 1기압에서 모든 기체 1 mol의 부피는 22.4 L
- 보일의 법칙 : 온도가 일정할 때 기체의 부피는 압력에 반비례한다
- 샤를의 법칙 : 압력이 일정할 때 기체의 온도를 1℃ 증가시키면 부피는 0℃에서 1/273씩 증가한다

27 엔트로피(Entropy)에 관한 설명으로 옳지 않은 것은?

① 가역반응이면 증가하고 비가역반응이면 불변이다.
② 물질계가 흡수하는 열량과 절대온도의 비로 정의한다.
③ 무질서 또는 에너지의 분산 정도를 나타내는 상태함수이다.
④ 자연계의 상태변화는 엔트로피가 증가되는 방향으로 일어난다.

해설 | 엔트로피
- 어떤 물체가 가지는 일로서 사용이 불가능한 에너지
- 비가역과정
- 계산식

$$\Delta S = \frac{\Delta Q}{T} \ [kJ/K]$$

ΔS : 엔트로피 $[kJ/K]$
ΔQ : 열량 $[kJ]$
T : 온도 $[K]$

정답 26 ④ 27 ①

28 뉴턴 유체가 평평한 바닥 위 y만큼 이격된 지점에서 유속 $u(y) = 5y - y^2$ [m/s]로 흐른다. 바닥 전단응력이 0.01 Pa일 때 점성계수(10^{-3} Pa·s)는?

① 1   ② 2
③ 3   ④ 4

해설 | 뉴턴의 점성법칙

- 계산식

$$\tau = \mu \frac{dv}{dy}$$

μ : 점성계수 $[N \cdot s/m^2]$ $[Pa \cdot s]$

$\dfrac{dv}{dy}$: 속도구배

- 속도구배 계산

$$\frac{dv}{dy} = \frac{5y - y^2}{dy}$$
$$= 5 - 2y = 5 \quad (y = 0)$$

- 점성계수 계산

$$0.01 = \mu \cdot 5 \cdot 10^{-3}$$
$$\rightarrow \mu = \frac{0.01}{5 \times 10^{-3}} = 2$$
$$\therefore \mu = 2$$

29 흐름이 없는 유체에 작용하는 압력의 등방성에 관한 설명으로 옳은 것은?

① 유체의 압력은 유체와 접촉하는 경사면에 수평으로만 작용한다.
② 자유수면을 갖는 경우 수면 아래 압력은 밀도에 반비례한다.
③ 동일한 높이의 개방된 용기에 수은을 가득 채우면 용기 형상에 따라 바닥에서 압력이 달라진다.
④ 자유수면을 갖는 경우 수면 아래 유체의 한 점에 작용하는 압력은 수심이 깊어짐에 따라 증가한다.

해설 | 정수역학의 개념

- 개방된 용기 내 유체의 압력은 유체의 깊이와 비중량, 밀도에 비례($P = \gamma h = \rho g h$)
- 유체의 압력은 유체와 접하는 면에 수직으로 작용($P = F/A$)
- 밀폐된 용기 내 유체에 압력을 가하면 이 압력은 유체 내 모든 부분에 그대로 전달(파스칼의 원리)
- 정지된 유체 속 한 점에 작용하는 압력은 모든 방향에서 동일
- 정지된 유체의 동일 수평면상의 압력은 동일(액주계의 원리)

정답 28 ②   29 ④

30 원형관로에 설치한 피토관에 수은이 든 U자형 관을 연결하여 전압과 정압을 측정하였다. 액면차가 500 mm가 발생하였다면 피토관 위치에서 관로 내 물의 유속 [m/s]은 약 얼마인가? (단, 수은의 밀도는 13,600 kg/m³, 중력가속도는 9.81 m/s², 물의 단위중량은 9.81 kN/m³이며 모든 손실은 무시한다)

① 1.112 ② 3.132
③ 11.118 ④ 31.321

해설 | 피토관의 유속
• 계산
$$V = \sqrt{2gh} = \sqrt{2gh\left(\frac{\gamma_2}{\gamma_1} - 1\right)}$$
$$= \sqrt{2 \times 9.81 \times 0.5 \times \left(\frac{13.6 \times 9.81}{1 \times 9.81} - 1\right)}$$
$$= 11.1178 \, (m/s)$$

31 직경 10 cm의 원형 관로에 유체가 유량 0.5 L/s로 흐를 때 에너지선의 경사(10^{-4} m/m)는 약 얼마인가? (단, 동점성 계수는 1.0×10^{-5} m²/s, 중력가속도는 9.81 m/s²이다)

① 2.08 ② 3.26
③ 20.8 ④ 32.6

해설 | 에너지선의 경사

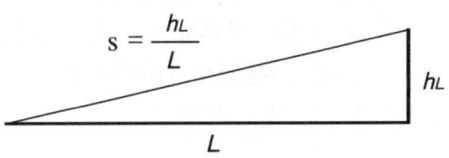

• 계산식 : $S = \dfrac{h_L}{L}$

• 유속 계산
$$Q = AV$$
$$\to V = \frac{0.5 \times 10^{-3}}{\frac{\pi}{4} \times 0.1^2} = 0.064 \, [m/s]$$

• Re 계산
$$Re = \frac{\rho \cdot v \cdot D}{\mu} = \frac{v \cdot D}{\nu}$$
$$= \frac{0.064 \times 0.1}{10^{-5}} = 640$$
이므로 층류 흐름

• 에너지 경사선 식 정리
$$\frac{h_L}{L} = \lambda \frac{L}{D} \frac{v^2}{2g} \frac{1}{L} = \frac{64}{Re} \frac{L}{D} \frac{v^2}{2g} \frac{1}{L}$$
$$= \frac{64}{640} \frac{L}{0.1} \frac{v^2}{2g} \frac{1}{L} = \frac{v^2}{2g}$$

• 에너지 경사선
$$(10^{-4} m/m) = \frac{v^2}{2g} \times 10^4$$
$$= \frac{0.064^2}{2 \times 9.81} \times 10^4$$
$$= 2.08$$

정답 30 ③ 31 ①

32 유체 흐름의 종류에 관한 설명으로 옳은 것을 모두 고른 것은? (단, Re는 레이놀즈수, Fr은 프루트 수, U는 유속, t는 시간, x는 흐름방향 길이이다)

> ㄱ. 난류 : $Re < 200$
> ㄴ. 상류 : $Fr > 1$
> ㄷ. 정상류 : $\dfrac{\partial U}{\partial t} = 0$
> ㄹ. 부동류 : $\dfrac{\partial U}{\partial x} \neq 0$

① ㄱ, ㄴ
② ㄴ, ㄷ
③ ㄷ, ㄹ
④ ㄴ, ㄷ, ㄹ

해설 | 유체 흐름의 종류
- 레이놀즈수 : 층류(Re < 2,100), 천이류(2,100 < Re < 4,000), 난류(Re > 4,000)
- 프루트수 : 상류($Fr < 1$), 한계류($Fr = 1$), 사류($Fr > 1$)

33 펌프의 비속도는? (단, N은 회전수, Q는 유량, H는 양정, ω는 임펠라의 각속도이다)

① $\dfrac{\omega \times \sqrt{Q}}{H^{3/4}}$
② $\dfrac{\omega \times \sqrt{Q}}{H^{3/2}}$
③ $\dfrac{N \times \sqrt{Q}}{H^{3/4}}$
④ $\dfrac{N \times \sqrt{Q}}{H^{3/2}}$

해설 | 펌프의 비속도
단위 유량에서 단위 양정일 때 펌프 임펠러의 회전수

• 계산식
$$Ns = \dfrac{N\sqrt{Q}}{H^{\frac{3}{4}}} \ [rpm \cdot m^3/min \cdot m]$$

N : 회전수 $[rpm]$
Q : 유량 $[m^3/\min]$
H : 양정 $[m]$

34 서징(Surging)의 방지대책으로 옳지 않은 것은?

① 유량조절 밸브를 흡입 측에 최대한 가까이 설치·조절한다.
② 펌프의 H-Q 곡선이 우하향 구배특성을 갖는 펌프를 사용한다.
③ 배관 내 수조 또는 기체 상태인 부분이 존재하지 않도록 한다.
④ 바이패스관을 사용하여 운전점이 펌프의 H-Q 곡선에서 우하향 구배특성 범위 내에 있도록 한다.

해설 | 서징 현상의 방지대책

발생원인	방지대책
펌프의 $H-Q$ 곡선이 우상향 특성	펌프의 $H-Q$ 곡선이 우하향 특성
배관 중에 수조나 공기조가 있을 때	배관 중에 수조나 공기조 제거
토출량 Q_1범위 이내에서 운전할 때	By Pass 배관으로 서징범위 이외 운전
유량조절밸브가 Tank 뒤쪽에 설치	유량조절밸브 펌프 토출측 직후에 설치

정답 32 ③ 33 ③ 34 ①

25회 제2과목 약제화학

35 금속화재(D급)에 관한 설명으로 옳지 않은 것은?

① D급 소화약제는 염화나트륨, 흑연, 구리 등을 주성분으로 하는 분말 또는 과립형태의 혼합물이다.
② K급 소화약제는 가연성금속화재에 적응성이 좋다.
③ 리튬 및 나트륨에 수계소화약제를 사용하면 폭발성이 강한 수소를 발생시킨다.
④ 염화나트륨 주제에 고분자물질의 혼합물소화약제인 Met - X는 나트륨 및 칼륨화재에 적응성이 있다.

해설 | 금속화재
K급 소화약제는 주방용소화약제이다.

36 0 ℃의 얼음 1 g을 100 ℃의 수증기로 만드는 데 필요한 열량(cal)은 약 얼마인가? (단 물의 응용열은 80 cal/g, 증발잠열은 539 cal/g이다)

① 539　　② 619
③ 719　　④ 800

해설 | 물의 열량계산
1) 수식 $Q = \gamma \cdot m + C \cdot m \cdot \Delta t + \gamma \cdot m$
2) 계산
$Q = (80 \times 1 \text{ g}) + (1 \times 1 \text{ g} \times (100 - 0)) + (539 \times 1 \text{ g})$
$= 719 \text{ cal}$

37 K급 소화약제에 관한 설명으로 옳지 않은 것은?

① 식용유화재 시 비누화반응으로 산소를 차단하며 재발화를 방지한다.
② A급, B급, C급 화재에도 적응성이 좋다.
③ 일반적은 ABC분말소화기보다 냉각효과가 뛰어나다.
④ 소화약제의 주성분은 탄산칼륨(K_2CO_3) 또는 초산칼륨(CH_3COOK) 등이 있다.

해설 | K급 소화약제의 특징
1) 비누화반응 : 식용유와 반응하여 비누를 만들면서 산소의 접촉 차단
2) 냉각작용 : 물이 식용유를 냉각시켜 발화점을 낮추어 화재확산 억제
3) 소화약제 성분 : 탄산칼륨(K_2CO_3) 또는 초산칼륨(CH_3COOK)
4) 적응성 화재 : A, B, K급 화재에 사용 가능하다.

정답 35 ② 36 ③ 37 ②

38 1기압 0 ℃에서 44.8 m³의 이산화탄소 가스가 모두 액화되었을 때 질량 [kg]은 약 얼마인가? (단, 이산화탄소의 분자량은 44이다)

① 12 　　② 22
③ 44 　　④ 88

해설 | 이상기체 상태방정식

$PV = nRT \rightarrow PV = \dfrac{w}{M}RT$ 에서

질량 $w = \dfrac{PVM}{RT}$

$= \dfrac{1atm \times 44.8 \times 10^3 \times 44 \times 10^{-3}}{0.082 \times (273+0)}$

$= 88.055$

39 FK-5-1-12의 특성에 관한 설명으로 옳지 않은 것은?

① 플루오르화수소(HF)의 발생량은 화염의 크기, 소화농도, 화재진압시간에 비례한다.
② 소화약제는 1분 이내에 95 % 이상 해당하는 약제량이 방출되도록 하여야 한다.
③ 오존층 파괴 등 환경오염에 미치는 영향이 적다.
④ 플루오르, 탄소, 산소로 구성되어 있으며 물보다 빨리 기화되어 연쇄반응 차단 및 냉각소화를 한다.

해설 | 할로겐화합물 및 불활성기체 방출시간
1) 할로겐 화합물소화약제
　10초 이내에 방호구역 각 부분에 최소 설계 농도의 95 % 이상이 방출
2) 불활성기체소화약제
　A.C급 화재는 2분, B급 화재는 1분 이내에 방호구역 각 부분에 최소 설계 농도의 95 % 이상이 방출

40 제1인산암모늄의 열분해 생성물 중 주된 소화효과가 탈수·탄화작용을 하는 것은?

① H_3PO_4
② $H_4P_2O_7$
③ HPO_3
④ P_2O_5

해설 | 제1인산 암모늄의 소화효과
- 연쇄반응을 억제하는 부촉매효과 : NH_4^+ (암모늄) 이온
- 약제의 열분해에 의해 생성되는 수증기의 질식작용과 냉각작용
- 올소인산(H_3PO_4)의 탄화, 탈수작용
- 메타인산(HPO_3)의 방진 작용에 의한 피복효과
- 흡열반응에 의한 냉각작용
- 분말 미립자에 의한 희석작용

41 이산화탄소(CO_2)소화약제에 관한 설명으로 옳지 않은 것은?

① 불연성가스로서 무색·무취이며 공기에 대한 비중은 약 1.5이다.
② 약재 방출 시 인체에 관한 동상·질식의 우려가 있다.
③ 금속분화재에 사용 시 질식·냉각소화의 효과가 있다.
④ 전기 절연성이 우수하여 전기화재에 적응성이 있다.

해설 | 이산화탄소(CO_2)소화약제
1) 불연성가스로서 무색·무취이며 공기에 대한 비중은 약 1.5이다.
2) 적응성 화재
   전역방출설비로 사용할 경우에만 A급 화재와 심부화재 적응성이 있으며 B급, C급 화재에 적응성이 있다.

42 축압식 분말소화기의 충압가스 종류가 아닌 것은?

① 질소
② 헬륨
③ 일산화탄소
④ 이산화탄소

해설 | 축압식 분말소화기 충압가스 종류(수동식 소화기 형식승인 및 검정기술기준)
질소, 이산화탄소, 헬륨, 아르곤, 공기

정답 41 ③ 42 ③

25회 제2과목 소방전기

목표 점수 : _____   맞은 개수 : _____

43 서로 다른 금속으로 이루어진 폐회로에 온도를 일정하게 유지하면서 직류 전류를 흘릴 경우 열의 발생 또는 흡수가 일어나는 현상은?

① 제벡효과(Seebeck Effect)
② 톰슨효과(Thomson Effect)
③ 핀치효과(Pinch Effect)
④ 펠티에효과(Peltier Effect)

해설 | 펠티에효과
서로 다른 금속에 전류를 흘리면 접합부에서 흡열과 발열이 나타나는 현상

44 $C_1 = 2\mu F$, $C_2 = 3\mu F$, $C_3 = 5\mu F$인 3개의 콘덴서를 직렬 접속하고 양단에 800 V의 전압을 인가할 때, C_2에 걸리는 전압 [V]은 약 얼마인가?

① 154
② 258
③ 387
④ 425

해설 | 콘덴서 전압 구하기

$Q = CV$에서 $V_2 = \dfrac{Q}{C_2}$이므로

$Q = \dfrac{C_1 C_2 C_3}{C_1 C_2 + C_1 C_3 + C_2 C_3} \times V$를 대입하여 정리하면

$V_2 = \dfrac{C_1 C_3}{C_1 C_2 + C_1 C_3 + C_2 C_3} \times V$

$= \dfrac{2 \times 5}{6 + 10 + 15} \times 800 = 258 \text{ V}$

45 교류 전압 $v = V_m \sin \omega t$의 실횻값은? (단, V_m은 최댓값이다)

① $\dfrac{V_m}{\sqrt{2}}$
② $\dfrac{2V_m}{\pi}$
③ $\dfrac{V_m}{2}$
④ $\dfrac{V_m}{\pi}$

해설 | 실횻값과 최댓값과의 관계

$V = \dfrac{V_m}{\sqrt{2}}$

정답 43 ④ 44 ② 45 ①

46 부하의 피상전력이 10 kVA이고, 무효전력이 6 kVar일 때 유효전력 [kW]은?

① 4 ② 6
③ 8 ④ 10

해설 | 유효전력 무효전력 피상전력

피상전력² = 유효전력² + 무효전력²

유효전력 = $\sqrt{피상전력^2 - 무효전력^2}$
= $\sqrt{10^2 - 6^2}$ = 8 kW

47 변압기 3상 결선에 관한 설명으로 옳은 것을 모두 고른 것은?

> ㄱ. △ - △ 결선은 지락사고 검출이 용이하지 않다.
> ㄴ. Y - Y 결선은 고전압 결선에 적합하다.
> ㄷ. △ - Y 결선은 주로 발전소에서 전압을 높여 전력전송을 위해 사용된다.
> ㄹ. Y - △ 결선은 변압기 1대 고장 시 전력공급이 불가능하다.

① ㄱ, ㄴ
② ㄱ, ㄷ
③ ㄷ, ㄹ
④ ㄱ, ㄴ, ㄷ, ㄹ

해설 | 변압기 결선방식 특징
1) Y결선방식 : 중성점 접지, 절연 용이, 고장전류 검출이 용이, 고전압에 유리하다.
2) △결선방식 : 지락사고 검출이 어렵다. 제3고조파 장애가 적다. 대전류에 적합하다.

48 비정현파 전압(V) $v = 50\sqrt{2}\sin\omega t + 30\sqrt{2}\sin\omega t + 10\sqrt{2}\sin\omega t$의 실횻값(V)은 약 얼마인가?

① 57 ② 59
③ 62 ④ 65

해설 | 비정현파에서 실횻값 구하기
비정현파 전류의 실횻값

$I = \sqrt{\left(\dfrac{I_{m1}}{\sqrt{2}}\right)^2 + \left(\dfrac{I_{m2}}{\sqrt{2}}\right)^2 + \left(\dfrac{I_{m3}}{\sqrt{2}}\right)^2}$

$= \sqrt{\left(\dfrac{50\sqrt{2}}{\sqrt{2}}\right)^2 + \left(\dfrac{30\sqrt{2}}{\sqrt{2}}\right)^2 + \left(\dfrac{10\sqrt{2}}{\sqrt{2}}\right)^2}$

= 59.16

49 수신기에서 거리 L [m] 떨어진 직류 2선식 감지기회로의 전선(동선) 단면적이 A [mm²]이다. 전류가 I [A]로 흐를 때 전압강하(V)를 구하는 식은?

① $\dfrac{35.6LI}{1000 \times A}$ ② $\dfrac{30.8LI}{1000 \times A}$

③ $\dfrac{17.8LI}{1000 \times A}$ ④ $\dfrac{8.9LI}{1000 \times A}$

해설 | 전압강하 수식
1) 단상 2선식, 직류 2선식 : $\dfrac{35.6LI}{1000 \times A}$

2) 3상 4선식 : $\dfrac{17.8LI}{1000 \times A}$

정답 46 ③ 47 ④ 48 ② 49 ①

50 그림과 같은 제어량과 조작량을 특징으로 하는 제어방식은?

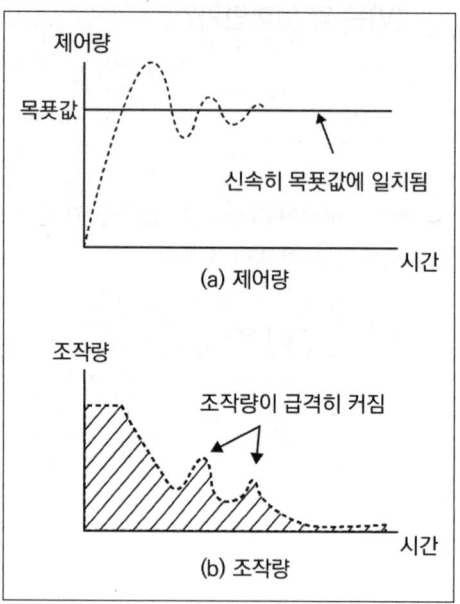

① P제어
② I제어
③ PI제어
④ PID제어

해설 | PID제어
- P제어 : 목푯값 도달 시간을 줄인다.
- I제어 : 정상상태 오차를 줄인다.
- D제어 : 오버슈트를 억제한다.
- PID제어는 위 특성이 서로 영향을 주어서 위와 같은 그래프를 만들게 된다.

정답 50 ④

25회 제3과목 소방관련법령

51 소방기본법령상 소방대의 생활안전활동에 해당하지 않는 것은?

① 붕괴, 낙하 등이 우려되는 고드름, 나무, 위험 구조물 등의 제거활동
② 산불에 대한 예방·진압 등 지원활동
③ 위해동물, 벌 등의 포획 및 퇴치활동
④ 단전사고 시 비상전원 또는 조명의 공급

해설 | **생활안전활동**
1) 정의 : 소방청장·본부장·서장은 신고가 접수된 생활안전 및 위험제거 활동에 대응하기 위하여 소방대를 출동시켜 생활안전활동을 하게 하여야 함
2) 생활안전활동의 종류
   (1) 붕괴, 낙하 등이 우려되는 고드름, 나무, 위험 구조물 등의 제거활동
   (2) 위해동물, 벌 등의 포획 및 퇴치활동
   (3) 끼임, 고립 등에 따른 위험제거 및 구출활동
   (4) 단전사고 시 비상전원 또는 조명의 공급
   (5) 그 밖에 방치하면 급박해질 우려가 있는 위험을 예방하기 위한 활동
3) 누구든지 정당한 사유 없이 출동하는 소방대의 생활안전활동을 방해하여서는 아니 됨

52 소방기본법령상 소방기술민원센터의 설치·운영에 관한 설명으로 옳은 것은?

① 소방청장 및 소방본부장은 소방기술민원센터를 소방청 및 시·도에 각각 설치·운영할 수 있다.
② 소방기술민원센터는 센터장을 포함하여 50명 이내로 구성한다.
③ 소방청장 또는 소방본부장은 소방기술민원센터의 업무수행을 위하여 필요하다고 인정하는 경우에는 관계 기관의 장에게 소속 공무원 또는 직원의 파견을 요청할 수 있다.
④ 소방기술민원센터의 설치·운영에 필요한 사항은 소방청에 설치하는 경우에는 소방청장이 정하고, 소방본부에 설치하는 경우에는 해당 특별시·광역시·특별자치시·도 또는 특별자치도의 소방본부장이 정한다.

해설 | **소방기술민원센터**
1) 정의 : 소방시설, 소방공사 및 위험물 안전관리 등과 관련된 법령해석 등의 민원을 종합적으로 접수하여 처리할 수 있는 기구
2) 설치·운영
   (1) 설치·운영에 필요한 사항 : 대통령령
   (2) 센터장 포함하여 18명 이내로 구성
   (3) 수행 업무
      ① 소방시설, 소방공사와 위험물 안전관리 등과 관련된 법령해석 등의 민원의 처리

정답 51 ② 52 ③

② 소방기술민원과 관련된 질의회신집 및 해설서 발간
③ 소방기술민원과 관련된 정보시스템의 운영·관리
④ 소방기술민원과 관련된 현장 확인 및 처리
⑤ 그 밖에 소방기술민원과 관련된 업무로서 소방청장 또는 소방본부장이 필요하다고 인정하여 지시하는 업무

3) 소방청장 또는 소방본부장은 소방기술민원센터의 업무수행을 위하여 필요하다고 인정하는 경우에는 관계 기관의 장에게 소속 공무원 또는 직원의 파견을 요청할 수 있다.

4) 1) ~ 3) 사항 외에 소방기술민원센터의 설치·운영에 필요한 사항은 <u>소방청에 설치하는 경우에는 소방청장이 정하고, 소방본부에 설치하는 경우에는 해당 특별시·광역시·특별자치시·도 또는 특별자치도(이하 "시·도")의 규칙으로 정한다.</u>

53 소방기본법령상 국고보조의 대상이 되는 소방활동장비 및 설비의 규격으로 옳은 것은?

① 무선통신기기 중 디지털전화교환기의 경우 국내 10회선 이상, 내선 100회선 이상
② 무선통신기기 중 키폰장치의 경우 국내 10회선 이상, 내선 100회선 이상
③ 유선통신장비 중 초단파무선기기로 고정용인 경우 공중전력 60와트 이상
④ 펌프차 중 소형인 경우 120마력 이상 1790마력 미만

해설 | 소방활동장비 및 설비의 규격(시행규칙 별표 1의 2) 〈개정 2021.7.13.〉

• 국고보조의 대상이 되는 소방활동장비 및 설비의 종류와 규격(제5조 제1항 관련)

구분		종류		규격
소방활동장비	소방자동차	펌프차	대형	240마력 이상
			중형	170마력 이상 240마력 미만
			소형	120마력 이상 170마력 미만
		물탱크소방차	대형	240마력 이상
			중형	170마력 이상 240마력 미만
		화학소방차	비활성가스를 이용한 소방차	
			고성능	340마력 이상
			내폭	340마력 이상
			일반 대형	240마력 이상
			일반 중형	170마력 이상 240마력 미만
		사다리소방차	고가(사다리의 길이가 33m 이상인 것에 한한다)	330마력 이상
			굴절 27m 이상급	330마력 이상
			굴절 18m 이상 27m 미만급	240마력 이상
		조명차	중형	170마력
		배연차	중형	170마력 이상
		구조차	대형	240마력 이상
			중형	170마력 이상 240마력 미만
		구급차	특수	90마력 이상
			일반	85마력 이상 90마력 미만

구분	종류			규격
통신설비	소방정	소방정		100톤 이상급, 50톤급
		구조정		30톤급
	소방헬리콥터			5~17인승
	유선통신장비	디지털 전화교환기		국내 100회선 이상, 내선 1000회선 이상
		키폰장치		국내 100회선 이상, 내선 200회선 이상
		팩스		일제 개별 동보장치
		영상장비 다중화장치		동화상 및 정지화상 E1급 이상
	무선통신기기	극초단파무선기기	고정용	공중전력 50와트 이하
			이동용	공중전력 20와트 이하
			휴대용	공중전력 5와트 이하
소방전용 통신설비 및 전산설비		초단파무선기기	고정용	공중전력 50와트 이하
			이동용	공중전력 20와트 이하
			휴대용	공중전력 5와트 이하
		단파무전기	고정용	공중전력 100와트 이하
			이동용	공중전력 50와트 이하
	전산설비	주전산기기	중앙처리장치	클럭속도 : 90메가헤르즈 이상, 워드길이 : 32비트 이상
			주기억장치	용량 : 125메가바이트 이상 전송속도 : 초당22메가바이트 이상 캐시메모리 : 1메가바이트 이상
			보조기억장치	용량 5기가바이트 이상

구분	종류		규격
소방전용 통신설비 및 전산설비	전산설비	보조전산기기 중앙처리장치	성능 : 26밉스 이상 클럭속도 : 25메가헤르즈 이상 워드길이 : 32비트 이상
		주기억장치	용량 : 32메가바이트 이상 전송속도 : 초당 22메가바이트 이상 캐시메모리 : 128킬로바이트 이상
		보조기억장치	용량 : 22기가바이트 이상
		서버 중앙처리장치	성능 : 80밉스 이상 클럭속도 : 100메가헤르즈 이상 워드길이 : 32비트 이상
		주기억장치	용량 : 초당 32메가바이트 이상 전송속도 : 초당 22메가바이트 이상 캐시메모리 : 128킬로바이트 이상
		보조기억장치	용량 : 3기가바이트 이상
		단말기 중앙처리장치	클럭속도 : 100메가헤르즈 이상
		주기억장치	용량 : 16메가바이트 이상
		보조기억장치	용량 : 1기가바이트 이상
		모니터	칼라, 15인치 이상
		라우터(네트워크 연결장치)	6시리얼포트 이상
		스위칭허브	16이더넷포트 이상
		디에스유, 씨에스유	초당 56킬로바이트 이상
		스캐너	A4사이즈, 칼라 600, 인치당 2400도트 이상

구분	종류	규격
소방전용통신설비 및 전산설비 — 전산설비	플로터	A4사이즈, 칼라 300, 인치당 600도트 이상
	빔프로젝트	밝기 400럭스 이상 컴퓨터 데이터 접속 가능
	액정프로젝트	밝기 400럭스 이상 컴퓨터 데이터 접속 가능
	무정전 전원장치	5킬로볼트암페어 이상

① 유선통신기기 중 디지털전화교환기의 경우 국내 100회선 이상, 내선 1000회선 이상
② 유선통신기기 중 키폰장치의 경우 국내 100회선 이상, 내선 200회선 이상
③ 무선통신장비 중 초단파무선기기로 고정용인 경우 공중전력 50와트 이하

54 소방기본법령상 소방본부 종합상황실의 실장이 소방청의 종압상황실에 보고해야 하는 상황이 아닌 것은? (단, 다른 조건은 고려하지 않는다)

① 이재민이 100인 이상 발생한 화재
② 가스 및 화약류의 폭발에 의한 화재
③ 재산피해액이 20억 원 이상 발생한 화재
④ 「긴급구조대응활동 및 현장지휘에 관한 규칙」에 의한 통제단잔의 현장지휘가 필요한 재난상황

해설 | 119종합상황실 실장의 보고대상
1) 사망자 5인 이상, 사상자가 10인 이상
2) 이재민이 100인 이상
3) 재산피해 50억 원 이상
4) 관공서·학교·정부미도정공장·문화재·지하철·지하구 화재
5) 관광호텔, 11층 이상 건축물, 지하상가, 시장, 백화점, 위험물 제조소등(3,000배 이상)
6) 숙박시설(5층 이상 또는 30실 이상), 종합/정신/한방병원·요양소(5층 이상 또는 병상 30개 이상)
7) 공장(연 15,000 m^2 이상), 화재예방강화지구
8) 철도차량, 항구에 메어둔 선박(1,000 ton 이상), 항공기, 발전소, 변전소
9) 가스·화약류 폭발에 의한 화재
10) 다중이용업소의 화재
11) 통제단장의 현장지휘가 필요한 재난상황
12) 언론에 보도된 재난상황
13) 그 밖에 소방청장이 정하는 재난상황

55 화재의 예방 및 안전관리에 관한 법령상 특수가연물 중 가연성고체류에 해당하지 않는 것은? (단, 고체만 해당된다)

① 인화점이 섭씨 40도 미만인 것
② 인화점이 섭씨 40도 이상 100도 미만인 것
③ 인화점이 섭씨 100도 이상 200도 미만이고, 연소열량이 1그램당 8킬로칼로리 이상인 것
④ 인화점이 섭씨 200도 이상이고 연소열량이 1그램당 8킬로칼로리 이상인 것으로서 녹는점(융점)이 100도 미만인 것

정답 54 ③ 55 ①

해설 | 가연성고체류

1) 인화점이 섭씨 40도 이상 100도 미만인 것
2) 인화점이 섭씨 100도 이상 200도 미만이고, 연소열량이 1그램당 8킬로칼로리이상인 것
3) 인화점이 섭씨 200도 이상이고 연소열량이 1그램당 8킬로칼로리 이상인 것으로서 녹는점(융점)이 100도 미만인 것
4) 1기압과 섭씨 20도 초과 40도 이하에서 액상인 것으로서 인화점이 섭씨 70도이상 섭씨 200도 미만이거나 나목 또는 다목에 해당하는 것

해설 | 화재예방법 용어 정리

② "안전관리"란 화재로 인한 피해를 최소화하기 위한 예방, 대비, 대응 등의 활동을 말한다.
③ "화재예방안전진단"이란 화재가 발생할 경우 사회·경제적으로 피해 규모가 클 것으로 예상되는 소방대상물에 대하여 화재위험요인을 조사하고 그 위험성을 평가하여 개선대책을 수립하는 것을 말한다.
④ "화재예방강화지구"란 특별시장·광역시장·특별자치시장·도지사 또는 특별자치도지사(이하 "시·도지사"라 한다)가 화재발생 우려가 크거나 화재가 발생할 경우 피해가 클 것으로 예상되는 지역에 대하여 화재의 예방 및 안전관리를 강화하기 위해 지정·관리하는 지역을 말한다.

56 화재의 예방 및 안전관리에 관한 법령상 용어의 정의로 옳은 것은?

① "예방"이란 화재의 위험으로부터 사람의 생명·신체 및 재산을 보호하기 위하여 화재 발생을 사전에 제거하거나 방지하기 위한 모든 활동을 말한다.
② "안전관리"란 화재가 발생할 경우 사회·경제적으로 피해 규모가 클 것으로 예상되는 소방대상물에 대하여 화재위험요인을 조사하고 그 위험성을 평가하여 개선대책을 수립하는 것을 말한다.
③ "화재예방안전진단"이란 화제로 인한 피해를 최소화하기 위한 예방, 대비, 대응 등의 활동을 말한다.
④ "화재예방강화지구"란 소방청장이 화재발생 우려가 크거나 화재가 발생할 경우 피해가 클 것으로 예상되는 지역에 대하여 화재의 예방 및 안전관리를 강화하기 위해 지정·관리하는 지역을 말한다.

57 화재의 예방 및 안전관리에 관한 법령상 화재예방강화지구로 지정하여 관리할 수 있는 지역을 모두 고른 것은? (단, 다른 조건은 고려하지 않는다)

ㄱ. 시장지역
ㄴ. 공장·창고가 밀집한 지역
ㄷ. 노후·불량건축물이 밀집한 지역
ㄹ. 소방시설·소방용수시설 또는 소방출동로가 없는 지역

① ㄱ, ㄴ
② ㄷ, ㄹ
③ ㄴ, ㄷ, ㄹ
④ ㄱ, ㄴ, ㄷ, ㄹ

정답 56 ① 57 ④

해설 | 화재예방강화지구 지정장소
(1) 시장지역
(2) 공장·창고가 밀집한 지역
(3) 목조건물이 밀집한 지역
(4) 노후·불량건축물이 밀집한 지역
(5) 위험물의 저장·처리시설이 밀집한 지역
(6) 석유화학제품을 생산하는 공장이 있는 지역
(7) 산업단지
(8) 소방시설·소방용수시설·소방 출동로가 없는 지역
(9) 물류단지
(10) 그 밖에 소방관서장이 화재예방강화지구로 지정할 필요가 있다고 인정하는 지역

해설 | 화재안전조사
1) 화재안전조사단 구성
 (1) 소방관서장은 화재안전조사를 효율적으로 수행하기 위하여 대통령령에 따라 소방청에는 중앙화재안전조사단을, 소방본부 및 소방서에는 지방화재안전조사단을 편성·운영할 수 있다.
 (2) 중앙화재안전조사단 및 지방화재안전조사단은 단장 포함 50명 이내의 단원으로 성별 고려하여 구성
2) 화재안전조사위원회 구성
 (1) 화재안전조사위원회의 구성·운영 등에 필요한 사항 : 대통령령
 (2) 위원장(소방관서장) 1명을 포함한 7명 이내의 위원으로 성별을 고려하여 구성
 (3) 위원의 임기 : 2년, 한 차례만 연임

58 화재의 예방 및 안전관리에 관한 법령상 화재안전조사에 관한 설명으로 옳지 않은 것은?

① 중앙화재안전조사단은 단장을 제외하여 60명 이상의 단원으로 성별을 고려하여 구성한다.
② 지방화재안전조사단은 단장을 포함하여 50명 이내의 단원으로 성별을 고려하여 구성한다.
③ 화재안전조사위원회는 위원장 1명을 포함하여 7명 이내의 위원으로 성별을 고려하여 구성한다.
④ 화재안전조사위원회 위촉위원의 임기는 2년으로 하며 한 차례만 연임할 수 있다.

59 소방시설공사업법령상 소방시설업자의 지위승계에 관한 조문의 일부이다. ( )에 들어갈 내용으로 옳은 것은?

다음 각 호의 어느 하나에 해당하는 자가 종전의 소방시설업자의 지위를 승계하려는 경우에는 그 상속일, 양수일 또는 합병일부터 (ㄱ)일 이내에 행정안전부령으로 정하는 바에 따라 그 사실을 (ㄴ)에게 신고하여야 한다.
1. 소방시설업자가 사망한 경우 그 상속인
2. 소방시설업자가 그 영업을 양도한 경우 그 (ㄷ)

① ㄱ : 15, ㄴ : 시·도지사, ㄷ : 양도인
② ㄱ : 15, ㄴ : 소방본부장, ㄷ : 양도인
③ ㄱ : 30, ㄴ : 시·도지사, ㄷ : 양수인
④ ㄱ : 30, ㄴ : 소방본부장, ㄷ : 양수인

정답 58 ① 59 ③

해설 | 소방시설업자의 지위승계(법 제7조)
다음 각 호의 어느 하나에 해당하는 자가 종전의 소방시설업자의 지위를 승계하려는 경우에는 그 상속일, 양수일 또는 합병일부터 30일 이내에 행정안전부령으로 정하는 바에 따라 그 사실을 시·도지사에게 신고하여야 한다.
1. 소방시설업자가 사망한 경우 그 상속인
2. 소방시설업자가 그 영업을 양도한 경우 그 양수인
3. 법인인 소방시설업자가 다른 법인과 합병한 경우 합병 후 존속하는 법인이나 합병으로 설립되는 법인

해설 | 소방공사업법 벌칙
ㄴ. 정당한 사유 없이 관계 공무원의 출입 또는 검사·조사를 거부·방해 또는 기피한 자는 100만 원 이하의 벌금에 처한다.
※ 관계인의 정당한 업무를 방해하거나 업무상 알게 된 비밀을 누설한 사람 : 300만 원 이하의 벌금

60 소방시설공사업법령상 벌칙에 관한 내용으로 옳은 것을 모두 고른 것은?

> ㄱ. 공사감리 결과의 통보 또는 공사감리 결과보고서의 제출을 거짓으로 한 자는 1천 만 원 이하의 벌금에 처한다.
> ㄴ. 정당한 사유 없이 관계 공무원의 출입 또는 검사·조사를 거부·방해 또는 기피한 자는 300만 원 이하의 벌금에 처한다.
> ㄷ. 소방기술자를 공사현장에 배치하지 아니한 자는 200만 원 이하의 과태료를 부과한다.

① ㄱ, ㄴ
② ㄱ, ㄷ
③ ㄴ, ㄷ
④ ㄱ, ㄴ, ㄷ

61 소방시설공사업법령상 소방시설업에 해당하지 않는 것은?
① 방염처리업
② 소방시설관리업
③ 소방시설설계업
④ 소방공사감리업

해설 | 소방시설의 공사업의 종류
1) 소방시설설계업
2) 소방시설공사업
3) 소방공사감리업
4) 방염처리업
※ 소방시설관리업은 소방시설의 설치 및 관리에 관한 법률에 따른다.

정답 60 ② 61 ②

62 소방시설설치 및 관리에 관한 법령상 특정소방대상물의 관계인이 특정소방대상물에 설치·관리해야 하는 소방시설의 종류 중 소화설비에 관한 조문의 일부이다. ( )에 들어갈 내용으로 옳은 것은?

> 가. 화재안전기준에 따라 소화기구를 설치하여야 하는 특정소방대상물은 다음의 어느 하나에 해당하는 것으로 한다.
> 1) 연면적 (ㄱ) m^2 이상인 것. 다만 (ㄴ)의 경우에는 투척용 소화용구 등을 화재안전기준에 따라 산정된 소화기 수량의 2분의 1 이상으로 설치할 수 있다.

① ㄱ : 20, ㄴ : 숙박시설
② ㄱ : 20, ㄴ : 노유자시설
③ ㄱ : 33, ㄴ : 숙박시설
④ ㄱ : 33, ㄴ : 노유자시설

해설 | 소화기구 설치대상

1) 연면적 33 m^2 이상인 것. 다만 노유자시설의 경우에는 투척용 소화용구 등을 화재안전기준에 따라 산정된 소화기 수량의 2분의 1 이상으로 설치할 수 있다.
2) 1)에 해당하지 않는 시설로서 가스시설, 발전시설 중 전기저장시설 및 국가유산
3) 터널
4) 지하구

---

63 소방시설설치 및 관리에 관한 법령상 무창층(無窓層)에 관한 조문의 일부이다. ( )에 들어갈 내용으로 옳은 것은?

> "무창층(無窓層)"이란 지상층 중 다음 각 목의 요건을 모두 갖춘 개구부(건축물에서 채광·환기·통풍 또는 출입 등을 위하여 만든 창·출입구, 그 밖에 이와 비슷한 것을 말한다. 이와 같다)의 면적의 합계가 해당 층의 바닥면적(「건축법 시행령」 제119조 제1항 제3호에 따라 산정된 면적을 말한다. 이하 같다)의 (ㄱ) 이하가 되는 층을 말한다.
> 가. 크기는 지름 (ㄴ)센티미터 이상의 원이 통과할 수 있을 것
> 나. 해당 층의 바닥면으로부터 개구부 밑부분까지의 높이가 (ㄷ)미터 이내일 것

① ㄱ : 30분의 1, ㄴ : 50, ㄷ : 1.2
② ㄱ : 30분의 1, ㄴ : 100, ㄷ : 1.2
③ ㄱ : 50분의 1, ㄴ : 50, ㄷ : 1.5
④ ㄱ : 50분의 1, ㄴ : 100, ㄷ : 1.5

해설 | 무창층의 정의

"무창층"(無窓層)이란 지상층 중 다음 각 목의 요건을 모두 갖춘 개구부(건축물에서 채광·환기·통풍 또는 출입 등을 위하여 만든 창·출입구, 그 밖에 이와 비슷한 것을 말한다. 이하 같다)의 면적의 합계가 해당 층의 바닥면적(「건축법 시행령」 제119조 제1항 제3호에 따라 산정된 면적을 말한다. 이하 같다)의 30분의 1 이하가 되는 층을 말한다.
가. 크기는 지름 50센티미터 이상의 원이 통과할 수 있을 것
나. 해당 층의 바닥면으로부터 개구부 밑부분까지의 높이가 1.2미터 이내일 것
다. 도로 또는 차량이 진입할 수 있는 빈터를 향할 것

라. 화재 시 건축물로부터 쉽게 피난할 수 있도록 창살이나 그 밖의 장애물이 설치되지 않을 것
마. 내부 또는 외부에서 쉽게 부수거나 열 수 있을 것

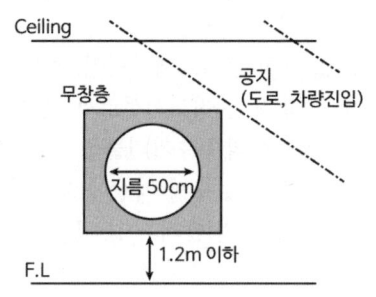

해설 | 방염성능기준

1) 버너의 불꽃을 제거한 때부터 불꽃을 올리며 연소하는 상태가 그칠 때까지 시간은 20초 이내일 것
2) 버너의 불꽃을 제거한 때부터 불꽃을 올리지 않고 연소하는 상태가 그칠 때까지 시간은 30초 이내일 것
3) 탄화(炭化)한 면적은 50제곱센티미터 이내, 탄화한 길이는 20센티미터 이내일 것
4) 불꽃에 의하여 완전히 녹을 때까지 불꽃의 접촉 횟수는 3회 이상일 것
5) 소방청장이 정하여 고시한 방법으로 발연량(發煙量)을 측정하는 경우 최대연기밀도는 400 이하일 것

64 소방시설설치 및 관리에 관한 법령상 방염대상물품의 방염성능기준으로 옳은 것을 모두 고른 것은?

> ㄱ. 탄화(炭火)한 면적은 50제곱센티미터 이내, 탄화한 길이는 30센티미터 이내일 것
> ㄴ. 버너의 불꽃을 제거한 때부터 불꽃을 올리며 연소하는 상태가 그칠 때까지 시간은 30초 이내일 것
> ㄷ. 소방청장이 정하여 고시한 방법으로 발연량(發煙量)을 측정하는 경우 최대 연기밀도는 400 이하일 것

① ㄷ
② ㄱ, ㄴ
③ ㄴ, ㄷ
④ ㄱ, ㄴ, ㄷ

65 소방시설설치 및 관리에 관한 법령상 건축허가등을 할 때 미리 소방본부장 또는 소방서장의 동의를 받아야 하는 건축물 등의 범위에 해당하는 것은? (단, 다른 조건은 고려하지 않는다)

① 연면적이 200제곱미터 이상인 의료재활시설
② 가스시설로서 지하저장탱크의 저장용량의 합계가 50톤 이상인 것
③ 차고·주차장으로 사용되는 바닥면적이 200제곱미터 이상인 층이 있는 건축물이나 주차시설
④ 지하층 또는 무창층이 있는 건축물로서 연면적이 100제곱미터(공연장의 경우에는 50제곱미터) 이상인 층이 있는 것

해설 | 건축허가등의 동의대상물의 범위

1) 연면적 400 m² 이상의 건축물이나 시설
   - 다만 다음 건축물은 예외
   (1) 학교시설 : 100 m² 이상
   (2) 노유자(老幼者) 시설 및 수련시설 : 200 m² 이상
   (3) 정신의료기관(입원실이 없는 정신건강의학과 의원은 제외)·장애인의료재활시설 : 300 m² 이상
2) 지하층 또는 무창층이 있는 건축물로서 바닥면적이 150 m²(공연장 100 m²) 이상인 층이 있는 것
3) 차고·주차장·주차용도로 사용되는 시설로서 어느 하나에 해당하는 것
   (1) 차고·주차장으로 사용되는 바닥면적 200 m² 이상인 층이 있는 건축물·주차시설
   (2) 승강기 등 기계장치에 의한 주차시설로서 자동차 20대 이상 주차 시설
4) 층수가 6층 이상인 건축물
5) 항공기격납고, 관망탑, 항공관제탑, 방송용 송수신탑
6) 공동주택, 의원(입원실 또는 인공신장실이 있는 것으로 한정한다), 숙박시설,조산원, 산후조리원, 위험물 저장 및 처리시설, 발전시설 중 풍력발전소·전기저장시설, 지하구 〈개정 2024.12.31.〉 개정
7) 1)호에 해당하지 않는 노유자시설 중 다음 어느 하나에 해당하는 시설
   다만 아래 밑줄 친 부분의 시설 중 단독주택 또는 공동주택에 설치되는 시설은 제외
   (1) 노인 관련 시설 중 다음에 해당하는 시설
       ① 노인주거복지시설·노인의료복지시설·재가노인복지시설
       ② 학대피해노인 전용쉼터
   (2) 아동복지시설(아동상담소·아동전용시설·지역아동센터는 제외)
   (3) 장애인거주시설
   (4) 정신질환자 관련 시설
   (5) 노숙인 관련 시설 중 노숙인자활시설·노숙인재활시설·노숙인요양시설
   (6) 결핵환자나 한센인이 24시간 생활하는 노유자시설
8) 요양병원(의료재활시설 제외)
9) 공장 또는 창고시설로서 지정 수량의 750배 이상의 특수가연물을 저장·취급하는 것
10) 가스시설로서 지상에 노출된 탱크의 저장용량의 합계가 100톤 이상인 것

66 소방시설설치 및 관리에 관한 법령상 소방용품의 형식승인 등에 관한 조문의 일부이다. ( )에 들어갈 내용으로 옳은 것은?

> • 대통령령으로 정하는 소방용품을 제조하거나 수입하려는 자는 소방청장의 (ㄱ)을 받아야 한다. 다만 연구개발 목적으로 제조하거나 수입하는 소방용품은 그러하지 아니하다.
> • 「소방시설설치 및 관리에 관한 법률」 제37조 제1항에 따른 (ㄱ)을 받으려는 자는 (ㄴ)으로 정하는 기준에 따라 (ㄱ)을 위한 시험시설을 갖추고 소방청장의 심사를 받아야 한다.

① ㄱ : 형식승인, ㄴ : 총리령
② ㄱ : 형식승인, ㄴ : 행정안전부령
③ ㄱ : 성능인증, ㄴ : 총리령
④ ㄱ : 성능인증, ㄴ : 행정안전부령

정답 66 ②

해설 | 소방용품의 형식승인 등(법 제37조)
① 대통령령으로 정하는 소방용품을 제조하거나 수입하려는 자는 소방청장의 형식승인을 받아야 한다. 다만 연구개발 목적으로 제조하거나 수입하는 소방용품은 그러하지 아니하다.
② 제1항에 따른 형식승인을 받으려는 자는 행정안전부령으로 정하는 기준에 따라 형식승인을 위한 시험시설을 갖추고 소방청장의 심사를 받아야 한다. 다만 소방용품을 수입하는 자가 판매를 목적으로 하지 아니하고 자신의 건축물에 직접 설치하거나 사용하려는 경우 등 행정안전부령으로 정하는 경우에는 시험시설을 갖추지 아니할 수 있다.
③ 제1항과 제2항에 따라 형식승인을 받은 자는 그 소방용품에 대하여 소방청장이 실시하는 제품검사를 받아야 한다.
④ 제1항에 따른 형식승인의 방법·절차 등과 제3항에 따른 제품검사의 구분·방법·순서·합격표시 등에 필요한 사항은 행정안전부령으로 정한다.
⑤ 소방용품의 형상·구조·재질·성분·성능 등(이하 "형상등"이라 한다)의 형식승인 및 제품검사의 기술기준 등에 필요한 사항은 소방청장이 정하여 고시한다.
⑥ 누구든지 다음 각 호의 어느 하나에 해당하는 소방용품을 판매하거나 판매 목적으로 진열하거나 소방시설공사에 사용할 수 없다.

67 소방시설설치 및 관리에 관한 법령상 소방시설 중 소화활동설비에 해당하는 것은?

① 방열복
② 비상벨설비
③ 통합감시시설
④ 연결송수관설비

해설 | 소방시설(시행령 별표 1)

1. 소화설비	소화기구	소화기
		간이소화용구 : 에어로졸식, 투척용, 소공간용, 소화약제 이외의 것
		자동확산소화기
	자동소화장치	주거용, 상업용, 캐비닛형, 가스, 분말, 고체에어로졸
	옥내소화전설비(호스릴 포함)	
	스프링클러 등	스프링클러, 간이(캐비닛형 포함), 화재조기진압용
	물분무 등	물분무, 미분무, 포, 이산화탄소, 할론, 할론겐화합물 및 불활성기체, 분말, 강화액, 고체에어로졸
	옥외소화전설비	
2. 경보설비	단독경보형 감지기	
	비상경보설비	비상벨, 자동식 사이렌
	시각경보기, 자탐, 비상방송, 자동화재속보, 통합감시시설, 누전경보기, 가스누설경보기, 화재알림설비〈시행 2023.12.1.〉	
3. 피난구조설비	피난기구	피난사다리, 구조대, 완강기, (간이)완강기, 그밖에 화재안전기준으로 정하는 것
	인명구조기구	방열복, 방화복(안전모, 보호장갑, 안전화 포함), 공기호흡기, 인공소생기
	유도등	피난유도선, 피난구유도등, 통로유도등, 객석유도등, 유도표지
	비상조명등 및 휴대용 비상조명등	

정답 67 ④

4. 소화용수설비	상수도소화용수설비, 소화수조·저수조, 그 밖의 소화용수설비
5. 소화활동설비	제연, 연결송수관, 연결살수, 비상콘센트, 무통, 연소방지설비

68 위험물안전관리법령상 옥내저장소 설치허가 수수료의 연결로 옳은 것은?

① 지정수량의 10배 이하인 것 - 1만 원
② 지정수량의 50배 초과 100배 이하인 것 - 4만 원
③ 지정수량의 100배 초과 200배 이하인 것 - 6만 원
④ 지정수량의 200배 초과하는 것 - 9만 원

해설 | 옥내저장소 설치허가 수수료(시행규칙 별표 25)

① 지정수량의 <u>10배 이하인 것 - 2만 원</u>
② 지정수량의 10배 초과 50배 이하인 것 - 2만 5천 원
③ 지정수량의 50배 초과 100배 이하인 것 - 4만 원
④ 지정수량의 <u>100배 초과 200배 이하인 것 - 5만 원</u>
⑤ 지정수량의 <u>200배를 초과하는 것 - 6만 5천 원</u>

69 위험물안전관리법령상 제조소의 위치·구조 및 설비의 기준 중 피뢰설비 설치를 제외할 수 있는 위험물은? (단, 제조소의 주위의 상황에 따라 안전상 지장이 있고, 지정수량 10배 이상의 위험물을 취급하는 제조소임)

① 아염소산염류
② 과염소산
③ 황린
④ 하이드록실아민

해설 | 제조소의 위치·구조 및 설비의 기준(시행규칙 별표 4)

[피뢰설비]
지정수량의 10배 이상의 위험물을 취급하는 제조소(제6류 위험물을 취급하는 위험물제조소를 제외한다)에는 피뢰침(「산업표준화법」 제12조에 따른 한국산업표준 중 피뢰설비 표준에 적합한 것을 말한다. 이하 같다)을 설치하여야 한다. 다만 제조소의 주위의 상황에 따라 안전상 지장이 없는 경우에는 피뢰침을 설치하지 아니할 수 있다.

[제6류 위험물 : 산화성액체]
1) 과염소산
2) 과산화수소
3) 질산

70 위험물안전관리법령상 용어의 정의에 따른 도로에 해당하지 않는 것은?

① 「도로법」에 따른 도로
② 「항만법」에 따른 항만시설 중 임항교통시설에 해당하는 도로
③ 「사도법」에 의한 사도
④ 그 밖에 일반교통에 이용되지 않는 너비 2미터 이상의 도로로서 자동차의 통행이 가능한 것

해설 | 도로의 정의(시행규칙 제2조)
① 「도로법」에 따른 도로
② 「항만법」에 따른 항만시설 중 임항교통시설에 해당하는 도로
③ 「사도법」에 의한 사도
④ 그 밖에 일반교통에 이용되는 너비 2미터 이상의 도로로서 자동차의 통행이 가능한 것

71 위험물안전관리법령상 옥내탱크저장소의 변경허가를 받아야 하는 경우를 모두 고른 것은?

ㄱ. 옥내저장탱크의 탱크본체를 절개하여 보수하는 경우
ㄴ. 불활성기체의 봉입장치를 신설하는 경우
ㄷ. 자동화재탐지설비를 신설 또는 철거하는 경우

① ㄷ
② ㄱ, ㄴ
③ ㄴ, ㄷ
④ ㄱ, ㄴ, ㄷ

해설 | 옥내탱크저장소의 변경허가(시행규칙 별표 1의2)
가. 옥내저장탱크의 위치를 이전하는 경우
나. 주입구의 위치를 이전하거나 신설하는 경우
다. 300 m(지상에 설치하지 아니하는 배관의 경우에는 30 m)를 초과하는 위험물배관을 신설교체철거 또는 보수(배관을 절개하는 경우에 한한다)하는 경우
라. 옥내저장탱크를 신설교체 또는 철거하는 경우
마. 옥내저장탱크를 보수(탱크본체를 절개하는 경우에 한한다)하는 경우
바. 옥내저장탱크의 노즐 또는 맨홀을 신설하는 경우(노즐 또는 맨홀의 지름이 250 mm를 초과하는 경우에 한한다)
사. 건축물의 벽기둥바닥보 또는 지붕을 증설 또는 철거하는 경우
아. 배출설비를 신설하는 경우
자. 별표 7 Ⅱ에 따른 누설범위를 국한하기 위한 설비냉각장치보냉장치온도의 상승에 의한 위험한 반응을 방지하기 위한 설비 또는 철 이온 등의 혼입에 의한 위험한 반응을 방지하기 위한 설비를 신설하는 경우
차. 불활성기체의 봉입장치를 신설하는 경우
카. 물분무등소화설비를 신설교체(배관밸브압력계소화전본체소화약제탱크포헤드포방출구 등의 교체는 제외한다) 또는 철거하는 경우
타. 자동화재탐지설비를 신설 또는 철거하는 경우

정답 70 ④ 71 ④

72 다중이용업소의 안전관리에 관한 특별법령상 안전시설등에 대한 정기점검 등에 관한 조문의 일부이다. ( )에 들어갈 내용으로 옳은 것은? (단, 다른 조건은 고려하지 않는다)

> • 다중이용업주는 다중이용업소의 안전관리를 위하여 정기적으로 안전시설등을 점검하고 그 점검결과서를 작성하여 (ㄱ)년간 보관하여야 한다.
> • 점검주기 : 매 (ㄴ)별 (ㄷ)회 이상 점검

① ㄱ : 1, ㄴ : 분기, ㄷ : 1
② ㄱ : 1, ㄴ : 반기, ㄷ : 2
③ ㄱ : 2, ㄴ : 분기, ㄷ : 1
④ ㄱ : 2, ㄴ : 반기, ㄷ : 2

해설 | 안전점검의 대상, 점검자의 자격 등
1) 다중이용업주는 정기적으로 안전시설 등을 점검하여야 한다.
2) 점검결과서를 작성하여 <u>1년간 보관</u>
3) 다중이용업주는 정기점검을 소방시설관리업자에게 위탁할 수 있다.
4) 제1항에 따른 안전점검의 대상, 점검자의 자격, 점검주기, 점검방법, 그 밖에 필요한 사항은 행정안전부령으로 정한다.

안전 점검의 대상	다중이용업소의 영업장에 설치된 안전시설 등
안전 점검자의 자격	1) 다중이용업주 또는 소방안전관리자(선임된 경우) 2) 종업원 중 소방안전관리자, 소방기술사 · 소방설비(산업)기사 자격을 취득한 자 3) 소방시설관리업자
점검주기	매 <u>분기별 1회 이상 점검(연 4회)</u> 단, 자체점검 실시한 그 분기는 생략 가능
점검방법	안전시설 등의 작동 및 유지·관리 상태 점검

73 다중이용업소의 안전관리에 관한 특별법령상 안전시설등에서 소방시설 중 피난설비에 해당하는 것은?

① 휴대용 비상조명등
② 창문
③ 영업장 내부 피난통로
④ 비상구

해설 | 다중이용업소에 설치하는 안전시설 등

소방시설			
피난설비	피난기구	2층 이상 4층 이하 영업장의 발코니 또는 부속실과 연결되는 비상구에 설치	-
	피난유도선	영업장 내부 피난통로·복도에 NFSC(유도등·유도표지) 기준 설치 전류에 의해 빛을 내는 방식	영업장 내부 피난통로 또는 복도가 있는 영업장에만 설치
	유도등, 유도표지, 비상조명등	구획된 실마다 유도등, 유도표지 또는 비상조명등 중 하나 이상 설치	-
	휴대용 비상조명등	구획된 실마다 설치	-

정답 72 ① 73 ①

74 다중이용업소의 안전관리에 관한 특별법령상 조치명령 미이행업소를 공개할 때 포함해야 할 사항이 아닌 것은?

① 미이행업소의 주소
② 소방서장이 조치한 내용
③ 미이행의 횟수
④ 미이행업소 대표자 성명

해설 | 조치명령 미이행업소의 공개사항 등
법 제20조 제1항에 따라 조치명령 미이행업소를 공개할 때에는 다음 각 호의 사항을 포함해야 하며, 공개기간은 그 업소가 조치명령을 이행하지 아니한 때부터 조치명령을 이행할 때까지로 한다.
1. 미이행업소명
2. 미이행업소의 주소
3. 소방청장·소방본부장 또는 소방서장이 조치한 내용
4. 미이행의 횟수

75 다중이용업소의 안전관리에 관한 특별법령상 평가대행자에 대한 1차 행정처분기준이 등록취소에 해당하는 위반사항은? (단, 가중과 감경은 고려하지 않는다)

① 화재위험평가서를 허위로 작성하거나 고의 또는 중대한 과실로 평가서를 부실하게 작성한 경우
② 도급받은 화재위험평가 업무를 하도급한 경우
③ 업무정지처분기간 중 신규계약에 의하여 화재위험평가대행업무를 한 경우
④ 1개월 이상 시험장비가 없는 경우

해설 | 평가대행자에 대한 행정처분기준(시행규칙 별표 3)
① 화재위험평가서를 허위로 작성하거나 고의 또는 중대한 과실로 평가서를 부실하게 작성한 경우 : 6개월 - 등록취소
② 도급받은 화재위험평가 업무를 하도급한 경우 : 6개월 - 등록취소
④ 1개월 이상 시험장비가 없는 경우 : 6개월 - 등록취소

정답 74 ④ 75 ③

25회 제4과목 위험물의 성상 및 시설기준

목표 점수 : _____   맞은 개수 : _____

76 제1류 위험물의 공통성질에 관한 설명으로 옳은 것은?

① 산화성고체이다.
② 물에 접촉하면 발열한다.
③ 무색 또는 백색의 화합물이다.
④ 가열 분해에 의하여 수소를 발생시킨다.

해설 | 산화성고체
무기화합물, 무색결정, 물에 녹음, 강산화성, 불연성, 조연성
1) 일반적인 성질
　(1) 모두 무기화합물로 대부분 무색결정, 백색분말의 산화성고체
　(2) 강산화성물질, 불연성고체, 조연성
　(3) 가열, 충격, 마찰, 타격으로 분해 산소 방출
　(4) 비중 1보다 크며, 물에 녹는 것도 있음
　(5) 가열하여 용융된 진한 용액은 가연성물질과 접촉 시 혼촉 발화 위험
2) 위험성
　(1) 가열 또는 제6류 위험물과 혼합하면 산화성 증대
　(2) NH_4NO_3, NH_4ClO_3은 가연물과 접촉, 혼합으로 분해폭발
　(3) 무기과산화물은 물과 반응하여 산소 방출, 심하게 발열
　(4) 유기물과 혼합 시 폭발위험

77 에틸알코올이 완전연소한 경우의 화학반응식이다. 다음 (ㄱ)~(ㄹ)에 들어갈 숫자는?

$$(\text{ㄱ})C_2H_5OH + (\text{ㄴ})O_2 \rightarrow (\text{ㄷ})CO_2 + (\text{ㄹ})H_2O$$

① ㄱ : 1, ㄴ : 1, ㄷ : 2, ㄹ : 5
② ㄱ : 1, ㄴ : 3, ㄷ : 2, ㄹ : 3
③ ㄱ : 2, ㄴ : 3, ㄷ : 4, ㄹ : 5
④ ㄱ : 2, ㄴ : 7, ㄷ : 4, ㄹ : 5

해설 | 에틸알코올 완전연소반응식
$C_2H_5OH + 3O_2 \rightarrow 2CO_2 + 3H_2O$

78 탄소가 다음 반응과 같이 진행하여 완전연소될 경우 생성되는 열량 [kJ]은?

$$1단계 : C + \frac{1}{2}O_2 \rightarrow CO + 111kJ$$
$$2단계 : CO + \frac{1}{2}O_2 \rightarrow CO_2 + 283kJ$$

① 172　　② 283
③ 394　　④ 566

정답 76 ① 77 ② 78 ③

해설 | 완전연소 시 열량

1단계 : $C + \frac{1}{2}O_2 \rightarrow CO + 111\ kJ$

2단계 : $CO + \frac{1}{2}O_2 \rightarrow CO_2 + 283\ kJ$

완전연소 시 열량 : 111 + 283 = 394 kJ

79 제5류 위험물 중 나이트로화합물이 아닌 것은?

① 테트릴
② 피크린산
③ 트라이나이트로톨루엔
④ 나이트로글리세린

해설 | 나이트로 화합물
1) 나이트로 화합물
　① 트라이나이트로톨루엔
　② 트라이나이트로페놀(피크린산)
　③ 테트릴
　④ 헥소겐
2) 나이트로글리세린은 질산에스터류

80 칼륨과 나트륨에 관한 비교 설명으로 옳지 않은 것은?

① 비중은 나트륨이 크다.
② 융점은 칼륨이 낮다.
③ 비점은 칼륨이 낮다.
④ 모두 이온화 경향이 작은 가연성금속이다.

해설 | 칼륨과 나트륨 비교

구분	칼륨	나트륨
비중	0.857	0.97
융점	63.5 ℃	97.9 ℃
비점	774 ℃	877 ℃
이온화 경향	크다	크다

81 물질 A와 B의 특성이 다음과 같을 때 공기 중에서 인화 또는 발화가 가능한 조건은? (단, 물질 A는 물 또는 물질 B와 혼합하여도 화학반응 등이 일어나지 않는 것으로 한다)

물질	A	B
성질	비수용성	수용성
인화점	13 ℃	11 ℃
발화점	443 ℃	413 ℃
연소범위	7.6 ~ 43 vol%	4.3 ~ 19 vol%

① A 증기 3 L와 공기 100 L를 혼합하여 전기점화를 한다.
② A를 직접적인 점화원 없이 200 ℃까지 가열한다.
③ 443 ℃인 공간에 B를 소량 떨어뜨린다.
④ A와 B를 혼합한 것을 300 ℃로 가열한 유리 용기에 넣는다.

정답 79 ④ 80 ④ 81 ③

해설 | 인화 또는 발화가 가능한 조건
1) 인화점, 발화점 정의
   ① 인화점 : 점화원에 의해서 발화하기 시작하는 최저온도
   ② 발화점 : 점화원 없이 스스로 연소하기 시작하는 최저온도
2) 인화 또는 발화 가능 여부
   ① A 증기 3 L와 공기 100 L 혼합하여 전기점화 시
   $$\frac{증기}{증기+공기} = \frac{3}{3+100} ≒ 0.03$$
   0.03은 연소범위 7.6 - 43 vol%에 포함되지 아니하므로 인화 불가
   ② A를 직접적인 점화원 없이 200℃까지 가열 시 발화점 443℃에 도달하지 아니하므로 발화 불가
   ③ 443℃인 공간에 B를 소량 떨어뜨리면 B의 발화점이 413℃이므로 발화
   ④ A와 B를 혼합한 것을 300℃로 가열한 유리용기에 넣을 경우 발화점에 도달하지 아니하므로 발화 불가

해설 | 기름의 온도
1) $Q = cm\Delta T$
   Q : 열량 [J]
   c : 비열 [J/g · ℃]
   ΔT : 온도차 [℃]
2) 계산
   $Q = cm\Delta T$
   $4,200 J = 2.1 J/g·℃ × 100 g × (x - 19)℃$
   x = 39

82 19℃의 기름 100 g에 4200 J의 열량을 가했을 경우 기름의 온도 [℃]는? (단, 기름의 비열은 2.1 J/g·℃이다)
① 20 ② 35
③ 39 ④ 45

83 철, 구리와 반응하여 폭발성의 금속염을 형성하는 것은?
① 트라이나이트로페놀
② 과산화벤조일
③ 나이트로글리세린
④ 나이트로셀룰로오스

해설 | 트라이나이트로페놀
• 트라이나이트로페놀 : TNP, $C_6H_2OH(NO_2)_3$, 피크린산(피크르산)
① 광택 있는 황색의 침상결정이고 찬물에 미량 녹고, 알코올, 에터, 온수에 잘 녹음
② 쓴맛, 독성, 황색염료와 폭약으로 사용
③ 단독으로 가열, 마찰, 충격에 안정하고 연소 시 검은 연기, 폭발 없음
④ 금속염과 혼합 시 폭발 심함

정답 82 ③ 83 ①

84 질산암모늄 1 ton을 고온으로 가열하여 질소, 수증기, 산소로 완전 분해되었다. 이때 생성되는 (ㄱ) 질소와 (ㄴ) 산소의 질량 [kg]은 약 얼마인가?

① ㄱ : 175, ㄴ : 100
② ㄱ : 350, ㄴ : 200
③ ㄱ : 425, ㄴ : 250
④ ㄱ : 525, ㄴ : 300

해설 | 질산암모늄 완전 분해
1) 질산암모늄 : ANFO 폭약원료
2) 완전분해반응식 : $2NH_4NO_3$
  → $2N_2 + 4H_2O + O_2$

암기 질물산 241

① 분자량
  NH_4NO_3 : 14+(1×4)+14+(16×3) = 80
  N_2 : 14×2 = 28
  O_2 : 16×2 = 32
② 생성되는 질소의 질량
  (2×80)kg : (2×28)kg = 1,000kg : X
  X = 350kg
③ 생성되는 산소의 질량
  (2×80)kg : (2×16)kg = 1,000kg : X
  X = 200kg

85 제3류 위험물의 성상에 관한 설명으로 옳은 것을 모두 고른 것은?

> ㄱ. 황린은 자연발화성물질 및 금수성물질이다.
> ㄴ. 나트륨은 은백색의 광택이 나는 연한 경금속이다.
> ㄷ. 인화칼슘은 물과 반응하여 공기보다 무거운 포스핀을 생성한다.
> ㄹ. 트라이에틸알루미늄은 물과 반응하여 에테인(Ethane)을 생성한다.

① ㄱ
② ㄱ, ㄷ
③ ㄴ, ㄹ
④ ㄴ, ㄷ, ㄹ

해설 | 제3류 위험물
1) 황린 : 자연발화성물질
2) 나트륨 : 은백색의 광택이 나는 연한 경금속
3) 인화칼슘
  ① 물과 반응 : $Ca_3P_2 + 6H_2O$
    → $3Ca(OH)_2 + 2PH_3$
  ② 공기보다 무거운 포스핀 가스 생성
4) 트라이에틸알루미늄
  ① 물과 반응 : $(C_2H_5)_3Al + 3H_2O$
    → $Al(OH)_3 + 3C_2H_6$
  ② 에테인 생성

정답 84 ② 85 ④

86 제4류 위험물에 관한 설명으로 옳지 않은 것은?

① n-부틸알코올(Normal Butyl Alcohol)은 제2석유류에 속하는 인화성액체이다.
② 아크롤레인(Acrolein)은 제1석유류에 속하며 증기비중이 1보다 크고 독성이 강하다.
③ 글리세린(Glycerine)은 나이트로글리세린의 원료이며 $KMnO_4$와 혼촉발화한다.
④ 콜로디온(Collodion)은 제조 시 사용한 용제가 모두 증발하며 제3류 위험물과 같은 위험성이 나타난다.

해설 | 제4류 위험물
1) n-부틸알코올 : 제2석유류. 비수용성
2) 아크롤레인 : 제1석유류. 증기비중 1보다 크고 독성 강함
3) 글리세린 : 나이트로글리세린의 원료 $KMnO_4$와 혼촉발화
4) 콜로디온 : 제조 시 사용한 용제가 모두 증발하면 콜로디온의 주성분인 나이트로셀룰로오스가 단단하게 굳어 얇은 막을 형성한다

87 위험물안전관리법령상 위험물의 지정수량과 위험등급에 관한 내용이다. 다음 ( )에 알맞은 것은?

품명	지정수량 [kg]	위험등급
질산염류	300	(ㄱ)
마그네슘	(ㄴ)	III
알킬리튬	(ㄷ)	I

① ㄱ : I, ㄴ : 100, ㄷ : 50
② ㄱ : II, ㄴ : 300, ㄷ : 20
③ ㄱ : II, ㄴ : 500, ㄷ : 10
④ ㄱ : III, ㄴ : 1000, ㄷ : 20

해설 | 지정수량과 위험등급

품명	지정수량 [kg]	위험등급
질산염류	300	II
마그네슘	500	III
알킬리튬	10	I

88 위험물안전관리법령상 제조소에서 저장 또는 취급하는 위험물별 게시판에 표시해야 하는 주의사항으로 옳은 것은?

① 톨루엔 - 화기엄금
② 질산에틸 - 화기주의
③ 철분 - 물기엄금
④ 인화성고체 - 화기주의

해설 | 게시판 주의사항

위험물의 종류	주의사항	게시판의 색상
제1류 알칼리금속 과산화물, 제3류 금수성물질	물기엄금	청색바탕 백색문자
제2류(인화성고체 제외)	화기주의	적색바탕 백색문자
제2류 인화성고체, 제3류 자연발화성물질, 제4류 인화성액체, 제5류 자기반응성물질	화기엄금	적색바탕 백색문자
제1류(알칼리과산화물 제외), 제6류	별도 표시하지 않는다.	

① 톨루엔(제5류) : 화기엄금
② 질산에틸(제5류) : 화기엄금
③ 철분(제2류) : 화기주의
④ 인화성고체(제2류) : 화기엄금

89 위험물안전관리법령상 제조소의 "위험물의 성질에 따른 제조소의 특례"기준이다. 다음 ( )에 알맞은 것은?

- (ㄱ)을 취급하는 설비에는 불활성기체를 봉입하는 장치를 갖출 것
- (ㄴ)을/를 취급하는 설비는 은·수은·동·마그네슘 또는 이들을 성분으로 하는 합금으로 만들지 아니할 것

① ㄱ : 알킬리튬
　ㄴ : 아세트알데하이드
② ㄱ : 알킬리튬
　ㄴ : 하이드록실아민
③ ㄱ : 산화프로필렌
　ㄴ : 아세트알데하이드
④ ㄱ : 산화프로필렌
　ㄴ : 하이드록실아민

해설 | 위험물의 성질에 따른 제조소의 특례
(1) 알킬알루미늄 등을 취급하는 제조소의 특례
　① 설비 주위 누설범위 국한 위한 설비, 누설된 알킬알루미늄 등을 안전한 장소에 설치된 저장실에 유입시킬 수 있는 설비를 갖출 것
　② 알킬알루미늄 등을 취급하는 설비에는 불활성기체 봉입 장치를 갖출 것
(2) 아세트알데하이드 등을 취급하는 제조소의 특례
　① 은·수은·동·마그네슘 또는 이들을 성분으로 하는 합금으로 만들지 않을 것
　② 아세트알데하이드 등을 취급하는 설비에는 불활성기체 또는 수증기 봉입장치를 갖출 것
　③ 아세트알데하이드 등을 취급하는 탱크(옥내외 탱크로서 그 용량이 지정수량의 1/5 미만의 것 제외)는 냉각, 보냉장치 및 불활성기체 봉입 장치를 갖출 것. 다만 지하에 있는 탱크가 아세트알데하이드 등의 온도를 저온으로 유지할 수 있는 구조인 경우에는 냉각장치 및 보냉장치를 갖추지 아니할 수 있다.
　④ 냉각 또는 보냉장치 고장 시에도 적합한 비상전원을 갖출 것

정답 89 ①

90 위험물안전관리법령상 질산메틸의 운반 시 혼재가 가능한 위험물은? (단, 운반하는 위험물은 모두 지정수량이다)

① 질산
② 마그네슘
③ 수소화나트륨
④ 과산화나트륨

해설 | 혼재 기준
질산메틸(제5류) - 마그네슘(제2류)

암기 혼재 기준 16/524/34

91 위험물안전관리법령상 주유취급소의 고정주유설비의 기준이다. 다음 ( )에 알맞은 것은?

> 펌프기기는 주유관 끝부분에서의 최대 배출량이 제1석유류의 경우에는 분당 (ㄱ) L 이하, 경유의 경우에는 분당 (ㄴ) L 이하, 등유의 경우에는 분당 (ㄷ) L 이하인 것으로 할 것

① ㄱ : 30, ㄴ : 120, ㄷ : 50
② ㄱ : 50, ㄴ : 180, ㄷ : 80
③ ㄱ : 80, ㄴ : 100, ㄷ : 250
④ ㄱ : 100, ㄴ : 300, ㄷ : 120

해설 | 주유취급소의 고정주유설비 최대배출량
- 휘발유(제1석유류) : 50 L/min
- 등유 : 80 L/min
- 경유 : 180 L/min

92 위험물안전관리법령상 위험물을 취급하는 건축물에 설치하는 채광·조명 및 환기설비에 관한 설명으로 옳지 않은 것은?

① 환기설비의 급기구는 낮은 곳에 설치한다.
② 채광설비는 채광면적이 최대가 되도록 한다.
③ 바닥면적이 100m²인 경우 환기설비의 급기구의 면적은 450cm²로 할 수 있다.
④ 스위치의 스파크로 인해 화재·폭발의 우려가 있는 경우에는 조명설비의 점멸스위치를 출입구 바깥부분에 설치한다.

해설 | 채광, 조명 및 환기설비
1) 채광설비와 조명설비
  가. 채광설비는 불연재료로 하고, 연소의 우려가 없는 장소에 설치하되 채광면적을 최소로 할 것
  나. 조명설비는 다음의 기준에 적합하게 설치할 것
    1) 가연성가스 등이 체류할 우려가 있는 장소의 조명등은 방폭 등으로 할 것
    2) 전선은 내화·내열전선으로 할 것
    3) 점멸스위치는 출입구 바깥부분에 설치할 것. 다만 스위치의 스파크로 인한 화재·폭발의 우려가 없을 경우에는 그렇지 않음
2) 환기 설비
  (1) 환기방식 : 자연배기방식
  (2) 환기구 : 지붕 위 또는 지상 2m 이상 회전식 고정벤틸레이터, 루프팬방식
  (3) 급기구 : 낮은 곳, 인화방지망

정답 90 ② 91 ② 92 ②

(4) 급기구 크기

바닥면적	급기구 면적
60 m² 미만	150 cm² 이상
60 m² 이상 90 m² 미만	300 cm² 이상
90 m² 이상 120 m² 미만	450 cm² 이상
120 m² 이상 150 m² 미만	600 cm² 이상
150 m² 이상	800 cm² 이상

93 위험물안전관리법령상 위험물 제조소의 바닥면적인 100 m²이고 배출설비를 전역방식으로 하는 경우 배출설비의 최소 배출능력 [m³/시간]은?

① 100　　② 450
③ 1,000　④ 1,800

해설 | 제조소의 배출설비
1) 배출설비 배출 능력
　① 국소방식 : 1시간당 배출장소 용적의 20배 이상
　② 전역방식 : 단위시간 바닥면적 1 m²당 18 m³ 이상
2) 전역방식
　100 m² × 18 m³/m²·hr = 1,800 m³/hr

94 위험물안전관리법령상 이동탱크저장소에 저장할 수 있는 제4류 위험물 중 접지도선을 설치해야 하는 위험물은?

① 특수인화물
② 동식물유류
③ 알코올류
④ 제3석유류

해설 | 이동탱크저장소의 접지도선
접지도선 : 특수인화물, 제1, 2석유류

95 위험물안전관리법령상 휘발유를 옥외탱크저장소에 저장할 경우 옥외탱크저장소의 위치·구조 및 설비의 기준에서 방유제의 설치에 관한 설명으로 옳지 않은 것은?

① 방유제의 높이는 0.5 m 이상 3 m 이하로 한다.
② 방유제 내의 면적은 8만 m² 이하로 한다.
③ 방유제에는 그 내부에 고인 물을 외부로 배출하기 위한 배수구를 설치하고 이를 개폐하는 밸브 등을 방유제의 내부에 설치한다.
④ 높이가 1 m를 넘는 방유제 및 간막이 둑의 안팎에는 방유제 내에 출입하기 위한 계단 또는 경사로를 약 50 m마다 설치한다.

해설 | 옥외탱크저장소의 방유제
① 제3류, 제4류 및 제5류 위험물 중 인화성이 있는 액체(이황화탄소 제외)의 옥외탱크저장소의 탱크 주위에는 다음 기준에 의한 방유제를 설치할 것
② 방유제 용량
　㉠ 탱크 하나 : 탱크용량 110 % 이상(비인화성 100 %)
　㉡ 2기 이상 : 110 % Q max

정답 93 ④　94 ①　95 ③

③ 방유제의 구조
  ㉠ 높이 : 0.5 m 이상 3 m 이하, 매설 깊이 1 m 이상 두께 0.2 m
    다만 방유제와 옥외저장탱크 사이의 지반면 아래에 불침윤성(수분 흡수를 막는 성질) 구조물을 설치하는 경우 지하 매설 깊이를 해당 불침윤성 구조물까지로 할 수 있다.
  ㉡ 면적 : 8만 m^2 이하
  ㉢ 설치 개수
    ⓐ 10기 이하 : 제1·2석유류
    ⓑ 20기 이하 : 옥외저장탱크 용량이 20만 L 이하이고, 인화점 70 ℃ 이상 200 ℃ 미만(제3석유류)인 경우
    ⓒ 제한 없음 : 제4석유류
  ㉣ 외면 1/2 이상 자동차 통행 위한 3 m 이상 구내도로와 접할 것
  ㉤ 방유제와 탱크 측면과의 상호거리
    ⓐ 탱크의 지름이 15 m 미만 : 탱크높이의 1/3 이상
    ⓑ 탱크의 지름이 15 m 이상 : 탱크높이의 1/2 이상
  ㉥ 재질 : 철근콘크리트, 흙
  ㉦ 간막이둑(용량 1,000만 L 이상 방유제)
    ⓐ 높이는 0.3 m(방유제 내에 설치되는 옥외저장탱크 용량의 합계가 2억 L를 넘는 방유제는 1m) 이상으로 하되, 방유제의 높이보다 0.2 m 이상 낮게 할 것
    ⓑ 간막이 둑은 흙 또는 철근콘크리트로 할 것
    ⓒ 용량은 간막이 둑안에 설치된 탱크의 용량의 10 % 이상
  ㉧ 배수구, 개폐밸브는 방유제 밖에 설치
  ㉨ 계단 또는 경사로 : 높이 1 m 이상에는 50 m마다 설치

96 위험물안전관리법령사 암반탱크저장소의 위치·구조 및 설비기준으로 옳은 것을 모두 고른 것은?

> ㄱ. 암반탱크는 암반투수계수가 10^{-5} m/s 이하인 천연 암반 내에 설치할 것
> ㄴ. 암반탱크는 저장할 위험물의 증기압을 억제할 수 있는 지하수면하에 설치할 것
> ㄷ. 암반탱크 내로 유입되는 지하수의 양은 암반 내의 지하수 충전량보다 적을 것
> ㄹ. 암반탱크에 가해지는 지하수압은 저장소의 최대운영압보다 작게 유지할 것

① ㄱ, ㄴ   ② ㄴ, ㄹ
③ ㄷ, ㄹ   ④ ㄱ, ㄴ, ㄷ

해설 | 암반탱크저장소의 위치·구조 및 설비기준

(1) 암반탱크 설치기준
  ① 암반탱크는 암반투수계수가 1초당 10만분의 1 m 이하(10^{-5} m/s)인 천연암반 내에 설치할 것
  ② 암반탱크는 저장할 위험물의 증기압을 억제할 수 있는 지하수면하에 설치할 것
  ③ 암반탱크의 내벽은 암반균열에 의한 낙반을 방지할 수 있도록 볼트·콘크리트 등으로 보강할 것
(2) 암반탱크의 수리조건
  ① 암반탱크 내로 유입되는 지하수의 양은 암반 내의 지하수 충전량보다 적을 것
  ② 암반탱크의 상부로 물을 주입하여 수압을 유지할 필요가 있는 경우에는 수벽공을 설치할 것
  ③ 암반탱크에 가해지는 지하수압은 저장소의 최대운영압보다 항상 크게 유지할 것

정답 96 ④

97 위험물안전관리법령상 소화설비의 설치기준에서 외벽이 내화구조가 아닌 연면적 450 m²인 저장소의 소요단위는?

① 3
② 5
③ 6
④ 9

해설 | 소요단위

1) 소요단위 계산방법

구분	제조소·취급소	저장소	위험물
외벽 내화구조	100 m²	150 m²	지정수량의 10배
외벽 비내화구조	50 m²	75 m²	

2) 소요단위 계산

외벽이 비내화구조인 저장소이므로

$\dfrac{450 m^2}{75 m^2} = 6$

98 위험물안전관리법령상 위험물의 저장 및 취급기준에 관한 설명으로 옳지 않은 것은?

① 수상구조물에 설치하는 고정주유설비를 이용하여 주유작업을 할 때에는 6 m 이내에 다른 선박의 정박 또는 계류를 금지한다.
② 철도 또는 궤도에 의하여 운행하는 차량에 주유하는 때에는 콘크리트 등으로 포장된 부분에서 주유한다.
③ 이동저장탱크에 알킬알루미늄 등을 저장하는 경우에는 20 kPa 이하의 압력으로 불활성의 기체를 봉입하여 둔다.
④ 옥내저장소에서는 용기에 수납하여 저장하는 위험물의 온도가 55 ℃를 넘지 아니하도록 필요한 조치를 강구하여야 한다.

해설 | 위험물의 저장 및 취급기준

1) 수상구조물에 설치하는 고정주유설비를 이용하여 주유작업을 할 때에는 5 m 이내에 다른 선박의 정박 또는 계류를 금지할 것
2) 철도 또는 궤도에 의하여 운행하는 차량에 주유하는 때에는 콘크리트 등으로 포장된 부분에서 주유할 것
3) 이동저장탱크에 알킬알루미늄등을 저장하는 경우에는 20 kPa 이하의 압력으로 불활성의 기체를 봉입하여 둘 것
4) 옥내저장소에서는 용기에 수납하여 저장하는 위험물의 온도가 55 ℃를 넘지 아니하도록 필요한 조치를 강구하여야 한다

정답 97 ③ 98 ①

99 위험물안전관리법령상 제1종 판매취급소의 위치·구조 및 설비의 기준에서 위험물을 배합하는 실에 관한 설명으로 옳은 것은?

① 바닥면적은 5 m² 이상 15 m² 이하로 할 것
② 내부에 체류한 가연성의 증기 또는 가연성의 미분을 지붕 위로 방출하는 설비를 할 것
③ 출입구 문턱의 높이는 바닥면으로부터 0.1 cm 이상으로 할 것
④ 출입구에는 수시로 열 수 있는 자동폐쇄식의 30분 방화문을 설치할 것

해설 | 제1종 판매취급소
제1종 판매취급소 : 지정수량 20배 이하 저장 또는 취급
① 1층에 설치, 창유리 이용 시 망입유리 설치
② 위험물 배합실 기준
  ㉠ 바닥면적 6 m² 이상 15 m² 이하 : 내화 또는 불연재료 벽으로 구획
  ㉡ 바닥 : 경사 및 집유설비
  ㉢ 출입구 : 자동폐쇄식 60분+ 방화문 또는 60분 방화문
  ㉣ 출입구 문턱 : 바닥면으로부터 0.1 m 이상

100 위험물안전관리법령상 이송취급소의 위치·구조 및 설비기준에 따라 외경이 130 mm인 배관의 최소 두께 [mm]는?

① 4.6
② 4.7
③ 4.8
④ 4.9

해설 | 이송취급소의 위치·구조 및 설비기준
배관의 외경에 따른 배관의 두께

배관의 외경 [mm]	배관의 두께 [mm]
114.3 미만	4.5
114.3 이상 139.8 미만	4.9
139.8 이상 165.2 미만	5.1
165.2 이상 216.3 미만	5.5
216.3 이상 355.6 미만	6.4
356.6 이상 508.0 미만	7.9
508.0 이상	9.5

정답 99 ② 100 ④

25회 제5과목 소방시설의 구조원리

101 소화기구 및 자동소화장치의 화재안전기술기준상 간이소화용구의 능력단위로 옳은 것은?

① 마른 모래로 삽을 상비한 80 L 이상의 것으로 1포의 능력단위는 1단위이다.
② 마른 모래로 삽을 상비한 50 L 이상의 것으로 1포의 능력단위는 0.5단위이다.
③ 팽창질석 또는 팽창진주암으로 삽을 상비한 80 L 이상의 것으로 1포의 능력단위는 1단위이다.
④ 팽창질석 또는 팽창진주암으로 삽을 상비한 50 L 이상의 것으로 1포의 능력단위는 0.5단위이다.

해설 | 간이소화용구의 능력단위

간이소화용구		능력단위
마른모래	삽을 상비한 50 L 이상의 것 1포	0.5단위
팽창질석 또는 팽창진주암	삽을 상비한 80 L 이상의 것 1포	

102 포소화설비의 화재안전성능기준상 펌프와 발포기의 중간에 설치된 벤추리관의 벤추리작용과 펌프 가압수의 포소화약제 저장탱크에 대한 압력에 따라 포소화약제를 흡입·혼합하는 방식은?

① 프레셔 프로포셔너방식
② 펌프 프로포셔너방식
③ 라인 프로포셔너방식
④ 프레셔사이드 프로포셔너방식

해설 | 포소화설비 혼합장치 정의
1) 펌프 프로포셔너방식
  펌프의 토출관과 흡입관 사이의 배관 도중에 설치한 흡입기에 펌프에서 토출된 물의 일부를 보내고, 농도 조정밸브에서 조정된 포소화약제의 필요량을 포소화약제 탱크에서 펌프 흡입 측으로 보내어 이를 혼합하는 방식을 말한다.
2) 프레셔 프로포셔너방식
  펌프와 발포기의 중간에 설치된 벤츄리관의 벤츄리작용과 펌프 가압수의 포소화약제 저장탱크에 대한 압력에 따라 포소화약제를 흡입·혼합하는 방식을 말한다.
3) 라인 프로포셔너방식
  펌프와 발포기의 중간에 설치된 벤츄리관의 벤츄리작용에 따라 포소화약제를 흡입·혼합하는 방식을 말한다.
4) 프레셔사이드 프로포셔너방식
  펌프의 토출관에 압입기를 설치하여 포소화약제 압입용 펌프로 포소화약제를 압입시켜 혼합하는 방식을 말한다.

정답 101 ② 102 ①

5) 압축공기포소화설비
압축공기 또는 압축질소를 일정비율로 포수용액에 강제 주입 혼합하는 방식을 말한다.

103 스프링클러설비의 화재안전성능기준상 다음 조건에 따른 특정소방대상물에 스프링클러헤드를 설치하려고 할 때, 헤드의 최소개수는?

- 특정소방대상물은 비 내화구조의 직사각형 구조이다.
- 가로의 길이는 31 m, 세로의 길이는 20 m이다.
- 헤드는 정방향으로 배치한다.

① 35개
② 70개
③ 77개
④ 117개

해설 | 스프링클러 헤드의 설치 개수
[스프링클러헤드 헤드 배치기준]

설치장소	수평거리(R)
• 무대부 • 특수가연물 저장·취급장소	1.7 m 이하
• 기타구조	2.1 m 이하
• 내화구조	2.3 m 이하

[헤드 설치 개수]
1) 헤드의 정방향(정사각형) 배치
$S = 2R\cos 45°$, $L = S$
S : 설치거리 [m]
R : 수평거리 [m]
2) 특수가연물 저장소이므로 R = 2.1 m
$S = 2 \times 2.1 \times \cos 45° = 2.97\ m$

3) 가로설치 헤드 개수
$= \dfrac{31}{2.97} = 10.44 = 11$개
4) 세로설치 헤드 개수
$= \dfrac{20}{2.97} = 6.73 = 7$개
5) 총 헤드 개수 = 11 × 7 = 77개

104 화재안전기술기준상 지상 12층인 백화점에 스프링클러소화설비를 설치하고자 할 때 다음 조건에 따른 전동기 출력(kW)은 약 얼마인가?

- 각 층의 스프링클러헤드수 : 500개
- 흡입 측 연성계 : 380 mmHg
- 토출 측 실양정 : 50 m
- 관마찰 손실 : 10 m
- 펌프효율 : 60 %
- 전달계수 : 1.1
- 스프링클러소화설비 화재안전기술기준의 최소치를 적용

① 17.5 ② 36.9
③ 43.5 ④ 53.9

해설 | 전동기 출력(kW)
$$P = \dfrac{\gamma QH}{\eta} K$$
P : 전동기 동력 [kW], γ : 9.8 [kN/m³]
Q : 토출량 [m³/s], H : 전양정 [m]
K : 전달계수, η : 전효율

1) 스프링클러설비의 토출량
$Q = 80\ [\ell/min] \times N$
Q : 토출량(유량) [L/min]
N : 기준개수 (12층 판매시설) ⇒ 30개
$Q = 80\ \ell/min \times 30 = 2400\ \ell/min$
$= 2.4\ m^3/min$

2) 스프링클러설비 전양정/펌프방식

$H = h_1 + h_2 + 10$

H : 전양정 [m]
h_1 : 실양정(흡입양정 + 토출양정) [m]
h_2 : 배관·관부속품 마찰손실수두 [m]
10 m : 규정방수압력 환산수두 [m]

$h_1 = (380mmHg \times \dfrac{10m}{760mmHg}) + 50m$
$= 55m$

$h_2 = 10m$

H = 55 + 10 + 10 = 75 m

3) 전달계수(K) : 1.1
 펌프효율 : 60 % = 0.6

$\therefore P = \dfrac{9.8 \times 75 \times 2.4}{0.6 \times 60} \times 1.1 = 53.9 kW$

105 화재안전기술기준상 48층인 건축물에서, 옥내소화전의 설치 개수는 층당 6개일 때 옥내소화전설비 수원의 최소 저수량 [m³]은? (단, 옥상수조는 제외한다)

① 5.2 ② 10.4
③ 26 ④ 39

해설 | 고층건축물 옥내소화전 수원의 양

$Q = N \times 130\ \ell/min \times 40\ min$
(50층 이상 : 60 min)
N : 기준개수(5개 이상 시 5개)

$Q = 5 \times 130\ \ell/min \times 40\ min$
$= 26{,}000 \times 10^{-3} = 26\ m^3$

106 스프링클러설비의 화재안전기술기준상 폐쇄형 스프링클러헤드는 그 설치장소의 평상시 최고 주위온도에 따라 다음 표에 따른 표시온도의 것으로 설치해야 한다. ( )에 들어갈 것으로 옳은 것은? (단, 높이가 3.5 m인 공장이다)

설치장소의 최고 주위온도	표시온도
(ㄱ) ℃ 미만	79 ℃ 미만
(ㄱ) ℃ 이상 (ㄴ) ℃ 미만	79 ℃ 이상 121 ℃ 미만
(ㄴ) ℃ 이상 (ㄷ) ℃ 미만	121 ℃ 이상 162 ℃ 미만
(ㄷ) ℃ 이상	162 ℃ 이상

① ㄱ : 39, ㄴ : 64, ㄷ : 96
② ㄱ : 39, ㄴ : 64, ㄷ : 106
③ ㄱ : 49, ㄴ : 74, ㄷ : 96
④ ㄱ : 49, ㄴ : 74, ㄷ : 106

해설 | 폐쇄형 스프링클러헤드의 표시온도

폐쇄형 스프링클러헤드는 그 설치장소의 평상시 최고 주위온도에 따라 다음 표에 따른 표시온도의 것으로 설치해야 한다. 다만 높이가 4 m 이상인 공장에 설치하는 스프링클러헤드는 그 설치장소의 평상시 최고 주위온도에 관계없이 표시온도 121 ℃ 이상의 것으로 할 수 있다.

설치장소 최고주위온도	표시온도
39 ℃ 미만	79 ℃
39 ℃ 이상 64 ℃ 미만	79 ℃ 이상 121 ℃ 미만
64 ℃ 이상 106 ℃ 미만	121 ℃ 이상 162 ℃ 미만
106 ℃ 이상	162 ℃ 미만

107 옥내소화전설비의 화재안전성능기준상 송수구에 관한 내용으로 옳지 않은 것은?

① 송수구는 송수 및 그 밖의 소화작업에 지장을 주지 않도록 설치할 것
② 송수구로부터 주배관에 이르는 연결배관에는 개폐밸브를 설치하지 않을 것
③ 지면으로부터 높이가 0.5미터 이상 1미터 이하의 위치에 설치할 것
④ 구경 50밀리미터의 쌍구형 또는 단구형으로 할 것

해설 | 옥내소화전설비 송수구 설치기준 (NFPC102)
1. 송수구는 송수 및 그 밖의 소화작업에 지장을 주지 않도록 설치할 것
2. 송수구로부터 주배관에 이르는 연결배관에는 개폐밸브를 설치하지 않을 것
3. 지면으로부터 높이가 0.5미터 이상 1미터 이하의 위치에 설치할 것
4. 구경 65밀리미터의 쌍구형 또는 단구형으로 할 것
5. 송수구의 가까운 부분에 자동배수밸브(또는 직경 5밀리미터의 배수공) 및 체크밸브를 설치할 것
6. 송수구에는 이물질을 막기 위한 마개를 씌울 것

108 풋(Foot)밸브의 기능으로 옳은 것을 모두 고른 것은?

ㄱ. 역류방지기능
ㄴ. 충격흡수기능
ㄷ. 여과기능
ㄹ. 유량조절기능

① ㄱ, ㄴ
② ㄱ, ㄷ
③ ㄴ, ㄹ
④ ㄷ, ㄹ

해설 | 풋(Foot)밸브의 기능
수조가 펌프보다 낮게 설치된 경우 흡입배관 끝에 설치
1. 역류방지기능 : 물이 한방향으로 흐르게하는 체크기능이 있어 펌프 흡입 측 배관에 항상 물이 차 있을 수 있다.
2. 여과기능 : 물속 이물질을 걸러주는 기능

109 다음은 물분무소화설비의 화재안전기술기준상 수원의 저수량기준의 일부이다. ( )에 들어갈 것으로 옳은 것은?

차고 또는 주차장은 그 바닥면적(최대 방수구역의 바닥면적을 기준으로 하며, 50 m² 이하인 경우에는 50 m²) 1 m²에 대하여 ( ) L/min로 20분간 방수할 수 있는 양 이상으로 할 것

① 10
② 20
③ 40
④ 60

해설 | 물분무소화설비 수원

소방대상물	토출량	비고
특수가연물	10 L/min·m²	최소 50 m²
컨베이어벨트·절연유봉입변압기	10 L/min·m²	변압기는 바닥면적 제외한 표면적 합계
케이블트레이	12 L/min·m²	-
차고·주차장	20 L/min·m²	최소 50 m²

3) 연결송수관설비의 비상전원은 자가발전설비, 축전지설비(내연기관에 따른 펌프를 사용하는 경우에는 내연기관의 기동 및 제어용 축전지를 말한다), 전기저장장치로서 연결송수관설비를 유효하게 40분 이상 작동할 수 있어야 할 것. 다만 50층 이상인 건축물의 경우에는 60분 이상 작동할 수 있어야 한다.

110 고층건축물의 화재안전기술기준상 50층 이상인 건축물의 연결송수관설비 내연기관의 최소 연료량은?

① 펌프를 20분 이상 운전할 수 있는 용량
② 펌프를 40분 이상 운전할 수 있는 용량
③ 펌프를 60분 이상 운전할 수 있는 용량
④ 펌프를 120분 이상 운전할 수 있는 용량

해설 | 고층건축물 연결송수관설비
1) 연결송수관설비의 배관은 전용으로 한다. 다만 주배관의 구경이 100 mm 이상인 옥내소화전설비와 겸용할 수 있다.
2) 내연기관의 연료량은 펌프를 40분(50층 이상인 건축물의 경우에는 60분) 이상 운전할 수 있는 용량일 것

111 자동화재탐지설비 및 시각경보장치의 화재안전기술기준상 부착높이 15 m 이상 20 m 미만에 설치할 수 있는 감지기의 종류를 모두 고른 것은?

ㄱ. 불꽃감지기
ㄴ. 광전식(스포트형, 분리형, 공기흡입형) 1종
ㄷ. 연기복합형
ㄹ. 이온화식 1종

① ㄱ
② ㄴ, ㄹ
③ ㄴ, ㄷ, ㄹ
④ ㄱ, ㄴ, ㄷ, ㄹ

해설 | 부착 높이별 적응성 감지기
※ 15 m 이상 20 m 미만
1) 불꽃감지기
2) 광전식(스포트형, 분리형, 공기흡입형) 1종
3) 이온화식 1종
4) 연기 복합형

112 할로겐화합물 및 불활성기체소화설비의 화재안전기술기준상 소화약제의 종류 및 화학식이 옳은 것은?

① HFC - 236fa : $CF_3CH_2CH_3$
② HFC - 227ea : $CHClFCF_3$
③ HCFC - 124 : CF_3CHFCF_3
④ HCFC - 23 : C_4F_{10}

해설 | 소화약제의 종류 및 화학식

계열	소화약제	화학식	최대허용설계농도(%)
FC	FC-3-1-10	C_4F_{10}	40
	FK-5-1-12	$CF_3CF_2C(O)CF(CF_3)_2$	10
HFC	FIC-13I1	CF_3I	0.3
	HFC-23	CHF_3	30
	HFC-125	CHF_2CF_3	11.5
	HFC-236fa	$CF_3CH_2CF_3$	12.5
	HFC-227ea	CF_3CHFCF_3	10.5
HCFC	HCFC BLEND A	HCFC-22($CHClF_2$) : 82 % HCFC-123 ($CHCl_2CF_3$) : 4.75 % HCFC-124($CHClFCF_3$) : 9.5 % $C_{10}H_{16}$: 3.75 %	10
	HCFC-124	$CHClFCF_3$	1.0
IG	IG-541	N_2 : 52 %, Ar : 40 %, CO_2 : 8 %	43
	IG-01	Ar : 100 %	
	IG-55	N_2 : 50 %, Ar : 50 %	
	IG-100	N_2 : 100 %	

113 화재안전기술기준상 「축광표지의 성능인증 및 제품검사의 기술기준」에 적합한 축광식 표지를 설치하지 않아도 되는 것은?

① 피난기구의 위치를 표시하는 표지
② 소화기 및 투척용 소화용구의 표지
③ 연결송수관설비의 방수기구함 표지
④ 비상콘센트 보호함 표면의 비상콘센트 표지

해설 | 비상콘센트 보호함 설치기준
1) 보호함에는 쉽게 개폐할 수 있는 문을 설치할 것
2) 보호함 표면에 "비상콘센트"라고 표시한 표지를 할 것
3) 보호함 상부에 적색의 표시등을 설치할 것. 다만 비상콘센트의 보호함을 옥내소화전함 등과 접속하여 설치하는 경우에는 옥내소화전함 등의 표시등과 겸용할 수 있다.

정답 112 ① 113 ④

114 도로터널의 화재안전기술기준상 제연설비의 기준으로 옳지 않은 것은?

① 비상전원은 제연설비를 유효하게 60분 이상 작동할 수 있도록 해야 한다.
② 횡류환기방식의 경우 제트팬의 소손을 고려하여 예비용 제트팬을 설치하도록 할 것
③ 화재에 노출이 우려되는 제연설비와 전원공급선 및 제트팬 사이의 전원공급장치 등은 250 ℃의 온도에서 60분 이상 운전상태를 유지할 수 있도록 할 것
④ 대배기구의 개폐용 전동모터는 정전 등 전원이 차단되는 경우에도 조작상태를 유지할 수 있도록 할 것

해설 | 제연설비 설치기준
1) 종류환기방식의 경우 제트팬의 소손을 고려하여 예비용 제트팬을 설치하도록 할 것
2) 횡류환기방식(또는 반횡류환기방식) 및 대배기구 방식의 배연용 팬은 덕트의 길이에 따라서 노출온도가 달라질 수 있으므로 수치해석 등을 통해서 내열온도 등을 검토한 후에 적용하도록 할 것
3) 대배기구의 개폐용 전동모터는 정전 등 전원이 차단되는 경우에도 조작상태를 유지할 수 있도록 할 것
4) 화재에 노출이 우려되는 제연설비와 전원공급선 및 제트팬 사이의 전원공급장치 등은 250 ℃의 온도에서 60분 이상 운전상태를 유지할 수 있도록 할 것

115 소방시설의 내진설계기준상 가스계 및 분말소화설비의 내진 설치기준에 관한 설명으로 옳지 않은 것은?

① 제어반등은 건물의 구조부재인 비내력벽, 바닥 또는 기둥에 고정하여야 한다.
② 제어반등의 하중이 450 N 이하이고 내력벽 또는 기둥에 설치하는 경우 직경 8 mm 이상의 고정용 볼트 4개 이상으로 고정할 수 있다.
③ 저장용기는 지진하중에 의해 전도가 발생하지 않도록 설치할 것
④ 기동장치 및 비상전원은 지진으로 인한 오동작이 발생하지 않도록 설치하여야 한다.

해설 | 가스계 및 분말소화설비의 내진 설치기준
1) 제어반등 설치기준
① 제어반등의 지진하중은 제3조의2 제2항에 따라 계산하고, 앵커볼트는 제3조의2 제3항에 따라 설치하여야 한다. 단, 제어반등의 하중이 450 N 이하이고 내력벽 또는 기둥에 설치하는 경우 직경 8 mm 이상의 고정용 볼트 4개 이상으로 고정할 수 있다.
② 건축물의 구조부재인 내력벽·바닥 또는 기둥 등에 고정하여야 하며, 바닥에 설치하는 경우 지진하중에 의해 전도가 발생하지 않도록 설치하여야 한다.
③ 제어반등은 지진 발생 시 기능이 유지되어야 한다.
2) 기동장치 및 비상전원은 지진으로 인한 오동작이 발생하지 않도록 설치하여야 한다.

정답 114 ② 115 ①

116 미분무소화설비의 화재안전기술기준상 다음 조건에 해당하는 수원의 최소량은 [m³]은?

- 설계유량 : 50 L/min
- 설계방수시간 : 1시간
- 안전율 : 1.2
- 배관의 총 체적 : 0.08 m³
- 방호구역(방수구역) 내 헤드의 개수 : 30개
- 기타 조건은 무시한다.

① 10.808
② 108.08
③ 1,080.8
④ 10,808

해설 | 미분무소화설비 수원의 양

$Q = N \times D \times T \times S + V$

Q : 수원의 양 [m³]
N : 방호구역(방수구역) 내 헤드의 개수
D : 설계유량 [m³/min]
T : 설계방수시간 [min]
S : 안전율 (1.2 이상)
V : 배관의 총 체적 [m³]

- 수원의 양(Q)
  $= (30개 \times 50\,L/\min \times 60\min \times 1.2 \times 10^{-3}) + 0.08\,m^3$
  $= 108.08\,m^3$

117 소화수조 및 저수조의 화재안전기술기준상 지상 5층 건축물의 연면적이 40,000 m²인 소방대상물에 설치되어야 하는 저수조의 최소 저수량 [m³]은? (단, 각 층의 바닥면적은 동일하다)

① 60   ② 80
③ 120   ④ 160

해설 | 소화수조·저수조의 저수량

특정소방대상물의 구분	기준면적
1층 및 2층의 바닥면적 합계가 15,000 m² 이상인 특정소방대상물	7,500 m²
그 밖의 특정소방대상물	12,500 m²

- 저수량
  $= \dfrac{연면적}{기준면적}(소수점 이하 절상) \times 20\,m^3$

1) 1층과 2층의 바닥면적의 합계
   : 16,000 m² (기준면적 : 7,500 m²)

2) 저수량 $= \dfrac{40,000\,m^2}{7,500\,m^2} = 5.33 = 6$
   $= 6 \times 20\,m^3 = 120\,m^3$

118 제연설비의 화재안전기술기준상 제연설비가 설치된 부분의 거실 바닥면적이 400 m² 이상이고 수직거리가 2.5 m 초과 3 m 이하일 때 예상제연구역의 배출량 [m³/h]은? (단, 예상제연구역이 제연경계로 구획되고 직경 40 m인 원의 범위를 초과할 경우에 해당한다)

① 40,000 이상   ② 45,000 이상
③ 50,000 이상   ④ 55,000 이상

정답 116 ② 117 ③ 118 ④

해설 | 제연설비 배출량

바닥면적 400 m² 이상이고, 직경 40 m인 원의 범위를 초과할 경우 거실의 예상제연구역의 배출량은 다음과 같다.

예상 제연구역	제연경계 수직거리	배출량
직경 40 m인 원의 범위를 초과하는 경우	2 m 이하	45,000 m³/hr 이상
	2 m 초과 2.5 m 이하	50,000 m³/hr 이상
	2.5 m 초과 3 m 이하	55,000 m³/hr 이상
	3 m 초과	65,000 m³/hr 이상

119 소방시설설치 및 관리에 관한 법령에서 정하는 자동화재속보설비의 설치대상으로 옳지 않은 것은? (단, 방재실 등 화재 수신기가 설치된 장소에 24시간 화재를 감시할 수 있는 사람이 근무하지 않는다)

① 숙박시설이 없는 수련시설로서 바닥면적 500 m² 이상인 층이 있는 것
② 근린생활시설 중 의원, 치과의원 및 한의원으로서 입원실이 있는 시설
③ 노유자생활시설
④ 의료시설 중 정신병원 및 의료재화시설로 사용되는 바닥면적 합계가 500 m² 이상인 층이 있는 것

해설 | 자동화재속보설비 설치대상

다만 방재실 등 화재 수신기가 설치된 장소에 24시간 화재를 감시할 수 있는 사람이 근무하고 있는 경우 자동화재속보설비를 설치하지 않을 수 있다.
1) 노유자 생활시설
2) 노유자시설로서 바닥면적이 500 m² 이상인 층이 있는 것
3) 수련시설(숙박시설이 있는 것만 해당)로서 바닥면적이 500 m² 이상인 층이 있는 것
4) 보물 또는 국보로 지정된 목조건축물
5) 근린생활시설 중 다음의 어느 하나에 해당하는 시설
   (1) 의원, 치과의원 및 한의원으로서 입원실이 있는 시설
   (2) 조산원 및 산후조리원
6) 의료시설 중 다음의 어느 하나에 해당하는 것
   (1) 종합병원, 병원, 치과병원, 한방병원 및 요양병원(의료재활시설 제외)
   (2) 정신병원 및 의료재활시설로 사용되는 바닥면적의 합계가 500 m² 이상인 층이 있는 것
7) 판매시설 중 전통시장

정답 119 ①

120 피난기구의 화재안전성능기준상 승강식 피난기 및 하향식 피난구용 내림식 사다리의 설치기준이 아닌 것은?

① 대피실 내에는 "대피실" 표시판을 부착할 것
② 착지점과 하강구는 상호 수평거리 15센티미터 이상의 간격을 둘 것
③ 승강식 피난기 및 하향식 피난구용 내림식사다리는 설치경로가 설치층에서 피난층까지 연계될 수 있는 구조로 설치할 것
④ 하강구 내측에는 기구의 연결 금속구 등이 없어야 하며 전개된 피난기구는 하강구 수평투영면적 공간 내의 범위를 침범하지 않는 구조이어야 할 것

해설 | 승강식 피난기 및 하향식 피난구용 내림식 사다리의 설치기준

1) 승강식 피난기 및 하향식 피난구용 내림식사다리는 설치경로가 설치층에서 피난층까지 연계될 수 있는 구조로 설치할 것
2) 대피실의 면적은 2제곱미터(2세대 이상일 경우에는 3제곱미터) 이상으로 하고, 「건축법 시행령」 제46조제4항의 규정에 적합하여야 하며 하강구(개구부) 규격은 직경 60센티미터 이상일 것
3) 하강구 내측에는 기구의 연결 금속구 등이 없어야 하며 전개된 피난기구는 하강구 수평
4) 대피실의 출입문은 60분+ 방화문 또는 60분 방화문으로 설치하고, 피난방향에서 식별할 수 있는 위치에 "대피실" 표지판을 부착할 것
5) 착지점과 하강구는 상호 수평거리 15센티미터 이상의 간격을 둘 것
6) 대피실 내에는 비상조명등을 설치 할 것
7) 대피실에는 층의 위치표시와 피난기구 사용설명서 및 주의사항 표지판을 부착 할 것
8) 대피실 출입문이 개방되거나, 피난기구 작동 시 해당층 및 직하층 거실에 설치된 표시등 및 경보장치가 작동되고, 감시제어반에서는 피난기구의 작동을 확인 할 수 있어야 할 것
9) 사용 시 기울거나 흔들리지 않도록 설치 할 것
10) 승강식 피난기는 한국소방산업기술원 또는 법 제46조제1항에 따라 성능시험기관으로 지정받은 기관에서 그 성능을 검증받은 것으로 설치할 것

121 옥내소화전설비의 화재안전성능기준상 감시제어반의 전용실의 설치기준이 아닌 것은?

① 다른 부분과 방화구획을 할 것
② 피난층 또는 지하 1층에 설치할 것
③ 비상조명등 및 비상콘센트를 설치 할 것
④ 바닥면적은 감시제어반의 설치에 필요한 면적 외에 화재 시 소방대원이 그 감시제어반의 조작에 필요한 최소면적 이상으로 할 것

해설 | 감시제어반 전용실 설치기준(NFPC 102)

1) 화재 또는 침수 등의 재해로 인한 피해를 받을 우려가 없는 곳에 설치할 것
2) 감시제어반은 옥내소화전설비의 전용으로 할 것

정답 120 ① 121 ③

3) 감시제어반은 다음 각 목의 기준에 따른 전용실 안에 설치하고, 전용실에는 특정 소방대상물의 기계·기구 또는 시설 등의 제어 및 감시설비 외의 것을 두지 않을 것
   (1) 다른 부분과 방화구획을 할 것
   (2) 피난층 또는 지하 1층에 설치할 것
   (3) 비상조명등 및 급·배기설비를 설치할 것
   (4) 「무선통신보조설비의 화재안전성능기준(NFPC 505)」 제5조 제3항에 따라 유효하게 통신이 가능할 것
   (5) 바닥면적은 감시제어반의 설치에 필요한 면적 외에 화재 시 소방대원이 그 감시제어반의 조작에 필요한 최소면적 이상으로 할 것

해설 | 감시전류와 동작전류

1) 감시전류 :
$$I = \frac{V}{R} = \frac{회로전압}{(릴레이 + 배선 + 종단)저항}$$
$$\frac{24}{600 + 150 + 종단저항(\Omega)} \times 10^3 = 2\ mA$$
∴ 종단저항 : 11.25 kΩ

2) 동작 전류 :
$$I = \frac{V}{R} = \frac{회로전압}{(릴레이 + 배선)저항}$$
$$I = \frac{V}{R} = \frac{24}{600 + 150} \times 10^3 = 32\ mA$$

122 P형 수신기와 감지기 사이의 회로에서 다음 조건에 맞는 감지기의 종단저항[kΩ]과 감지기 동작 시 흐르는 전류[mA] 값은?

- 배선저항 : 150 Ω
- 릴레이저항 : 600 Ω
- 상시감시전류 : 2 mA
- 회로의 전압 : 24 V

① 종단저항 : 11.25, 동작전류 : 2
② 종단저항 : 11.25, 동작전류 : 32
③ 종단저항 : 12, 동작전류 : 3
④ 종단저항 : 12, 동작전류 : 16

123 다음은 누전경보기의 화재안전기술기준상 누전경보기 설치기준에 관한 설명이다.

경계전로의 정격전류가 (   )를 초과하는 전로에 있어서는 1급 누전경보기를, (   ) 이하의 전로에 있어서는 1급 또는 2급 누전경보기를 설치할 것. 다만 정격전류가 (   )를 초과하는 경계전로가 분기되어 각 분기회로의 정격전류가 (   ) 이하로 되는 경우 당해 분기회로마다 2급 누전경보기를 설치한 때에는 당해 경계전로에 1급 누전경보기를 설치한 것으로 본다.

① 30 A   ② 40 A
③ 50 A   ④ 60 A

해설 | 누전경보기 설치기준

1) 경계전로의 정격전류가 60 A를 초과하는 전로에 있어서는 1급 누전경보기를, 60 A 이하의 전로에 있어서는 1급 또는 2급 누전경보기를 설치할 것. 다만 정격전류가 60 A를 초과하는 경계전로가 분기되어 각

분기회로의 정격전류가 60 A 이하로 되는 경우 당해 분기회로마다 2급 누전경보기를 설치한 때에는 당해 경계전로에 1급 누전경보기를 설치한 것으로 본다.
2) 변류기는 특정소방대상물의 형태, 인입선의 시설방법 등에 따라 옥외 인입선의 제1지점의 부하 측 또는 제2종 접지선 측의 점검이 쉬운 위치에 설치할 것. 다만 인입선의 형태 또는 특정소방대상물의 구조상 부득이한 경우에는 인입구에 근접한 옥내에 설치할 수 있다.
3) 변류기를 옥외의 전로에 설치하는 경우에는 옥외형으로 설치할 것

해설 | 용어의 정의
1) "속보기"란 화재신호를 통신망을 통하여 음성 등의 방법으로 소방관서에 통보하는 장치를 말한다.
2) "통신망"이란 유선이나 무선 또는 유무선 겸용 방식을 구성하여 음성 또는 데이터 등을 전송할 수 있는 집합체를 말한다.

124 자동화재속보설비의 화재안전기술기준상 용어의 정의로 옳은 것을 모두 고른 것은?

ㄱ. "속보기"란 유선이나 무선 또는 유무선 겸용 방식을 구성하여 음성 또는 데이터 등을 전송할 수 있는 집합체를 말한다.
ㄴ. "통신망"이란 화재신호를 통신망을 통하여 음성 등의 방법으로 소방관서에 통보하는 장치를 말한다.
ㄷ. "데이터전송방식"이란 전기·통신매체를 통해서 전송되는 신호에 의하여 어떤 지점에서 다른 수신 지점에 데이터를 보내는 방식을 말한다.
ㄹ. "코드전송방식"이란 신호를 표본화하고 양자화하여 코드화한 후에 펄스 혹은 주파수의 조합으로 전송하는 방식을 말한다.

① ㄱ, ㄹ ② ㄴ, ㄷ
③ ㄷ, ㄹ ④ ㄱ, ㄴ, ㄷ, ㄹ

125 비상방송설비의 화재안전기술기준상 음향장치의 설치기준에 관한 설명으로 옳지 않은 것은?

① 확성기의 음성입력은 3 W(실내에 설치하는 것에 있어서는 1 W) 이상일 것
② 확성기는 각 층마다 설치하되, 그 층의 각 부분으로부터 하나의 확성기까지의 수평거리가 25 m 이하가 되도록 하고 해당 층의 각 부분에 유효하게 경보를 발할 수 있도록 설치할 것
③ 조작부의 조작스위치는 바닥으로부터 0.8 m 이상 1.5 m 이하의 높이에 설치할 것
④ 음량조정기를 설치하는 경우 음량조정기의 배선은 2선식으로 할 것

정답 124 ③ 125 ④

해설 | **음향장치의 설치기준**

1) 확성기의 음성입력은 3 W(실내에 설치하는 것에 있어서는 1 W) 이상일 것
2) 확성기는 각 층마다 설치하되, 그 층의 각 부분으로부터 하나의 확성기까지의 수평거리가 25 m 이하가 되도록 하고, 해당 층의 각 부분에 유효하게 경보를 발할 수 있도록 설치할 것
3) 음량조정기를 설치하는 경우 <u>음량조정기의 배선은 3선식</u>으로 할 것
4) 조작부의 조작스위치는 바닥으로부터 0.8 m 이상 1.5 m 이하의 높이에 설치할 것
5) 조작부는 기동장치의 작동과 연동하여 해당 기동장치가 작동한 층 또는 구역을 표시할 수 있는 것으로 할 것
6) 증폭기 및 조작부는 수위실 등 상시 사람이 근무하는 장소로서 점검이 편리하고 방화상 유효한 곳에 설치할 것
7) 층수가 11층(공동주택의 경우에는 16층) 이상의 특정소방대상물은 다음의 기준에 따라 경보를 발할 수 있도록 해야 한다.
    (1) 2층 이상의 층에서 발화한 때에는 발화층 및 그 직상 4개 층에 경보를 발할 것
    (2) 1층에서 발화한 때에는 발화층·그 직상 4개 층 및 지하층에 경보를 발할 것
    (3) 지하층에서 발화한 때에는 발화층·그 직상층 및 기타의 지하층에 경보를 발할 것
8) 다른 방송설비와 공용하는 것에 있어서는 화재 시 비상경보 외의 방송을 차단할 수 있는 구조로 할 것
9) 다른 전기회로에 따라 유도장애가 생기지 않도록 할 것
10) 하나의 특정소방대상물에 2 이상의 조작부가 설치되어 있는 때에는 각각의 조작부가 있는 장소 상호 간에 동시 통화가 가능한 설비를 설치하고, 어느 조작부에서도 해당 특정소방대상물의 전 구역에 방송을 할 수 있도록 할 것
11) 기동장치에 따른 화재신호를 수신한 후 필요한 음량으로 화재발생상황 및 피난에 유효한 방송이 자동으로 개시될 때까지의 소요시간은 10초 이내로 할 것

소방시설관리사

문제풀이

제24회

소방시설관리사

- 제1과목　소방안전관리론
- 제2과목　소방수리학·약제화학 및 소방전기
- 제3과목　소방관련법령
- 제4과목　위험물의 성상 및 시설기준
- 제5과목　소방시설의 구조원리

24회 제1과목 소방안전관리론

01 고체가연물의 연소방식이 아닌 것은?
① 표면연소 ② 예혼합연소
③ 분해연소 ④ 자기연소

해설 | 고체가연물 연소방식
1) 고체연소형태
   증발연소, 표면연소, 자기연소, 분해연소,
2) 액체연소형태
   분해연소, 분무(액적)연소, 증발연소
3) 기체연소형태
   확산연소, 예혼합연소

02 면적이 0.12 m²인 합판이 완전연소 시 열방출량 [kW]은? (단, 평균질량 감소율은 1,800 g/m²·min, 연소열은 25 kJ/g, 연소효율은 50 %로 가정한다)
① 45   ② 270
③ 450   ④ 2,700

해설 | 열방출량
$Q = \dot{m} \times A \times \Delta H_c$
단위를 보면 질량감소율을 초당으로 환산하여 계산해야 하므로
$Q = \dfrac{g}{m^2 \cdot \sec} \times m^2 \times \dfrac{kJ}{g}$ 이므로
$1,800 \times \dfrac{1}{60} \times 0.12 \times 25 \times 0.5 = 45 \text{ kW}$

03 내화건축물의 구획실 내에서 가연물의 연소 시 최성기의 지배적 열전달로 옳은 것은?
① 확산 ② 전도
③ 대류 ④ 복사

해설 | 화재성상에 따른 지배적 열전달
• 화재 초기 : 전도
• 화재 성장기 : 대류
• 화재 최성기 : 복사

04 최소발화에너지(MIE)에 영향을 주는 요소에 관한 내용으로 옳은 것은? (단, 일반적인 경향성으로 예외는 적용하지 않는다)
① 온도가 낮을수록 MIE는 감소한다.
② 압력이 상승하면 MIE는 증가한다.
③ 산소농도가 증가할수록 MIE는 감소한다.
④ MIE는 화학양론적 조성 부근에서 가장 크다.

해설 | 최소발화에너지
• 온도가 높을수록, 압력이 상승할수록 MIE는 작아진다.
• 산소농도가 증가할수록 MIE는 작아진다.
• 화학양론조성 부근에서 MIE는 가장 작다.

정답 01 ② 02 ① 03 ④ 04 ③

05
표준상태에서 5몰(mol)의 프로페인가스(C_3H_8)가 완전연소를 하는 데 발생하는 이산화탄소(CO_2)와 부피 [m^3]는?

① 0.336   ② 0.560
③ 336   ④ 560

해설 | 프로페인 완전연소반응식
$C_3H_8 + 5O_2 \rightarrow 3CO_2 + 4H_2O$
프로페인 5 mol이 반응하면 이산화탄소는 15 mol이 발생한다.
아보가드로법칙에 의해 15 mol × 22.4 L = 336 L이므로 체적으로 환산하면 0.336 m^3이 된다.

07
두께 3 cm인 내열판의 한쪽 면의 400 ℃, 다른 쪽 면의 온도는 40 ℃일 때 이 판을 통해 일어나는 열유속 [W/m^2]은? (단, 내열판의 열전도도는 0.1 W/m·℃이다)

① 1.2   ② 12
③ 120   ④ 1,200

해설 | 전도에 의한 열전달
$Q = KA \dfrac{\Delta T}{\ell}$ 단위가 W/m^2이므로
면적은 계산하지 않는다.
따라서 $Q = 0.1 \times \dfrac{400-40}{0.03} = 1200 \ W/m^2$

06
물질을 연소시키는 열에너지원의 종류와 발생되는 열원의 연결이 옳은 것을 모두 고른 것은?

ㄱ. 전기적에너지 - 유도열, 아크열
ㄴ. 기계적에너지 - 마찰열, 압축열
ㄷ. 화학적에너지 - 연소열, 자연발열

① ㄱ   ② ㄱ, ㄴ
③ ㄴ, ㄷ   ④ ㄱ, ㄴ, ㄷ

해설 | 점화원의 종류
1) 기계열 : 압축열, 마찰열, 단열압축
2) 전기열 : 유도열, 유전열, 아크열
           저항열, 정전기열, 낙뢰
3) 화학열 : 연소열, 분해열, 용해열
           생성열, 자연발화열

08
연소생성물과 주요 특성의 연결로 옳지 않은 것은?

① CO - 헤모글로빈과 결합해 산소운반 기능 약화
② H_2S - 계란 썩은 냄새
③ $COCl_2$ - 맹독성가스로 허용농도는 0.1 ppm
④ HCN - 맹독성가스로 0.3 ppm의 농도에서 즉사

해설 | 시안화수소
맹독성의 무색기체로 청산이라고 불리며 0.3 % 이상의 농도에서 즉사
(0.3 % = 3000 ppm이 된다)

정답 05 ① 06 ④ 07 ④ 08 ④

09 다음에서 설명하는 것은?

> 건축물 내부와 외부의 온도차·공기 밀도차로 인하여 발생하며, 일반적으로 저층보다 고층건축물에서 더 큰 효과를 나타낸다.

① 플래시 오버 ② 백드래프트
③ 굴뚝효과 ④ 롤 오버

해설 | 굴뚝효과(Stack Effect)
평상시 서로 다른 온도(밀도)를 가지고 연결되는 두 개의 공기 기둥 때문에 발생하는 압력차에 의한 연기 이동현상으로 고층건축물에서 많이 발생한다.

10 건축물의 피난·방화구조 등의 기준에 관한 규칙상 방화구획의 설치 기준 중 ( )에 들어갈 내용으로 옳은 것은?

> - 10층 이하의 층은 바닥면적 (ㄱ)제곱미터(스프링클러 기타 이와 유사한 자동식 소화설비를 설치한 경우가 아님) 이내마다 구획할 것
> - 11층 이상의 층은 바닥면적 (ㄴ)제곱미터(스프링클러 기타 이와 유사한 자동식 소화설비를 설치한 경우가 아님) 이내마다 구획할 것(다만 벽 및 반자의 실내에 접하는 부분의 마감을 불연재료로 한 경우가 아님)

① ㄱ : 500, ㄴ : 200
② ㄱ : 500, ㄴ : 300
③ ㄱ : 1,000, ㄴ : 200
④ ㄱ : 1,000, ㄴ : 300

해설 | 방화구획기준
- 10층 이하
  바닥면적 1000 m² 이내마다 구획
- 11층 이상
  바닥면적 200 m² 이내마다 구획
- 자동식소화설비 설치 시 3배

11 건축물의 피난·방화구조 등의 기준에 관한 규칙상 내화구조로 옳지 않은 것은?

① 벽의 경우에는 철골철근콘크리트조로서 두께가 10센티미터 이상인 것
② 기둥의 경우에는 철근콘크리트조로서 그 작은 지름이 15센티미터 이상인 것 (다만 고강도 콘크리트를 사용하는 경우가 아님)
③ 바닥의 경우에는 철재의 양면을 두께 5센티미터 이상의 철망모르타르 또는 콘크리트로 덮은 것
④ 지붕의 경우에는 철골철근콘크리트조

해설 | 내화구조의 기둥 기준
기둥의 경우에는 그 작은 지름이 25 cm 이상인 것으로 다음 기준에 의한다.
① 철근콘크리트조 또는 철골철근콘크리트조
② 7 cm 이상
   콘크리트블록, 벽돌 또는 석재로 덮은 것
③ 6 cm 이상
   철골을 철망모르타르로 덮은 것
④ 5 cm 이상
   철골철망모르타르로 덮은 것
   철골을 콘크리트로 덮은 것

정답 09 ③ 10 ③ 11 ②

12 건축물의 피난·방화구조 등의 기준에 관한 규칙 및 건축법령상 소방관의 진입창의 기준으로 옳은 것은?

① 3층 이상 11층 이하인 층에 각각 1개소 이상 설치할 것. 이 경우 소방관이 진입할 수 있는 창의 가운데에서 벽면 끝까지의 수평거리가 50미터 이상인 경우에는 50미터 이내마다
② 창문의 가운데에 지름 30센티미터 이상의 삼각형을 야간에도 알아볼 수 있도록 빛 반사 등으로 붉은색으로 표시할 것
③ 창문의 한쪽 모서리에 타격지점을 지름 3센티미터 이상의 원형으로 표시할 것
④ 창문의 크기는 폭 75센티미터 이상, 높이 1.1미터 이상으로 하고, 실내 바닥면으로부터 창의 아랫부분까지의 높이는 80센티미터 이내로 할 것

④ 창문의 크기는 폭 90 cm 이상, 높이 1.2 m 이상으로 하고, 실내 바닥면으로부터 창의 아랫부분까지의 높이는 80 cm 이내로 할 것

해설 | 소방관 진입창
1) 설치대상
  • 2층 이상 11층 이하인 층에 각각 1개소 이상 설치
  • 수평거리 40 m 이상인 경우 40 m 이내마다 설치
2) 설치기준
  ① 소방차 진입로 또는 소방차 진입이 가능한 공터에 면할 것
  ② 창문의 가운데 지름 20 cm 이상의 역삼각형을 야간에도 알아볼 수 있도록 빛 반사등 붉은색으로 표시할 것
  ③ 창문의 한쪽 모서리에 타격지점을 지름 3 cm 이상의 원형으로 표시할 것

13 내화건축물과 비교한 목조건축물의 화재 특성에 관한 설명으로 옳은 것은?

① 공기의 유입이 불충분하여 발염연소가 억제된다.
② 건축물의 구조와 특성상 열이 외부로 방출되는 것보다 축적되는 것이 많다.
③ 화재 시 연기 등 연소생성물이 계단이나 복도 등을 따라 상층부로 이동하는 경향이 있다.
④ 화염의 분출면적이 크고 복사열이 커서 접근하기 어렵다.

해설 | 목조건축물의 화재 특성
1) 고온 단기형화재
2) 화염의 분출면적이 크고 복사열이 커서 접근하기가 어렵다.

14 건축물의 피난·방화구조 등의 기준에 관한 규칙상 지하층의 비상탈출구의 기준으로 옳은 것은? (단, 주택의 경우에는 해당되지 않음)

① 비상탈출구의 유효너비는 0.6미터 이상으로 하고 유효높이는 1.2미터 이상으로 할 것
② 비상탈출구는 출입구로부터 2미터 이상 떨어진 곳에 설치할 것
③ 지하층의 바닥으로부터 비상탈출구의 아랫부분까지의 높이가 1.1미터 이상이 되는 경우에는 벽체에 발판의 너비가 26센티미터 이상인 사다리를 설치할 것
④ 피난층 또는 지상으로 통하는 복도나 직통계단까지 이르는 피난통로의 유효너비는 0.75미터 이상으로 하고 피난통로의 실내에 접하는 부분의 마감과 그 바탕은 불연재료로 할 것

해설 | 비상탈출구 설치기준
1) 유효너비 : 0.75 m 이상
2) 유효높이 : 1.5 m 이상
3) 출입구로부터 3 m 이상 이격
4) 사다리 설치
  ① 대상 : 지하층 바닥에서 비상탈출구 하부까지 높이 1.2 m 이상인 경우
  ② 발판너비 : 0.2 m 이상
5) 피난통로
  ① 유효너비 : 0.75 m 이상
  ② 마감재료 : 불연재료

15 건축물의 피난·방화구조 등의 기준에 관한 규칙상 피난안전구역의 구조 및 설비 기준으로 옳지 않은 것은? (단, 초고층건축물과 준초고층건축물에 한함)

① 피난안전구역의 내부마감재료는 불연재료로 설치할 것
② 건축물의 내부에서 피난 안전구역으로 통하는 계단은 피난계단의 구조로 설치할 것
③ 비상용승강기는 피난안전구역에서 승하차할 수 있는 구조로 설치할 것
④ 피난안전구역의 높이는 2.1미터 이상일 것

해설 | 피난안전구역 구조 및 설비기준
1) 마감재료 : 불연재료
2) 계단 : 특별피난계단
3) 비상용승강기 설치
4) 높이 : 2.1 m 이상
5) 구조 : 내화구조로 구획

정답 14 ④ 15 ②

16 건축물의 피난·방화구조 등의 기준에 관한 규칙상 건축물에 설치하는 계단의 기준 중 ( )에 들어갈 내용으로 옳은 것은? (단, 연면적 200제곱미터를 초과하는 건축물임)

> 초등학교의 계단인 경우에는 계단 및 계단참의 유효너비의 (ㄱ)센티미터 이상, 단높이는 (ㄴ)센티미터 이하, 단너비는 (ㄷ)센티미터 이상으로 할 것

① ㄱ : 120, ㄴ : 16, ㄷ : 26
② ㄱ : 120, ㄴ : 18, ㄷ : 30
③ ㄱ : 150, ㄴ : 16, ㄷ : 26
④ ㄱ : 150, ㄴ : 18, ㄷ : 30

해설 | 건축물의 계단 설치기준
1) 초등학교의 계단인 경우에는 계단 및 계단참의 유효너비는 150센티미터 이상, 단높이는 16센티미터 이하, 단너비는 26센티미터 이상으로 할 것
2) 중·고등학교의 계단인 경우에는 계단 및 계단참의 유효너비는 150센티미터 이상, 단높이는 18센티미터 이하, 단너비는 26센티미터 이상으로 할 것

17 메테인(Methane)의 완전연소반응식이 다음과 같을 때 메테인의 발열량 [kcal]은?

> $CH_4 + 2O_2 \rightarrow 2H_2O + Q$ kcal
> 다만 표준상태에서 메테인, 이산화탄소, 물의 생성열은 각각 17.9 kcal, 94.1 kcal, 57.8 kcal이다.

① 187.7 ② 191.8
③ 201.4 ④ 229.3

해설 | 발열량 = 방출열량 − 흡수열량
1) 완전연소반응식에서 반응 전은 흡수열량이고 반응 후는 방출열량이 된다.
2) 흡수열량 = 17.9 kcal
3) 방출열량 = 94.1 + 57.8 × 2
   = 209.7 kcal
4) 총발열량 = 209.7 − 17.9 = 191.8 kcal

18 제1인산암모늄의 열분해 생성물 중 부촉매소화작용에 해당하는 것은?

① NH_3
② HPO_3
③ H_3PO_4
④ NH_4^+

해설 | 3종 분말소화약제 소화효과
① 열분해 시 흡열반응에 의한 냉각효과
② 불연성가스(NH_3, H_2O)에 의한 질식효과
③ 메타인산에 의한 방진효과
④ NH_4^+에 의한 부촉매효과
⑤ 분말 운무에 의한 열방사 차단효과
⑥ 오르소인산에 의한 섬유소의 탈수탄화효과

정답 16 ③ 17 ② 18 ④

19 화재 시 발생하는 일산화탄소(CO)에 관한 설명으로 옳지 않은 것은?

① 일산화탄소의 농도는 분해 생성물의 양에 반비례한다.
② 공기가 부족할 때 또는 환기량이 적을수록 증가한다.
③ 셀룰로오스계 가연물 연소 시 또는 화재하중이 클수록 증가한다.
④ OH 라디칼은 일산화탄소의 산화에 결정적인 요소이다.

해설 | 일산화탄소
일산화탄소의 농도는 분해 생성물의 양에 비례하여 높아진다.

20 가연성액화가스 저장탱크 주변 화재로 BLEVE 발생 시 Fire Ball 형성에 영행을 미치는 요인이 아닌 것은?

① 높은 연소열
② 넓은 폭발범위
③ 높은 증기밀도
④ 연소 상한계의 가까운 조정

해설 | BLEVE 영향요소
① 넓은 폭발 범위
② 낮은 증기밀도
③ 높은 연소열
④ 유출되는 형태에 따라 증기 - 공기 혼합물의 조성

21 연소범위(폭발범위)에 관한 설명으로 옳지 않은 것은?

① 불활성가스를 첨가할수록 연소범위는 좁아진다.
② 온도가 높아질수록 폭발범위는 넓어진다.
③ 혼합기를 이루는 공기의 산소농도가 높을수록 연소범위는 좁아진다.
④ 가연물의 양과 유동상태 및 방출속도 등에 따라 영향을 받는다.

해설 | 연소범위
① 온도가 높을수록 연소범위는 넓어진다.
② 불활성가스를 첨가하면 연소범위는 좁아진다.
③ 산소농도가 높을수록 연소범위는 넓어진다.

22 연소 시 산소공급원의 역할에 관한 설명으로 옳은 것은?

① 염소(Cl_2)는 조연성가스로서 산소공급원의 역할을 할 수 있다.
② 일산화탄소(CO)는 불연성가스로서 산소공급원의 역할을 할 수 있다.
③ 이산화질소(NO_2)는 가연성가스로서 산소공급원의 역할을 할 수 있다.
④ 수소(H_2)는 인화성가스로서 산소공급원의 역할을 할 수 있다.

정답 19 ① 20 ③ 21 ③ 22 ①

해설 | 산소 공급원의 종류
① 제1류 위험물(산화성고체 : 질산나트륨)
② 제5류 위험물(자기반응성물질)
③ 제6류 위험물(산화성액체 : 과산화수소)
④ 지연성(조연성)가스 : 산소, 불소, 염소, 오존
⑤ 공기

23 분말소화약제인 탄산수소나트륨 84 g이 1기압(atm), 270 °C에서 분해되었다. 이 때 분해 생성된 이산화탄소의 부피 [L]는 약 얼마인가?

① 11.1　　② 22.3
③ 28.6　　④ 44.6

해설 | 제1종 분말소화약제
1) 열분해 반응식
$$2NaHCO_3 \rightarrow Na_2CO_3 + CO_2 + H_2O$$
2) 탄산수소나트륨 84 g이면 1 mol이 되고 이산화탄소는 0.5 mol이 생성된다.
3) 이상기체 상태 방정식을 이용하여
$PV = nRT$에서 $V = \dfrac{nRT}{P}$

$$V = \dfrac{0.5\,mol \times 0.085 \times (273+270)}{1\,atm}$$
$$= 22.263\,L$$

24 가시거리의 한계치를 연기의 농도로 환산한 감광계수 [m^{-1}]가 가시거리 [m]에 관한 설명으로 옳은 것은?

① 감광계수 0.1은 연기감지기가 작동할 정도이다.
② 감광계수 0.3은 가시거리 2이다.
③ 감광계수 1은 어두침침한 것을 느끼는 정도이다.
④ 감광계수로 표시한 연기의 농도와 가시거리는 비례관계를 갖는다.

해설 | 감광계수와 가시거리
1) 감광계수 0.1 = 가시거리 20 ~ 30 m
　화재초기, 연기감지기 작동
2) 감광계수 0.5 = 가시거리 4 ~ 8 m
　불특정 다수인 피난한계, 어둠침침한 것을 느끼는 정도
3) 감광계수 1.0 = 가시거리 2 ~ 4 m
　거의 앞이 보이지 않음, 비발광체 사용 시 2 m 정도
4) 감광계수 5 ~ 10 = 가시거리 0.2 ~ 0.4 m
　화재 최성기, 유도등이 보이지 않음

정답 23 ② 24 ①

25 분말소화기의 특성에 관한 설명으로 옳지 않은 것은?

① 분말소화약제의 분해 반응 시 발열반응을 한다.
② 축압식소화기는 소화분말을 채운 용기에 이산화탄소 또는 질소가스로 축압시킨다.
③ 인산암모늄 소화기의 열분해 생성물은 메타인산, 암모니아, 물이다.
④ 제3종 분말소화기는 A급, B급, C급 화재에 모두 적응성이 있다.

해설 | 분말소화기
분말소화약제가 열분해 반응 시 흡열반응을 통해 냉각효과가 발생한다.

정답 25 ①

24회 제2과목 소방수리학

목표 점수 : _____   맞은 개수 : _____

26 지름 100 mm인 관내의 물이 평균유속 5 m/s로 흐를 때, 유량 [m³/s]은 약 얼마인가?

① 0.039 ② 0.39
③ 3.9   ④ 39

해설 | 유량

$Q = A \times V$

[풀이]

$Q = A \times V = \dfrac{\pi}{4} 0.1^2 \times 5 = 0.039 \ m^3/s$

27 유체의 점성에 관한 설명으로 옳지 않은 것은?

① 동점성계수의 MLT차원은 L^2T^{-1}이다.
② 동점성계수는 점성계수와 유체의 밀도로 나타낼 수 있다.
③ 점성계수와 동점성계수의 단위는 같다.
④ 점성은 유체에 전단응력이 작용할 때 변형에 저항하는 정도를 나타내는 유체의 성질로 정의된다.

해설 | 점성계수와 동점성계수
- 점성계수
  $1 \ N\cdot s/m^2 = 1 \ kg/m\cdot s$
- 동점성계수
  $\nu = \dfrac{\mu}{\rho} \ [m^2/s] \Rightarrow L^2T^{-1}$

  μ : 점성계수 $[kg/m\cdot s]$
  ρ : 밀도 $[kg/m^3]$
  ν : 동점성계수 $[m^2/s]$

28 Darcy-Weisbach 공식에서 마찰손실수두에 관한 설명으로 옳은 것은?

① 관의 직경에 반비례한다.
② 관의 길이에 반비례한다.
③ 마찰손실계수에 반비례한다.
④ 유속의 제곱에 반비례한다.

해설 | Darcy-Weisbach 공식

$H_L = f \times \dfrac{l}{D} \times \dfrac{V^2}{2g}$

H_L : 손실수두 $[m]$
f : 마찰손실계수 $\left(f = \dfrac{64}{Re}\right)$
l : 길이 $[m]$ d : 직경 $[m]$ V : 속도 $[m/s]$
g : 중력가속도 $[m/s^2]$

[풀이]
- 관의 길이에 비례한다.
- 마찰계수에 비례한다.
- 유속의 제곱에 비례한다.

정답 26 ① 27 ③ 28 ①

29 다음 그림에서 유량이 Q인 물이 방출되고 있다. 이때 방출유량을 4배 높이기 위한 수위로 옳은 것은? (단, 방출구의 직경 변화는 없고 점성 등의 영향은 무시한다)

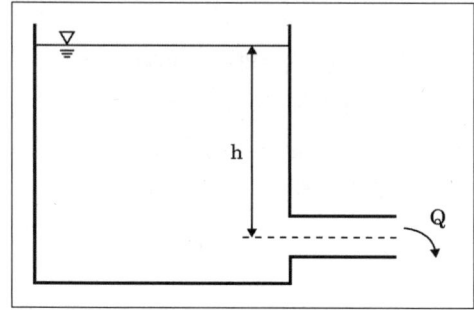

① 2 h ② 4 h
③ 8 h ④ 16 h

해설 | 유속

$V = \sqrt{2gh} \Rightarrow V \propto \sqrt{h}$

h : 높이

[풀이]
유량(속도)가 4배가 되기 위해서는 높이는 16배

30 모세관현상에서 대기압 P_a를 고려하여 액체의 상승높이를 구하는 공식으로 옳은 것은? (단, 표면장력 σ, 접촉각 θ, 단위체적당 비중량 γ, 모세관 직경 d이다)

① $\dfrac{4\sigma\cos\theta}{\gamma d} - \dfrac{P_a}{\gamma}$

② $\dfrac{4\sigma\cos\theta}{\gamma d} - P_a$

③ $\dfrac{4\sigma\cos\theta}{\gamma d} - \dfrac{4P_a}{d}$

④ $\dfrac{4\sigma\cos\theta}{\gamma d} - \dfrac{4P_a}{\gamma}$

해설 | 모세관현상
- 액면의 상승높이 $h = \dfrac{4\sigma\cos\theta}{\gamma d}$
- 대기압 수두 $\dfrac{P_a}{\gamma}$
- 상승높이 $\dfrac{4\sigma\cos\theta}{\gamma d} - \dfrac{P_a}{\gamma}$

31 관수로 흐름의 손실 중 미소손실이 아닌 것은?

① 관 마찰손실
② 급확대손실
③ 점차확대손실
④ 밸브에 의한 손실

해설 | 미소손실
- 미소손실의 종류는 급확대손실, 점차확대손실, 밸브에 의한 손실 등이다.
- 관 마찰손실은 주손실이다.

32 펌프의 상사법칙으로 옳은 것을 모두 고른 것은? (단, 펌프의 비속도는 동일하다)

ㄱ. 유량은 회전수 비에 비례한다.
ㄴ. 전양정은 회전수 비의 제곱에 비례한다.
ㄷ. 펌프의 축동력은 회전수 비의 4승에 비례한다.

① ㄱ   ② ㄷ
③ ㄱ, ㄴ   ④ ㄴ, ㄷ

정답 29 ④ 30 ① 31 ① 32 ③

해설 | 상사법칙

유량	$\frac{Q_2}{Q_1} = \left(\frac{N_2}{N_1}\right) \times \left(\frac{D_2}{D_1}\right)^3$
양정	$\frac{H_2}{H_1} = \left(\frac{N_2}{N_1}\right)^2 \times \left(\frac{D_2}{D_1}\right)^2$
출동력	$\frac{L_2}{L_1} = \left(\frac{N_2}{N_1}\right)^3 \times \left(\frac{D_2}{D_1}\right)^5$

Q : 유량 $[m^3/s]$, H : 양정 $[m]$
L : 축동력 $[kW]$
N : 회전수 $[rpm]$, D : 직경 $[m]$

축동력은 회전수의 3승에 비례한다.

33 직경 0.5 m의 수평관에 1 m³/s의 유량과 2.2 kgf/cm²의 압력으로 송수하기 위한 펌프의 소요동력 [kW]은 약 얼마인가? (단, 펌프 효율은 85 %이며, 관내 마찰손실은 무시한다)

① 15.2   ② 253.6
③ 268.9   ④ 283.6

해설 | 펌프 소요동력

$P = \frac{\gamma QH}{\eta}$

[풀이]

$P = \frac{9.8 \times 1 \times 22}{0.85} = 253.6 \ kW$

34 직경 40 mm 호스로 200 L/m의 물이 분출되고 있다. 이 호스의 직경을 20 mm로 줄이면 분출 속도 [m/s]는 약 얼마나 증가하는가?

① 1.95   ② 4.95
③ 7.95   ④ 12.95

해설 | 분출 속도

$Q = A \times V \rightarrow V = \frac{Q}{A}$

[풀이]

• 직경 40 mm 호스 속도

$V = \frac{0.2}{\frac{\pi}{4} \times 0.04^2 \times 60} = 2.65 \ m/s$

• 직경 20 mm 호스 속도

$V = \frac{0.2}{\frac{\pi}{4} \times 0.02^2 \times 60} = 10.61 \ m/s$

• 속도차 = 10.61 - 2.65 = 7.96 m/s

정답 33 ② 34 ③

24회 제2과목 약제화학

35 소화원리 중 화학적 소화방법에 해당하는 것은?

① 질식소화
② 냉각소화
③ 희석소화
④ 억제소화

해설 | 소화방법
1) 물리적 소화
   질식소화, 냉각소화, 희석소화
   유화소화, 제거소화
2) 화학적 소화 : 부촉매소화(억제소화)

36 소화약제와 주된 소화방법의 연결이 옳은 것은?

① 합성계면활성제포 - 냉각소화
② CHF_2CF_3 - 냉각소화
③ $NH_4H_2PO_4$ - 억제소화
④ CF_3Br - 억제소화

해설 | 소화방법
① 합성계면활성제포 - 질식소화
② CHF_2CF_3 - 억제소화
③ $NH_4H_2PO_4$ - 냉각소화, 질식소화

37 방호대상물이 서고이며 체적이 80 m³인 방호구역에 전역방출방식의 이산화탄소소화설비를 설치하고자 한다. 이산화탄소소화설비의 화재안전성능기준(NFSC 106)에 의해 산정한 최소 약제량 [kg]은?

- 방호구역 내 모든 물체는 가연성이다.
- 방호구역의 개구부 총면적은 2 m²이다.
- 개구부에는 자동개폐장치가 설치되어 있다.
- 설계농도(%)는 고려하지 않는다.

① 130   ② 140
③ 150   ④ 160

해설 | 이산화탄소 최소약제량
기본약제량 + 개구부 누설량(자동개폐장치 설치)

[풀이]
$80\,m^3 \times 2\,kg/m^3 = 160\,kg$

38 소화약제로 사용된 4 ℃의 물이 모두 200 ℃ 과열수증기로 변화하였다면, 물은 약 몇 배 팽창하였는가? (단, 화재실은 대기압상태로 화재발생 전·후 압력의 변화는 없으며, 과열수증기는 이상기체로 가정한다. 4 ℃에서의 물의 밀도 = 1 g/cm³, H 및 O의 원자량은 각각 1과 16이다)

① 1,700   ② 1,928
③ 2,156   ④ 2,383

정답 35 ④   36 ④   37 ④   38 ③

해설 | 물의 팽창
물 18 g을 기화

[풀이]
4 ℃ 물 18 g(cm³ = cc) →
0 ℃ 수증기 18 g(1몰 22.4 L = 22400 cc)
200 ℃ 수증기 체적

$$\frac{V_1}{T_1} = \frac{V_2}{T_2} \Rightarrow V_2 = V_1 \times \frac{T_2}{T_1}$$
$$= 22400 \times \frac{473}{273} = 38810 \, cc$$

팽창비 : $\frac{38810}{18} = 2156$

39 제3종 분말소화약제의 소화효과는 다음과 같다. 제3종 분말소화약제가 다른 분말소화약제와 달리 일반(A급) 화재에도 적용이 가능한 이유로 옳은 것을 모두 고른 것은?

> ㄱ. 열분해 시 흡열반응에 의한 냉각효과
> ㄴ. 열분해 시 발생되는 불연성가스에 의한 질식효과
> ㄷ. 메타인산의 방진효과
> ㄹ. 올소(Ortho)인산에 의한 섬유소의 탈수 탄화 작용
> ㅁ. 분말 운무에 의한 열방사의 차단효과
> ㅂ. 열분해 시 유리된 NH_4^+에 의한 부촉매효과

① ㄱ, ㄴ
② ㄷ, ㄹ
③ ㄹ, ㅁ, ㅂ
④ ㄱ, ㄴ, ㄷ, ㄹ, ㅁ, ㅂ

해설 | 제3종 분말소화약제 A급 화재 적응성
제3종 분말소화약제가 A급 화재에 적응성 있는 이유는 메타인산에 의한 방진효과와 올소(Ortho)인산에 의한 섬유소의 탈수 탄화 작용이다.

40 화재현장에서 15 ℃의 물이 100 ℃의 수증기로 모두 바뀌었다고 가정할 때, 소화약제로 사용된 물의 냉각효과에 관한 설명으로 옳지 않은 것은?

① 물 1 kg당 흡수한 현열은 약 355.3 kJ 이다.
② 물 1 kg당 흡수한 용융잠열은 약 80 kcal이다.
③ 물 1 kg당 흡수한 증발잠열은 약 2,253 kJ이다.
④ 물 1 kg당 흡수한 총열은 약 624 kcal 이다.

해설 | 비열(잠열과) 잠열

구분	정의
비열 ($J/kg \cdot K$)	• 1 $kcal/kg \cdot ℃$ (1 $kcal = 4.18 \, kJ$)
잠열 (J/kg)	• 증발잠열 : 539 kcal/kg • 융해잠열 : 80 kcal/kg

① 물의 1 kg 현열(kJ)
$1 \, kg \times 1 \, kcal/kg \cdot ℃ \times (100-15) \, ℃$
$\times 4.18 \, kJ/kcal ≒ 355.3 \, kJ$

③ 물의 1 kg 잠열(kJ)
$1 \, kg \times 539 \, kcal/kg \times 4.18 \, kJ/kcal$
$≒ 2253 \, kJ$

정답 39 ② 40 ②

④ 물의 1 kg 총 흡수열(kcal)

$1\,kg \times 1\,kcal/kg \cdot ℃ \times (100-15)\,℃ + 539\,kcal = 624\,kcal$

② 물의 융용잠열은 고체(얼음)에서 액체가 되는데 융용잠열은 냉각효과와 관계없다.

41
충전비가 1.6인 고압식 이산화탄소소화설비에 필요한 약제량이 230 kg일 때, 68 L 표준용기는 몇 개가 필요한가?

① 4　　② 5
③ 6　　④ 7

해설 | 이산화탄소 충전비

약제의 중량당 용기의 부피($\frac{\ell}{kg}$)

[풀이]
충전비가 1.6인 경우 6 L 용기의 약제량(kg)

$1.6 = \frac{68}{kg}$

약제량(kg) = $\frac{68}{1.6} = 42.5\,kg$

용기 수 = $\frac{230}{42.5} = 5.4$

6병

42
할로겐화합물소화약제 중 오존파괴지수(ODP)가 0인 소화약제가 아닌 것은?

① HCFC - 124
② HFC - 23
③ FC - 3 - 1 - 10
④ FK - 5 - 1 - 12

해설 | 오존파괴지수(ODP)

소화약제	GWP	ODP
FIC - 13I1	≤1	0
FK - 5 - 1 - 12	≤1	0
HCFC Blend A	1500	0.048
HFC Blend B	1400	0
HCFC - 124	527	0.022
HFC - 125	3170	0
HFC - 227ea	3350	0
HFC - 23	12400	0
HFC - 236fa	8060	0
불활성 계열	0	0

정답 41 ③　42 ①

24회 제2과목 소방전기

43 콘덴서의 직렬 및 병렬접속에 관한 설명으로 옳지 않은 것은?

① 직렬접속 시 정전용량이 큰 콘덴서에 전압이 많이 걸린다.
② 직렬접속 시 합성 정전용량은 감소한다.
③ 병렬접속 시 총 전하량은 각 콘덴서의 전하량의 합과 같다.
④ 병렬접속 시 합성 정전용량은 각 콘덴서의 정전용량의 합과 같다.

해설 | 콘덴서 직렬연결과 병렬연결
1) 직렬연결
　① 콘덴서 합성 정전용량은 작아진다.
　② 콘덴서에 걸리는 전압은
　　$$V_1 = \frac{C_2}{C_1+C_2} \times E$$
　③ 정전용량이 작은 콘덴서에 전압이 많이 걸린다.
2) 병렬연결
　① 콘덴서 합성 정전용량은 커진다.
　② 콘덴서에 걸리는 전하량은
　　$$Q_1 = \frac{C_1}{C_1+C_2} \times Q$$

44 동종 금속 도선의 두 점 간에 온도차를 주고 고온 쪽에서 저온 쪽으로 전류를 흘리면, 줄열 이외에 도선 속에서 열이 발생하거나 흡수가 일어나는 현상은?

① 제벡효과　② 톰슨효과
③ 펠티에효과　④ 핀치효과

해설 | 톰슨효과
열전기 현상의 일종으로, 동일한 금속에 전류가 흐르면 접합부에서 흡열과 발열이 생기는 현상

45 자기력선의 성질에 관한 설명으로 옳지 않은 것은?

① 자기력선은 서로 교차하지 않는다.
② 자계의 방향은 자기력선 위의 한 점에서의 접선 방향이다.
③ 자기력선의 밀도는 자계의 세기와 같다.
④ 자기력선은 자석 내부에서는 S극에서 나와 N극으로 들어간다.

정답 43 ① 44 ② 45 ④

해설 | 자기력선의 특징
① 자석의 N극에서 나와 S극으로 들어간다.
② 자기력선은 도중에 교차되거나 끊어지지 않는다.
③ 자기력선의 한 점에서의 접선 방향이 그 점에서의 자기장의 방향을 나타낸다.
④ 자기력선의 간격이 좁을수록 자기장의 세기가 세다.
⑤ 자기력선의 밀도는 자계의 세기와 같다.
※ 자기력선은 자석 내부에도 존재한다.

46 자기장 내에 존재하는 도체에 전류를 흘릴 때 도체가 받는 전자력의 방향을 결정하는 법칙은?

① 렌츠의 법칙
② 플레밍의 왼손법칙
③ 플레밍의 오른손법칙
④ 암페어의 오른나사법칙

해설 | 플레밍의 왼손법칙
자기장 속에 있는 도선에 전류가 흐를 때 자기장의 방향과 도선에 흐르는 전류의 방향으로 도선이 받는 힘의 방향을 결정하는 법칙

47 한국전기설비규정(KEC)에 따른 전선의 식별에서 상과 색상이 옳은 것을 모두 고른 것은?

ㄱ. L_1 : 검은색   ㄴ. L_2 : 갈색
ㄷ. L_3 : 회색   ㄹ. N : 파란색

① ㄹ
② ㄴ, ㄷ
③ ㄷ, ㄹ
④ ㄱ, ㄴ, ㄷ, ㄹ

해설 | 한국전기설비 규정 전선 색깔
- L_1 : 갈색
- L_2 : 흑색
- L_3 : 회색
- N : 청색
- 보호도체 : 녹색 - 노란색
  (녹색바탕에 노란줄)

48 다음 회로에서 공진 시의 임피던스 값은?

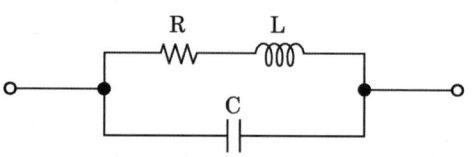

① $R - \dfrac{1}{\sqrt{LC}}$
② $R + \dfrac{1}{\sqrt{LC}}$
③ $\dfrac{RC}{L}$
④ $\dfrac{L}{RC}$

정답 46 ② 47 ③ 48 ④

해설 | 일반적인 등가회로에서의 공진

$$Y = \frac{1}{X_C} + \frac{1}{Z} = j\omega C + \frac{1}{R+j\omega L}$$

$$= \frac{R}{R^2+(\omega L)^2} + j\left(\omega C - \frac{\omega L}{R^2+(\omega L)^2}\right)$$

$$= \frac{R}{\frac{L}{C}} = \frac{CR}{L}$$

임피던스이므로 $Z = \dfrac{L}{CR}$

49
다음 회로에서 단자 C, D 간의 전압을 40 V라고 하면 단자 A, B 간의 전압 [V]은?

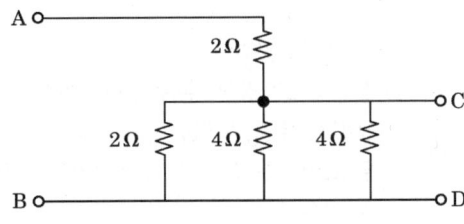

① 60
② 120
③ 180
④ 240

해설 | 직·병렬회로

1) 병렬부분에서 걸리는 전압이 40 V이므로 4 Ω과 4 Ω, 2 Ω에 흐르는 각각의 전류는 10 A, 10 A, 20 A가 된다.
2) 직렬 2 Ω에 흐르는 총 전류는 40 A가 되므로 V = IR 전압은 80 V가 된다.
3) 총 전압은 40 + 80 = 120 V

50
유도전동기 기동 시 각 상당 임피던스가 동일한 고정자 권선의 접속을 △결선에서 Y결선으로 변환할 때의 선전류 비($\dfrac{I_Y}{I_\triangle}$)는?

① $\dfrac{1}{\sqrt{3}}$ ② $\dfrac{1}{3}$
③ $\sqrt{3}$ ④ 3

해설 | Y-△ 기동

1) 기동 시 Y로 기동하여 상전압을 선간 전압의 $\dfrac{1}{\sqrt{3}}$로 낮추어 전류를 $\dfrac{1}{3}$로 줄이고 토크도 $\dfrac{1}{3}$로 줄이고 가속 후(5~7초 이후) 델타결선으로 변환하여 정상운전을 하는 방식이다.

2) $I_Y = \dfrac{1}{Z} \times \dfrac{V_l}{\sqrt{3}}$

3) $I_\triangle = \sqrt{3} \times \dfrac{V_l}{Z} = \dfrac{\sqrt{3}\,V_l}{Z}$

4) $\dfrac{I_Y}{I_\triangle} = \dfrac{\frac{V_l}{\sqrt{3}\,Z}}{\frac{\sqrt{3}\,V_l}{Z}} = \dfrac{1}{3}$

정답 49 ② 50 ②

24회 제3과목 소방관련법령

51 소방기본법령상 소방기술 및 소방산업의 국제 경쟁력과 국제적 통용성을 높이기 위하여 소방청장이 추진하는 사업으로 명시되지 않은 것은?

① 소방기술 및 소방산업의 국제협력을 위한 조사·연구
② 소방기술과 안전관리에 관한 교육 및 조사·연구
③ 소방기술 및 소방산업의 국외시장 개척
④ 소방기술 및 소방산업에 관한 국제 전시회, 국제 학술회의 개최 등 국제 교류

해설 | 소방기술 및 소방산업의 국제화사업
1) 국가는 소방기술 및 소방산업의 국제 경쟁력과 국제적 통용성을 높이는 데 필요한 기반조성을 촉진하기 위한 시책을 마련하여야 함
2) 소방청장은 소방기술 및 소방산업의 국제 경쟁력과 국제적 통용성을 높이기 위하여 사업을 추진
   (1) 소방기술 및 소방산업의 국제협력을 위한 조사·연구
   (2) 소방기술 및 소방산업에 관한 국제전시회, 국제 학술회의 개최 등 국제 교류
   (3) 소방기술 및 소방산업의 국외시장 개척
   (4) 그 밖에 소방기술 및 소방산업의 국제 경쟁력과 국제적 통용성을 높이기 위하여 필요하다고 인정하는 사업

52 소방기본법령상 소방대의 소방지원활동에 해당하지 않는 것은?

① 산불에 대한 예방·진압 등 지원활동
② 자연재해에 따른 급수·배수 및 제설 등 지원활동
③ 집회·공연 등 각종 행사 시 사고에 대비한 근접대기 등 지원활동
④ 끼임, 고립 등에 따른 위험제거 및 구출 활동

해설 | 소방지원활동
1) 정의 : 소방청장·본부장·서장은 공공의 안녕질서 유지, 복리증진을 위하여 필요한 경우 소방활동 외에 소방지원활동을 하게 할 수 있음
2) 소방지원활동의 종류
   (1) 산불에 대한 예방·진압 등 지원활동
   (2) 자연재해에 따른 급수·배수·제설 등 지원활동
   (3) 집회·공연 등 각종 행사의 사고에 대비한 근접대기 등 지원활동
   (4) 화재·재난·재해로 인한 피해복구 지원활동
   (5) 그 밖에 행정안전부령으로 정하는 활동
      ① 군·경찰 등 유관기관의 훈련지원 활동
      ② 소방시설 오작동 신고에 따른 조치 활동
      ③ 방송제작 또는 촬영 관련 지원활동

정답 51 ② 52 ④

3) 소방지원활동은 소방활동의 수행에 지장을 주지 아니하는 범위에서 할 수 있음
4) 유관기관·단체 등의 요청에 따른 소방지원활동에 드는 비용은 지원을 요청한 기관·단체에게 부담하게 할 수 있음(부담금액 및 방법은 협의)
※ ④ 끼임, 고립 등에 따른 위험제거 및 구출 활동 : 생활안전활동

53 소방시설공사업법령상 벌칙에 관한 내용으로 옳은 것은?

① 공사감리 결과보고서의 제출을 거짓으로 한 자는 3천만 원 이하의 벌금에 처한다.
② 소방시설공사를 다른 업종의 공사와 분리하여 도급하지 아니한 자는 1천만 원 이하의 벌금에 처한다.
③ 소방기술자를 공사현장에 배치하지 아니한 자에게는 200만 원 이하의 과태료를 부과한다.
④ 공사대금의 지급보증을 정당한 사유 없이 이행하지 아니한 자에게는 300만 원 이하의 이하의 과태료를 부과한다.

해설 | 소방공사업법상 벌칙
① 공사감리 결과보고서의 제출을 거짓으로 한 자 : 1년 이하 징역 또는 1000만 원 이하의 벌금
② 소방시설공사를 다른 업종의 공사와 분리하여 도급하지 아니한 자 : 300만 원 이하의 벌금
④ 공사대금의 지급보증을 정당한 사유 없이 이행하지 아니한 자 : 200만 원 이하의 과태료

54 소방시설공사업법령상 소방시설공사 분리 도급의 예외로 명시되지 않은 것은? (단, 다른 조건은 고려하지 않는다)

① 연소방지설비의 살수구역을 증설하는 공사인 경우
② 연면적이 1천 제곱미터 이하인 특정소방대상물에 비상경보설비를 설치하는 공사인 경우
③ 국방 및 국가안보 등과 관련하여 기밀을 유지해야 하는 공사인 경우
④ 「재난 및 안전관리 기본법」에 따른 재난의 발생으로 긴급하게 착공해야 하는 공사인 경우

해설 | 소방시설공사 분리도급 예외
1) 재난의 발생으로 긴급하게 착공해야 하는 공사인 경우
2) 국방 및 국가안보 등과 관련하여 기밀을 유지해야 하는 공사인 경우
3) 착공신고 대상 소방시설공사에 해당하지 않는 공사인 경우
4) 연면적이 1천 m^2 이하인 특정소방대상물에 비상경보설비를 설치하는 공사인 경우
5) 다음 각 목의 어느 하나에 해당하는 입찰로 시행되는 공사인 경우
　(1) 대안입찰 또는 일괄입찰
　(2) 실시설계 기술제안입찰 또는 기본설계 기술제안입찰
6) 그 밖에 문화재수리 및 재개발·재건축 등의 공사로서 공사의 성질상 분리하여 도급하는 것이 곤란하다고 소방청장이 인정하는 경우
※ ① 연소방지설비의 살수구역을 증설하는 공사인 경우 : 착공신고 대상 소방시설공사임

정답 53 ③ 54 ①

55 소방시설공사업법령상 2차 위반 시 100만 원의 과태료를 부과하는 경우를 모두 고른 것은? (단, 가중 또는 감경 사유는 고려하지 않는다)

> ㄱ. 방염처리업자가 방염성능기준 미만으로 방염을 한 경우
> ㄴ. 감리업자가 소방시설공사의 감리를 위하여 소속 감리원을 소방시설공사현장에 배치 후 소방본부장이나 소방서장에게 배치통보를 하지 않은 경우
> ㄷ. 소방시설공사등의 도급을 받은 자가 해당 공사를 하도급할 때 미리 관계인과 발주자에게 하도급 등의 통지를 하지 않은 경우

① ㄱ, ㄴ ② ㄱ, ㄷ
③ ㄴ, ㄷ ④ ㄱ, ㄴ, ㄷ

해설 | 공사업법 과태료 기준

과태료 금액 (만 원/위반회수)			위반행위
1차	2차	3차	
60	100	200	1. 등록·휴폐업·지위승계·착공·감리지정 신고하지 않거나 거짓신고 2. 관계인에게 지위승계·행정처분·휴폐업 사실을 거짓 알림 3. 소방감리 배치통보 및 변경통보 않거나 거짓통보 4. 하도급 등의 통지를 하지 않은 경우 5. 소방공무원 감독 명령위반하여 미보고, 자료 미제출, 거짓보고·제출

※ 방염처리업자가 방염성능기준 미만으로 방염을 한 경우 : 200만 원 과태료

56 소방시설공사업법령상 소방시설업의 업종별 등록기준 중 기계 및 전기분야 소방설비기사 자격을 함께 취득한 사람을 주된 기술인력으로 볼 수 있는 경우는?

① 전문 소방시설설계업과 화재위험평가 대행업을 함께 하는 경우
② 일반 소방시설설계업과 전문 소방시설공사업을 함께 하는 경우
③ 전문 소방시설설계업과 전문 소방시설공사업을 함께 하는 경우
④ 전문 소방시설설계업과 일반 소방시설공사업을 함께 하는 경우

해설 | 소방시설업의 업종별 등록기준[시행령 별표 1]

소방시설설계업을 하려는 자가 소방시설공사업, 소방시설관리업 또는 「다중이용업소의 안전관리에 관한 특별법」에 따른 화재위험평가 대행업 중 어느 하나를 함께 하려는 경우 소방시설공사업, 소방시설관리업 또는 화재위험평가 대행업 기술인력으로 등록된 기술인력은 다음 각 목의 기준에 따라 소방시설설계업 등록 시 갖추어야 하는 해당 자격을 가진 기술인력으로 볼 수 있다.

1) 전문 소방시설설계업과 소방시설관리업을 함께 하는 경우 : 소방기술사 자격과 소방시설관리사 자격을 함께 취득한 사람
2) 전문 소방시설설계업과 전문 소방시설공사업을 함께 하는 경우 : 소방기술사 자격을 취득한 사람
3) 전문 소방시설설계업과 화재위험평가 대행업을 함께 하는 경우 : 소방기술사 자격을 취득한 사람

정답 55 ③ 56 ②

4) 일반 소방시설설계업과 소방시설관리업을 함께 하는 경우 다음의 어느 하나에 해당하는 사람
   (1) 소방기술사 자격과 소방시설관리사 자격을 함께 취득한 사람
   (2) 기계분야 소방설비기사 또는 전기분야 소방설비기사 자격을 취득한 사람 중 소방시설관리사 자격을 취득한 사람
5) 일반 소방시설설계업과 일반 소방시설공사업을 함께 하는 경우 : 소방기술사 자격을 취득하거나 기계분야 또는 전기분야 소방설비기사 자격을 취득한 사람
6) 일반 소방시설설계업과 전문 소방시설공사업을 함께 하는 경우 : 소방기술사 자격을 취득하거나 기계분야 및 전기분야 소방설비기사 자격을 함께 취득한 사람
7) 전문 소방시설설계업과 일반 소방시설공사업을 함께 하는 경우 : 소방기술사 자격을 취득한 사람

해설 | 소방기술심의위원회 심의내용

구분	중앙 소방기술 심의위원회	지방 소방기술 심의위원회
심의내용	• 화재안전기준에 관한 사항 • 소방시설구조 · 원리 등에서 공법이 특수한 설계 및 시공 • 소방시설설계 및 공사감리의 방법 • 소방시설공사 하자 판단 기준 • 기타 대통령령으로 정한 사항	• 소방시설 하자가 있는지의 판단에 관한 사항 • 기타 대통령령으로 정한 사항

57 소방시설설치 및 관리에 관한 법령상 중앙소방기술심의위원회의 심의 사항을 모두 고른 것은?

| ㄱ. 화재안전기준에 관한 사항
| ㄴ. 소방시설의 설계 및 공사감리의 방법에 관한 사항
| ㄷ. 소방시설공사의 하자를 판단하는 기준에 관한 사항

① ㄱ, ㄴ   ② ㄱ, ㄷ
③ ㄴ, ㄷ   ④ ㄱ, ㄴ, ㄷ

58 소방시설설치 및 관리에 관한 법령상 특정소방대상물 중 근린생활시설에 해당하는 것은?

① 같은 건축물에 해당 용도로 쓰는 바닥면적의 합계가 800 m²인 슈퍼마켓
② 같은 건축물에 해당 용도로 쓰는 바닥면적의 합계가 600 m²인 테니스장
③ 같은 건축물에 해당 용도로 쓰는 바닥면적의 합계가 500 m²인 공연장
④ 같은 건축물에 해당 용도로 쓰는 바닥면적의 합계가 700 m²인 금융업소

정답 57 ④ 58 ①

해설 | 특정소방대상물 중 근린생활시설

바닥면적 [m²] 합계 미만	특정소방대상물	바닥면적 합계 이상 시 용도
모두 해당	이용원, 미용원, 목욕탕, 세탁소, 의원, 치과의원, 한의원, 침술원, 접골원, 조산원, 산후조리원, 안마원, 장의사, 동물병원, 총포판매사	-
150	단란주점	위락시설
	휴게음식점, 제과점, 일반음식점, 기원, 노래연습장	-
300	공연장, 비디오물감상실업, 비디오물감상실업	문화 및 집회시설
	종교집회장	종교시설
500	탁구장, 테니스장, 체육도장, 체력단련장, 에어로빅장, 볼링장, 당구장, 실내낚시터, 골프연습장, 물놀이형 시설	운동시설
	소개업소(금융업소, 사무소, 부동산, 결혼 상담소)	업무시설
	제조업소, 수리점	공장
	출판사, 서점, 게임 제공업, 복합유통게임 제공업,	
500	학원(자동차학원 및 무도학원 제외), 독서실	교육연구시설 (도서관)
	고시원	숙박시설
1000	슈퍼마켓, 소매점, 의약품·의료기기판매소, 자동차영업소	판매시설

59 소방시설설치 및 관리에 관한 법령상 소방청장 및 시·도지사가 처분 전에 청문을 하여야 하는 경우가 아닌 것은?

① 소방시설관리사 자격의 취소 및 정지
② 방염성능검사 결과의 취소 및 검사 중지
③ 우수품질인증의 취소
④ 전문기관의 지정취소 및 업무정지

해설 | 청문 실시
1) 관리사 자격의 취소 및 정지
2) 관리업의 등록취소 및 영업정지
3) 소방용품의 형식승인 취소 및 제품검사 중지
4) 소방용품의 성능인증의 취소
5) 소방용품의 우수품질인증의 취소
6) 제품검사 전문기관의 지정취소 및 업무정지

60 소방시설설치 및 관리에 관한 법령상 소방시설등의 자체점검에 관한 설명으로 옳지 않은 것은?

① 해당 특정소방대상물의 소방시설등이 신설된 경우 관계인은 「건축법」에 따라 건축물을 사용할 수 있게 된 날부터 30일 이내에 최초점검을 실시해야 한다.
② 스프링클러가 설치된 특정소방대상물이나 제연설비가 설치된 터널은 종합점검 대상이다.
③ 자체점검의 면제를 신청하려는 관계인은 자체점검의 실시 만료일 3일 전까지 자체점검면제신청서를 소방본부장 또는 소방서장에게 제출해야 한다.

정답 59 ② 60 ①

④ 관리업자가 자체점검을 실시한 경우 그 점검이 끝난 날부터 10일 이내에 소방시설등점검표를 첨부하여 소방시설등 자체점검 실시결과 보고서를 관계인에게 제출해야 한다.

해설 | 소방시설등 자체점검 구분
(1) 작동점검 : 소방시설등을 인위적으로 조작하여 정상적으로 작동하는지를 작동점검표에 따라 점검하는 것
(2) 종합점검 : 소방시설등의 작동점검을 포함하여 소방시설등의 설비별 주요 구성 부품의 구조기준이 화재안전기준과 건축법 등 관련 법령에서 정하는 기준에 적합한지 여부를 종합점검표에 따라 점검하는 것
　① 최초점검 : 소방시설이 신설된 경우 건축물을 사용할 수 있게 된 날부터 60일 이내 점검
　② 그 밖의 종합점검 : 최초점검을 제외한 종합점검

61 소방시설설치 및 관리에 관한 법령상 성능위주설계를 해야 하는 특정소방대상물(신축하는 것만 해당)로 옳지 않은 것은?

① 연면적 3만 제곱미터 이상인 철도 및 도시철도 시설
② 길이가 5천 미터 이상인 터널
③ 30층 이상(지하층을 포함)이거나 지상으로부터 높이가 120미터 이상인 아파트 등
④ 연면적 10만 제곱미터 이상인 창고시설

해설 | 성능위주설계를 하여야 하는 특정소방대상물의 범위
1) 연면적 200,000 m^2 이상인 특정소방대상물[공동주택 중 주택으로 쓰이는 층수가 5층 이상인 주택(아파트 등)은 제외]
2) 50층 이상(지하층 제외)이거나 지상으로부터 높이가 200 m 이상인 아파트 등
3) 30층 이상(지하층 포함)이거나 지상으로부터 높이가 120 m 이상인 특정소방대상물(아파트 등은 제외)
4) 연면적 30,000 m^2 이상인 철도 및 도시철도시설
5) 연면적 30,000 m^2 이상인 공항시설
6) 하나의 건축물에 영화상영관이 10개 이상인 특정소방대상물
7) 초고층 및 지하연계 복합건축물 재난관리에 관한 특별법 제2조 제2호에 따른 지하연계 복합건축물에 해당하는 특정소방대상물
8) 창고시설 중 연면적 10만 m^2 이상인 것 또는 지하층 층수가 2개 층 이상이고 지하층의 바닥면적의 합계가 3만 m^2 이상인 것
9) 터널 중 수저(水底)터널 또는 길이가 5천 미터 이상인 것

정답 61 ③

62 소방시설설치 및 관리에 관한 법령상 300만 원 이하의 과태료가 부과되는 자는?

① 소방시설관리사증을 다른 사람에게 빌려준 자
② 방염성능검사에 합격하지 아니한 물품에 합격표시를 한 자
③ 형식승인을 받은 후 해당 소방용품에 대하여 형상 등의 일부를 변경하면서 변경승인을 받지 아니한 자
④ 자체점검을 실시한 후 그 점검결과를 거짓으로 보고한 자

해설 | 소방시설법 벌칙
① 소방시설관리사증을 다른 사람에게 빌려준 자 : 1년 이하 징역 또는 1000만 원 이하 벌금
② 방염성능검사에 합격하지 아니한 물품에 합격표시를 한 자 : 300만 원 이하 벌금
③ 형식승인을 받은 후 해당 소방용품에 대하여 형상 등의 일부를 변경하면서 변경승인을 받지 아니한 자 : 1년 이하 징역 또는 1000만 원 이하 벌금

63 화재의 예방 및 안전관리에 관한 법령상 보일러 등의 설비 또는 기구 등의 위치·구조 등에 관한 설명으로 옳지 않은 것은?

① 화목 등 고체 연료를 사용할 때에는 연통의 배출구는 사업장용 보일러 본체보다 1미터 이상 높게 설치해야 한다.
② 주방설비에 부속된 배출덕트는 0.5밀리미터 이상의 아연도금강판 또는 이와 같거나 그 이상의 내식성 불연재료로 설치해야 한다.
③ 사업장용 보일러 본체와 벽·천장 사이의 거리는 0.6미터 이상이어야 한다.
④ 난로의 연통은 천장으로부터 0.6미터 이상 떨어지고, 연통의 배출구는 건물 밖으로 0.6미터 이상 나오게 설치해야 한다.

해설 | 화목 등 고체연료 사용 시
① 고체연료 : 별도의 실 또는 보일러와 수평거리 2 m 이상 이격
② 연통은 천장으로부터 0.6 m, 건물 밖으로 0.6 m 이상 나오게
③ 연통은 보일러보다 2 m 이상 높게
④ 연통이 관통하는 벽면, 지붕 등은 불연재료로
⑤ 연통재질은 불연재료로 연결부에 청소구 설치

정답 62 ④ 63 ①

64 화재의 예방 및 안전관리에 관한 법령상 300만 원 이하의 벌금에 처해지는 자는?

① 화재예방안전진단 결과를 제출하지 아니한 진단기관
② 실무교육을 받지 아니한 소방안전관리자 또는 소방안전관리보조자
③ 소방안전관리자를 선임하지 아니한 소방안전관리 대상물의 관계인
④ 근무자 또는 거주자에게 피난유도 안내정보를 정기적으로 제공하지 않은 소방안전 관리대상물의 관계인

해설 | 화재 예방법령상 벌칙
① 화재예방안전진단 결과를 제출하지 아니한 진단기관 : 300만 원 이하 과태료
② 실무교육을 받지 아니한 소방안전관리자 또는 소방안전관리보조자 : 50만 원 과태료
④ 근무자 또는 거주자에게 피난유도 안내정보를 정기적으로 제공하지 않은 소방안전관리대상물의 관계인 : 300만 원 이하 과태료

65 화재의 예방 및 안전관리에 관한 법령상 소방안전관리자에 관한 설명으로 옳은 것은?

① 신축된 소방안전관리대상물의 관계인은 해당 소방안전관리대상물의 사용승인일부터 20일 이내에 신규 소방안전관리자를 선임해야 한다.
② 소방안전관리자 선임 연기 신청서를 제출받은 소방본부장 또는 소방서장은 7일 이내에 소방안전관리자 선임 기간을 정하여 2급 또는 3급 소방안전관리대상물의 관계인에게 통보해야 한다.
③ 소방안전관리자는 소방안전관리자로 선임된 날부터 3개월 이내에 실무교육을 받아야 하며 그 이후에는 2년마다 1회 이상 실무교육을 받아야 한다.
④ 건설현장 소방안전관리대상물의 공사시공자는 소방안전관리자를 선임한 날부터 14일 이내에 소방본부장 또는 소방서장에게 선임신고를 해야 한다.

해설 | 소방안전관리자 선임 및 교육
① 신축된 소방안전관리대상물의 관계인은 해당 소방안전관리대상물의 사용승인일부터 30일 이내에 신규 소방안전관리자를 선임해야 한다.
② 2급 또는 3급 소방안전관리대상물의 관계인은 소방안전관리자에 대한 강습교육이나 소방안전관리에 관한 시험이 소방안전관리자 선임기간 내에 있지 아니하여 소방안전관리자를 선임할 수 없는 경우 선임의 연기를 신청할 수 있으며, 소방본부장 또는 소방서장은 선임 연기 신청서를 제출받은 경우에는 3일 이내에 소방안전관리자 선임기간을 정하여 2급 또는 3급 소방안전관리대상물의 관계인에게 통보할 것
③ 소방안전관리자는 소방안전관리자로 선임된 날부터 6개월 이내에 실무교육을 받아야 하며 그 이후에는 2년마다 1회 이상 실무교육을 받아야 한다.

정답 64 ③ 65 ④

66 화재의 예방 및 안전관리에 관한 법령상 특수가연물에 관한 설명으로 옳지 않은 것은?

① 10,000킬로그램 이상의 석탄·목탄류는 특수가연물에 해당한다.
② 특수가연물인 가연성고체류 또는 가연성액체류를 저장하는 장소에는 특수가연물 표지에 품명과 인화점을 표시하여야 한다.
③ 살수설비를 설치한 경우 특수가연물(발전용 석탄·목탄류 제외)은 15미터 이하의 높이로 쌓아야 한다.
④ 특수가연물(발전용 석탄·목탄류 제외)을 실외에 쌓는 경우 쌓는 부분 바닥면적의 사이는 3미터 또는 쌓는 높이 중 큰 값 이상으로 간격을 두어야 한다.

해설 | 특수가연물의 저장 및 취급기준에 대한 사항

1) 특수가연물 저장·취급기준 : 대통령령
 (1) 특수가연물 : 화재 시 빠르게 번지는 화재
 (2) 해당 장소에 **품명·최대수량·화기취급의 금지표지** 설치
 (3) 쌓을 경우 기준(다만 석탄·목탄류를 발전용으로 저장할 경우는 제외)
  ① 품명별로 구분하여 쌓을 것
  ② 높이 10 m 이하, 쌓는 부분 바닥 50 m² 이하(석탄·목탄은 200 m² 이하)
  ③ 살수설비 또는 대형수동식소화기 설치 시 → 높이 15 m 이하, 쌓는 부분 바닥 200 m² 이하(석탄·목탄 300 m² 이하)
 ④ 쌓는 부분의 바닥면적 사이
  실내 : 1.2 m 또는 쌓는 높이의 1/2 중 큰 값 이상으로 이격
  실외 : 3 m 또는 쌓는 높이 중 큰 값 이상으로 이격

2) 특수가연물 품명과 지정수량

품명	수량(이상)
면화류	200 kg
나무껍질 및 대팻밥	400 kg
넝마 및 종이부스러기	1,000 kg
사류(絲類)	1,000 kg
볏짚류	1,000 kg
가연성고체류	3,000 kg
석탄·목탄류	10,000 kg
가연성액체류	2 m³
목재가공품 및 나무부스러기	10 m³
플라스틱(합성수지류 포함) (발포/그 외)	20 m³ / 3,000 kg

67 위험물안전관리법령상 탱크안전성능시험자가 30일 이내에 시·도지사에게 변경신고를 해야 하는 경우가 아닌 것은?

① 영업소 소재지의 변경
② 보유장비의 변경
③ 대표자의 변경
④ 상호 또는 명칭의 변경

해설 | 탱크안전성능시험자
1) 시·도지사 또는 제조소등의 관계인은 안전관리업무를 전문적이고 효율적으로 수행하기 위하여 탱크안전성능시험자로 하여금 이 법에 의한 검사 또는 점검의 일부를 실시하게 할 수 있음
2) 탱크안전성능시험자가 되고자 하는 자는 기술능력·시설 및 장비를 갖추어 시·도지사에게 등록하여야 함
3) 2)의 규정에 따라 등록한 사항을 행정안전부령이 정하는 중요사항을 변경한 경우에는 그날부터 30일 이내에 시·도지사에게 변경신고를 하여야 함
   (1) 영업소 소재지의 변경
   (2) 기술능력의 변경
   (3) 대표자의 변경
   (4) 상호 또는 명칭의 변경

해설 | 옥외저장소 [시행령 별표 2]
옥외에 다음 각목의 1에 해당하는 위험물을 저장하는 장소. 다만 제2호의 장소를 제외한다.
1) 제2류 위험물 중 황 또는 인화성고체(인화점이 섭씨 0도 이상인 것에 한한다)
2) 제4류 위험물 중 제1석유류(인화점이 섭씨 0도 이상인 것에 한한다)·알코올류·제2석유류·제3석유류·제4석유류 및 동식물유류
3) 제6류 위험물
4) 제2류 위험물 및 제4류 위험물 중 특별시·광역시·특별자치시·도 또는 특별자치도의 조례로 정하는 위험물(「관세법」 제154조에 따른 보세구역 안에 저장하는 경우로 한정한다)
5) 「국제해사기구에 관한 협약」에 의하여 설치된 국제해사기구가 채택한 「국제해상위험물규칙」(IMDG Code)에 적합한 용기에 수납된 위험물

68 위험물안전관리법령상 옥외저장소에 관한 설명으로 옳지 않은 것은?
① 옥외저장소를 설치하는 경우 그 설치장소를 관할하는 시·도지사의 허가를 받아야 한다.
② 옥외저장소에는 제2류 위험물 및 제5류 위험물을 저장할 수 있다.
③ 옥외저장소에 선반을 설치하는 경우 선반의 높이는 6 m를 초과하지 않아야 한다.
④ 알코올류를 저장하는 옥외저장소에는 살수설비 등을 설치하여야 한다.

69 위험물안전관리법령상 과태료 처분에 해당하지 않는 경우는?
① 관할소방서장의 승인을 받지 아니하고 지정수량 이상의 위험물을 90일 동안 임시로 저장한 경우
② 제조소등 설치자의 지위를 승계한 날부터 30일 이내에 시·도지사에게 그 사실을 신고하지 아니한 경우
③ 제조소등의 관계인이 안전관리자를 해임한 날부터 30일 이내에 다시 안전관리자를 선임하지 아니한 경우
④ 정기점검을 한 날부터 30일 이내에 점검결과를 시·도지사에게 제출하지 아니한 경우

정답 68 ② 69 ③

해설 | 위험물안전관리법에 따른 과태료 500만 원 이하

과태료	위반행위
500만 원 이하	1. 지정수량 이상의 위험물을 임시로 저장 또는 취급하는 경우 승인을 받지 아니한 자 2. 위험물의 저장 또는 취급에 관한 세부기준을 위반한 자 3. 품명 등의 변경신고를 기간 이내에 하지 아니하거나 허위로 한 자 4. 지위승계신고를 기간 이내에 하지 아니하거나 허위로 한 자 5. 제조소등의 폐지신고, 안전관리자의 선임신고를 기간 이내에 하지 않고 허위로 한 자 6. 사용 중지신고 또는 재개신고를 기간 이내에 하지 아니하거나 거짓으로 한 자 7. 등록사항의 변경신고를 기간 이내에 하지 아니하거나 허위로 한 자 8. 점검결과를 기록·보존하지 아니한 자 9. 기간 이내에 점검결과를 제출하지 아니한 자 10. 위험물의 운반에 관한 세부기준을 위반한 자 11. 위험물 운송에 관한 기준을 따르지 아니한 자 12. 예방규정을 준수하지 아니한 자 13. 지정된 장소가 아닌 곳에서 흡연을 한 자 14. 금연구역 알림표지 설치에 따른 시정명령을 따르지 아니한 자

※ ③ 제조소등의 관계인이 안전관리자를 해임한 날부터 30일 이내에 다시 안전관리자를 선임하지 아니한 경우 : 1,500만 원 이하 벌금

70 위험물안전관리법령상 이동탱크저장소의 위치구조 및 설비의 기준 중 이동저장 탱크의 구조에 관한 조문의 일부이다. ( )에 들어갈 숫자로 옳은 것은?

> 압력탱크(최대상용압력이 (ㄱ) kPa 이상인 탱크를 말한다) 외의 탱크는 70 kPa의 압력으로, 압력탱크는 최대상용압력의 (ㄴ)배의 압력으로 각각 (ㄷ)분간의 수압시험을 실시하여 새거나 변형되지 아니할 것

① ㄱ : 20, ㄴ : 1.1, ㄷ : 5
② ㄱ : 20, ㄴ : 1.5, ㄷ : 5
③ ㄱ : 46.7, ㄴ : 1.1, ㄷ : 10
④ ㄱ : 46.7, ㄴ : 1.5, ㄷ : 10

해설 | 이동탱크저장소의 위치·구조 및 설비의 기준 [시행규칙 별표 10]

이동저장탱크의 구조는 다음 각 목의 기준에 의하여야 한다.

1) 탱크(맨홀 및 주입관의 뚜껑을 포함한다)는 두께 3.2 mm 이상의 강철판 또는 이와 동등 이상의 강도·내식성 및 내열성이 있다고 인정하여 소방청장이 정하여 고시하는 재료 및 구조로 위험물이 새지 아니하게 제작할 것

2) 압력탱크(최대상용압력이 <u>46.7 kPa</u> 이상인 탱크를 말한다) 외의 탱크는 70 kPa의 압력으로, 압력탱크는 최대상용압력의 <u>1.5배</u>의 압력으로 각각 <u>10분간</u>의 수압시험을 실시하여 새거나 변형되지 아니할 것. 이 경우 수압시험은 용접부에 대한 비파괴시험과 기밀시험으로 대신할 수 있다.

71 위험물안전관리법령상 위험물시설의 안전관리자에 관한 설명으로 옳지 않은 것은?

① 제조소등에 있어서 위험물취급자격자가 아닌 자는 안전관리자 또는 그 대리자가 참여한 상태에서 위험물을 취급하여야 한다.
② 시·도지사, 소방본부장 또는 소방서장은 안전관리자가 안전교육을 받지 아니한 때에는 그 교육을 받을 때까지 그 자격으로 행하는 행위를 제한할 수 있다.
③ 안전관리자가 되려는 사람은 16시간의 강습교육을 받아야 한다.
④ 지정수량 5배 이하의 제4류 위험물만을 취급하는 제조소에서는 소방공무원 경력 3년인 자를 안전관리자로 선임할 수 있다.

해설 | 위험물안전관리자 강습교육 시간

교육과정	교육대상자	교육시간	교육시기	교육기관
강습교육	안전관리자가 되려는 사람	24시간	최초 선임되기 전	안전원
	위험물운반자가 되려는 사람	8시간	최초 종사하기 전	안전원
	위험물운송자가 되려는 사람	16시간	최초 종사하기 전	안전원

72 다중이용업소의 안전관리에 관한 특별법령상 피난설비 중 비상구 설치 예외에 관한 조문의 일부이다. ( )에 들어갈 내용으로 옳은 것은?

> • 주된 출입구 외에 해당 영업장 내부에서 피난층 또는 지상으로 통하는 직통계단이 주된 출입구 중심선으로부터 수평거리로 영업장의 긴 변 길이의 (ㄱ) 이상 떨어진 위치에 별도로 설치된 경우
> • 피난층에 설치된 영업장(영업장으로 사용하는 바닥면적이 (ㄴ)제곱미터 이하인 경우로서 영업장 내부에 구획된 실(室)이 없고, 영업장 전체가 개방된 구조의 영업장을 말한다)으로서 그 영업장의 각 부분으로부터 출입구까지의 수평거리가 (ㄷ)미터 이하인 경우

① ㄱ : 2분의 1, ㄴ : 33, ㄷ : 10
② ㄱ : 2분의 1, ㄴ : 66, ㄷ : 20
③ ㄱ : 3분의 2, ㄴ : 33, ㄷ : 10
④ ㄱ : 3분의 2, ㄴ : 66, ㄷ : 20

해설 | 비상구 설치 제외

1) 주된 출입구 외에 영업장 내부에서 피난층 또는 지상으로 통하는 직통계단이 주된 출입구 중심선으로부터 수평거리로 영업장의 긴 변 길이의 1/2 이상 떨어진 위치에 별도로 설치된 경우
2) 피난층에 설치된 영업장(바닥면적 33 m² 이하로서 영업장 내부에 구획된 실이 없고, 영업장 전체가 개방된 구조)으로서 영업장 각 부분으로부터 출입구까지의 수평거리가 10 m 이하인 경우

정답 71 ③ 72 ①

73 다중이용업소의 안전관리에 관한 특별법령상 안전관리기본계획(이하 '기본계획'이라 함)에 관한 설명으로 옳지 않은 것은?

① 소방청장은 기본계획을 관계 중앙행정기관의 장과 협의를 거쳐 5년마다 수립해야 한다.
② 기본계획 수립지침에는 화재 등 재난 발생 경감대책이 포함되어야 한다.
③ 소방청장은 기본계획을 수립하면 행정안전부장관에게 보고하여야 한다.
④ 소방청장은 매년 연도별 안전관리계획을 전년도 12월 31일까지 수립하여야 한다.

해설 | 다중이용업소의 기본계획과 집행계획
1) 기본계획 수립·시행자 : 소방청장
2) 기본계획 수립·시행 : 5년마다(중앙행정기관의 장과 협의를 거쳐)
3) 기본계획 수립·시행 목적
   (1) 다중이용업소의 화재 등 재난이나 그 밖의 위급한 상황으로 인한 인적·물적 피해의 감소
   (2) 안전기준의 개발
   (3) 자율적인 안전관리 능력의 향상
   (4) 화재배상책임보험제도의 정착
4) 기본계획 보고 : 국무총리
5) 기본계획 통보 대상 : 관계 중앙행정기관의 장, 시·도지사
6) 기본계획 공고 : 소방청장이 관보에 공고
7) 기본계획 수립지침
   (1) 작성자 : 소방청장
   (2) 협의.통보 대상 : 중앙행정기관의 장
8) '연도별 안전관리계획' 수립·시행
   소방청장이 매년(전년도 12월 31일까지 수립)
9) '연도별 안전관리계획' 통보 대상
   관계 중앙행정기관의 장, 시·도지사

74 다중이용업소의 안전관리에 관한 특별법령상 1천만 원의 이행강제금을 부과하는 경우를 모두 고른 것은? (단, 가중 또는 감경 사유는 고려하자 않는다)

> ㄱ. 실내장식물에 대한 교체 또는 제거 등 필요한 조치명령을 위반한 경우
> ㄴ. 영업장의 내부구획에 대한 보완 등 필요한 조치명령을 위반한 경우
> ㄷ. 다중이용업소의 사용금지 또는 제한 명령을 위반한 경우

① ㄱ, ㄴ   ② ㄱ, ㄷ
③ ㄴ, ㄷ   ④ ㄱ, ㄴ, ㄷ

해설 | 이행강제금
소방청장·본부장·서장은 조치명령 받은 후 그 정한 기간 내 그 명령을 이행하지 않은 자에게는 1,000만 원 이하의 이행강제금 부과

이행 강제금	위반 행위
1,000 만 원	1. 안전시설 등을 설치하지 않은 경우 2. 실내장식물의 교체·제거 등 필요 조치명령 위반 3. 영업장 내부구획에 대한 보완 등 조치명령 위반 4. 화재안전조사 조치명령에 따른 다중이용업소의 개수·이전·제거 명령 위반
600 만 원	1. 안전시설 등을 고장상태로 방치한 경우 2. 화재안전조사 조치명령에 따른 다중이용업소의 사용금지 또는 제한 명령위반
200 만 원	1. 안전시설 등의 작동·기능에 지장주지 않는 경미한 사항 2. 화재안전조사 조치명령에 따른 다중이용업소의 공사 정지 또는 중지 명령 위반

정답 73 ③ 74 ①

75 다중이용업소의 안전관리에 관한 특별법령상 다중이용업소에 대한 화재위험평가 대상에 관한 조문의 일부이다. ( )에 들어갈 내용으로 옳은 것은?

> - (ㄱ)제곱미터 지역 안에 다중이용업소가 50개 이상 밀집하여 있는 경우
> - 5층 이상인 건축물로서 다중이용업소가 (ㄴ)개 이상 있는 경우
> - 하나의 건축물에 다중이용업소로 사용하는 영업장 바닥면적의 합계가 (ㄷ)제곱미터 이상인 경우

① ㄱ : 1천, ㄴ : 10, ㄷ : 2천
② ㄱ : 1천, ㄴ : 40, ㄷ : 2천
③ ㄱ : 2천, ㄴ : 10, ㄷ : 1천
④ ㄱ : 2천, ㄴ : 40, ㄷ : 1천

해설 | 화재위험 평가지역

1) 2,000 m² 지역 안에 다중이용업소가 50개 이상 밀집하여 있는 경우(도로로 둘러싸인 일단의 지역의 중심지점을 기준으로 함)
2) 5층 이상인 건축물로서 다중이용업소가 10개 이상 있는 경우
3) 하나 건축물에 다중이용업소로 사용하는 영업장 바닥면적의 합계가 1,000 m² 이상인 경우

정답 75 ③

24회 제4과목 위험물의 성상 및 시설기준

76 제1류 위험물 중 질산칼륨에 관한 설명으로 옳지 않은 것은?

① 물, 글리세린, 에틸알코올, 에터에 잘 녹는다.
② 무색 또는 백색 결정이거나 분말이다.
③ 강산화제이며 가열하면 분해하여 산소를 방출한다.
④ 흑색화약, 불꽃류, 금속열처리제, 산화제 등으로 사용된다.

해설 | 질산칼륨
1) 무색 또는 백색결정 또는 분말이며, 글리세린에는 잘 녹으나 알코올에는 안 녹음
2) 강산화제이며, 짠맛과 자극성이 있음
3) 분해하면 산소를 발생하고 아질산칼륨이 됨
$2KNO_3 \rightarrow 2KNO_2 + O_2 \uparrow$
4) 물에 잘 녹지만 흡습성, 조해성물질은 아님
5) 분해온도 이상 가열 시 산소방출량 많아 화약, 폭약의 산소공급제로 이용
6) 흑색화약 75 % 원료로 가열, 충격에 폭발하므로 주의 필요

77 제1류 위험물 중 아염소산나트륨에 관한 설명으로 옳지 않은 것은?

① 섬유, 펄프의 표백, 살균제, 염색의 산화제, 발염제로 사용된다.
② 가열, 충격, 마찰에 의해 폭발적으로 분해한다.
③ 산을 가할 경우는 ClO_2 가스가 발생한다.
④ 무색 결정성 분말로 조해성이 있고 비극성유류에 잘 녹는다.

해설 | 아염소산나트륨
1) 무색 또는 백색결정, 물에 잘 녹으며, 조해성
2) 산과 반응하면 이산화염소의 유독가스 발생
$3NaClO_2 + 2HCl \rightarrow 3NaCl + 2ClO_2 + H_2O_2$
3) 가열, 충격, 마찰에 의해 폭발적으로 분해
4) 유기물, 금속분 등 환원성물질과 접촉하면 즉시 폭발
5) 비극성유류(기름)에는 잘 녹지 않는다.

정답 76 ① 77 ④

78 제2류 위험물 중 황에 관한 설명으로 옳지 않은 것은?

① 물에 불용이고, 알코올에 난용이다.
② 공기 중에서 연소하기 쉽다.
③ 미세한 분말상태로 공기 중에 부유하면 분진폭발을 일으킨다.
④ 전기의 도체로 마찰에 의해 정전기가 발생할 우려가 있다.

해설 | 황의 성질
1) 황색의 결정 또는 미황색 분말
2) 물이나 산에 녹지 않으나 알코올에 조금 녹고, CS_2 용해
3) 공기 중 연소하면 푸른빛을 내며 이산화황이 발생
 $S + O_2 \rightarrow SO_2$
4) 고온에서 격렬히 반응하는 물질
 $H_2 + S \rightarrow H_2S$, $Fe + S \rightarrow FeS$,
 $C + 2S \rightarrow CS_2 \uparrow$
5) 분말상태로 공기 중 부유 시 분진폭발

79 제2류 위험물 중 주석분에 관한 설명으로 옳은 것은?

① 뜨겁고 진한 염산과 반응하여 수소가 발생된다.
② 염기와 서서히 반응하여 산소가 발생된다.
③ 미세한 조각이 대량으로 쌓여 있더라도 자연발화 위험이 없다.
④ 공기나 물속에서 녹이 슬기 쉽다.

해설 | 제2류 위험물 주석분
주석분은 철분, 마그네슘, 금속분에서 금속분에 해당
1) 뜨겁고 진한 염산과 반응 시 수소 발생
2) 염기와 반응하여 주석산 염이 된다.
3) 미세한 조각이 대량으로 쌓여 있으면 자연발화 위험이 있다.
4) 실온에서 공기나 물에 반응하지 않는다.

80 제3류 위험물 중 리튬에 관한 설명으로 옳은 것은?

① 건조한 실온의 공기에서 반응하며, 100℃ 이상으로 가열하면 휘백색 불꽃을 내며 연소한다.
② 주기율표상 알칼리토금속에 해당한다.
③ 상온에서 수소와 반응하여 수소화합물을 만든다.
④ 습기가 존재하는 상태에서는 은색으로 변한다.

해설 | 제3류 위험물 리튬
1) 은백색 무른 경금속으로 알칼리금속, 고체원소 중 가장 가벼움(비점 1,336℃)
2) 질소와 직접 화합하여 적색 질화리튬 생성, 2차전지 원료 사용
3) 가열 시 적색 불꽃 발생
4) 상온에서 수소와 반응하여 수소화합물 생성

정답 78 ④ 79 ① 80 ③

81 제3류 위험물 중 알킬알루미늄에 관한 설명으로 옳은 것은?

① 물, 산과 반응하지 않는다.
② 탄소 수가 $C_1 \sim C_4$까지 공기 중에 노출되면 자연발화한다.
③ 저장탱크에 희석안정제로 헥산, 벤젠, 톨루엔, 알코올 등을 넣어 둔다.
④ 무색의 투명한 액체 또는 고체로 독성이 없다.

해설 | 알킬알루미늄
1) 알킬알루미늄 : 무색 투명한 액체
2) 알킬알루미늄은 알킬기(Alkyl, R-)와 알루미늄이 결합한 화합물을 말한다.

종류	화학식	물과 반응 시 발생가스
트라이메틸 알루미늄	$(CH_3)_3Al$	CH_4
트라이에틸 알루미늄	$(C_2H_5)_3Al$	C_2H_6
트라이프로필 알루미늄	$(C_3H_7)_3Al$	C_3H_8
트라이부틸 알루미늄	$(C_4H_9)_3Al$	C_4H_{10}

3) 알킬기의 탄소 1 ~ 4개까지 화합물은 공기와 접촉하면 자연발화
4) 알킬기의 탄소 5개까지는 점화원에 의해 불이 붙고, 6개 이상부터는 공기 중에서 서서히 산화하여 흰 연기가 남
5) 벤젠이나 헥산으로 희석, 저장용기 상부는 불연성가스로 봉입
6) 산, 알코올, 아민, 할로젠화합물과 접촉 시 맹렬히 반응

82 탄화칼슘 10 kg이 물과 반응하여 발생시키는 아세틸렌 부피 [m^3]는 약 얼마인가? (단, 원자량 Ca 40, C 12, 반응 시 온도와 압력은 30 ℃, 1기압으로 가정한다)

① 3.15　　② 3.50
③ 3.88　　④ 4.23

해설 | 아세틸렌 부피
1) 물과 반응하면 아세틸렌가스 발생
$CaC_2 + 2H_2O \rightarrow Ca(OH)_2 + C_2H_2$
2) 탄화칼슘 분자량 = 40 + (12×2) = 64
아세틸렌 분자량 = (12×2) + (1×2) = 26
이므로 10 kg의 탄화칼슘이 물과 반응 시 생성되는 아세틸렌 [kg]을 비례식으로 구하면
64 kg : 26 kg = 10 kg : X kg
∴ X = 4.0625 kg
3) 아세틸렌 부피
이상기체상태방정식 $PV = \dfrac{WRT}{M}$

$V = \dfrac{WRT}{PM} = \dfrac{4.0625 \times 0.082 \times (273+30)}{1 \times 26}$
$= 3.88 \ m^3$

정답 81 ② 82 ③

83 제4류 위험물 중 다이에틸에터(Diethyl-ether)에 관한 설명으로 옳지 않은 것을 모두 고른 것은?

> ㄱ. 무색 투명한 액체로서 휘발성이 매우 높고 마취성을 가진다.
> ㄴ. 강환원제와 접촉 시 발열·발화한다.
> ㄷ. 물에 잘 녹는 물질로 유지 등을 잘 녹이는 용제이다.
> ㄹ. 건조·여과·이송 중에 정전기 발생·축적이 용이하다.

① ㄱ, ㄹ
② ㄴ, ㄷ
③ ㄱ, ㄴ, ㄹ
④ ㄱ, ㄴ, ㄷ, ㄹ

해설 | 다이에틸에터

1) 다이에틸에터 : 두 개의 알킬기(R)에 하나의 산소원자가 결합된 상태

화학식	분자량	인화점	연소범위
$C_2H_5OC_2H_5$	74	-45℃	1.9 ~ 48 %

2) 물성
 (1) 휘발성이 강한 무색투명한 특유의 향이 있는 액체
 (2) 물에 약간 녹고, 알코올에 잘 녹으며 발생된 증기는 마취성이 있음
 (3) 공기와 장기간 접촉하면 과산화물이 생성되므로 갈색병에 저장
 (4) 전기불량도체이므로 정전기 발생주의
 (5) 동식물성 섬유로 여과 시 정전기 발생이 쉬움

84 4 mol의 나이트로글리세린[$C_3H_5(ONO_2)_3$]이 폭발할 때 생성되는 질소의 양 [g]은? (단, 원자량 C 12, H 1, O 16, N 14이다)

① 32
② 168
③ 180
④ 528

해설 | 질소의 양

1) 나이트로글리세린 폭발 시 분해반응식
 $4C_3H_5(ONO_2)_3 \rightarrow 12CO_2 + 10H_2O + 6N_2 + O_2$
2) 4몰의 나이트로글리세린이 폭발 시 분해되는 N_2의 양 [g]은 6몰이므로
 $6N_2 = 6 \times (14 \times 2) = 168$ g

85 제5류 위험물 중 유기과산화물에 포함되는 물질은?

① 벤조일퍼옥사이드 - $(C_6H_5CO)_2O_2$
② 질산에틸 - $C_2H_5ONO_2$
③ 나이트로글라이콜 - $C_2H_4(ONO_2)_2$
④ 트라이나이트로페놀 - $C_6H_2(NO_2)_3OH$

해설 | 유기과산화물

명칭	화학식	품명
벤조일 퍼옥사이드	$(C_6H_5CO)_2O_2$	유기과산화물
질산에틸	$C_2H_5ONO_2$	질산에스터류
나이트로 글라이콜	$C_2H_4(ONO_2)_2$	질산에스터류
트라이 나이트로페놀	$C_6H_2OH(NO_2)_3$	나이트로화합물

정답 83 ② 84 ② 85 ①

86 제6류 위험물인 질산의 용도로 옳지 않은 것은?

① 의약 ② 비료
③ 표백제 ④ 셀룰로이드 제조

해설 | 질산

질산(비중이 1.49 이상인 것)
1) 흡습성, 습한 공기 중에 발열, 무색 무거운 액체
2) 자극성, 부식성, 햇빛에 의해 일부 분해
3) 진한 질산 가열 적갈색 증기(NO_2) 발생
4) 목탄분, 천, 실, 솜 등에 스며들어 방치하면 자연발화
5) 강산화제 K, Na, NH_4OH, $NaClO_3$와 접촉 폭발위험
6) 물과 반응하면 발열
7) 부동태화(금속 표면에 산화 피막을 입혀 내식성↑) : Co, Fe, Ni, Cr, Al
8) 크산토프로테인반응 : 단백질 검출반응으로 진한 질산을 가해 가열하면 황색으로 변하고, 냉각하여 염기성이 되면 등황색을 띰
9) 의약, 비료, 셀룰로이드 제조 용도

87 제6류 위험물에 관한 설명으로 옳지 않은 것은?

① 과염소산은 무색의 유동성액체이다.
② 과산화수소의 농도가 36 wt% 미만인 것은 위험물에 해당되지 않는다.
③ 질산의 비중이 1.49 미만인 것은 위험물에 해당되지 않는다.
④ 산소를 많이 포함하여 다른 가연물의 연소를 도우며, 가연성이다.

해설 | 제6류 위험물
1) 과염소산은 무색의 유동성액체
2) 과산화수소 : 농도가 36 wt% 이상인 것
3) 질산 : 비중이 1.49 이상인 것
4) 산화성액체, 불연성

88 위험물안전관리법령상 제조소에서 저장 또는 취급하는 위험물의 주의사항을 표시한 게시판으로 옳은 것은?

① 트라이에틸알루미늄 - 물기주의 - 백색바탕에 청색문자
② 과산화나트륨 - 물기엄금 - 청색바탕에 백색문자
③ 질산메틸 - 화기주의 - 적색바탕에 백색문자
④ 적린 - 화기엄금 - 백색바탕에 적색문자

해설 | 위험물 주의사항 표시한 게시판

위험물의 종류	주의사항	게시판의 색상
제1류 알칼리금속 과산화물, 제3류 금수성물질	물기엄금	청색바탕 백색문자
제2류(인화성고체 제외)	화기주의	적색바탕 백색문자
제2류 인화성고체, 제3류 자연발화성물질, 제4류 인화성액체, 제5류 자기반응성물질	화기엄금	적색바탕 백색문자
제1류(알칼리과산화물 제외), 제6류		별도 표시하지 않는다.

1) 트라이에틸알루미늄 - 제3류 자연발화성물질
2) 과산화나트륨 - 제1류 알칼리금속 과산화물
3) 질산메틸 - 제5류
4) 적린 - 제2류

정답 86 ③ 87 ④ 88 ②

89 위험물안전관리법령상 제조소의 위치·구조 및 설비의 기준 중 위험물을 취급하는 건축물에 설치하는 환기설비의 기준으로 옳은 것은?

① 환기는 강제배기방식으로 할 것
② 환기구는 지붕위 또는 지상 1.8 m 이상의 높이에 설치할 것
③ 급기구는 높은 곳에 설치하고 가는 눈의 구리망 등으로 인화방지망을 설치할 것
④ 급기구가 설치된 실의 바닥면적이 115 m²인 경우 급기구의 면적은 450 m² 이상으로 할 것

해설 | 위험물 제조소의 환기설비
1) 환기방식 : 자연배기방식
2) 환기구 : 지붕 위 또는 지상 2 m 이상 회전식 고정벤틸레이터, 루프팬방식
3) 급기구 : 낮은 곳, 인화방지망
4) 급기구 크기

바닥면적	급기구 면적
60 m² 미만	150 cm² 이상
60 m² 이상 90 m² 미만	300 cm² 이상
90 m² 이상 120 m² 미만	450 cm² 이상
120 m² 이상 150 m² 미만	600 cm² 이상
150 m² 이상	800 cm² 이상

90 위험물안전관리법령상 제조소의 위치·구조 및 설비의 기준 중 위험물을 취급하는 건축물에 설치하는 채광 및 조명설비의 기준으로 옳은 것은? (단, 예외규정은 고려하지 않는다)

① 채광설비는 난연재료로 할 것
② 연소의 우려가 없는 장소에 설치하되 채광면적을 최대로 할 것
③ 조명설비의 전선은 내화·내열전선으로 할 것
④ 조명설비의 점멸스위치는 출입구 내부에 설치할 것

해설 | 위험물 제조소의 채광 및 조명설비
1) 채광설비는 불연재료로 하고, 연소의 우려가 없는 장소에 설치하되 채광면적을 최소로 할 것
2) 조명설비는 다음의 기준에 적합하게 설치할 것
 (1) 가연성가스 등이 체류할 우려가 있는 장소의 조명등은 방폭 등으로 할 것
 (2) 전선은 내화·내열전선으로 할 것
 (3) 점멸스위치는 출입구 바깥부분에 설치할 것. 다만 스위치의 스파크로 인한 화재·폭발의 우려가 없을 경우에는 그렇지 않음

정답 89 ④ 90 ③

91 위험물안전관리법령상 제조소의 위치·구조 및 설비의 기준 중 위험물을 취급하는 건축물 그 밖의 시설 주위에 3 m 이상 너비의 공지를 보유해야 하는 경우를 모두 고른 것은?

┌─────────────────────────────┐
ㄱ. 아염소산나트륨 500 kg
ㄴ. 철분 5,000 kg
ㄷ. 부틸리튬 100 kg
ㄹ. 메틸알코올 5,000 L
└─────────────────────────────┘

① ㄱ
② ㄴ, ㄷ
③ ㄱ, ㄴ, ㄷ
④ ㄴ, ㄷ, ㄹ

해설 | 위험물 제조소의 보유공지

1) 제조소 보유공지

위험물의 취급	보유공지 너비
지정수량의 10배 이하의 수량	3 m 이상
지정수량의 10배 초과의 수량	5 m 이상

2) 지정수량의 배수
   (1) 아염소산나트륨 : $\frac{500}{50} = 10$
   (2) 철분 : $\frac{5,000}{500} = 10$
   (3) 부틸리튬 : $\frac{100}{10} = 10$
   (4) 메틸알코올 : $\frac{5,000}{400} = 12.5$

92 위험물안전관리법령상 위험물제조소의 옥외에 있는 위험물취급탱크 3기가 다음과 같이 하나의 방유제 내에 있을 때, 방유제의 최소 용량 [m^3]은?

┌─────────────────────────────┐
• 등유 30,000 L
• 크레오소트유 20,000 L
• 기어유 5,000 L
└─────────────────────────────┘

① 17
② 17.5
③ 18
④ 18.5

해설 | 위험물 제조소의 방유제 최소용량

1) 제조소의 옥외에 있는 액체 위험물 취급탱크의 방유제 용량
   (1) 하나의 탱크 취급 : 당해 탱크 용량의 50 % 이상
   (2) 둘 이상의 취급탱크 : 용량이 최대인 것의 50%에 나머지 탱크 용량합계의 10 % 가산한 양 이상

2) 계산
   둘 이상의 탱크이므로 (30,000 × 0.5) + (20,000 + 5,000) × 0.1 = 17.5 m^3

93 위험물안전관리법령상 제조소의 위치·구조 및 설비의 기준 중 피뢰침(「산업표준화법」에 따른 한국산업표준 중 피뢰설비 표준에 적합한 것)을 설치하여야 하는 제조소는? (단, 제조소의 주위의 상황에 따라 안전상 피뢰침을 설치해야 하는 상황이다)

① 염소산칼륨 300 kg을 취급하는 제조소
② 수소화칼륨 1,500 kg을 취급하는 제조소
③ 과염소산 3,000 kg을 취급하는 제조소
④ 이황화탄소 500 L를 취급하는 제조소

해설 | 위험물제조소의 피뢰설비
1) 피뢰설비
  (1) 지정수량 <u>10배 이상</u>의 위험물을 저장 취급하는 곳(<u>제6류 위험물 제외</u>)
  (2) 위험물취급시설의 피뢰침 유효각도는 45° 이하
  (3) 옥외저장탱크 접지저항 5 Ω 이하, 인근 피뢰설비 보호범위 내 주위의 상황에 따라 안전상 지장이 없는 경우 피뢰침을 설치하지 아니할 수 있음
2) 지정수량 계산
  (1) 염소산칼륨 : $\frac{300}{50} = 6$
  (2) 수소화칼슘 : $\frac{1,500}{300} = 5$
  (3) 과염소산 : 제6류 위험물은 제외
  (4) 이황화탄소 : $\frac{500}{50} = 10$

94 위험물안전관리법령상 지하저장탱크 용량이 40,000 L인 경우 탱크의 최대지름[mm]은?

① 1,625
② 2,450
③ 3,200
④ 3,657

해설 | 지하탱크용량에 따른 탱크의 최대지름 및 강철판의 최소두께

탱크용량(단위 L)	탱크의 최대지름 (단위 mm)
1,000 이하	1,067
1,000 초과 2,000 이하	1,219
2,000 초과 4,000 이하	1,625
4,000 초과 15,000 이하	2,450
15,000 초과 45,000 이하	3,200
45,000 초과 75,000 이하	3,657
75,000 초과 189,000 이하	3,657
189,000 초과	-

용량이 40,000 L인 경우 탱크의 최대 지름은 3,200 mm

정답 93 ④ 94 ③

95 위험물안전관리법령상 1인의 안전관리자를 중복하여 선임할 수 있는 경우, 행정안전부령이 정하는 저장소의 기준으로 옳은 것은? (단, 동일구 내에 있거나 상호 100 m 이내의 거리에 있는 저장소로서 저장소의 규모, 저장하는 위험물의 종류 등을 고려하여 동일인이 설치한 경우이다)

① 10개 이하의 암반탱크저장소
② 35개 이하의 옥외탱크저장소
③ 30개 이하의 옥내저장소
④ 30개 이하의 옥외저장소

해설 | 1인의 안전관리자 중복 선임할 수 있는 경우
1) 보일러, 버너 등 위험물을 소비하는 장치로 이루어진 7개 이하 일반취급소 및 저장소(동일 구내)를 동일인이 설치한 경우
2) 차량 및 운반용기 등을 옮겨 담기 위한 5개 이하 일반취급소(보행거리 300 m 이내)를 동일인이 설치한 경우
3) 동일구 내, 상호 100 m 이내 저장소로 행정안전부령이 정하는 저장소
   (1) 10개 이하의 옥내저장소
   (2) 30개 이하의 옥외탱크저장소
   (3) 옥내탱크저장소
   (4) 지하탱크저장소
   (5) 간이탱크저장소
   (6) 10개 이하의 옥외저장소
   (7) 10개 이하의 암반탱크저장소
4) 제조소 동일구내, 상호 100 m 이내, 지정수량 3,000배 미만 5개 이하

96 위험물안전관리법령상 이동탱크저장소의 위치·구조 및 설비의 기준에 관한 설명으로 옳은 것을 모두 고른 것은?

ㄱ. 안전장치는 상용압력이 20 kPa 이하인 탱크에 있어서는 20 kPa 이상 24 kPa 이하의 압력에서, 상용압력이 20 kPa를 초과하는 탱크에 있어서는 상용압력의 1.1배 이하의 압력에서 작동하는 것으로 할 것
ㄴ. 옥내에 있는 상치장소는 벽·바닥·보·서까래 및 지붕이 내화구조 또는 난연재료로 된 건축물의 1층에 설치하여야 한다.
ㄷ. 이동탱크저장소에 주입설비를 설치하는 경우에는 주입설비의 길이는 60 m 이내로 하고, 분당 배출량은 200 L 이하로 할 것
ㄹ. 이동저장탱크는 그 내부에 4,000 L 이하마다 1.6 mm 이상의 강철판 또는 이와 동등 이상의 강도·내열성 및 내식성이 있는 금속성의 것으로 칸막이를 설치하여야 한다.

① ㄱ
② ㄱ, ㄴ
③ ㄱ, ㄴ, ㄷ
④ ㄴ, ㄷ, ㄹ

정답 95 ① 96 ①

해설 | 이동탱크저장소의 위치, 구조 및 설비의 기준

1) 안전장치 작동압력
   (1) 상용압력 20 kPa 이하인 탱크
      : 20 kPa 이상 24 kPa 이하
   (2) 상용압력 20 kPa 초과한 탱크
      : 상용압력의 1.1배 이하의 압력
2) 상치장소
   (1) 옥외 : 화기, 인근건축물로부터 5 m 이상(1층 3 m) 이격
   (2) 옥내 : 벽, 바닥, 보, 서까래, 지붕 내화구조 또는 불연재료 1층
3) 주입설비 설치 시 주입설비 길이 50 m 이내, 끝부분에 정전기 제거장치, 토출량 200 L/min 이하, 유속 1 m/s
4) 칸막이 : 전량 위험물 누출 방지, 4,000 L 이하마다 3.2 mm 이상 강철판 또는 이와 동등 이상의 강도·내열성 및 내식성이 있는 금속성의 것

97 위험물안전관리법령상 옥내저장소에 벤젠 20 L 용기 200개와 포름산 200 L 용기 20개를 저장하고 있다면, 이 저장소에는 지정수량 몇 배를 저장하고 있는가? (단, 용기에 가득 차 있다고 가정한다)

① 12 ② 21
③ 22 ④ 26

해설 | 지정수량

1) 벤젠 : $\dfrac{20\,L \times 200개}{200\,L} = 20$
2) 포름산 : $\dfrac{200\,L \times 20개}{2,000\,L} = 2$
∴ 20 + 2 = 22배

98 위험물안전관리법령상 판매취급소의 위치·구조 및 설비의 기준으로 옳지 않은 것은?

① 제1종 판매취급소는 건축물의 1층에 설치할 것
② 제1종 판매취급소의 위험물을 배합하는 실의 바닥면적은 5 m² 이상 15 m² 이하로 할 것
③ 제2종 판매취급소의 용도로 사용하는 부분은 벽·기둥·바닥 및 보를 내화구조로 할 것
④ 제2종 판매취급소의 용도로 사용하는 부분에 상층이 있는 경우에 있어서는 상층의 바닥을 내화구조로 하는 동시에 상층으로의 연소를 방지하기 위한 조치를 강구할 것

해설 | 판매취급소의 위치, 구조 및 설비의 기준

1) 제1종 판매취급소 : 지정수량 20배 이하 저장 또는 취급
   (1) 1층에 설치, 창유리 이용 시 망입유리 설치
   (2) 위험물 배합실 기준
      ① 바닥면적 6 m² 이상 15 m² 이하
         : 내화 또는 불연재료 벽으로 구획
      ② 바닥 : 경사 및 집유설비
      ③ 출입구 : 자동폐쇄식 60분+ 방화문 또는 60분 방화문
      ④ 출입구 문턱 : 0.1 m 이상
      ⑤ 가연성 증기미분 지붕 위 방출설비
2) 제2종 판매취급소 : 지정수량 40배 이하 저장 또는 취급
   (1) 벽·기둥·바닥 및 보 : 내화구조
      천장 : 불연재료
      판매취급소로 사용되는 부분과 다른 부분과의 격벽 : 내화구조

정답 97 ③ 98 ②

(2) 제2종 판매취급소의 용도로 사용하는 부분에 상층이 있는 경우 : 상층의 바닥을 내화구조, 상층으로의 연소 방지 조치
상층이 없는 경우 : 지붕은 내화구조
(3) 연소우려가 없는 부분 : 창 설치, 창에는 60분+ 방화문, 60분 방화문 또는 30분 방화문 설치
(4) 출입구에는 60분+ 방화문, 60분 방화문 또는 30분 방화문을 설치. 다만 연소 우려가 있는 벽에 설치하는 출입구에는 수시로 열 수 있는 자동폐쇄식 60분+ 방화문 또는 60분 방화문 설치

※ 〈용어 변경 2024.05.20.〉 개정
갑종은 60분+ 방화문 또는 60분 방화문으로, 을종은 30분 방화문으로 변경

99 위험물안전관리법령상 소화설비 기준 중 소화난이도등급Ⅰ의 제조소 및 일반취급소에 설치하여야 하는 소화설비로 옳은 것을 모두 고른 것은?

> ㄱ. 옥내소화전설비
> ㄴ. 옥외소화전설비
> ㄷ. 스프링클러설비

① ㄱ
② ㄱ, ㄴ
③ ㄴ, ㄷ
④ ㄱ, ㄴ, ㄷ

해설 | 소화난이도등급Ⅰ의 제조소 및 일반취급소 소화설비

제조소등의 구분	소화설비
제조소 및 일반취급소	옥내소화전설비, 옥외소화전설비, 스프링클러설비 또는 물분무등소화설비(화재발생 시 연기가 충만할 우려가 있는 장소에는 스프링클러설비 또는 이동식 외의 물분무등소화설비에 한한다)

100 다음은 위험물안전관리법령상 옮겨 담는 일반취급소의 특례기준이다. ( )에 알맞은 숫자로 옳은 것은? (단, 당해 일반취급소에 인접하여 연소의 우려가 있는 건축물은 없다)

> 일반취급소의 주위에는 높이 ( ) m 이상의 내화구조 또는 불연재료로 된 담 또는 벽을 설치하여야 한다.

① 1
② 2
③ 3
④ 4

해설 | 옮겨 담는 일반취급소의 특례기준
일반취급소의 주위에는 높이 2 m 이상의 내화구조 또는 불연재료로 된 담 또는 벽을 설치하여야 한다.

정답 99 ④ 100 ②

24회 제5과목 소방시설의 구조원리

101 옥내소화전설비의 화재안전기술기준상 물올림장치의 설치기준 중 일부이다. ( )에 들어갈 것으로 옳은 것은?

> 수조의 유효수량은 (ㄱ) L 이상으로 하되, 구경 (ㄴ) mm 이상의 급수배관에 따라 해당 수조에 물이 계속 보급되도록 할 것

① ㄱ : 100, ㄴ : 15
② ㄱ : 100, ㄴ : 20
③ ㄱ : 200, ㄴ : 15
④ ㄱ : 200, ㄴ : 20

해설 | 물올림장치 설치기준
1) 물올림장치에는 전용의 탱크를 설치할 것
2) 탱크의 유효수량은 <u>100 L</u> 이상으로 하되, 구경 <u>15 mm</u> 이상의 급수배관에 따라 해당 탱크에 물이 계속 보급되도록 할 것

102 옥외소화전설비의 화재안전기술기준에 따라 옥외소화전 3개가 다음 조건과 같이 설치된 경우 펌프의 축동력 [kW]은 약 얼마인가?

> - 실양정 30 m
> - 배관 및 배관부속품의 마찰손실수두는 실양정의 30 %
> - 호스길이는 40 m(호스길이 100 m당 마찰손실수두는 4 m)
> - 펌프의 효율은 75 %, 전달계수 1.1
> - 주어진 조건 이외의 다른 조건은 고려하지 않고 계산결과 값은 소수점 둘째 자리에서 반올림한다.

① 7.5   ② 10.0
③ 11.0 ④ 13.0

해설 | 펌프의 축동력

$$P = \frac{\gamma Q H}{\eta}$$

P : 전동기 동력 [kW], γ : 9.8 [kN/m³]
Q : 토출량 [m³/s], H : 전양정 [m]
η : 전효율

1) 옥외소화전설비의 토출량
   $Q = 350\,L/\text{min} \times N(\text{설치 개수})$
   Q : 토출량(유량) L/min
   N : 2개 이상일 경우 2개
   $Q = 350\,L/\text{min} \times 2$
   $= 700\,L/\text{min} = 0.7\,m^3/\text{min}$

정답 101 ① 102 ②

2) 옥외소화전설비 전양정(펌프방식)

$H = h_1 + h_2 + h_3 + h_4$

H : 전양정 [m]
h_1 : 실양정(흡입양정 + 토출양정)
h_2 : 배관 및 관부속품의 마찰손실수두
h_3 : 소방호스의 마찰손실수두
h_4 : 방수압력 환산수두

$h_1 = 30\,m$, $h_2 = (30 \times 0.3) = 9\,m$

$h_3 = 40\,m \times \dfrac{4}{100} = 1.6\,m$

$h_4 = 25\,m$

$H = 30 + 9 + 1.6 + 25 = 65.6\,m$

3) 펌프효율 : 75 % = 0.75

$\therefore P = \dfrac{9.8 \times 0.7 \times 65.6}{0.75 \times 60} = 10.00\,kW$

해설 | 옥상수조 설치 제외 경우
1. 지하층만 있는 건축물
2. 고가수조를 가압송수장치로 설치한 경우
3. 수원이 건축물의 최상층에 설치된 방수구보다 높은 위치에 설치된 경우
4. 건축물의 높이가 지표면으로부터 10 m 이하인 경우
5. 주펌프와 동등 이상의 성능이 있는 별도의 펌프로서 내연기관의 기동과 연동하여 작동되거나 비상전원을 연결하여 설치한 경우
6. 가압수조를 가압송수장치로 설치한 옥내소화전설비
7. 학교, 공장, 창고시설(옥상수조를 설치한 대상은 제외)로서 동결의 우려가 있는 장소에 있어서는 기동용 스위치에 보호판을 부착하여 옥내소화전함 내에 설치한 경우

103 옥내소화전설비의 화재안전기술기준상 옥상수조를 설치하지 않아도 되는 기준으로 옳은 것은?

① 압력수조를 가압송수장치로 설치한 경우
② 수원이 건축물의 최하층에 설치된 방수구보다 높은 위치에 설치된 경우
③ 건축물의 높이가 지표면으로부터 10 m를 초과하는 경우
④ 고가수조를 가압송수장치로 설치한 경우

104 내화구조이고 물품 보관용 랙이 설치되지 않은 가로 50 m, 세로 30 m인 창고에 라지드롭형 스프링클러헤드를 정방향으로 배치하는 경우 필요한 헤드의 최소 설치 개수는? (단, 특수가연물을 저장 또는 취급하지 않는다)

① 84개
② 160개
③ 187개
④ 273개

해설 | 스프링클러 헤드의 설치 개수

[스프링클러헤드 헤드 배치기준]

설치장소	수평거리(R)
• 특수가연물 저장·취급장소	1.7 m 이하
• 그 외 창고	2.1 m 이하
• 그 외 창고(내화구조)	2.3 m 이하

[헤드 설치 개수]

1) 헤드의 정방향(정사각형) 배치

$S = 2R\cos 45°$, $L = S$

S : 설치거리 [m]
R : 수평거리 [m]

2) 특수가연물 저장소이므로 R = 2.3 m

$S = 2 \times 2.3 \times \cos 45° = 3.25\ m$

3) 가로설치 헤드 개수

$= \dfrac{50}{3.25} = 15.38 = 16$개

4) 세로설치 헤드 개수

$= \dfrac{30}{3.25} = 9.23 = 10$개

5) 총 헤드 개수 = 16 × 10 = 160개

105 물분무소화설비의 화재안전기술기준상 고압의 전기기기가 있는 장소는 전기의 절연을 위하여 전기기기와 물분무헤드 사이에 거리를 두어야 한다. 전기기기의 전압 [kV]에 따라 이격한 거리 [cm]로 옳은 것은?

① 66 kV - 60 cm
② 120 kV - 130 cm
③ 150 kV - 160 cm
④ 200 kV - 190 cm

해설 | 전기기기와 물분무헤드 사이의 거리

전압(kV)	거리(cm)
66 이하	70 이상
66 초과 77 이하	80 이상
77 초과 110 이하	110 이상
110 초과 154 이하	150 이상
154 초과 181 이하	180 이상
181 초과 220 이하	210 이상
220 초과 275 이하	260 이상

106 포소화설비의 화재안전기술기준상 용어의 정의로 옳지 않은 것은?

① "비확관형 분기배관"이란 배관의 측면에 분기호칭내경 이상의 구멍을 뚫고 배관이음쇠를 용접 이음한 배관을 말한다.
② "포소화전설비"란 포소화전방수구·호스 및 이동식 포노즐을 사용하는 설비를 말한다.
③ "주펌프"란 구동장치의 회전 또는 왕복운동으로 소화용수를 가압하여 그 압력으로 급수하는 주된 펌프를 말한다.
④ "프레셔 프로포셔너방식"이란 펌프의 토출관에 압입기를 설치하여 포소화약제 압입용 펌프로 포소화약제를 압입시켜 혼합하는 방식을 말한다.

정답 105 ③ 106 ④

해설 | 포소화설비 혼합장치 정의

1) 펌프 프로포셔너방식
   펌프의 토출관과 흡입관 사이의 배관 도중에 설치한 흡입기에 펌프에서 토출된 물의 일부를 보내고, 농도 조정밸브에서 조정된 포소화약제의 필요량을 포소화약제 탱크에서 펌프 흡입 측으로 보내어 이를 혼합하는 방식을 말한다.

2) 프레셔 프로포셔너방식
   펌프와 발포기의 중간에 설치된 벤츄리관의 벤츄리작용과 펌프 가압수의 포소화약제 저장탱크에 대한 압력에 따라 포소화약제를 흡입·혼합하는 방식을 말한다.

3) 라인 프로포셔너방식
   펌프와 발포기의 중간에 설치된 벤츄리관의 벤츄리작용에 따라 포소화약제를 흡입·혼합하는 방식을 말한다.

4) 프레셔사이드 프로포셔너방식
   펌프의 토출관에 압입기를 설치하여 포소화약제 압입용 펌프로 포소화약제를 압입시켜 혼합하는 방식을 말한다.

5) 압축공기포소화설비
   압축공기 또는 압축질소를 일정비율로 포수용액에 강제 주입 혼합하는 방식을 말한다.

107 포소화설비의 화재안전성능기준상 특수가연물을 저장·취급하는 특정소방대상물 중 바닥면적이 200 m²인 부분에 포헤드방식으로 포소화설비를 설치하는 경우 1분당 최소 방사량 [L]은? (단, 포소화약제의 종류는 합성계면활성제포로 한다)

① 740 ② 1,300
③ 1,600 ④ 1,700

해설 | 포헤드 방사량

소방대상물	약제 종류	바닥 1 m² 방사량
• 차고, 주차장 • 항공기격납고	단백포	6.5 L
	합성계면활성제포	8.0 L
	수성막포	3.7 L
• 특수가연물을 저장·취급하는 공장, 창고	단백포	6.5 L
	합성계면활성제포	6.5 L
	수성막포	6.5 L

$Q = A \times Q_1 = 200 \times 6.5 = 1300$ L/min

Q : 포헤드 방사량 [L/min]
A : 바닥면적 [m²]
Q_1 : 면적당 방사량 [L/min·m²]

정답 107 ②

108 피난기구의 화재안전기술기준상 설치장소별 피난기구 적응성에서 지상 4층 노유자시설에 적응성이 있는 피난기구를 모두 고른 것은?

ㄱ. 미끄럼대	ㄴ. 구조대
ㄷ. 완강기	ㄹ. 피난교
ㅁ. 피난사다리	ㅂ. 승강식 피난기

① ㄱ, ㄷ, ㄹ
② ㄱ, ㄷ, ㅁ
③ ㄴ, ㄹ, ㅂ
④ ㄴ, ㅁ, ㅂ

해설 | 노유자시설 피난기구 적응성
1) 1 ~ 3층
   미끄럼대, 구조대, 피난교, 다수인피난장비, 승강식 피난기
2) 4층 이상 10층 이하
   구조대, 피난교, 다수인피난장비, 승강식 피난기

[비고]
구조대(4층 이상의 층)의 적응성은 장애인 관련 시설로서 주된 사용자 중 스스로 피난이 불가한 자가 있는 경우 제4조 제2항 제4호(층마다 1개 이상)에 따라 추가로 설치하는 경우에 한한다.

109 창고시설의 화재안전기술기준상 피난유도선의 설치기준이다. ( )에 들어갈 것으로 옳은 것은?

- 피난유도선은 연면적 (ㄱ) m² 이상인 창고시설의 지하층 및 무창층에 다음의 기준에 따라 설치해야 한다.
- 각 층 직통계단 출입구로부터 건물 내부 벽면으로 (ㄴ) m 이상 설치할 것
- 화재 시 점등되며 비상전원 (ㄷ)분 이상을 확보할 것

① ㄱ : 10,000, ㄴ : 10, ㄷ : 20
② ㄱ : 10,000, ㄴ : 20, ㄷ : 20
③ ㄱ : 15,000, ㄴ : 10, ㄷ : 30
④ ㄱ : 15,000, ㄴ : 20, ㄷ : 30

해설 | 피난유도선 설치기준
연면적 15,000 m² 이상인 창고시설의 지하층 및 무창층 설치
(1) 광원점등방식으로 바닥으로부터 1 m 이하의 높이에 설치할 것
(2) 각 층 직통계단 출입구로부터 건물 내부 벽면으로 10 m 이상 설치할 것
(3) 화재 시 점등되며 비상전원 30분 이상을 확보할 것
(4) 「피난유도선 성능인증 및 제품검사의 기술기준」에 적합한 것으로 설치

정답 108 ③ 109 ③

110 자동화재탐지설비 및 시각경보장치의 화재안전성능기준상 다음 조건에 따른 계단에 설치하여야 하는 연기감지기 (ㄱ)의 수와 경계구역(ㄴ)의 수는?

- 지하 2층에서 지상 25층 및 옥상층까지의 계단은 2개소이며, 계단 상호 간 수평거리 20 m
- 층고 : 지하층 4 m, 지상층 3 m, 옥상층 3 m
- 광전식(스포트형) 2종 감지기 설치

① ㄱ : 8개, ㄴ : 4개
② ㄱ : 8개, ㄴ : 6개
③ ㄱ : 14개, ㄴ : 4개
④ ㄱ : 14개, ㄴ : 6개

해설 | 연기감지기수와 경계구역 수
[연기감지기 설치기준]
1) 복도 및 통로 : 보행거리 30 m(3종 20 m)마다
2) 계단 및 경사로 : 수직거리 15 m(3종 10 m)마다
3) 부착높이별 유효바닥면적

부착 높이 · 특정 소방대상물의 구분	감지기의 종류	
	1종 및 2종	3종
4 m 미만	150	50
4 m 이상 20 m 미만	75	-

4) 연기감지기 수
  (1) 지하층 : $\dfrac{4 \times 2}{15} = 0.53 = 1$개
  (2) 지상층 : $\dfrac{(25 \times 3) + 3}{15} = 5.2 = 6$개
  (3) 총 7개 × 2개소 = 14개

[경계구역 설정]
1) 계단, 경사로, 엘리베이터 승강로, 린넨슈트, 파이프덕트 및 피트는 별도의 경계구역을 설정한다.
2) 1경계구역 : 45 m 이하
3) 수직적 경계구역
  (1) 지하계단 : $\dfrac{4 \times 2}{45} = 0.17 = 1$개
  (2) 지상계단 : $\dfrac{(25 \times 3) + 3}{45} = 1.73 = 2$개
  (3) 총 3경계구역 × 2개소 = 6경계구역

111 화재안전기술기준상 비상방송설비의 음향장치 설치기준으로 옳지 않은 것은?

① 아파트등의 경우 실내에 설치하는 확성기 음성입력은 1 W 이상일 것
② 음량조정기를 설치하는 경우 음량조정기의 배선은 3선식으로 할 것
③ 조작부의 조작스위치는 바닥으로부터 0.8 m 이상 1.5 m 이하의 높이에 설치할 것
④ 창고시설에서 발화한 때에는 전 층에 경보를 발해야 한다.

해설 | 비상방송설비의 음향장치
① 아파트등의 경우 실내에 설치하는 확성기 음성입력은 2 W 이상일 것

정답 110 ④ 111 ①

112 비상조명등의 화재안전기술기준상 휴대용 비상조명등의 설치기준으로 옳지 않은 것은?

① 사용 시 자동으로 점등되는 구조일 것
② 건전지 및 충전식 배터리의 용량은 20분 이상 유효하게 사용할 수 있는 것으로 할 것
③ 외함은 난연성능이 있을 것
④ 지하상가 및 지하역사에는 수평거리 50 m 이내마다 3개 이상 설치

해설 | 휴대용 비상조명등 설치기준
1) 설치장소
   (1) 숙박시설 또는 다중이용업소에는 객실 또는 영업장 안의 구획된 실마다 잘 보이는 곳에 1개 이상 설치(외부 설치 시 출입문 손잡이로부터 1 m 이내)
   (2) 대규모 점포와 영화상영관에는 보행거리 50 m 이내마다 3개 이상 설치
   (3) 지하상가 및 지하역사에는 보행거리 25m 이내마다 3개 이상 설치
2) 설치높이 : 바닥으로부터 0.8 m 이상 1.5 m 이하
3) 어둠속 위치를 확인 가능
4) 사용 시 자동으로 점등되는 구조
5) 외함 난연 성능 필요
6) 건전지를 사용 시 방전방지조치를 하여야 하고 충전식 배터리의 경우 상시 충전되도록 할 것
7) 건전지 및 충전식 배터리의 용량 : 20분 이상

113 자동화재탐지설비 및 시각경보장치의 화재안전기술기준에 관한 설명으로 옳지 않은 것은?

① 광전식 분리형 감지기의 광축(송광면의 수광면의 중심을 연결한 선)은 나란한 벽으로부터 0.5 m 이상 이격하여 설치할 것
② 청각장애인용 시각경보장치의 설치높이는 천장의 높이가 2 m 이하인 경우에는 천장으로부터 0.15 m 이내의 장소에 설치해야 한다.
③ 수신기는 화재로 인하여 하나의 층의 지구음향장치 또는 배선이 단락되어도 다른 층의 화재통보에 지장이 없도록 각 층 배선상에 유효한 조치를 할 것
④ 외기에 면하여 상시 개방된 부분이 있는 차고·주차장·창고 등에 있어서는 외기에 면하는 각 부분으로부터 5 m 미만의 범위 안에 있는 부분은 경계구역의 면적에 산입하지 않는다.

해설 | 자동화재탐지설비 및 시각경보장치의 화재안전기술기준
① 광전식 분리형 감지기의 광축(송광면의 수광면의 중심을 연결한 선)은 나란한 벽으로부터 0.6 m 이상 이격하여 설치할 것

정답 112 ④ 113 ①

114 소방펌프의 설계 시 유량 0.8 m³/min, 양정 70 m이었으나 시운전 시 양정이 60 m, 회전수는 2,000 rpm으로 측정되었다. 양정이 70 m가 되려면 회전수는 최소 몇 rpm으로 조정해야 하는가? (단, 계산결과 값은 소수점 첫째자리에서 반올림한다)

① 1,852 ② 2,105
③ 2,160 ④ 2,333

해설 | 상사법칙(양정)

$$\frac{H_2}{H_1} = \left(\frac{D_2}{D_1}\right)^2 \left(\frac{N_2}{N_1}\right)^2$$

양정 H_1 : 70 m, H_2 : 60 m
회전수 N_2 : 2,000 rpm

[양정 70 m일 때 회전수 N_1]

$N_1 = N_2 \times \left(\frac{H_1}{H_2}\right)^{\frac{1}{2}}$ 이므로

$N_1 = 2000 rpm \times \left(\frac{70m}{60m}\right)^{\frac{1}{2}}$

$= 2160.25 \, rpm$

∴ 회전수는 2,160 rpm

115 자동화재탐지설비 및 시각경보장치의 화재안전기술기준상 배선의 기준으로 옳은 것은?

① P형 수신기 및 G.P형 수신기의 감지기회로의 배선에 있어서 하나의 공통선에 접속할 수 있는 경계구역은 6개 이하로 할 것
② 감지기회로 및 부속회로의 전로와 대지 사이 및 배선 상호 간의 절연저항은 1경계구역마다 직류 250 V의 절연저항측정기를 사용하여 측정한 절연저항을 0.1 MΩ 이상이 되도록 할 것
③ 감지기회로의 전로저항은 30 Ω 이하가 되도록 할 것
④ 감지기회로의 도통시험을 위한 종단저항의 전용함을 설치하는 경우 그 설치높이는 바닥으로부터 2.0 m 이내로 할 것

해설 | 배선기준
① P형 수신기 및 G.P형 수신기의 감지기회로의 배선에 있어서 하나의 공통선에 접속할 수 있는 경계구역은 7개 이하로 할 것
③ 감지기회로의 전로저항은 50 Ω 이하가 되도록 할 것
④ 감지기회로의 도통시험을 위한 종단저항의 전용함을 설치하는 경우 그 설치높이는 바닥으로부터 1.5 m 이내로 할 것

정답 114 ③ 115 ②

116 건설현장의 화재안전기술기준에 관한 설명으로 옳지 않은 것은?

① 용접·용단 작업 시 11 m 이내에 가연물이 있는 경우 해당 가연물을 방화포로 보호할 것
② 비상경보장치는 피난층 또는 지상으로 통하는 각 층 직통계단의 출입구마다 설치할 것
③ 비상조명등이 설치된 장소의 조도는 각 부분의 바닥에서 1 lx 이상이 되도록 할 것
④ 가스누설경보기는 지하층에 가연성가스를 발생시키는 작업을 하는 부분으로부터 수평거리 15 m 이내에 바닥으로부터 탐지부 상단까지의 거리가 0.3 m 이하인 위치에 설치할 것

해설 | 가스누설경보기 설치기준
1) 가연성가스를 발생시키는 작업을 하는 지하층 또는 무창층 내부(내부에 구획된 실이 있는 경우에는 구획실마다)에 가연성가스를 발생시키는 작업을 하는 부분으로부터 <u>수평거리 10 m 이내</u>에 바닥으로부터 탐지부 상단까지의 거리가 0.3 m 이하인 위치에 설치
2) 「가스누설경보기의 형식승인 및 제품검사의 기술기준」에 적합한 것으로 설치

117 이산화탄소소화설비의 화재안전성능기준 및 화재안전기술기준에 관한 설명으로 옳은 것은?

① "전역방출방식"이란 소화약제 공급장치에 배관 및 분사헤드 등을 고정 설치하여 직접 화점에 소화약제를 방출하는 방식을 말한다.
② "설계농도"란 규정된 실험 조건의 화재를 소화하는 데 필요한 소화약제의 농도를 말한다.
③ 저장용기의 충전비는 고압식은 1.1 이상 1.4 이하로 한다.
④ 소화약제 저장용기는 온도가 40 ℃ 이하이고, 온도변화가 작은 곳에 설치하여야 한다.

해설 | 이산화탄소소화설비 설치기준
① "전역방출방식"이란 소화약제 공급장치에 배관 및 분사헤드 등을 설치하여 밀폐 방호구역 전체에 소화약제를 방출하는 방식
② "설계농도"란 방호대상물 또는 방호구역의 소화약제 저장량을 산출하기 위한 농도로서 소화농도에 안전율을 고려하여 설정한 농도를 말한다.
③ 저장용기의 충전비는 고압식은 1.5 이상 1.9 이하, 저압식은 1.1 이상 1.4 이하로 할 것

정답 116 ④ 117 ④

118 할로겐화합물 및 불활성기체소화설비의 화재안전기술기준상 사람이 상주하고 있는 곳에서 할로겐화합물 및 불활성기체소화약제의 최대허용 설계농도[%]가 옳은 것을 모두 고른 것은?

ㄱ. FC-3-1-10 : 40 %
ㄴ. HFC-125 : 10.5 %
ㄷ. HFC-227ea : 10.5 %
ㄹ. IG-100 : 43 %
ㅁ. IG-55 : 30 %

① ㄴ, ㄷ
② ㄹ, ㅁ
③ ㄱ, ㄴ, ㅁ
④ ㄱ, ㄷ, ㄹ

해설 | 할로겐·불활성약제 최대허용 설계농도

소화약제	최대허용 설계농도 [%]
FC-3-1-10	40
HCFC BLEND A	10
HCFC-124	1.0
HFC-125	11.5
HFC-227ea	10.5
HFC-23	30
HFC-236fa	12.5
FIC-13I1	0.3
FK-5-1-12	10
IG-01	43
IG-100	43
IG-541	43
IG-55	43

119 분말소화설비의 화재안전성능기준상 방호구역에 분말소화설비를 전역방출방식으로 설치하고자 한다. 방호구역의 조건이 다음과 같을 때 제3종 분말소화약제의 최소 저장량 [kg]은?

- 방호구역의 체적은 200 m³
- 방호구역의 개구부 면적은 4 m²
- 자동폐쇄장치는 설치하지 않음

① 55.2
② 82.8
③ 130.8
④ 138.0

해설 | 분말소화약제 저장량

구분	소요 약제량	개구부가산량 (자동폐쇄장치 미설치 시 적용)
제1종 분말	0.6 kg/m³	4.5 kg/m²
제2·3종 분말	0.36 kg/m³	2.7 kg/m³
제4종 분말	0.24 kg/m³	1.8 kg/m³

소화약제저장량 [kg]
= (방호구역체적 × 소요약제량) + (개구부면적 [m²] × 개구부가산량 [kg/m²])
= (200 m³ × 0.36 kg/m³)
 + (4 m² × 2.7 kg/m²)
= 82.8 kg

120 제연설비의 화재안전기술기준상 제연구역에 관한 기준이 아닌 것은?

① 하나의 제연구역의 면적은 1,000 m² 이내로 할 것
② 통로상의 제연구역은 보행중심선의 길이가 60 m를 초과하지 않을 것
③ 하나의 제연구역은 직경 50 m 원 내에 들어갈 수 있을 것
④ 거실과 통로(복도를 포함한다)는 각각 제연구획할 것

해설 | 제연구역의 구획기준
1) 하나의 제연구역의 면적은 1,000 m² 이내로 할 것
2) 거실과 통로(복도를 포함)는 각각 제연구획할 것
3) 통로상의 제연구역은 보행중심선의 길이가 60 m를 초과하지 않을 것
4) 하나의 제연구역은 직경 60 m 원 내에 들어갈 수 있을 것
5) 하나의 제연구역은 2개 이상 층에 미치지 않도록 할 것. 다만 층의 구분이 불분명한 부분은 그 부분을 다른 부분과 별도로 제연구획해야 한다.

121 연결송수관설비의 화재안전성능기준상 송수구와 방수구의 설치기준이다. ( )에 들어갈 것으로 옳은 것은?

- 연결송수관설비의 송수구는 지면으로부터 높이가 (ㄱ)미터 이상, (ㄴ)미터 이하의 위치에 설치할 것
- 연결송수관설비의 송수구는 구경 (ㄷ) 밀리미터의 쌍구형으로 할 것
- 연결송수관설비의 (ㄹ)층 이상의 부분에 설치하는 방수구는 쌍구형으로 할 것

① ㄱ : 0.5, ㄴ : 1, ㄷ : 65, ㄹ : 11
② ㄱ : 0.5, ㄴ : 1, ㄷ : 80, ㄹ : 15
③ ㄱ : 0.8, ㄴ : 1.5, ㄷ : 65, ㄹ : 11
④ ㄱ : 0.8, ㄴ : 1.5, ㄷ : 80, ㄹ : 15

해설 | 송수구와 방수구 설치기준
1) 송수구 설치기준
 ⑴ 지면으로부터 높이가 0.5 m 이상 1 m 이하의 위치에 설치할 것
 ⑵ 구경 65 mm의 쌍구형으로 할 것
2) 방수구 설치기준
 11층 이상의 부분에는 쌍구형으로 할 것 (다만 다음 각 목의 층에는 단구형으로 설치 가능)
 ⑴ 아파트의 용도로 사용되는 층
 ⑵ 스프링클러설비가 유효하게 설치되어 있고 방수구가 2개소 이상 설치된 층

정답 120 ③ 121 ①

122 소화기구 및 자동소화장치의 화재안전기술기준상 다음 조건에 따른 창고시설에 설치해야 하는 소형소화기의 최소 설치 개수는?

- 소형소화기 1개의 능력단위는 3단위이다.
- 창고시설의 바닥면적은 가로 80 m × 75 m이다.
- 주요구조부가 내화구조이고, 벽 및 반자의 실내에 면하는 부분이 난연재료로 되어 있다.
- 주어진 조건 이외의 다른 조건은 고려하지 않는다.

① 5개 ② 10개
③ 20개 ④ 34개

해설 | 소화기구의 최소설치 개수

특정소방대상물	소화기구의 능력단위
위락시설	바닥면적 30 m²마다 1단위
공연장, 집회장, 관람장, 문화재, 장례식장 및 의료시설	바닥면적 50 m²마다 1단위
근린생활시설, 판매시설, 운수시설, 숙박시설, 노유자시설, 전시장, 공동주택, 업무시설, 공장, 방송통신시설, 창고시설, 항공기 및 자동차 관련 시설 및 관광 휴게시설	바닥면적 100 m²마다 1단위
그 밖의 것	바닥면적 200 m²마다 1단위

소화기구의 능력단위를 산출함에 있어서 건축물의 주요구조부가 내화구조이고, 벽 및 반자의 실내에 면하는 부분이 불연재료·준불연재료 또는 난연재료로 된 특정소방대상물에 있어서는 위 표의 기준 면적 2배를 해당 특정소방대상물의 기준 면적으로 한다.

능력단위 = $\dfrac{80 \times 75\,m^2}{100 \times 2\,m^2}$ = 30단위

소화기 개수 : 30단위 ÷ 3단위/개 = 10개

123 연결살수설비의 화재안전기술기준상 송수구를 단구형으로 설치할 수 있는 경우 하나의 송수구역에 부착하는 살수헤드의 수는 몇 개 이하인가?

① 10개 ② 15개
③ 20개 ④ 25개

해설 | 연결살수설비의 송수구 설치기준
1) 소방차가 쉽게 접근할 수 있고, 노출된 장소에 설치할 것
   ※ 가연성가스의 저장·취급시설에 설치하는 연결살수설비의 송수구는 그 방호대상물로부터 20 m 이상의 거리를 두거나 방호대상물에 면하는 부분이 높이 1.5 m 이상, 폭 2.5 m 이상의 철근콘크리트벽으로 가려진 장소에 설치하여야 한다.
2) 송수구는 구경 65 mm의 쌍구형으로 설치할 것(하나의 송수구역에 살수헤드의 수가 10개 이하 : 단구형 가능)
3) 개방형 헤드의 송수구는 각 송수구역마다 설치할 것(다만 선택밸브가 설치되고 주요구조부가 내화구조인 경우 제외)
4) 지면으로부터 높이가 0.5 m 이상 1 m 이하의 위치에 설치할 것
5) 송수구로부터 주배관에 이르는 연결배관에는 개폐밸브를 설치하지 아니할 것(스프링클러설비, 물분무소화설비, 포소화설비 또는 연결송수관설비의 배관과 겸용하는 경우에는 제외)
6) 송수구 부근에 "연결살수설비 송수구"라는 표지와 송수구역일람표를 설치할 것
7) 송수구에는 이물질을 막기 위한 마개를 씌워야 한다.

정답 122 ② 123 ①

124 비상콘센트설비의 화재안전성능기준상 전원 및 콘센트에 관한 기준이 아닌 것은?

① 절연저항은 전원부와 외함 사이를 500볼트 절연저항계로 측정할 때 20메가옴 이상일 것
② 비상전원의 설치장소는 다른 장소와 방화구획할 것
③ 비상전원은 비상콘센트설비를 유효하게 30분 이상 작동시킬 수 있는 용량으로 할 것
④ 비상콘센트용의 풀박스 등은 방청도장을 한 것으로서 두께 1.6밀리미터 이상의 철판으로 할 것

해설 | 비상전원 설치기준
(1) 점검에 편리, 화재 및 침수 등의 재해로 인한 피해를 받을 우려가 없는 곳에 설치
(2) 용량 : 비상콘센트 설비를 유효하게 <u>20분 이상 작동</u>
(3) 상용전원으로부터 전력의 공급이 중단된 때에는 자동으로 비상전원으로부터 전력을 공급받을 수 있도록 할 것
(4) 설치장소는 다른 장소와 방화구획할 것. 이 경우 그 장소에는 비상전원의 공급에 필요한 기구나 설비 외의 것(열병합발전설비에 필요한 기구나 설비 제외)을 두어서는 아니 됨
(5) 실내에 설치하는 때에는 비상조명등을 설치할 것

125 무선통신보조설비의 화재안전성능기준 및 화재안전기술기준에 관한 설명으로 옳지 않은 것은?

① 누설동축케이블 및 안테나는 고압의 전로로부터 1.0 m 이상 떨어진 위치에 설치하여야 한다.
② 지하층으로서 특정소방대상물의 바닥부분 2면 이상이 지표면과 동일한 경우에는 해당 층에 한해 무선통신보조설비를 설치하지 아니할 수 있다.
③ 분배기의 임피던스는 50 Ω의 것으로 할 것
④ 증폭기에는 비상전원이 부착된 것으로 하고 해당 비상전원 용량은 무선통신보조설비를 유효하게 30분 이상 작동시킬 수 있는 것으로 할 것

해설 | 누설동축케이블등 설치기준
누설동축케이블 및 안테나는 고압의 전로로부터 <u>1.5 m 이상</u> 떨어진 위치에 설치할 것 (다만 해당 전로에 정전기 차폐장치를 유효하게 설치한 경우에는 그렇지 않다)

정답 124 ③ 125 ①

소방시설관리사

문제풀이

제23회

소방시설관리사

제1과목　소방안전관리론
제2과목　소방수리학·약제화학 및 소방전기
제3과목　소방관련법령
제4과목　위험물의 성상 및 시설기준
제5과목　소방시설의 구조원리

23회 제1과목 소방안전관리론

01 Methane 20 vol%, Butane 20 vol%, Propane 50 vol%인 혼합기체의 공기 중 폭발하한계는 약 몇 vol%인가? (단, 공기 중 각 가스의 폭발하한계는 Methane 5.0%, Butane 1.8 vol%, Propane 2.1 vol%이다)

① 1.86 ② 2.25
③ 2.86 ④ 3.29

해설 | 르샤틀리에법칙

르샤틀리에법칙을 이용하여 구하는데, 주의할 점은 메테인 20 + 뷰테인 20 + 프로페인 50 = 혼합가스 90이므로

$$\frac{90}{L} = \frac{20}{5} + \frac{20}{1.8} + \frac{50}{2.1}$$

∴ 연소하한계 L = 2.312

02 다음에서 설명하고 있는 현상은?

> 밀폐된 유류저장탱크가 가열로 인해 유류의 비등과 압력상승으로 폭발하는 현상으로 점화원에 의해 분출된 유증기가 착화되어 저장탱크 위쪽에 공 모양의 화구를 형성하기도 한다.

① Boil Over
② Slop Over
③ UVCE(Unconfined Vapor Cloud Explosion)
④ BLEVE(Boiling Liquid Expanding Vapor Explosion)

해설 | 블레비현상

저장탱크 내에 저장되어 있던 가연성액화 가스가 외부의 화재로 인해 온도가 상승하기 시작하면 탱크 내부에서 기화하기 시작한다. 이로 인해 저장탱크 내부 압력이 상승하게 되는데 이 압력을 더 이상 이겨내지 못하고 저장탱크의 일부가 터져 나가는 현상을 말한다.

정답 01 ② 02 ④

03 다음 ( )에 들어갈 내용으로 옳은 것은?

가. GWP = $\dfrac{\text{비교물질}\,1\,kg\text{이 기여하는 지구온난화 정도}}{(\,\lnot\,)\,1\,kg\text{이 기여하는 지구온난화 정도}}$

나. ODP = $\dfrac{\text{비교물질}\,1\,kg\text{이 파괴하는 오존량}}{(\,\llcorner\,)\,1\,kg\text{이 파괴하는 오전량}}$

① ㄱ : CO ㄴ : CFC - 11
② ㄱ : CFC - 12 ㄴ : CO
③ ㄱ : CO_2 ㄴ : CFC - 11
④ ㄱ : CFC - 12 ㄴ : CO_2

해설 | GWP, ODP

1) GWP = $\dfrac{\text{비교물질}\,1\,kg\text{이 기여하는 지구온난화 정도}}{CO_2\,1\,kg\text{이 기여하는 지구온난화 정도}}$

2) ODP = $\dfrac{\text{비교물질}\,1\,kg\text{이 파괴하는 오존량}}{CFC\!-\!11\,1\,kg\text{이 파괴하는 오전량}}$

04 연소점, 인화점 및 발화점에 관한 내용으로 옳지 않은 것은?

① 연소점, 인화점, 발화점 순으로 온도가 높다.
② 인화점은 외부에너지(점화원)에 의해 발화하기 시작되는 최저온도를 말한다.
③ 발화점은 점화원 없이 스스로 발화할 수 있는 최저온도를 말한다.
④ 연소점은 외부에너지(점화원)를 제거해도 연소가 지속되는 최저온도를 말한다.

해설 | 베르누이 방정식
• 인화점, 연소점, 발화점 온도순서
  인화점 < 연소점 < 발화점

05 가연성기체의 폭발한계범위에서 위험도가 가장 높은 것은?

① 수소 ② 에틸렌
③ 아세틸렌 ④ 에테인

해설 | 연소범위
• 수소 : 4 ~ 75
• 에틸렌 : 2.7 ~ 36
• 아세틸렌 : 2.5 ~ 81
• 에테인 : 3 ~ 12.5

정답 03 ③ 04 ① 05 ③

06 아레니우스(Arrhenius)의 반응속도식에 관한 설명으로 옳지 않은 것은?

① 온도가 높을수록 반응속도는 증가한다.
② 압력이 높을수록 반응속도는 감소한다.
③ 활성화에너지가 클수록 반응속도는 감소한다.
④ 분자의 충돌 횟수가 많을수록 반응속도는 증가한다.

해설 | 아레니우스(Arrhenius)의 반응속도식

아레니우스 식은 $V = Ce^{-\frac{E}{RT}}$ 이므로 압력과는 무관하다.

07 폭발의 분류에서 기상폭발이 아닌 것은?

① 가스폭발
② 분해폭발
③ 수증기폭발
④ 분진폭발

해설 | 폭발의 분류
- 기상폭발 종류 : 가스폭발, 분해폭발, 분진폭발, 분무폭발, 고체폭발, 중합폭발
- 응상폭발 종류 : 수증기폭발, 증기폭발, 블레비, 보일러폭발

08 소실 정도에 따른 화재 분류에 관한 설명이다. ( )에 들어갈 내용으로 옳은 것은?

( )란 건물의 30 % 이상 70 % 미만이 소실된 것이다.

① 즉소   ② 전소
③ 부분소   ④ 반소

해설 | 전소, 반소, 부분소
1) 전소 : 건물의 70 % 이상 소실
2) 반소 : 건물의 30 % 이상 70 % 미만 소실
3) 부분소 : 전소, 반소 화재에 해당되지 않는 것

09 폭발의 종류와 해당 폭발이 일어날 수 있는 물질의 연결이 옳은 것은?

① 산화폭발 - 가연성가스
② 분진폭발 - 시안화수소
③ 중합폭발 - 아세틸렌
④ 분해폭발 - 염화비닐

해설 | 폭발의 종류와 물질
1) 분해폭발 : 아세틸렌, 산화에틸렌, 과산화물
2) 분진폭발 : 석탄, 알루미늄 분진, 금속분, 전분, 밀가루
3) 분무폭발 : 윤활유
4) 중합폭발 : 염화비닐, 시안화수소

정답 06 ② 07 ③ 08 ④ 09 ①

10 건축물의 피난·방화구조 등의 기준에 관한 규칙상 피난안전구역의 면적 산정기준에서 문화·집회 용도에서 고정좌석을 사용하지 않는 공간의 재실자 밀도 기준으로 옳은 것은?

① 0.28
② 0.45
③ 2.80
④ 9.30

해설 | 피난안전구역의 면적 산정기준
피난안전구역 설치 대상 건축물의 용도에 따른 사용 형태별 재실자밀도

문화·집회	고정 좌석을 사용하지 않는 공간	0.45
	고정 좌석이 아닌 의자를 사용하는 공간	1.29
	벤치형 좌석을 사용하는 공간	-
	고정좌석을 사용하는 공간	-
	무대	1.4
	게임 제공업 등의 공간	1.02

11 가로 10 m, 세로 5 m, 높이 10 m인 실내공간에 저장되어 있는 발열량 10,500 kcal/kg인 가연물 1,000 kg과 발열량 7,500 kcal/kg인 가연물 2,000 kg이 완전연소하였을 때 화재하중 [kg/m²]은 약 얼마인가? (단, 단위 발열량은 4,500 kcal/kg이다)

① 56.67
② 70.35
③ 113.33
④ 120.56

해설 | 화재하중
1) 건축물 내 단위면적당 가연물의 양
2) 수식 $Q = \dfrac{\sum(G_i \cdot H_i)}{H \cdot A} = \dfrac{\sum Q_t}{4500 \times A}$
3) 계산

$$Q = \dfrac{\sum(G_i \cdot H_i)}{H \cdot A} = \dfrac{\sum Q_t}{4500 \times A}$$
$$= \dfrac{10,500 \times 1,000 + 7,500 \times 2,000}{4,500 \times 10 \times 5}$$
$$= 113.333 \ kg/m^2$$

12 내화건축물과 비교한 목조건축물의 화재 특성에 관한 설명으로 옳은 것을 모두 고른 것은?

ㄱ. 최성기에 도달하는 시간이 빠르다.
ㄴ. 저온장기형의 특성을 갖는다.
ㄷ. 화염의 분출면적이 크고, 복사열이 커서 접근하기 어렵다.
ㄹ. 횡방향보다 종방향의 화재성장이 빠르다.

① ㄴ, ㄷ
② ㄷ, ㄹ
③ ㄱ, ㄴ, ㄹ
④ ㄱ, ㄷ, ㄹ

해설 | 화재 특성
목조건축물의 화재성상은 고온 단기형이며, 내화건축물의 화재성상은 저온 단기형이다.

정답 10 ② 11 ③ 12 ④

13 건축물의 피난·방화구조 등의 기준에 관한 규칙상 벽의 내화구조에 관한 내용으로 옳지 않은 것은?

① 철근콘크리트조 또는 철골철근콘크리트조로서 두께가 10 cm 이상인 것
② 철재로 보강된 콘크리트블록조·벽돌조 또는 석조로서 철재에 덮은 콘크리트블록등의 두께가 5 cm 이상인 것
③ 벽돌조로서 두께가 15 cm 이상인 것
④ 고온·고압의 증기로 양생된 경량기포 콘크리트패널 또는 경량기포 콘크리트블록조로서 두께가 10 cm 이상인 것

해설 | 내화구조 벽기준
1) 철근콘크리트조 또는 철골철근 콘크리트조 두께 10 cm 이상
2) 골구를 철골조로 하고 그 양면에 두께 4 cm 이상의 철망 모르타르 또는 두께 5 cm 이상의 콘크리트 블록·벽돌 또는 석재로 덮은 것
3) 철재로 보강된 콘크리트블록조·벽돌조 또는 석조로서 철재에 덮은 콘크리트블록 등의 두께가 5 cm 이상인 것
4) 벽돌조로서 두께가 19 cm 이상인 것
5) 고온·고압의 증기로 양생된 경량기포 콘크리트패널 또는 경량기포 콘크리트블록조로서 두께가 10 cm 이상인 것

14 건축물의 피난·방화구조 등의 기준에 관한 규칙상 피난안전구역 설치기준에 관한 설명으로 옳은 것은?

① 피난안전구역의 내부마감재료는 난연재료로 설치할 것
② 비상용승강기는 피난안전구역에서 승하차할 수 있는 구조로 설치할 것
③ 건축물의 내부에서 피난안전구역으로 통하는 계단은 피난계단의 구조로 설치할 것
④ 피난안전구역의 높이는 1.8미터 이상일 것

해설 | 피난안전구역 설치기준
1. 피난안전구역의 바로 아래층 및 위층은 적합한 단열재를 설치할 것. 이 경우 아래층은 최상층에 있는 거실의 반자 또는 지붕 기준을 준용하고, 위층은 최하층에 있는 거실의 바닥 기준을 준용할 것
2. 피난안전구역의 내부마감재료는 불연재료로 설치할 것
3. 건축물의 내부에서 피난안전구역으로 통하는 계단은 특별피난계단의 구조로 설치할 것
4. 비상용승강기는 피난안전구역에서 승하차할 수 있는 구조로 설치할 것
5. 피난안전구역에는 식수공급을 위한 급수전을 1개소 이상 설치하고 예비전원에 의한 조명설비를 설치할 것
6. 관리사무소 또는 방재센터 등과 긴급연락이 가능한 경보 및 통신시설을 설치할 것
7. 피난안전구역의 높이는 2.1미터 이상일 것
8. 배연설비를 설치할 것
9. 그 밖에 소방방재청장이 정하는 소방 등 재난관리를 위한 설비를 갖출 것

정답 13 ③ 14 ②

15 초고층 및 지하연계 복합건축물 재난관리에 관한 특별법 시행령상 피난안전구역 면적 산정 기준에 관한 설명으로 ( )에 들어갈 내용으로 옳은 것은?

> 〈지하층이 하나의 용도로 사용되는 경우〉
> 피난안전구역 면적
> = (수용인원 × 0.1) × ( ) m²

① 0.28　　② 0.50
③ 0.70　　④ 1.80

해설 | 초고층 및 지하연계 복합 건축물 재난관리에 관한 특별법 시행령
1) 지하층이 하나의 용도로 사용되는 경우
피난안전구역 면적
= (수용인원 × 0.1) × 0.28 m²
2) 지하층이 둘이상의 용도로 사용되는 경우
피난안전구역 면적
= (사용형태별 수용인원의 합 × 0.1) × 0.28 m²

16 다음에서 설명하는 화재 시 인간의 피난 행동 특성으로 옳은 것은?

> 피난 시 인간은 평소에 사용하는 문·통로를 사용하거나 자신이 왔던 길로 되돌아가려는 본능이 있다.

① 귀소본능　　② 지광본능
③ 추정본능　　④ 회피본능

해설 | 귀소본능
피난 시 인간은 평소에 사용하는 문·통로를 사용하거나 자신이 왔던 길로 되돌아가려는 본능이 있다.

17 건축물의 피난·방화구조 등의 기준에 관한 규칙상 건축물의 바깥쪽에 설치하는 피난계단의 구조에 관한 설명으로 옳은 것을 모두 고른 것은?

> ㄱ. 계단은 그 계단으로 통하는 출입구 외의 창문 등(망이 들어 있는 유리의 붙박이 창으로서 그 면적이 각각 1제곱미터 이하인 것을 제외한다)으로부터 1.5미터 이상의 거리를 두고 설치할 것
> ㄴ. 계단은 불연구조로 하고 지상까지 직접 연결되도록 할 것
> ㄷ. 계단의 유효너비는 0.9미터 이상으로 할 것
> ㄹ. 건축물의 내부에서 계단으로 통하는 출입구에는 60분+ 방화문 또는 60분 방화문을 설치할 것

① ㄱ, ㄴ　　② ㄱ, ㄹ
③ ㄴ, ㄷ　　④ ㄷ, ㄹ

정답 15 ①　16 ①　17 ④

해설 | 건축물의 바깥쪽에 설치하는 피난계단의 구조
1) 계단은 그 계단으로 통하는 출입구 외의 창문 등(망이 들어 있는 유리의 붙박이창으로서 그 면적이 각각 1 제곱미터 이하인 것을 제외한다)으로부터 2 미터 이상의 거리를 두고 설치할 것
2) 건축물의 내부에서 계단으로 통하는 출입구에는 60분+ 방화문 또는 60분 방화문을 설치할 것
3) 계단의 유효너비는 0.9미터 이상으로 할 것
4) 계단은 내화구조로 하고 지상까지 직접 연결되도록 할 것

18 화재실 내부에 발생한 난류화염에 벽체가 노출되었다. 화염으로부터 벽체에 전달되는 대류 열유속 [W/m²]은 얼마인가? (단, 대류열전달계수는 7 W/m²·℃, 난류화염의 온도는 900 ℃, 벽체의 온도는 30 ℃, 벽체면적은 2 m²이다)

① 6,090　② 6,510
③ 12,180　④ 13,020

해설 | 대류 열유속
$q = h \triangle T = 7 \times (900 - 30) = 6090 \text{ W/m}^2$

19 고체가연물의 한 쪽 면이 가열되고 있는 조건에서 점화시간에 관한 설명으로 옳지 않은 것은?

① 얇은 가연물이 두꺼운 가연물보다 빨리 점화된다.
② 밀도가 높을수록 점화하기까지의 시간이 짧아진다.
③ 가연물의 발화점이 낮을수록 점화하기까지의 시간이 짧아진다.
④ 비열이 클수록 점화하기까지의 시간이 길어진다.

해설 | 점화시간
밀도가 높을수록 열을 저장하는 능력이 크기 때문에 발화하는 데 시간이 늦어진다.

20 화재성장속도 분류에서 약 1 MW의 열량에 도달하는 시간이 300초에 해당하는 것은?

① Slow 화재　② Medium 화재
③ Fast 화재　④ Ultrafast 화재

해설 | 화재성장속도
화재성장속도 : 1 MW의 열량에 도달하는 시간
1) Ultrafast 화재 = 75초
2) Fast 화재 = 150초
3) Medium 화재 = 300초
4) Slow 화재 = 600초

21 연소생성물 중 발생하는 연소가스에 관한 설명으로 옳지 않은 것은?

① 시안화수소는 울, 실크, 나일론과 같이 질소를 함유하는 물질 등이 연소할 때 발생한다.
② 일산화탄소는 가연물이 불완전연소할 때 발생하는 것으로 독성가스이며 연소가 가능한 물질이다.
③ 이산화탄소는 흡입하면 호흡이 촉진되어 화재에 의해 발생하는 독성가스나 수증기를 흡입하는 양이 늘어난다.
④ 황화수소는 폴리염화비닐(PVC)이 화재로 인해 분해됐을 때 다량 발생하며 금속에 대한 강한 부식성이 있다.

해설 | 연소가스
1) 황화수소 : 고무 등 황 함유물의 불완전연소 시 발생하며 달걀 썩는 냄새가 난다.
2) 염화수소 : PVC 등 염소 함유물이 탈 때 발생하며 금속에 대한 강한 부식설이 있어 때때로 건물의 철골이 손상되기도 한다.

22 열방출속도가 2 MW로 연소 중인 화재를 진압하는 데 필요한 최소 방수량 [g/s]은 약 얼마인가? (단, 물의 온도는 20 ℃, 기화온도는 100 ℃, 기화열은 2,260 J/g이며, 물의 냉각효과가 열방출속도보다 크면 소화된다)

① 715.16 ② 746.83
③ 770.89 ④ 884.96

해설 | 물의 냉각효과 = 현열 + 잠열

1) 물의 기화열 = $\frac{2260}{4.185}$ = 540.023 cal/g

2) 물의 냉각효과
    = (1 g × (100 − 20)) + (540 × 1 g)
    = 620 cal/g

3) 단위변환(J) = 620 × 4.185
    = 2594.7 J/g

4) 최소 방수량(g/s) = $\frac{2 \times 10^6}{2594.7}$ = 770.8 g/s

23 면적 1 m²의 목재표면에서 연소가 일어날 때 에너지 방출률 $\dot{Q}$는 얼마인가? (단, 목재의 최대 질량연소유속 [m]은 720 g/m²·min, 기화열 L은 4 kJ/g, 유효 연소열 $\triangle H_C$는 14 kJ/g이다)

① 120 kW ② 168 kW
③ 7.20 MW ④ 10.08 MW

해설 | 에너지 방출률

에너지 방출률 $\dot{Q} = \dot{m}'' \times A \times \Delta H_C$

단위로 표현하면

$kW = \frac{g}{m^2 \cdot sec} \times m^2 \times \frac{kJ}{g}$ 이므로

$\dot{Q} = \frac{720}{60} \times 1 \times 14 = 168\ kW$

24. 제연설비의 예상제연구역에 관한 배출량의 기준으로 옳지 않은 것은 무엇인가? (단, 거실의 수직거리 2 m 이하의 공간이다)

① 바닥면적이 400 m² 미만으로 구획된 예상제연구역에서 바닥면적 1 m²당 1 m³/min 이상으로 하되, 예상제연구역에 대한 최소 배출량은 1,000 m³/h 이상으로 할 것
② 바닥면적이 400 m² 이상인 거실의 예상제연구역에서 예상제연구역이 직경 40 m인 원의 범위 안에 있을 경우 배출량은 40,000 m³/h 이상으로 할 것
③ 바닥면적이 400 m² 이상인 거실의 예상제연구역에서 예상제연구역이 직경 40 m인 원의 범위를 초과할 경우 배출량은 45,000 m³/h 이상으로 할 것
④ 예상제연구역이 통로인 경우의 배출량은 45,000 m³/h 이상으로 할 것

해설 | 예상제연구역 배출량 기준

제연설비 예상제연구역 배출량 기준 : 거실 수직거리 2 m 이하
바닥면적이 400 m² 미만으로 구획된 예상제연구역에서 바닥면적 1 m²당 1 m³/min 이상으로 하되, 예상제연구역에 대한 최소 배출량은 25,000 m³/h 이상으로 할 것

25. 구획실 화재 시 화재실의 중성대에 관한 설명으로 옳은 것은?

① 중성대는 화재실 내부의 실온이 낮아질수록 낮아지고 실온이 높아질수록 높아진다.
② 화재실의 중성대 상부 압력은 실외압력보다 낮고 하부의 압력은 실외압력보다 높다.
③ 중성대에서 연기의 흐름이 가장 활발하다.
④ 화재실의 상부에 큰 개구부가 있다면 중성대는 높아진다.

해설 | 중성대 특징
1) 중성대는 화재실 내부의 실온이 낮아질수록 높아지고 실온이 높아질수록 낮아진다.
2) 화재실의 중성대 상부 압력은 실외압력보다 높고 하부의 압력은 실외압력보다 낮다.
3) 중성대에서는 압력차가 없기 때문에 연기의 이동이 없다.
4) 중성대 위치는 개구부 면적에 크게 의존하게 되는데 상부와 하부에 개구부가 있을 때 개구부 면적이 큰 쪽으로 중성대가 이동한다. 따라서 상부에 큰 개구부가 있으면 중성대는 높아지게 된다.

정답 24 ① 25 ④

23회 제2과목 소방수리학

26 다음 중 유체에 해당하는 것을 모두 고른 것은?

| ㄱ. 고체　ㄴ. 액체　ㄷ. 기체 |

① ㄴ ② ㄱ, ㄷ
③ ㄴ, ㄷ ④ ㄱ, ㄴ, ㄷ

해설 | 전단응력(Shear Stress)
마찰에 의해 전단응력(Shear Stress)이 존재하는 물질은 액체 및 기체이다.

27 어떤 액체의 동점성계수가 0.002 m²/s, 비중이 1.1일 때 이 액체의 점성계수 [N·s/m²]는 얼마인가? (단, 중력가속도는 9.8 m/s², 물의 단위중량은 9.8 kN/m³이다)

① 2.2 ② 6.8
③ 10.1 ④ 15.7

해설 | 점성계수
- $\nu = \dfrac{\mu}{\rho} \rightarrow \mu = \nu \times \rho = \nu \times S \times \rho_w$
- $\nu = 0.002 \times 1.1 \times 1000 = 2.2$

28 관수로 흐름에서 미소손실에 해당하지 않는 것은?

① 단면 급확대손실
② 단면 급축소손실
③ 밸브손실
④ 마찰손실

해설 | 미소손실
미소손실(부차적손실)은 단면 급확대손실, 단면 급축소손실, 밸브손실 등이며 마찰손실은 주손실이다.

29 이상유체 흐름에서 베르누이방정식의 전수두(Total Head)를 구성하는 수두가 아닌 것은?

① 위치수두 ② 마찰손실수두
③ 압력수두 ④ 속두수두

해설 | 베르누이방정식

$$\dfrac{V^2}{2g} + \dfrac{P}{\gamma} + Z = C$$

$\dfrac{V^2}{2g}$: 속두수두

$\dfrac{P}{\gamma}$: 압력수두

Z : 위치수두

정답 26 ③ 27 ① 28 ④ 29 ②

30 내경이 0.5 m인 주철관에서 물이 400 m를 흐르는 동안 손실수두가 10 m이다. 이때 유량 [m³/s]은 약 얼마인가? (단, Manning의 평균유속공식을 사용하며, 주철관의 조도계수는 0.015, π는 3.14이다)

① 0.517　　② 2.696
③ 4.529　　④ 6.315

해설 | Manning의 평균 유속

$$v = \frac{1}{n} R^{\frac{2}{3}} \cdot S^{\frac{1}{2}}$$

v : 속도 [m/s]
R : 수로의 수력반경(D/4)
S : 수로의 기울기
n : 매닝의 거칠기계수(Roughness Factor)

- $v = \frac{1}{0.015} \left(\frac{0.5}{4}\right)^{\frac{2}{3}} \cdot \left(\frac{10}{400}\right)^{\frac{1}{2}}$
  $= 2.635233 \, m/s$

- 유량 $(m^3/s) = \frac{3.14}{4} 0.5^2 \times 2.635 = 0.517$

31 내경이 각각 30 cm와 20 cm인 관이 서로 연결되어 있다. 내경 30 cm 관에서의 유속이 1.5 m/s일 때 20 cm 관에서의 유속 [m/s]는 얼마인가? (단, 정상류 흐름이며, π는 3.14이다)

① 0.951　　② 3.375
③ 5.691　　④ 8.284

해설 | 연속방정식

- $A_1 \times V_1 = A_2 \times V_2 \rightarrow V_2 = \frac{A_1}{A_2} \times V_1$

- $V_2 = \frac{0.3^2}{0.2^2} \times 1.5 = 3.375 \, [m/s]$

  $\therefore V_2 = 3.375 \, m/s$

32 다음에서 설명하는 것은?

펌프의 내부에서 유속이 급변하거나 와류 발생, 유로 장애 등에 의하여 유체의 압력이 저하되어 포화수증기압에 가까워지면, 물속에 용존되어 있는 기체가 액체 중에서 분리되어 기포로 되며 더욱이 포화수증기압 이하로 되면 물이 기화되어 흐름 중에 공동이 생기는 현상이다.

① 모세관현상
② 사이폰
③ 도수현상(Hydraulic Jump)
④ 캐비테이션

해설 | 캐비테이션(Cavitation)
배관 내에서 압력이 포화증기압 이하가 되어 공동이 생기는 현상은 캐비테이션이다.

정답　30 ①　31 ②　32 ④

33 Darcy-Weisbach의 마찰손실공식에 관한 설명 중 옳지 않은 것은?

① 마찰손실수두는 관경에 반비례한다.
② 마찰손실수두는 마찰손실계수에 비례한다.
③ 마찰손실수두는 관의 길이에 비례한다.
④ 마찰손실수두는 유속의 제곱에 반비례한다.

해설 | 마찰손실공식

$$H_L = f \times \frac{l}{D} \times \frac{V^2}{2g}$$

H_L : 손실수두 $[m]$
f : 마찰손실계수 [층류 $f = 64/Re$]
l : 길이 $[m]$
D : 직경 $[m]$
V : 속도 $[m/s]$
g : 중력가속도 $[m/s^2]$

마찰손실수두는 유속의 제곱에 비례한다.

34 레이놀즈(Reynolds)수로 알 수 있는 유체의 흐름은?

① 층류, 난류, 천이류
② 사류, 상류, 한계류
③ 층류, 난류, 한계류
④ 사류, 상류, 천이류

해설 | 레이놀즈(Reynolds)수
레이놀즈(Reynolds)수로 알 수 있는 유체의 흐름은 층류, 난류, 천이류이다.

정답 33 ④ 34 ①

23회 제2과목 약제화학

35 소화약제에 관한 설명으로 옳은 것을 모두 고른 것은?

> ㄱ. 아르곤은 불활성기체소화약제이다.
> ㄴ. 알콜형 포소화약제는 아세톤 화재에 적응성이 있다.
> ㄷ. 할로겐화합물소화약제인 HFC – 125의 화학식은 CHF_2CF_3이다.
> ㄹ. 주방화재에는 냉각과 질식효과가 우수한 소화약제가 적응성이 있다.

① ㄱ, ㄴ
② ㄷ, ㄹ
③ ㄱ, ㄴ, ㄷ
④ ㄱ, ㄴ, ㄷ, ㄹ

해설 | 소화약제
모든 보기가 정답으로 별도의 해설은 필요없음

36 할로겐화합물 및 불활성기체소화설비의 화재안전성능기준상 할로겐화합물 및 불활성기체소화약제의 저장용기에 관한 내용이다. ( )에 들어갈 내용으로 옳은 것은?

> 저장용기의 약제량 손실이 (ㄱ) %를 초과하거나 압력손실이 (ㄴ) %를 초과할 경우에는 재충전하거나 저장용기를 교체할 것. 다만 불활성기체소화약제 저장용기의 경우에는 압력손실이 (ㄷ) %를 초과할 경우 재충전하거나 저장용기를 교체해야 한다.

① ㄱ : 5, ㄴ : 5, ㄷ : 5
② ㄱ : 5, ㄴ : 10, ㄷ : 5
③ ㄱ : 10, ㄴ : 10, ㄷ : 15
④ ㄱ : 10, ㄴ : 15, ㄷ : 10

해설 | 저장용기 교체기준
저장용기의 약제량 손실이 5 %를 초과하거나 압력손실이 10 %를 초과할 경우에는 재충전하거나 저장용기를 교체할 것. 다만 불활성기체소화약제 저장용기의 경우에는 압력손실이 5 %를 초과할 경우 재충전하거나 저장용기를 교체해야 한다.

정답 35 ④ 36 ②

37 이산화탄소소화설비의 화재안전기술기준상 이산화탄소화약제 소요량의 방출기준에 관한 내용이다. ( )에 들어갈 내용으로 옳은 것은?

> 전역방출방식에 있어서 종이, 목재, 섬유류, 합성수지류 등 심부화재 방호대상품의 경우에는 (ㄱ)분, 이 경우 설계농도가 2분 이내에 (ㄴ) %에 도달하여야 한다.

① ㄱ : 5, ㄴ : 30 ② ㄱ : 5, ㄴ : 50
③ ㄱ : 7, ㄴ : 30 ④ ㄱ : 7, ㄴ : 50

해설 | 이산화탄소약제 소요량의 방출기준
전역방출방식에 있어서 종이, 목재, 섬유류, 합성수지류 등 심부화재 방호대상품의 경우에는 7분, 이 경우 설계농도가 2분 이내에 30 %에 도달하여야 한다.

38 소화약제원액 12 L를 사용하여 3 %의 수성막포소화약제 수용액을 만들었다. 이 수용액을 모두 사용하여 발생시킨 포의 총 부피가 4 m³일 때 포의 팽창비는 얼마인가?

① 5 ② 8
③ 10 ④ 14

해설 | 포의 팽창비

• 팽창비 = $\dfrac{\text{포의 총 부피}}{\text{포수용액}}$

• 포수용액 = $\dfrac{0.012}{0.03} = 0.4\,m^3$

• 팽창비 = $\dfrac{4}{0.4} = 10$

39 소화약제의 형식승인 및 제품검사의 기술기준상 포소화약제에 관한 내용으로 옳지 않은 것은? (단, 측정값은 기술기준의 시험방법에 따라 측정하며, 오차범위는 고려하지 않는다)

① 유동점은 사용 하한온도보다 2.5 ℃ 이하이어야 한다.
② 수성막포소화약제의 수소이온농도의 범위는 6.0 이상 8.5 이하이어야 한다.
③ 알콜형 포소화약제의 비중의 범위는 0.90 이상 1.20 이하이어야 한다.
④ 고발포용 소화약제는 거품의 팽창율은 500배 이상이어야 하며, 발포 전 포수용액 용량의 25 %인 포수용액이 거품으로부터 환원되는 데 필요한 시간이 1분 이하이어야 한다.

해설 | 포소화약제
④ 고발포용 소화약제는 거품의 팽창비는 80배 이상이어야 하며, 발포 전 포수용액 용량의 25 %인 포수용액이 거품으로부터 환원되는 데 필요한 시간이 3분 이상이어야 한다.

40 할론소화약제의 특징에 관한 설명으로 옳은 것은?

① 할론 1211의 화학식은 CF_3ClBr이다.
② 할론 2402는 에테인(Ethane)의 유도체이다.
③ 오존파괴지수는 할론 1211이 할론 1301보다 크다.
④ 할론 1301은 상온과 상압에서 액체이며, 주된 소화효과는 억제소화이다.

정답 37 ③ 38 ③ 39 ④ 40 ②

해설 | 할론소화약제
① 할론 1211의 화학식은 CF_2ClBr이다.
③ 오존파괴지수는 할론 1301 > 할론 2402 > 할론 1211
④ 상온과 상압에서 액체는 할론 2402이다.

41 소화약제인 물에 관한 설명으로 옳지 않은 것은? (단, 물의 비열은 1 cal/g · ℃이다)

① 물의 융융잠열은 약 79.7 cal/g이다.
② 물은 극성분자로 분자 간에는 수소결합을 한다.
③ 1기압에서 20℃의 물 1 g을 100℃의 수증기로 만들기 위해서는 약 619.6 cal가 필요하다.
④ 물의 임계온도는 약 374℃로 임계온도 이상에서는 압력을 조금만 가해도 쉽게 액화된다.

해설 | 물의 임계온도
④ 임계온도 이상에서는 아무리 압력을 가해도 액화되지 않는다.

42 분말소화약제에 관한 설명으로 옳은 것은?

① 제1종 분말의 주성분은 $KHCO_3$이다.
② 차고 또는 주차장에 설치하는 분말소화설비의 소화약제는 제3종 분말을 사용한다.
③ 칼륨의 중탄산염이 주성분인 소화약제는 황색, 인산염이 주성분인 소화약제는 담홍색으로 각각 착색하여야 한다.
④ 분말상태의 소화약제는 굳거나 덩어리지거나 변질 등 그 밖의 이상이 생기지 아니하여야 하며 페네트로메타(Penetrometer) 시험기로 시험한 경우 10 mm 이하 침투하여야 한다.

해설 | 분말소화약제
① 제1종 분말의 주성분은 $NaHCO_3$이다.
③ 칼륨의 중탄산염이 주성분인 소화약제는 담자색
④ 페네트로메타(Penetrometer) 시험기로 시험한 경우 15 mm 이상 침투하여야 한다.

43 다음 회로에서 전류 I [A]는 얼마인가?

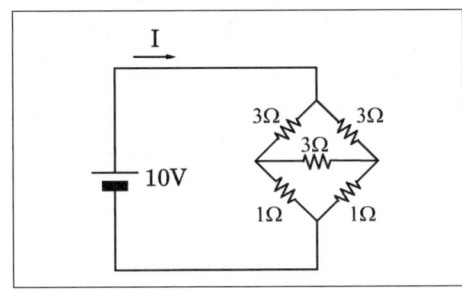

① 3　　② 4
③ 5　　④ 6

해설 | 전류 계산
브릿지회로를 응용한 것으로 가운데 있는 3 Ω은 없는 것과 같으므로

1) 합성저항 $R_0 = \dfrac{4}{2} = 2\,\Omega$이 된다.

2) 전류는 $I = \dfrac{10}{2} = 5\,A$가 된다.

44 완전 도체에 관한 설명으로 옳지 않은 것은?
① 전하는 도체 내부에 균일하게 분포한다.
② 도체 내부의 전기장의 세기는 0이다.
③ 도체 표면은 등전위면이고 도체 내부의 전위는 표면 전위와 같다.
④ 도체 표면에서 전기장의 방향은 도체 표면에 항상 수직이다.

해설 | 도체 내부의 전하
도체 내부에서는 전기장이 0이므로 전하가 존재하지 않는다.

45 인덕터의 자기 인덕턴스(Self Inductance)에 관한 설명으로 옳지 않은 것은?
① 코일 안에 삽입된 절연물의 투자율에 비례한다.
② 동일한 인덕턴스를 갖는 인덕터 2개를 직렬 연결하면 합성 인덕턴스는 2배가 된다.
③ 코일이 전하를 축적할 수 있는 능력의 정도를 나타내는 비례상수이다.
④ 인덕터에 흐르는 전류가 일정하다면 인덕터에 저장된 에너지는 인덕턴스에 비례한다.

정답　43 ③　44 ①　45 ③

해설 | 자기 인덕턴스(Self Inductance)
코일에 축적되는 것은 자기에너지이며 콘덴서에 전하를 축적하여 전기에너지를 저장한다.

46 진공 중에서 2 m 떨어져 평행하게 놓여있는 무한히 긴 두 도체에 같은 방향으로 직류 전류가 각각 1 A 흐르고 있다. 이때 단위 길이당 작용하는 힘의 방향과 크기 [N/m]는 얼마인가? (단, μ_0는 진공에서의 투자율이다)

① 인력, $\dfrac{\mu_0}{4\pi}$ ② 척력, $\dfrac{\mu_0}{4\pi}$

③ 인력, $\dfrac{\mu_0}{2\pi}$ ④ 척력, $\dfrac{\mu_0}{2\pi}$

해설 | 무한히 긴 도체
1) 전류의 방향이 같으면 흡입력, 다르면 반발력이므로 흡입력이 작용한다.
2) 힘 $F = \dfrac{2 \times I_1 \times I_2}{r} \times 10^{-7}$
$= \dfrac{2 \times 1 \times 1}{2} \times 10^{-7} = 1 \times 10^{-7} N/m$

그러므로
$\dfrac{\mu_0}{4\pi} = \dfrac{4\pi \times 10^{-7}}{4\pi} = 1 \times 10^{-7}$

47 다음 회로의 부하 RL에서 소비되는 평균 전력이 최대가 될 때 RL [Ω]은 얼마인가? (단, Zs = 4 + j3 Ω이다)

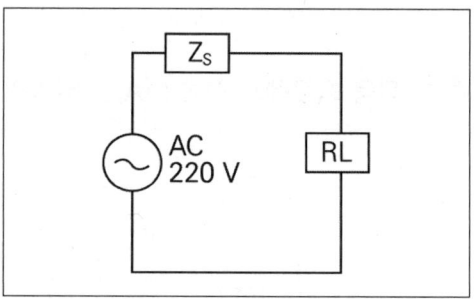

① 3 ② 4
③ 5 ④ 6

해설 | RL
최대전력 전달 조건은 내부임피던스와 외부임피던스가 같을 때이므로, 내부 임피던스 Zs = 4 + j3 Ω이면 임피던스 값은 5가 되므로 R_L값은 5 Ω이 된다.

48 다음 회로에서 충분한 시간이 지난 다음 t = 0에서 스위치가 열린다면 t ≥ 0에서 출력전압 v₀(t) [V]는?

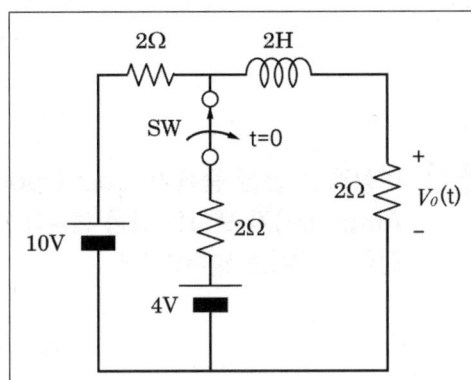

① $v_0(t) = 10 - \frac{2}{3}e^{-2t}$

② $v_0(t) = 10 - \frac{2}{3}e^{-t}$

③ $v_0(t) = 5 - \frac{1}{3}e^{-2t}$

④ $v_0(t) = 5 - \frac{1}{3}e^{-t}$

해설 | 출력전압

KCL, KVL로 식을 세우고 1차 미분 방정식을 풀어보면 $V(t) = K + Ke^{-\frac{t}{\tau}}$가 된다.

1) $t = 0^-$일 때를 정상 상태라 가정하면 인덕터는 단락이 되므로,

   (1) 10 V를 기준(4 V = 단락)으로 하여 회로를 해석하면

   $R = 2 + \frac{2 \times 2}{2 + 2} = 3\,\Omega$이 되고

   전체 전류 $I = \frac{10}{3}\,A$가 된다.

   저항값이 같으므로,

   2 Ω에 흐르는 전류는 $I_1 = \frac{5}{3}\,A$

   (2) 4 V를 기준(10 V = 단락)으로 하여 회로를 해석하면

   $R = 2 + \frac{2 \times 2}{2 + 2} = 3\,\Omega$이 되고

   전체 전류 $I = \frac{4}{3}\,A$가 된다.

   저항값이 같으므로

   2 Ω에 흐르는 전류는 $I_2 = \frac{2}{3}\,A$

   (3) 전류값은 흐르는 방향이 같으므로

   $I = I_1 + I_2 = \frac{5}{3} + \frac{2}{3} = \frac{7}{3}\,A$

2) $t = 0^+$, $t = 0$일 때

   $V_0(t) = \frac{7}{3}\,A \times 2\,\Omega = \frac{14}{3}\,V$

3) $t = \infty$일 때

   $V_{(\infty)} = 10 \times \frac{2}{2 + 2} = 5\,V$

   $R_{th} = 2 + 2 = 4\,\Omega$,

   $\tau = \frac{L}{R_{th}} = \frac{2}{4} = \frac{1}{2}\,\sec$

4) $V(t) = K_1 + K_2 e^{-\frac{t}{\tau}}$에서

   $V_{(0)} = \frac{14}{3}\,V$, $V_{(\infty)} = 5\,V$

   $\frac{14}{3} = K_1 + K_2$가 되므로

   $K_1 = 5$이며, $K_2 = -\frac{1}{3}$이 된다.

5) 따라서 2 Ω에 걸리는 단자전압

   $V_{(0)} = 5 - \frac{1}{3}e^{-2t}$가 된다.

   t = ∞일 때를 정상 상태라 가정하면 4 V는 완전히 분해가 되어 전류가 흐르지 않으므로 전압이다.

정답 48 ③

49 다음 회로와 같은 T형회로의 어드미턴스 파라미터(S) 중 옳지 않은 것은?

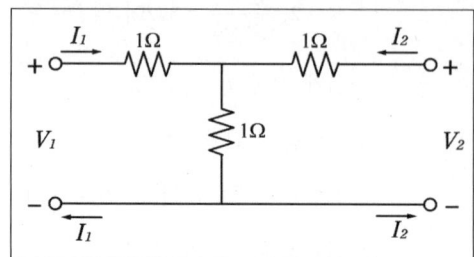

① $Y_{11} = \dfrac{2}{3}$ ② $Y_{12} = \dfrac{1}{3}$

③ $Y_{21} = -\dfrac{1}{3}$ ④ $Y_{22} = \dfrac{2}{3}$

해설 | T형회로의 어드미턴스 파라미터

T형 등가회로를 π형 등가회로로 변환한 다음 임피던스를 어드미턴스로 변환한 T형 파라미터는 Y결선과 같은 개념이고, π형 파라미터는 △결선과 같다.

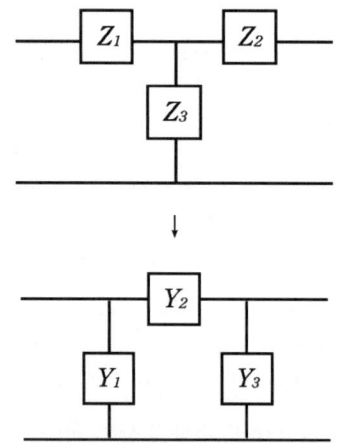

변환하게 되면 각각의 임피던스가 3배로 증가하여 3Z가 된다. 어드미턴스를 구하므로,

$Y_1 = Y_2 = Y_3 = \dfrac{1}{3}$

$Y_{11} = +(Y_1 + Y_2) = \dfrac{1}{3} + \dfrac{1}{3} = \dfrac{2}{3}$

$Y_{12} = Y_{21} = -Y_2 = -\dfrac{1}{3}$

$Y_{22} = +(Y_2 + Y_3) = \dfrac{1}{3} + \dfrac{1}{3} = \dfrac{2}{3}$

50 이상적인 연산 증폭기(Ideal Operation Amplifier)가 포함된 다음 회로에서 출력 전압 V_0 [V]는 얼마인가?

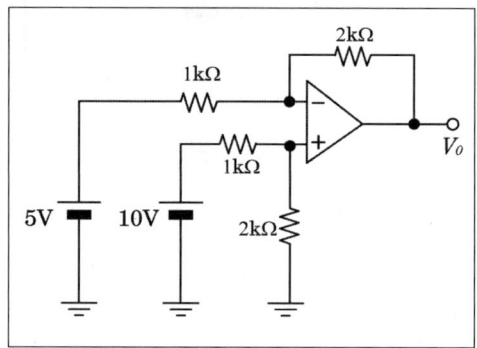

① 2.5 ② 5.0
③ 10.0 ④ 15.0

해설 | 차동증폭회로 출력전압

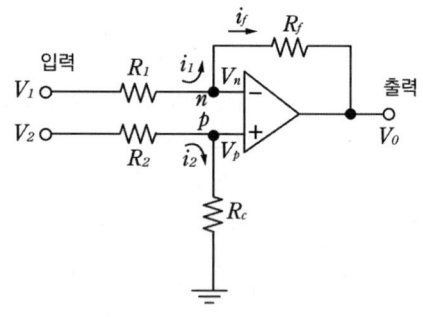

출력전압 $V_0 = \dfrac{R_f}{R_1}(V_2 - V_1)$ 이므로,

$V_0 = \dfrac{2,000}{1,000}(10-5) = 10$ V

정답 49 ② 50 ③

23회 제3과목 소방관련법령

51 소방기본법령상 소방기술민원센터의 설치·운영에 관한 내용으로 옳지 않은 것은?

① 소방청장 또는 소방본부장은 소방시설, 소방공사 및 위험물 안전관리 등과 관련된 법령 해석 등의 민원을 종합적으로 접수하여 처리할 수 있는 소방기술민원센터를 설치·운영할 수 있다.
② 소방기술민원센터는 센터장을 포함하여 30명 이내로 구성한다.
③ 소방기술민원센터의 설치·운영 등에 필요한 사항은 대통령령으로 정한다.
④ 소방기술민원과 관련된 현장 확인 및 처리는 소방기술민원센터 업무에 해당한다.

해설 | 소방기술민원센터
1) 정의 : 소방시설, 소방공사 및 위험물 안전관리 등과 관련된 법령해석 등의 민원을 종합적으로 접수하여 처리할 수 있는 기구
2) 설치·운영
  (1) 설치·운영에 필요한 사항 : 대통령령
  (2) <u>센터장 포함하여 18명 이내로 구성</u>
  (3) 수행 업무
    ① 소방시설, 소방공사와 위험물 안전관리 등과 관련된 법령해석 등의 민원의 처리
    ② 소방기술민원과 관련된 질의회신집 및 해설서 발간
    ③ 소방기술민원과 관련된 정보시스템의 운영·관리
    ④ 소방기술민원과 관련된 현장 확인 및 처리
    ⑤ 그 밖에 소방기술민원과 관련된 업무로서 소방청장 또는 소방본부장이 필요하다고 인정하여 지시하는 업무
3) 소방청장 또는 소방본부장은 소방기술민원센터의 업무수행을 위하여 필요하다고 인정하는 경우에는 관계 기관의 장에게 소속 공무원 또는 직원의 파견을 요청할 수 있다.
4) 1) ~ 3) 사항 외에 소방기술민원센터의 설치·운영에 필요한 사항은 소방청에 설치하는 경우에는 소방청장이 정하고, 소방본부에 설치하는 경우에는 해당 특별시·광역시·특별자치시·도 또는 특별자치도(이하 "시·도")의 규칙으로 정한다.

52 소방기본법령상 소방대장이 정한 소방활동구역에 출입이 제한될 수 있는 자는? (단, 소방대장이 소방활동을 위하여 출입을 허가한 사람은 고려하지 않는다)

① 소방활동구역 안에 있는 소방대상물의 소유자·관리자 또는 점유자
② 의사·간호사 그 밖의 구조·구급업무에 종사하는 사람
③ 화재보험업무에 종사하는 사람
④ 취재인력 등 보도업무에 종사하는 사람

정답 51 ② 52 ③

해설 | 소방활동구역 설정
1) 설정권자 : 소방대장
2) 소방활동구역 출입자
   (1) 소방활동구역 안에 있는 소방대상물의 소유자·관리자·점유자
   (2) 전기·가스·수도·통신·교통의 업무에 종사하는 사람으로서 원활한 소방활동을 위하여 필요한 사람
   (3) 의사·간호사 그 밖의 구조·구급업무에 종사하는 사람
   (4) 취재인력 등 보도업무에 종사하는 사람
   (5) 수사업무에 종사하는 사람
   (6) 그 밖에 소방대장이 소방활동을 위하여 출입을 허가한 사람

53 소방기본법령상 소방용수시설의 설치 및 관리 등에 관한 내용으로 옳은 것은?

① 소방본부장 또는 소방서장은 소방활동에 필요한 소방용수시설을 설치하고 유지·관리하여야 한다.
② 소방본부장 또는 소방서장은 소방자동차의 진입이 곤란한 지역 등 화재발생 시에 초기 대응이 필요한 지역으로서 대통령령으로 정하는 지역에 비상소화장치를 설치하고 유지·관리할 수 있다.
③ 소방본부장 또는 소방서장은 원활한 소방활동을 위하여 소방용수시설에 대한 조사를 연 1회 실시하여야 한다.
④ 비상소화장치는 비상소화장치함, 소화전, 소방호스, 관창을 포함하여 구성하여야 한다.

해설 | 소방용수시설의 설치 및 관리
1. 소방용수시설기준
   1) 소방용수시설 : 소화전, 급수탑, 저수조
   2) 설치·유지·관리 : 시·도지사
   3) 소화전 설치 : 일반수도사업자(수도법)
      → 사전협의 및 설치 후 통지 : 관할 소방서장
   4) 소방용수시설과 비상소화장치 설치기준 : 행정안전부령
2. 비상소화장치
   설치·유지·관리 : 시·도지사
   1) 비상소화장치 : 소방자동차 진입 곤란한 지역에 설치
   2) 비상소화장치 구성
      (1) 비상소화장치함 → 성능인증 및 제품검사 기술기준에 적합한 것으로 설치
      (2) 소화전
      (3) 소방호스 → 형식승인 및 제품검사 기술기준에 적합한 것으로 설치
      (4) 관창 → 형식승인 및 제품검사 기술기준에 적합한 것으로 설치
   3) 비상소화장치 설치지역 : 대통령령으로 정함
      (1) 화재예방강화지구
      (2) 시·도지사가 비상소화장치의 설치가 필요하다고 인정하는 지역
   4) 그 외 설치기준의 세부사항 : 소방청장이 정함
   5) 소방용수시설 및 지리조사 기준
      (1) 실시자 : 소방본부장·서장
      (2) 조사
         ① 소방용수시설에 대한 조사
         ② 소방대상물에 인접한 도로의 폭·교통상황, 도로주변의 토지의 고저·건축물의 개황 그 밖의 소방활동에 필요한 지리에 대한 조사

정답 53 ④

(3) 횟수 및 보관 : 월 1회 이상 실시, 결과 2년 보관

54 소방기본법령상 500만 원 이하의 과태료 처분을 받을 수 있는 자는?

① 화재 또는 구조·구급이 필요한 상황을 거짓으로 알린 자
② 정당한 사유 없이 소방대의 생활안전 활동을 방해한 자
③ 정당한 사유 없이 소방대가 현장에 도착할 때까지 사람을 구출하는 조치를 하지 아니한 관계인
④ 소방대장의 피난 명령을 위반한 자

해설 | 과태료
1. 500만 원
 1) 화재 또는 구조·구급이 필요한 상황을 거짓으로 알린 자(200/400/500/500)
 2) 정당한 사유 없이 화재, 재난·재해, 그 밖의 위급한 상황을 소방본부, 소방서 또는 관계 행정기관에 알리지 아니한 관계인(500)
2. 100만 원 이하 벌금
 1) 정당한 사유 없이 소방대의 생활안전활동을 방해한 자
 2) 정당한 사유 없이 소방대가 도착할 때까지 사람을 구출하는 조치 또는 불을 끄거나 번지지 아니하도록 하는 조치를 하지 아니한 자
 3) 소방대장의 피난 명령을 위반한 자

55 소방시설공사업법령상 용어의 정의에 관한 내용으로 옳지 않은 것은?

① "소방시설설계업"이란 소방시설공사에 기본이 되는 공사계획, 설계도면, 설계설명서, 기술계산서 및 이와 관련된 서류를 작성하는 영업을 말한다.
② "소방시설업자"란 소방시설업을 경영하기 위하여 소방시설업을 등록한 자를 말한다.
③ "발주자"란 소방시설의 설계, 시공, 감리 및 방염을 소방시설업자에게 도급하는 자를 말한다. 다만 수급인으로서 도급받은 공사를 하도급하는 자는 제외한다.
④ "감리원"이란 소방시설공사업자에 소속된 소방기술자로서 해당 소방시설공사를 감리하는 사람을 말한다.

해설 | 용어의 정의
1. 소방시설설계업 : 소방시설공사에 기본이 되는 공사계획, 설계도면, 설계 설명서, 기술계산서 및 이와 관련된 서류를 작성하는 영업
2. 소방시설업자 : 소방시설업을 경영하기 위하여 소방시설업을 등록한 자
3. 발주자 : 소방시설의 설계, 시공, 감리 및 방염을 소방시설업자에게 도급하는 자를 말한다. 다만 수급인으로서 도급받은 공사를 하도급하는 자는 제외한다.
4. 감리원 : 소방공사감리업자에 소속된 소방기술자로서 해당 소방시설공사를 감리하는 사람

정답 54 ① 55 ④

56 소방시설공사업 법령상 소방본부장이나 소방서장이 완공검사를 위해 현장확인을 할 수 있는 특정소방대상물로 옳지 않은 것은?

① 스프링클러설비가 설치되는 특정소방대상물
② 가연성가스를 제조·저장 또는 취급하는 시설 중 지상에 노출된 가연성가스탱크의 저장용량 합계가 1백 톤 이상인 시설
③ 연면적 1만 m² 이상이거나 11층 이상인 특정소방대상물(아파트 제외)
④ 「다중이용업소의 안전관리에 관한 특별법」에 따른 다중이용업소

해설 | 현장 확인 특정소방대상물 범위
1) 문화 및 집회시설, 종교시설, 판매시설, 노유자시설, 수련시설, 운동시설, 숙박시설, 창고시설, 지하상가, 다중이용업소
2) 다음 각 목의 어느 하나에 해당하는 설비가 설치되는 특정소방대상물
  ㉠ 스프링클러설비등
  ㉡ 물분무등소화설비(호스릴 제외)
3) 연면적 1만 m² 이상 또는 11층 이상 특정소방대상물 (아파트 제외)
4) 가연성가스를 제조·저장·취급하는 시설 중 지상에 노출된 가연성가스탱크의 저장용량 합계가 <u>1천 톤 이상인 시설</u>

57 소방시설공사업법령상 일반 공사감리 대상 감리원의 세부 배치기준이다. ( )에 들어갈 내용은?

1명의 감리원이 담당하는 소방공사감리현장은 (ㄱ)개 이하(자동화재탐지설비 또는 옥내소화전설비 중 어느 하나만 설치하는 2개의 소방공사감리현장이 최단 차량주행거리로 (ㄴ)킬로미터 이내에 있는 경우에는 1개의 소방공사감리현장으로 본다)로서 감리현장 연면적의 총 합계가 (ㄷ)만 제곱미터 이하일 것. 다만 일반 공사감리 대상인 아파트의 경우에는 연면적의 합계에 관계없이 1명의 감리원이 (ㄹ)개 이내의 공사현장을 감리할 수 있다.

① ㄱ : 3, ㄴ : 30, ㄷ : 20, ㄹ : 5
② ㄱ : 3, ㄴ : 50, ㄷ : 20, ㄹ : 3
③ ㄱ : 5, ㄴ : 30, ㄷ : 10, ㄹ : 5
④ ㄱ : 5, ㄴ : 50, ㄷ : 10, ㄹ : 5

해설 | 감리원의 세부 배치기준
1명의 감리원이 담당하는 소방공사감리현장은 <u>5개 이하</u>(자동화재탐지설비 또는 옥내소화전설비 중 어느 하나만 설치하는 2개의 소방공사감리현장이 최단 차량주행거리로 <u>30킬로미터 이내</u>에 있는 경우에는 1개의 소방공사감리현장으로 본다)로서 감리현장 연면적의 총 합계가 <u>10만 제곱미터 이하</u>일 것. 다만 일반 공사감리 대상인 아파트의 경우에는 연면적의 합계에 관계없이 1명의 감리원이 <u>5개 이내</u>의 공사현장을 감리할 수 있다.

58 화재의 예방 및 안전관리에 관한 법령상 시·도지사가 화재예방강화지구로 지정하여 관리할 수 있는 지역이 아닌 것은? (단, 소방관서장이 화재예방강화지구로 지정할 필요가 있다고 인정하는 지역은 고려하지 않는다)

① 시장지역
② 상업지역
③ 석유화학제품을 생산하는 공장이 있는 지역
④ 노후·불량건축물이 밀집한 지역

해설 | 화재예방강화지구 지정장소
(1) 시장지역
(2) 공장·창고가 밀집한 지역
(3) 목조건물이 밀집한 지역
(4) 노후·불량건축물이 밀집한 지역
(5) 위험물의 저장·처리시설이 밀집한 지역
(6) 석유화학제품을 생산하는 공장이 있는 지역
(7) 산업단지
(8) 소방시설·소방용수시설·소방 출동로가 없는 지역
(9) 물류단지
(10) 그 밖에 소방관서장이 화재예방강화지구로 지정할 필요가 있다고 인정하는 지역

59 화재의 예방 및 안전관리에 관한 법령상 소방서장이 소방안전관리대상물 중 불특정 다수인이 이용하는 특정소방대상물의 근무자등에게 불시에 소방훈련과 교육을 실시할 수 있는 대상이 아닌 것은? (단, 소방본부장 또는 소방서장이 소방훈련·교육이 필요하다고 인정하는 특정소방대상물은 고려하지 않는다)

① 위락시설
② 의료시설
③ 교육연구시설
④ 노유자시설

해설 | 불시 소방훈련·교육 대상
1) 의료시설
2) 교육연구시설
3) 노유자시설
4) 그 밖에 화재 시 불특정다수의 인명피해가 예상되어 소방본부장 또는 소방서장이 소방훈련, 교육이 필요하다고 인정하는 특정소방대상물

60 화재의 예방 및 안전관리에 관한 법령상 화재안전영향평가심의회 구성·운영사항으로 옳지 않은 것은?

① 소방청장은 화재안전과 관련된 분야의 학식과 경험이 풍부한 전문가로서 소방기술사를 위원으로 위촉할 수 있다.
② 위촉위원의 임기는 2년으로 하며 두 차례 연임할 수 있다.
③ 위원장이 부득이한 사유로 직무를 수행할 수 없을 때에는 위원장이 지명한 위원이 그 직무를 대행한다.
④ 위원장 1명을 포함한 12명 이내의 위원으로 구성한다.

해설 | 화재안전영향평가심의회 구성·운영사항
1) 구성, 운영 : 대통령령
2) 구성, 운영자 : 소방청장
3) 위원회
　(1) 구성 : 위원장 1명을 포함한 12명 이내의 위원
　(2) 위원(위원장 : 위원 중에서 호선)
　　① 화재안전과 관련되는 법령이나 정책을 담당하는 관계 기관의 소속 직원으로서 대통령령으로 정하는 사람
　　② 소방기술사 등 대통령령으로 정하는 화재안전과 관련된 분야의 학식과 경험이 풍부한 전문가로서 소방청장이 위촉한 사람
4) 심의회의 운영
　(1) 규정한 사항 외에 구성·운영 등에 필요한 사항 : 대통령령
　(2) <u>임기 : 2년, 1회 연임</u>
　(3) 위원장 : 심의회 업무를 총괄하고 심의회를 대표함
　(4) 직무대행 : 위원장이 부득이한 사유로 수행 불가시 위원장이 지정한 위원이 직무대행
　(5) 소방청장은 심의회 위원이 각 호에 해당 시 해당 위원을 해임, 해촉할 수 있음
　　① 심신장애로 인하여 직무를 수행할 수 없게 된 경우
　　② 직무와 관련된 비위사실이 있는 경우
　　③ 직무태만, 품위손상이나 그 밖의 사유로 인하여 위원으로 적합하지 아니하다고 인정되는 경우
　　④ 위원 스스로 직무를 수행하기 어렵다는 의사를 밝히는 경우
　(6) 심의회에 그 업무를 효율적으로 수행하기 위하여 분야별로 전문위원회를 둘 수 있음
　(7) 심의회에 출석한 위원 및 전문위원 : 수당, 여비, 그 밖에 필요한 경비를 지급할 수 있다. 다만 공무원인 위원이 그 소관 업무와 관련하여 심의회에 출석 시 예외

정답 60 ②

61 화재의 예방 및 안전관리에 관한 법령상 화재안전조사 통지를 받은 관계인은 소방관서장에게 화재안전조사 연기를 신청할 수 있다. 연기신청 사유에 해당하는 것을 모두 고른 것은?

> ㄱ. 관계인이 운영하는 사업에 부도 또는 도산 등 중대한 위기가 발생하여 화재안전조사를 받을 수 없는 경우
> ㄴ. 권한 있는 기관에 화재안전조사에 필요한 장부·서류 등이 압수되거나 영치(領置)되어 있는 경우
> ㄷ. 소방대상물의 증축·용도변경 또는 대수선 등의 공사로 화재안전조사를 실시하기 어려운 경우

① ㄱ ② ㄴ
③ ㄷ ④ ㄱ, ㄴ, ㄷ

해설 | 화재안전조사의 연기신청 사유
1) 재난이 발생한 경우
2) 관계인의 질병, 사고, 장기출장의 경우
3) 권한 있는 기관에 자체점검기록부, 교육·훈련일지 등 화재안전조사에 필요한 장부·서류 등이 압수되거나 영치되어 있는 경우
4) 소방대상물의 증축·용도변경 또는 대수선 등의 공사로 화재안전조사를 실시하기 어려운 경우

62 소방시설설치 및 관리에 관한 법령상 특정소방대상물의 노유자시설에 해당하지 않는 것은?

① 장애인 의료재활시설
② 정신요양시설
③ 학교의 병설유치원
④ 정신재활시설(생산품판매시설은 제외)

해설 | 노유자시설
가. 노인 관련 시설 : 노인주거복지시설, 노인의료복지시설, 노인여가복지시설, 주·야간보호서비스나 단기보호서비스를 제공하는 재가노인복지시설(장기요양기관을 포함), 노인보호전문기관, 노인일자리지원기관, 학대피해노인 전용쉼터
나. 아동 관련 시설 : 아동복지시설, 어린이집, 유치원(학교의 교사 중 병설유치원으로 사용되는 부분을 포함)
다. 장애인 관련 시설 : 장애인 거주시설, 장애인 지역사회재활시설, 장애인 직업재활시설
라. 정신질환자 관련 시설 : 정신재활시설(생산품판매시설은 제외), 정신요양시설
마. 노숙인 관련 시설 : 노숙인복지시설(노숙인일시보호시설, 노숙인자활시설, 노숙인재활시설, 노숙인요양시설 및 쪽방상담소만 해당), 노숙인종합지원센터
바. 사회복지시설 중 결핵환자 또는 한센인 요양시설 등 다른 용도로 분류되지 않는 것
※ ① 장애인 의료재활시설 : 의료시설

정답 61 ③ 62 ①

63 소방시설설치 및 관리에 관한 법령상 내진설계를 하여야 하는 소방시설이 아닌 것은?

① 옥내소화전설비
② 강화액소화설비
③ 연결송수관설비
④ 포소화설비

해설 | 내진설계 대상
(1) 옥내소화전설비
(2) 스프링클러설비
(3) 물분무등소화설비

64 소방시설설치 및 관리에 관한 법령상 지하가 중 길이가 750 m인 터널에 설치해야 하는 소방시설은?

① 옥외소화전설비
② 무선통신보조설비
③ 자동화재탐지설비
④ 연결살수설비

해설 | 터널 길이에 따른 소방시설의 종류
1) 모든 터널 : 소화기
2) 500m 이상 : 비상경보설비, 비상조명등설비, 비상콘센트설비, 무선통신보조설비
3) 1,000m 이상 : 옥내소화전설비, 자동화재탐지설비, 연결송수관설비
4) 예상 교통량, 경사도 등 터널의 특성을 고려하여 행정안전부령으로 정하는 위험등급 이상에 해당하는 터널 : 물분무소화설비, 제연설비

65 소방시설설치 및 관리에 관한 법령상 자동소화장치 종류가 아닌 것은?

① 가스자동소화장치
② 액체에어로졸자동소화장치
③ 주거용 주방자동소화장치
④ 분말자동소화장치

해설 | 자동소화장치
① 주거용자동소화장치
② 상업용 자동소화장치
③ 캐비닛형 자동소화장치
④ 가스 자동소화장치
⑤ 분말 자동소화장치
⑥ 고체에어로졸 자동소화장치

66 소방시설설치 및 관리에 관한 법령상 특정소방대상물에 설치해야 하는 소방시설 가운데 기능과 성능이 유사한 소방시설의 설치를 유효범위에서 면제할 수 있는 경우를 모두 고른 것은?

ㄱ. 상업용 주방자동소화장치를 설치해야 하는 특정소방대상물에 물분무등소화설비를 화재안전기준에 적합하게 설치한 경우
ㄴ. 누전경보기를 설치해야 하는 특정소방대상물에 아크경보기 또는 누전차단장치를 설치한 경우
ㄷ. 비상조명등을 설치해야 하는 특정소방대상물에 피난구유도등 또는 객석유도등을 화재안전기준에 적합하게 설치한 경우
ㄹ. 연소방지설비를 설치해야 하는 특정소방대상물에 미분무소화설비를 화재안전기준에 적합하게 설치한 경우

① ㄹ
② ㄱ, ㄴ
③ ㄴ, ㄷ
④ ㄴ, ㄷ, ㄹ

정답 63 ③ 64 ② 65 ② 66 ①

해설 | 면제기준

설치 면제되는 소방시설	설치면제 요건
1. 자동소화장치	자동소화장치(주거용 및 상업용 주방자동소화장치는 제외)를 설치해야 하는 특정소방대상물에 물분무등소화설비를 설치한 경우
2. 옥내소화전설비	소방본부장 또는 소방서장이 옥내소화전설비의 설치가 곤란하다고 인정하는 경우로서 호스릴 방식의 미분무소화설비 또는 옥외소화전설비를 설치한 경우
3. 스프링클러설비	• 적응성 있는 자동소화장치 및 물분무등소화설비를 경우(발전시설 중 전기저장시설은 제외) • 전기저장시설에 소화설비를 소방청장이 정하여 고시하는 방법에 따라 설치한 경우
4. 간이스프링클러설비	S/P · 물분무 또는 미분무 소화설비 설치한 경우
5. 물분무등소화설비	차고 · 주차장에 S/P 설치한 경우
6. 옥외소화전설비	문화재인 목조건축물에 상수도소화용수설비를 방수압력 · 방수량 · 옥외소화전함 · 호스 기준에 적합하게 설치한 경우
7. 비상경보설비	단독경보형 감지기를 2개 이상의 단독경보형 감지기와 연동하여 설치한 경우
8. 비상경보, 단독경보 감지기	자동화재탐지설비 또는 화재알림설비 설치한 경우
9. 자탐설비	자동화재탐지설비의 기능(감지 · 수신 · 경보기능)과 성능을 가진 화재알림설비, 스프링클러설비 또는 물분무등소화설비를 설치한 경우
10. 화재알림설비	자동화재탐지설비를 설치한 경우
11. 비상방송설비	자동화재탐지설비 또는 비상경보설비와 같은 수준 이상의 음향을 발하는 장치를 부설한 방송설비를 설치한 경우
12. 자동화재속보설비	화재알림설비를 화재안전기준에 적합하게 설치한 경우
13. 누전경보기	• 아크경보기 또는 지락차단장치를 설치한 경우 ※ 아크경보기 : 옥내 배전선로의 단선이나 선로 손상 등으로 인하여 발생하는 아크를 감지하고 경보하는 장치
14. 피난구조설비	• 위치 · 구조 · 설비의 상황에 따라 피난상 지장이 없다고 인정되는 경우
15. 비상조명등	• 피난구유도등 또는 통로유도등 설치한 경우
16. 상수도 소화용수설비	• 상수도소화용수설비를 설치하여야 하는 특정소방대상물의 각 부분으로부터 수평거리 140 m 이내에 공공의 소방을 위한 소화전이 설치된 경우 • 소방본부장 · 서장이 상수도소화용수설비의 설치가 곤란하다고 인정하는 경우로서 소화수조 또는 저수조가 설치되어 있거나 설치하는 경우
17. 제연설비	1. 제연설비를 설치하여야 하는 특정소방대상물에 다음 어느 하나에 해당하는 설비를 설치한 경우 설치가 면제됨 ※ 면제 제외 : 특정소방대상물(갓복도형 아파트등 제외)에 부설된 특별피난계단, 비상용승강기의 승강장, 피난용 승강기의 승강장 • 공기조화설비를 화재안전기준의 제연설비기준에 적합하게 설치하고, 화재 시 제연설비기능으로 자동 전환되는 구조인 경우 • 직접 외부 공기와 통하는 배출구 면적의 합계가 해당제연구역 바닥면적의 1/100 이상이고, 배출구로부터 각 부분까지의 수평거리가 30 m 이내이며, 공기유입구가 화재안전기준에 적합하게 설치되어 있는 경우 2. 제연설비 설치대상 중 노대와 연결된 특별피난계단, 노대가 설치된 비상용 승강기의 승강장, 배연설비가 설치된 피난용 승강기의 승강장
18. 연결송수관설비	• 옥외에 연결송수구 및 옥내에 방수구가 부설된 옥내 · S/P · 간이S/P, 연결살수설비 설치한 경우 ※ 지표면에서 최상층 방수구까지 높이가 70 m 이상인 경우에는 설치해야 함

설치 면제되는 소방시설	설치면제 요건
19. 연결살수 설비	• 송수구를 부설한 S/P·간이S/P·물분무·미분무를 설치한 경우 • 가스관계 법령에 따라 설치되는 물분무장치등에 소방대가 사용할 수 있는 연결송수구가 설치되거나, 물분무장치등에 6시간 이상 공급할 수 있는 수원이 확보된 경우
20. 무선통신 보조설비	• 이동통신 구내 중계기 선로설비 또는 무선이동중계기 등 설치한 경우
21. 연소방지 설비	• S/P, 물분무, 미분무를 설치한 경우

67 소방시설설치 및 관리에 관한 법령상 관계 공무원이 출입·검사업무를 수행하면서 알게 된 비밀을 다른 사람에게 누설할 경우에 벌칙은?

① 100만 원 이하 벌금
② 300만 원 이하 벌금
③ 500만 원 이하 벌금
④ 1년 이하의 징역 또는 1천만 원 이하의 벌금

해설 | 벌칙

징역 (이하)	벌금 (또는, 이하)	위반행위
5년	5,000 만 원	1. 소방시설에 폐쇄·차단 등의 행위를 한 자
7년	7,000 만 원	2. 소방시설 폐쇄·차단으로 사람이 상해 시
10년	1억 원	3. 소방시설 폐쇄·차단으로 사람이 사망 시

징역 (이하)	벌금 (또는, 이하)	위반행위
3년	3,000 만 원	1. 조치명령 위반사항에 대한 명령을 정당한 사유 없이 위반 2. 관리업 등록을 하지 않고 영업을 한 자 3. 소방용품 형식승인 받지 아니하고 제조·수입 또는 거짓이나 그 밖의 부정한 방법으로 형식승인을 받은 자 4. 제품검사를 받지 아니한 자 또는 거짓이나 그 밖의 부정한 방법으로 제품검사를 받은 자 5. 소방용품을 판매·진열하거나 소방시설공사에 사용한 자 6. 거짓이나 그 밖의 부정한 방법으로 성능인증 또는 제품검사를 받은 자 7. 제품검사를 받지 아니하거나 합격표시를 하지 아니한 소방용품을 판매·진열하거나 소방시설공사에 사용한 자 8. 구매자에게 명령을 받은 사실을 알리지 아니하거나 필요한 조치를 하지 아니한 자 9. 거짓이나 그 밖의 부정한 방법으로 전문기관으로 지정을 받은 자
1년	1,000 만 원	1. 자체점검을 하지 않거나 관리업자에게 정기 점검하게 하지 아니한 자 2. 소방시설관리사증을 빌려주거나 빌리거나 이를 알선한 자 3. 동시에 둘 이상의 업체에 취업한 자 4. 자격정지처분을 받고 자격정지기간 중에 관리사의 업무를 한 자 5. 관리업 등록증, 등록수첩을 다른 자에게 빌려주거나 빌리거나 이를 알선한 자 6. 영업정지처분을 받고 영업정지기간 중에 관리업의 업무를 한 자 7. 제품검사 합격표시 허위·위조·변조 8. 형식승인의 변경승인을 받지 아니한 자

정답 67 ④

징역 (이하)	벌금 (또는, 이하)	위반행위
		9. 제품검사에 합격하지 아니한 소방용품에 성능인증을 받았다는 표시 또는 제품검사에 합격하였다는 표시를 하거나 성능인증을 받았다는 표시 또는 제품검사에 합격하였다는 표시를 위조 또는 변조하여 사용한 자 10. 성능인증의 변경인증을 받지 아니한 자 11. 우수품질 표시 허위·위조·변조하여 사용한 자 12. 관계인의 업무 방해하거나 출입·검사 시 알게 된 비밀 누설한 자
	300 만 원	1. 업무수행 중 알게 된 비밀을 누설·제공·목적 외의 용도로 사용한 자 2. 방염성능검사 표시 허위·위조·변조하여 사용한 자 3. 방염성능검사 시 거짓 시료 제출 4. 자체점검 결과의 조치를 하지 아니한 관계인 또는 관계인에게 중대위반사항을 알리지 아니한 관리업자 등

68 위험물안전관리법령상 과징금처분에 관한 조문이다. ( )에 들어갈 내용은?

> (ㄱ)은(는) 위험물안전관리법 제12조 각호의 어느 하나에 해당하는 경우로서 제조소등에 대한 사용의 정지가 그 이용자에게 심한 불편을 주거나 그 밖에 공익을 해칠 우려가 있는 때에는 사용정지처분에 갈음하여 (ㄴ) 이하의 과징금을 부과할 수 있다.

① ㄱ : 소방청장,　ㄴ : 1억 원
② ㄱ : 소방청장,　ㄴ : 2억 원
③ ㄱ : 시·도지사,　ㄴ : 1억 원
④ ㄱ : 시·도지사,　ㄴ : 2억 원

해설 | 과징금 처분
시·도지사는 제조소등의 허가 취소나 사용정지 처분이 그 이용자에게 심한 불편을 주거나 그 밖에 공익을 해칠 우려가 있는 때에는 사용정지 처분에 갈음하여 2억 원 이하의 과징금을 부과할 수 있음

69 위험물안전관리법령상 제3류 위험물의 지정수량 기준으로 옳은 것은?

① 알킬리튬 - 20 kg
② 황린 - 50 kg
③ 금속의 수소화물 - 300 kg
④ 칼슘 또는 알루미늄의 탄화물 - 500 kg

해설 | 지정수량 기준
1) 알킬리튬 - 10 kg
2) 황린 - 20 kg
3) 칼슘 또는 알루미늄의 탄화물 - 300 kg

70 위험물안전관리법령상 소화난이도등급 Ⅰ에 해당하는 제조소등이 아닌 것은?

① 옥내탱크저장소로 액표면적이 30 m² 이상인 것(제6류 위험물을 저장하는 것 및 고인화점 위험물만을 100 ℃ 미만의 온도에서 저장하는 것은 제외)
② 암반탱크저장소로 고체위험물만을 저장하는 것으로서 지정수량의 100배 이상인 것
③ 옥내저장소로 처마높이가 6 m 이상인 단층건물의 것
④ 이송취급소

정답 68 ④　69 ③　70 ①

해설 | 소화난이등급 I 에 해당하는 제조소등

제조소 등의 구분	제조소등의 규모, 저장 또는 취급하는 위험물의 품명 및 최대수량 등
제조소 일반 취급소	연면적 1,000 m² 이상인 것
	지정수량의 100배 이상인 것(고인화점위험물만을 100 ℃ 미만의 온도에서 취급하는 것 및 제48조의 위험물을 취급하는 것은 제외)
	지반면으로부터 6 m 이상의 높이에 위험물 취급설비가 있는 것(고인화점위험물만을 100 ℃ 미만의 온도에서 취급하는 것은 제외)
	일반취급소로 사용되는 부분 외의 부분을 갖는 건축물에 설치된 것(내화구조로 개구부 없이 구획된 것, 고인화점위험물만을 100 ℃ 미만의 온도에서 취급하는 것 및 별표 16 X의2의 화학실험의 일반취급소는 제외)
주유 취급소	별표 13 V 제2호에 따른 면적의 합이 500 m²를 초과하는 것
옥내 저장소	지정수량의 150배 이상인 것(고인화점위험물만을 저장하는 것 및 제48조의 위험물을 저장하는 것은 제외)
	연면적 150 m²를 초과하는 것(150 m² 이내마다 불연재료로 개구부 없이 구획된 것 및 인화성고체 외의 제2류 위험물 또는 인화점 70 ℃ 이상의 제4류 위험물만을 저장하는 것은 제외)
	처마높이가 6 m 이상인 단층건물의 것
	옥내저장소로 사용되는 부분 외의 부분이 있는 건축물에 설치된 것(내화구조로 개구부 없이 구획된 것 및 인화성고체 외의 제2류 위험물 또는 인화점 70 ℃ 이상의 제4류 위험물만을 저장하는 것은 제외)
옥외 탱크 저장소	액표면적이 40 m² 이상인 것(제6류 위험물을 저장하는 것 및 고인화점위험물만을 100 ℃ 미만의 온도에서 저장하는 것은 제외)
	지반면으로부터 탱크 옆판의 상단까지 높이가 6 m 이상인 것(제6류 위험물을 저장하는 것 및 고인화점위험물만을 100 ℃ 미만의 온도에서 저장하는 것은 제외)
	지중탱크 또는 해상탱크로서 지정수량의 100배 이상인 것(제6류 위험물을 저장하는 것 및 고인화점위험물만을 100 ℃ 미만의 온도에서 저장하는 것은 제외)
	고체위험물을 저장하는 것으로서 지정수량의 100배 이상인 것
옥내 탱크 저장소	액표면적이 40 m² 이상인 것(제6류 위험물을 저장하는 것 및 고인화점위험물만을 100 ℃ 미만의 온도에서 저장하는 것은 제외)
	바닥면으로부터 탱크 옆판의 상단까지 높이가 6 m 이상인 것(제6류 위험물을 저장하는 것 및 고인화점위험물만을 100 ℃ 미만의 온도에서 저장하는 것은 제외)
	탱크전용실이 단층건물 외의 건축물에 있는 것으로서 인화점 38 ℃ 이상 70 ℃ 미만의 위험물을 지정수량의 5배 이상 저장하는 것(내화구조로 개구부 없이 구획된 것은 제외한다)
옥외 저장소	덩어리 상태의 황을 저장하는 것으로서 경계표시 내부의 면적(2 이상의 경계표시가 있는 경우에는 각 경계표시의 내부의 면적을 합한 면적)이 100 m² 이상인 것
	별표 11 III의 위험물을 저장하는 것으로서 지정수량의 100배 이상인 것
암반 탱크 저장소	액표면적이 40 m² 이상인 것(제6류 위험물을 저장하는 것 및 고인화점위험물만을 100 ℃ 미만의 온도에서 저장하는 것은 제외)
	고체위험물만을 저장하는 것으로서 지정수량의 100배 이상인 것
이송 취급소	모든 대상

71 위험물안전관리 법령상 인화성액체위험물(이황화탄소 제외) 옥외탱크저장소의 방유제에 관한 사항이다. ( )에 들어갈 내용은?

> 방유제는 높이 (ㄱ) m 이상 (ㄴ) m 이하, 두께 (ㄷ) m 이상, 지하매설깊이 1 m 이상으로 할 것. 다만 방유제와 옥외저장탱크 사이의 지반면 아래에 불침윤성(不浸潤性 : 수분 흡수를 막는 성질) 구조물을 설치하는 경우에는 지하매설 깊이를 해당 불침윤성 구조물까지로 할 수 있다.

① ㄱ : 0.3, ㄴ : 2, ㄷ : 0.1
② ㄱ : 0.3, ㄴ : 2, ㄷ : 0.2
③ ㄱ : 0.5, ㄴ : 3, ㄷ : 0.1
④ ㄱ : 0.5, ㄴ : 3, ㄷ : 0.2

해설 | 방유제
방유제는 높이 0.5 m 이상 3 m 이하, 두께 0.2 m 이상, 지하매설깊이 1 m 이상으로 할 것. 다만 방유제와 옥외저장탱크 사이의 지반면 아래에 불침윤성 구조물을 설치하는 경우에는 지하매설깊이를 해당 불침윤성 구조물까지로 할 수 있다.

72 다중이용업소의 안전관리에 관한 특별법령상 피난안내도에 대한 기준으로 옳은 것은?

① 피난안내도의 크기는 A4(210 mm × 297 mm) 이상의 크기로 할 것
② 피난안내도의 동선은 주 출입구에서 피난층까지로 할 것
③ 피난안내도에 사용하는 언어는 한글 및 2개 이상의 외국어를 사용하여 작성할 것
④ 피난안내도는 소화기, 옥내소화전 등 소방시설의 위치 및 사용방법을 포함할 것

해설 | 피난안내도
1. 피난안내도 크기 및 재질
   1) 크기
      (1) B4 (257 × 364 mm) 이상의 크기
      (2) 다만 각 층별 영업장의 면적 또는 영업장이 위치한 층의 바닥면적이 400 m² 이상인 경우 : A3(297 mm × 420 mm) 이상의 크기
   2) 재질 : 종이(코팅 처리한 것), 아크릴, 강판 등 쉽게 훼손 또는 변형되지 않는 것
2. 피난안내 영상물 상영 대상
   1) 영화상영관 및 비디오물소극장업의 영업장
   2) 노래연습장업의 영업장
   3) 단란주점영업 및 유흥주점영업의 영업장(다만 영상물 상영가능 시설 설치된 경우만 해당)
   4) 피난안내 영상물을 상영할 수 있는 시설을 갖춘 영업장

정답 71 ④ 72 ④

3. 피난안내도 및 피난안내 영상물에 포함되어야 할 내용
   다음 내용을 모두 포함할 것. 다만 광고 등 피난안내에 혼선을 초래하는 내용 포함 금지
   1) 화재 시 대피할 수 있는 비상구 위치
   2) <u>구획된 실 등에서 비상구 및 출입구까지의 피난 동선</u>
   3) 소화기, 옥내소화전 등 소방시설의 위치 및 사용방법
   4) 피난 및 대처방법
4. 사용하는 언어
   피난안내도 및 피난안내영상물은 <u>한글 및 1개 이상의 외국어</u>를 사용하여 작성

73 다중이용업소의 안전관리에 관한 특별법령상 안전관리기본계획에 대한 내용으로 옳지 않은 것은?

① 안전관리기본계획에는 다중이용업소의 화재배상 책임보험 가입관리 전산망의 구축·운영이 포함되어야 한다.
② 소방청장은 매년 연도별 안전관리계획을 전년도 10월 31일까지 수립해야 한다.
③ 소방청장은 안전관리기본계획을 수립하면 국무총리에게 보고하고 관계 중앙행정기관의 장과 시·도지사에게 통보한 후 이를 공고해야 한다.
④ 소방청장은 안전관리기본계획을 수립한 경우에는 이를 관보에 공고한다.

해설 | 안전관리기본계획
1. '기본계획' 수립·시행자 : 소방청장
2. '기본계획' 수립·시행 : 5년마다(중앙행정기관의 장과 협의를 거쳐)
3. '기본계획' 수립·시행목적
   1) 다중이용업소의 화재 등 재난이나 그 밖의 위급한 상황으로 인한 인적·물적 피해의 감소
   2) 안전기준의 개발
   3) 자율적인 안전관리 능력의 향상
   4) 화재배상책임보험제도의 정착
4. '기본계획' 보고 : 국무총리
5. '기본계획' 통보 대상 : 관계 중앙행정기관의 장, 시·도지사
6. '기본계획' 공고 : 소방청장이 관보에 공고
7. 기본계획 수립지침
   1) 작성자 : 소방청장
   2) 협의 대상 : 중앙행정기관의 장
   3) 통보 대상 : 중앙행정기관의 장
   4) 수립지침 내용
      (1) 화재 등 재난 발생 경감대책
         ㉠ 화재피해 원인조사 및 분석
         ㉡ 안전관리정보의 전달·관리체계 구축
         ㉢ 화재 등 재난 발생에 대비한 교육·훈련과 예방에 관한 홍보
      (2) 화재 등 재난 발생을 줄이기 위한 중·장기 대책
         ㉠ 다중이용업소의 안전시설 등의 관리 및 유지계획
         ㉡ 소방법령 및 관련 기준의 정비

정답 73 ②

8. 안전관리기본계획에 포함될 사항
   1) 다중이용업소의 안전관리에 관한 기본 방향
   2) 다중이용업소의 자율적인 안전관리 촉진에 관한 사항
   3) 다중이용업소의 화재안전에 관한 정보체계의 구축 및 관리
   4) 다중이용업소의 안전 관련 법령 정비 등 제도 개선에 관한 사항
   5) 다중이용업소의 적정한 유지·관리에 필요한 교육과 기술 연구·개발
   5의2) 다중이용업소의 화재배상책임보험에 관한 기본 방향
   5의3) 다중이용업소의 화재배상책임보험 가입관리전산망의 구축·운영
   5의4) 다중이용업소의 화재배상책임보험 제도의 정비 및 개선에 관한 사항
   6) 다중이용업소의 화재위험평가의 연구·개발에 관한 사항
   7) 그 밖에 다중이용업소의 안전관리에 관하여 대통령령으로 정하는 사항
9. '연도별 안전관리계획' 수립·시행 : 소방청장이 매년 (전년도 12월 31일까지 수립)

74. 다중이용업소의 안전관리에 관한 특별법령상 안전관리우수업소에 대한 내용으로 옳은 것은?

① 안전관리우수업소 표지의 규격은 가로 450 mm × 세로 300 mm이다.
② 안전관리우수업소 인정 예정공고의 내용에 이의가 있는 사람은 인정 예정공고일부터 30일 이내에 소방본부장이나 소방서장에게 전자우편이나 서면으로 이의신청을 할 수 있다.
③ 안전관리우수업소의 요건은 공표일 기준으로 최근 2년 동안 소방·건축·전기 및 가스 관련 법령 위반 사실이 없어야 한다.
④ 소방본부장이나 소방서장은 안전관리우수업소에 대하여 소방안전교육 및 화재위험평가를 면제할 수 있다.

해설 | 안전관리우수업소

① 표지의 규격 : 가로 450 mm × 세로 300 mm
② 안전관리우수업소 인정 예정공고의 내용에 이의가 있는 사람은 안전관리우수업소 인정 예정공고일부터 20일 이내에 소방본부장이나 소방서장에게 전자우편이나 서면으로 이의신청을 할 수 있다
③ 공표일 기준으로 최근 3년 동안 소방·건축·전기 및 가스 관련 법령 위반 사실이 없어야 한다.
④ 소방본부장·서장은 해당 다중이용업소에 대하여 2년 동안 소방안전교육 및 화재안전조사 면제

정답 74 ①

75 다중이용업소의 안전관리에 관한 특별법령상 안전시설 등의 설치·유지기준으로 옳지 않은 것은? (단, 소방청장의 고시는 고려하지 않는다)

① 영업장 층별로 가로 50 cm 이상, 세로 50 cm 이상 열리는 창문을 1개 이상 설치할 것
② 영업장 내부 피난통로 또는 복도에 바깥 공기와 접하는 부분에 창문을 설치할 것(구획된 실에 설치하는 것은 제외)
③ 보일러실과 영업장 사이의 출입문은 방화문으로 설치하고 개구부에는 방화댐퍼(화재 시 연기 등을 차단하는 장치)를 설치할 것
④ 구획된 실부터 주된 출입구 또는 비상구까지의 내부 피난통로의 구조는 네 번 이상 구부러지는 형태로 설치하지 말 것

해설 | 영업장 내부 피난통로
1) 내부 피난통로의 폭은 120센티미터 이상으로 할 것. 다만 양 옆에 구획된 실이 있는 영업장으로서 구획된 실의 출입문 열리는 방향이 피난통로 방향인 경우에는 150센티미터 이상으로 설치하여야 한다.
2) 구획된 실부터 주된 출입구 또는 비상구까지의 내부 피난통로의 구조는 세 번 이상 구부러지는 형태로 설치하지 말 것

정답 75 ④

제23회 제4과목 위험물의 성상 및 시설기준

목표 점수 : _____ 맞은 개수 : _____

76 제1류 위험물인 산화성고체에 관한 설명으로 옳은 것은?

① 가연성 유기화합물과 혼합 시 연소 위험성이 증가한다.
② 무기과산화물 관련 대형화재인 경우 질식소화는 효과가 없으며 다량의 물을 사용하여 소화하는 것이 좋다.
③ 제6류 위험물인 산화성액체와 혼합하면 대부분 산화성이 감소한다.
④ 물에 녹는 것이 많으며 수용액 상태에서는 산화성이 없어지고 환원제로 작용한다.

해설 | 제1류 위험물
1) 일반적인 성질
　(1) 모두 무기화합물로 대부분 무색결정, 백색분말의 산화성고체
　(2) 강산화성물질이며, 불연성고체
　(3) 가열, 충격, 마찰, 타격으로 분해 산소 방출 및 조연성
　(4) 비중 1보다 크며 물에 녹는 것도 있음
　(5) 가열하여 용융된 진한 용액은 가연성물질과 접촉 시 혼촉 발화 위험
2) 위험성
　(1) 가열 또는 제6류 위험물과 혼합하면 산화성 증대
　(2) NH_4NO_3, NH_4ClO_3은 가연물과 접촉, 혼합으로 분해폭발
　(3) 무기과산화물은 물과 반응하여 산소 방출, 심하게 발열
　(4) 유기물과 혼합 시 폭발위험

3) 주의사항

구분	저장 및 취급 시	운반 시
알칼리 금속의 과산화물	물기 엄금	화기, 충격주의, 물기 엄금, 가연물 접촉주의
그 밖의 것	-	화기, 충격주의, 가연물 접촉주의

4) 소화방법
　(1) 알칼리금속 과산화물(질식) : 마른모래, 탄산수소염류 분말, 팽창질석, 팽창진주암
　(2) 그 밖의 것(냉각) : 옥내소화전, S/P, 물분무 등, 인산염류 분말

77 다음 위험물들의 지정수량을 모두 합한 값 [kg]은?

황린(P_4), 황(S), 알루미늄분(Al), 칼륨(K)

① 310　　② 450
③ 520　　④ 630

해설 | 지정수량
• 황린(P_4) : 20 kg
• 황(S) : 100 kg
• 알루미늄분(Al) : 500 kg
• 칼륨(K) : 10 kg
• 합계 : 20 + 100 + 500 + 10 = 630

정답 76 ①　77 ④

78 제2류 위험물인 Mg에 관한 설명으로 옳지 않은 것은?

① 상온에서는 비교적 안정하지만 뜨거운 물이나 과열 수증기와 접촉하면 격렬하게 H_2를 발생한다.
② 황산과 반응하여 H_2를 발생한다.
③ Mg분말 화재 발생 시 이산화탄소 소화약제를 사용한다.
④ Br_2와 반응하여 금속 할로젠화합물을 만든다.

해설 | 마그네슘
철분, 마그네슘, 금속분 : 마른모래, 탄산수소염류 분말, 팽창질석, 팽창진주암

79 황린(P_4)과 황화인(P_2S_5)에 관한 설명으로 옳지 않은 것은?

① 황린은 공기 중에서 연소 시 유해가스인 백색의 P_2O_5가 발생되나 황화인은 연소 시 P_2O_5가 발생되지 않는다.
② 황린은 황화인보다 지정수량이 더 적다.
③ 황린은 수산화칼륨 용액과 반응하여 유해한 PH_3를 발생한다.
④ 황화인은 물과 접촉 시 유해성, 가연성의 H_2S를 발생시키므로 화재소화 시 CO_2 등을 이용한 질식소화를 한다.

해설 | 황린(P_4)과 황화인(P_2S_5)
1) 황린
   (1) 연소반응식
       $P_4 + 5O_2 \rightarrow 2P_2O_5$
   (2) 수산화칼륨과 반응식
       $P_4 + 3KOH + 3H_2O \rightarrow PH_3 + 3KH_2PO_2$
2) 황화인의 연소반응식
   (1) 삼황화인
       $P_4S_3 + 8O_2 \rightarrow 2P_2O_5 + 3SO_2$
   (2) 수산화칼륨과 반응식
       $P_4 + 3KOH + 3H_2O$
       $\rightarrow PH_3 + 3KH_2PO_2$
3) 황화인과 물의 반응식 : 황화수소와 인산 생성 $P_2S_5 + 8H_2O \rightarrow 5H_2S + 2H_3PO_4$
4) 지정수량 : 황린 20 kg, 황화인 100 kg

80 물과 반응하여 수소를 발생시킬 수 있는 물질은?

① K_2O_2 ② Li
③ 적린(P) ④ AlP

해설 | 물과의 반응식
1) 과산화칼륨 : $2K_2O_2 + 2H_2O$
   $\rightarrow 4KOH + O_2\uparrow$
2) 리튬 : $2Li + 2H_2O \rightarrow 2LiOH + H_2$
3) 적린 : 물, 알코올, 에터, 이황화탄소, 암모니아에 녹지 않음
4) 인화알루미늄 : $AlP + 3H_2O$
   $\rightarrow Al(OH)_3 + PH_3$

정답 78 ③ 79 ① 80 ②

81 C_6H_6 2몰을 공기 중에서 완전히 연소시킬 때 발생되는 이산화탄소의 양 [g]은? (단, C의 원자량은 12, O의 원자량은 16, H의 원자량은 1로 한다)

① 66 ② 132
③ 264 ④ 528

해설 | 벤젠
1) 벤젠의 완전연소반응식
   $2C_6H_6 + 15O_2 \rightarrow 12CO_2 + 6H_2O$
2) 벤젠 2몰이 완전연소 시 이산화탄소는 12몰이 생성되므로,
   이산화탄소의 양(g) = 12 × 44 = 528 g

82 제4류 위험물의 지정수량 크기를 작은 것부터 큰 것까지의 순서로 옳은 것은?

① 경유 < 아세트산 < 이소프로필알코올 < 에틸렌글라이콜
② 이소프로필알코올 < 경유 < 아세트산 < 에틸렌글라이콜
③ 이소프로필알코올 < 에틸렌글라이콜 < 경유 < 아세트산
④ 경유 < 이소프로필알코올 < 에틸렌글라이콜 < 아세트산

해설 | 제4류 위험물 지정수량
1) 이소프로필알코올 : 알코올류 400 L
2) 경유 : 제2석유류 비수용성 1,000 L
3) 아세트산(초산) : 제2석유류 수용성 2,000 L
4) 에틸렌글라이콜 : 제3석유류 수용성 4,000 L

83 제4류 위험물에 관한 설명으로 옳지 않은 것은?

① 벤젠 증기는 공기보다 무거워서 낮은 곳에 체류하므로, 점화원에 의해 불이 일시에 번질 위험이 있다.
② 휘발유는 전기가 잘 통하므로 인화되기 쉽다.
③ 시안화수소 기체는 공기보다 약간 가벼우며 맹독성물질이다.
④ 이황화탄소를 물을 채운 수조탱크 중에 저장하면 가연성 증기의 발생이 억제되어 안전하다.

해설 | 휘발유(가솔린)

화학식	인화점	착화점	연소범위
C_5H_{12} ~ C_9H_{20}	-43 ~ -20 ℃	약 300 ℃	1.4 ~7.6 %

1) 무색투명한 휘발성 강한 인화성액체
2) 탄소와 수소의 지방족 탄화수소
3) 정전기에 의한 인화 폭발 우려

84 제6류 위험물인 과염소산의 성질로 옳지 않은 것은?

① 무색, 무취의 조연성 무기화합물이다.
② 철, 아연과 격렬히 반응하여 산화물을 만든다.
③ 물과 접촉하면 발열하며 고체수화물을 만든다.
④ 염소산 중 아염소산보다 약한산이다.

정답 81 ④ 82 ② 83 ② 84 ④

해설 | 제6류 과염소산의 성질
1) 무색, 무취의 유동하기 쉬운 액체로 염소 냄새, 흡습성, 휘발성
2) 가열하면 폭발하고 산성이 강함
   $HClO_4 \rightarrow HCl + 2O_2$
3) 물과 반응하면 심하게 발열
4) 고체수화물 생성
5) 염소산 중에서 제일 강한 산
   $HClO < HClO_2 < HClO_3 < HClO_4$

85 과산화칼륨과 아세트산이 반응하여 발생하는 제6류 위험물의 분해 시 생성되는 물질로 옳은 것은?

① KOH, O_2
② H_2, CO_2
③ C_2H_2, CO_2
④ H_2O, O_2

해설 | 분해 생성물
1) 과산화칼륨과 아세트산 반응식
   (1) $K_2O_2 + 2CH_3COOH$
       $\rightarrow 2CH_3COOK + H_2O_2 \uparrow$
   (2) 반응 시 과산화수소(H_2O_2) 생성
2) 과산화수소 분해 반응식
   $2H_2O_2 \rightarrow 2H_2O + O_2$

86 제5류 위험물인 나이트로글리세린에 관한 설명으로 옳지 않은 것은?

① 동결하면 체적이 수축한다.
② 다이너마이트의 원료로 사용된다.
③ 충격에 둔감하기 때문에 액체 상태로 운반한다.
④ 질산과 황산의 혼산 중에 글리세린을 반응시켜 제조한다.

해설 | 나이트로글리세린(NG)
1) 제법
   $C_3H_5(OH)_3 + 3HNO_3$
   $\rightarrow C_3H_5(ONO_2)_3 + 3H_2O$
2) 무색, 투명한 기름성의 액체(공업용 : 담황색)
3) 알코올, 에터, 벤젠, 아세톤 등 유기용제에 녹음
4) 상온에서 액체 겨울에 동결
5) 혀를 찌르는 듯한 단맛
6) 화재 시 폭굉 우려
7) 가열, 충격, 마찰에 민감하므로 폭발 방지하기 위해 다공성물질에 흡수
8) 규조토에 흡수시켜 다이너마이트 제조에 사용

87 위험물안전관리법령상 제6류 위험물은?

① H_3PO_4
② HCl
③ $HClO_4$
④ H_2SO_4

정답 85 ④ 86 ③ 87 ③

해설 | 제6류 위험물

품명	위험등급	지정수량 [kg]
과염소산(HClO₄), 과산화수소(H₂O₂), 질산(HNO₃)	I	300

88 위험물안전관리법령상 액체위험물을 취급하는 옥외설비의 바닥에 관한 기준으로 옳지 않은 것은?

① 바닥의 둘레에 높이 0.15 m 이상의 턱을 설치한다.
② 바닥은 턱이 있는 쪽이 높게 경사지게 한다.
③ 바닥의 최저부에 집유설비를 한다.
④ 바닥은 콘크리트 등 위험물이 스며들지 않는 재료로 한다.

해설 | 위험물제조소 옥외설비의 바닥(액체위험물 취급 시)

1) 둘레에 높이 0.15 m 이상의 턱 설치
2) 콘크리트 등 위험물이 스며들지 아니하는 재료 사용
3) 바닥 최저부에 집유설비
4) 온도 20 ℃의 물 100 g에 용해되는 양이 1 g 미만 : 유분리장치

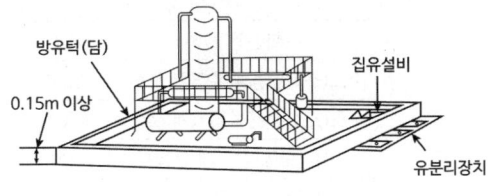

89 위험물안전관리법령상 위험물을 취급하는 건축물에 설치하는 환기설비의 설치기준으로 옳은 것을 모두 고른 것은? (단, 배출설비는 설치되어 있지 않다)

ㄱ. 환기는 강제배기방식으로 한다.
ㄴ. 급기구는 높은 곳에 설치한다.
ㄷ. 급기구는 가는 눈의 구리망 등으로 인화방지망을 설치한다.
ㄹ. 급기구가 설치된 실의 바닥면적이 80 m²인 경우 급기구의 면적은 300 cm²이다.

① ㄱ, ㄷ ② ㄴ, ㄹ
③ ㄷ, ㄹ ④ ㄴ, ㄷ, ㄹ

해설 | 환기설비
1) 환기방식 : 자연배기방식
2) 환기구 : 지붕 위 또는 지상 2 m 이상 회전식 고정벤틸레이터, 루프팬 방식
3) 급기구 : 낮은 곳, 인화방지망
4) 급기구의 크기

바닥면적	급기구 면적
60 m² 미만	150 cm² 이상
60 m² 이상 90 m² 미만	300 cm² 이상
90 m² 이상 120 m² 미만	450 cm² 이상
120 m² 이상 150 m² 미만	600 cm² 이상
150 m² 이상	800 cm² 이상

90 제5류 위험물 중 나이트로화합물에 속하는 것은?

① 피크린산
② 나이트로셀룰로오스
③ 나이트로글라이콜
④ 황산하이드라진

해설 | 제5류 위험물
1) 트라이나이트로페놀(TNP) $C_6H_2OH(NO_2)_3$
   피크린산 : 나이트로화합물
2) 나이트로셀룰로오스 : 질산에스터류
3) 나이트로글라이콜 : 질산에스터류
4) 황산하이드라진 : 하이드라진유도체

91 위험물안전관리법령상 위험물을 취급하는 건축물의 지붕(작업공정상 제조기계시설 등이 2층 이상에 연결되어 설치된 경우에는 최상층의 지붕을 말한다)을 내화구조로 할 수 있는 건축물로 옳은 것은?

① 제4석유류를 취급하는 건축물
② 질산염류를 취급하는 건축물
③ 알킬알루미늄을 취급하는 건축물
④ 하이드록실아민을 취급하는 건축물

해설 | 위험물을 취급하는 건축물의 지붕)
지붕(작업공정상 제조기계시설 등이 2층 이상에 연결되어 설치된 경우에는 최상층의 지붕을 말한다)은 폭발력이 위로 방출될 정도의 가벼운 불연재료로 덮어야 한다. 다만 위험물을 취급하는 건축물이 다음 각 목의 1에 해당 시 그 지붕을 내화구조로 할 수 있다.

1) 제2류 위험물(분상의 것과 인화성고체 제외), 제4류 위험물 중 제4석유류·동식물유류 또는 제6류 위험물을 취급하는 건축물인 경우
2) 다음의 기준에 적합한 밀폐형 구조의 건축물인 경우
   ㉠ 발생할 수 있는 내부의 과압 또는 부압에 견딜 수 있는 철근콘크리트조일 것
   ㉡ 외부화재에 90분 이상 견딜 수 있는 구조일 것

92 위험물안전관리 법령상 위험물제조소에 설치한 소화설비의 용량과 능력단위의 연결로 옳지 않은 것은?

① 마른 모래(삽 1개 포함) : 50 L - 0.5
② 팽창진주암(삽 1개 포함) : 160 L - 1.0
③ 소화전용물통 : 8 L - 0.3
④ 수조(소화전용물통 3개 포함) : 80 L - 2.5

해설 | 소요단위 및 능력단위
1) 소요단위 : 소화설비의 설치대상이 되는 건축물 그 밖의 공작물의 규모 또는 위험물 양의 기준단위
2) 능력단위 : 1)의 소요단위에 대응하는 소화설비 소화능력의 기준단위

소화설비	용량	능력단위
소화전용 물통	8 L	0.3
수조(소화전용물통 3개 포함)	80 L	1.5
수조(소화전용물통 6개 포함)	190 L	2.5
마른 모래(삽 1개 포함)	50 L	0.5
팽창질석 또는 팽창진주암 (삽 1개 포함)	160 L	1.0

정답 90 ① 91 ① 92 ④

93 위험물안전관리법령상 제3석유류를 취급하는 설비가 집중되어 있는 위험물 취급장소의 살수기준면적이 300 m²인 경우 스프링클러설비가 소화 적응성이 있기 위한 최소 방사량 [L/분]으로 옳은 것은? (단, 위험물의 취급을 주된 작업으로 한다)

① 2,940　　② 3,540
③ 4,650　　④ 4,890

해설 | 스프링클러설비의 최소 방수량

살수기준 면적(m²)	방사밀도 (L/m²분)	
	인화점 38 ℃ 미만	인화점 38 ℃ 이상
279 미만	16.3 이상	12.2 이상
279 이상 372 미만	15.5 이상	11.8 이상
372 이상 465 미만	13.9 이상	9.8 이상
465 이상	12.2 이상	8.1 이상
비고	살수기준면적은 내화구조의 벽 및 바닥으로 구획된 하나의 실의 바닥면적을 말하고, 하나의 실의 바닥면적이 465 m² 이상인 경우의 살수기준면적은 465 m²로 한다. 다만 위험물의 취급을 주된 작업내용으로 하지 아니하고 소량의 위험물을 취급하는 설비 또는 부분이 넓게 분산되어 있는 경우에는 방사밀도는 8.2 L/m²분 이상, 살수기준 면적은 279 m² 이상으로 할 수 있다.	

1) 제3석유류 : 중유, 크레오소트유 그 밖에 1기압에서 인화점이 70 ℃ 이상 200 ℃ 미만인 것
2) 계산
　(1) 살수기준면적이 300 m²이므로 방사밀도 11.8 L/m²·min 적용
　(2) 300 m² × 11.8 L/m²·min
　　 = 3,540 L/min

94 위험물 제조소등의 옥외에서 액체위험물을 취급하는 설비의 집유설비에 유분리장치를 설치하지 않아도 되는 위험물을 모두 고른 것은?

ㄱ. 아세톤
ㄴ. 아세트산
ㄷ. 아세트알데히드

① ㄱ　　　② ㄴ
③ ㄴ, ㄷ　　④ ㄱ, ㄴ, ㄷ

해설 | 제조소의 옥외설비의 바닥
1) 위험물(온도 20 ℃의 물 100 g에 용해되는 양이 1 g 미만인 것에 한한다)을 취급하는 설비에 있어서는 당해 위험물이 직접 배수구에 흘러들어가지 아니하도록 집유설비에 유분리장치를 설치하여야 한다.
2) 즉, 집유설비에 유분리장치 설치는 온도 20 ℃의 물 100 g에 용해되는 양이 1 g 미만인 것에 한한다.

95 제조소등에서 저장·취급하는 위험물 유별 주의사항을 표시한 게시판으로 옳게 연결된 것은?

① 제4류, 제5류 - 화기엄금 - 적색바탕, 백색문자
② 제2류 - 화기주의 - 적색바탕, 황색문자
③ 제3류 - 물기주의 - 청색바탕, 백색문자
④ 제1류, 제6류 - 물기엄금 - 백색바탕, 적색문자

해설 | 표지 및 게시판 : 주의사항

위험물의 종류	주의사항	게시판의 색상
제1류 알칼리금속 과산화물 제3류 금수성물질	물기엄금	청색바탕 백색문자
제2류(인화성고체 제외)	화기주의	적색바탕 백색문자
제2류 인화성고체 제3류 자연발화성물질 제4류 인화성액체 제5류 자기반응성물질	화기엄금	적색바탕 백색문자
제1류(알칼리과산화물 제외), 제6류	별도 표시하지 않는다.	

96 이동탱크저장소 시설기준으로 옳지 않은 것은?

① 옥내에 있는 상치장소는 지붕이 내화구조 또는 불연재료로 된 건축물의 1층에 설치하여야 한다.
② 이동저장탱크는 그 내부에 4,000 L 이하마다 3.2 mm 이상의 강철판으로 칸막이를 설치하여야 한다.
③ 제4류 위험물 중 알코올류, 제1석유류 또는 제2석유류의 이동탱크저장소에는 접지도선을 설치하여야 한다.
④ 이동저장탱크에 설치하는 안전장치는 상용압력이 20 kPa를 초과하는 탱크에 있어서는 상용압력의 1.1배 이하의 압력에서 작동하도록 하여야 한다.

해설 | 이동탱크저장소
1) 상치장소
   (1) 옥외 : 화기, 인근건축물로부터 5 m 이상(1층 3 m) 이격
   (2) 옥내 : 벽, 바닥, 보, 서까래, 지붕 내화구조 또는 불연재료 1층
2) 칸막이 : 전량 위험물 누출 방지, 4,000 L 이하마다 3.2 mm 이상 강철판
3) 안전장치 작동압력
   (1) 상용압력 20 kPa 이하인 탱크
       : 20 kPa 이상 24 kPa 이하
   (2) 상용압력 20 kPa 초과
       : 상용압력의 1.1배 이하의 압력
4) 접지도선 : 특수인화물, 제1, 2석유류
   (1) 양도체의 도선에 비닐 등 절연재료로 피복하여 선단에 접지전극 등을 결착시킬 수 있는 클립 등을 부착할 것
   (2) 도선이 손상되지 아니하도록 도선을 수납할 수 있는 장치를 부착할 것

97 알킬리튬을 취급하는 옥외탱크저장소 설치기준에 관한 설명으로 옳지 않은 것은?

① 옥외저장탱크의 주위에는 누설범위를 국한하기 위한 설비를 설치하여야 한다.
② 옥외저장탱크에는 냉각장치 또는 수증기 봉입장치를 설치하여야 한다.
③ 옥외저장탱크에는 헬륨, 네온 등 불활성기체를 봉입하는 장치를 설치하여야 한다.
④ 누설된 알킬리튬을 안전한 장소에 설치된 조에 이끌어 들일 수 있는 설비를 설치하여야 한다.

정답 96 ③ 97 ②

해설 | 위험물의 성질에 따른 옥외탱크저장소의 특례

알킬알루미늄등, 아세트알데히드등 및 하이드록실아민등을 저장 또는 취급하는 옥외탱크저장소는 위험물의 성질에 따라 다음 각 호에 정하는 기준에 의할 것
1) 알킬알루미늄등의 옥외탱크저장소
   (1) 옥외저장탱크의 주위에는 누설범위를 국한하기 위한 설비 및 누설된 알킬알루미늄등을 안전한 장소에 설치된 조에 이끌어 들일 수 있는 설비를 설치할 것
   (2) 옥외저장탱크에는 불활성의 기체를 봉입하는 장치를 설치할 것
2) 아세트알데히드등의 옥외탱크저장소
   (1) 옥외저장탱크의 설비는 동·마그네슘·은·수은 또는 이들을 성분으로 하는 합금으로 만들지 아니할 것
   (2) 옥외저장탱크에는 냉각장치 또는 보냉장치, 그리고 연소성 혼합기체의 생성에 의한 폭발을 방지하기 위한 불활성의 기체를 봉입하는 장치를 설치할 것
3) 하이드록실아민등의 옥외탱크저장소
   (1) 옥외탱크저장소에는 하이드록실아민등의 온도의 상승에 의한 위험한 반응을 방지하기 위한 조치를 강구할 것
   (2) 옥외탱크저장소에는 철이온 등의 혼입에 의한 위험한 반응을 방지하기 위한 조치를 강구할 것

98 경유 1,000 kL를 하나의 옥외저장탱크에 저장할 때 지정수량의 배수와 보유공지의 너비로 옳은 것은?

① 100배, 3 m 이상
② 1,000배, 5 m 이상
③ 1,500배, 9 m 이상
④ 2,000배, 12 m 이상

해설 | 옥외탱크저장소 보유공지

위험물의 취급	보유공지 너비
지정수량의 500배 이하	3 m 이상
지정수량의 500배 초과 1,000배 이하	5 m 이상
지정수량의 1,000배 초과 2,000배 이하	9 m 이상
지정수량의 2,000배 초과 3,000배 이하	12 m 이상
지정수량의 3,000배 초과 4,000배 이하	15 m 이상
지정수량의 4,000배 초과	당해 탱크 수평단면 최대지름과 높이 중 큰 것과 같은 거리 이상(단, 15 m 미만 시 15 m 이상, 30 m 초과 시 30 m 이상)

1) 경유의 지정수량이 1,000 L이므로
   $\dfrac{1,000 kL}{1,000 L} = 1,000$배
2) 지정수량의 1,000배이므로 보유공지는 5 m 이상

정답 98 ②

99 주유취급소의 고정주유설비 주위에 주유를 받으려는 자동차 등이 출입할 수 있도록 보유하여야 하는 주유공지의 너비와 길이 기준으로 옳은 것은?

① 너비 10 m 이상, 길이 4 m 이상
② 너비 10 m 이상, 길이 6 m 이상
③ 너비 15 m 이상, 길이 4 m 이상
④ 너비 15 m 이상, 길이 6 m 이상

해설 | 주유취급소
1) 주유공지 : 너비 15 m 이상 길이 6 m 이상
2) 공지 바닥 : 주위 지면보다 높게, 기울기, 배수구, 집유설비, 유분리장치

100 위험물안전관리법령상 위험물을 취급하는 건축물에 설치하는 배출설비의 설치기준으로 옳지 않은 것은?

① 배풍기는 강제배기방식으로 한다.
② 배출능력은 1시간당 배출장소 용적의 20배 이상인 것으로 한다.
③ 배출구는 지상 2 m 이상으로서 연소의 우려가 없는 장소에 설치한다.
④ 위험물취급설비가 배관이음 등으로만 된 경우에는 국소방식으로만 해야 한다.

해설 | 배출설비(가연성 증기미분이 체류할 우려가 있는 건축물)
1) 배출방식 : 강제배기방식
2) 급기구 : 높은 곳, 인화방지망
3) 배출구 : 지상 2 m 이상 연소우려가 없는 장소
4) 배출 능력
  (1) 국소방식 : 1시간당 배출장소 용적의 20배 이상
  (2) 전역방식 : 바닥면적 1 m^2당 18 m^3 이상

정답 99 ④ 100 ④

23회 제5과목 소방시설의 구조원리

101 소화기구 및 자동소화장치의 화재안전기술기준상 다음 조건에 따른 소화기의 최소설치 개수는?

- 특정소방대상물 : 문화재(주요구조부는 비내화구조임)
- 바닥면적 : 1,000 m²
- 소화기 1개의 능력단위 : A급 5단위

① 4개　　② 5개
③ 6개　　④ 7개

해설 | 소화기구의 최소설치 개수

특정소방대상물	소화기구의 능력단위
위락시설	바닥면적 30 m²마다 1단위
공연장, 집회장, 관람장, 문화재, 장례식장 및 의료시설	바닥면적 50 m²마다 1단위
근린생활시설, 판매시설, 운수시설, 숙박시설, 노유자시설, 전시장, 공동주택, 업무시설, 공장, 방송통신시설, 창고시설, 항공기 및 자동차 관련 시설 및 관광 휴게시설	바닥면적 100 m²마다 1단위
그 밖의 것	바닥면적 200 m²마다 1단위

소화기구의 능력단위를 산출함에 있어서 건축물의 주요구조부가 내화구조이고, 벽 및 반자의 실내에 면하는 부분이 불연재료·준불연재료 또는 난연재료로 된 특정소방대상물에 있어서는 위 표의 기준 면적 2배를 해당 특정소방대상물의 기준 면적으로 한다.

1) 비내화구조, 바닥면적 1,000 m²이므로
2) 능력단위 $= \dfrac{1{,}000\,m^2}{50\,m^2} = 20$단위
3) 개수 : 20단위 ÷ 5단위/개 = 4개

102 옥내소화전설비의 화재안전기술기준상 펌프를 이용하는 가압송수장치의 설치기준에 관한 내용으로 옳지 않은 것은?

① 펌프는 전용으로 할 것(다만 다른 소화설비와 겸용하는 경우 각각의 소화설비의 성능에 지장이 없을 때에는 그렇지 않음)
② 동결방지조치를 하거나 동결의 우려가 없는 장소에 설치할 것
③ 펌프의 토출 측에는 압력계를 체크밸브 이후에 설치하고 흡입 측에는 연성계 또는 진공계를 설치할 것
④ 펌프 축은 스테인리스 등 부식에 강한 재질을 사용할 것

해설 | 옥내소화전설비 가압송수장치의 설치기준
펌프의 토출 측에는 압력계를 체크밸브 이전에 펌프 토출 측 플랜지에서 가까운 곳에 설치하고 흡입 측에는 연성계 또는 진공계를 설치할 것. 다만 수원의 수위가 펌프의 위치보다 높거나 수직회전축펌프의 경우에는 연성계 또는 진공계를 설치하지 않을 수 있다.

103 옥내소화전설비의 화재안전기술기준상 배관 내 사용압력이 1.2 MPa 이상일 경우에 사용할 수 있는 배관으로 옳은 것은?

① 배관용 아크용접 탄소강 강관(KS D 3583)
② 배관용 스테인리스 강관(KS D 3576)
③ 덕타일 주철관(KS D 4311)
④ 일반배관용 스테인리스 강관(KS D 3595)

해설 | 사용압력에 따른 배관의 종류
1) 1.2 MPa 미만일 경우
  (1) 배관용 탄소 강관(KS D 3507)
  (2) 이음매 없는 구리 및 구리합금관(KS D 5301). 다만 습식의 배관에 한한다.
  (3) 배관용 스테인리스 강관(KS D 3576) 또는 일반배관용 스테인리스 강관(KS D 3595)
  (4) 덕타일 주철관(KS D 4311)
2) 1.2 MPa 이상일 경우
  (1) 압력 배관용 탄소 강관(KS D 3562)
  (2) 배관용 아크용접 탄소강 강관(KS D 3583)

104 10층 건물에 옥내소화전이 각 층에 3개씩 설치되었다. 펌프의 성능시험에서 정격토출압력이 0.8 MPa일 때 ( )에 들어갈 것으로 옳은 것은?

구분	유량 (L/min)	펌프토출 압력(MPa)
체절운전 시	(ㄱ)	(ㄴ)
정격토출량의 150 % 운전 시	(ㄷ)	(ㄹ)

① ㄱ : 0,　　ㄴ : 1.2 미만
② ㄱ : 0,　　ㄴ : 1.2 이상
③ ㄷ : 390,　ㄹ : 0.52 미만
④ ㄷ : 390,　ㄹ : 0.52 이상

해설 | 펌프의 성능
1) 화재안전기술기준(NFTC102) 2.2.1.7 : 펌프의 성능은 체절운전 시 정격토출압력의 140 %를 초과하지 않고 정격토출량의 150 %로 운전 시 정격토출압력의 65 % 이상이 되어야 하며, 펌프의 성능을 시험할 수 있는 성능시험배관을 설치할 것. 다만 충압펌프의 경우에는 그렇지 않다.
2) 펌프의 정격토출량과 정격토출압력
  펌프의 정격토출량 :
  130 × 2 = 260 L/min
  펌프의 정격토출압력 : 0.8 MPa
3) 체절운전 시
  토출량 : 0 L/min
  토출압 : 0.8 × 140 % = 1.12 MPa 미만
4) 정격토출량의 150 % 운전 시
  토출량 : 260 × 150 % = 390 L/min
  토출압 : 0.8 × 65 % = 0.52 MPa 이상

정답　103 ①　104 ④

105 옥외소화전설비의 설치에 관한 내용으로 옳은 것은?

① 호스집결구는 지면으로부터 높이가 0.8 m 이상 1.5 m 이하의 위치에 설치해야 한다.
② 옥외소화전이 11개 이상 30개 이하 설치된 때에는 10개 이하의 소화전함을 각각 분산하여 설치해야 한다.
③ 배관과 배관이음쇠는 배관용 스테인리스 강관(KS D 3576)의 이음을 용접으로 할 경우 텅스텐 불활성가스 아크 용접방식에 따른다.
④ 펌프의 토출 측 배관은 공기 고임이 생기지 않는 구조로 하고 여과장치를 설치해야 한다.

해설 | 옥외소화전 설치기준
① 호스접결구는 지면으로부터의 높이가 0.5 m 이상 1 m 이하의 위치에 설치하고 특정소방대상물의 각 부분으로부터 하나의 호스접결구까지의 수평거리가 40 m 이하가 되도록 설치해야 한다.
② 옥외소화전이 11개 이상 30개 이하 설치된 때에는 11개 이상의 소화전함을 각각 분산하여 설치해야 한다.
④ 펌프의 흡입 측 배관은 공기 고임이 생기지 않는 구조로 하고 여과장치를 설치할 것

106 스프링클러설비의 화재안전기술기준상 스프링클러헤드 수별 급수관의 구경을 산정하려고 한다. 다음 조건에 맞는 급수관의 최소 구경으로 옳은 것은?

- 반자 아래의 헤드와 반자 속의 헤드를 동일 급수관의 가지관상에 병설하는 경우
- 폐쇄형 스프링클러헤드 수 : 7개
- 수리계산방식은 고려하지 않음

① 32 mm ② 40 mm
③ 50 mm ④ 65 mm

해설 | 스프링클러헤드 수별 급수관의 구경
폐쇄형 스프링클러헤드를 설치하고 반자 아래의 헤드와 반자 속의 헤드를 동일 급수관의 가지관상에 병설하는 경우 급수관의 구경은 다음과 같다.

구경/개수	25 mm	32 mm	40 mm	50 mm	65 mm	80 mm	90 mm	100 mm
나	2	4	7	15	30	60	65	100

※ 폐쇄형 스프링클러헤드 수가 7개인 경우 배관의 구경은 40 mm이다.

107 물분무소화설비의 화재안전기술기준상 물분무헤드의 설치 제외 장소로 옳지 않은 것은?

① 물에 심하게 반응하는 물질 또는 물과 반응하여 위험한 물질을 생성하는 물질을 저장 또는 취급하는 장소
② 고온의 물질 및 증류범위가 넓어 끓어 넘치는 위험이 있는 물질을 저장 또는 취급하는 장소
③ 운전 시에 표면의 온도가 260 ℃ 이상으로 되는 등 직접 분무를 하는 경우 그 부분에 손상을 입힐 우려가 있는 기계장치 등이 있는 장소
④ 통신기기실·전자기기실·기타 이와 유사한 장소

해설 | 물분무헤드 설치 제외 장소
1) 물에 심하게 반응하는 물질 또는 물과 반응하여 위험한 물질을 생성하는 물질을 저장 또는 취급하는 장소
2) 고온의 물질 및 증류범위가 넓어 끓어 넘치는 위험이 있는 물질을 저장 또는 취급하는 장소
3) 운전 시에 표면의 온도가 260 ℃ 이상으로 되는 등 직접 분무를 하는 경우 그 부분에 손상을 입힐 우려가 있는 기계장치 등이 있는 장소

108 포소화설비의 화재안전기술기준상 차고에 전역방출방식의 고발포용 고정포방출구를 설치하려고 한다. 팽창비가 500인 경우 관포체적 1 m³에 대하여 1분당 최소 포수용액방출량은?

① 0.16 L   ② 0.18 L
③ 0.29 L   ④ 0.31 L

해설 | 차고·주차장 고발포 포수용액의 양

포의 팽창비	1 m³에 대한 분당 포수용액 방출량
80 이상 250 미만의 것	1.11 L
250 이상 500 미만의 것	0.28 L
500 이상 1000 미만의 것	0.16 L

※ 팽창비가 500인 경우 1 m³에 대하여 1분당 최소 포수용액 방출량은 0.16 L

109 할로겐화합물 및 불활성기체소화설비의 화재안전기술기준상 음향경보장치의 설치기준으로 옳은 것은?

① 수동식 기동장치 및 자동식 기동장치를 설치한 것은 화재감지기와 연동하여 자동으로 경보를 발하는 것으로 할 것
② 방호구역 또는 방호대상물이 있는 구획 외부에 있는 자에게 유효하게 경보할 수 있는 것으로 할 것
③ 방호구역 또는 방호대상물이 있는 구획의 각 부분으로부터 하나의 확성기까지의 수평거리는 25 m 이하가 되도록 할 것
④ 제어반의 복구스위치를 조작할 경우 경보를 정지할 수 있는 것으로 할 것

해설 | 음향경보장치 설치기준
① 수동식 기동장치를 설치한 것은 그 기동장치의 조작과정에서 자동식 기동장치를 설치한 것은 화재감지기와 연동하여 자동으로 경보를 발하는 것으로 할 것
② 방호구역 또는 방호대상물이 있는 구획 안에 있는 자에게 유효하게 경보할 수 있는 것으로 할 것
④ 방송에 따른 경보장치를 설치한 경우 제어반의 복구스위치를 조작하여도 경보를 계속 발할 수 있는 것으로 할 것

해설 | 이산화탄소소화설비 설치기준
① "설계농도"란 방호대상물 또는 방호구역의 소화약제 저장량을 산출하기 위한 농도로서 소화농도에 안전율을 고려하여 설정한 농도를 말한다.
② 이산화탄소소화설비의가 설치된 방호구역에는 소화약제가 방출 시 과압으로 인한 구조물 등의 손상을 방지하기 위하여 과압배출구를 설치해야 한다.
④ 지하층, 무창층 및 밀폐된 거실 등에 이산화탄소소화설비를 설치한 경우에는 방출된 소화약제를 배출하기 위한 배출설비를 갖추어야 한다.

110 이산화탄소소화설비의 화재안전성능기준에 관한 내용으로 옳은 것은?

① 설계농도란 규정된 실험 조건의 화재를 소화하는 데 필요한 소화약제의 농도(형식승인 대상의 소화약제는 형식승인된 소화농도)를 말한다.
② 방호구역에는 소화약제 방출 시 과압으로 인한 구조물 등의 손상을 방지하기 위하여 급기구를 설치해야 한다.
③ 분사헤드는 사람이 상시 근무하거나 다수인이 출입·통행하는 곳과 자기연소성물질 또는 활성금속물질을 저장하는 장소에는 설치해서는 안 된다.
④ 지하층, 무창층 및 밀폐된 거실 등에 방출된 소화약제를 배출하기 위한 자동폐쇄장치를 갖추어야 한다.

111 다음 조건의 전기실에 불활성기체소화설비를 설치하려고 한다. 화재안전기술기준상 필요한 화재감지기의 최소설치 개수는?

- 주요구조부 : 내화구조
- 전기실 바닥면적 : 500 m²
- 감지기 부착높이 : 4.5 m
- 적용 감지기 : 차동식 스포트형(2종)

① 8개   ② 15개
③ 24개 ④ 30개

정답 110 ③   111 ④

해설 | 교차회로방식의 감지기 수량

1) 감지기의 부착높이별 바닥면적

부착높이 및 특정소방대상물의 구분		감지기의 종류				
		차동식 / 보상식 스포트		정온식 스포트		
		1종	2종	특종	1종	2종
4m 미만	내화 구조	90	70	70	60	20
	기타 구조	50	40	40	30	15
4m 이상 8m 미만	내화 구조	45	35	35	30	-
	기타 구조	30	25	25	15	-

2) 교차회로방식의 감지기 설치 개수

1회로 감지기 개수

$= \dfrac{\text{전기실바닥면적}[m^2]}{\text{감지기면적}[m^2/\text{개}]}$

$= \dfrac{500\,m^2}{35\,m^2/\text{개}} ≒ 14.29 ≒ 15\text{개}$

교차회로의 감지기개수 = 15 × 2 = 30개

해설 | 분말소화약제 최소 저장용기 수

1) 차고 또는 주차장에 설치하는 분말소화약제의 종류는 제3종 분말
2) 전역방출방식의 제3종 분말 소화약제량

방호구역의 체적에 대한 소화약제의 양(α)	개구부에 자동폐쇄장치를 설치하지 않은 경우 가산량(β)
0.36 kg/m³	2.7 kg/m²

3) 산출식

$W = V \times \alpha + A \times \beta$

W : 소화약제의 무게 [kg]
V : 방호구역의 체적 [m³]
A : 개구부의 면적 [m²]

4) 계산
   (1) 제3종 분말소화약제의 양
   $W = 450 \times 0.36 + 10 \times 2.7 = 189$ kg
   (2) 제3종 분말의 충전비
   1 L/kg = 용기내부용적/약제중량
   (3) 저장용기 1병당 충전량
   68 L ÷ 1 L/kg = 68 kg
   (4) 저장용기수
   = 189 kg ÷ 68 kg/병 ≒ 2.78
   ∴ 3병

112 다음 조건의 주차장에 전역방출방식의 분말소화설비를 설치하려고 한다. 화재안전기술기준상 필요한 소화약제의 최소 저장용기 수(병)는?

- 방호구역 체적 : 450 m³
- 개구부의 면적 : 10 m²(자동폐쇄장치 미설치)
- 저장용기 내용적 : 68 L

① 2 ② 3
③ 4 ④ 5

113 다음 조건의 방호구역에 할로겐화합물 소화설비를 설치하려고 한다. 화재안전기술기준상 필요한 소화약제의 최소 저장용기 수(병)는?

- 방호구역 체적 : 650 m³
- 소화약제 : HFC-227ea
- 선형상수 : $K_1 = 0.1269$
  $K_2 = 0.0005$
- 방호구역 최소예상온도 : 25 ℃
- 설계농도 : 최대 허용 설계농도 적용
- 저장용기 : 68 L 내용적에 50 kg 저장

① 9 ② 11
③ 13 ④ 40

해설 | 할로겐화합물 소화약제 저장용기 수

1) 할로겐화합물소화약제 저장량 산출식

$$W = \frac{V}{S} \times \frac{C}{100-C}$$

여기서,

　　W : 소화약제의 무게 [kg]
　　V : 방호구역의 체적 [m³]
　　C : 체적에 따른 소화약제 설계농도 [%]
　　S : 선형상수($K_1 + K_2 \times t$) [m³/kg]
　　t : 방호구역의 최소예상온도 [℃]

2) 저장용기 수 계산

　(1) HFC-227ea의 최대 허용 설계농도 10.5 %이므로 소화약제 저장량

$$W = \frac{650}{0.1269 + 0.0005 \times 25} \times \frac{10.5}{100-10.5}$$

　　　≒ 547.04 kg

　(2) 저장용기 수
　　= 547.04 ÷ 50 ≒ 10.94
　　∴ 11병

114 자동화재탐지설비 및 시각경보장치의 화재안전기술기준상 다음 장소에 연기감지기를 설치해야 하는 특정소방대상물로 옳지 않은 것은?

취침·숙박·입원 등 이와 유사한 용도로 사용되는 거실

① 공동주택·오피스텔·숙박시설·위락시설
② 교육연구시설 중 합숙소
③ 의료시설, 근린생활시설 중 입원실이 있는 의원·조산원
④ 교정 및 군사시설

해설 | 연기감지기 설치대상

다음의 어느 하나에 해당하는 특정소방대상물의 취침·숙박·입원 등 이와 유사한 용도로 사용되는 거실

1) 공동주택·오피스텔·숙박시설·노유자시설·수련시설
2) 교육연구시설 중 합숙소
3) 의료시설, 근린생활시설 중 입원실이 있는 의원·조산원
4) 교정 및 군사시설
5) 근린생활시설 중 고시원

정답 113 ② 114 ①

115 다음은 자동화재탐지설비 및 시각경보장치의 화재안전기술기준상 청각장애인용 시각경보장치의 설치기준이다. ( )에 들어갈 것으로 옳은 것은?

> 설치높이는 바닥으로부터 (ㄱ) m 이상 (ㄴ) m 이하의 장소에 설치할 것. 다만 천장의 높이가 (ㄱ) m 이하인 경우에는 천장으로부터 (ㄷ) m 이내의 장소에 설치해야 한다.

① ㄱ : 1.5, ㄴ : 2.0, ㄷ : 0.1
② ㄱ : 1.5, ㄴ : 2.0, ㄷ : 0.15
③ ㄱ : 2.0, ㄴ : 2.5, ㄷ : 0.1
④ ㄱ : 2.0, ㄴ : 2.5, ㄷ : 0.15

해설 | 시각경보장치의 설치기준
설치높이는 바닥으로부터 <u>2 m 이상 2.5 m 이하</u>의 장소에 설치할 것. 다만 천장의 높이가 <u>2 m 이하</u>인 경우에는 천장으로부터 <u>0.15 m 이내</u>의 장소에 설치해야 한다.

116 특별피난계단의 계단실 및 부속실 제연설비의 화재안전기술기준상 다음 조건에 따른 출입문의 틈새면적 [m²]은?

> - 출입문 틈새의 길이 [L] : 7 m
> - 설치된 출입문 [ℓ, Ad] : 제연구역의 실내 쪽으로 열리도록 설치하는 외여닫이문
> - 소수점 다섯째자리에서 반올림함

① 0.01   ② 0.0125
③ 0.0152   ④ 0.0228

해설 | 출입문의 틈새면적
1) 출입문의 틈새면적 식
$$A = \frac{L}{\ell} \times Ad$$

A : 출입문의 틈새 [m²]
L : 출입문 틈새의 길이 [m]
다만 L의 수치가 ℓ 의 수치 이하인 경우에는 ℓ 의 수치로 할 것
ℓ : 외여닫이문 5.6, 쌍여닫이문 9.2, 승강기의 출입문 8.0
Ad : 외여닫이문
(제연구역의 실내 쪽으로 열림) 0.01,
(제연구역의 실외 쪽으로 열림) 0.02,
쌍여닫이문 0.03,
승강기의 출입문 0.06이므로

2) 조건의 출입문 틈새는
$$A = \frac{7}{5.6} \times 0.01 = 0.0125 \text{ m}^2$$

정답 115 ④ 116 ②

117 유도등 및 유도표지의 화재안전기술기준상 설치기준에 관한 내용으로 옳은 것은?

① 피난구유도등은 피난구의 바닥으로부터 높이 1.2 m 이상으로서 출입구에 인접하도록 설치할 것
② 복도통로유도등은 구부러진 모퉁이를 기점으로 보행거리 25 m마다 설치할 것
③ 유도표지는 각 층마다 복도 및 통로의 각 부분으로부터 보행거리가 20 m 이하가 되는 곳에 설치할 것
④ 축광방식의 피난유도선은 바닥으로부터 높이 50 cm 이하의 위치 또는 바닥면에 설치할 것

해설 | 유도등 및 유도표지의 화재안전기술기준
① 피난구유도등은 피난구의 바닥으로부터 높이 1.5 m 이상으로서 출입구에 인접하도록 설치해야 한다.
② 복도통로유도등은 구부러진 모퉁이에 설치된 통로유도등을 기점으로 보행거리 20 m마다 설치할 것
③ 유도표지는 계단에 설치하는 것을 제외하고는 각 층마다 복도 및 통로의 각 부분으로부터 하나의 유도표지까지 보행거리가 15 m 이하가 되는 곳과 구부러진 모퉁이의 벽에 설치할 것

118 비상경보설비 및 단독경보형 감지기의 화재안전기술기준상 단독경보형 감지기 설치기준에 관한 내용으로 옳지 않은 것은?

① 각 실(이웃하는 실내의 바닥면적이 각각 30 m^2 미만이고 벽체의 상부의 전부 또는 일부가 개방되어 이웃하는 실내와 공기가 상호 유통되는 경우에는 이를 1개의 실로 본다)마다 설치하되, 바닥면적이 150 m^2를 초과하는 경우에는 150 m^2마다 1개 이상 설치할 것
② 계단실은 최상층의 계단실 천장(외기가 상통하는 계단실의 경우를 포함한다)에 설치할 것
③ 건전지를 주전원으로 사용하는 단독경보형 감지기는 정상적인 작동상태를 유지할 수 있도록 주기적으로 건전지를 교환할 것
④ 상용전원을 주전원으로 사용하는 단독경보형 감지기의 2차 전지는 「소방시설설치 및 관리에 관한 법률」 제40조에 따라 제품검사에 합격한 것을 사용할 것

해설 | 단독경보형 감지기 설치기준
② 계단실은 최상층의 계단실 천장(외기가 상통하는 계단실의 경우를 제외한다)에 설치할 것

119 연결송수관설비의 화재안전기술기준상 방수구는 특정소방대상물의 층마다 설치해야 한다. 방수구 설치를 제외할 수 있는 것으로 옳지 않은 것은?

① 아파트의 1층 및 2층
② 소방차의 접근이 가능하고 소방대원이 소방차로부터 각 부분에 쉽게 도달할 수 있는 피난층
③ 송수구가 부설된 옥내소화전을 설치한 특정소방대상물(집회장·관람장·백화점·도매시장·소매시장·판매시설·공장·창고시설 또는 지하가를 제외한다)로서 지하층을 제외한 층수가 5층 이하이고 연면적이 6,000 m² 이하인 특정소방대상물의 지상층
④ 송수구가 부설된 옥내소화전을 설치한 특정소방대상물(집회장·관람장·백화점·도매시장·소매시장·판매시설·공장·창고시설 또는 지하가를 제외한다)로서 지하층의 층수가 2 이하인 특정소방대상물의 지하층

해설 | 방수구 설치 제외
연결송수관설비의 방수구는 그 특정소방대상물의 층마다 설치할 것. 다만 다음의 어느 하나에 해당하는 층에는 설치하지 않을 수 있다.
1) 아파트의 1층 및 2층
2) 소방차의 접근이 가능하고 소방대원이 소방차로부터 각 부분에 쉽게 도달할 수 있는 피난층
3) 송수구가 부설된 옥내소화전을 설치한 특정소방대상물(집회장·관람장·백화점·도매시장·소매시장·판매시설·공장·창고시설 또는 지하가를 제외한다)로서 다음의 어느 하나에 해당하는 층
  (1) 지하층을 제외한 층수가 4층 이하이고 연면적이 6,000 m² 미만인 특정소방대상물의 지상층
  (2) 지하층의 층수가 2 이하인 특정소방대상물의 지하층

120 고층건축물의 화재안전기술기준상 피난안전구역에 설치하는 소방시설의 설치기준에 관한 내용으로 옳은 것은?

① 제연설비의 피난안전구역과 비 제연구역간의 차압은 40 Pa(옥내소화전설비가 설치된 경우에는 12.5 Pa) 이상으로 해야 한다.
② 피난유도선의 피난유도 표시부 너비는 최소 25 mm 이상으로 설치할 것
③ 비상조명등은 각 부분의 바닥에서 조도는 1 lx 이상이 될 수 있도록 설치할 것
④ 인명구조기구 중 방열복, 인공소생기를 각 1개 이상 비치할 것

해설 | 피난안전구역의 소방시설설치기준
① 제연설비의 피난안전구역과 비 제연구역간의 차압은 50 Pa(옥내에 스프링클러설비가 설치된 경우에는 12.5 Pa) 이상으로 해야 한다. 다만 피난안전구역의 한쪽 면 이상이 외기에 개방된 구조의 경우에는 설치하지 않을 수 있다.
③ 피난안전구역의 비상조명등은 상시 조명이 소등된 상태에서 그 비상조명등이 점등되는 경우 각 부분의 바닥에서 조도는 10 lx 이상이 될 수 있도록 설치할 것
④ 인명구조기구 중 방열복, 인공소생기를 각 2개 이상 비치할 것

정답 119 ③ 120 ②

121 소화수조 및 저수조의 화재안전기술기준상 설치기준에 관한 내용으로 옳지 않은 것은?

① 소화수조 및 저수조의 채수구 또는 흡수관투입구는 소방차가 5 m 이내의 지점까지 접근할 수 있는 위치에 설치해야 한다.
② 1층 및 2층의 바닥면적의 합계가 15,000 m² 이상인 특정소방대상물은 7,500 m²로 나누어 얻은 수(소수점 이하의 수는 1로 본다)에 20 m³를 곱한 양 이상이 되도록 해야 한다.
③ 채수구의 수는 소요수량이 100 m³ 이상인 경우 3개 이상 설치해야 한다.
④ 소화수조 또는 저수조가 지표면으로부터의 깊이(수조 내부바닥까지의 길이를 말한다)가 4.5 m 이상인 지하에 있는 경우에는 가압송수장치를 설치해야 한다.

해설 | 채수구 또는 흡수관투입구의 설치기준
① 소화수조 및 저수조의 채수구 또는 흡수관투입구는 소방차가 <u>2 m 이내</u>의 지점까지 접근할 수 있는 위치에 설치해야 한다.

122 화재안전기술기준에서 정하는 방화구획 등의 설치기준에 관한 내용으로 옳지 않은 것은?

① 지하구 방화벽의 출입문은 「건축법」 시행령 제64조에 따른 방화문으로서 60분+ 방화문 또는 60분 방화문으로 설치할 것
② 소방시설용 비상전원수전설비를 고압으로 수전하는 경우 방화구획하지 않을 수 있다.
③ 전기저장장치 설치장소의 벽체, 바닥 및 천장은 「건축물의 피난·방화구조 등의 기준에 관한 규칙」에 따라 건축물의 다른 부분과 방화구획해야 한다. 다만 배터리실 외의 장소와 옥외형 전기저장장치설비는 방화구획하지 않을 수 있다.
④ 제연설비 비상전원의 설치장소는 다른 장소와 방화구획할 것

해설 | 비상전원수전설비 설치기준
[특별고압 또는 고압으로 수전하는 경우]
일반전기사업자로부터 특별고압 또는 고압으로 수전하는 비상전원 수전설비는 방화구획형, 옥외개방형 또는 큐비클(Cubicle)형으로서 다음의 기준에 적합하게 설치해야 한다.
(1) 전용의 <u>방화구획</u> 내에 설치할 것
(2) 소방회로배선은 일반회로배선과 불연성의 격벽으로 구획할 것. 다만 소방회로배선과 일반회로배선을 15 cm 이상 떨어져 설치한 경우는 그렇지 않다.
(3) 일반회로에서 과부하, 지락사고 또는 단락사고가 발생한 경우에도 이에 영향을 받지 아니하고 계속하여 소방회로에 전원을 공급시켜 줄 수 있어야 할 것

정답 121 ① 122 ②

(4) 소방회로용 개폐기 및 과전류차단기에는 "소방시설용"이라 표시할 것

123. 가스누설경보기의 화재안전기술기준상 일산화탄소경보기 중 단독형 경보기 설치기준으로 옳은 것을 모두 고른 것은?

ㄱ. 단독형 경보기는 천장으로부터 경보기 하단까지의 거리가 0.5 m 이하가 되도록 설치할 것
ㄴ. 가스누설 경보음향장치는 수신부로부터 1 m 떨어진 위치에서 음압이 70 dB 이상일 것
ㄷ. 가스누설 경보음향의 음량과 음색이 다른 기기의 소음 등과 명확히 구별될 것

① ㄱ, ㄴ   ② ㄱ, ㄷ
③ ㄴ, ㄷ   ④ ㄱ, ㄴ, ㄷ

해설 | 일산화탄소경보기 설치기준
단독형 경보기는 다음의 기준에 따라 설치해야 한다.
1) 가스누설 경보음향의 음량과 음색이 다른 기기의 소음 등과 명확히 구별될 것
2) 가스누설 경보음향장치는 수신부로부터 1 m 떨어진 위치에서 음압이 70 dB 이상일 것
3) 단독형 경보기는 천장으로부터 경보기 하단까지의 거리가 <u>0.3 m 이하</u>가 되도록 설치한다.
4) 경보기가 설치된 장소에는 관계자 등에게 신속히 연락할 수 있도록 비상연락번호를 기재한 표를 비치할 것

124. 무선통신보조설비의 화재안전기술기준상 설치기준으로 옳지 않은 것은?

① 증폭기에는 비상전원이 부착된 것으로 하고 해당 비상전원 용량은 무선통신보조설비를 유효하게 20분 이상 작동시킬 수 있는 것으로 할 것
② 수신기가 설치된 장소 등 사람이 상시 근무하는 장소에는 옥외안테나의 위치가 모두 표시된 옥외안테나 위치표시도를 비치할 것
③ 분배기·분파기 및 혼합기 등의 임피던스는 50 Ω의 것으로 할 것
④ 누설동축케이블 및 동축케이블의 임피던스는 50 Ω으로 하고, 이에 접속하는 안테나·분배기 기타의 장치는 해당 임피던스에 적합한 것으로 할 것

해설 | 증폭기 설치기준
① 증폭기에는 비상전원이 부착된 것으로 하고 해당 비상전원 용량은 무선통신보조설비를 유효하게 <u>30분 이상</u> 작동시킬 수 있는 것으로 할 것

125 다음은 비상콘센트설비의 화재안전기술기준상 전원의 설치기준이다. (　)에 들어갈 것으로 옳은 것은?

> 지하층을 제외한 층수가 (ㄱ)층 이상으로서 연면적이 (ㄴ) m^2 이상이거나 지하층의 바닥면적의 합계가 (ㄷ) m^2 이상인 특정소방대상물의 비상콘센트 설비에는 자가발전설비, 비상전원수전설비, 축전지설비 또는 전기저장장치(외부 전기에너지를 저장해두었다가 필요한 때 전기를 공급하는 장치를 말한다)를 비상전원으로 설치할 것

① ㄱ : 5, ㄴ : 1,000, ㄷ : 2,000
② ㄱ : 5, ㄴ : 2,000, ㄷ : 3,000
③ ㄱ : 7, ㄴ : 1,000, ㄷ : 2,000
④ ㄱ : 7, ㄴ : 2,000, ㄷ : 3,000

해설 | 비상콘센트설비 전원의 설치기준

지하층을 제외한 층수가 <u>7층</u> 이상으로서 연면적이 <u>2,000 m^2 이상</u>이거나 지하층의 바닥면적의 합계가 <u>3,000 m^2 이상</u>인 특정소방대상물의 비상콘센트설비에는 자가발전설비, 비상전원수전설비, 축전지설비 또는 전기저장장치(외부 전기에너지를 저장해두었다가 필요한 때 전기를 공급하는 장치를 말한다)를 비상전원으로 설치할 것. 다만 2 이상의 변전소에서 전력을 동시에 공급받을 수 있거나 하나의 변전소로부터 전력의 공급이 중단되는 때에는 자동으로 다른 변전소로부터 전력을 공급받을 수 있도록 상용전원을 설치한 경우에는 비상전원을 설치하지 않을 수 있다.

정답 125 ④

소방시설관리사

문제풀이

소방시설관리사

제22회

제1과목   소방안전관리론
제2과목   소방수리학·약제화학 및 소방전기
제3과목   소방관련법령
제4과목   위험물의 성상 및 시설기준
제5과목   소방시설의 구조원리

22회 제1과목 소방안전관리론

01 가연물이 점화원과 접촉했을 때 연소가 시작되는 최저온도는?

① 발화점
② 연소점
③ 인화점
④ 산화점

해설 | 인화점
외부에너지(점화원)에 의해서 발화하기 시작하는 최저온도이다.

02 표준상태에서 5 mol의 뷰테인가스(C_4H_{10})가 완전연소를 하는 데 요구되는 산소(O_2)의 부피 [m^3]는?

① 0.728
② 0.828
③ 728
④ 828

해설 | 뷰테인가스 완전연소반응식
$C_4H_{10} + 6.5O_2 \rightarrow 4CO_2 + 5H_2O$
뷰테인가스 5 mol이 완전연소 시 산소 mol 수는 6.5×5 = 32.5 mol이 필요하므로 산소 부피는 32.5 × 22.4 × 10^{-3} = 0.728 m^3

03 화재 시 물질의 비열과 증발잠열을 활용하여 소화하는 방법은?

① 냉각소화
② 제거소화
③ 질식소화
④ 억제소화

해설 | 냉각소화
냉각소화는 물질의 비열과 증발잠열을 이용한 소화효과이다.

04 연소속도보다 가스 분출속도가 클 때 주위에 공기유동이 심하여 불꽃이 노즐에서 떨어진 후 꺼지는 현상은?

① 백파이어(Back Fire)
② 링파이어(Ring Fire)
③ 블로우 오프(Blow Off)
④ 롤 오버(Roll Over)

정답 01 ③ 02 ① 03 ① 04 ③

해설 | 연소 시 이상현상

이상현상	내용
불완전연소	연소가스의 배출과 공기유입이 부족하여 완전연소되지 못하고 가연물 일부가 미연소 되는 현상으로 CO가 많이 발생
리프팅 (Lifting)	불꽃이 염공 위에 들떠서 연소 ① 연료가스의 분출속도 > 연소속도 ② 버너의 염공이 작거나 막힌 경우 ③ 1차 공기가 많아 공급가스 압력이 높은 경우
역화 (Back Fire)	불꽃이 역으로 진행하여 버너 내부의 혼합기 내에서 연소 ① 분출속도 < 연소속도 ② 2차 공기가 적거나 가스압력이 낮을 때 ③ 염공의 부식
황염 (Yellow Tip)	불완전연소의 일종으로 노란 그을음 1차 공기의 부족
블로우 오프 (Blow Off)	공기의 유속이 빨라서 불꽃이 꺼지는 현상 분출속도 > 연소속도

05 다음에서 설명하는 화재현상은?

위험물저장탱크 내에 저장된 양이 내용적 1/2 이하로 충전된 경우 화재로 인하여 증기압력이 상승하고 저장탱크 내의 유류를 외부로 분출하면서 탱크가 파열되는 현상이다.

① 보일 오버(Boil Over)
② 슬롭 오버(Slop Over)
③ 프로스 오버(Froth Over)
④ 오일 오버(Oil Over)

해설 | 오일 오버현상
저장탱크 내에 저장된 유류 저장량이 내용적의 50 % 이하로 충전되어 있을 때 화재로 인하여 증기압력이 상승하고, 저장탱크 내의 유류를 외부로 분출하면서 탱크가 파열되는 현상이다.

06 분진폭발에 관한 설명으로 옳은 것을 모두 고른 것은?

ㄱ. 화학적 폭발로 가연성고체의 미분이 티끌이 되어 공기 중에 부유하고 있을 때 어떤 착화원의 에너지를 받으면 폭발하는 현상이다.
ㄴ. 입자표면에 열에너지가 주어져서 표면의 온도가 상승한다.
ㄷ. 폭발의 입자가 비산하므로 이것에 접촉되는 가연물은 국부적으로 심한 탄화를 일으킨다.
ㄹ. 분진의 입자와 밀도가 작을수록 표면적이 커져서 폭발이 잘 일어난다.

① ㄱ
② ㄱ, ㄴ
③ ㄱ, ㄴ, ㄷ
④ ㄱ, ㄴ, ㄷ, ㄹ

해설 | 분진폭발
1) 가연성고체가 미분상태로 공기 중에서 부유할 때 발생되는 폭발
2) 분진폭발의 조건
  (1) 가연성분진, 지연성가스(공기), 점화원 존재, 밀폐된 공간
  (2) 분진의 입자와 밀도가 작을수록 폭발이 잘 일어난다.
3) 분진폭발 물질
  밀가루, 석탄가루, 먼지, 전분, 플라스틱 분말, 금속분(Al, Mg, Zn 등)

07 화재의 분류에 관한 설명으로 옳은 것을 모두 고른 것은?

> ㄱ. A급 화재의 표시색상은 백색이다.
> ㄴ. B급 화재의 원인물질은 인화성액체 등 기름 성분이다.
> ㄷ. C급 화재는 전기화재를 말한다.
> ㄹ. K급 화재는 금속화재를 말한다.

① ㄱ, ㄷ
② ㄴ, ㄹ
③ ㄱ, ㄴ, ㄷ
④ ㄱ, ㄴ, ㄷ, ㄹ

해설 | 화재의 분류

등급	화재	표시색	적응 물질
A급	일반화재	백색	목재, 섬유, 합성섬유
B급	유류화재	황색	인화성액체
C급	전기화재	청색	통전중인 전기설비, 기기화재
D급	금속화재	무색	가연성금속
K급	주방화재	황색	식용유

08 폭연과 폭굉에 관한 설명으로 옳지 않은 것은?

① 폭연의 충격파 전파 속도는 음속보다 느리다.
② 폭굉은 파면에서 온도, 압력, 밀도가 연속적으로 나타난다.
③ 폭연은 폭굉으로 전이될 수 있다.
④ 폭굉의 폭발반응은 충격파에너지에 의한 화학반응에 의해 전파되어 가는 현상이다.

해설 | 폭연과 폭굉

구분	설명
폭연 (Deflag-Ration)	화염전파속도가 음속보다 느릴 경우 (0.1~10 m/s) 폭연이라 하며 계속 중첩될 경우 폭굉으로 전이될 수 있다. (Deflagration-Detonation-Transition : D-D-T 전이)
폭굉 (Deto-Nation)	화염전파속도가 음속보다 빠를 경우 (1,000 ~ 3,500 m/s) 폭굉이라 하며, 충격파를 동반하게 된다. 온도, 압력, 밀도가 불연속적으로 나타난다.

09 플래시 오버(Flash Over)와 백드래프트(Backdraft)에 관한 설명으로 옳지 않은 것은?

① 플래시 오버는 층 전체가 순식간에 화염에 휩싸이면서 모든 공간을 통하여 입체적으로 확대되는 현상이다.
② 백드래프트는 밀폐된 공간에서 화재가 발생하여 산소농도 저하로 불꽃을 내지 못하고 가연물질의 열분해에 의해 발생된 가연성가스가 축적되면서 갑자기 유입된 신선한 공기로 급격히 연소가 활발해진다.
③ 플래시 오버의 방지대책으로 가연물의 양을 제한하는 방법이 있다.
④ 백드래프트가 발생하는 주요 원인은 복사열이다.

정답 07 ③ 08 ② 09 ④

해설 | 플래시 오버와 백드래프트

구분	플래시 오버 (Flash Over)	백드래프트 (Backdraft)
조건	• 연기층의 온도 : 500~600 ℃ • 바닥면 복사 수열량 20~40 kW/m² • 산소농도 : 10 % • CO_2 / CO : 150	• 연기층의 온도 : 600 ℃ • CO : 12.5~74 % • 화재 시 가스배관 파손
폭풍, 충격파	• 없음	• 발생
발생 시기	• 성장기 때 발생 (피난 안전성 확보)	• 최성기 이후 (소방관 안전 확보)
공급 요인	• 복사열	• 신선한 공기
피해	• 농연, 화염분출, 인접 건물 연소 확대	• Fire Ball 형성, 농연분출, 벽체 붕괴
방지 대책	• 천장 불연화, 난연화 • 화원의 억제, 가연물 양의 제한 • 개구부의 제한 및 고천장화	• 폭발물의 억제 • 격리, 환기, 소화
연소 형태	• 확산연소	• 예혼합연소

10 건축물의 피난·방화구조 등의 기준에 관한 규칙상 발코니의 바닥에 국토교통부령으로 정하는 하향식 피난구의 설치기준으로 옳지 않은 것은?

① 피난구의 덮개는 품질시험을 실시한 결과 비차열 1시간 이상의 내화성능을 가져야 할 것
② 피난구의 유효 개구부 규격은 직경 50 cm 이상일 것
③ 상층·하층 간 피난구의 수평거리는 15 cm 이상 떨어져 있을 것
④ 사다리는 바로 아래층의 바닥면으로부터 50 cm 이하까지 내려오는 길이로 할 것

해설 | 하향식 피난구 설치기준

1) 피난구의 덮개는 제26조에 따른 비차열 1시간 이상의 내화성능을 가져야 하며, 피난구의 유효 개구부 규격은 직경 60 cm 이상일 것
2) 상층·하층 간 피난구의 설치위치는 수직방향 간격을 15 cm 이상 띄어서 설치할 것
3) 아래층에서는 바로 위층의 피난구를 열 수 없는 구조일 것
4) 사다리는 바로 아래층의 바닥면으로부터 50 cm 이하까지 내려오는 길이로 할 것
5) 덮개가 개방될 경우에는 건축물관리시스템 등을 통하여 경보음이 울리는 구조일 것
6) 피난구가 있는 곳에는 예비전원에 의한 조명설비를 설치할 것

11 건축물의 피난·방화구조 등의 기준에 관한 규칙상 내화구조로 옳지 않은 것은?

① 외벽 중 비내력벽인 경우에는 철근콘크리트조로서 두께가 7 cm 이상인 것
② 기둥의 경우에는 그 작은 지름이 20 cm 이상인 것으로서 철근콘크리트조인 것(고강도 콘크리트를 사용하는 경우가 아님)
③ 바닥의 경우에는 철근콘크리트조로서 두께가 10 cm 이상인 것
④ 보의 경우에는 철근콘크리트조인 것(고강도 콘크리트를 사용하는 경우가 아님)

해설 | 내화구조의 기둥
※ 기둥의 경우에는 그 작은 지름이 25 cm 이상인 것으로 다음 기준에 의한다.

두께	내화구조기준
없음	철근콘크리트조 또는 철골철근 콘크리트조
7 cm 이상	콘크리트 블록, 벽돌 또는 석재로 덮은 것
6 cm 이상	철골을 철망모르타르로 덮은 것
5 cm 이상	철골철망모르타르로 덮은 것
5 cm 이상	철골을 콘크리트로 덮은 것

12 건축물의 피난·방화구조 등의 기준에 관한 규칙 및 건축법령상 피난 및 방화구조 등에 관한 내용으로 옳은 것은?

① 시멘트모르타르 위에 타일을 붙인 것으로서 그 두께의 합계가 2 cm 이상인 것은 방화구조이다.
② 초고층 건축물에는 피난층 또는 지상으로 통하는 직통계단과 직접 연결되는 피난안전구역을 지상층으로부터 최대 30개 층마다 1개소 이상 설치하여야 한다.
③ 소방관 진입창의 기준은 창문의 가운데에 지름 20 cm 이상의 사각형을 야간에도 알아볼 수 있도록 빛 반사 등으로 붉은 색으로 표시할 것
④ 지하층의 비상탈출구는 지하층의 바닥으로부터 비상탈출구의 아랫부분까지의 높이가 1.2 m 이상이 되는 경우에는 벽체에 발판의 너비가 15 cm 이상인 사다리를 설치할 것

해설 | 피난 및 방화구조

1) 방화구조의 기준

방화구조내용	방화기조기준
• 철망 모르타르 바르기	바름 두께 2 cm 이상
• 석고판 위에 시멘트 모르타르 바른 것 • 석고판 위에 회반죽을 바른 것 • 시멘트 모르타르 위에 타일을 붙인 것	두께 합계가 2.5 cm 이상
• 심벽에 흙으로 맞벽치기를 한 것	모두 해당

2) 소방관 진입창 : 창문의 가운데에 지름 20 cm 이상의 역삼각형을 야간에도 알아볼 수 있도록 빛 반사 등으로 붉은색으로 표시할 것

3) 비상탈출구 : 지하층의 비상탈출구는 지하층의 바닥으로부터 비상탈출구의 아랫부분까지의 높이가 1.2 m 이상이 되는 경우에는 벽체에 발판의 너비가 20 cm 이상인 사다리를 설치할 것

13 건축물의 피난·방화구조 등의 기준에 관한 규칙상 특별피난계단의 구조에 관한 설명으로 옳지 않은 것은?

① 계단실의 노대 또는 부속실에 접하는 창문 등(출입구를 제외한다)은 망이 들어 있는 유리의 붙박이창으로서 그 면적을 각각 2 m² 이하로 할 것

② 노대 및 부속실에는 계단실 외의 건축물의 내부와 접하는 창문 등(출입구를 제외한다)을 설치하지 아니할 것

③ 출입구의 유효너비는 0.9 m 이상으로 하고 피난의 방향으로 열 수 있을 것

④ 계단은 내화구조로 하되, 피난층 또는 지상까지 직접 연결되도록 할 것

해설 | 특별피난계단

구분	피난계단의 구조
계단실 구획	계단실, 노대, 부속실 : 창문 제외 내화구조 벽으로 구획
내장재	불연재료
계단실 조명	예비 전원에 의한 조명설비
옥내 개구부	• 계단실 옥내 개구부 : 개구부 설치 불가 • 계단실의 노대 또는 부속실 개구부 : 망입유리 붙박이창으로 1 m² 이하 • 노대 및 부속실의 옥내 개구부 : 설치 불가
옥외 개구부	계단실, 노대, 부속실 : 다른 외벽 개구부와 2 m 이상 이격
출입구	• 출입구 유효폭 0.9 m 이상 • 옥내 출입구 : 60분 방화문 또는 60분+ 방화문 • 계단실 출입구 : 60분 방화문 또는 60분+ 방화문 또는 30분 방화문 • 언제나 닫힌 상태를 유지하거나 화재로 인한 연기, 온도, 불꽃 등을 가장 신속하게 감지하여 자동적으로 닫히는 구조로 된 60분 방화문 또는 60분+ 방화문을 설치할 것. 다만 연기 또는 불꽃을 감지하여 자동적으로 닫히는 구조로 할 수 없는 경우에는 온도를 감지하여 자동적으로 닫히는 구조로 할 수 있다.
계단 구조	내화구조로 피난층 또는 지상까지 직접 연결 (돌음 계단 불가)

정답 13 ①

14 건축법령상 대지 안의 피난 및 소화에 필요한 통로 설치에 관하여 ( )에 들어갈 내용으로 옳은 것은?

> 바닥면적의 합계가 (ㄱ) m² 이상인 문화 및 집회시설, 종교시설, 의료시설, 위락시설 또는 장례시설은 유효너비 (ㄴ) m 이상의 통로를 확보하여야 한다.

① ㄱ : 300, ㄴ : 2
② ㄱ : 300, ㄴ : 3
③ ㄱ : 500, ㄴ : 2
④ ㄱ : 500, ㄴ : 3

해설 | 대지 안의 피난 및 소화에 필요한 통로 설치

1) 통로의 너비는 다음 각 목의 구분에 따른 기준에 따라 확보할 것
   (1) 단독주택 : 유효너비 0.9 m 이상
   (2) 바닥면적의 합계가 500 m² 이상인 문화 및 집회시설, 종교시설, 의료시설, 위락시설 또는 장례식장 : 유효너비 3 m 이상
   (3) 그 밖의 용도로 쓰는 건축물 : 유효너비 1.5 m 이상
2) 필로티 내 통로의 길이가 2 m 이상인 경우에는 피난 및 소화활동에 장애가 발생하지 않도록 자동차 진입억제용 말뚝 등 통로 보호시설을 설치하거나 통로에 단차를 둘 것

15 다음에서 설명하는 건축물의 화재 시 인간의 피난행동 특성은?

> 화재 초기에는 주변 상황의 확인을 위하여 서로 모이지만 화재의 급격한 확대로 각자의 공포감이 증가되어 발화지점의 반대방향으로 이동, 즉 반사적으로 위험으로부터 멀리하려는 본능이다.

① 귀소본능
② 추종본능
③ 퇴피본능
④ 지광본능

해설 | 피난 시 인간의 본능

본능	특성
귀소본능	인간은 비상시 늘 사용하던 친숙한 경로를 따라 대피하려고 한다.
지광본능	화재나 정전 시 주위가 어두워지면 밝은 쪽으로 피난하려고 한다.
추종본능	비상시 많은 사람들이 리더를 추종하려고 한다.
퇴피본능	화염, 연기에 대한 공포감으로 발화의 반대방향으로 이동하려고 한다.
좌회본능	좌측통행과 시계반대방향으로 회전하려고 한다.
직진본능	비상시 직진하려고 한다.

정답 14 ④ 15 ③

16 화재 시 인간의 피난행동 특성을 고려하여 혼란을 최소화하는 건축물 피난계획의 일반적인 원칙에 관한 설명으로 옳지 않은 것은?

① 피난경로 중 한 방향이 화재 등의 재난으로 사용할 수 없을 경우에 다른 방향이 사용되도록 고려하는 페일 세이프(Fail Safe) 원칙이 필요하다.
② 피난설비는 이동식 기구와 이동식 장치(피난기구) 등이 원칙이며, 고정시설은 탈출에 늦은 소수 사람에 대한 극히 예외적인 보조 수단으로 고려한다.
③ 피난경로에 따라 일정 구역을 한정하여 피난 존으로 설정하고, 최종 안전한 피난 장소 쪽으로 진행됨에 따라 각 존의 안전성을 높인다.
④ 피난로에는 정전 시에도 피난방향을 명백히 확인 할 수 있는 표시를 한다.

해설 | 피난계획의 일반원칙
1) 양방향 피난로를 상시 확보해둘 것
2) 피난경로는 간단명료할 것
3) 피난 수단은 원시적인 방법에 따를 것
   → 신뢰도가 가장 높다.
4) 피난로의 안전구획 설정
5) 피난 대책은 Fail Safe와 Fool Proof 원칙에 따른다.
6) 인간의 심리 및 생리를 배려한 대책
7) 재해약자를 배려한 설계를 한다.
8) 피난설비는 고정적인 시설에 의한 것을 원칙으로 한다.

17 공간(가로 10 m, 세로 30 m, 높이 5 m)에 목재 1,000 kg과 가연성 A물질 2,000 kg이 적재되어 있는 경우 완전연소하였을 때 화재하중은 약 몇 kg/m²인가? (단, 목재의 단위 발열량은 4,500 kcal/kg, 가연성 A물질의 단위 발열량은 3,000 kJ/kg이다)

① 0.88   ② 2.60
③ 4.40   ④ 6.32

해설 | 화재하중 계산
1) 건축물 내 단위면적당 가연물의 양
2) 수식 $Q = \dfrac{\sum(G_i \cdot H_i)}{H \cdot A} = \dfrac{\sum Q_t}{4500 \times A}$
3) 계산

$$Q = \dfrac{\sum(G_i \cdot H_i)}{H \cdot A} = \dfrac{\sum Q_t}{4500 \times A}$$
$$= \dfrac{1000 \times 4500 + 3000 \times 0.24 \times 2000}{4500 \times 10 \times 30}$$
$$= 4.4 \, kg/m^2$$

18 목조건축물과 비교한 내화건축물의 화재 특성에 관한 설명으로 옳은 것은?

① 화염의 분출면적이 크고, 복사열이 커서 접근하기 어렵다.
② 횡방향보다 종방향의 화재성장이 빠르다.
③ 최성기에 도달하는 시간이 빠르다.
④ 저온장기형의 특성을 갖는다.

정답 16 ② 17 ③ 18 ④

해설 | 내화건축물의 화재
1) 내화건축물 화재 특성 : 저온 장기형
  (1) 공기의 유입이 불충분하여 발염연소가 억제된다.
  (2) 건축물의 구조와 특성상 방출보다 축적되는 것이 많기 때문에 화재 초기부터 발열량이 많다.
  (3) 내화건축물 화재 시 연기 등 다량의 연소생성물이 계단이나 복도를 따라 상층부로 이동하는 경향이 있어 인명피해가 크다.
2) 목조건축물의 화재 특성 : 고온 단기형
  (1) 화재 최성기 때의 온도는 내화건축물 화재 때보다 높으며, 화세도 강하다.
  (2) 화염의 분출면적이 크고 복사열이 커서 접근하기 어렵다.
  (3) 습도가 낮을수록 연소 확대가 빠르다.
  (4) 바람의 세기가 강할수록 풍하 측으로 연소 확대가 빠르다.
  (5) 횡방향보다 종방향의 화재성장이 빠르다.
  (6) 화재 최성기 이후 바람에 의해 화재 확대의 위험성이 크다.

19 고체가연물의 연소방식으로 옳지 않은 것은?
① 분무연소 ② 분해연소
③ 작열연소 ④ 증발연소

해설 | 가연물의 상태에 따른 연소의 종류
1) 기체연소 : 확산연소, 예혼합연소
2) 액체연소 : 증발연소, 분해연소, 분무연소
3) 고체연소 : 증발연소, 표면연소, 분해연소, 자기연소, 작열연소(훈소)

20 연소속도를 결정하는 인자로 옳지 않은 것은?
① 비중량
② 산소농도
③ 촉매
④ 온도

해설 | 연소속도 결정인자
1) 가연성물질의 종류
2) 농도
3) 온도
4) 압력
5) 촉매

21 열전달방법 중 복사에 관한 설명으로 옳지 않은 것은?
① 물질에서 방사되는 에너지가 전자기적인 파동에 의해 전달되는 현상이다.
② 진공상태에서는 손실이 없으며, 공기 중에서도 거의 손실이 없다.
③ 복사열은 절대온도 제곱에 비례하고, 열전달 면적에 반비례한다.
④ 스테판 볼츠만법칙이 적용된다.

해설 | 복사

1) 복사의 개념
   (1) 물질에서 방사되는 에너지가 전자기적인 파동에 의해 전달되는 현상이다.
   (2) 진공상태에서도 전달되고 손실이 거의 없으며, 복사열은 일직선으로 이동한다.
   (3) 최성기 이후의 화재의 지배적인 열전달은 복사에 의해 이루어진다.
   (4) 스테판 볼츠만(Stenfan Boltzmann's) 법칙을 적용한다.

2) 이상적인(흑체) 복사열의 계산
   흑체(Black Body)에서 열복사에너지 정도는 복사체 표면의 절대온도 4제곱에 비례한다
   $$\dot{q}'' = \sigma \cdot T^4$$
   σ : 스테판 볼츠만의 상수
   $(5.67 \times 10^{-8})\ W/m^2 \cdot K^4$

22 구획실에서 10 m 직경의 크기를 갖는 화재가 발생하였다. 화재 방출열량이 200 MW일 때 화재중심에서 수평방향으로 25 m 떨어진 한 지점으로 전달되는 복사열량 [kW/m²]은? (단, 거리 감소에 의한 복사에너지는 30 %가 전달되는 것으로 하고, π ≒ 3.14로 하고, 소수점 이하 셋째자리에서 반올림한다)

① 3.82   ② 7.64
③ 25.48 ④ 50.96

해설 | 복사 열유속
$$\dot{q}'' = \frac{x_r Q}{4\pi r^2}\ [kW/m^2]$$

x_r : 복사분율
Q : 열방출률
r : 화재와 목표물 사이의 거리(m)

$$\dot{q}'' = \frac{0.3 \times 200{,}000}{4 \times 3.14 \times 25^2} = 7.64\ kW/m^2$$

23 다음에서 설명하는 연소생성물은?

화재 시 발생하는 연소가스로서 가스 자체는 유독성이 아니나 호흡률을 증대시켜 화재 현장에 공존하는 다른 유독가스의 흡입량 증가로 인명피해를 유발한다.

① CO
② CO₂
③ H₂S
④ CH₂CHCHO

해설 | 이산화탄소 특징
1) 연소가스 중 가장 많은 양을 차지하나 유독성가스는 아님
2) 호흡률을 증가시켜 독성가스의 흡입을 증대

24 연기 제어방법 중 희석에 관한 설명으로 옳은 것은?

① 희석에 의한 연기제어는 연기를 외부로만 내보내는 것이다.
② 스모크샤프트를 설치하여 제어하는 방법이다.
③ 출입문이나 벽을 이용하여 장소 간 압력차를 이용한 방법이다.
④ 신선한 다량의 공기를 유입하여 연기 생성물을 위험수준 이하로 유지한다.

해설 | 연기 제어방법

연기 제어방법	내용
희석	신선한 공기를 공급하여 연기의 농도를 낮추는 것
배기	건물 내의 압력차에 의하여 연기를 외부로 배출시키는 것
차단	연기가 일정한 장소 내로 들어오지 못하도록 하는 것
자연제연 방식	창문이나 배기구를 통해서 연기를 자연적으로 배출하는 것
스모크 타워 제연방식	천장에 루프모니터 등이 바람에 의해 작동되면서 흡입력을 이용하여 제연하는 방식
기계제연 방식	•제1종 기계제연방식 : 송풍기 + 배풍기 •제2종 기계제연방식 : 송풍기 •제3종 기계제연방식 : 배풍기

25 화재 시 고층빌딩에서 연기가 이동하는 주요 요소로 옳지 않은 것은?

① 역화현상
② 온도 상승에 의한 공기의 팽창
③ 굴뚝효과
④ 건물 내 기류에 의한 강제이동

해설 | 연기의 유동원인
1) 고온의 연기로 부력 형성
2) 팽창 : 보일 - 샤를의 법칙
3) Stack Effect : 외부의 온도차에 의해 형성
4) 바람의 영향
5) 엘리베이터의 피스톤효과
6) HVAC

정답 24 ④ 25 ①

22회 제2과목 소방수리학

26 유체의 점성계수가 0.8 Poise이고, 비중이 1.1일 때 동점성계수(v)는 약 몇 Stokes 인가?

① 0.088   ② 0.727
③ 0.880   ④ 7.270

해설 | 동점성계수

- $\nu = \dfrac{\mu}{\rho} = \dfrac{\mu}{S \times \rho_w}$
- $\mu = 0.8 \text{ g/cm} \cdot \text{s}$
  $\rho_w = 1000 \, [kg/m^3]$
  $= 1000 \, [10^3 g / 10^6 cm^3] = 1 \, [g/cm^3]$
- $\nu = \dfrac{\mu}{S \times \rho_w}$
  $= \dfrac{0.8}{1.1 \times 1} = 0.727 \, [cm^2/s]$

27 지상의 유체에 관한 설명으로 옳지 않은 것은?

① 유체는 공간상으로 넓게 떨어져 있는 원자들로 구성되어 있으나 물질의 원자적 본질을 무시하고 구멍이 없는 연속체로 볼 수 있다.
② 주어진 온도에서 순수 물질이 상변화를 하는 압력을 포화압력이라 한다.
③ 중력장 내에서 시스템의 고도에 따른 결과로 시스템이 보유하는 에너지를 위치에너지라 한다.
④ 기체상수 R은 특정한 이상기체에 대하여 정해져 있으며, 이상기체에서의 음속은 압력의 함수이다.

해설 | 기체상태의 음속
$v = \sqrt{kRT}$

k : 비열비
R : 기체상수
T : 절대온도

[풀이]
이상기체에서의 음속은 온도의 함수이다.

28 베르누이방정식의 가정조건으로 옳지 않은 것은?

① 동일한 유선을 따르는 흐름이다.
② 압축성 유체의 흐름이다.
③ 정상상태의 흐름이다.
④ 마찰이 없는 흐름이다.

해설 | 베르누이방정식
베르누이방정식의 가정조건은 비압축성 흐름이다.

정답 26 ② 27 ④ 28 ②

29 가로 8 m, 세로 8 m, 높이 3 m인 실내의 절대압력이 100 kPa, 온도가 25 ℃이다. 실내 공기의 질량은 약 몇 kg인가? (단, 공기의 기체상수 R = 0.287 kPa·m³/kg·K이다)

① 1.17　　② 224.49
③ 348.43　　④ 2,675.96

해설 | 이상기체상태방정식

- $PV = nRT = \dfrac{w}{m}RT = w\dfrac{R}{m}T = wR'T$
- $w = \dfrac{PV}{R'T} = \dfrac{100 \times (8 \times 8 \times 3)}{0.287 \times (273+25)} = 224.49$

30 수평면과 상방향으로 45° 경사를 갖는 지름 250 mm인 원관에서 유출하는 물의 평균 유출속도가 9.8 m/s이다. 원관의 출구로부터 물의 최대 수직상승 높이는 약 몇 m인가?

① 0.25　　② 0.49
③ 2.45　　④ 4.90

해설 | 유출속도와 상승높이

$H = \dfrac{(v\sin\theta)^2}{2g}$

[풀이]

$H = \dfrac{(v\sin\theta)^2}{2g}$

$= \dfrac{(9.8 \times \sin 45)^2}{2 \times 9.8} = 2.45$

31 내경이 250 mm인 원관을 통해 비압축성 유체가 흐르고 있다. 체적 유량이 40 L/s일 때 레이놀즈수(Re)는 약 얼마인가? (단, 동점성계수는 0.120 × 10⁻³ m²/s이다)

① 1,698　　② 2,084
③ 3,396　　④ 4,168

해설 | 레이놀즈수

- $Re = \dfrac{VD}{\nu}$
- $V = \dfrac{Q}{A} = \dfrac{0.04}{\dfrac{\pi}{4} \times 0.25^2} = 0.8148\,[m/s]$
- $Re = \dfrac{VD}{\nu} = \dfrac{0.8148 \times 0.25}{0.12 \times 10^{-3}} = 1698$

32 유체가 원관을 층류로 흐를 때 발생하는 마찰손실계수에 관한 설명으로 옳은 것은?

① 레이놀즈수의 함수이다.
② 레이놀즈수와 상대조도의 함수이다.
③ 마하수와 고시수의 함수이다.
④ 상대조도와 오일러수의 함수이다.

해설 | 층류의 마찰손실계수

$\lambda = \dfrac{64}{Re}$

층류의 마찰손실계수는 레이놀즈수의 함수이다.

정답 29 ②　30 ③　31 ①　32 ①

33 물이 내경 200 mm인 직선 원관에 평균 유속 3 m/s로 80 m를 유동 시 손실수두는 약 몇 m인가? (단, 관마찰계수 λ = 0.042이다)

① 1.54　　② 2.57
③ 5.14　　④ 7.71

해설 | 손실수두

$$H_L = \lambda \frac{L}{D} \frac{v^2}{2g}$$

[풀이]

$$H_L = 0.042 \times \frac{80}{0.2} \times \frac{3^2}{2 \times 9.8} = 7.71$$

34 회전펌프의 장단점으로 옳지 않은 것은?

① 소용량, 고양정, 고점도 액체의 수송이 가능하다.
② 송출량의 맥동이 없고, 구조가 간단하다.
③ 흡입양정이 적다.
④ 행정의 조절로 토출량을 조절할 수 있다.

해설 | 회전(원심)펌프
왕복 펌프의 경우 행정의 조절로 토출량을 조절한다.

정답 33 ④　34 ④

22회 제2과목 약제화학

35 화재 종류에 따른 소화약제의 적응성에 관한 내용으로 옳지 않은 것은?

① A급 화재의 경우 수성막포를 사용하여 질식효과로 소화할 수 있다.
② B급 화재의 경우 물을 사용하여 부촉매효과로 소화할 수 있다.
③ C급 화재의 경우 ABC급 분말을 사용하여 부촉매효과로 소화할 수 있다.
④ K급 화재의 경우 강화액을 사용하여 냉각효과로 소화할 수 있다.

해설 | B급 화재 소화
B급 화재의 경우 (미세한) 물을 사용하여 질식 및 냉각효과로 소화할 수 있다.

36 이산화탄소소화약제의 저장용기 설치기준으로 옳지 않은 것은?

① 저장용기의 충전비는 고압식은 1.5 이상 1.9 이하로 할 것
② 저장용기의 충전비는 저압식은 1.1 이상 1.4 이하로 할 것
③ 저압식 저장용기에는 액면계 및 압력계와 1.9 MPa 이상 1.5 MPa 이하의 압력에서 작동하는 압력경보장치를 설치할 것
④ 저장용기는 고압식은 25 MPa 이상, 저압식은 3.5 MPa 이상의 내압시험압력에 합격한 것으로 할 것

해설 | 이산화탄소 저장용기
저압식 저장용기에는 2.3 MPa 이상 1.9 MPa 이하의 압력에서 작동하는 압력경보장치를 설치하여야 한다.

정답 35 ② 36 ③

37 가연물질이 뷰테인(Butane)인 경우 이산화탄소의 최소소화농도 [vol%]와 최소설계농도 [vol%]를 순서대로 옳게 나열한 것은?

① 24, 34
② 28, 34
③ 34, 41
④ 38, 41

해설 | 최소소화농도(vol%)와 최소설계농도
뷰테인의 최소소화농도는 28 %이고 안전율이 1.2이므로 (최소)설계농도는 34 %이다.

38 할로겐화합물 및 불활성기체소화약제의 종류 중 HFC 계열로 옳지 않은 것은?

① CHF_3
② CHF_2CF_3
③ $CHClFCF_3$
④ CF_3CHFCF_3

해설 | 할로겐화합물 및 불활성기체소화약제의 종류
- HFC 계열은 소화약제가 수소(H), 불소(F), 탄소(C)로 구성되어있다.
- $CHClFCF_3$은 염소(Cl)를 포함하고 있으므로 HCFC 계열이다.

39 포소화약제의 혼합장치 설치방식 중 펌프와 발포기의 중간에 설치된 벤츄리관의 벤츄리작용에 따라 포소화약제를 흡입·혼합하는 방식으로 옳은 것은?

① 라인 푸로포셔너방식
② 펌프 푸로포셔너방식
③ 압축공기포 믹싱챔버방식
④ 프레져사이드 푸로포셔너방식

해설 | 라인 푸로포셔너
펌프와 발포기의 중간에 설치된 벤츄리관의 벤츄리작용에 따라 포소화약제를 흡입·혼합하는 방식은 라인 프로포셔너이다.

40 표준상태에서 0 ℃의 얼음 1 g이 0 ℃ 물로 변화하는 데 필요한 용융열 [cal/g]은 약 얼마인가?

① 23.4   ② 24.9
③ 30.1   ④ 79.7

해설 | 물의 용융열
- 증발잠열 : 539 kcal/kg
- 융해잠열 : 80 kcal/kg

정답 37 ② 38 ③ 39 ① 40 ④

41 할로겐화합물 및 불활성기체소화약제의 최대허용 설계농도로 옳지 않은 것은?

① HCFC - 124 : 1.0 %
② HFC - 236fa : 12.5 %
③ IG - 100 : 30 %
④ HFC - 23 : 30 %

해설 | 최대허용 설계농도
IG - 100 : 43 %

42 분말소화약제의 저장용기 설치기준으로 옳은 것은?

① 저장용기에는 가압식은 최고사용압력의 2.5배 이하, 축압식은 용기의 내압시험압력의 0.8배 이하의 압력에서 작동하는 안전밸브를 설치할 것
② 제1종 분말소화약제 1 kg당 저장용기의 내용적은 0.8 L로 하고 저장용기의 충전비는 0.8 이상으로 할 것
③ 제2종 분말소화약제 1 kg당 저장용기의 내용적은 1.25 L로 하고 저장용기의 충전비는 0.8 이상으로 할 것
④ 제3종 분말소화약제 1 kg당 저장용기의 내용적은 1L로 하고 저장용기의 충전비는 1.1 이상으로 할 것

해설 | 분말소화약제의 저장용기

1) 저장용기 내용적

종별 소화약제	약제 1 kg 당 저장용기 내용적	충전비
1종(탄산나트륨)	0.8 L	0.8 이상
2종(탄산수소칼륨)	1 L	0.8 이상
3종(인산염)	1 L	0.8 이상
4종(탄산수소칼륨+요소)	1.25 L	0.8 이상

2) 안전밸브
 (1) 가압식 : 최고사용압력 1.8배 이하
 (2) 축압식 : 용기 내압시험압력의 0.8배 이하에서 작동

22회 제2과목 소방전기

43 그림과 같은 전압파형의 평균값 [V]은 얼마인가?

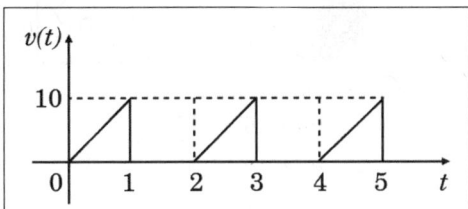

① 2.5 ② 3.5
③ 4.0 ④ 5.0

해설 | 각 파형의 실횻값과 평균값

파형	최댓값	실횻값	평균값
정현파	V_m	$\frac{1}{\sqrt{2}}V_m$	$\frac{2}{\pi}V_m$
반파정현파	V_m	$\frac{1}{2}V_m$	$\frac{1}{\pi}V_m$
구형파	V_m	V_m	V_m
반파구형파	V_m	$\frac{1}{\sqrt{2}}V_m$	$\frac{1}{2}V_m$
삼각파	V_m	$\frac{1}{\sqrt{3}}V_m$	$\frac{1}{2}V_m$
톱니파(전파)	V_m	$\frac{1}{\sqrt{3}}V_m$	$\frac{1}{2}V_m$
톱니파(반파)	V_m	$\frac{1}{\sqrt{6}}V_m$	$\frac{1}{4}V_m$

평균값 $V_{av} = \frac{10}{4} = 2.5$

44 전자장 해석을 위한 미분연산에 관한 설명 중 옳지 않은 것은?

① 벡터계의 미분계산에는 미분연산자 ∇(델)을 사용한다.
② ∇V는 스칼라 함수 V의 변화율(경도)을 의미한다.
③ 벡터 E의 발산은 단위 체적에서 발산하는 선속수를 의미하며, $\nabla^2 \cdot E$로 표시한다.
④ $\nabla \cdot \nabla$을 라플라시안이라 부른다.

해설 | 가우스의 발산정리
1) 정의 : 미소 폐곡면으로 정의된 단위 체적당 밖으로 향하는 총 선속
2) 수식 :
$$\int_s E ds = \int_v \div E dv = \int_v \nabla E dv$$

45 자계에 관한 설명으로 옳지 않은 것은?

① 도체의 운동에 의한 전자유도현상에 의해 발생되는 유도기전력의 방향은 플레밍의 왼손법칙에 따라 결정된다.
② 자계의 크기나 자성체 내부의 자기적인 상태를 나타내기 위하여 자속의 방향에 수직인 단위 면적을 통과하는 자속의 수를 자속밀도라 한다.
③ 자석 사이에 작용하는 힘을 양적으로 취급하는데 전계에서와 같이 쿨롱의 법칙을 이용한다.
④ 암페어의 주회법칙은 전류에 의한 자계의 세기를 구하는 데 사용한다.

해설 | 유도기전력 크기와 방향
1) 자속 변화에 따른 유도기전력
  (1) 크기 : 패러데이 법칙 $e = -N\dfrac{d\phi}{dt}$ [V]
  (2) 방향 : 렌츠의 법칙
2) 도체 운동에 의한 유도기전력
  (1) 크기 : $F = Bl\,v\sin\theta\,(V)$
  (2) 방향 : 플레밍의 오른손법칙

46 소방시설도시기호 중 비상분전반에 해당하는 기호는?

①    ②

③ 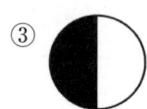   ④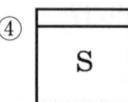

해설 | 소방시설도시기호
① 할로겐화합물 소화기
② 비상분전반
③ 표시등
④ 연기감지기

47 2대의 단상변압기로 3상 전력을 얻는 V결선 방식의 이용률은 약 몇 %인가?

① 22.9
② 33.3
③ 57.7
④ 86.6

해설 | V결선 이용률과 출력비
• 이용률 : 86.6 %
• 출력비 : 57.7 %

정답 45 ① 46 ② 47 ④

48 그림과 같은 RLC 직렬회로에서 v(t)의 실횻값이 220 V일 때 회로에 흐르는 실효전류 [A]는 얼마인가?

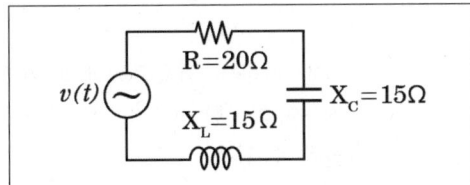

① 4.4 ② 6.3
③ 7.3 ④ 11.0

해설 | 실효전류
위 그림은 허수부가 같은 공진회로이므로 저항값만 존재한다.
따라서 전류는 $I = \dfrac{V}{Z} = \dfrac{220}{20} = 11\,A$이다.

49 그림과 같은 T형회로의 임피던스 파라미터 중 옳지 않은 것은?

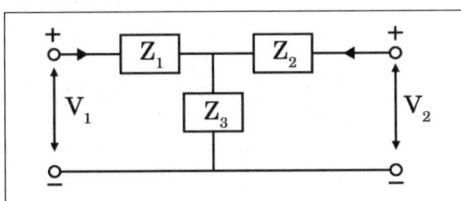

① $Z_{11} = Z_1 + Z_3$ ② $Z_{12} = Z_1$
③ $Z_{21} = Z_3$ ④ $Z_{22} = Z_2 + Z_3$

해설 | T형회로의 임피던스 파라미터
$Z_{11} = Z_1 + Z_3$
$Z_{12} = Z_{21} = Z_3$
$Z_{22} = Z_2 + Z_3$

50 그림과 같은 피드백제어계 블록선도의 전달함수는?

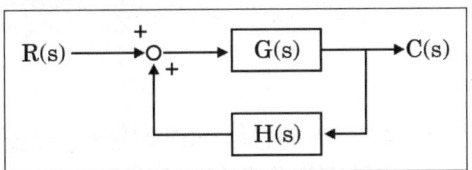

① $\dfrac{G(s)}{1 + G(s) \cdot H(s)}$

② $\dfrac{H(s)}{1 + G(s) \cdot H(s)}$

③ $\dfrac{G(s)}{1 - G(s) \cdot H(s)}$

④ $\dfrac{H(s)}{1 - G(s) \cdot H(s)}$

해설 | 블록선도의 전달함수
1) $\dfrac{C}{R} = \dfrac{출력신호}{입력신호} = \dfrac{경로}{1 - 폐로}$
2) 경로 : "C로 도달하는 길"
3) 폐로 : 방향(부호) 고려
4) $\dfrac{C}{R} = \dfrac{경로}{1 - 폐로} = \dfrac{G(S)}{1 - G(S)H(S)}$

정답 48 ④ 49 ② 50 ③

22회 제3과목 소방관련법령

목표 점수 : _____   맞은 개수 : _____

51 소방기본법령상 소방자동차 전용구역에 관한 설명으로 옳은 것은?

① 소방자동차 전용구역 노면표지 도료의 색채는 백색을 기본으로 하되, 문자(P, 소방차 전용)는 황색으로 표시한다.
② 세대수가 80세대인 아파트의 건축주는 소방자동차 전용구역을 설치하여야 한다.
③ 전용구역 노면표지의 외곽선은 빗금무늬로 표시하되, 빗금은 두께를 30 cm로 하여 50 cm 간격으로 표시한다.
④ 전용구역에 차를 주차하거나 전용구역에의 진입을 가로막는 등의 방해행위를 한 자에게는 200만 원 이하의 과태료를 부과한다.

해설 | 소방자동차 전용구역
1) 전용구역 설치대상 및 제외대상
  (1) 설치대상
    ㉠ 공동주택으로 <u>100세대 이상 아파트</u>
    ㉡ 공동주택으로 3층 이상 기숙사
  (2) 제외대상 : 하나의 대지에 하나의 동으로 구성되고 정차 또는 주차가 금지된 편도 2차선 이상의 도로에 직접 접하여 소방자동차가 도로에서 직접 소방활동이 가능한 공동주택
2) 전용구역 설치기준·방법
  (1) 공동주택의 건축주는 소방자동차가 접근하기 쉽고, 소방활동이 원활하게 수행될 수 있도록 각 동별 전면 또는 후면에 소방자동차 전용구역을 1개소 이상 설치해야 함

  (2) 다만 하나의 전용구역에서 여러 동의 접근이 가능한 경우 각 동별 설치를 하지 않을 수 있음
  (3) 전용구역의 설치방법

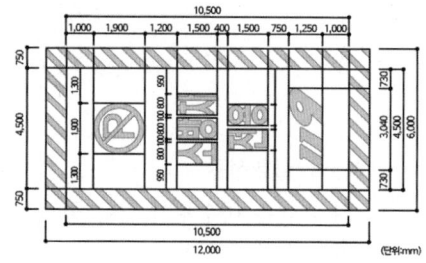

  ① 전용구역 노면표지 외곽선 : 빗금무늬
  ② 외곽선 빗금
    ㉠ 두께 30 cm
    ㉡ 간격 50 cm
  ③ 노면표지
    ㉠ 도료 색체 : 황색 기본
    ㉡ 문자(P, 소방차 전용) 색체 : 백색
3) 과태료

과태료 금액	위반행위
<u>100만 원 이하</u>	소방자동차 전용구역에 주차하거나 진입을 가로막는 등의 방해행위를 한 자 (1차 50, 2차 100, 3차 100, 4차 이상 100)

정답 51 ③

52 소방기본법령상 소방지원활동으로 명시되지 않은 것은?

① 산불에 대한 예방·진압 등 지원
② 단전사고 시 비상전원 또는 조명의 공급 지원
③ 자연재해에 따른 급수·배수 및 제설 등 지원
④ 집회·공연 등 각종 행사 시 사고에 대비한 근접대기 등 지원

해설 | 소방지원활동

1) 정의 : 소방청장·본부장·서장은 공공의 안녕질서 유지, 복리증진을 위하여 필요한 경우 소방활동 외에 소방지원활동을 하게 할 수 있음
2) 소방지원활동의 종류
   (1) 산불에 대한 예방·진압 등 지원활동
   (2) 자연재해에 따른 급수·배수·제설 등 지원활동
   (3) 집회·공연 등 각종 행사의 사고에 대비한 근접대기 등 지원활동
   (4) 화재·재난·재해로 인한 피해복구 지원활동
   (5) 그 밖에 행정안전부령으로 정하는 활동
      ㉠ 군·경찰 등 유관기관의 훈련지원 활동
      ㉡ 소방시설 오작동 신고에 따른 조치 활동
      ㉢ 방송제작 또는 촬영 관련 지원활동
※ ② 단전사고 시 비상전원 또는 조명의 공급 지원은 생활안전활동임

53 소방기본법령상 벌칙에 관한 설명이다. ( )에 들어갈 내용으로 옳은 것은?

> 정당한 사유 없이 출동한 소방대원에게 폭행 또는 협박을 행사하여 화재진압·인명구조 또는 구급활동을 방해하는 행위를 한 사람은 (ㄱ)년 이하의 징역 또는 (ㄴ)천만 원 이하의 벌금에 처한다.

① ㄱ : 3, ㄴ : 3
② ㄱ : 3, ㄴ : 5
③ ㄱ : 5, ㄴ : 3
④ ㄱ : 5, ㄴ : 5

해설 | 소방활동

1) 소방청장·본부장·서장은 화재, 재난·재해, 그 밖에 위급한 상황이 발생하였을 때에는 소방대를 현장에 신속히 출동시켜 소방활동(화재진압, 인명구조·구급 등 소방에 필요한 활동)을 하게 하여야 함
2) 누구든지 정당한 사유 없이 소방대의 소방활동 방해하여서는 아니 됨

징역 (이하)	벌금 (또는, 이하)	위반행위
5년	5,000 만 원	1. 위력을 사용하여 소방대의 화재진압·인명구조, 구급활동 방해 2. 소방대의 현장 출동·출입을 고의로 방해 3. 출동한 소방대원에게 폭행 또는 협박을 행사하여 소방활동을 방해(음주 또는 약물로 인한 심신장애 상태에서 위반 시 형법의 감경 미적용) 4. 출동한 소방대의 소방장비를 파손 및 효용을 행하여 소방활동을 방해 5. 소방자동차의 출동을 방해한 사람

정답 52 ② 53 ④

징역 (이하)	벌금 (또는, 이하)	위반행위
5년	5,000 만 원	6. 사람을 구출, 불을 끄거나 불의 확산방지 활동을 방해한 사람 7. 정당한 사유 없이 소방용수시설 또는 비상소화장치를 사용하거나 소방용수시설 또는 비상소화 장치의 효용을 해치거나 그 정당한 사용을 방해한 사람

54. 소방기본법령상 화재예방, 소방활동 또는 소방훈련을 위하여 사용되는 소방신호의 종류로 명시되지 않은 것은?

① 발화신호 ② 위기신호
③ 해제신호 ④ 훈련신호

해설 | 소방신호의 종류와 방법 : 행정안전부령

구분	발령	타종 신호 (반복)	사이렌 신호	
경계 신호	화재 예방상, 화재 위험 시	1타와 연 2타	30초 (3회)	5초 (간격)
발화 신호	화재 발생 시	난타	5초 (3회)	5초 (간격)
해제 신호	소화활동 불필요시	1타 (상당 간격)	1분 (1회)	-
훈련 신호	훈련상 필요시	연 3타	1분 (3회)	10초 (간격)

암기 경발해훈, 1타년2 / 난 / 1타상 / 연3

55. 소방시설공사업법령상 소방시설별 하자보수 보증기간이 3년으로 규정되어 있는 소방시설을 모두 고른 것은?

ㄱ. 비상방송설비
ㄴ. 옥내소화전설비
ㄷ. 무선통신보조설비
ㄹ. 자동화재탐지설비

① ㄱ, ㄴ
② ㄱ, ㄷ
③ ㄴ, ㄹ
④ ㄷ, ㄹ

해설 | 하자보수 대상과 기간
〈개정 2025.1.21.〉 개정

2년	비상경보설비, 비상방송설비, 피난기구, 유도등, 비상조명등 및 무선통신보조설비
3년	자동소화장치, 옥내소화전설비, 스프링클러설비등, 물분무등소화설비, 옥외소화전설비, 자동화재탐지설비, 화재알림설비, 소화용수설비 및 소화활동설비(무선통신보조설비 제외)

※ 스프링클러설비등 : 스프링클러설비, 간이스프링클러설비, 화재조기진압용스프링클러설비

56 소방시설공사업법령상 착공신고를 한 공사업자가 변경신고를 하여야 하는 경우에 해당하지 않는 것은?

① 시공자가 변경된 경우
② 소방시설공사 기간이 변경된 경우
③ 설치되는 소방시설의 종류가 변경된 경우
④ 책임시공 및 기술관리 소방기술자가 변경된 경우

해설 | 공사업자 변경신고
공사업자가 신고한 사항 가운데 행정안전부령으로 정하는 중요한 사항(시공자·설치되는 소방시설의 종류·책임시공 및 기술관리 소방기술자) 변경하였을 때에는 변경신고를 하여야 함

57 소방시설공사업법령상 도급과 관련된 내용으로 옳은 것은?

① 공사업자가 도급받은 소방시설공사의 도급금액 중 그 공사(하도급한 공사를 포함한다)의 근로자에게 지급하여야 할 임금에 해당하는 금액은 그 반액(半額)까지 압류할 수 있다.
② 하수급인은 하도급받은 소방시설공사를 제3자에게 다시 하도급할 수 없다. 다만 시공의 경우에는 대통령령으로 정하는 바에 따라 하도급받은 소방시설공사의 일부를 다른 공사업자에게 하도급할 수 있다.
③ 공사금액이 10억 원 이상인 소방시설공사의 발주자는 하수급인의 시공 및 수행능력, 하도급계약의 적정성 등을 심사하기 위하여 하도급계약심사위원회를 두어야 한다.
④ 특정소방대상물의 관계인 또는 발주자는 해당 도급계약의 수급인이 정당한 사유 없이 30일 이상 소방시설공사를 계속하지 아니하는 경우 도급계약을 해지할 수 있다.

해설 | 소방시설공사등의 도급
1) 공사업자가 도급받은 소방시설공사의 도급금액 중 그 공사(하도급한 공사를 포함한다)의 근로자에게 지급하여야 할 임금에 해당하는 금액은 <u>압류할 수 없다.</u>
2) 하도급의 제한
   ① 도급을 받은 자는 소방시설의 설계·시공·감리를 제3자에게 하도급할 수 없음. 다만 시공의 경우에는 <u>대통령령으로 정하는 바에 따라 도급받은 소방시설공사의 일부를 다른 공사업자에게 하도급할 수 있음</u>
   ② <u>하수급인은 ①의 단서에 따라 하도급받은 소방시설공사를 제3자에게 다시 하도급할 수 없음</u>
3) 하도급계약심사위원회
   ※ 공사금액 기준은 없음
   (1) 하수급인이 계약내용을 수행하기에 현저하게 부적당하다고 인정
   (2) 하도급계약금액이 대통령령으로 정하는 비율에 따른 금액에 미달하는 경우

정답 56 ② 57 ④

① 하도급계약금액이 도급금액 중 하도급부분에 상당하는 금액[하도급하려는 소방시설공사등에 대하여 수급인의 도급금액 산출내역서의 계약단가(직접·간접 노무비, 재료비 및 경비를 포함한다)를 기준으로 산출한 금액에 일반관리비, 이윤 및 부가가치세를 포함한 금액을 말하며, 수급인이 하수급인에게 직접 지급하는 자재의 비용 등 관계 법령에 따라 수급인이 부담하는 금액은 제외한다]의 100분의 82에 해당하는 금액에 미달하는 경우
② 하도급계약금액이 소방시설공사등에 대한 발주자의 예정가격의 100분의 60에 해당하는 금액에 미달하는 경우

58 소방시설설치 및 관리에 관한 법령상 소방시설 등의 자체 점검에 관한 설명이다. ( )에 들어갈 내용으로 옳은 것은?

- 작동점검을 실시해야 하는 종합점검 대상물의 작동점검은 연 1회 이상 실시해야 하며, 종합점검을 받은 달부터 (ㄱ)개월이 되는 달에 실시한다.
- 법 제23조 제3항 전단에 따른 소방안전관리대상물의 관계인 및 「공공기관의 소방안전관리에 관한 규정」 제5조에 따라 소방안전관리자를 선임해야 하는 공공기관의 장은 자체점검을 실시한 경우 자체점검이 끝난 날부터 (ㄴ)일 이내에 자체점검 실시결과 보고서를 소방본부장 또는 소방서장에게 서면이나 소방청장이 지정하는 전산망을 통하여 보고해야 하며 그 점검결과를 (ㄷ)년간 자체 보관해야 한다.

① ㄱ : 3, ㄴ : 14, ㄷ : 1
② ㄱ : 6, ㄴ : 7, ㄷ : 1
③ ㄱ : 6, ㄴ : 15, ㄷ : 2
④ ㄱ : 6, ㄴ : 14, ㄷ : 2

해설 | 소방시설 등의 자체점검
1) 작동점검을 실시해야 하는 종합점검 대상물의 작동점검은 연 1회 이상 실시해야 하며, 종합점검을 받은 달부터 <u>6개월</u>이 되는 달에 실시한다.
2) 소방안전관리대상물의 관계인 및 소방안전관리자를 선임해야 하는 공공기관의 장은 작동점검·종합점검을 실시한 경우 자체점검이 끝난 날부터 <u>15일 이내</u> 자체점검 실시결과 보고서를 소방본부장 또는 소방서장에게 서면이나 소방청장이 지정하는 전산망을 통하여 보고해야 한다.
3) 소방안전관리대상물의 관계인 및 소방안전관리자를 선임해야 하는 공공기관의 기관장은 작동점검·종합점검을 실시한 경우 그 점검결과를 <u>2년간</u> 자체 보관해야 한다.

정답 58 ③

59. 소방시설설치 및 관리에 관한 법령상 임시소방시설에 해당하는 것은?

① 간이완강기
② 공기호흡기
③ 간이피난유도선
④ 비상콘센트설비

해설 | 임시소방시설의 종류와 설치기준

종류		공사의 규모와 종류	유사소방시설
소화기	–	소방본부장 또는 소방서장의 동의를 받아야 하는 특정소방대상물의 신축·증축·개축·재축·이전·용도변경 또는 대수선 등을 위한 공사 중 작업 현장에 설치	–
간이소화장치	물을 방사하여 화재를 진화할 수 있는 장치로서 소방청장이 정하는 성능을 갖추고 있을 것	다음 어느 하나에 해당하는 작업현장 ① 연면적 3,000 m² 이상 ② 지하층·무창층·4층 이상의 층 이 경우 해당 층의 바닥면적이 600 m² 이상인 경우만 해당	소방청장이 정하여 고시하는 기준에 맞는 소화기(연결송수관설비의 방수구 인근에 설치한 경우로 한정) 또는 옥내소화전설비
비상경보장치	화재가 발생한 경우 주변에 있는 작업자에게 화재사실을 알릴 수 있는 장치로서 소방청장이 정하는 성능을 갖추고 있을 것	다음 어느 하나에 해당하는 작업현장 ① 연면적 400m² 이상 ② 지하층·무창층 이 경우 해당 층의 바닥면적이 150 m² 이상인 경우만 해당	① 비상방송설비 ② 자동화재탐지설비
가스누설경보기	가연성가스가 누설 또는 발생된 경우 탐지하여 경보하는 장치로서 소방청장이 실시하는 형식승인 및 제품검사를 받은 것	바닥면적이 150 m² 이상인 지하층 또는 무창층의 작업현장에 설치	
간이피난유도선	화재가 발생한 경우 피난구 방향을 안내할 수 있는 장치로서 소방청장이 정하는 성능을 갖추고 있을 것	바닥면적이 150 m² 이상인 지하층 또는 무창층의 작업현장에 설치	① 피난유도선 ② 피난구유도등 ③ 통로유도등 ④ 비상조명등
비상조명등	화재발생 시 안전하고 원활한 피난활동을 할 수 있도록 거실 및 피난통로 등에 설치하여 자동 점등되는 조명장치로서 소방청장이 정하는 성능을 갖추고 있을 것	바닥면적이 150 m² 이상인 지하층·무창층의 작업현장에 설치	
방화포	용접·용단 등 작업 시 발생하는 금속성불티로부터 가연물이 점화되는 것을 방지해주는 천 또는 불연성 물품으로서 소방청장이 정하는 성능을 갖추고 있을 것	용접·용단 작업이 진행되는 작업현장에 설치	

※ 2023.7.1 시행 적용 : 가스누설경보기, 비상조명등, 방화포
※ 유사소방시설 : 임시소방시설과 기능 및 성능이 유사한 소방시설로서 임시소방시설을 설치한 것으로 보는 소방시설

정답 59 ③

60 소방시설설치 및 관리에 관한 법령상 특정소방대상물 중 업무시설이 아닌 것은?

① 마을회관
② 우체국
③ 보건소
④ 소년분류심사원

해설 | 업무시설
1) 공공업무시설, 일반업무시설(금융업소, 사무소, 신문사, 오피스텔)
2) 주민자치센터, 경찰서, 지구대, 파출소, 소방서, 119안전센터, 우체국, 보건소, 공공도서관
3) 마을회관, 마을공동작업소, 마을공동구판장
4) 변전소, 양수장, 정수장, 대피소, 공중화장실
※ 소년원 및 소년분류심사원 : 교정 및 군사시설

61 소방시설설치 및 관리에 관한 법령상 건축허가 등의 동의대상물에 해당하는 것은?

① 수련시설로서 연면적이 200 m²인 건축물
② 「정신건강증진 및 정신질환자 복지서비스 지원에 관한 법률」에 따른 정신의료기관으로서 연면적이 200 m²인 건축물
③ 「장애인복지법」에 따른 장애인 의료재활시설로서 연면적이 200 m²인 건축물
④ 승강기 등 기계장치에 의한 주차시설로서 자동차 10대 이하를 주차할 수 있는 시설

해설 | 건축허가동의 동의대상물의 범위
1) 연면적 400 m² 이상의 건축물이나 시설
  - 다만 다음 건축물은 예외
  (1) 학교시설 : 100 m² 이상
  (2) 노유자(老幼者) 시설 및 수련시설 : 200 m² 이상
  (3) 정신의료기관(입원실이 없는 정신건강의학과 의원은 제외)·장애인의료재활시설 : 300 m² 이상
2) 지하층 또는 무창층이 있는 건축물로서 바닥면적이 150 m²(공연장 100 m²) 이상인 층이 있는 것
3) 차고·주차장·주차용도로 사용되는 시설로서 어느 하나에 해당하는 것
  (1) 차고·주차장으로 사용되는 바닥면적이 200 m² 이상인 층이 있는 건축물·주차시설
  (2) 승강기 등 기계장치에 의한 주차시설로서 자동차 20대 이상 주차 시설
4) 층수가 6층 이상인 건축물
5) 항공기격납고, 관망탑, 항공관제탑, 방송용 송수신탑
6) 공동주택, 의원(입원실 또는 인공신장실이 있는 것으로 한정한다), 숙박시설,조산원, 산후조리원, 위험물 저장 및 처리시설, 발전시설 중 풍력발전소·전기저장시설, 지하구 〈개정 2024.12.31.〉 개정
7) 1)호에 해당하지 않는 노유자시설 중 다음 어느 하나에 해당하는 시설
  다만 아래 밑줄 친 부분의 시설 중 단독주택 또는 공동주택에 설치되는 시설은 제외
  (1) 노인 관련 시설 중 다음에 해당하는 시설
    ① 노인주거복지시설·노인의료복지시설·재가노인복지시설
    ② 학대피해노인 전용쉼터
  (2) 아동복지시설(아동상담소·아동전용시설·지역아동센터는 제외)

정답 60 ④ 61 ①

(3) 장애인거주시설
(4) 정신질환자 관련 시설
(5) 노숙인 관련 시설 중 노숙인자활시설·노숙인재활시설·노숙인요양시설
(6) 결핵환자나 한센인이 24시간 생활하는 노유자시설
8) 요양병원(의료재활시설 제외)
9) 공장 또는 창고시설로서 지정 수량의 750배 이상의 특수가연물을 저장·취급하는 것
10) 가스시설로서 지상에 노출된 탱크의 저장용량의 합계가 100톤 이상인 것

62 소방시설설치 및 관리에 관한 법령상 특정소방대상물의 관계인이 간이스프링클러 설비를 설치하여야 하는 대상이 아닌 것은?

① 입원실이 없는 의원으로서 연면적 600 m² 미만인 시설
② 조산원으로서 연면적 600 m² 미만인 시설
③ 교육연구시설 내에 합숙소로서 연면적 100 m² 이상인 것
④ 숙박시설로 사용되는 바닥면적의 합계가 300 m² 이상 600 m² 미만인 시설

해설 | 간이스프링클러설비를 설치하여야 하는 특정소방대상물 〈시행 2022.12.1.〉
1) 공동주택 중 연립주택 및 다세대주택(연립주택 및 다세대주택에 설치하는 간이SP는 화재안전기준에 따른 주택전용 간이 SP를 설치)

2) 근린생활시설 중 다음의 어느 하나에 해당하는 것
 (1) 근린생활시설로 사용하는 부분의 바닥면적 합계 1,000 m² 이상인 것은 모든 층
 (2) 의원, 치과의원, 한의원으로서 입원실 또는 인공신장실이 있는 시설 〈개정 2024.12.31.〉 개정
 (3) 조산원 및 산후조리원으로서 연 600 m² 미만인 시설
3) 의료시설 중 다음의 어느 하나에 해당하는 시설
 (1) 종합병원, 병원, 치과병원, 한방병원, 요양병원(의료재활시설 제외)으로 사용되는 바닥면적의 합계가 600 m² 미만인 시설
 (2) 정신의료기관 또는 의료재활시설로 사용되는 바닥면적의 합계가 300 m² 이상 600 m² 미만인 시설
 (3) 정신의료기관 또는 의료재활시설로 사용되는 바닥면적의 합계가 300 m² 미만이고, 창살이 설치된 시설
4) 교육연구시설 내에 합숙소로서 연면적 100 m² 이상인 경우에는 모든 층
5) 노유자시설로서 다음의 어느 하나에 해당하는 시설
 (1) 노유자 생활시설(단독주택 또는 공동주택에 설치되는 시설은 제외)
  ① 노인 관련 시설 중 다음에 해당하는 시설
   가. 노인주거복지시설·노인의료복지시설·재가노인복지시설
   나. 학대피해노인 전용쉼터
  ② 아동복지시설(아동상담소·아동전용시설·지역아동센터는 제외)
  ③ 장애인거주시설
  ④ 정신질환자 관련 시설

정답 62 ①

⑤ 노숙인 관련 시설 중 노숙인자활시설·노숙인재활시설·노숙인요양시설
⑥ 결핵환자나 한센인이 24시간 생활하는 노유자시설
(2) (1)에 해당하지 않는 노유자시설로 해당 시설로 사용하는 바닥면적의 합계가 300 m² 이상 600 m² 미만인 시설
(3) (1)에 해당하지 않는 노유자시설로 해당 시설로 사용하는 바닥면적의 합계가 300 m² 미만이고, 창살이 설치된 시설
6) 숙박시설로 사용되는 바닥면적의 합계가 300 m² 이상 600 m² 미만인 시설
7) 건물을 임차하여 보호시설로 사용하는 부분
8) 복합건축물로서 연면적 1,000 m² 이상인 것은 모든 층

63 소방시설설치 및 관리에 관한 법령상 소방기술심의위원회의 설명으로 옳은 것은?

① 중앙위원회는 성별을 고려하여 위원장을 포함한 21명 이내의 위원으로 구성한다.
② 중앙위원회 위원 중 위촉위원의 임기는 3년으로 한다.
③ 지방위원회의 위원 중 위촉위원의 임기는 2년으로 하되, 연임할 수 없다.
④ 지방위원회는 위원장을 포함하여 5명 이상 9명 이하의 위원으로 구성한다.

해설 | 소방기술심의위원회

구분	중앙위원회	지방위원회
위원장 위촉·임명	소방청장	시·도지사
위원 위촉·임명	소방청장	시·도지사
구성	• 60명 이내 • 회의 : 6명 이상 12명 이하	• 5 ~ 9명 • 위원장 포함
임기	2년(1회 연임 가능)	

64 화재의 예방 및 안전관리에 관한 법령상 소방안전관리보조자를 두어야 하는 특정소방대상물에 해당하지 않는 것은? (단, 야간과 휴일에 이용되고 있으며, 연면적 15,000 m² 미만으로 전제한다)

① 치료감호시설 ② 수련시설
③ 의료시설   ④ 노유자시설

해설 | 소방안전관리보조자 선임 대상물

보조자 선임대상물	보조자 최소 선임기준
① 아파트 300세대 이상	1명 + 300세대 초과마다 1명 추가 선임
② 연면적 15,000m² 이상 (아파트 제외)	1명 + 연 15,000 m² 초과마다 1명 추가 선임 다만 특정소방대상물의 방재실에 자위소방대가 24시간 상시 근무하고, 소방자동차 중 소방펌프차, 소방물탱크차, 소방화학차, 무인방수차를 운용하는 경우 30,000 m² 초과마다 1명 추가 선임

보조자 선임대상물	보조자 최소 선임기준
③ ①, ②를 제외한 특정소방대상물 중 다음 어느 하나에 해당하는 특정소방대상물 • 공동주택 중 기숙사 • 의료시설 • 노유자시설 • 수련시설 • 숙박시설(숙박시설로 사용되는 바닥면적의 합계가 1,500m² 미만이고, 관계인이 24시간 상시 근무하고 있는 숙박시설 제외)다만 해당 특정소방대상물이 소재하는 지역을 관할하는 소방서장이 야간이나 휴일에 해당 특정소방대상물이 이용되지 아니한다는 것을 확인한 경우에는 소방안전관리보조자를 선임하지 아니할 수 있음	1명

65 화재의 예방 및 안전관리에 관한 법령상 소방안전 특별관리기본계획의 수립·시행에 관한 설명이다. ( )에 들어갈 내용으로 옳은 것은?

> 소방청장은 소방안전 특별관리기본계획을 (ㄱ)년마다 수립·시행하여야 하고, 계획 시행 전년도 (ㄴ)까지 수립하여 시·도에 통보한다.

① ㄱ: 3, ㄴ: 10월 31일
② ㄱ: 3, ㄴ: 12월 31일
③ ㄱ: 5, ㄴ: 10월 31일
④ ㄱ: 5, ㄴ: 12월 31일

해설 | 계획의 수립·시행과 통보

구분	분류	수립	수립·시행자	통보·협의	통보기간	법
소방업무	종합계획	5년	소방청장	중장, 시·도지사	수립: 전년 10월 31일	기본법
	세부계획	매년	시·도지사	소방청장	수립: 전년 12월 31일	
화재예방정책	기본계획	5년	소방청장이 중장과 협의	중장, 시·도지사	협의: 전년 8월 31일 수립: 전년 9월 30일	예방법
	시행계획	매년	소방청장	중장, 시·도지사	전년: 10월 31일	
	세부시행계획	매년	중장, 시·도지사	소방청장	전년: 12월 31일	
소방안전특별관리	기본계획	5년	소방청장	시·도지사	전년 10월 31일	예방법
	시행계획	매년	시·도지사	소방청장	전년 12월 31일 통보: 다음 해 1월 31일	
다중이용업소안전관리	기본계획	5년	소방청장	중장, 시·도지사	–	다특법
	집행계획	매년	소방본부장	소방청장	전년실적 1월 31일	

정답 65 ③

66 소방시설설치 및 관리에 관한 법령상 1차 위반행위를 한 경우 소방청장이 소방시설관리사의 자격을 취소하여야 하는 사항은?

① 동시에 둘 이상의 업체에 취업한 경우
② 성실하게 자체점검 업무를 수행하지 아니한 경우
③ 소방안전관리 업무를 하지 아니한 경우
④ 소방안전관리 업무를 거짓으로 한 경우

해설 | 소방시설관리사 자격 취소

행정처분기준			위반행위
1차	2차	3차	
자격 취소	-	-	1. 거짓, 그 밖의 부정한 방법으로 시험에 합격한 경우 2. 소방시설관리사증을 다른 자에게 빌려준 경우 3. 동시에 둘 이상의 업체에 취업한 경우 4. 「관리사의 결격사유」에 해당하는 경우
경고 (시정명령)	자격 정지 (6월)	자격 취소	5. 화재예방법에 따른 대행인력의 배치기준·자격·방법 등 준수사항을 지키지 않은 경우 6. 거짓으로 점검한 경우 7. 성실하게 자체점검업무를 수행하지 않는 경우
자격 정지 (1월)	자격 정지 (6월)	자격 취소	점검을 하지 않은 경우

67 화재의 예방 및 안전관리에 관한 법령상 수수료 또는 교육비 반환에 관한 설명이다. (　)에 들어갈 내용으로 옳은 것은?

- 시험시행일 또는 교육실시일 (ㄱ)일 전까지 접수를 취소하는 경우 : 납입한 수수료 또는 교육비의 전부
- 시험시행일 또는 교육실시일 (ㄴ)일 전까지 접수를 취소하는 경우 : 납입한 수수료 또는 교육비의 100분의 50

① ㄱ : 14, ㄴ : 7
② ㄱ : 20, ㄴ : 10
③ ㄱ : 30, ㄴ : 15
④ ㄱ : 40, ㄴ : 20

해설 | 수수료 또는 교육비 반환
1) 시험시행일 또는 교육실시일 20일 전까지 접수를 취소하는 경우 : 납입한 수수료 또는 교육비의 전부
2) 시험시행일 또는 교육실시일 10일 전까지 접수를 취소하는 경우 : 납입한 수수료 또는 교육비의 100분의 50

68 소방시설설치 및 관리에 관한 법령상 벌칙에 관한 설명으로 옳지 않은 것은?

① 관리업의 등록을 하지 아니하고 영업을 한 자는 3년 이하의 징역 또는 3천만 원 이하의 벌금에 처한다.
② 합격표시를 하지 아니한 소방용품을 판매·진열하거나 소방시설공사에 사용한 자는 3년 이하의 징역 또는 3천만 원 이하의 벌금에 처한다.
③ 관리업의 등록증이나 등록수첩을 다른 자에게 빌려준 자는 1년 이하의 징역 또는 1천만 원 이하의 벌금에 처한다.
④ 업무를 수행하면서 알게 된 비밀을 목적 외의 용도로 사용 또는 누설한 자는 500만 원 이하의 벌금에 처한다.

해설 | 300만 원 이하의 벌금
④ 업무를 수행하면서 알게 된 비밀을 목적 외의 용도로 사용하거나 다른 사람 또는 기관에 제공하거나 누설한 자

69 위험물안전관리법령상 위험물의 성질과 품명의 바르게 연결된 것은?

① 산화성고체 - 과염소산염류
② 자연발화성물질 및 금수성물질 - 특수인화물
③ 인화성액체 - 아조화합물
④ 자기반응성물질 - 과산화수소

해설 | 위험물의 성질과 품명
② 특수인화물 : 인화성액체
③ 아조화합물 : 자기반응성물질
④ 과산화수소 : 산화성액체

70 위험물안전관리법령상 동일구 내에 있거나 상호 100 m 이내의 거리에 있는 다수의 저장소로서 동일인이 설치한 경우 1인의 안전관리자를 중복하여 선임할 수 없는 것은?

① 10개의 옥내저장소
② 30개의 옥외저장소
③ 10개의 암반탱크저장소
④ 30개의 옥외탱크저장소

해설 | 1인 안전관리자의 중복선임

대상물과 대상물		조건
7개 이하의 일반취급소 (보일러·버너 등 위험물을 소비하는 장치)	+ 저장소	동일구 내에 있는 경우 동일인이 설치
5개 이하의 일반취급소 (옮겨 담기 위한 취급소) → 일반취급소 간의 보행거리 300 m 이내인 경우에 한함	+ 저장소	동일인이 설치

정답 68 ④ 69 ① 70 ②

대상물과 대상물		조건
저장소	+ 저장소	1) 동일구역 내에 있거나, 상호 100 m 이내 거리에 있는 저장소 2) 동일인이 설치한 경우 3) 저장소 개수 조건 • 옥내, 옥외, 암반탱크 : 10개 이하 • 옥외탱 : 30개 이하 • (옥내,지하,간이)탱크 : 제한 없음
5개 이하의 제조소등		1) 동일인 설치 2) 각 제조소등이 동일구내에 위치하거나 상호 100m 이내 거리에 있을 것 3) 각 제조소등에서 저장 취급하는 위험물의 최대수량이 지정수량의 3,000배 미만일 것(저장소 제외)

해설 | 벌칙기준

징역, 금고 (이하)	벌금 (또는 이하)	위반행위	
무기 또는 5년 이상	-	1. 위험물을 유출·방출 또는 확산시킨 경우	사망
무기 또는 3년 이상	-		상해
1년 이상 또는 10년	-		위험 발생
10년 이하 징역, 금고	1억 원	2. 업무상 과실로 위험물을 유출·방출 또는 확산시킨 경우	사상
7년 이하 금고	7천 만 원		위험 발생

71 위험물안전관리법령상 제조소등에서 위험물을 유출·방출 또는 확산시켜 사람의 생명·신체 또는 재산에 대하여 위험을 발생시킨 자에게 적용되는 벌칙기준은?

① 1년 이상 10년 이하의 징역
② 7년 이하의 금고 또는 7천만 원 이하의 벌금
③ 5년 이하의 금고 또는 1억 원 이하의 벌금
④ 10년 이하의 금고 또는 1억 원 이하의 벌금

72 다중이용업소의 안전관리에 관한 특별법령상 소방청장, 소방본부장 또는 소방서장이 화재를 예방하고 화재로 인한 생명·신체·재산상의 피해를 방지하기 위하여 필요하다고 인정하는 경우 화재위험평가를 할 수 있는 지역 또는 건축물은?

① 3,000 m² 지역 안에 다중이용업소 40개가 밀집하여 있는 경우
② 10층인 건축물로서 다중이용업소 5개가 있는 경우
③ 하나의 건축물에 다중이용업소를 사용하는 영업장 바닥면적의 합계가 1,000 m²인 경우
④ 4층인 건축물로서 다중이용업소로 사용하는 영업장 바닥면적의 합계가 500 m²인 경우

해설 | 화재위험 평가지역
1) 2,000 m² 지역 안에 다중이용업소가 50개 이상 밀집(도로로 둘러싸인 일단의 지역의 중심지점을 기준으로 함)
2) 5층 이상인 건축물로서 다중이용업소가 10개 이상 있는 경우
3) 하나 건축물에 다중이용업소로 사용하는 영업장 바닥면적의 합계가 1,000 m² 이상인 경우

4) 수립지침 내용
 (1) 화재 등 재난 발생 경감대책
  ㉠ 화재피해 원인조사 및 분석
  ㉡ 안전관리정보의 전달·관리체계 구축
  ㉢ 화재 등 재난 발생에 대비한 교육·훈련과 예방에 관한 홍보
 (2) 화재 등 재난 발생을 줄이기 위한 중·장기 대책
  ㉠ 다중이용업소의 안전시설 등의 관리 및 유지계획
  ㉡ 소방법령 및 관련 기준의 정비

73 다중이용업소의 안전관리에 관한 특별법령상 소방청장이 작성하는 다중이용업소의 안전관리기본계획 수립지침에 포함시켜야 하는 내용 중 화재 등 재난 발생을 줄이기 위한 중·장기 대책으로 명시된 사항은?

① 화재피해 원인조사 및 분석
② 안전관리정보의 전달·관리체계 구축
③ 다중이용업소 안전시설 등의 관리 및 유지계획
④ 화재 등 재난 발생에 대비한 교육·훈련과 예방에 관한 홍보

해설 | 다중이용업소의 안전관리기본계획 수립지침
1) 작성자 : 소방청장
2) 협의 대상 : 중앙행정기관의 장
3) 통보 대상 : 중앙행정기관의 장

74 다중이용업소의 안전관리에 관한 특별법령상 양 옆에 구획된 실이 있는 영업장으로서 구획된 실의 출입문 열리는 방향이 피난통로 방향인 경우 다중이용업주 및 다중이용업을 하려는 자가 설치·유지하여야 하는 영업장 내부 피난통로의 폭은?

① 75 cm 이상   ② 100 cm 이상
③ 120 cm 이상   ④ 150 cm 이상

해설 | 영업장 내부 피난통로

영업장 내부 피난통로	
• 내부 피난통로 폭 : 120 cm 이상. 다만 양옆의 구획된 실 + 피난방향으로 출입문 열림 = 150 cm 이상 • 구획실로부터 주된 출입구 또는 비상구까지 내부 피난통로 구조는 3번 이상 구부러지는 형태로 설치하지 말 것	구획된 실이 있는 영업장만 설치

정답 73 ③ 74 ④

75 다중이용업소의 안전관리에 관한 특별법령상 소방안전교육에 필요한 교육인력 및 시설·장비기준에 관한 설명으로 옳은 것은?

① 소방 관련 기관에서 5년의 실무경력이 있는 자로서 3년의 강의경력이 있는 자는 강사의 자격요건을 충족한다.
② 소방위 이상의 소방공무원은 강사의 자격요건을 충족한다.
③ 바닥면적이 50 m²인 사무실은 교육시설기준을 충족한다.
④ 바닥면적이 80 m²인 실습실·체험실은 교육시설기준을 충족한다.

2) 시설기준
  ① 사무실 : 바닥면적 60 m² 이상일 것
  ② 강의실 : 바닥면적 100 m² 이상이고 의자·탁자 및 교육용 비품을 갖출 것
  ③ 실습·체험실 : 바닥면적 100 m² 이상일 것
3) 장비기준
빔프로젝터(스크린 포함), 소화기(단면절개 : 斷面切開), 경보설비시스템, 스프링클러모형, 자동화재탐지설비 세트, 소화설비 계통도 세트, 소화기 시뮬레이터 세트, 소방시설 점검기구

해설 | 소방안전교육
 1) 강사의 자격요건
   ① 소방 관련학의 석사학위 이상을 가진 자
   ② 전문대학에서 소방안전 관련 학과 전임강사 이상으로 재직한 자
   ③ 소방기술사, 위험물기능장, 소방시설관리사, 소방안전교육사 자격을 소지한 자
   ④ 소방설비기사 및 위험물산업기사 자격을 소지한 자로서 2년 이상 강의 경력
   ⑤ 소방설비산업기사 및 위험물기능사 자격을 소지한 자로서 5년 이상 강의 경력
   ⑥ 소방안전 관련 학과를 졸업하고 5년 이상 강의경력이 있는 자
   ⑦ <u>10년 이상 실무경력이 있는 자로서 5년 이상 강의경력이 있는 자</u>
   ⑧ <u>소방위 또는 지방소방위 이상의 소방공무원</u> 또는 소방설비기사 자격을 소지한 소방장 또는 지방소방장 이상의 소방공무원
   ⑨ 응급구조사 자격을 소지한 소방공무원(응급처치 교육에 한함)

정답 75 ②

22회 제4과목 위험물의 성상 및 시설기준

목표 점수 : _____   맞은 개수 : _____

76 제4류 위험물 중 제2석유류에 해당하는 것은?

① 중유
② 아세톤
③ 경유
④ 이황화탄소

해설 | 중유 : 제3석유류
아세톤 : 제1석유류
경유 : 제2석유류
이황화탄소 : 특수인화물

77 다음 제4류 위험물의 인화점이 높은 것부터 낮은 순서대로 옳게 나열한 것은?

ㄱ. 이황화탄소
ㄴ. 이소프렌
ㄷ. 메틸에틸케톤
ㄹ. 아세톤

① ㄱ-ㄴ-ㄷ-ㄹ
② ㄱ-ㄴ-ㄹ-ㄷ
③ ㄷ-ㄱ-ㄴ-ㄹ
④ ㄷ-ㄹ-ㄱ-ㄴ

해설 | 인화점 높은 순서
메틸에틸케톤(-1℃) > 아세톤(-18℃) > 이황화탄소(-30℃) > 이소프렌(-54℃)

78 하이드록실아민의 성상에 관한 설명으로 옳지 않은 것은?

① 물, 메틸알코올에 녹는다.
② 금속과 접촉하면 가연성의 C_2H_2 가스가 발생한다.
③ 암모니아에서 수소가 수산기로 치환되어 생성된 무색의 침상결정 물질이다.
④ 습기와 이산화탄소가 존재하면 분해, 가열되면서 폭발할 수 있다.

해설 | 하이드록실아민(수산화아민)
1) 무색의 침상결정 물질
2) 열분해식
   $3NH_2OH \rightarrow NH_3O + N_2 + 3H_2$
3) 물에는 녹고, 알코올에는 약간 녹음
4) 반도체산업, 의약업, 제조업, 농약중간원료, 원자력분야

79 공기 중에서 에틸알코올 46 g을 완전연소시키기 위해서 필요한 공기량 [g]은 약 얼마인가? (단, 공기 중에 산소는 21 vol%, 질소는 79 vol%이다)

① 206
② 275
③ 344
④ 412

정답 76 ③   77 ④   78 ②   79 ④

해설 | 에틸알코올의 완전연소
1) 에틸알코올 완전연소 반응식
   $C_2H_5OH + 3O_2 \rightarrow 2CO_2 + 3H_2O$
2) 위 반응식에서 에틸알코올 46 g을 완전연소 위한 산소량 계산하면
   46 g : (3 × 32)g = 46 g : X g
   ∴ X = 96 g
3) 공기 중에 산소는 21 vol.%, 질소는 79 vol.%이므로 0.21 : 0.79의 비율을 갖는다.
4) 이때 산소의 mol(질량/분자량)은 96 g / 32 g = 3 mol이므로 질소의 mol을 구하면
   0.21 : 0.79 = 3 mol : X mol
   ∴ X = 11.285 mol
5) 따라서 공기량(g)은
   산소(O_2) 32 g × 3 mol = 96 g
   질소(N_2) 28 g × 11.285 mol ≒ 316 g
   96 + 316 = 412 g이다.

80 48 g의 수소화나트륨이 물과 완전 반응하였을 때 이론적으로 발생 가능한 수소 질량 [g]은 약 얼마인가? (단, 수소화나트륨 1 mol의 분자량은 24 g이다)
① 1　　② 2
③ 3　　④ 4

해설 | 수소의 질량(g)
소화나트륨과 물과 반응식
$NaH + H_2O \rightarrow NaOH + H_2$
24 g : 2 g = 48 g : X g
X = 4 g

81 위험물안전관리법령상 제6류 위험물의 성상에 관한 설명으로 옳은 것을 모두 고른 것은?

ㄱ. 무기화합물이다.
ㄴ. 유독성 증기가 발생하기 쉽다.
ㄷ. 유기물과 혼합하면 착화할 염려가 있다.

① ㄱ, ㄴ　　② ㄱ, ㄷ
③ ㄴ, ㄷ　　④ ㄱ, ㄴ, ㄷ

해설 | 제6류 위험물
1) 산화성액체, 무기화합물로 이루어짐
2) 무색, 투명, 비중 1보다 크고 표준상태에서 모두 액체
3) 상온에서 액체이며 물에 잘 녹음
4) 불연성, 가연물, 유기물 등과 혼합 시 발화
5) 증기는 유독성, 피부 접촉 시 점막 부식
   ※ 주의사항 : 가연물 접촉 주의

82 메틸알코올과 에틸알코올의 성상에 관한 설명으로 옳지 않은 것은?
① 포화1가 알코올이다.
② 연소하한계는 메틸알코올이 에틸알코올보다 낮다.
③ 인화점은 상온(20 ℃)보다 낮고 비점은 100 ℃ 미만이다.
④ 연소 시 불꽃이 잘 보이지 않으므로 화상의 위험이 있다.

정답 80 ④ 81 ④ 82 ②

해설 | 메틸알코올과 에틸알코올 연소범위
1) 메틸알코올 : 7.3 - 36 %
2) 에틸알코올 : 4.3 - 19 %
∴ 연소하한계는 메틸알코올이 에틸알코올 보다 높다.

해설 | 특수인화물
1) 종류 : 다이에틸에터, 아세트알데히드, 산화프로필렌, 이황화탄소
2) 지정수량 및 위험등급 : 50 L, I등급

83 질산암모늄 8 kg이 급격한 가열, 충격으로 완전 분해 폭발되어 질소, 수증기, 산소로 분해되었다. 이때 생성되는 질소의 양 [kg]은? (단 질소 원자량은 14, 수소 원자량은 1, 산소 원자량은 16이다)

① 1.4 ② 2.8
③ 4.2 ④ 5.6

해설 | 질소의 양(kg)
1) 질산암모늄 분해 반응식
   $2NH_4NO_3 \rightarrow 2N_2 + 4H_2O + O_2 \uparrow$
2) 질소의 양(kg)
   (2 × 80) kg : (2 × 28) kg = 8 kg : X kg
   X = 2.8 kg

84 위험물안전관리법령상 위험물별 위험등급 - 품명 - 지정수량의 연결로 옳지 않은 것은?

① I등급 - 알킬리튬 - 10 kg
② II등급 - 황화인 - 100 kg
③ II등급 - 알칼리토금속 - 50 kg
④ III등급 - 다이에틸에터 - 50 kg

85 위험물안전관리법령상 제조소에 설치하는 배출설비의 배출능력 기준은? (단, 배출설비는 국소방식이다)

① 1시간당 배출장소 용적의 10배 이상
② 1시간당 배출장소 용적의 15배 이상
③ 1시간당 배출장소 용적의 20배 이상
④ 1시간당 배출장소 용적의 25배 이상

해설 | 위험물제조소 배출설비의 배출능력
1) 국소방식 : 1시간당 배출장소 용적의 20배 이상
2) 전역방식 : 바닥면적 1 m^2당 18 m^3 이상

86 위험물안전관리법령상 제조소등에 설치하는 옥외소화전 설비에 관한 기준이다. ( )에 들어갈 내용으로 옳은 것은?

옥외소화전설비는 모든 옥외소화전(설치개수가 4개 이상인 경우는 4개의 옥외소화전)을 동시에 사용할 경우에 각 노즐끝부분의 방수압력이 (ㄱ) kPa 이상이고, 방수량이 1분당 (ㄴ) L 이상의 성능이 되도록 할 것

① ㄱ : 100, ㄴ : 80
② ㄱ : 100, ㄴ : 260
③ ㄱ : 170, ㄴ : 350
④ ㄱ : 350, ㄴ : 450

정답 83 ② 84 ④ 85 ③ 86 ④

해설 | 옥외소화전설비
- 방수압력 : 350 kPa 이상
- 방수량 : 450 L/min 이상

87. 위험물안전관리법령상 제5류 위험물을 취급하는 위험물제조소에 설치하여야 하는 게시판의 주의사항으로 옳은 것은?

① 화기엄금
② 화기주의
③ 물기엄금
④ 물기주의

해설 | 위험물 주의사항 표기

유별		저장 및 취급 시	운반 시
제1류	알칼리금속의 과산화물과 이를 함유한 것	물기엄금	화기주의, 충격주의, 물기엄금, 가연물접촉주의
	기타	–	화기주의, 충격주의, 가연물접촉주의
제2류	인화성고체	화기엄금	화기엄금
	철분, 마그네슘 금속분	화기주의	물기엄금, 화기주의
	기타		화기주의
제3류	자연발화성물질	화기엄금	화기엄금, 공기접촉엄금
	금수성물질	물기엄금	물기엄금
제4류		화기엄금	화기엄금
제5류		화기엄금	화기엄금, 충격주의
제6류		–	가연물접촉주의

88. 위험물안전관리법령상 소화설비, 경보설비 및 피난설비의 기준에서 용량 190 L인 수조(소화전용물통 6개 포함)의 능력단위는?

① 1.0
② 1.5
③ 2.5
④ 3.0

해설 | 소화설비 설치기준의 소요단위 및 능력단위
1) 소요단위 : 소화설비의 설치대상이 되는 건축물 그 밖의 공작물의 규모 또는 위험물 양의 기준단위
2) 능력단위 : 1)의 소요단위에 대응하는 소화설비 소화능력의 기준단위

소화설비	용량	능력단위
소화전용 물통	8 L	0.3
수조(소화전용 물통 3개 포함)	80 L	1.5
수조(소화전용 물통 6개 포함)	190 L	2.5
마른 모래(삽 1개 포함)	50 L	0.5
팽창질석 또는 팽창진주암 (삽 1개 포함)	160 L	1.0

89. 위험물안전관리법령상 제조소의 위치·구조 및 설비의 환기설비 기준에서 급기구가 설치된 실의 바닥면적이 60 m²일 경우 급기구의 면적기준은?

① 150 cm² 이상
② 300 cm² 이상
③ 450 cm² 이상
④ 600 cm² 이상

정답 87 ① 88 ③ 89 ②

해설 | 제조소의 환기 설비
1) 환기방식 : 자연배기방식
2) 환기구 : 지붕 위 또는 지상 2 m 이상 회전식 고정벤틸레이터, 루프팬방식
3) 급기구 : 낮은 곳, 인화방지망
4) 급기구 크기

바닥면적	급기구 면적
60 m² 미만	150 cm² 이상
60 m² 이상 90 m² 미만	300 cm² 이상
90 m² 이상 120 m² 미만	450 cm² 이상
120 m² 이상 150 m² 미만	600 cm² 이상
150 m² 이상	800 cm² 이상

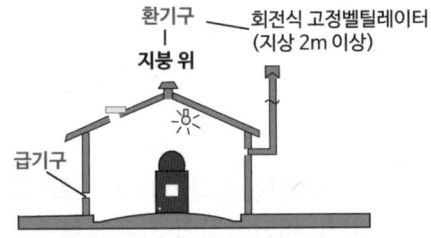

90 위험물안전관리법령상 하이드록실아민 등을 취급하는 제조소의 특례에서 제조소 주위에 설치하는 담 또는 토제(土堤)의 설치기준으로 옳지 않은 것은?

① 담은 두께 10 cm 이상의 철근콘크리트조·철골철근콘크리트조로 할 것
② 담은 두께 20 cm 이상의 보강콘크리트블록조로 할 것
③ 담 또는 토제는 당해 제조소의 외벽 또는 이에 상당하는 공작물의 외측으로부터 2 m 이상 떨어진 장소에 설치할 것
④ 토제의 경사면의 경사도는 60도 미만으로 할 것

해설 | 하이드록실아민 등 취급하는 제조소
1) 탱크주위 : 온도 및 농도 상승에 의한 위험 반응 방지 철이온 등 혼입 의한 위험 반응 방지
2) 담 또는 토제 : 제조소 외벽, 공작물 외측으로부터 2 m 이상 떨어진 곳
 • 두께 : 15 cm 이상(철근콘크리트조, 철골철근콘크리트조), 20 cm 이상 (보강 콘크리트블록조)
 • 경사도 : 60° 미만

91 위험물안전관리법령상 소화설비, 경보설비 및 피난설비의 기준에서 연면적이 300 m²인 위험물제조소의 소요단위는? (단, 제조소의 건축물 외벽은 내화구조가 아니다)

① 3   ② 4
③ 5   ④ 6

해설 | 소요단위 계산방법

구분	제조소 또는 취급소	저장소	위험물
외벽 내화구조	100 m²	150 m²	지정수량의 10배
외벽 비내화구조	50 m²	75 m²	

제조소이며, 외벽이 비내화구조이므로,
300 m² ÷ 50 m² = 6 소요단위

92 위험물안전관리법령상 제조소의 위치·구조 및 설비의 기준에서 위험물을 취급하는 건축물의 지붕(작업공정상 제조기계시설 등이 2층 이상에 연결되어 설치된 경우에는 최상층의 지붕을 말한다)을 내화구조로 할 수 있는 건축물을 모두 고른 것은?

> ㄱ. 제6류 위험물을 취급하는 건축물
> ㄴ. 제4류 위험물 중 제4석유류·동식물유류를 취급하는 건축물
> ㄷ. 외부화재에 60분 이상 견딜 수 있는 밀폐형 구조의 건축물

① ㄱ, ㄴ   ② ㄱ, ㄷ
③ ㄴ, ㄷ   ④ ㄱ, ㄴ, ㄷ

해설 | 제조소의 구조
1) 지하층이 없어야 한다.
2) 벽, 기둥, 바닥, 보, 서까래 및 계단 : 불연재료(연소의 우려가 있는 외벽은 내화구조의 벽으로 할 것)
3) 지붕 : 폭발력이 위로 방출될 정도의 가벼운 불연재료
   지붕(작업공정상 제조기계시설 등이 2층 이상에 연결되어 설치된 경우에는 최상층의 지붕)은 폭발력이 위로 방출될 정도의 가벼운 불연재료로 덮어야 한다. 다만 위험물을 취급하는 건축물이 다음 각 목의 1에 해당하는 경우에는 그 지붕을 <u>내화구조</u>로 할 수 있다.
   (1) 제2류 위험물(분상의 것과 인화성고체를 제외한다), 제4류 위험물 중 제4석유류·동식물유류 또는 제6류 위험물을 취급하는 건축물인 경우
   (2) 다음의 기준에 적합한 밀폐형 구조의 건축물인 경우
      ㉠ 발생할 수 있는 내부의 과압(過壓) 또는 부압(負壓)에 견딜 수 있는 철근콘크리트조일 것
      ㉡ 외부화재에 90분 이상 견딜 수 있는 구조일 것
4) 출입구와 비상구 : 60분+ 방화문, 60분 방화문 또는 30분 방화문(연소의 우려가 있는 외벽 출입구 : 수시로 열 수 있는 자동폐쇄식 60분+ 방화문 또는 60분 방화문)
5) 창 및 출입구 : 망입유리
6) 액체 위험물을 취급하는 건축물의 바닥 : 위험물이 스며들지 못하는 재료, 적당한 경사, 최저부 집유설비 설치

93 위험물안전관리법령상 소화설비, 경보설비 및 피난설비의 기준에서 소화난이도등급 I 의 주유취급소 중 건축물에 한정하여 설치하는 소화설비는?

① 옥내소화전설비
② 옥외소화전설비
③ 스프링클러설비
④ 연결송수관설비

해설 | 소화난이도등급 I 의 제조소등에 설치하여야 하는 소화설비

제조소등의 구분			소화설비
제조소 및 일반취급소			옥내소화전설비, 옥외소화전설비, 스프링클러설비 또는 물분무등소화설비(화재발생 시 연기가 충만할 우려가 있는 장소에는 스프링클러설비 또는 이동식 외의 물분무등소화설비에 한한다)
주유취급소			스프링클러설비(건축물에 한정한다), 소형수동식소화기 등(능력단위의 수치가 건축물 그 밖의 공작물 및 위험물의 소요단위의 수치에 이르도록 설치할 것)
옥내저장소	처마높이가 6 m 이상인 단층건물 또는 다른 용도의 부분이 있는 건축물에 설치한 옥내저장소		스프링클러설비 또는 이동식 외의 물분무등소화설비
	그 밖의 것		옥외소화전설비, 스프링클러설비, 이동식 외의 물분무등소화설비 또는 이동식 포소화설비(포소화전을 옥외에 설치하는 것에 한한다)
옥외탱크저장소	지중탱크 또는 해상탱크 외의 것	황만을 저장취급하는 것	물분무소화설비
		인화점 70 ℃ 이상의 제4류 위험물만을 저장취급하는 것	물분무소화설비 또는 고정식 포소화설비
		그 밖의 것	고정식 포소화설비(포소화설비가 적응성이 없는 경우에는 분말소화설비)
	지중탱크		고정식 포소화설비, 이동식 이외의 불활성가스소화설비 또는 이동식 이외의 할로젠화합물소화설비
	해상탱크		고정식 포소화설비, 물분무소화설비, 이동식 이외의 불활성가스소화설비 또는 이동식 이외의 할로젠화합물소화설비
옥내탱크저장소	황만을 저장취급하는 것		물분무소화설비
	인화점 70 ℃ 이상의 제4류 위험물만을 저장취급하는 것		물분무소화설비, 고정식 포소화설비, 이동식 이외의 불활성가스소화설비, 이동식 이외의 할로젠화합물소화설비 또는 이동식 이외의 분말소화설비
	그 밖의 것		고정식 포소화설비, 이동식 이외의 불활성가스소화설비, 이동식 이외의 할로젠화합물소화설비 또는 이동식 이외의 분말소화설비
옥외저장소 및 이송취급소			옥내소화전설비, 옥외소화전설비, 스프링클러설비 또는 물분무등소화설비(화재 발생 시 연기가 충만할 우려가 있는 장소에는 스프링클러설비 또는 이동식 이외의 물분무등소화설비에 한한다)
암반탱크저장소	황만을 저장취급하는 것		물분무소화설비
	인화점 70 ℃ 이상의 제4류 위험물만을 저장취급하는 것		물분무소화설비 또는 고정식 포소화설비
	그 밖의 것		고정식 포소화설비(포소화설비가 적응성이 없는 경우에는 분말소화설비)

94 위험물안전관리법령상 제4류 위험물 중 이동탱크저장소에 저장하는 경우 접지도선을 설치하여야 하는 것으로 명시되어 있지 않은 것은?

① 특수인화물
② 제1석유류
③ 제2석유류
④ 제3석유류

해설 | 이동탱크저장소 설비
1) 배출구 배출밸브 설치 시 수동식 폐쇄장치 레버 : 15 cm 이상 또는 자동식 폐쇄장치 설치할 것, 탱크 배관 선단부에는 개폐밸브 설치할 것
2) 주유설비 설치 시 주입설비 길이 50 m 이내, 선단에 정전기 제거장치, 토출량 200 L/min 이하, 유속 1 m/s
3) 접지도선 : 특수인화물, 제1, 2석유류
   (1) 양도체의 도선에 비닐 등 절연재료로 피복하여 선단에 접지전극 등을 결착시킬 수 있는 클립 등을 부착할 것
   (2) 도선이 손상되지 아니하도록 도선을 수납할 수 있는 장치를 부착할 것

95 위험물안전관리법령상 이동탱크저장소의 이동저장탱크에 설치하는 안전장치 및 방파판의 기준으로 옳지 않은 것은?

① 하나의 구획부분에 2개 이상의 방파판을 이동탱크저장소의 진행방향과 수직으로 설치하되, 각 방파판은 그 높이 및 칸막이로부터 거리를 같게 할 것
② 방파판은 두께 1.6 mm 이상의 강철판 또는 이와 동등 이상의 강도·내열성 및 내식성이 있는 금속성의 것으로 할 것
③ 상용압력이 20 kPa 이하인 탱크에 있어서는 20 kPa 이상 24 kPa 이하의 압력에서 안전장치가 작동하는 것으로 할 것
④ 상용압력이 20 kPa를 초과하는 탱크에 있어서는 상용압력의 1.1배 이하의 압력에서 안전장치가 작동하는 것으로 할 것

해설 | 이동탱크저장소의 안전장치 및 방파판 기준
1) 안전장치 작동압력
   (1) 상용압력 20 kPa 이하인 탱크 : 20 kPa 이상 24 kPa 이하
   (2) 상용압력 20 kPa 초과 : 상용압력의 1.1배 이하의 압력
2) 방파판 : 내부 위험물 출렁임, 쏠림 방지
   (1) 두께 : 1.6 mm 이상 강철판(단, 칸막이로 구획된 부분의 용량이 2,000 L 미만인 부분에는 방파판 설치 제외)
   (2) 하나의 구획부분에 2개 이상의 방파판을 이동탱크저장소의 진행방향과 평행으로 설치하되, 방파판은 그 높이 및 칸막이로부터의 거리를 다르게 할 것
   (3) 하나의 구획부분에 설치하는 방파판 면적 합계는 당해 구획부분의 최대 수직단면적의 50 % 이상으로 할 것. 단, 수직단면이 원형이거나 짧은 지름이 1 m 이하의 타원형일 경우 40 % 이상

정답 94 ④ 95 ①

96 위험물안전관리법령상 주유취급소의 위치·구조 및 설비의 기준에서 이동저장탱크에 주입하기 위한 고정급유설비의 펌프기기가 분당 배출량이 200 L 이상인 경우 주유설비에 관계된 모든 배관의 안지름 [mm] 기준은?

① 32 mm 이상 ② 40 mm 이상
③ 50 mm 이상 ④ 65 mm 이상

해설 | 고정주유설비 및 고정급유설비의 펌프기기
1) 고정주유설비 최대 배출량 : 휘발유 분당 50 L 이하, 등유 분당 80 L 이하, 경유 분당 180 L 이하
2) 고정급유설비 최대배출량 : 분당 300 L 이하
분당 배출량이 200 L 이상인 경우에는 주유설비에 관계된 모든 배관의 안지름을 40 mm 이상으로 할 것

97 위험물안전관리법령상 옥내탱크저장소 중 탱크전용실을 단층건물 외의 건축물에 설치하는 경우 탱크전용실을 건축물의 1층 또는 지하층에 설치하여야 하는 것은?

① 질산의 탱크전용실
② 중유의 탱크전용실
③ 실린더유의 탱크전용실
④ 크레오소트유의 탱크전용실

해설 | 옥내탱크저장소의 탱크전용실을 1층 또는 지하층에 설치하여야 하는 경우
1) 제2류 : 황화인, 적린 및 덩어리 황
2) 제3류 : 황린
3) 제6류 : 질산

98 위험물안전관리법령상 인화성액체위험물(이황화탄소를 제외한다)의 옥외탱크저장소의 탱크 주위에 설치하여야 하는 방유제에 관한 내용이다. 아래 조건에서 방유제 내에 설치할 수 있는 옥외저장탱크의 최대 수는?

> 방유제 내에 설치하는 모든 옥외저장탱크의 용량이 20만 L 이하이고, 당해 옥외저장탱크에 저장 또는 취급하는 위험물의 인화점이 70 ℃ 이상 200 ℃ 미만인 경우

① 10 ② 15
③ 20 ④ 25

해설 | 옥외저장탱크 개수
1) 10기 이하 : 제1·2석유류
2) 20기 이하 : 옥외저장탱크 용량이 20만 L 이하이고, 인화점 70 ℃ 이상 200 ℃ 미만 (제3석유류)인 경우
3) 제한 없음 : 제4석유류

99 위험물안전관리법령상 간이탱크저장소의 간이 저장탱크에 설치하여야 하는 '밸브 없는 통기관'의 설비기준으로 옳지 않은 것은?

① 통기관의 지름은 25 mm 이상으로 할 것
② 통기관은 옥외에 설치하되, 그 끝부분의 높이는 지상 1.5 m 이상으로 할 것
③ 인화점 80 ℃ 이상의 위험물만을 해당 위험물의 인화점 미만의 온도로 저장 또는 취급하는 탱크에 설치하는 통기관에는 인화방지장치를 할 것
④ 통기관의 끝부분은 수평면에 대하여 아래로 45° 이상 구부려 빗물 등이 침투하지 아니하도록 할 것

정답 96 ② 97 ① 98 ③ 99 ③

해설 | 밸브 없는 통기관
1) 지름 : 25 mm 이상
2) 옥외 설치, 선단 지상 1.5 m 이상
3) 선단 45° 이상 구부림
4) 가는 눈 구리망 인화방지장치 설치(단, 인화점 70 ℃ 이상은 예외)

100 위험물안전관리법령상 위험물의 성질에 따른 옥내저장소의 특례에서 지정과산화물을 저장 또는 취급하는 옥내저장소에 대해 강화되는 저장창고의 기준으로 옳지 않은 것은?

① 저장창고는 200 m² 이내마다 격벽으로 완전하게 구획할 것
② 저장창고의 격벽은 두께 30 cm 이상의 철근콘크리트조 또는 철골철근콘크리트조로 하거나 두께 40 cm 이상의 보강콘크리트블록조로 할 것
③ 저장창고의 외벽은 두께 20 cm 이상의 철근콘크리트조나 철골철근콘크리트조 또는 두께 30 cm 이상의 보강콘크리트블록조로 할 것
④ 저장창고의 창은 바닥면으로부터 2 m 이상의 높이에 둘 것

해설 | 옥내저장소의 특례
지정과산화물의(제5류 위험물 중 유기과산화물 또는 이를 함유하는 것으로서 지정수량이 10 kg인 것) 옥내저장소 저장창고

		150 m²마다 완전 구획
격벽	두께	• 철근콘크리트조 · 철골철근콘크리트조(30 cm 이상) • 보강콘크리트블록조(40 cm 이상)
	돌출	양측 외벽 1 m 이상, 상부 지붕 50 cm 이상
외벽		철근콘크리트, 철골철근콘크리트(20 cm 이상), 보강콘크리트블록조(30 cm 이상)
출입구		60분+ 방화문 또는 60분 방화문
창		• 바닥면으로부터 2 m 이상 • 면적 : 0.4 m² 이내, 벽면의 1/80 이내
저장창고 지붕		• 서까래간격 30 cm, 지붕 아래쪽 한 변 45 cm 이하 환강 • 경량형 강등 격자설치
담 또는 토제		• 외벽으로부터 2 m 이상 이격(공지의 1/5 이하) • 높이는 처마높이 이상 • 두께 : 철근콘크리트조(15 cm 이상), 보강콘크리트블록조(20 cm 이상) • 경사도 60도 미만

정답 100 ①

22회 제5과목 소방시설의 구조원리

목표 점수 : _____   맞은 개수 : _____

101 화재안전기술기준 설치높이기준이 다른 것은?

① 포소화설비의 송수구
② 옥내소화전 설비의 방수구
③ 연결송수관설비의 송수구
④ 소화용수설비의 채수구

해설 | 설치높이
① 포소화설비의 송수구 : 0.5 m 이상 1 m 이하
② <u>옥내소화전의 방수구 : 1.5 m 이하</u>
③ 연결송수관의 송수구 : 0.5 m 이상 1 m 이하
④ 소화용수설비의 채수구 : 0.5 m 이상 1 m 이하

102 옥내소화전설비의 화재안전기술기준상 배관에 관한 내용으로 옳지 않은 것은?

① 펌프의 흡입 측 배관은 공기 고임이 생기지 아니하는 구조로 하고 여과장치를 설치하여야 한다.
② 연결송수관설비의 배관과 겸용할 경우의 주배관은 구경 100 mm 이상, 방수구로 연결되는 배관의 구경은 65 mm 이상인 것으로 하여야 한다.
③ 펌프의 흡입 측 배관은 수조가 펌프보다 낮게 설치된 경우에는 충압펌프를 제외한 각 펌프마다 수조로부터 별도로 설치하여야 한다.
④ 펌프의 토출 측 주배관의 구경은 유속이 4 m/s 이하가 될 수 있는 크기 이상으로 하여야 한다.

해설 | 흡입 측 배관의 설치기준
1) 공기 고임이 생기지 않는 구조로 하고 여과장치를 설치할 것
2) 수조가 펌프보다 낮게 설치된 경우에는 각 펌프(충압펌프를 포함한다)마다 수조로부터 별도로 설치할 것

103 자동화재탐지설비 및 시각경보장치의 화재안전기술기준상 연기감지기 설치 기준으로 옳은 것을 모두 고른 것은?

ㄱ. 천장 또는 반자가 낮은 실내에 있어서는 출입구의 가까운 부분에 설치할 것
ㄴ. 천장 또는 반자 부근에 배기구가 있는 경우에는 그 부근에 설치할 것
ㄷ. 감지기는 벽 또는 보로부터 0.6 m 이상 떨어진 곳에 설치할 것

① ㄱ, ㄴ
② ㄱ, ㄷ
③ ㄴ, ㄷ
④ ㄱ, ㄴ, ㄷ

정답 101 ② 102 ③ 103 ④

해설 | 연기감지기 설치기준
1) 복도 및 통로 : 보행거리 30 m(3종 20 m)마다
2) 계단 및 경사로 : 수직거리 15 m(3종 10 m)마다
3) 천장 또는 반자 낮은 실내 또는 좁은 실내에 있어서는 출입구 가까운 부분에 설치
4) 천장 또는 반자부근에 배기구 있는 부근에 설치
5) 감지기 또는 벽 또는 보로부터 0.6 m 이상 설치

104 자동화재탐지설비 및 시각경보장치의 화재안전기술기준상 설치장소별 감지기 적응성에서 연기감지기를 설치할 수 있는 경우 연기가 멀리 이동해서 감지기에 도달하는 계단, 경사로와 같은 장소에 적응성이 있는 감지기 종류로 묶인 것은?

① 이온화식 스포트형, 광전식 분리형
② 이온아날로그식 스포트형, 광전아날로그식 분리형
③ 광전아날로그식 분리형, 광전식 분리형
④ 이온아날로그식 스포트형, 이온화식 스포트형

해설 | 감지기 적응성[표 2.4.6(2)]
연기가 멀리 이동해서 감지기에 도달하는 장소(계단, 경사로)의 적응감지기
- 광전식스포트형, 광전아날로그식 스포트형, 광전식 분리형, 광전아날로그식 분리형

105 포소화설비의 화재안전기술기준상 주차장에 설치하는 호스릴포소화설비 또는 포소화전설비기준으로 옳지 않은 것은? (단, 주차장은 지상 1층으로서 지붕이 없다)

① 호스릴함 또는 호스함은 바닥으로부터 높이 1.5 m 이하의 위치에 설치하고 그 표면에는 "포호스릴함(또는 포소화전함)"이라고 표시한 표지와 적색의 위치표시등을 설치할 것
② 호스릴포방수구 또는 포소화전방수구가 5개 이상 설치된 경우에는 5개를 동시에 사용할 경우 포노즐 선단의 포수용액 방사압력이 0.25 MPa 이상일 것
③ 호스릴 또는 호스를 호스릴포방수구 또는 포소화전방수구로 분리하여 비치하는 때에는 그로부터 3 m 이내의 거리에 호스릴함 또는 호스함을 설치할 것
④ 방호대상물의 각 부분으로부터 하나의 호스릴포방수구까지의 수평거리는 15 m 이하(포소화전방수구의 경우에는 25 m 이하)가 되도록 하고 호스릴 또는 호스의 길이는 방호대상물의 각 부분에 포가 유효하게 뿌려질 수 있도록 할 것

해설 | 차고·주차장 호스릴 또는 포소화전설비의 설치기준
② 특정소방대상물의 어느 층에 있어서도 그 층에 설치된 호스릴포방수구 또는 포소화전방수구(5개 이상 설치된 경우에는 5개)를 동시에 사용할 경우 각 이동식 포노즐 선단의 포수용액 방사압력이 0.35 MPa 이상이고 300 L/min 이상(1개 층의 바닥면적이 200 m² 이하인 경우에는 230 L/min 이상)의 포수용액을 수평거리 15 m 이상으로 방사할 수 있도록 할 것

106 옥내소화전설비의 화재안전기술기준상 펌프의 정격토출량이 650 L/min일 때 성능시험배관의 유량측정장치 용량은 몇 L/min 이상으로 하여야 하는가?

① 650.5
② 910.5
③ 975.5
④ 1,137.5

해설 | 유량측정장치기준
유량측정장치는 성능시험배관의 직관부에 설치하되, 펌프의 정격토출량의 175 % 이상 측정할 수 있는 성능이 있을 것
650 L/min × 1.75 = 1,137.5 L/min

107 다음의 특정소방대상물에서 소화기구의 능력단위를 산출한 값은? (단, 각 건축물의 주요구조부는 비내화구조이고 바닥면적은 550 m²이다)

| ㄱ. 관광휴게시설 | ㄴ. 의료시설 |
| ㄷ. 위락시설 | ㄹ. 근린생활시설 |

① ㄱ : 3, ㄴ : 11, ㄷ : 19, ㄹ : 6
② ㄱ : 3, ㄴ : 19, ㄷ : 11, ㄹ : 6
③ ㄱ : 6, ㄴ : 11, ㄷ : 19, ㄹ : 3
④ ㄱ : 6, ㄴ : 11, ㄷ : 19, ㄹ : 6

해설 | 소화기구의 능력단위기준

특정소방대상물	소화기구의 능력단위
위락시설	바닥면적 30 m²마다 1단위
공연장, 집회장, 관람장, 문화재, 장례식장 및 의료시설	바닥면적 50 m²마다 1단위
근린생활시설, 판매시설, 운수시설, 숙박시설, 노유자시설, 전시장, 공동주택, 업무시설, 방송통신시설, 공장, 창고시설, 항공기 및 자동차 관련 시설 및 관광휴게시설	바닥면적 100 m²마다 1단위
그 밖의 것	바닥면적 200 m²마다 1단위

소화기구의 능력단위를 산출함에 있어서 건축물의 주요구조부가 내화구조이고, 벽 및 반자의 실내에 면하는 부분이 불연재료·준불연재료 또는 난연재료로 된 특정소방대상물에 있어서는 위 표의 기준 면적 2배를 해당 특정소방대상물의 기준 면적으로 한다.

비내화구조이고, 바닥면적이 550 m²이므로

ㄱ. 관광휴게시설 = $\frac{550\,m^2}{100\,m^2}$ = 5.5 ≒ 6단위

ㄴ. 의료시설 = $\frac{550\,m^2}{50\,m^2}$ = 11단위

ㄷ. 위락시설 = $\dfrac{550\,m^2}{30\,m^2}$ = 18.33 ≒ 19단위

ㄹ. 근린생활시설 = $\dfrac{550\,m^2}{100\,m^2}$ = 5.5 ≒ 6단위

108 전양정 150 m, 토출량 20 m³/min, 회전수 1,800 rpm인 펌프가 있다. 이 때 편흡입 2단 펌프와 양흡입 1단 펌프의 비속도는 각 얼마인가?

① 315.9, 132.8
② 315.9, 143.6
③ 354.1, 132.8
④ 354.1, 143.6

해설 | 비교회전도(비속도)

1) N_s 공식

$$N_s = \dfrac{N\sqrt{Q}}{\left(\dfrac{H}{n}\right)^{0.75}}$$

N_s : 비교회전도 [rpm, m³/min, m]
N : 펌프의회전속도 [rpm]
Q : 유량 [m³/min]
H : 양정 [m]
n : 단수

2) 편흡입 2단 펌프

$$N_s = 1,800\,rpm \times \dfrac{\sqrt{20\,m^3/min}}{\left(\dfrac{150\,m}{2}\right)^{0.75}} = 315.858$$

≒ 315.9 rpm·m³/min·m

3) 양흡입 1단 펌프

$$N_s = 1,800\,rpm \times \dfrac{\sqrt{20 \div 2\,[m^3/min]}}{\left(\dfrac{150\,m}{1}\right)^{0.75}}$$

= 132.802

≒ 132.8 rpm·m³/min·m

109 공기관식 차동식 분포형 감지기의 화재 작동시험을 했을 경우 작동시간이 규정(기준)시간보다 늦은 경우가 아닌 것은?

① 리크저항값이 규정치보다 작다.
② 접점수고값이 규정치보다 낮다.
③ 주입한 공기량에 비해 공기관 길이가 길다.
④ 공기관에 작은 구멍이 있다.

해설 | 공기관식 차동식 분포형 감지기의 화재작동시험 판정

판정	원인	문제점
규정 시간 미달	• 리크저항 기준치보다 크고 • 접점수고값·공기관 길이가 기준치보다 작은 경우	비 화재보 발생
규정 시간 이상	• 리크저항 기준치보다 작고 • 접점수고값·공기관 길이가 기준치보다 큰 경우 • 공기관 누설의 경우	실보 발생

110 할로겐화합물 및 불활성기체소화설비의 화재안전기술기준상 관의두께(t) 산출 계산식 중 최대허용응력(SE) 값은?

• 배관재질 인장강도 : 380,000 kPa
• 배관재질 항복점 : 220,000 kPa
• 배관이음효율 : 0.85

① 96,900 kPa
② 102,750 kPa
③ 124,667 kPa
④ 149,600 kPa

해설 | 관의 두께 산출식

관의 두께 $(t) = \dfrac{PD}{2SE} + A$

P : 최대허용압력 [kPa]
D : 배관의 바깥지름 [mm]
SE : 최대허용응력 [kPa]
    배관재질 인장강도의 1/4값과 항복점의 2/3
    값 중 작은 값 × 배관이음효율 × 1.2
A : 나사이음, 홈이음 등의 허용값 [mm]

1) 배관재질 인장강도의 1/4값
   = 380,000/4 = 95,000
2) 항복점의 2/3값
   = 220,000 × 2/3 = 146,666.67
   위의 두 값 중 작은 값 : 95,000 kPa
3) SE = 95,000 × 0.85 × 1.2
      = 96,900 kPa

111 자동화재탐지설비의 수신기 시험방법이 아닌 것은?

① 예비전원시험
② 유통시험
③ 화재표시작동시험
④ 회로도통시험

해설 | 수신기 기능시험
화재표시작동시험, 회로도통시험, 공통선시험, 동시작동시험, 회로저항시험, 저전압시험, 예비전원시험, 비상전원시험, 지구음향장치의 작동시험, 절연저항 시험 등
※ 공기관식 차동식 분포형감지기 기능시험
화재작동시험, 작동계속시험, 유통시험, 접점수고시험, 리크저항시험

112 소방시설의 내진설계기준상 흔들림방지 버팀대의 설치기준으로 옳지 않은 것은?

① 흔들림방지버팀대가 부착된 건축 구조부재는 소화배관에 의해 추가된 지진하중을 견딜 수 있어야 한다.
② 흔들림방지버팀대의 세장비(L/r)는 300을 초과하지 않아야 한다.
③ 2방향 흔들림방지버팀대는 횡방향 및 종방향 흔들림방지버팀대의 역할을 동시에 할 수 있어야 한다.
④ 흔들림방지버팀대는 내력을 충분히 발휘할 수 있도록 견고하게 설치하여야 한다.

해설 | 흔들림방지버팀대 설치기준
1) 흔들림방지버팀대는 내력을 충분히 발휘할 수 있도록 견고하게 설치하여야 한다.
2) 배관에는 산정된 횡방향 및 종방향의 수평지진하중에 모두 견디도록 흔들림방지버팀대를 설치하여야 한다.
3) 흔들림방지버팀대가 부착된 건축 구조부재는 소화배관에 의해 추가된 지진하중을 견딜 수 있어야 한다.
4) 흔들림방지버팀대의 세장비(L/r)는 300을 초과하지 않아야 한다.
5) 4방향 흔들림방지버팀대는 횡방향 및 종방향 흔들림방지버팀대의 역할을 동시에 할 수 있어야 한다.
6) 하나의 수평직선배관은 최소 2개의 횡방향 흔들림방지버팀대와 1개의 종방향흔들림방지버팀대를 설치하여야 한다. 다만 영향구역 내 배관의 길이가 6 m 미만인 경우에는 횡방향과 종방향 흔들림방지버팀대를 각 1개씩 설치할 수 있다.

113 스프링클러설비의 화재안전기술기준상 폐쇄형 스프링클러헤드를 사용하는 경우 수원의 저수량 산정 시 스프링클러헤드 기준개수가 가장 많은 장소는? (단, 층이나 세대에 설치된 헤드의 개수는 기준개수보다 많다)

① 지하역사
② 지하층을 제외한 층수가 10층인 의료시설로 헤드의 부착 높이가 8 m 이상인 것
③ 지하층을 제외한 층수가 35층인 아파트
④ 지하층을 제외한 층수가 10층인 판매시설이 설치되지 않은 복합건축물

해설 | 설치장소에 따른 헤드의 기준 개수

스프링클러설비 설치장소		기준개수
※ 10층 이하인 소방대상물(지하층 제외)		
공장	특수가연물 저장·취급하는 것	30
	그 밖의 것	20
근린생활시설, 판매시설, 운수시설, 또는 복합건축물	판매시설 또는 복합건축물(판매시설이 설치되는 복합건축물)	30
	그 밖의 것	20
그 밖의 것	헤드 부착높이가 8 m 이상	20
	헤드 부착높이가 8 m 미만	10
※ 지하층을 제외한 11층 이상인 소방대상물, 지하가 또는 지하역사		30

※ 공동주택의 화재안전성능기준 〈시행 2024.1.1.〉
 • 아파트등 : 10개
 • 각 동이 주차장으로 연결된 구조의 주차장 부분 : 30개

114 소방시설 설치 및 관리에 관한 법령상 물분무등소화설비를 설치하여야 하는 특정소방대상물은 무엇인가? (단, 위험물 저장 및 처리시설 중 가스시설 또는 지하구는 제외한다)

① 항공기 및 자동차 관련 시설 중 자동차 정비공장
② 연면적이 600 m² 이상인 차고, 주차용 건축물 또는 철골 조립식 주차시설
③ 건축물 내부 설치된 차고·주차장으로서 차고·주차의 용도로 사용되는 면적이 200 m² 이상인 경우 해당부분(50세대 미만 연립주택 및 다세대주택은 제외)
④ 기계장치에 의한 주차시설을 이용하여 10대 이상의 차량을 주차할 수 있는 것

해설 | 물분무등소화설비의 설치대상
1) 항공기 및 자동차 관련 시설 중 <u>항공기격납고</u>
2) 차고, 주차용 건축물 또는 철골 조립식 주차시설로서 연면적 <u>800 m² 이상</u>인 것
3) 건축물 내부 설치된 차고·주차장으로서 차고·주차의 용도로 사용되는 면적의 합계가 200 m² 이상인 경우 해당부분(50세대 미만 연립주택 및 다세대주택은 제외) 〈개정 2024.12.31.〉 개정
4) 기계장치에 의한 주차시설을 이용하여 <u>20대 이상</u>의 차량을 주차할 수 있는 것
5) 특정소방대상물에 설치된 전기실·발전실·변전실·축전지실·통신기기실 또는 전산실, 그 밖에 이와 비슷한 것으로서 바닥면적이 300 m² 이상인 것

정답 113 ① 114 ③

6) 소화수를 수집·처리하는 설비가 설치되어 있지 않은 중·저준위방사성폐기물의 저장시설. 다만 이 경우에는 이산화탄소소화설비, 할론소화설비 또는 할로겐화합물 및 불활성기체소화설비를 설치하여야 한다.

7) 예상 교통량, 경사도 등 터널의 특성을 고려하여 행정안전부령으로 정하는 터널. 다만 이 경우에는 물분무소화설비를 설치하여야 한다.

8) 국가유산 중 지정문화유산(문화유산자료 제외) 또는 천연기념물 등(자연유산자료 제외) 소방청장이 국가유산청장과 협의하여 정하는 것 〈개정 2024.12.31.〉 개정

해설 | 소방시설 도시기호

(도시기호)	연성계
(도시기호)	압력계
(도시기호 M)	유량계

115
다음은 스프링클러설비의 화재안전기술기준상 전동기 또는 내연기관에 따른 펌프를 이용하는 가압송수장치 설치기준이다. ( )에 들어갈 소방시설의 명칭을 소방시설 도시기호로 옳게 나타낸 것은?

> 펌프의 토출 측에는 (ㄱ)를 체크밸브 이전에 펌프토출 측 플랜지에서 가까운 곳에 설치하고, 흡입 측에는 (ㄴ) 또는 진공계를 설치할 것. 다만 수원의 수위가 펌프의 위치보다 높거나 수직회전축 펌프의 경우에는 (ㄴ) 또는 진공계를 설치하지 않을 수 있다.

① ㄱ : (M)   ㄴ : (압력계)
② ㄱ : (압력계)   ㄴ : (연성계)
③ ㄱ : (연성계)   ㄴ : (M)
④ ㄱ : (압력계)   ㄴ : (M)

116
다음 조건의 차고에 분말소화설비를 설치하려고 한다. 분말소화설비의 화재안전기술기준상 필요한 분말소화약제의 최소 저장량(kg)은?

- 약제방출방식 : 전역방출방식
- 방호구역 체적 : 가로(10 m) × 세로(20 m) × 높이(2.5 m)
- 개구부 면적 : 가로(2 m) × 세로(3 m)
- 개구부에는 자동폐쇄장치를 설치한다.

① 120
② 140
③ 160
④ 180

해설 | 차고의 분말소화약제 저장량

1) 차고 또는 주차장 : 제3종 분말
2) 개구부 : 자동폐쇄장치 설치
3) 약제량(kg) = (V × α)
   = (10 × 20 × 2.5) m³ × 0.36 kg/m³
   = 180 kg

정답 115 ② 116 ④

117 할론소화설비의 화재안전기술기준상 자동식 기동장치에 관한 기준으로 옳은 것은?

① 기계식 기동장치로서 7병 이상의 저장용기를 동시에 개방하는 설비는 2병 이상의 저장용기에 전자개방밸브를 부착할 것
② 가스압력식 기동장치의 기동용 가스용기에는 내압시험압력 0.6배부터 내압시험압력 이하에서 작동하는 안전장치를 설치할 것
③ 가스압력식 기동장치에서 기동용 가스용기의 체적은 1 L 이상으로 하고, 해당 용기에 저장하는 이산화탄소의 양은 0.6 kg 이상으로 하며, 충전비는 1.5 이상 1.9 이하의 기동용 가스용기로 할 수 있다.
④ 가스압력식 기동장치의 기동용 가스용기 및 해당 용기에 사용하는 밸브는 20 MPa 이상의 압력에 견딜 수 있는 것으로 할 것

해설 | 자동식 기동장치 설치기준
자동화재탐지설비의 감지기의 작동과 연동하는 것으로 설치
1) 자동식 기동장치에는 수동으로도 기동할 수 있는 구조로 할 것
2) 전기식 기동장치로서 7병 이상의 저장용기를 동시에 개방하는 설비는 2병 이상의 저장용기에 전자 개방밸브를 부착할 것
3) 가스압력식 기동장치는 다음의 기준에 따를 것
 (1) 기동용가스용기 및 해당 용기에 사용하는 밸브는 25 MPa 이상의 압력에 견딜 수 있는 것으로 할 것
 (2) 기동용가스용기에는 내압시험압력의 0.8 배부터 내압시험압력 이하에서 작동하는 안전장치를 설치할 것
 (3) 기동용가스용기의 체적은 5 L 이상으로 하고, 해당 용기에 저장하는 질소 등의 비활성기체는 6.0 MPa 이상(21 ℃ 기준)의 압력으로 충전할 것. 다만 기동용 가스용기의 체적을 1 L 이상으로 하고, 해당 용기에 저장하는 이산화탄소의 양은 0.6 kg 이상으로 하며, 충전비는 1.5 이상 1.9 이하의 기동용가스용기로 할 수 있다.
4) 기계식 기동장치는 저장용기를 쉽게 개방할 수 있는 구조로 할 것

118 연결송수관설비의 화재안전기술기준에 관한 내용으로 옳지 않은 것은?

① 방수기구함은 피난층과 가장 가까운 층을 기준으로 3개 층마다 설치하되, 그 층의 방수구마다 수평거리 5 m 이내에 설치할 것
② 송수구는 구경 65 mm의 쌍구형으로 설치할 것
③ 충압펌프를 제외한 가압송수장치는 부식 등으로 인한 펌프의 고착을 방지할 수 있도록 펌프축은 스테인리스 등 부식에 강한 재질을 사용할 것
④ 습식의 경우 송수구 부근에는 송수구·자동배수밸브·체크밸브의 순으로 설치할 것

해설 | 연결송수관설비 화재안전기술기준
① 방수기구함은 피난층과 가장 가까운 층을 기준으로 3개 층마다 설치하되, 그 층의 방수구마다 보행거리 5 m 이내에 설치할 것

정답 117 ③ 118 ①

119 지하 2층, 지상 30층, 연면적 80,000 m² 인 특정소방대상물의 지상 2층에서 화재가 발생하였을 경우 비상방송설비의 음향장치가 경보되는 층이 아닌 것은?

① 지상 1층 ② 지상 2층
③ 지상 3층 ④ 지상 4층

해설 | 고층건축물의 음향장치 경보
(1) 2층 이상 발화 시 : 발화층 및 그 직상 4개 층 경보
(2) 1층 발화 시 : 발화층, 그 직상 4개 층 및 지하층에 경보
(3) 지하층 발화 시 : 발화층, 그 직상층 및 기타 지하층

120 피난기구의 화재안전기술기준상 승강식 피난기 및 하향식 피난구용 내림식 사다리 설치기준으로 옳지 않은 것은?

① 대피실 내에는 비상조명등을 설치할 것
② 대피실에는 층의 위치표시와 피난기구 사용설명서 및 주의사항 표지판을 부착할 것
③ 사용 시 기울거나 흔들리지 않도록 설치할 것
④ 대피실 출입문이 개방되거나, 피난기구 작동 시 해당층 및 직상층 거실에 설치된 표시등 및 경보장치가 작동되고, 감시제어반에서는 피난기구의 작동을 확인할 수 있어야 한다.

해설 | 승강식 피난기 및 하향식 피난구용 내림식 사다리 설치기준
1) 피난기구의 설치경로가 설치층에서 피난층까지 연계될 수 있는 구조로 설치
다만 건축물의 구조 및 설치 여건상 불가피한 경우에는 그렇지 않다.
2) 대피실의 면적 : 2 m²(2세대 이상은 3 m²) 이상으로 아파트 대피공간 기준에 적합할 것
하강구(개구부) 규격 : 직경 60 cm 이상 (외기와 개방된 장소에는 적용 안함)
3) 하강구 내측에는 기구의 연결 금속구 등이 없어야 하며 전개된 피난기구는 하강구 수평투영면적 공간 내의 범위를 침범하지 않는 구조일 것. 단, 직경 60 cm 크기의 범위를 벗어난 경우이거나 직하층의 바닥면으로부터 높이 50 cm 이하의 범위는 제외한다.
4) 대피실 출입문은 60분+ 방화문 또는 60분 방화문으로 설치 및 "대피실" 표지판 부착
5) 착지점과 하강구는 상호 수평거리 15 cm 이상의 간격을 둘 것
6) 대피실 내에는 비상조명등 설치
7) 대피실에는 층의 위치표시, 피난기구 사용설명서, 주의사항 표지판 부착
8) 대피실 출입문이 개방되거나, 피난기구 작동 시 해당 층 및 직하층 거실에 설치된 표시등 및 경보장치가 작동되고, 감시제어반에서는 피난기구의 작동을 확인할 수 있을 것
9) 사용 시 기울거나 흔들리지 않도록 설치
10) 승강식 피난기는 한국소방산업기술원 또는 성능시험 지정기관에서 그 성능을 검증받은 것일 것

정답 119 ① 120 ④

121 다음은 유도등 및 유도표지의 화재안전기술기준상 통로유도등의 설치기준에 관한 내용이다. ( )에 들어갈 것으로 옳은 것은?

- 복도통로유도등은 구부러진 모퉁이 및 설치된 통로유도등을 기점으로 보행거리 (㉠) m마다 설치할 것
- 계단통로유도등은 바닥으로부터 높이 (㉡) m 이하의 위치에 설치할 것

① ㉠ 15, ㉡ 1 ② ㉠ 15, ㉡ 15
③ ㉠ 20, ㉡ 1 ④ ㉠ 20, ㉡ 1.5

해설 | 통로유도등 설치기준
1) 복도통로유도등
   구부러진 모퉁이 및 설치된 통로유도등을 기점으로 보행거리 20 m마다 설치할 것
2) 계단통로유도등
   바닥으로부터 높이 1 m 이하의 위치에 설치할 것

122 다음 조건의 거실에 제연설비를 설치할 때 배기팬 구동에 필요한 전동기 용량 [kW]은 약 얼마인가?

- 바닥면적 800 m²인 거실로서 예상제연구역은 직경 50 m, 제연경계벽의 수직거리는 2.5 m이다.
- 배연 Duct 길이는 200 m, Duct 저항은 1 m당 0.2 mmAq이다.
- 배출구 저항은 10 mmAq, 배기그릴 저항은 5 mmAq, 관부속품 저항은 Duct 저항의 55%이다.
- 효율은 60 %, 전달계수는 1.1이다.
- 예상제연구역의 배출량기준

예상제연구역	제연경계 수직거리	배출량
직경 40 m인 원의 범위를 초과하는 경우	2 m 이하	45,000 m³/hr 이상
	2 m 초과 2.5 m 이하	50,000 m³/hr 이상
	2.5 m 초과 3 m 이하	55,000 m³/hr 이상
	3 m 초과	65,000 m³/hr 이상

① 15.2 ② 19.2
③ 23.2 ④ 27.2

해설 | 송풍기 전동기 동력
$$P = \frac{P_T \cdot Q}{102 \times 60 \eta} K$$
$$= \frac{77\,mmAq \times 50,000\,m^3/hr}{102 \times 60 \times 60 \times 0.6} \times 1.1$$
$$\fallingdotseq 19.22\,kW$$

P : 송풍기 동력 [kW]
η : 전효율 [%] 60 % = 0.6
K : 전달계수 : 1.1
Q : 배출량 [m³/min]
Pt : 전압 [mmAq, mmH_2O]

정답 121 ③ 122 ②

P_t = 덕트저항 + 배출구저항 + 그릴저항
　　　+ 부속류저항
　　= (200×0.2) + 10 + 5 + (200×0.2×0.55)
　　= 77 mmAq

123 비상콘센트설비의 화재안전기술기준상 비상콘센트설비의 전원부와 외함 사이의 정격전압이 다음과 같을 때 절연내력 시험전압(V)은?

정격전압(V)	절연내력 시험전압(V)
100	(㉠)
250	(㉡)

① ㉠ 250　㉡ 750
② ㉠ 500　㉡ 1,000
③ ㉠ 750　㉡ 1,250
④ ㉠ 1,000　㉡ 1,500

해설 | 비상콘센트설비의 전원부와 외함 사이의 절연저항 및 절연내력
1) 절연저항
　전원부와 외함 사이를 500 V 절연저항계로 측정할 때 20 MΩ 이상
2) 절연내력
　(1) 정격전압 150 V 이하 : 1,000 V의 실효전압
　(2) 정격전압이 150 V 초과인 경우
　　정격전압 [V] × 2 + 1,000 V
　(3) 1분 이상 견디는 것으로 할 것
　　∴ (250 V × 2) + 1,000 V = 1,500 V

124 무선통신보조설비의 화재안전기술기준에 관한 내용으로 옳지 않은 것은?

① 누설동축케이블 또는 동축케이블과 이에 접속하는 안테나가 설치된 층은 계단실, 승강기, 별도 구획된 실을 제외한 모든 부분에서 유효하게 통신이 가능할 것
② 증폭기에는 비상전원이 부착된 것으로 하고 해당 비상전원 용량은 무선통신보조설비를 유효하게 30분 이상 작동시킬 수 있는 것으로 할 것
③ 누설동축케이블의 끝부분에는 무반사 종단저항을 견고하게 설치할 것
④ 분배기·분파기 및 혼합기 등의 임피던스는 50 Ω의 것으로 할 것

해설 | 무선통신보조설비 설치기준
1) 누설동축케이블 또는 동축케이블과 이에 접속하는 안테나가 설치된 층은 모든 부분(계단실, 승강기, 별도 구획된 실 포함)에서 유효하게 통신이 가능할 것
2) 옥외 안테나와 연결된 무전기와 건축물 내부에 존재하는 무전기 간의 상호통신, 건축물 내부에 존재하는 무전기 간의 상호통신, 옥외 안테나와 연결된 무전기와 방재실 또는 건축물 내부에 존재하는 무전기와 방재실 간의 상호통신이 가능할 것

정답 123 ④　124 ①

125 누전경보기의 화재안전기술기준상 누전경보기의 설치방법 등에 관한 내용으로 옳지 않은 것은?

① 경계전로의 정격전류가 60 A를 초과하는 전로에 있어서는 1급 누전경보기를 설치할 것
② 경계전로의 정격전류가 60 A 이하의 전로에 있어서는 1급 또는 2급 누전경보기를 설치할 것
③ 정격전류가 60 A를 초과하는 경계전로가 분기되어 각 분기회로의 정격전류가 60 A 이하로 되는 경우 당해 분기회로마다 2급 누전경보기를 설치한 때에는 당해 경계전로에 1급 누전경보기를 설치한 것으로 본다.
④ 변류기는 특정소방대상물의 형태, 인입선의 시설방법 등에 따라 옥외 인입선의 제1지점의 부하 측 또는 제1종 접지선 측의 점검이 쉬운 위치에 설치할 것

해설 | 누전경보기 설치방법
1) 경계전로의 정격전류가 60 A를 초과하는 전로에 있어서는 1급 누전경보기를, 60 A 이하의 전로에 있어서는 1급 또는 2급 누전경보기를 설치할 것. 다만 정격전류가 60 A를 초과하는 경계전로가 분기되어 각 분기회로의 정격전류가 60 A 이하로 되는 경우 당해 분기회로마다 2급 누전경보기를 설치한 때에는 당해 경계전로에 1급 누전경보기를 설치한 것으로 본다.
2) 변류기는 특정소방대상물의 형태, 인입선의 시설방법 등에 따라 옥외 인입선의 제1지점의 부하 측 또는 제2종 접지선 측의 점검이 쉬운 위치에 설치할 것. 다만 인입선의 형태 또는 특정소방대상물의 구조상 부득이한 경우에는 인입구에 근접한 옥내에 설치할 수 있다.
3) 변류기를 옥외의 전로에 설치하는 경우에는 옥외형으로 설치할 것

정답 125 ④

모아바 www.moa-ba.com
모아소방전기학원 www.moate.co.kr

소방시설관리사

문제풀이

소방시설관리사

제21회

제1과목   소방안전관리론
제2과목   소방수리학·약제화학 및 소방전기
제3과목   소방관련법령
제4과목   위험물의 성상 및 시설기준
제5과목   소방시설의 구조원리

21회 제1과목 소방안전관리론

01 최소발화에너지(MIE)에 영향을 주는 요소에 관한 내용으로 옳지 않은 것은?

① MIE는 온도가 상승하면 작아진다.
② MIE는 압력이 상승하면 작아진다.
③ MIE는 화학양론적 조성 부근에서 가장 크다.
④ MIE는 연소속도가 빠를수록 작아진다.

해설 | 최소발화에너지(MIE, 최소점화에너지)
1) 압력 : 압력이 높을수록 MIE는 작아진다.
2) 온도 : 온도가 높을수록 MIE는 작아진다.
3) 농도 : 가연성혼합기의 농도가 양론농도 부근일 때 MIE는 최소가 된다.

02 화재를 일으키는 열원과 그 종류의 연결로 옳지 않은 것은?

① 화학적 열원 - 발효열, 유전발열, 압축열
② 기계적 열원 - 압축열, 마찰열, 마찰스파크
③ 전기적 열원 - 유전발열, 저항발열, 유도발열
④ 화학적 열원 - 분해열, 중합열, 흡착열

해설 | 점화원의 종류
1) 기계적 열원 : 압축열, 마찰열, 마찰스파크, 단열압축
2) 전기적 열원 : 유도열, 유전열, 저항열, 아크열, 정전기열, 낙뢰
3) 화학적 열원 : 연소열, 분해열, 용해열, 생성열, 자연발화열

03 분말소화약제의 종별에 따른 주성분 및 화재적응성을 나열한 것으로 옳지 않은 것은?

① 제1종 - 중탄산나트륨 - B, C급
② 제2종 - 중탄산칼륨 - B, C급
③ 제3종 - 제1인산암모늄 - A, B, C급
④ 제4종 - 인산 + 요소 - A, B, C급

해설 | 주성분 및 화재적응성
제4종 분말소화약제의 주성분은 중탄산칼륨 + 요소이며, 소화효과는 B, C급이다.

정답 01 ③ 02 ① 03 ④

04 화재의 소화방법과 소화효과의 연결로 옳지 않은 것은?

① 물리적 소화 - 질식소화 - 산소 차단
② 화학적 소화 - 질식소화 - 점화에너지 차단
③ 물리적 소화 - 제거소화 - 가연물 차단
④ 화학적 소화 - 억제소화 - 연쇄반응 차단

해설 | 화재의 소화방법과 소화효과
화학적 소화는 억제소화 또는 부촉매소화로서 연쇄반응을 차단하여 소화한다.

05 폭발의 종류와 형식 중 응상폭발이 아닌 것은?

① 가스폭발
② 전선폭발
③ 수증기폭발
④ 액화가스의 증기폭발

해설 | 화학적 폭발과 물리적 폭발

화학적 폭발(기상폭발)	물리적 폭발(응상폭발)
• 가스폭발 - 증기운 폭발 • 고체폭발 - 화약류 • 분해폭발 - 아세틸렌 • 분진폭발 - 석탄, 알루미늄, 분진	• 압력방출에 의한 폭발 • 수증기폭발 • 과열액체 증기폭발(보일러) • 저온액화가스 증기폭발

06 소화기구 및 자동소화장치의 화재안전기준상 주방에서 동·식물유를 취급하는 조리기구에서 일어나는 화재를 나타내는 등급으로 옳은 것은?

① A급 화재   ② B급 화재
③ C급 화재   ④ K급 화재

해설 | 식용유 화재
1) NFPA 10 : K급 화재로 가연성 튀김기름을 포함한 요리재료를 포함하는 요리기구 화재까지 포함시킨 화재
2) ISO 7165 : F급 화재로 조리에 의한 화재로만 분류

07 화재 시 열적 손상에 관한 설명으로 옳지 않은 것은?

① 1도 화상은 홍반성화상 등의 변화가 피부의 표층에 나타나는 것으로 환부가 빨갛게 되며 가벼운 통증을 수반하는 단계이다.
② 대류열과 복사열은 열적 손상으로 인한 화상을 일으킬 수 있다.
③ 마취성, 자극성, 독성 및 부식성연소생성물은 열적 손상만을 일으킨다.
④ 3도 화상은 생체 내의 조직이나 세포가 국부적으로 죽는 괴사가 진행되는 단계이다.

정답 04 ② 05 ① 06 ④ 07 ③

해설 | 열적 손상
1) 열적 손상은 열에 의해 발생되는 화상으로 1도, 2도, 3도, 4도 화상으로 구분하고 있다.
2) 대류열과 복사열 및 전도에 의한 손상으로 화상을 일으킬 수 있다.
3) 연소 생성물 중 마취성, 자극성, 독성 및 부식성가스는 열적 손상을 일으킬 수 없다.

08 폭굉이 발생할 수 있는 조건하에서 유도거리(DID)가 짧아지는 조건으로 옳지 않은 것은?
① 압력이 높아진다.
② 점화에너지가 작아진다.
③ 관경이 가늘어진다.
④ 정상연소속도가 빨라진다.

해설 | 폭굉 유도거리가 짧아지는 조건
1) 배관 내부의 표면이 거칠수록, 배관 내부에 장애물이 많을수록 짧아짐
2) 배관의 직경이 작을수록 짧아짐
3) 초기 압력과 온도가 높을수록 짧아짐
4) 난류성이 크고 초기 가스의 속도가 빠를수록 짧아짐

09 연소 메커니즘에서 확산연소와 예혼합연소에 관한 설명으로 옳지 않은 것은?
① 확산연소는 열방출속도가 높고 예혼합연소는 열방출속도가 낮다.
② 예혼합연소에서 화염면의 압력이 전파되면 충격파를 형성한다.
③ 예혼합연소에는 분젠버너 연소, 가정용 가스기기연소, 가스폭발 등이 있다.
④ 확산연소에는 성냥연소, 양초연소, 액면연소 등이 있다.

해설 | 확산연소와 예혼합연소
1) 기체연소 형태 : 확산연소, 예혼합연소
2) 확산연소 : 자연화재의 대부분이 확산화염이고 건물화재, 산림화재, 액면화재 및 성냥화염이나 양초화염, 액면화재의 화염, 제트화염 등이 해당된다.
3) 예혼합연소 : 가연성혼합기가 형성되어 있는 상태에서 연소하는 형태로서 종류에는 가연성가스 누설 폭발, 가솔린 엔진, 버너 등이 있다.
4) 열방출속도를 보면 예혼합연소가 분해, 혼합과정이 생략되기 때문에 확산연소보다 열방출속도가 빠르다.

정답 08 ② 09 ①

10 건축물의 피난·방화구조 등의 기준에 관한 규칙상 건축물에 설치하는 특별피난계단 구조에 관한 기준으로 옳지 않은 것은?

① 부속실에는 예비전원에 의한 조명설비를 할 것
② 계단은 내화구조로 하고 피난층 또는 지상까지 직접 연결되도록 할 것
③ 계단실 실내에 접하는 부분의 마감은 불연재료로 할 것
④ 계단실은 창문 등을 제외하고는 내화구조의 벽으로 구획할 것

해설 | 특별피난계단 구조에 관한 기준

구분	피난계단의 구조
계단실 구획	계단실, 노대, 부속실 : 창문 제외 내화구조 벽으로 구획
내장재	불연재료
계단실 조명	예비 전원에 의한 조명설비

11 건축법령상 아파트 48층의 거실 각 부분에서 가장 가까운 직통계단까지 최소 설치기준으로 옳은 것은? (단, 주요구조부가 내화구조이며, 아파트 전체 층수는 50층이다)

① 직통거리 30 m 이하
② 보행거리 40 m 이하
③ 직통거리 50 m 이하
④ 보행거리 30 m 이하

해설 | 직통계단 설치기준

구분		보행거리
원칙		30 m 이하
16층 이상 공동주택		40 m 이하
내화구조, 불연재료		50 m 이하
공장	유인화	75 m 이하
	무인화	100 m 이하

→ 16층 이상의 공동주택이므로 보행거리는 40 m 이하가 된다.

12 건축물의 피난·방화구조 등의 기준에 관한 규칙상 건축물의 주요구조부 중 계단의 내화기조기준으로 옳지 않은 것은?

① 철근콘크리트조
② 철재로 보강된 망입유리
③ 콘크리트블록조
④ 철재로 보강된 벽돌조

해설 | 계단의 내화기조기준
1) 철근콘크리트조 또는 철골철근콘크리트조
2) 무근콘크리트조·콘크리트블록조·벽돌조 또는 석조
3) 철재로 보강된 콘크리트블록조·벽돌조 또는 석조
4) 철골조

정답 10 ① 11 ② 12 ②

13 다음에서 설명하는 화재 시 인간의 피난 행동 특성으로 옳은 것은?

> 연기와 정전 등으로 가시거리가 짧아져 시야가 흐려지거나 밀폐공간에서 공포 분위기가 조성될 때 개구부 등의 불빛을 따라 행동하는 본능

① 귀소본능
② 지광본능
③ 추종본능
④ 좌회본능

해설 | 인간의 심리 및 생리를 배려한 대책

구분	본능의 특징
귀소본능	인간은 비상시 늘 사용하던 친숙한 경로를 따라서 대피한다.
지광본능	화재나 정전 시 주위가 어두워지면 밝은 쪽으로 피난한다.
추종본능	비상시 많은 사람들이 리더를 추종한다.
퇴피본능	화염, 연기에 대한 공포감으로 발화의 반대 방향으로 이동한다.
좌회본능	좌측행동이고 시계 반대 방향으로 회전한다.
직진본능	비상시 직진 본능이 있다.

14 구획실 화재 시 발생하는 연기의 유해성 및 제연에 관한 설명으로 옳지 않은 것은?

① 화재 시 발생하는 연기 및 독성가스는 공급되는 공기량에 따라 농도가 변화한다.
② 화재실의 제연은 거주자의 피난경로와 소방대원의 진압경로를 확보하는 것이 주목적이다.
③ 화재실의 제연은 화재실의 플래시 오버(Flash Over) 성장을 억제하는 효과가 있다.
④ 화재 최성기에는 공기를 유입시키는 기계제연이 효과적이다.

해설 | 연기의 유해성 및 제연
화재 최성기에 공기를 유입시키게 되면 백드레프트가 발생되므로, 공기를 배출시켜서 구획실 내부의 가연성증기나 연기 등을 옥외로 배출하는 것이 효과적이다.

정답 13 ② 14 ④

15 건축물 종합방재계획 중 평면계획 수립 시 유의사항으로 옳지 않은 것은?

① 화재를 작은 범위로 한정하기 위한 유효한 피난구획으로 조닝(Zoning)화할 필요가 있다.
② 계단은 보행거리를 기준으로 균등 배치하고 계단으로 통하는 복도 등 피난로는 단순하게 설계하여야 한다.
③ 소방활동상 필요한 층과 층을 연결하는 수직 피난로는 피난이 용이한 개방구조로 상호 연결되도록 하여야 한다.
④ 지하가와 호텔, 차고 및 극장과 백화점 등은 용도별 구획 및 별도 경로의 피난로를 설치한다.

해설 | 건축물의 방재계획 중 평면계획
1) 방화, 방연, 제연구역을 통한 피난시간 확보와 계단의 배치 및 Fail Safe와 Fool Proof에 의한 피난계획 및 Zone 구획을 통한 피난안전성을 확보해야 한다.
2) 조닝계획 : 계단의 배치, 단순 명쾌한 피난로, 방연 및 배연 계획
3) 안전구획(1차, 2차, 3차) 및 용도별 구획
  ※ 단면계획 : 화재의 확산을 방지하기 위해 건축물의 상하층에 대한 층간 구획과 수직 관통부에 대한 방화구획을 하여 화재의 확산을 방지한다.

16 내화건축물과 비교한 목조건축물의 화재 특성으로 옳지 않은 것은?

① 화재 최고온도가 낮다.
② 최성기에 도달하는 시간이 빠르다.
③ 연소 지속시간이 짧다.
④ 플래시 오버(Flash Over)에 도달하는 시간이 빠르다.

해설 | 목조건축물의 화재 특성 : 고온 단기형
1) 화재 최성기 때의 온도는 내화건축물 화재 때보다 높으며, 화세도 강하다.
2) 화염의 분출면적이 크고 복사열이 커서 접근하기 어렵다.
3) 습도가 낮을수록 연소 확대가 빠르다.
4) 바람의 세기가 강할수록 풍하 측으로 연소 확대가 빠르다.
5) 횡방향보다 종방향의 화재성장이 빠르다.
6) 화재 최성기 이후 바람에 의해 화재 확대의 위험성이 크다.

17 다음 (　)에 들어갈 내용으로 옳은 것은?

> 내화건축물의 구획실에서 화재가 발생할 경우 성장기 단계에서는 (ㄱ)가, 최성기 단계에서는 (ㄴ)가 지배적인 열전달 기전이다.

① ㄱ : 대류, ㄴ : 복사
② ㄱ : 대류, ㄴ : 전도
③ ㄱ : 복사, ㄴ : 복사
④ ㄱ : 전도, ㄴ : 대류

정답 15 ③ 16 ① 17 ①

해설 | 내화건축물의 구획화재 특성
내화구조 건축물의 구획실에서 화재 발생 시 성장기 단계에서는 대류가 최성기 단계에서는 복사가 지배적인 열전달 현상이다.

18 물체 표면의 절대온도가 100 K에서 300 K로 증가하는 경우 물체 표면에서 복사되는 에너지는 몇 배 증가하는가? (단, 다른 모든 조건은 동일하다)

① 3배
② 16배
③ 27배
④ 81배

해설 | 복사열 계산
1) 이상적인(흑체) 복사열의 계산
$\dot{q}'' = \sigma \cdot T^4$ σ : 스테판 볼츠만의 상수
(5.67×10^{-8}) W.m$^2 \cdot$ K^4
2) 복사열은 절대온도의 4제곱에 비례하므로
$\dot{q}'' = \left(\frac{300}{100}\right)^4 = 3^4 = 81$배가 된다.

19 유효연소열이 50 kJ/g, 질량연소유속(Mass Burning Flux)이 100 g/m$^2 \cdot$ s 인 액체연료가 누출되어 직경 2 m의 풀 전면에 화재가 발생한 경우 열방출속도(HRR)는? (단, π = 3.14로 한다)

① 10,000 kW   ② 11,500 kW
③ 13,020 kW   ④ 15,700 kW

해설 | 유효 연소열 계산
1) $\dot{Q} = \dot{m} \times A \times \Delta H_c$

   Q : 열방출률 [kW]
   $\dot{m}$: 연소속도 [g/m^{2}sec]
   A : 면적 [m^2]
   ΔH_c : 연소열 [kJ/g]

2) $\dot{Q} = 500 \times 100 \times (\pi \times 1^2)$
   = 15,700 kW

20 프로페인가스의 연소반응식이 다음과 같을 때 프로페인가스 1 g이 완전연소하면 발생하는 열량 [kcal]은 무엇인가? (단, 소수점 셋째자리에서 반올림한다)

$C_3H_8 + 5O_2 \rightarrow 3CO_2 + 4H_2O + 530.6$ kcal

① 1.21
② 10.05
③ 12.06
④ 24.50

해설 | 프로페인가스의 연소반응식
프로페인가스 1 mol이 완전연소 시 프로페인가스 분자량은 44 g이며, 이때 발생되는 열량은 530.6 kcal이다.
따라서 비례식으로 풀면 44 g : 530.6 kcal
= 1 g : X kcal이 된다.
X [kcal] = 12.059 kcal이 된다.

정답 18 ④ 19 ④ 20 ③

21 건축물 구획실 화재 시 화재실의 중성대에 관한 설명으로 옳지 않은 것은?

① 중성대는 화재실 내부의 실온이 높아질수록 낮아지고, 실온이 낮아질수록 높아진다.
② 화재실의 중성대 상부 압력은 실외압력보다 높고 하부의 압력은 실외압력보다 낮다.
③ 화재실 상부에 큰 개구부가 있다면 중성대는 올라간다.
④ 중성대의 위치는 건축물의 높이와 건축물 내·외부의 온도차가 결정의 주요 요인이다.

해설 | 중성대 특징
1) 중성대 상부 : 실내압력 > 실외압력 ⇒ 실외로 공기 유출
2) 중성대 하부 : 실내압력 < 실외압력 ⇒ 실내로 공기 유입
3) 실내 화재 시 실의 온도가 상승하면 실내 상부의 압력은 실외보다 높고, 실내 하부의 압력은 실외보다 낮아지므로 이에 따라서 기류의 흐름이 발생하게 된다.
4) 화재 성장기 때의 중성대 높이, 즉 플래쉬오버 이전의 중성대 높이는 보통 층고의 중간 높이 정도에 위치한다.
5) 화재 최성기 때의 중성대 높이, 즉 플래쉬오버 이후의 중성대 높이는 실내의 온도와 압력이 급격히 상승하여 중성대 높이는 성장기 때와 비교하여 아래로 이동한다.
※ 중성대의 위치는 구획실의 높이와 연관이 깊다.

22 다음의 연소가스의 허용농도(TLV-TWA)를 낮은 것에서 높은 순서로 옳게 나열한 것은?

ㄱ. 일산화탄소
ㄴ. 이산화탄소
ㄷ. 포스겐
ㄹ. 염화수소

① ㄱ-ㄹ-ㄴ-ㄷ
② ㄷ-ㄱ-ㄹ-ㄴ
③ ㄷ-ㄹ-ㄱ-ㄴ
④ ㄹ-ㄷ-ㄴ-ㄱ

해설 | 유해가스의 TLV-TWA
일산화탄소 = 50, 이산화탄소 = 5000, 포스겐 = 0.1, 염화수소 = 5이므로 낮은 순서대로 하면 ㄷ-ㄹ-ㄱ-ㄴ가 된다.

23 화재 시 발생한 부력을 주로 이용하는 제연방식을 모두 고른 것은?

ㄱ. 스모크타워제연방식
ㄴ. 자연제연방식
ㄷ. 급배기 기계제연방식

① ㄱ
② ㄱ, ㄴ
③ ㄴ, ㄷ
④ ㄱ, ㄴ, ㄷ

정답 21 ④ 22 ③ 23 ②

해설 | 연기 제연방식

연기 제어방법	내용
희석	신선한 공기를 공급하여 연기의 농도를 낮추는 것
배기	건물 내의 압력차에 의하여 연기를 외부로 배출시키는 것
차단	연기가 일정한 장소 내로 들어오지 못하도록 하는 것
자연제연방식	창문이나 배기구를 통해서 연기를 자연적으로 배출하는 것
스모크 타워 제연방식	천장에 루프모니터 등이 바람에 의해 작동되면서 흡입력을 이용하여 제연하는 방식
기계제연방식	• 제1종 기계제연방식: 송풍기 + 배풍기 • 제2종 기계제연방식: 송풍기 • 제3종 기계제연방식: 배풍기

※ 기계제연방식은 강제적인 급배기 시스템이다.

해설 | 연돌효과(Stack Effect)
1) 정의
 (1) 평상시 서로 다른 온도(밀도)를 가지고 연결되는 두 개의 공기 기둥 때문에 발생하는 압력차에 의한 연기 이동현상이다.
 (2) 계단, 샤프트 등의 수직 공간이 있는 고층 빌딩에서 내부와 외부와의 온도차에 의한 부력 발생으로 유도되는 압력차에 의해 공기가 유동한다.
2) 수식 $\Delta P = 3460 H \left(\dfrac{1}{T_o} - \dfrac{1}{T_i} \right)$

ΔP : 압력차
H : 중성대로부터의 높이
T_0 : 실외 온도 [K]
T_i : 실내 온도 [K]

※ 건물의 높이가 낮아지면 압력차가 낮아져서 연돌효과는 감소한다.

24 고층건축물에서의 연돌효과(Stack Effect)에 관한 설명으로 옳지 않은 것은?

① 건축물 내부의 온도가 외부의 온도보다 높은 경우 연돌효과가 발생한다.
② 건축물 외부 공기의 온도보다 내부의 공기 온도가 높아질수록 연돌효과가 커진다.
③ 건축물 내부의 온도와 외부의 온도가 같을 경우 연돌효과가 발생하지 않는다.
④ 건축물의 높이가 낮아질수록 연돌효과는 증가한다.

25 질량연소유속(Mass Burning Flux)이 20 g/m²·s인 연료에 화재가 발생하면서 생성된 일산화탄소의 수율이 0.004 g/g인 경우 일산화탄소의 생성속도는? (단, 연소면적은 2 m²이다)

① 0.04 g/s ② 0.08 g/s
③ 0.16 g/s ④ 0.22 g/s

해설 | 일산화탄소의 생성속도
일산화탄소의 생성속도(g/s)
= 질량연소유속 × 수율 × 면적
= 20 × 0.004 × 2 = 0.16 g/s

정답 24 ④ 25 ③

제2과목 소방수리학

26 점성계수 및 동점성계수에 관한 설명으로 옳지 않은 것은?

① 액체의 경우 온도 상승에 따라 점성계수 값이 감소한다.
② 기체의 경우 온도 상승에 따라 점성계수 값이 증가한다.
③ 동점성계수는 점성계수를 유속으로 나눈 값이다.
④ 점성계수는 유체의 전단응력과 속도경사 사이의 비례상수이다.

해설 | 동점성계수
$\nu = \dfrac{\mu}{\rho} \ [m^2/s]$
동점성계수는 점성계수를 밀도로 나눈 값이다.

해설 | 부력(유체에 완전히 잠긴 경우)
- F_B = 공기 중 물체의 무게 − 유체 속 물체의 무게
   = 2 kg$_f$ − 0.5 kg$_f$ = 1.5 kg$_f$
- $F_B = \gamma \times V$
  → $V_{(전체체적)} = \dfrac{F_B}{\gamma}$
  $= \dfrac{1.5 \ kg_f}{1000 \ kg_f/m^3} = 1.5 \times 10^{-3} \ [m^3]$
- $F_{(무게)} = \gamma_{(물체)} \times V_{(전체체적)}$
  → $2 \ kg_f = \gamma \times (1.5 \times 10^{-3})$
  $= 1333.33 \ kg_f/m^3$
- $S = \dfrac{\gamma_{물체}}{\gamma_물} = \dfrac{1333.33}{1000} = 1.33$

27 소방장비의 공기 중 무게가 2 kg이고, 수중에서의 무게가 0.5 kg일 때 이 장비의 비중은 약 얼마인가?

① 1.33 ② 2.45
③ 3.25 ④ 4.00

28 수면 표고차가 10 m인 두 저수지 사이에 설치된 500 길이의 원형관으로 1.0 m³/s의 물을 송수할 때 관의 지름 [mm]은 약 얼마인가? (단, π는 3.14이고, 매닝 조도계수는 0.013이며, 마찰 이외의 손실은 무시한다)

① 105 ② 258
③ 484 ④ 633

정답 26 ③ 27 ① 28 ④

해설 | 관의 지름

$$v = \frac{1}{n} R^{\frac{2}{3}} \cdot S^{\frac{1}{2}}$$

v : 속도 [m/s]
R : 수로의 수력반경(D/4)
S : 수로의 기울기
n : 매닝의 거칠기계수(Roughness Factor)

$$\frac{1\,m^3/s}{\frac{\pi}{4}D^2} = \frac{1}{0.013}\left(\frac{D}{4}\right)^{\frac{2}{3}} \cdot \left(\frac{10}{500}\right)^{\frac{1}{2}}$$

$$\therefore D = 0.633\,m = 633\,mm$$

29 지름 2 mm인 유리관에 0.25 cm³/s의 물이 흐를 때 마찰손실계수는 약 얼마인가? (단, π는 3.14이고, 동점성계수는 1.12 × 10⁻² cm²/s이다)

① 0.02
② 0.13
③ 0.45
④ 0.66

해설 | 마찰손실계수

- $\lambda = \dfrac{64}{Re} = \dfrac{64}{\frac{VD}{\nu}} = \dfrac{64\nu}{VD}$

- $V = \dfrac{Q}{A} = \dfrac{0.25}{\frac{3.14}{4} \times 0.2^2} = 7.9617\,[cm/s]$

- $\lambda = \dfrac{64\nu}{VD} = \dfrac{64 \times 1.12 \times 10^{-2}}{7.9617 \times 0.2} = 0.45$

30 지름 10 cm인 원형관로를 통하여 0.2 m³/s의 물이 수조에 유입된다. 이 경우 단면 급확대로 인한 손실수두 [m]는 약 얼마인가? (단, π는 3.14이고, 중력가속도는 9.81 cm/s²이다)

① 22.20
② 33.1
③ 45.98
④ 54.25

해설 | 급확대 부차적손실

$$H_L = \frac{(V_1 - V_2)^2}{2g}$$

$$Q = AV_1 = \frac{\pi}{4}D^2 V_1,\ V_2\text{는 무시}$$

$$V_1 = \frac{4Q}{\pi D^2} = \frac{4 \times 0.2}{\pi \times 0.1^2} = 25.478$$

$$H_L = \frac{(V_1 - V_2)^2}{2g} = \frac{25.478^2}{2 \times 9.8} = 33.1\,m$$

31 물이 원형관 내에서 층류 상태로 흐르고 있다. 관 지름이 3배로 커질 때 수두손실은 처음의 몇 배로 변화하는가? (단, 관 지름 증가에 따른 유속 변화 이외의 모든 물리량은 변하지 않는다)

① $\dfrac{1}{81}$
② $\dfrac{1}{9}$
③ 9
④ 81

정답 29 ③ 30 ② 31 ①

해설 | 하겐-포아젤식

$$\triangle P = \frac{128\mu l Q}{\pi D^4} [Pa]$$

$$\triangle P \propto \frac{1}{D^4}$$

[풀이]

지름이 3배가 되는 경우 손실수두는 $\frac{1}{81}$ 배

해설 | 차원

- 표면장력 $= N/m \; [FL^{-1}]$
- 점성계수 $kg/m \cdot s \; [ML^{-1}T^{-1}]$
  $N \cdot s/m^2 \; [FTL^{-2}]$
- 단위중량 $\gamma = \frac{W[N]}{V[m^3]} \; [FL^{-3}]$
  $\gamma = \frac{W}{V} = \frac{mg}{V} \; [MLT^{-2}L^{-3}] \; [ML^{-2}T^{-2}]$

에너지 = 힘×거리 $[FL]$

32. 베르누이방정식을 물이 흐르는 관로에 적용할 때 제한조건으로 옳지 않은 것은?

① 비정상류 흐름
② 비압축성 유체
③ 비점성 유체
④ 유선을 따르는 흐름

해설 | 베르누이방정식
1) 유선을 따르는 유동
2) 정상 유동
3) 마찰손실이 없는 유동
4) 비압축성 유체
5) 임의의 두 점은 같은 유선상에 존재

33. 주요 물리량과 그 차원이 옳게 짝지어진 것은?

① 표면장력 : $[FL^{-2}]$
② 점성계수 : $[L^2T^{-1}]$
③ 단위중량 : $[FL^{-4}T^2]$
④ 에너지 : $[FL]$

34. 원형 유리관 내에 모세관현상으로 물이 상승할 때 그 상승 높이에 관한 설명으로 옳은 것은?

① 유리관의 지름에 반비례한다.
② 물의 밀도에 비례한다.
③ 중력가속도에 비례한다.
④ 물의 표면장력에 반비례한다.

해설 | 모세관현상

$$h = \frac{4\sigma \cos\beta}{\gamma d} m$$

h : 상승높이 $[m]$
σ : 표면장력 $[N/m]$
β : 접촉각(각도)
$\gamma = \rho g$: 비중량 $[N/m^3]$
d : 관의 내경 $[m]$

- 물의 밀도에 반비례
- 중력가속도에 반비례
- 표면장력에 비례

정답 32 ① 33 ④ 34 ①

21회 제2과목 약제화학

35 금속화재에 관한 설명으로 옳지 않은 것은?
① 가연성금속에 의한 화재이다.
② 금속이 괴상이 아닌 고운 분말이나 가는 선의 형태로 존재하면 화재의 위험성은 더 커진다.
③ 금속화재를 일으키는 Na, K 등은 물과 만나면 수소가스를 발생시키는 금수성물질이다.
④ 소화 시 강화액소화약제를 사용한다.

해설 | 금속화재
강화액소화약제도 수계의 일종으로 금속화재에는 적응성이 없다.

36 고발포 포소화약제의 발포배율과 환원시간에 관한 설명으로 옳지 않은 것은?
① 발포배율이 커지면 환원시간은 짧아진다.
② 환원시간이 짧을수록 양호한 포소화약제이다.
③ 포의 막이 두꺼울수록 환원시간은 길어진다.
④ 발포배율이 작은 포는 포의 직경이 작아서 포의 막은 두껍다.

해설 | 환원시간
고발포 포소화약제는 환원시간이 길수록 양호한 포소화약제이다.

37 이산화탄소소화설비의 화재안전기준상 배관 등에 관한 내용으로 옳은 것은?
① 전역방출방식에 있어서 가연성액체 또는 가연성가스 등 표면화재 방호대상물의 경우에는 1분 내에 방사될 수 있는 것으로 하여야 한다.
② 전역방출방식에 있어서 종이, 목재, 석탄, 섬유류, 합성수지류 등 심부화재 방호대상물의 경우에는 10분 내에 방사될 수 있는 것으로 하여야 한다.
③ 국소방출방식의 경우에는 1분 내에 방사될 수 있는 것으로 하여야 한다.
④ 전역방출방식에 있어서 심부화재 방호대상물의 경우에는 설계농도가 3분 이내에 40 %에 도달하여야 한다.

해설 | 이산화탄소소화설비 배관
② 심부화재 전역방출방식의 방출시간은 7분 이내
③ 국소방출방식의 방출시간은 30초 이내
④ 심부화재 전역방출방식은 2분 이내 30 %

정답 35 ④ 36 ② 37 ①

38 불활성기체소화약제 IG-541에 포함되어 있지 않은 성분은?

① Ar ② CO_2
③ He ④ N_2

해설 | IG-541
N_2 52 %, Ar 40 %, CO_2 8 %

39 강화액소화약제에 관한 설명으로 옳은 것은?

① 알칼리 금속염류 등을 주성분으로 하는 수용액이다.
② 소화약제의 용액은 약산성이다.
③ 화염과 접촉 시 열분해에 의하여 질소가 발생하여 질식소화한다.
④ 전기화재 시 무상방사하는 경우라도 소화약제로 사용할 수 없다.

해설 | 강화액소화약제
② 강화액소화약제는 알칼리성이다.
③ 화염과 접촉 시 열분해에 의하여 이산화탄소가 발생하여 질식소화한다.
④ 전기화재 시 무상방사하는 경우는 소화약제로 사용할 수 있다.

40 이산화탄소소화약제 600 kg을 내용적 68 L의 이산화탄소 저장용기에 충전할 때 필요한 저장용기의 최소 개수는? (단, 충전비는 1.6 L/kg으로 한다)

① 9   ② 11
③ 13 ④ 15

해설 | 충전비

$$충전비 = \frac{용기\ 체적(\ell)}{약제중량(kg)}$$

[풀이]

$$1.6 = \frac{체적(\ell)}{중량(kg)}$$

1개 저장용기당 중량 $= \frac{68\ell}{1.6} = 42.5\,kg$

저장용기수 $= \frac{600\,kg}{42.5\,kg} = 14.11$ ∴ 15개

41 공기 중 산소가 21 vol%, 질소가 79 vol%일 때 메테인가스 1 mol이 완전연소되었다. 이때 반응 생성물에서 질소기체가 차지하는 부피비(%)는 약 얼마인가? (단, 생성물은 모두 기체로 가정한다)

① 44.8 ② 56.0
③ 71.5 ④ 75.2

해설 | 메테인의 완전연소식

$$CH_4 + 2O_2 \rightarrow CO_2 + 2H_2O + (2 \times \frac{0.79}{0.21})N_2$$

[풀이]
메테인 1 mol이 완전연소하는 데에 산소 2 mol이 필요하다. 이때 발생하는 질소부피를 비례식으로 풀면

$2\,mol : 21\% = X\% : 79\%$

$X = 2 \times \frac{79}{21} = 7.52\,mol$

$N_2\,(\%) = \frac{7.52}{3 + 7.52} \times 100 = 71.5\%$

21회 제2과목 소방전기

42 다음 〈가〉와 같은 무접점회로가 있다. 이 회로의 PB₁, PB₂, PB₃에 대한 타임차트가 〈나〉와 같을 때 출력값 R₁, R₂에 대한 타임차트로 옳은 것은?

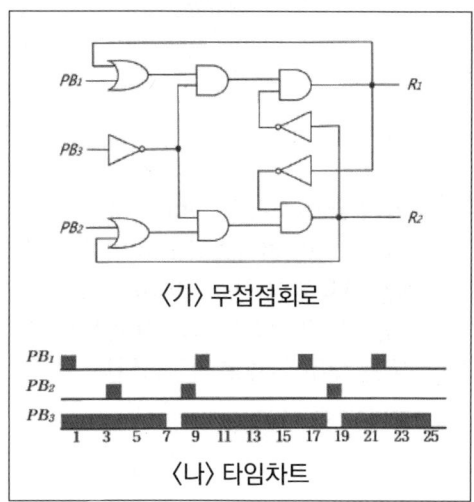

해설 | 무접점회로와 타임차트
문제의 무접점회로를 유접점회로로 그려서 해석하면,
1) PB_1은 R_1의 기동스위치이며 자기유지회로가 되어 있고 R_2와 인터록이 되어 있다.
2) PB_2은 R_2의 기동스위치이며 자기유지회로가 되어 있고 R_1과 인터록이 되어 있다.
3) PB_3를 누르면 모든 작동은 정지되고 초기화된다.
4) 따라서 R_1이 작동한 상태에서는 R_2가 작동할 수 없고 R_2가 작동한 상태에서는 R_1이 작동할 수 없다.

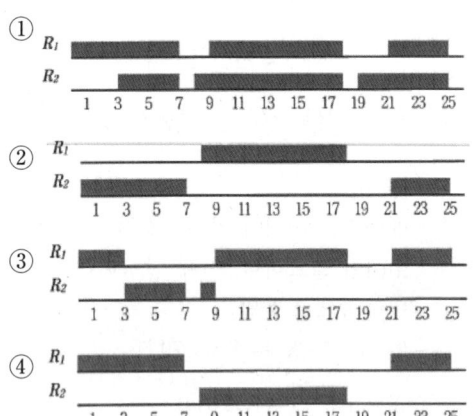

43 저항 R과 인덕턴스 L이 직렬로 연결된 R-L 직렬회로에서 교류전압을 인가할 때 회로에 흐르는 전류의 위상으로 옳은 것은?

① 전압보다 $\tan^{-1}\dfrac{R}{wL}$ 만큼 앞선다.

② 전압보다 $\tan^{-1}\dfrac{R}{wL}$ 만큼 뒤진다.

③ 전압보다 $\tan^{-1}\dfrac{wL}{R}$ 만큼 앞선다.

④ 전압보다 $\tan^{-1}\dfrac{wL}{R}$ 만큼 뒤진다.

정답 42 ④ 43 ④

해설 | R-L직렬회로
1) 전압이 전류보다 위상이 θ만큼 앞선다.
   $\theta = \tan^{-1}\dfrac{\omega L}{R}$ 이 된다.
2) 문제에서는 전류가 기준이 되므로 전압보다 θ만큼 뒤진다.

44 전원과 부하가 모두 △결선된 3상 평형회로가 있다. 전원 전압 400 V, 부하 임피던스 12 + j16Ω인 경우 선전류 [A]는?

① 10
② $10\sqrt{3}$
③ 20
④ $20\sqrt{3}$

해설 | 델타결선회로의 특징
1) 상전압과 선간전압은 같고 ($V_p = V_l$)
   상전류와 선간전류
   → $I_p = \dfrac{I_l}{\sqrt{3}}$, $I_l = \sqrt{3}\,I_p$
2) 상전류 $I_p = \dfrac{400}{\sqrt{12^2+16^2}} = 20\,A$
3) 선간전류는 상전류의 $\sqrt{3}$ 배이므로 $I_l = 20\sqrt{3}$ A가 된다.

45 다음과 같은 비정현파 전압, 전류에 관한 평균전력 [W]은?

$v = 100\sin(wt+30°) - 30\sin(3wt+60°)$
$\quad + 10\sin(5wt+30°)\,V$
$i = 30\sin(wt-30°) + 20\sin(3wt-30°)$
$\quad + 5\cos(5wt-60°)\,A$

① 750
② 775
③ 1225
④ 1825

해설 | 비정현파에서의 평균전력
1) $P = V_1I_1\cos\theta + V_3I_3\cos\theta + V_5I_5\cos\theta$ W
2) 전류의 5고조파에서 cos을 sin으로 변경하여 식을 변경하면
   $v = 100\sin(wt+30°) - 30\sin(3wt+60°)$
   $\quad + 10\sin(5wt+30°)\,V$
   $i = 100\sin(wt+30°) - 30\sin(3wt+60°)$
   $\quad + 5\sin(5wt+30°)\,A$
3) $P = \dfrac{100}{\sqrt{2}} \times \dfrac{30}{\sqrt{2}} \times \cos60 - \dfrac{30}{\sqrt{2}} \times \dfrac{20}{\sqrt{2}}$
   $\quad \times \cos90 + \dfrac{10}{\sqrt{2}} \times \dfrac{5}{\sqrt{2}} \times \cos0$
   $= 750 - 0 + 25 = 775$ W

46 전기력선의 성질에 관한 설명으로 옳지 않은 것은?

① 전기력선의 밀도는 전계의 세기와 같다.
② 두개의 전기력선은 교차하지 않는다.
③ 전기력선의 방향은 전계의 방향과 일치하지 않는다.
④ 전기력선은 등전위면과 직교한다.

정답 44 ④ 45 ② 46 ③

해설 | 전기력선의 성질
1) 전기력선은 양전하의 표면에서 나와 음전하의 표면에서 끝난다.
2) 전기력선은 언제나 수축하려 하며 같은 성질은 서로 반발한다.
3) 전기력선의 접선 방향은 그 접점에서 전장의 방향을 의미한다.
4) 전기력선의 밀도는 전장의 세기를 의미한다.
5) 전기력선은 도체의 표면에 수직으로 출입하며 도체 내부에는 전기력선이 없다.
6) 전기력선은 서로 교차하지 않는다.
7) 전기력선은 등전위면과 직교한다.

47 이종 금속을 접합하여 폐회로를 만든 후 두 접합점의 온도를 다르게 하여 열전류를 얻는 열전현상으로 옳은 것은?

① 펠티에효과(Peltier Effect)
② 제벡효과(Seebeck Effect)
③ 톰슨효과(Thomson Effect)
④ 핀치효과(Pinch Effect)

해설 | 제어백효과
서로 다른 두 금속 A와 B를 접합하고, 온도차를 주면 기전력이 발생하여 전류가 흐르는 현상

48 상호 인덕턴스가 150 mH인 회로가 있다. 1차 코일에 흐르는 전류가 0.5초 동안 5 A에서 20 A로 변화할 때 2차 유도기전력 [V]은?

① 3
② 4.5
③ 6
④ 7.5

해설 | 유도기전력
$$e = -L\frac{di}{dt}$$
$$= -150 \times 10^{-3} \times \frac{5-20}{0.5} = 4.5\,V$$

49 전동기 기동에 관한 설명으로 옳지 않은 것은?

① 농형 유도전동기의 Y-△기동 시 기동전류는 △결선하여 기동한 경우의 1/3이 된다.
② 권선형 유도전동기 기동 시 기동전류를 제한하기 위하여 기동보상기법이 주로 사용된다.
③ 분상 기동형 단상 유도전동기는 병렬로 연결되어 있는 주권선과 보조권선에 의해 회전자계를 만들어 기동한다.
④ 콘덴서 기동형 단상 유도전동기는 기동권선에 직렬로 콘덴서를 연결하여 주권선과 기동권선 사이에 위상차를 만들어 기동한다.

정답 47 ② 48 ② 49 ②

해설 | 유도 전동기 기동방법

1) 3상 농형 유도전동기 기동방법

기동방식		용량	내용
전전압 기동	직입 기동	5.5 kW 미만	전동기에 별도의 기동 장치를 사용하지 않고 직접 정격 전압을 인가하는 방식. 5 kW 이하 소용량
감전압 기동	$Y-\Delta$ 기동	5.5~15 kW	기동 시 고정자 권선을 Y로 접속하여 기동하고 Δ로 변경하여 운전하는 방식
	기동 보상기	15 kW 이상	3상 단권변압기를 이용하여 기동 전류를 감소시키는 기동방식
	리액터 기동		전동기의 1차 측에 직렬로 리액터를 설치하여 그 리액턴스의 값을 조정하여 전동기에 인가되는 전압을 제어하는 방식
	콘도르파 기동		기동 보상기법과 리액터 기동방식을 혼합한 방식

2) 3상 권선형 유도 전동기 기동방법 : 2차 저항 기동법

50 전력용 반도체 소자에 관한 설명으로 옳지 않은 것은?

① SCR(Silicon Controlled Rectifier)은 소호기능이 없으며, 전류는 양극(A)과 음극(K)전압의 극성이 바뀌면 차단된다.
② TRIAC(Triode AC Switch)은 SCR 2개를 역방향으로 병렬연결한 형태로 양방향제어가 가능하다.
③ GTO(Gate Turn Off Thyristor)는 도통시점과 소호시점을 임의로 제어할 수 있는 양방향성 소자이다.
④ IGBT(Insulated Gate Bipolar Transistor)는 고속스위칭이 가능하며, 대전류 출력특성이 있다.

해설 | 전력용 반도체소자
GTO(Gate Turn Off Thyristor)는 양방향성 소자가 아니라 단방향성 소자이다.

21회 제3과목 소방관련법령

51 소방기본법령상 소방업무의 응원에 관한 설명으로 옳은 것은?

① 소방청장은 소방활동을 할 때에 필요한 경우에는 시·도지사에게 소방업무의 응원을 요청해야 한다.
② 소방업무의 응원을 위하여 파견된 소방대원은 응원을 요청한 소방본부장 또는 소방서장의 지휘에 따라야 한다.
③ 소방업무의 응원 요청을 받은 소방서장은 정당한 사유가 있어도 그 요청을 거절할 수 없다.
④ 소방서장은 소방업무의 응원을 요청하는 경우를 대비하여 출동 대상지역 및 규모와 필요한 경비의 부담 등에 관하여 필요한 사항을 대통령령으로 정하는 바에 따라 이웃하는 소방서장과 협의하여 미리 규약으로 정하여야 한다.

해설 | 소방업무의 응원
1) 응원 요청 : 소방본부장·서장이 <u>이웃한 소방본부장·서장에게 요청</u>
2) 응원요청을 받은 소방본부장·서장은 <u>정당한 사유 없이 거절하여서는 아니 됨</u>
3) 응원을 위하여 파견된 소방대원은 응원을 요청한 소방본부장·서장의 지휘에 따름

④ 시·도지사는 응원을 요청하는 경우를 대비하여 출동 대상지역, 규모, 필요한 경비의 부담 등에 관하여 필요한 사항을 행정안전부령으로 정하는 바에 따라 이웃하는 <u>시·도지사와 협의하여</u> 미리 규약으로 정하여야 함

52 소방기본법령상 소방용수시설 중 저수조의 설치기준으로 옳지 않은 것은?

① 소방펌프자동차가 쉽게 접근할 수 있도록 할 것
② 흡수에 지장이 없도록 토사 및 쓰레기 등을 제거할 수 있는 설비를 갖출 것
③ 흡수부분의 수심이 0.5 m 이상일 것
④ 지면으로부터의 낙차가 5.5 m 이하일 것

해설 | 저수조 설치기준
1) 지면부터 낙차 : <u>4.5 m 이하</u>
2) 흡수부분 수심 : 0.5 m 이상
3) 소방펌프자동차 쉽게 접근
4) 흡수에 지장이 없도록 토사·쓰레기 등 제거설비 갖출 것
5) 흡수관의 투입구
  (1) 사각형 : 한 변 길이 60 cm 이상
  (2) 원형 : 지름 60 cm 이상
6) 저수조 물 공급방법 : 상수도 연결 자동급수

정답 51 ② 52 ④

53 화재의 예방 및 안전관리에 관한 법령상 특수가연물에 해당하지 않는 것은?

① 볏짚류 500 kg
② 면화류 200 kg
③ 사류(絲類) 1,000 kg
④ 넝마 및 종이부스러기 1,000 kg

해설 | 특수가연물 품명 및 수량

품명	수량(이상)	품명	수량(이상)
면화류	200 kg	가연성 고체류	3,000 kg
나무껍질 및 대팻밥	400 kg	석탄·목탄류	10,000 kg
넝마 및 종이 부스러기	1,000 kg	가연성 액체류	2 m³
사류 (絲類)	1,000 kg	목재가공품 및 나무 부스러기	10 m³
볏짚류	1,000 kg	합성수지류 (발포/그 외)	20 m³ / 3,000 kg

54 벌칙기준에 관한 설명으로 옳지 않은 것은?

① 관계인의 정당한 업무방해, 조사업무를 수행하면서 취득자료나 알게 된 비밀 제공·누설·목적 외 용도 사용한 자는 500만 원 이하의 벌금에 처한다.
② 위력을 사용하여 출동한 소방대의 화재진압·인명구조 또는 구급활동을 방해하는 행위를 한 사람은 5년 이하의 징역 또는 5,000만 원 이하의 벌금에 처한다.
③ 화재예방강화지구 안의 소방대상물에 대한 화재안전조사를 거부·방해 또는 기피한 자는 300만 원 이하의 벌금에 처한다.
④ 피난명령을 위반한 사람은 100만 원 이하의 벌금에 처한다.

해설 | 벌칙기준 〈개정 2022.12.1〉
① 관계인의 정당한 업무방해, 조사업무를 수행하면서 취득자료나 알게 된 비밀 제공·누설·목적 외 용도 사용 : 1년 이하 또는 1000만 원 이하 벌금〈예방법〉
② 위력을 사용하여 출동한 소방대의 화재진압·인명구조 또는 구급활동을 방해하는 행위를 한 사람 : 5년 이하의 징역 또는 5,000만 원 이하의 벌금〈소방기본법〉
③ 화재예방강화지구 안의 소방대상물에 대한 화재안전조사를 거부·방해 또는 기피한 자 : 300만 원 이하의 벌금〈예방법〉
④ 피난명령을 위반한 사람 : 100만 원 이하의 벌금〈소방기본법〉

55. 소방시설공사업법령상 소방기술자의 자격취소 또는 소방시설업의 등록취소에 관한 설명으로 옳지 않은 것은?

① 소방시설업자가 거짓이나 그 밖의 부정한 방법으로 등록한 경우 시·도지사는 그 등록을 취소해야 한다.
② 소방기술 인정 자격수첩을 발급받은 자가 그 자격수첩을 다른 사람에게 빌려준 경우 소방청장은 그 자격을 취소해야 한다.
③ 소방시설업자가 다른 자에게 등록수첩을 빌려준 경우 소방청장은 그 등록을 취소해야 한다.
④ 소방시설업자가 등록 결격사유에 해당하게 된 경우 시·도지사는 그 등록을 취소해야 한다.

해설 | 소방시설업의 등록취소 및 소방기술자 자격취소

소방시설업 등록취소	소방기술자 자격취소
1. 거짓이나 그 밖의 부정한 방법으로 등록한 경우 2. 등록 결격사유에 해당하게 된 경우 3. 영업정지 기간 중에 소방시설공사 등을 한 경우	1. 거짓이나 그 밖의 부정한 방법으로 자격수첩 또는 경력수첩을 발급받은 경우 2. 자격수첩 또는 경력수첩을 다른 자에게 빌려준 경우 3. 소방기술자로서 업무수행 중 해당 자격과 관련하여 고의 또는 중대한 과실로 다른 자에게 손해를 입히고 형의 선고를 받은 경우

※ ③ 소방시설업자가 다른 자에게 등록수첩을 빌려준 경우: 1차는 6개월의 영업정지, 2차는 등록취소

56. 소방시설공사업법령상 소방기술자의 배치기준이다. ( )에 들어갈 내용으로 옳게 나열한 것은?

소방기술자의 배치기준	소방시설공사 현장의 기준
가. 행정안전부령으로 정하는 특급 기술자인 소방기술자 (기계분야 및 전기분야)	1) 연면적 (ㄱ) m^2 이상인 특정 소방대상물의 공사현장 2) 지하층을 (ㄴ)한 층수가 (ㄷ)층 이상인 특정소방대상물의 공사현장

① ㄱ: 100,000, ㄴ: 포함, ㄷ: 20
② ㄱ: 100,000, ㄴ: 제외, ㄷ: 30
③ ㄱ: 200,000, ㄴ: 포함, ㄷ: 40
④ ㄱ: 200,000, ㄴ: 제외, ㄷ: 50

해설 | 소방기술자 배치기준

특급 기술자	연면적 200,000 m^2 이상	40층(지포) 이상	-
고급 기술자	30,000 ~ 200,000 m^2(아제)	16 ~ 40층(지포)	
중급 기술자	5,000 ~ 30,000 m^2 (아제)	10,000 ~ 200,000 m^2(아파트)	물분무 등(호제), 제연설비
초급 기술자	1,000 ~ 5,000 m^2 (아제)	1,000 ~ 10,000 m^2 (아파트)	지하구
자격수첩 발급자	1,000 m^2 미만	-	-

※ 아제: 아파트 제외
  지포: 지하층 포함
  호제: 호스릴 제외
  연면적기준: 이상 ~ 미만

정답 55 ③ 56 ③

57 소방시설공사업법령상 하도급계약심사위원회의 구성으로 옳은 것은?

① 위원장 1명과 부위원장 1명을 제외하여 21명 이내의 위원으로 구성한다.
② 위원장 1명과 부위원장 2명을 포함하여 5~9명 이내의 위원으로 구성한다.
③ 위원장 1명과 부위원장 1명을 제외하여 9명 이내의 위원으로 구성한다.
④ 위원장 1명과 부위원장 1명을 포함하여 10명 이내의 위원으로 구성한다.

해설 | 하도급계약심사위원회
1) <u>위원장 1명과 부위원장 1명을 포함하여 10명 이내의 위원으로 구성</u>
2) 위원회의 위원장은 발주기관의 장이 되고, 부위원장과 위원은 다음 어느 하나에 해당하는 사람 중에서 위원장이 임명하거나 성별을 고려하여 위촉함
   (1) 해당 발주기관의 과장급 이상 공무원(2급)
   (2) 소방 분야 연구기관의 연구위원급 이상인 사람
   (3) 소방분야의 박사학위를 취득 후 3년 이상 연구 또는 실무경험이 있는 사람
   (4) 대학(소방 분야 한정)의 조교수 이상인 사람
   (5) 소방기술사 자격을 취득한 사람
3) 위원의 임기는 3년으로 하며, 한 차례만 연임
4) 위원회의 회의는 재적위원 과반수의 출석으로 개의하고 출석위원 과반수의 찬성으로 의결

58 소방시설설치 및 관리에 관한 법령상 작동점검의 기록표(ㄱ)와 종합점검의 기록표(ㄴ)의 메인컬러를 옳게 나열한 것은?

① ㄱ : 노랑 PANTONE 116C
   ㄴ : 빨강 PANTONE 032C
② ㄱ : 빨강 PANTONE 032C
   ㄴ : 노랑 PANTONE 116C
③ ㄱ : 연두 PANTONE 376C
   ㄴ : 파랑 PANTONE 279C
④ ㄱ : 파랑 PANTONE 279C
   ㄴ : 연두 PANTONE 376C

해설 | 점검기록표〈22.12.1 이후 삭제〉

작동점검	종합점검
소방시설 점검기록표	소방시설 점검기록표
연두색	파랑색

※ 점검기록표 규격
1) 규격 : 원지름 130 mm
2) 재질 : 유포지(스티커), 아트지(스티커)
3) 메인컬러
   • 종합점검 : 파랑
   • 작동점검 : 연두

▶ 해당 문제는 2022.12.1 다음으로 개정됨
  <u>소방시설등 자체점검기록표</u>

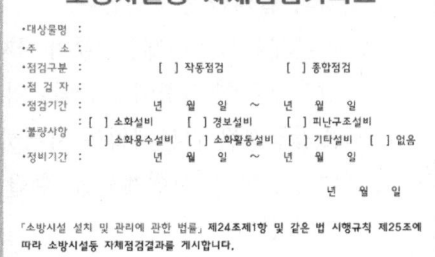

정답 57 ④ 58 ①

※ 비고 : 점검기록표의 규격
(1) 규격 : A4 용지
   (가로 297mm × 세로 210 mm)
(2) 재질 : 아트지(스티커) 또는 종이
(3) 외측 테두리 : 파랑색(RGB 65, 143, 222)
(4) 내측 테두리 : 하늘색(RGB 193, 214, 237)
(5) 글씨체(색상)
   ① 소방시설 점검기록표 : HY헤드라인M, 45포인트(외측 테두리와 동일)
   ② 본문 제목 : 윤고딕230, 20포인트(외측 테두리와 동일)
     본문 내용 : 윤고딕230, 20포인트(검정색)
   ③ 하단 내용 : 윤고딕240, 20포인트(법명은 파랑색, 그 외 검정색)

59 화재의 예방 및 안전관리에 관한 법령상 화재안전정책기본계획(이하 "기본계획"이라 함) 등의 수립 및 시행에 관한 설명으로 옳지 않은 것은?

① 국가는 화재안전 기반 확충을 위하여 화재안전정책에 관한 기본계획을 5년마다 수립·시행하여야 한다.
② 기본계획은 대통령령으로 정하는 바에 따라 소방청장이 관계 중앙행정기관의 장과 협의하여 수립한다.
③ 기본계획에는 화재안전분야 국제 경쟁력 향상에 관한 사항이 포함되어야 한다.
④ 소방청장은 기본계획을 시행하기 위하여 2년마다 시행계획을 수립·시행하여야 한다.

해설 | 화재안전정책 중 기본계획
1) 국가는 화재안전 기반 확충을 위하여 화재안전정책에 관한 기본계획을 5년마다 수립·시행하여야 함
2) 기본계획은 대통령령으로 정하는 바에 따라 소방청장이 관계 중앙행정기관의 장과 협의하여 수립함
   (1) 협의 : 시행 전년도 8월 31일까지 관계 중앙행정기관의 장과 협의계획
   (2) 수립 : 협의 후 시행 전년도 9월 30일까지 수립
3) 기본계획에는 다음 사항 포함
   (1) 화재안전정책의 기본목표 및 추진방향
   (2) 화재안전을 위한 법령·제도의 마련 등 기반 조성에 관한 사항
   (3) 화재예방을 위한 대국민 홍보·교육에 관한 사항
   (4) 화재안전 관련 기술의 개발·보급에 관한 사항
   (5) 화재안전분야 전문인력의 육성·지원 및 관리에 관한 사항
   (6) 화재안전분야 국제 경쟁력 향상에 관한 사항
   (7) 그 밖에 대통령령으로 정하는 화재안전 개선에 필요한 사항
     ① 화재현황, 화재발생 및 화재안전정책의 여건 변화에 관한 사항
     ② 소방시설의 설치·유지 및 화재안전기준의 개선에 관한 사항
4) 소방청장은 기본계획을 시행하기 위하여 매년 시행계획을 수립·시행하여야 함
   (1) 수립 시기 : 계획 시행 전년도 10월 31일까지
   (2) 시행계획 포함 사항
     ① 기본계획 시행을 위하여 필요한 사항
     ② 그 밖에 화재안전과 관련하여 소방청장이 필요하다고 인정하는 사항

정답 59 ④

5) 소방청장은 제1항 및 제4항에 따라 수립된 기본계획 및 시행계획을 관계 중앙행정기관의 장, 시·도지사에게 통보함

60 소방시설설치 및 관리에 관한 법령상 화재안전기준 또는 대통령령이 변경되어 그 기준이 강화되는 경우 기존의 특정소방대상물의 소방시설에 대하여 강화된 기준을 적용하는 소방시설로 옳지 않은 것은?

① 소화기구
② 노유자시설에 설치하는 비상콘센트설비
③ 의료시설에 설치하는 자동화재탐지설비
④ 「국토의 계획 및 이용에 관한 법률」에 따른 공동구에 설치하여야 하는 소방시설

해설 | 강화된 법규 적용
1) 다음 소방시설 중 대통령령으로 정하는 것
　(1) 소화기구
　(2) 비상경보설비
　(3) 자동화재탐지설비
　(4) 자동화재속보설비
　(5) 피난구조설비
2) 다음 각 호의 지하구에 설치하여야 하는 소방시설
　(1) 공동구
　(2) 전력 또는 통신사업용 지하구
3) 노유자시설, 의료시설에 설치하여야 하는 소방시설 중 대통령령으로 정하는 것
　(1) 노유자시설 : 간이스프링클러설비, 자동화재탐지설비, 단독경보형 감지기
　(2) 의료시설 : 간이스프링클러설비, 자동화재탐지설비, 자동화재속보설비, 스프링클러설비

61 화재의 예방 및 안전관리에 관한 법령상 소방안전관리대상물의 관계인이 피난시설의 위치, 피난경로 또는 대피요령이 포함된 피난유도 안내정보를 근무자 또는 거주자에게 정기적으로 제공하는 방법으로 옳지 않은 것은?

① 연 2회 피난안내 교육을 실시하는 방법
② 연 1회 피난안내방송을 실시하는 방법
③ 피난안내도를 층마다 보기 쉬운 위치에 게시하는 방법
④ 엘리베이터, 출입구 등 시청이 용이한 지역에 피난안내영상을 제공하는 방법

해설 | 피난유도 안내정보의 제공방법
① 연 2회 피난안내 교육을 실시하는 방법
② 분기별 1회 이상 피난안내방송을 실시하는 방법
③ 피난안내도를 층마다 보기 쉬운 위치에 게시하는 방법
④ 엘리베이터, 출입구 등 시청이 용이한 지역에 피난안내영상을 제공하는 방법

정답 60 ② 61 ②

62 화재의 예방 및 안전관리에 관한 법령상 소방안전관리대상물의 소방계획서에 포함되어야 하는 사항이 아닌 것은?

① 국가화재안전정책의 여건 변화에 관한 사항
② 소방시설·피난시설 및 방화시설의 점검·정비계획
③ 화재 예방을 위한 자체점검계획 및 대응대책
④ 화기 취급작업에 대한 사전 안전조치 및 감독 등 공사 중 소방안전관리에 관한 사항

해설 | 소방계획서 포함사항
1) 소방안전관리대상물의 위치·구조·연면적·용도 및 수용인원 등 일반 현황
2) 소방안전관리대상물에 설치한 소방·방화·전기·가스·위험물 시설의 현황
3) <u>화재 예방을 위한 자체점검계획 및 대응대책</u>
4) <u>소방시설·피난시설 및 방화시설의 점검·정비계획</u>
5) 피난층 및 피난시설의 위치와 피난경로의 설정, 화재안전취약자의 피난계획 등을 포함한 피난계획
6) 방화구획, 제연구획, 건축물의 내부 마감재료(불연재료·준불연재료·난연재료로 사용된 것) 및 방염물품의 사용현황과 그 밖의 방화구조 및 설비의 유지·관리계획
7) 관리의 권원이 분리된 특정소방대상물의 소방안전관리에 관한 사항
8) 소방훈련 및 교육에 관한 계획
9) 특정소방대상물의 근무자·거주자의 자위소방대 조직과 대원의 임무(화재안전취약자의 피난 보조 임무를 포함)에 관한 사항
10) <u>화기 취급작업에 대한 사전 안전조치 및 감독 등 공사 중 소방안전관리에 관한 사항</u>
11) 소화와 연소 방지에 관한 사항
12) 위험물의 저장·취급에 관한 사항(예방규정을 정하는 제조소등은 제외)
13) 소방안전관리에 대한 업무수행에 관한 기록 및 유지에 관한 사항
14) 화재발생 시 화재경보, 초기소화 및 피난유도 등 초기대응에 관한 사항
15) 그 밖에 소방안전관리를 위하여 소방본부장 또는 소방서장이 소방안전관리대상물의 위치·구조·설비 또는 관리 상황 등을 고려하여 소방안전관리에 필요하여 요청하는 사항

정답 62 ①

63 소방시설설치 및 관리에 관한 법령상 옥외소화전설비에 관한 내용이다. ( )에 들어갈 내용으로 옳게 나열한 것은?

> 사. 옥외소화전설비를 설치하여야 하는 특정소방대상물(아파트 등, 위험물 저장 및 처리시설 중 가스시설, 지하구 또는 지하가 중 터널은 제외한다)은 다음의 어느 하나와 같다.
> 1) 지상 1층 및 2층의 바닥면적의 합계가 (ㄱ) m^2 이상인 것. 이 경우 같은 구(區) 내의 둘 이상의 특정소방대상물이 행정안전부령으로 정하는 (ㄴ)인 경우에는 이를 하나의 특정소방대상물로 본다.
> 2) 문화유산 중 「문화유산의 보존 및 활용에 관한 법률」 제23조에 따라 보물 또는 국보로 지정된 목조건축물
> 3) 1)에 해당하지 않는 공장 또는 창고시설로서 「소방기본법 시행령」 별표 2에서 정하는 수량의 (ㄷ)배 이상의 특수가연물을 저장·취급하는 것

① ㄱ : 6천
 ㄴ : 연소 우려가 있는 개구부
 ㄷ : 650

② ㄱ : 7천
 ㄴ : 연소 우려가 있는 구조
 ㄷ : 650

③ ㄱ : 8천
 ㄴ : 연소 우려가 있는 개구부
 ㄷ : 750

④ ㄱ : 9천
 ㄴ : 연소 우려가 있는 구조
 ㄷ : 750

해설 | 옥외소화전설비 설치 대상
1) 지상 1층 및 2층의 바닥면적의 합계가 9,000 m^2 이상인 것. 이 경우 같은 구내의 둘 이상의 특정소방대상물이 행정안전부령으로 정하는 연소 우려가 있는 구조인 경우에는 이를 하나의 특정소방대상물로 봄
 • 연소 우려가 있는 구조 : 다음 각 호의 기준에 모두 해당하는 구조
  ① 건축물대장의 건축물 현황도에 표시된 대지경계선 안에 둘 이상의 건축물이 있는 경우
  ② 각각의 건축물이 다른 건축물의 외벽으로부터 수평거리가 1층의 경우에는 6 m 이하, 2층 이상의 층의 경우에는 10 m 이하인 경우
  ③ 개구부가 다른 건축물을 향하여 설치되어 있는 경우
2) 문화유산 중 「문화유산의 보존 및 활용에 관한 법률」 제23조에 따라 보물또는 국보로 지정된 목조건축물
3) 1)에 해당하지 않는 공장·창고시설로서 화재 예방법 시행령 별표 2에서 정하는 수량의 750배 이상의 특수가연물을 저장·취급하는 것

※ 옥외소화전설비 설치 제외
 ① 아파트 등
 ② 위험물 저장 및 처리시설 중 가스시설
 ③ 지하구
 ④ 터널

정답 63 ④

64 화재의 예방 및 안전관리에 관한 법령상 소방안전 특별관리기본계획 및 시행계획의 수립·시행에 관한 설명으로 옳지 않은 것은?

① 소방청장은 소방안전 특별관리기본계획을 5년마다 수립·시행하여야 한다.
② 소방청장은 소방안전 특별관리기본계획을 계획 시행 전년도 12월 31일까지 수립하여 행정안전부에 통보한다.
③ 시·도지사는 소방안전 특별관리기본계획을 시행하기 위하여 매년 소방안전 특별관리시행계획을 계획 시행 전년도 12월 31일까지 수립하여야 한다.
④ 시·도지사는 소방안전 특별관리시행계획의 시행결과를 계획 시행 다음 연도 1월 31일까지 소방청장에게 통보하여야 한다.

해설 | 소방안전 특별관리기본계획 및 시행계획의 수립·시행

1) 소방청장은 소방안전 특별관리기본계획을 5년마다 수립·시행하여야 하고, 계획 시행 전년도 10월 31일까지 수립하여 시·도에 통보함
2) 특별관리기본계획에는 다음 사항이 포함되어야 함
   (1) 화재예방을 위한 중기·장기 안전관리 정책
   (2) 화재예방을 위한 교육·홍보 및 점검·진단
   (3) 화재대응을 위한 훈련
   (4) 화재대응 및 사후조치에 관한 역할 및 공조체계
   (5) 그 밖에 화재 등의 안전관리를 위하여 필요한 사항
3) 시·도지사는 특별관리기본계획을 시행하기 위하여 매년 소방안전 특별관리시행계획을 계획 시행 전년도 12월 31일까지 수립하여야 하고, 시행결과를 계획 시행 다음 연도 1월 31일까지 소방청장에게 통보하여야 함
4) 특별관리시행계획에는 다음 각 호의 사항이 포함되어야 한다.
   (1) 특별관리기본계획의 집행을 위하여 필요한 사항
   (2) 시·도에서 화재 등의 안전관리를 위하여 필요한 사항
5) 소방청장 및 시·도지사는 특별관리기본계획 및 특별관리시행계획을 수립하는 경우 성별, 연령별, 재해약자(장애인·노인·임산부·영유아·어린이 등 이동이 어려운 사람을 말한다)별 화재 피해현황 및 실태 등에 관한 사항을 고려하여야 함

정답 64 ②

65 소방시설설치 및 관리에 관한 법령상 방염성능기준 이상의 실내 장식물 등을 설치하여야 하는 특정소방대상물에 해당하지 않는 것은? (단, 11층 미만인 특정소방대상물이다)

① 교육연구시설 중 합숙소
② 건축물의 옥내에 있는 수영장
③ 근린생활시설 중 종교집회장
④ 방송통신시설 중 촬영소

해설 | 방염성능기준 이상의 실내장식물을 설치하여야 하는 특정소방대상물

1) 근린생활시설 중 의원, 치과의원, 한의원, 조산원, 산후조리원, 체력단련장, 공연장 및 종교집회장 〈개정 2024.12.31.〉 개정
2) 건축물 옥내에 있는 시설로서 다음의 시설
   (1) 문화 및 집회시설
   (2) 종교시설
   (3) 운동시설(수영장 제외)
3) 의료시설
4) 교육연구시설 중 합숙소
5) 노유자시설
6) 숙박이 가능한 수련시설
7) 숙박시설
8) 방송통신시설 중 방송국 및 촬영소
9) 다중이용업소
10) 1) ~ 9)에 해당하지 아니하는 것으로서 층수가 11층 이상인 것(아파트 제외)

66 소방시설설치 및 관리에 관한 법령상 건축물의 신축·증축 및 개축 등으로 소방용품을 변경 또는 신규 비치하여야 하는 경우 우수품질인증 소방용품을 우선 구매·사용하도록 노력하여야 하는 기관 및 단체를 모두 고른 것은?

ㄱ. 지방자치단체
ㄴ. 「공공기관의 운영에 관한 법률」에 따른 공공기관
ㄷ. 「지방자치단체 출자·출연 기관의 운영에 관한 법률」에 따른 출자·출연기관

① ㄱ, ㄴ
② ㄱ, ㄷ
③ ㄴ, ㄷ
④ ㄱ, ㄴ, ㄷ

해설 | 우수품질인증 소방용품에 대한 지원

다음 어느 하나에 해당하는 기관 및 단체는 건축물의 신축·증축 및 개축 등으로 소방용품을 변경 또는 신규 비치하여야 하는 경우 우수품질인증 소방용품을 우선 구매·사용하도록 노력하여야 함

1) 중앙행정기관
2) 지방자치단체
3) 공공기관
4) 지방공사 및 지방공단
5) 출자·출연 기관

정답 65 ② 66 ④

67 화재의 예방 및 안전관리에 관한 법령상 특급 소방안전관리대상물의 소방안전관리에 관한 강습교육 과정별 교육시간 운영 편성기준 중 특급 소방안전관리자에 관한 강습교육시간으로 옳은 것은?

① 이론 : 16시간, 실무 : 64시간
② 이론 : 48시간, 실무 : 112시간
③ 이론 : 32시간, 실무 : 48시간
④ 이론 : 40시간, 실무 : 40시간

해설 | 소방안전관리자 강습교육시간
〈개정 2022.12.1.〉

교육대상	시간 합계	이론 (30 %)	실무(70 %)	
			일반 (30 %)	실습 및 평가 (40 %)
특급	160시간	48시간	48시간	64시간
1급	80시간	24시간	24시간	32시간
2급 및 공공기관	40시간	12시간	12시간	16시간
3급	24시간	7시간	7시간	10시간
업무 대행감독	16시간	5시간	5시간	6시간
건설현장	24시간	7시간	7시간	10시간

68 위험물안전관리법령상 지정수량 이상의 위험물을 저장하기 위한 저장소의 구분에 포함되지 않는 것은?

① 옥내저장소
② 옥외저장소
③ 지하저장소
④ 이동탱크저장소

해설 | 저장소 종류

저장소		
	옥외 저장소	옥외에 위험물을 저장하는 장소 · 제2류 위험물 : 황 또는 인화성고체(인화점 0℃ 이상인 것에 한함) · 제4류 위험물 : 제1석유류(인화점 0℃ 이상인 것에 한함) · 알코올류 · 제2석유류 · 제3석유류 · 제4석유류 · 동식물유류 · 제6류 위험물
	옥내 저장소	옥내에 위험물을 저장하는 장소
	옥외탱크 저장소	옥외에 있는 탱크에 위험물을 저장하는 장소
	옥내탱크 저장소	건축물 내부에 설치된 탱크에 위험물을 저장하는 장소
	지하탱크 저장소	지하에 설치된 탱크에 위험물을 저장하는 장소
	간이탱크 저장소	간이탱크에 위험물을 저장하는 장소
	이동탱크 저장소	차량에 고정된 탱크에 위험물을 저장하는 장소
	암반탱크 저장소	암반 내의 공간을 이용한 탱크에 액체의 위험물을 저장하는 장소

정답 67 ② 68 ③

69 위험물안전관리법령상 제조소등에 대한 정기점검 및 정기검사에 관한 설명으로 옳지 않은 것은?

① 이동탱크저장소는 정기점검의 대상이다.
② 액체위험물을 저장 또는 취급하는 50만 리터 이상의 옥외탱크저장소는 정기검사의 대상이다.
③ 소방본부장 또는 소방서장은 당해 제조소등에 대하여 연 1회 이상 정기점검을 실시하여야 한다.
④ 정기점검의 내용, 방법 등에 관한 기술상의 기준과 그 밖의 점검에 관하여 필요한 사항은 소방청장이 정하여 고시한다.

해설 | 정기점검, 정기검사

구분	대상	점검 시기 및 기록 유지	실시자
정기점검	• 예방규정을 정해야 하는 제조소등 • <u>지하탱크저장소, 이동탱크저장소</u> • 위험물을 취급하는 탱크로서 지하에 매설된 탱크가 있는 제조소·주유취급소·일반취급소	[점검시기] • <u>연 1회 이상 실시</u> [기록사항] • 점검을 실시한 제조소등의 명칭 • 점검의 방법 및 결과 • 점검연월일 • 점검한 안전관리자 또는 탱크시험자와점검에 입회한 안전관리자의 성명 [기록유지] • <u>정기점검 기록 : 3년</u>	• 안전관리자 • 위험물 운송자 • 안전관리 대행기관 또는 탱크시험자에게 의뢰한 경우 안전관리자는 점검 현장에 입회하여야 함
정기검사	• 액체위험물을 저장 또는 취급하는 <u>50만L 이상 옥외탱크 저장소</u> (특정·준특정 옥외탱크저장소)	[정밀정기검사 시기] • 완공검사합격확인증을 발급받은 날부터 <u>12년</u> • 최근 정밀정기검사 받은 날부터 <u>11년</u> [중간정기검사 시기] • 완공검사합격확인증을 발급 받은 날부터 <u>4년</u> • 최근의 정기검사를 받은 날부터 <u>4년</u> [기록유지] • 차기 정기검사 시까지 보관	• 한국소방산업기술원

※ ③ 정기 점검은 관계인이 실시한다.

70 위험물안전관리법령상 탱크안전성능검사에 해당하지 않는 것은?

① 기초·지반검사
② 충수·수압검사
③ 밀폐·재질검사
④ 암반탱크검사

해설 | 탱크안전성능검사

검사 종류	대상	신청 시기
기초·지반검사	옥외탱크저장소의 액체위험물탱크 중 그 용량이 100만 L 이상인 탱크	위험물 탱크의 기초 및 지반에 관한 공사 개시 전
충수·수압검사	액체위험물을 저장 또는 취급하는 탱크 [제외대상] 1) 제조소·일반취급소에 설치된 탱크로서 용량이 지정수량 미만인 것 2) 고압가스 안전관리법에 따른 특정설비에 관한 검사에 합격한 탱크 3) 산업안전보건법에 따른 안전인증을 받은 탱크	위험물을 저장 또는 취급하는 탱크의 배관 및 부속설비를 부착하기 전
용접부검사	옥외탱크저장소의 액체위험물탱크 중 그 용량이 100만 L 이상인 탱크 [제외대상] 탱크 저부에 관계된 변경공사 시에 행하여진 정기검사에 의하여 용접부에 관한 사항이 기준(비파괴 시험에 있어서 소방청장이 정하여 고시하는 기준)에 적합하다고 인정된 탱크	탱크본체에 관한 공사의 개시 전
암반탱크검사	액체위험물을 저장 또는 취급하는 탱크	암반탱크 본체에 관한 공사의 개시 전

71 위험물안전관리법령상 위험물의 안전관리와 관련된 업무를 수행하는 자가 받아야 하는 안전교육에 관한 설명으로 옳은 것은?

① 안전교육대상자는 시·도지사가 실시하는 교육을 받아야 한다.
② 모든 제조소등의 관계인은 안전교육대상자이다.
③ 시·도지사는 안전교육을 강습교육과 실무교육으로 구분하여 실시한다.
④ 시·도지사, 소방본부장 또는 소방서장은 안전교육대상자가 교육을 받지 아니한 때에는 그 교육대상자가 교육을 받을 때까지 위험물안전관리법의 규정에 따라 그 자격으로 행하는 행위를 제한할 수 있다.

해설 | 안전교육

1) 안전관리자·탱크시험자·위험물운반자·위험물운송자 등 위험물의 안전관리와 관련된 업무를 수행하는 자로서 대통령이 정하는 자는 해당 업무에 관한 능력의 습득 또는 향상을 위하여 소방청장이 실시하는 교육을 받아야 한다.
2) 소방청장은 안전교육을 강습교육과 실무교육으로 구분하여 실시한다.
3) 시·도지사, 소방본부장 또는 소방서장은 교육대상자가 교육을 받지 아니한 때에는 그 교육대상자가 교육을 받을 때까지 이 법의 규정에 따라 그 자격으로 행하는 행위를 제한할 수 있다.

72
다중이용업소의 안전관리에 관한 특별법령상 '밀폐구조의 영업장'에 대한 용어의 정의이다. ( )에 들어갈 내용으로 옳게 나열한 것은?

> (ㄱ)에 있는 다중이용업소의 영업장 중 채광·환기·통풍 및 (ㄴ) 등이 용이하지 못한 구조로 되어 있으면서 대통령령으로 정하는 기준에 해당하는 영업장을 말한다.

① ㄱ: 지하층, ㄴ: 피난
② ㄱ: 지상층, ㄴ: 피난
③ ㄱ: 지하층, ㄴ: 소화활동
④ ㄱ: 지상층, ㄴ: 소화활동

해설 | 밀폐구조의 영업장
지상층에 있는 다중이용업소의 영업장 중 채광·환기·통풍 및 피난 등이 용이하지 못한 구조로 되어 있으면서 구조로 대통령령으로 정하는 기준에 해당하는 영업장 → 무창층 관련 요건을 모두 갖춘 개구부의 면적합계가 영업장으로 사용하는 바닥면적의 1/30 이하가 되는 것

73
다중이용업소의 안전관리에 관한 특별법령상 다른 법률에 따라 다중이용업의 허가·인가·등록·신고수리를 하는 행정기관이 허가 등을 한 날부터 14일 이내에 관할 소방본부장 또는 소방서장에게 통보하여야 하는 사항을 모두 고른 것은?

> ㄱ. 다중이용업의 종류·영업장 면적
> ㄴ. 허가 등 일자
> ㄷ. 화재배상책임보험 가입 여부

① ㄱ, ㄴ
② ㄱ, ㄷ
③ ㄴ, ㄷ
④ ㄱ, ㄴ, ㄷ

해설 | 다중이용업 허가 등
허가 등을 한 날부터 14일 이내 통보
① 업주의 성명·주소
② 업소의 상호·주소
③ 업종·영업장 면적
④ 허가 등 일자

74
다중이용업소의 안전관리에 관한 특별법령상 이행강제금의 부과권자가 아닌 자는?

① 소방청장
② 소방본부장
③ 소방서장
④ 시·군·구청장

해설 | 이행강제금
1) 소방청장·본부장·서장은 조치명령 받은 후 그 정한 기간 내 그 명령을 이행하지 않은 자에게는 1,000만 원 이하의 이행강제금 부과
2) 부과 집행자 : 소방청장·본부장·서장
3) 위반종류에 따른 금액, 이의제기 절차에 필요한 사항 : 대통령령

정답 72 ② 73 ① 74 ④

75 다중이용업소의 안전관리에 관한 특별법령 상 안전시설 등의 구분(소방시설, 비상구, 영업장 내부피난통로, 그 밖의 안전시설) 중 '그 밖의 안전시설'에 해당하지 않는 것은?

① 휴대용 비상조명등
② 영상음향차단장치
③ 누전차단기
④ 창문

해설 | 다중이용업소에 설치하는 안전시설 등
1) 소방시설
　(1) 소화설비
　　① 소화기, 자동확산소화기
　　② 간이스프링클러설비(캐비닛형 간이 스프링클러 포함)
　(2) 경보설비
　　① 비상벨설비, 자동화재탐지설비
　　② 가스누설경보기
　(3) 피난설비
　　① 피난기구
　　　㉠ 미끄럼대
　　　㉡ 피난사다리
　　　㉢ 구조대
　　　㉣ 완강기
　　　㉤ 다수인 피난장비
　　　㉥ 승강식 피난기
　　② 피난유도선
　　③ 유도등, 유도표지, 비상조명등
　　④ 휴대용 비상조명등
2) 비상구
3) 영업장 내부 피난통로
4) 그 밖의 안전시설
　(1) 영상음향차단장치
　(2) 누전차단기
　(3) 창문

정답 75 ①

21회 제4과목 위험물의 성상 및 시설기준

목표 점수 : _____   맞은 개수 : _____

76 위험물안전관리법령상 제1류 위험물에 해당하는 것은?

① 과아이오딘산
② 질산구아니딘
③ 염소화규소화합물
④ 할로젠간화합물

해설 | 그 밖에 행정안전부령으로 정하는 것

품목	과아이오딘산	질산구아니딘	염소화규소화합물	할로젠간화합물
류별	제1류 위험물	제5류 위험물	제3류 위험물	제6류 위험물

77 위험물에 관한 설명으로 옳지 않은 것은?

① 다이크로뮴산암모늄은 융점 이상으로 가열하면 분해되어 Cr_2O_3가 생성된다.
② 적린은 독성이 강한 자연발화성물질로 황린의 동소체이다.
③ 수소화나트륨이 물과 반응하면 수산화나트륨이 생성된다.
④ 나이트로셀룰로오스는 물이나 알코올에 습윤하면 운반 시 위험성이 낮아진다.

해설 | 위험물의 특성

① 다이크로뮴산암모늄은 융점 이상으로 가열하면 분해되어 Cr_2O_3가 생성된다.
열분해반응
$(NH_4)_2Cr_2O_7 \rightarrow Cr_2O_3 + N_2 + 4H_2O$

② 황린은 독성이 강한 자연발화성물질로 적린의 동소체이다.

종류	색상	독성	저장	연소생성물	CS_2 용해도	비중/녹는점	류별	위험등급
황린	백색 또는 담황색	유	물속	P_2O_5	○	1.83/44℃	제3류	I
적린	암적색	무	냉암소	P_2O_5	×	2.2/600℃	제2류	II

③ 수소화나트륨이 물과 반응하면 수산화나트륨이 생성된다.
$NaH + 2H_2O \rightarrow NaOH + H_2$

④ 나이트로셀룰로오스는 물이나 알코올에 습윤하면 운반 시 위험성이 낮아진다.

정답 76 ① 77 ②

78 인화알루미늄이 물과 반응할 때 생성되는 가스는?

① P_2O_5
② C_2H_6
③ PH_3
④ H_3PO_4

해설 | 인화알루미늄(AlP)
① 제3류 위험물 금속의 인화물, 지정수량 300 kg
② 물 반응식 $AlP + 3H_2O \rightarrow Al(OH)_3 + PH_3$

79 위험물의 지정수량과 위험등급에 관한 내용이다. ( )에 들어갈 내용으로 옳은 것은?

품명	지정수량(kg)	위험등급
무기과산화물	(ㄱ)	I
인화성고체	(ㄴ)	III
아조화합물	200	(ㄷ)

① ㄱ : 50, ㄴ : 1,000, ㄷ : I
② ㄱ : 50, ㄴ : 1,000, ㄷ : II
③ ㄱ : 100, ㄴ : 500, ㄷ : II
④ ㄱ : 100, ㄴ : 500, ㄷ : III

해설 | 위험물의 지정수량과 위험등급 **개정**

류별	품명	지정수량(kg)	위험등급
제1류	무기과산화물	(50)	I
제2류	인화성고체	(1,000)	III
제5류	아조화합물	200	(II)

※ 2024년 7월 31일부로 제5류 위험물 지정수량은 제1종은 10 kg, 제2종은 100 kg으로 변경됨. 아조화합물은 명칭은 그대로 있으나 지정수량 200 kg은 삭제됨

80 위험물안전관리법령상 위험물의 성질에 따른 제조소의 특례 중 취급하는 설비에 철이온 등의 혼입에 의한 위험한 반응을 방지하기 위한 조치를 강구해야 하는 물질은?

① 산화프로필렌
② 하이드록실아민
③ 메틸리튬
④ 하이드라진

해설 | 하이드록실아민등을 취급하는 제조소의 특례

1) 지정수량 이상의 하이드록실아민등을 취급하는 제조소의 위치는 규정에 의한 건축물의 벽 또는 이에 상당하는 공작물의 외측으로부터 해당 제조소의 외벽 또는 이에 상당하는 공작물의 외측까지의 사이에 다음 식에 의하여 요구되는 거리 이상의 안전거리를 둘 것

$$D = 51.1\sqrt[3]{N}$$

D : 거리 [m]
N : 해당 제조소에서 취급하는 하이드록실아민 등의 지정수량의 배수

2) 가목의 제조소의 주위에는 다음에 정하는 기준에 적합한 담 또는 토제(土堤)를 설치할 것

(1) 담 또는 토제는 당해 제조소의 외벽 또는 이에 상당하는 공작물의 외측으로부터 2 m 이상 떨어진 장소에 설치할 것
(2) 담 또는 토제의 높이는 당해 제조소에 있어서 하이드록실아민등을 취급하는 부분의 높이 이상으로 할 것
(3) 담은 두께 15 cm 이상의 철근콘크리트조·철골철근콘크리트조 또는 두께 20 cm 이상의 보강콘크리트블록조로 할 것
(4) 토제의 경사면의 경사도는 60도 미만으로 할 것

3) 하이드록실아민 등을 취급하는 설비에는 하이드록실아민 등의 온도 및 농도의 상승에 의한 위험한 반응을 방지하기 위한 조치를 강구할 것
4) 하이드록실아민 등을 취급하는 설비에는 철이온 등의 혼입에 의한 위험한 반응을 방지하기 위한 조치를 강구할 것

81 위험물안전관리법령상 위험물을 운반용기에 수납하는 기준이다. ( )에 들어갈 내용으로 옳은 것은?

> 자연발화성물질 중 알킬알루미늄 등은 운반용기의 내용적의 (ㄱ)% 이하의 수납률로 수납하되, 50 ℃의 온도에서 (ㄴ)% 이상의 공간용적을 유지하도록 할 것

① ㄱ : 80, ㄴ : 10
② ㄱ : 85, ㄴ : 10
③ ㄱ : 90, ㄴ : 5
④ ㄱ : 95, ㄴ : 5

해설 | 제3류 위험물 운반용기 수납기준
1) 자연발화성물질에 있어서는 불활성기체를 봉입하여 밀봉하는 등 공기와 접하지 아니하도록 할 것
2) 자연발화성물질외의 물품에 있어서는 파라핀·경유·등유 등의 보호액으로 채워 밀봉하거나 불활성기체를 봉입하여 밀봉하는 등 수분과 접하지 아니하도록 할 것
3) 라목의 규정에 불구하고 자연발화성물질 중 알킬알루미늄 등은 운반용기의 내용적의 90 % 이하의 수납률로 수납하되, 50 ℃의 온도에서 5 % 이상의 공간용적을 유지하도록 할 것

82 위험물안전관리법령상 위험물을 운반하기 위하여 적재하는 경우 차광성이 있는 피복으로 가리지 않아도 되는 것은?

① 염소산나트륨 ② 아세트알데히드
③ 황린   ④ 마그네슘

해설 | 차광성이 있는 피복으로 가리는 경우
1) 제1류 위험물, 제3류 위험물 중 자연발화성물질, 제4류 위험물 중 특수인화물, 제5류 위험물 또는 제6류 위험물은 차광성이 있는 피복으로 가려야 한다.
2) 마그네슘은 제2류 위험물로 일광의 직사 방지 조치에 해당하지 않는다.

83 위험물의 분류 및 표지에 관한 기준상 GHS의 물리적 위험성과 그림문자의 연결로 옳지 않은 것은?

① 자연발화성액체

② 둔감화된 폭발성물질

③ 금속부식성물질

④ 산화성액체

정답 81 ③ 82 ④ 83 ②

해설 | 심벌에 따른 물리적 위험성
(위험물의 분류 및 표지에 관한 기준)

심벌	물리적 위험성
🔥	2. 인화성가스 　(구분 1, 자연발화성가스) 3. 에어로졸(구분 1, 2) 6. 인화성액체(구분 1, 2, 3) 7. 인화성고체(구분 1, 2) 8. 자기반응성물질 및 혼합물 　(형식 B, C, D, E, F) 9. 자연발화성액체(구분 1) 10. 자연발화성고체(구분 1) 11. 자기발열성물질 및 혼합물 　(구분 1, 2) 12. 물반응성물질 및 혼합물 　(구분 1, 2, 3) 15. 유기과산화물 　(형식 B, C, D, E, F)
💥	1. 폭발성물질(불안정한 폭발성물질 　및 등급 1.1, 1.2, 1.3, 1.4) 8. 자기반응성물질 및 혼합물 　(형식 A, B) 15. 유기과산화물(형식 A, B)
🧪	16. 금속부식성물질(구분 1)
🔥⭕	4. 산화성가스(구분 1) 13. 산화성액체(구분 1, 2, 3) 14. 산화성고체(구분 1, 2, 3)
🛢️	5. 고압가스(압축가스, 액화가스, 냉 　동액화가스, 용해가스)

84 칼륨 39 g이 물과 완전 반응하였을 때 이론적으로 발생할 수 있는 수소의 질량(g)은 약 얼마인가? (단, 칼륨 1 mol의 원자량은 39 g/mol이다)

① 1　　② 2
③ 3　　④ 4

해설 | 칼륨의 물 반응
① 칼륨의 물 반응식
　$2K + 2H_2O \rightarrow 2KOH + H_2\uparrow$
② 위 반응식에서 칼륨 39 g 반응 시 수소의 질량을 계산하면
　$(2 \times 39)\,g : 2\,g = 39\,g : X\,g$
　$\therefore X = 1\,g$

85 다음 제4류 위험물을 인화점이 낮은 것부터 높은 순서대로 옳게 나열한 것은?

> ㄱ. 톨루엔
> ㄴ. 아세트알데히드
> ㄷ. 초산
> ㄹ. 글리세린
> ㅁ. 벤젠

① ㄱ-ㄷ-ㄴ-ㄹ-ㅁ
② ㄹ-ㄷ-ㄱ-ㅁ-ㄴ
③ ㄴ-ㅁ-ㄱ-ㄷ-ㄹ
④ ㄹ-ㄷ-ㅁ-ㄱ-ㄴ

정답 84 ① 85 ③

해설 | 제4류 위험물 물성

명칭	인화점	비점	착화점	비중
톨루엔	4 ℃	111 ℃	552 ℃	0.871
아세트알데히드	-38 ℃	21 ℃	185 ℃	0.78
초산	40 ℃	-	427 ℃	1.05
글리세린	160 ℃	290 ℃	393 ℃	1.26
벤젠	-11 ℃	80 ℃	562 ℃	0.9

86 메틸알코올 32 g을 공기 중에서 완전연소시키기 위하여 필요한 공기량 [g]은 약 얼마인가? (단, 공기 중에 산소는 20 vol%, 질소는 80 vol%이다)

① 54　　② 108
③ 216　　④ 432

해설 | 메틸알코올의 완전연소
1) 메틸알코올 완전연소 반응식
　$2CH_3OH + 3O_2 \rightarrow 2CO_2 + 4H_2O$
2) 위 반응식에서 메틸알코올 32 g을 완전연소 위한 산소량을 계산하면
　(2×32) g : 96 g = 32 g : X g
　∴ X = 48 g
3) 공기 중에 산소는 20 vol.%, 질소는 80 vol.% 이므로 1 : 4의 비율을 갖는다.
4) 이때 산소의 mol(질량/분자량)은
　48 g ÷ 32 g = 1.5 mol이므로 질소의 mol을 구하면,
　1 : 4 = 1.5 mol : X mol
　∴ X = 6 mol이다.
5) 따라서 공기량(g)은
　산소(O_2) 32 g × 1.5 mol = 48 g
　질소(N_2) 28 g × 6 mol = 168 g
　48 + 168 = 216 g이다.

87 제4류 위험물인 시안화수소에 관한 설명으로 옳지 않은 것은?

① 특이한 냄새가 난다.
② 맹독성물질이다.
③ 염료, 농약, 의약 등에 사용된다.
④ 증기비중이 1보다 크다.

해설 | 시안화수소
1) 시안화수소(제1석유류 수용성) 물성

화학식	인화점	비점	착화점	비중
HCN	-18 ℃	25.7 ℃	540 ℃	0.69

2) 증기비중 : (1 + 12 + 14) / 29 = 0.93
3) 용도 : 산업 화학물질, 아크릴로니트릴, 아크릴산염류, 시안화물 염류, 염료, 킬레이트, 쥐약, 살충제, 금속 광택제, 전기도금 용액, 야금, 사진가공, 나일론, 화학 중간체
4) 취급 및 저장 : 독성이 강한 물질로 액체 또는 증기와의 접촉을 피한다.

88 27 ℃, 0.5 atm(50,662 Pa)에서 과산화수소 1 mol은 약 몇 g인가?

① 8.5　　② 17.0
③ 34.0　　④ 68.0

정답 86 ③　87 ④　88 ③

해설 | 과산화수소의 질량

① 27 ℃, 0.5 atm(50,662 Pa)에서 과산화수소 1 mol의 부피를 구하면,
이상기체상태방정식 $PV=nRT$ 에서
$0.5\,atm \times V[L]$
$= 1\,mol \times 0.08205[atm \cdot L/mol \cdot K]$
$\quad \times (273+27)\,K$
$V = 49.23\,L$

② 위 반응식에서 49.23 L의 부피를 질량으로 환산하면,
$PV = \dfrac{WRT}{M}$, $0.5\,atm \times 49.23\,l$
$= \dfrac{W[g] \times 0.08205[atm \cdot L/mol \cdot K] \times (273+27)\,K}{34\,g/mol}$
$W = 34\,g$

해설 | 옥내저장소의 위치, 구조 및 설비 기준

① 옥내저장소의 기준[규칙 별표 5]
  11. 제1류 위험물 중 알칼리금속의 과산화물 또는 이를 함유하는 것, 제2류 위험물 중 철분·금속분·마그네슘 또는 이 중 어느 하나 이상을 함유하는 것, 제3류 위험물 중 금수성물질 또는 제4류 위험물의 저장창고의 바닥은 물이 스며 나오거나 스며들지 아니하는 구조로 하여야 한다.

② 나이트로글리세린은 제5류 자기반응성물질의 질산에스터류로 해당하지 않는다.

89 위험물안전관리법령상 옥내저장소의 위치·구조 및 설비의 기준에 따라 위험물 저장창고의 바닥을 물이 스며 나오거나 스며들지 아니하는 구조로 하여야 하는 위험물이 아닌 것은?

① 과산화나트륨
② 철분
③ 칼륨
④ 나이트로글리세린

90 위험물안전관리법령상 주유취급소에 캐노피를 설치하는 경우 주유취급소의 위치·구조 및 설비의 기준에 해당하지 않는 것은?

① 배관이 캐노피 내부를 통과할 경우에는 1개 이상의 점검구를 설치할 것
② 캐노피의 면적은 주유를 취급하는 곳의 바닥면적의 1/3 이하로 할 것
③ 캐노피 외부의 점검이 곤란한 장소에 배관을 설치하는 경우에는 용접이음으로 할 것
④ 캐노피 외부의 배관이 일광열의 영향을 받을 우려가 있는 경우에는 단열재로 피복할 것

해설 | 주유취급소의 위치, 구조 및 설비 기준
주유취급소 건축물 등의 구조[규칙 별표 13]
Ⅷ. 캐노피 설치기준
  가. 배관이 캐노피 내부를 통과할 경우에는 1개 이상의 점검구를 설치할 것
  나. 캐노피 외부의 점검이 곤란한 장소에 배관을 설치하는 경우에는 용접이음으로 할 것
  다. 캐노피 외부의 배관이 일광열의 영향을 받을 우려가 있는 경우에는 단열재로 피복할 것
Ⅴ. 건축물 등의 제한 등
  다음 각 목의 에 해당하는 주유취급소("옥내주유취급소")는 소방청장이 정하여 고시하는 용도로 사용하는 부분이 없는 건축물(옥내주유취급소에서 발생한 화재를 옥내주유취급소의 용도로 사용하는 부분 외의 부분에 자동적으로 유효하게 알릴 수 있는 자동화재탐지설비 등을 설치한 건축물에 한한다)에 설치할 수 있다.
  가. 건축물 안에 설치하는 주유취급소
  나. 캐노피·처마·차양·부연·발코니 및 루버의 수평투영면적이 주유취급소의 공지면적(주유취급소의 부지면적에서 건축물 중 벽 및 바닥으로 구획된 부분의 수평투영면적을 뺀 면적을 말한다)의 3분의 1을 초과하는 주유취급소

91

위험물안전관리법령상 옥외저장소에 지정수량 이상을 저장할 수 있는 위험물을 모두 고른 것은? (단, 옥외에 있는 탱크에 위험물을 저장하는 장소는 제외한다)

  ㄱ. 과산화수소   ㄴ. 메틸알코올
  ㄷ. 황린   ㄹ. 올리브유

① ㄱ, ㄷ
② ㄴ, ㄹ
③ ㄱ, ㄴ, ㄹ
④ ㄱ, ㄷ, ㄹ

해설 | 옥외저장소 저장 가능 위험물
1) 옥외저장소 저장 가능 위험물
  ① 제2류 중 황, 인화성고체(인화점 0℃ 이상)
  ② 제4류 중 제1석유류(인화점 0℃ 이상), 제2, 3, 4석유류, 동식물유류
  ③ 제6류 위험물
2) 위험물 비교

위험물	과산화수소	메틸알코올	황린	올리브유
류별	제6류	제4류	제3류	제4류
품명	과산화수소	알코올류	황린	동식물유류
지정수량	300 kg	400 L	20 kg	10,000 L
위험등급	Ⅰ	Ⅱ	Ⅰ	Ⅲ

정답 91 ③

92 제5류 위험물의 성질에 관한 설명으로 옳지 않은 것은?

① 강산화제, 강산류와 혼합한 것은 발화를 촉진시키고, 위험성도 증가한다.
② 다이아조화합물은 위험등급 I로 고농도인 경우 충격에 민감하여 연소 시 순간적으로 폭발한다.
③ 나이트로화합물은 화기, 가열, 충격 등에 민감하여 폭발위험이 있다.
④ 외부의 산소공급이 없어도 자기연소하므로 연소속도가 빠르다.

해설 | 제5류 위험물의 성질
1) 제5류 위험물(자기반응성물질)

품명	지정수량[kg]	위험등급
1. 유기과산화물	제1종 : 10 제2종 : 100	I
2. 질산에스터류		
3. 나이트로화합물		II
4. 나이트로소화합물		
5. 아조화합물		
6. 다이아조화합물		
7. 하이드라진 유도체		
8. 하이드록실아민		
9. 하이드록실아민염류		
10. 그 밖에 행정안전부령으로 정하는 것 11. 제1호 내지 제10호의 1에 해당하는 어느 하나 이상을 함유한 것	10 kg, 100 kg	-

2) 아조, 다이아조화합물류, 하이드라진유도체류는 고농도인 경우 충격 민감하여 연소 시 순간적으로 폭발한다.
3) 다이아조화합물(-N≡N-, 다이아조기를 가진 화합물)
  ① 다이아조 디나이트로 페놀
    $C_6H_2ON_2(NO_2)_2$
  ② 다이아조 아세토니트릴 C_2HN_3

※ 2024년 7월 31일부로 제5류 위험물 지정수량은 제1종은 10 kg, 제2종은 100 kg으로 변경됨. 아조화합물, 다이아조 화합물, 하이드라진 유도체, 하이드록실, 하이드록실아민의 명칭은 그대로 존재하나 지정수량 200 kg은 삭제됨 개정

93 물과 반응하여 수소가스가 발생하는 것은?
① 톨루엔
② 적린
③ 루비듐
④ 트라이나이트로페놀

해설 | 루비듐
1) 제3류 자연발화성 및 금수성물질의 알칼리금속(칼륨 및 나트륨을 제외한다) 및 알칼리토금속
2) 물반응식
   $2Rb + 2H_2O \rightarrow 2RbOH + H_2 \uparrow$

정답 92 ② 93 ③

94 위험물안전관리법령상 제조소에 설치하는 배출설비에 관한 설명으로 옳지 않은 것은?

① 배출능력은 1시간당 배출장소 용적의 10배 이상인 것으로 하여야 한다. 다만 전역방식의 경우에는 바닥면적 1 m²당 18 m³ 이상으로 할 수 있다.
② 위험물취급설비가 배관이음 등으로만 된 경우에는 전역방식으로 할 수 있다.
③ 배출구는 지상 2 m 이상으로서 연소의 우려가 없는 장소에 설치하여야 한다.
④ 배풍기·배출 덕트(Duct)·후드 등을 이용하여 강제적으로 배출하는 것으로 해야 한다.

해설 | 배출설비[규칙 별표 4]
1. 배출설비는 국소방식으로 하여야 한다. 다만 다음 각 목에 해당하는 경우에는 전역방식으로 할 수 있다.
   가. 위험물취급설비가 배관이음 등으로만 된 경우
   나. 건축물의 구조·작업장소의 분포 등의 조건에 의하여 전역방식이 유효한 경우
2. 배출설비는 배풍기·배출 덕트(duct)·후드 등을 이용하여 강제적으로 배출하는 것으로 해야 한다.
3. 배출능력은 1시간당 배출장소 용적의 20배 이상인 것으로 하여야 한다. 다만 전역방식의 경우에는 바닥면적 1 m²당 18 m³ 이상으로 할 수 있다.
4. 배출설비의 급기구 및 배출구는 다음 각 목의 기준에 의하여야 한다.
   가. 급기구는 높은 곳에 설치하고, 가는 눈의 구리망 등으로 인화방지망을 설치할 것
   나. 배출구는 지상 2 m 이상으로서 연소의 우려가 없는 장소에 설치하고, 배출 덕트가 관통하는 벽부분의 바로 가까이에 화재 시 자동으로 폐쇄되는 방화댐퍼를 설치할 것
5. 배풍기는 강제배기방식으로 하고, 옥내 덕트의 내압이 대기압 이상이 되지 아니하는 위치에 설치하여야 한다.

95 위험물안전관리법령상 소화설비, 경보설비 및 피난설비의 기준에서 제조소등에 전기설비가 설치된 경우 당해 장소의 면적이 400 m²일 때 소형수동식소화기를 최소 몇 개 이상 설치해야 하는가? (단, 전기배선, 조명기구 등은 제외한다)

① 1
② 2
③ 3
④ 4

해설 | 소형수동식소화기의 설치기준
① 전기설비의 소화설비[규칙 별표 17]
   제조소등에 전기설비(전기배선, 조명기구 등은 제외)가 설치된 경우에는 당해 장소의 면적 100 m²마다 소형수동식소화기를 1개 이상 설치할 것
② 400 m²/100 m² = 4개

정답 94 ① 95 ④

96 위험물안전관리법령상 제조소의 안전거리기준에 관한 설명으로 옳지 않은 것은 (단, 제6류 위험물을 취급하는 제조소를 제외한다).

① 「초·중등교육법」 제2조 및 「고등교육법」 제2조에 정하는 학교는 수용인원에 관계없이 30 m 이상 이격하여야 한다.
② 「아동복지법」에 따른 아동복지시설에 20명 이상의 인원을 수용하는 경우는 30 m 이상 이격하여야 한다.
③ 「공연법」에 의한 공연장이 300명 이상의 인원을 수용하는 경우는 30 m 이상이 격하여야 한다.
④ 「노인복지법」에 의한 노인복지시설에 20명 이상의 인원을 수용하는 경우는 20 m 이상 이격하여야 한다.

해설 | 안전거리[규칙 별표 4]
학교·병원·극장 그 밖에 다수인을 수용하는 시설로서 다음에 해당하는 것에 있어서는 30 m 이상
1) 「초·중등교육법」 제2조 및 「고등교육법」 제2조에 정하는 학교
2) 「의료법」 제3조 제2항 제3호에 따른 병원급 의료기관
3) 「공연법」 제2조 제4호에 따른 공연장, 「영화 및 비디오물의 진흥에 관한 법률」 제2조 제10호에 따른 영화상영관 및 그 밖에 이와 유사한 시설로서 3백 명 이상의 인원을 수용할 수 있는 것

4) 「아동복지법」 제3조 제10호에 따른 아동복지시설, 「노인복지법」 제31조 제1호부터 제3호까지에 해당하는 노인복지시설, 「장애인복지법」 제58조 제1항에 따른 장애인복지시설, 「한부모가족지원법」 제19조 제1항에 따른 한부모가족복지시설, 「영유아보육법」 제2조 제3호에 따른 어린이집, 「성매매 방지 및 피해자보호 등에 관한 법률」 제9조 제1항에 따른 성매매피해자등을 위한 지원시설, 「정신건강증진 및 정신질환자 복지서비스 지원에 관한 법률」 제3조 제4호에 따른 정신건강증진시설, 「가정폭력방지 및 피해자보호 등에 관한 법률」 제7조의2 제1항에 따른 보호시설 및 그 밖에 이와 유사한 시설로서 20명 이상의 인원을 수용할 수 있는 것

97 위험물안전관리법령상 제조소의 환기설비 시설기준에 관한 설명으로 옳지 않은 것은?

① 바닥면적이 120 m²인 경우 급기구의 면적은 300 cm² 이상으로 하여야 한다.
② 환기구는 지붕 위 또는 지상 2 m 이상의 높이에 회전식 고정벤티레이터 또는 루푸팬 방식으로 설치할 것
③ 급기구는 해당 급기구가 설치된 실의 바닥면적 150 m²마다 1개 이상으로 하여야 한다.
④ 급기구는 낮은 곳에 설치하고 가는 눈의 구리망 등으로 인화방지망을 설치하여야 한다.

정답 96 ④ 97 ①

해설 | 환기설비 기준[규칙 별표 4]
1) 환기는 자연배기방식으로 할 것
2) 급기구는 당해 급기구가 설치된 실의 바닥면적 150 m²마다 1개 이상으로 하되, 급기구의 크기는 800 cm² 이상으로 할 것. 다만 바닥면적이 150 m² 미만인 경우에는 다음의 크기로 하여야 한다.

바닥면적	급기구의 면적
60 m² 미만	150 cm² 이상
60 m² 이상 90 m² 미만	300 cm² 이상
90 m² 이상 120 m² 미만	450 cm² 이상
120 m² 이상 150 m² 미만	600 cm² 이상

3) 급기구는 낮은 곳에 설치하고 가는 눈의 구리망 등으로 인화방지망을 설치할 것
4) 환기구는 지붕위 또는 지상 2 m 이상의 높이에 회전식 고정벤티레이터 또는 루푸팬방식으로 설치할 것

98 위험물안전관리법령상 제1종 판매취급소의 위치·구조 및 설비의 기준으로 옳지 않은 것은?

① 판매취급소는 건축물의 1층에 설치할 것
② 판매취급소의 용도로 사용하는 부분의 창 및 출입구에는 60분+ 방화문, 60분 방화문 또는 30분 방화문을 설치할 것
③ 판매취급소로 사용되는 부분과 다른 부분과의 격벽은 내화구조로 할 것
④ 판매취급소의 용도로 사용하는 건축물의 부분은 보를 불연재료로 하고, 천장을 설치하는 경우에는 천장을 난연재료로 할 것

해설 | 제1종 판매취급소의 위치, 구조 및 설비 기준
제1종 판매취급소의 용도로 사용하는 건축물의 부분은 보를 불연재료로 하고, 천장을 설치하는 경우에는 천장을 불연재료로 할 것

99 위험물안전관리법령상 위험물제조소에서 위험물을 가압하는 설비 또는 그 취급하는 위험물의 압력이 상승할 우려가 있는 설비에 설치하는 안전장치가 아닌 것은?

① 대기밸브부착 통기관
② 자동적으로 압력의 상승을 정지시키는 장치
③ 안전밸브를 병용하는 경보장치
④ 감압 측에 안전밸브를 부착한 감압밸브

해설 | 압력계 및 안전장치[규칙 별표 17]
위험물을 가압하는 설비 또는 그 취급하는 위험물의 압력이 상승할 우려가 있는 설비에는 압력계 및 다음 각 목의 1에 해당하는 안전장치를 설치하여야 한다. 다만 라목의 파괴판은 위험물의 성질에 따라 안전밸브의 작동이 곤란한 가압설비에 한한다.
가. 자동적으로 압력의 상승을 정지시키는 장치
나. 감압 측에 안전밸브를 부착한 감압밸브
다. 안전밸브를 병용하는 경보장치
라. 파괴판

정답 98 ④ 99 ①

100 위험물안전관리법령상 제1류 위험물을 저장하는 옥내저장소의 저장창고는 지면에서 처마까지의 높이를 몇 m 미만인 단층건물로 하는가?

① 6   ② 8
③ 10   ④ 12

해설 | 옥내저장소의 기준[규칙 별표 17]

5. 저장창고는 지면에서 처마까지의 높이(이하 "처마높이"라 한다)가 6 m 미만인 단층건물로 하고 그 바닥을 지반면보다 높게 하여야 한다. 다만 제2류 또는 제4류의 위험물만을 저장하는 창고로서 다음 각 목의 기준에 적합한 창고의 경우에는 20 m 이하로 할 수 있다.
   가. 벽·기둥·보 및 바닥을 내화구조로 할 것
   나. 출입구에 60분+ 방화문 또는 60분 방화문을 설치할 것
   다. 피뢰침을 설치할 것. 다만 주위상황에 의하여 안전상 지장이 없는 경우에는 그러하지 아니하다.

21회 제5과목 소방시설의 구조원리

목표 점수 : _____   맞은 개수 : _____

101 제연설비의 화재안전기술기준상 제연설비에 관한 기준으로 옳은 것은?

① 하나의 제연구역의 면적은 1,500 m² 이내로 할 것
② 하나의 제연구역은 직경 100 m 원 내에 들어갈 수 있을 것
③ 하나의 제연구역은 2개 이상 층에 미치지 아니하도록 할 것. 다만 층의 구분이 불분명한 부분은 그 부분을 다른 부분과 별도로 제연구획하여야 한다.
④ 통로상의 제연구역은 수평거리가 100 m를 초과하지 아니할 것

해설 | 제연구역의 구획기준
1) 하나의 제연구역의 면적은 1,000 m² 이내로 할 것
2) 거실과 통로(복도를 포함한다. 이하 같다)는 상호 제연구획할 것
3) 통로상의 제연구역은 보행중심선의 길이가 60 m를 초과하지 아니할 것
4) 하나의 제연구역은 직경 60 m 원 내에 들어갈 수 있을 것
5) 하나의 제연구역은 2개 이상 층에 미치지 아니하도록 할 것. 다만 층의 구분이 불분명한 부분은 그 부분을 다른 부분과 별도로 제연구획하여야 한다.

102 분말소화설비의 화재안전기술기준상 가압용 가스용기에 관한 기준으로 옳지 않은 것은?

① 분말소화약제의 가스용기는 분말소화약제의 저장용기에 접속하여 설치하여야 한다.
② 가압용 가스에 질소가스를 사용하는 것의 질소가스는 소화약제 1 kg마다 10 L 이상으로 할 것
③ 분말소화약제의 가압용 가스용기를 3병 이상 설치한 경우에는 2개 이상의 용기에 전자개방밸브를 부착하여야 한다.
④ 가압용 가스에 이산화탄소를 사용하는 것의 이산화탄소는 소화약제 1 kg에 대하여 20 g에 배관의 청소에 필요한 양을 가산한 양 이상으로 할 것

해설 | 분말소화설비의 가압용 가스용기기준
1) 분말소화약제의 가스용기는 분말소화약제의 저장용기에 접속하여 설치하여야 한다.
2) 분말소화약제의 가압용 가스용기를 3병 이상 설치한 경우에는 2개 이상의 용기에 전자개방밸브를 부착하여야 한다.
3) 분말소화약제의 가압용 가스용기에는 2.5 MPa 이하의 압력에서 조정이 가능한 압력조정기를 설치하여야 한다.

정답 101 ③ 102 ②

4) 가압용 가스 또는 축압용 가스는 다음 각 호의 기준에 따라 설치하여야 한다.
  (1) 가압용 가스 또는 축압용 가스는 질소 가스 또는 이산화탄소로 할 것
  (2) 가압용 가스에 질소가스를 사용하는 것의 질소가스는 소화약제 1 kg마다 40 L(35 ℃에서 1기압의 압력상태로 환산한 것) 이상, 이산화탄소를 사용하는 것의 이산화탄소는 소화약제 1 kg에 대하여 20 g에 배관의 청소에 필요한 양을 가산한 양 이상으로 할 것
  (3) 축압용 가스에 질소가스를 사용하는 것의 질소가스는 소화약제 1 kg에 대하여 10 L(35 ℃에서 1기압의 압력상태로 환산한 것) 이상, 이산화탄소를 사용하는 것의 이산화탄소는 소화약제 1 kg에 대하여 20 g에 배관의 청소에 필요한 양을 가산한 양 이상으로 할 것
  (4) 배관의 청소에 필요한 양의 가스는 별도의 용기에 저장할 것

103 할로겐화합물 및 불활성기체소화설비의 화재안전기술기준에서 정하고 있는 할로겐화합물 및 불활성기체소화약제 최대허용 설계농도 중 다음에서 최대허용 설계농도(%)가 가장 낮은 소화약제는?

① IG - 55
② HFC - 23
③ HFC - 125
④ FK - 5 - 1 - 12

해설 | 최대허용 설계농도

FC - 3 - 1 - 10 : 40 %
HCFC BLEND A : 10 %
HCFC - 124 : 1.0 %
HFC - 125 : 11.5 %
HFC - 227ea : 10.5 %
HFC - 23 : 30 %
HFC - 236fa : 12.5 %
FIC - 13I1 : 0.3 %
FK - 5 - 1 - 12 : 10 %
IG - 01, IG - 100, IG - 541, IG - 55 : 43 %

104 지하구의 화재안전기술기준상 방화벽의 설치기준으로 옳지 않은 것은?

① 내화구조로서 홀로 설 수 있는 구조일 것
② 방화벽의 출입문은 30분 방화문으로 설치할 것
③ 방화벽은 분기구 및 국사·변전소 등의 건축물과 지하구가 연결되는 부위(건축물로부터 20 m 이내)에 설치할 것
④ 방화벽을 관통하는 케이블·전선 등에는 국토교통부 고시(내화구조의 인정 및 관리기준)에 따라 내화채움구조로 마감할 것

정답 103 ④ 104 ②

해설 | 지하구의 방화벽 설치기준
방화벽은 다음 각 호에 따라 설치하고 항상 닫힌 상태를 유지하거나 자동폐쇄장치에 의하여 화재 신호를 받으면 자동으로 닫히는 구조로 한다.
1) 내화구조로서 홀로 설 수 있는 구조일 것
2) 방화벽의 출입문은 60분+ 방화문 또는 60분 방화문으로 설치할 것
3) 방화벽을 관통하는 케이블·전선 등에는 국토교통부 고시(내화구조의 인정 및 관리기준)에 따라 내화채움 구조로 마감할 것
4) 방화벽은 국사·변전소 등의 건축물과 지하구가 연결되는 부위(건축물로부터 20 m 이내)에 설치할 것
5) 자동폐쇄장치를 사용하는 경우에는 자동폐쇄장치의 성능인증 및 제품검사의 기술기준에 적합한 것으로 설치할 것

105 연결송수관설비의 화재안전기술기준상 배관에 관한 설치기준의 일부이다. ( )에 들어갈 것으로 옳은 것은?

- 주배관의 구경은 (ㄱ) mm 이상의 것으로 할 것
- 지면으로부터의 높이가 31 m 이상인 특정소방대상물 또는 지상 (ㄴ)층 이상인 특정소방대상물에 있어서는 습식설비로 할 것

① ㄱ : 100   ㄴ : 9
② ㄱ : 100   ㄴ : 11
③ ㄱ : 150   ㄴ : 9
④ ㄱ : 150   ㄴ : 11

해설 | 연결송수관설비의 배관의 설치기준
1) 주배관의 구경은 100 mm 이상의 것으로 할 것
2) 지면으로부터의 높이가 31 m 이상인 특정소방대상물 또는 지상 11층 이상인 특정소방대상물에 있어서는 습식설비로 할 것

106 연결살수설비의 화재안전기술기준상 송수구의 설치높이로 옳은 것은?

① 지면으로부터 높이가 0.5 m 이상 1 m 이하의 위치에 설치할 것
② 지면으로부터 높이가 0.8 m 이상 1.5 m 이하의 위치에 설치할 것
③ 지면으로부터 높이가 1 m 이상 1.5 m 이하의 위치에 설치할 것
④ 지면으로부터 높이가 1.5 m 이상 2 m 이하의 위치에 설치할 것

해설 | 연결살수설비의 송수구 설치높이
지면으로부터 높이가 0.5 m 이상 1 m 이하의 위치에 설치할 것

107 무선통신보조설비의 화재안전기술기준상 누설동축케이블 설치기준으로 옳지 않은 것은?

① 누설동축케이블과 이에 접속하는 안테나 또는 동축케이블과 이에 접속하는 안테나로 구성할 것
② 누설동축케이블의 끝부분에는 무반사 종단저항을 견고하게 설치할 것
③ 해당 전로에 정전기 차폐장치를 유효하게 설치한 경우에도 누설동축케이블 및 안테나는 고압의 전로로부터 1 m 이상 떨어진 위치에 설치할 것
④ 누설동축케이블 및 동축케이블은 불연 또는 난연성의 것으로서 습기에 따라 전기의 특성이 변질되지 아니하는 것으로 하고, 노출하여 설치한 경우에는 피난 및 통행에 장애가 없도록 할 것

해설 | 누설동축케이블등 설치기준
1) 소방전용주파수대에서 전파의 전송 또는 복사에 적합한 것으로서 소방전용의 것으로 할 것. 다만 소방대 상호 간의 무선 연락에 지장이 없는 경우에는 다른 용도와 겸용할 수 있다.
2) 누설동축케이블과 이에 접속하는 안테나 또는 동축케이블과 이에 접속하는 안테나로 구성할 것
3) 누설동축케이블 및 동축케이블은 불연 또는 난연성의 것으로서 습기 등의 환경조건에 따라 전기의 특성이 변질되지 않는 것으로 하고 노출하여 설치한 경우에는 피난 및 통행에 장애가 없도록 할 것
4) 누설동축케이블 및 동축케이블은 화재에 따라 해당 케이블의 피복이 소실된 경우에 케이블 본체가 떨어지지 않도록 4 m 이내마다 금속제 또는 자기제 등의 지지금구로 벽·천장·기둥 등에 견고하게 고정할 것. 다만 불연재료로 구획된 반자 안에 설치하는 경우에는 그렇지 않다.
5) 누설동축케이블 및 안테나는 금속판 등에 따라 전파의 복사 또는 특성이 현저하게 저하되지 않는 위치에 설치할 것
6) 누설동축케이블 및 안테나는 고압의 전로로부터 1.5 m 이상 떨어진 위치에 설치할 것. 다만 해당 전로에 정전기 차폐장치를 유효하게 설치한 경우에는 그렇지 않다.
7) 누설동축케이블의 끝부분에는 무반사 종단저항을 견고하게 설치할 것

108 미분무소화설비의 화재안전기술기준에 관한 내용으로 옳지 않은 것은?

① 중압미분무소화설비란 사용압력이 0.5 MPa을 초과하고 5.5 MPa 이하인 미분무소화설비를 말한다.
② 사용되는 필터 또는 스트레이너의 메쉬는 헤드 오리피스 지름의 80 % 이하가 되어야 한다.
③ 설비에 사용되는 구성요소는 STS304 이상의 재료를 사용하여야 한다.
④ 가압송수장치가 기동되는 경우에는 자동으로 정지되지 아니하도록 하여야 한다.

정답 107 ③ 108 ①

해설 | 중압미분무소화설비

① "중압미분무소화설비"란 사용압력이 1.2 MPa을 초과하고 3.5 MPa 이하인 미분무소화설비를 말한다.

분류	압력
저압	최고사용압력이 1.2 MPa 이하
중압	사용압력이 1.2 MPa 초과 3.5 MPa 이하
고압	최저사용압력이 3.5 MPa 초과

109 포소화설비의 화재안전기술기준에서 정하고 있는 가압송수장치의 포워터스프링클러헤드 표준방사량으로 옳은 것은?

① 50 L/min 이상
② 65 L/min 이상
③ 70 L/min 이상
④ 75 L/min 이상

해설 | 포워터스프링클러헤드 표준방사량
75 L/min 이상

110 소화기구 및 자동소화장치의 화재안전기술기준상 다음 조건에 따른 의료시설에 설치해야 하는 소형소화기의 최소 설치 개수는?

- 소형소화기 1개의 능력단위는 3단위이다.
- 의료시설은 15층에만 있으며, 바닥면적은 가로 40 m × 세로 40 m이다.
- 주요구조부가 내화구조이고, 벽 및 반자의 실내에 면하는 부분이 난연재료로 되어 있다.

① 4개
② 6개
③ 9개
④ 11개

해설 | 소화기의 능력단위기준

의료시설로서 내화구조이고 난연재료이므로 기준면적은 50 m² × 2 = 100 m²가 된다.

바닥면적 = 40 m × 40 m = 1,600 m²

1) 능력단위 = $\dfrac{1600}{100}$ = 16 ≒ 16단위

2) 소형소화기 1개의 능력단위는 3단위이므로
∴ 최소설치 개수 = 16 ÷ 3 = 5.33 ⇒ 6개

정답 109 ④ 110 ②

111 옥내소화전설비에서 옥내소화전 2개 설치 시 최소유량은 260 L/min이다. 펌프성능시험에서 다음 ( )에 들어갈 것으로 옳은 것은?

구분	체절 운전 시	정격 토출량 100 % 운전 시	정격 토출량 150 % 운전 시
펌프 토출량	(ㄱ) L/min	260 L/min	390 L/min
펌프 토출압	1.4 MPa	1 MPa	(ㄴ) MPa 이상

① ㄱ : 0   ㄴ : 0.65
② ㄱ : 0   ㄴ : 1.5
③ ㄱ : 130   ㄴ : 0.65
④ ㄱ : 130   ㄴ : 1.5

해설 | 소화펌프의 성능기준

펌프의 성능은 체절운전 시 정격토출압력의 140 %를 초과하지 아니하고, 정격토출량의 150 %로 운전 시 정격토출압력의 65 % 이상이 되어야 하며, "체절운전"이란 펌프의 성능시험을 목적으로 펌프토출 측의 개폐밸브를 닫은 상태(토출량 = 0 L/min)에서 펌프를 운전하는 것을 말한다.

112 옥외소화전 5개가 설치된 특정소방대상물이 있다. 펌프방식을 사용하여 소화수를 공급할 때 펌프의 전동기 최소용량 [kW]은 약 얼마인가?

- 실양정 20 m, 호스길이 25 m(호스의 마찰손실수두는 호스길이 100 m당 4 m)
- 배관 및 배관부속품 마찰손실수두 10 m, 펌프효율 50 %
- 전달계수(K) 1.1, 관창에서의 방수압 29 mAq
- 주어진 조건 이외의 다른 조건은 고려하지 않고 계산결과 값은 소수점 셋째 자리에서 반올림함

① 1.51   ② 12.43
③ 15.10   ④ 20.51

해설 | 전동기 최소용량

$$P = \frac{\gamma Q H}{\eta} K$$

P : 전동기 동력 [kW], γ : 9.8 [kN/m³]
Q : 토출량 [m³/s] , H : 전양정 [m]
K : 전달계수, η : 전효율

1) 옥외소화전설비의 토출량
 $Q = 350 \, L/\min \times N$(설치개수)

 Q : 토출량(유량) [L/min]
 N : 2개 이상일 경우 2개

 $Q = 350 \, L/\min \times 2$
  $= 700 \, L/\min = 0.7 \, m^3/\min$

2) 옥외소화전설비 전양정(펌프방식)
 $H = h_1 + h_2 + h_3 + h_4$

 H : 전양정 [m]
 h_1 : 소방호스의 마찰손실수두 [m]
 h_2 : 배관 및 관부속품의 마찰손실수두 [m]
 h_3 : 실양정(흡입양정 + 토출양정) [m]
 h_4 : 방수압력 환산수두 [m]

$h_1 = 25\,m \times \dfrac{4}{100} = 1\,m$

$h_2 = 10\,m,\ h_3 = 20\,m,\ h_4 = 29\,m$

H = 1 + 10 + 20 + 29 = 60 m

3) 전달계수(K) : 1.1

 펌프효율 : 50 % = 0.5

$P = \dfrac{9.8 \times 0.7 \times 60}{0.5 \times 60} \times 1.1 = 15.09\,kW$

3) 상부에 설치된 헤드의 방출수에 따라 감열부에 영향을 받을 우려가 있는 헤드에는 방출수를 차단할 수 있는 유효한 차폐판을 설치할 것

4) 측벽형 스프링클러헤드를 설치하는 경우 긴 변의 한쪽 벽에 일렬로 설치하고 3.6 m 이내마다 설치할 것

113 스프링클러설비의 화재안전기술기준상 헤드에 관한 기준으로 옳은 것은?

① 살수가 방해되지 아니하도록 벽과 스프링클러헤드 간의 공간은 10 cm 이상으로 한다.
② 스프링클러헤드와 그 부착면과의 거리는 60 cm 이하로 한다.
③ 상부에 설치된 헤드의 방출수에 따라 감열부에 영향을 받을 우려가 있는 헤드에는 방출수를 차단할 수 있는 유효한 반사판을 설치한다.
④ 측벽형을 설치하는 경우 긴 변의 한쪽 벽에 일렬로 설치하고 4 m 이내마다 설치한다.

해설 | 스프링클러헤드의 설치기준
1) 살수가 방해되지 아니하도록 스프링클러헤드로부터 반경 60 cm 이상의 공간을 보유할 것. 다만 벽과 스프링클러헤드 간의 공간은 10 cm 이상으로 한다.
2) 스프링클러헤드와 그 부착면과의 거리는 30 cm 이하로 할 것

114 옥내소화전설비의 화재안전기술기준에 관한 내용으로 옳은 것은?

① 물올림장치란 옥내소화전설비의 관창에서 압력변동을 검지하여 자동적으로 펌프를 기동시키는 것으로서 압력챔버 또는 기동용 압력스위치 등을 말한다.
② 펌프의 토출 측에는 진공계를 체크밸브 이전에 펌프토출 측 플랜지에서 가까운 곳에 설치한다.
③ 가압송수장치의 기동을 표시하는 표시등은 옥내소화전함의 내부에 설치하되 황색등으로 한다.
④ 옥내소화전설비의 수원은 그 저수량이 옥내소화전의 설치 개수가 가장 많은 층의 설치 개수(2개 이상 설치된 경우에는 2개)에 2.6 m³를 곱한 양 이상이 되도록 하여야 한다.

정답 113 ① 114 ④

해설 | 옥내소화전설비 화재안전기술기준
① "기동용 수압개폐장치"란 소화설비의 배관 내 압력변동을 검지하여 자동적으로 펌프를 기동 및 정지시키는 것으로서 압력챔버 또는 기동용 압력스위치 등을 말한다.
② 펌프의 토출 측에는 압력계를 체크밸브 이전에 펌프토출 측 플랜지에서 가까운 곳에 설치하고 흡입 측에는 연성계 또는 진공계를 설치할 것
③ 가압송수장치의 기동을 표시하는 표시등은 옥내소화전함의 상부 또는 그 직근에 설치하되 적색등으로 할 것

[랙식 창고 헤드 배치]
랙식 창고의 경우로서 특수가연물을 저장 또는 취급하는 것 : 랙 높이 3 m 이하마다 헤드 설치

[헤드 설치 개수]
1) 헤드의 정방향 (정사각형) 배치
$S = 2R\cos 45°$, $L = S$
S : 설치거리 [m]
R : 수평거리 [m]
2) 특수가연물 저장소이므로 R = 1.7 m
$S = 2 \times 1.7 \times \cos 45° = 2.404\ m$
3) 가로설치 헤드 개수
$= \dfrac{40}{2.404} = 16.6 = 17개$
4) 세로설치 헤드 개수
$= \dfrac{66}{2.404} = 27.5 = 28개$
5) 랙 높이가 3.5 m이므로 랙형 헤드 2단 설치
6) 총 헤드 개수 $= 17 \times 28 \times 2 = 952개$

115 창고의 랙 높이가 3.5 m인 특수가연물을 저장 또는 취급하는 랙식 창고에 스프링클러설비를 설치하고자 한다. 바닥면적 가로 40 m × 세로 66 m라고 한다면 스프링클러헤드를 정방형으로 배치할 경우 헤드의 최소 설치 개수는?
(기준 신설로 문제 수정)

① 322개　　② 476개
③ 952개　　④ 512개

해설 | 스프링클러헤드의 배치기준
▶ 창고시설의 화재안전성능기준
〈시행 2024.1.1.〉에 따라 문제 일부 수정

[스프링클러헤드 헤드 배치기준]

설치 장소	수평거리(R)
특수가연물 저장·취급장소	1.7 m 이하
그 외 창고	2.1 m 이하
그 외 창고(내화구조)	2.3 m 이하

116 옥내소화전설비의 화재안전기술기준상 가압송수장치의 내연기관에 관한 내용으로 옳지 않은 것은?

① 내연기관의 기동은 소화전함의 위치에서 원격조작이 가능하고 기동을 명시하는 적색등을 설치할 것
② 제어반에 따라 내연기관의 자동기동 및 수동기동이 가능하고 상시 충전되어 있는 축전지설비를 갖출 것
③ 내연기관의 연료량은 펌프를 20분 (층수가 30층 이상 49층 이하는 40분, 50층 이상은 60분) 이상 운전할 수 있는 용량일 것

정답 115 ③ 116 ④

④ 내연기관의 충압펌프는 정격부하운전 시험 및 수온의 상승을 방지하기 위하여 순환배관을 설치할 것

해설 | 내연기관을 사용하는 경우 적합기준
1) 내연기관의 기동은 2.2.1.9의 기동장치를 설치하거나 또는 소화전함의 위치에서 원격조작이 가능하고 기동을 명시하는 적색등을 설치할 것
2) 제어반에 따라 내연기관의 자동기동 및 수동기동이 가능하고 상시 충전되어 있는 축전지설비를 갖출 것
3) 내연기관의 연료량은 펌프를 20분(층수가 30층 이상 49층 이하는 40분, 50층 이상은 60분) 이상 운전할 수 있는 용량일 것

117 다음 조건에서 준비작동식 유수검지장치를 설치할 경우 광전식 스포트형 2종 연기감지기의 최소 설치 개수는?

- 감지기 부착높이 7.5 m이며 교차회로 방식 적용
- 주요구조부가 내화구조인 공장으로 바닥면적 1,900 m²

① 26개 ② 28개
③ 52개 ④ 56개

해설 | 연기감지기 부착높이별 바닥면적

부착높이	감지기의 종류	
	1종 및 2종	3종
4 m 미만	150	50
4 m 이상 20 m 미만	75	

1) 감지기 개수 : $\dfrac{1900}{75} = 25.33 ≒ 26$개
2) 준비작동식 스프링클러 설비는 교차회로 방식이므로
∴ 26 × 2 = 52개

118 피난기구의 화재안전기술기준의 설치 장소별 피난기구 적응성에서 노유자시설의 층별 적응성이 있는 피난기구의 연결이 옳은 것은?

① 지하 1층 - 피난교
② 지상 2층 - 완강기
③ 지상 3층 - 승강식 피난기
④ 지상 4층 - 미끄럼대

해설 | 피난기구 적응성

용도	1 ~ 3층	4층 이상 10층 이하
노유자 시설	미끄럼대 구조대 피난교 다수인 피난장비 승강식 피난기	구조대 피난교 다수인 피난장비 승강식 피난기

※ 비고
구조대(4층 이상의 층)의 적응성은 장애인 관련 시설로서 주된 사용자 중 스스로 피난이 불가한 자가 있는 경우 제4조 제2항 제4호(층마다 1개 이상)에 따라 추가로 설치하는 경우에 한한다.

119 소방시설설치 및 관리에 관한 법령상 시각경보기를 설치하여야 하는 특정소방대상물이 아닌 것은?

① 숙박시설로서 연면적이 700 m²인 특정소방대상물
② 문화 및 집회시설로서 연면적이 900 m²인 특정소방대상물
③ 노유자시설로서 연면적이 800 m²인 특정소방대상물
④ 업무시설로서 연면적이 1,200 m²인 특정소방대상물

해설 | 소방시설법상 시각경보기 설치대상
자동화재탐지설비를 설치하여야 하는 특정소방대상물 중 다음의 용도의 특정소방대상물

용도	규모
근린생활시설, 위락시설, 의료시설, 장례시설	연면적 600 m² 이상
문화 및 집회시설, 종교시설, 판매시설, 운수시설, 운동시설, 창고시설 중 물류터미널, 업무시설 발전시설, 방송통신시설 중 방송국, 지하상가	연면적 1,000 m² 이상
교육연구시설 중 도서관	연면적 2,000 m² 이상
노유자시설	연면적 400 m² 이상
숙박시설	모든 층

120 소방시설의 내진설계기준에 관한 내용으로 옳지 않은 것은?

① 상쇄배관(Offset)이란 영향구역 내의 직선배관이 방향전환한 후 다시 같은 방향으로 연속될 경우 중간에 방향이 전환된 짧은 배관은 단부로 보지 않고 상쇄하여 직선으로 볼 수 있는 것을 말하며, 짧은 배관의 합산 길이는 3.7 m 이하여야 한다.
② 하나의 수평직선배관은 최소 2개의 횡방향 흔들림방지버팀대와 1개의 종방향 흔들림방지버팀대를 설치하여야 한다.
③ 수평직선배관 횡방향 흔들림방지버팀대의 간격은 중심선을 기준으로 최대간격이 12 m를 초과하지 않아야 한다.
④ 수평직선배관 종방향 흔들림방지버팀대의 설계하중은 영향구역 내의 수평주행배관, 교차배관, 가지배관의 하중을 포함하여 산정한다.

해설 | 소방시설의 내진설계기준
④ 종방향 흔들림방지버팀대의 설계하중은 설치된 위치의 좌우 12 m를 포함한 24 m 이내의 배관에 작용하는 수평지진하중으로 영향구역 내의 수평주행배관, 교차배관 하중을 포함하여 산정하며 <u>가지배관의 하중은 제외한다</u>.

121 자동화재탐지설비 및 시각경보장치의 화재안전기술기준상 감지기에 관한 내용으로 옳은 것은?

① 공기관식 차동식 분포형 감지기 공기관의 노출부분은 감지구역마다 10 m 이상이 되도록 한다.
② 감지기는 실내로의 공기유입구로부터 0.6 m 이상 떨어진 위치에 설치한다.
③ 광전식 분리형 감지기의 광축은 나란한 벽으로부터 0.5 m 이상 이격하여 설치한다.
④ 파이프덕트 등 그 밖의 이와 비슷한 것으로서 2개 층마다 방화구획된 것이나 수평단면적이 5 m² 이하인 것은 감지기를 설치하지 아니한다.

해설 | 자동화재탐지설비의 감지기 설치기준
① 공기관식 차동식 분포형 감지기 공기관의 노출부분은 감지구역마다 <u>20 m 이상</u>이 되도록 할 것
② 감지기는 실내로의 공기유입구로부터 <u>1.5 m 이상</u> 떨어진 위치에 설치할 것
③ 광전식 분리형 감지기의 광축은 나란한 벽으로부터 <u>0.6 m 이상</u> 이격하여 설치한다.

122 지하구의 화재안전기술기준상 자동화재탐지설비에 관한 설치기준의 일부이다. (　)에 들어갈 것으로 옳은 것은?

> 지하구 천장의 중심부에 설치하되 감지기와 천장 중심부 하단과의 수직거리는 (　) cm 이내로 할 것. 다만 형식승인 내용에 설치방법이 규정되어 있거나 중앙기술심의위원회의 심의를 거쳐 제조사 시방서에 따른 설치방법이 지하구 화재에 적합하다고 인정되는 경우에는 형식승인 내용 또는 심의결과에 의한 제조사 시방서에 따라 설치할 수 있다.

① 30　　② 45
③ 60　　④ 80

해설 | 지하구의 자동화재탐지설비 설치기준
지하구 천장의 중심부에 설치하되 감지기와 천장 중심부 하단과의 수직거리는 <u>30 cm 이내</u>로 할 것. 다만 형식승인 내용에 설치방법이 규정되어 있거나 중앙기술심의위원회의 심의를 거쳐 제조사 시방서에 따른 설치방법이 지하구 화재에 적합하다고 인정되는 경우에는 형식승인 내용 또는 심의결과에 의한 제조사 시방서에 따라 설치할 수 있다.

정답　121 ④　122 ①

123 유도등 및 유도표지의 화재안전기술기준상 다음 조건에 따른 객석유도등의 최소 설치 개수는?

> - 공연장 객석의 좌, 우 양 측면에 직선부분의 길이가 22 m인 통로가 각 1개씩 2개소 설치되어 있다.
> - 공연장 객석의 후면에 직선부분의 길이가 18 m인 통로가 1개소 설치되어 있다.
> - 상기 이외의 통로는 객석유도등 설치 대상에 포함하지 않는 것으로 한다.

① 9개 ② 11개
③ 14개 ④ 17개

해설 | 객석유도등의 최소 설치 개수

설치 개수 = $\dfrac{객석통로 직선부분 길이}{4} - 1$

1) 측면 직선부분 설치 개수

   $\dfrac{22}{4} - 1 = 4.5 ≒ 5개$

   좌측 측면 5개, 우측 측면 5개

2) 후면 직선부분 설치 개수

   $\dfrac{18}{4} - 1 = 3.5 ≒ 4개$

∴ 총 설치 개수 = 5 + 5 + 4 = 14개

---

124 자동화재탐지설비 및 시각경보장치의 화재안전기술기준상 경계구역의 설정기준으로 옳지 않은 것은?

① 하나의 경계구역의 면적은 600 m² 이하로 하고 한 변의 길이는 50 m 이하로 할 것
② 외기에 면하여 상시 개방된 부분이 있는 차고·주차장·창고 등에 있어서는 외기에 면하는 각 부분으로부터 5 m 미만의 범위 안에 있는 부분은 경계구역의 면적에 산입하지 아니한다.
③ 하나의 경계구역이 2개 이상의 건축물에 미치지 아니하도록 할 것
④ 하나의 경계구역이 2개 이상의 층에 미치지 아니하도록 할 것. 다만 600 m² 이하의 범위 안에서는 2개의 층을 하나의 경계구역으로 할 수 있다.

해설 | 자동화재탐지설비의 경계구역 설정기준
1) 하나의 경계구역이 2개 이상의 건축물에 미치지 아니하도록 할 것
2) 하나의 경계구역이 2개 이상의 층에 미치지 아니하도록 할 것. 다만 <u>500 m² 이하의 범위 안에서는 2개의 층을 하나의 경계구역</u>으로 할 수 있다
3) 하나의 경계구역의 면적은 600 m² 이하로 하고 한 변의 길이는 50 m 이하로 할 것. 다만 해당 특정소방대상물의 주된 출입구에서 그 내부 전체가 보이는 것에 있어서는 한 변의 길이가 50 m의 범위 내에서 1,000 m² 이하로 할 수 있다.

125 비상방송설비의 화재안전기술기준상 음향장치의 설치기준으로 옳은 것은?

① 증폭기 및 조작부는 수위실 등 상시 사람이 근무하는 장소로서 점검이 편리하고 방화상 유효한 곳에 설치할 것
② 기동장치에 따른 화재신고를 수신한 후 필요한 음량으로 화재발생 상황 및 피난에 유효한 방송이 자동으로 개시될 때까지의 소요시간은 30초 이하로 할 것
③ 층수가 3층 이상으로서 연면적이 2,000 m²를 초과하는 특정소방대상물 지상 1층에서 발화한 때에는 발화층·그 직상층 및 지하층에 경보를 발할 것
④ 확성기의 음성입력은 1 W(실외에 설치하는 것에 있어서는 2 W) 이상일 것

해설 | 비상방송설비 음향장치 설치기준
1) 기동장치에 따른 화재신고를 수신한 후 필요한 음량으로 화재발생 상황 및 피난에 유효한 방송이 자동으로 개시될 때까지의 소요시간은 <u>10초 이하</u>로 할 것
2) <u>층수가 11층(공동주택의 경우에는 16층) 이상</u>의 특정소방대상물은 다음 각 목에 따라 경보를 발할 수 있도록 하여야한다.
   (1) 2층 이상의 층에서 발화한 때에는 발화층 및 그 직상 4개 층에 경보를 발할 것
   (2) 1층에서 발화한 때에는 발화층·그 직상 4개 층 및 지하층에 경보를 발할 것
   (3) 지하층에서 발화한 때에는 발화층·그 직상층 및 기타의 지하층에 경보를 발할 것
3) 확성기의 음성입력은 <u>3 W(실내에 설치하는 것에 있어서는 1 W)</u> 이상일 것

정답 125 ①

소방시설관리사

문제풀이

소방시설관리사

제20회

제1과목　소방안전관리론
제2과목　소방수리학·약제화학 및 소방전기
제3과목　소방관련법령
제4과목　위험물의 성상 및 시설기준
제5과목　소방시설의 구조원리

20회 제1과목 소방안전관리론

01 제3종 분말소화약제가 열분해될 때 생성되는 물질이 아닌 것은?

① NH_3
② CO_2
③ HPO_3
④ H_2O

해설 | 제3종 분말소화약제 열분해 반응식
1. 166 ℃에서 열분해 반응식
   $NH_4H_2PO_4 \rightarrow NH_3 + H_3PO_4 - Q\,[kcal]$
2. 360 ℃ 이상에서 열분해 반응식
   $NH_4H_2PO_4$
   $\rightarrow NH_3 + H_2O + HPO_3 - Q\,[kcal]$

02 일반화재(A급 화재)에 물을 소화약제로 사용할 경우 분무상으로 방수할 때 증대되는 소화효과는?

① 부촉매효과
② 억제효과
③ 냉각효과
④ 유화소화

해설 | 주수소화 시 소화효과
1) 물의 주수 형태
   (1) 봉상주수 : 열용량이 큰 일반 고체가연물 및 대규모 화재에 유효하다.
   (2) 적상주수 : 물방울의 직경이 0.5 ~ 6 mm로서 실내 고체가연물 화재에 사용
   (3) 무상주수 : 분무 노즐에서 고압으로 방수 시 나타나는 안개모양으로 주수하는 것으로 물방울의 직경이 0.1 ~ 1.0 mm, 중질유 화재에 적합하다.
2) 물의 소화효과
   (1) 냉각효과 : 기화열과 비열효과
   (2) 질식효과 : 기화 시 부피가 1,600배 증가
   (3) 유화효과 : 물을 무상으로 분무하면 유류 표면에 에멀젼이 발생하여 질식효과 상승
   (4) 타격효과 : 가연물의 파괴

03 25 ℃의 물 200 L를 대기압에서 가열하여 모두 기화시켰을 때 물의 흡수열량은 몇 kJ인가? (단, 물의 비열은 4.19 kJ/kg·℃, 증발잠열은 2,255.5 kJ/kg이며, 기타 조건은 무시한다)

① 107,920
② 342,000
③ 451,100
④ 513,800

정답 01 ② 02 ③ 03 ④

해설 | 열량 계산
1) 수식 $Q = C \cdot m \cdot \Delta t + m \cdot \gamma$
2) 계산
   $Q = 200 \times 75 \times 4.19 + 200 \times 2255.5$
   $= 513,950$

04 K급 화재(주방화재)에 관한 설명으로 옳지 않은 것은?

① 비누화현상을 일으키는 중탄산나트륨 성분의 소화약제가 적응성이 있다.
② 인화점과 발화점의 차이가 작아 재발화의 우려가 큰 식용유화재를 말한다.
③ 주방에서 동식물류를 취급하는 조리기구에서 일어나는 화재를 말한다.
④ K급 화재용 소화기의 소화능력시험은 소화기의 B급 화재 소화능력시험에 따른다.

해설 | K급 화재
1. 개념
  1) 미국방화협회에서는 K급으로 가연성 튀김기름을 포함한 요리재료를 포함하는 요리기구 화재까지 포함시킨 화재
  2) 국제표준화기구에서는 F급 화재로 조리에 의한 화재로만 분류한다.
2. 특징
  1) 인화점과 발화점의 차이가 적다.
  2) 발화점이 비점보다 낮아 재발화의 우려가 크다.
  3) K급 화재용 소화기의 소화성능시험은 소화기 형식승인 및 제품검사의 기술기준 별표 6에 따른다.

3. 소화대책
  1) 중탄산나트륨의 비누화 소화효과를 이용한다.
  2) 강화액 소화기인 K급 소화기를 사용한다.
  3) 거품 형태의 폼을 방사한다.
  4) 냄비 뚜껑, 방석 등으로 덮어서 공기의 공급을 차단한다(질식소화).
  5) 배추 등의 야채를 넣어 식용류의 온도를 낮춘다(냉각소화).

05 고체가연물의 점화(발화)시간은 물체의 두께와 밀접한 관계가 있는데, 열적으로 얇은 고체가연물(두께가 약 2 mm 미만)의 경우 점화시간 계산 시 주요 영향요소가 아닌 것은?

① 열전도도($W/m \cdot K$)
② 정압비열($J/kg \cdot K$)
③ 순열유속(W/m^2)
④ 밀도(kg/m^3)

해설 | 발화시간
1) 수식 $t_{ig} = \rho c l \times \left(\dfrac{T_{ig} - T_0}{\dot{q}''} \right)$
2) 각 인자
  (1) $\rho c l$: 열용량(밀도, 비열, 길이)
  (2) T_{ig} : 발화온도
  (3) T_0 : 초기온도
  (4) $\dot{q}''$: 순수열유속

정답 04 ④ 05 ①

06 분진폭발의 특징으로 옳지 않은 것은?

① 열분해에 의해 유독성가스가 발생될 수 있다.
② 폭발과 관련된 연소속도 및 폭발압력이 가스폭발에 비해 낮다.
③ 1차 폭발로 인해 2차 폭발이 야기될 수 있어 피해 범위가 크다.
④ 가스폭발에 비해 발생에너지가 적고 상대적으로 저온이다.

해설 | 분진폭발
1. 정의
   아주 미세한 가연성의 입자가 공기 중에 적당한(1 m³당 40 ~ 4,000 g) 농도로 퍼져 있을 때 약간의 불꽃, 혹은 열만으로 돌발적인 연쇄 산화 - 연소를 일으켜 폭발하는 현상이다.
2. 특징
   1) 가스폭발에 비해 연소속도나 폭발압력은 작지만 연소시간이 길고 발생에너지가 크기 때문에 파괴력과 연소 정도가 크다.
   2) 가스폭발에 비해 분진이 단위체적당 탄화수소량이 많아 온도가 2,000 ~ 3,000 ℃까지 상승한다.
   3) 열분해에 의한 유독성가스가 발생된다.

07 내화구조 건축물의 내화성능 요구조건에 해당하지 않는 것은?

① 차연성   ② 차열성
③ 차염성   ④ 하중지지력

해설 | 내화구조 건축물의 내화성능 요구조건
1. 내화구조란 화재에 견딜 수 있는 성능을 가진 구조
2. 내화구조의 요구기능
   1) 설계하중을 지지할 수 있을 것
   2) 차열성과 차염성이 있을 것
   3) 건물의 재상용이 가능한 내력을 가지고 있을 것
   4) 불연성 재질일 것
   5) 건축부재의 성능을 유지할 수 있을 것
   6) 화재로 인한 열충격과 소방주수에 대한 강도를 가질 것

08 다음과 같은 특성을 모두 가진 연소형태는?

- 가스폭발 메커니즘
- 분젠버너의 연소(급기구 개방)
- 화염전방에 압축파, 충격파, 단열압축 발생
- 화염속도 = 연소속도 + 미연소가스 이동속도

① 표면연소   ② 확산연소
③ 예혼합연소   ④ 자기연소

해설 | 예혼합연소
1) 기체연료 연소방식의 하나로서 연료와 공기를 혼합하여 버너로 공급 연소시키는 방식
2) 화염면이라고 하는 고온의 반응면이 형성되어 스스로 전파해 나가며 화염 전방에 압축파, 충격파, 단열압축이 발생한다.
3) 화염속도는 연소속도와 미연소가스의 이동속도를 더한 값이다.

정답 06 ④ 07 ① 08 ③

09 초고층 및 지하연계 복합건축물 재난관리에 관한 특별법령에서 정한 피난안전구역에 설치하여야 하는 소방시설이 아닌 것은?

① 소화기 및 간이소화용구
② 자동화재속보설비
③ 비상조명등 및 휴대용 비상조명등
④ 자동화재탐지설비

해설 | 피난안전구역 설치하는 소방시설
1. 소방시설

소방설비	설치기준
제연설비	• 피난안전 구역과 비제연구간 압력차 : 50 Pa(SP설치 시 12.5 Pa)
피난유도선	• 계단실 출입구 ↔ 주 출입구 또는 비상구 • 계단 및 계단참에 설치, 표시부 너비 25 mm 이상 • 60분 이상 유효하게 작동
비상조명등	• 조도 : 바닥에서 10(lx) 이상
휴대용 비상조명등	• 초고층 건축물 : 위층 재실자 수 × 1/10 이상 • 지하연계 복합 건축물 : 피난안전구역 층 재실자수 × 1/10 이상 • 건전지 용량 : 40분 이상 (50층 이상 : 60분 이상)
인명 구조 기구	• 방열복, 인공 소생기 : 각 2개 이상 비치 • 공기호흡기(45분 이상) : 2개 이상 • 50층 이상 : 예비용기 10개 이상

2. 자동화재 속보설비는 피난안전구역에 설치하는 소방시설이 아니다.

10 가연성액체의 화재발생 위험에 관한 설명으로 옳은 것은?

① 인화점, 발화점이 높을수록 위험하다.
② 연소범위가 좁을수록 위험하다.
③ 증기압이 높고 연소속도가 빠를수록 위험하다.
④ 증발열, 비열이 클수록 위험하다.

해설 | 가연성액체의 화재 발생 위험성
1) 인화점, 발화점이 낮을수록 위험하다.
2) 연소범위가 넓을수록 위험하다.
3) 증기압이 높고 연소속도가 빠를수록 위험하다.
4) 증발열, 비열이 작을수록 위험하다.

11 피난계획의 일반적인 원칙으로 옳지 않은 것은?

① 건물 내 임의의 지점에서 피난 시 한 방향이 화재로 사용이 불가능하면 다른 방향으로 사용되도록 한다.
② 피난수단은 보행에 의한 피난을 기본으로 하고 인간본능을 고려하여 설계한다.
③ 피난경로는 굴곡부가 많거나 갈림길이 생기지 않도록 간단하고 명료하게 설계한다.
④ 피난경로의 안전구획을 1차는 계단, 2차는 복도로 설정한다.

정답 09 ② 10 ③ 11 ④

해설 | 피난계획 일반원칙
1) 양방향 피난로를 상시 확보할 것
2) 피난경로는 간단명료할 것
3) 피난수단은 원시적인 방법일 것
4) 피난로의 안전구획 설정 : 1차 = 복도, 2차 = 부속실, 3차 = 피난계단으로 구성
5) 피난대책은 Fail Safe, Fool Proof 원칙에 따를 것
6) 인간의 심리, 생리를 배려한 대책 : 추종본능, 귀소본능, 퇴피본능, 좌회본능, 지광본능
7) 재해약자를 고려한 설계
8) 피난설비는 고정적인 시설에 의한 것을 원칙으로 한다.

해설 | 화재하중
1) 건축물 내 단위면적당 가연물의 양
2) 수식 $Q = \dfrac{\sum(G_i \cdot H_i)}{H \cdot A} = \dfrac{\sum Q_t}{4500 \times A}$
3) 계산

$$Q = \dfrac{\sum(G_i \cdot H_i)}{H \cdot A} = \dfrac{\sum Q_t}{4500 \times A}$$
$$= \dfrac{(1,000 \times 4,500) + (1,000 \times 5,000 \times 0.24)}{4,500 \times 300}$$
$$= 4.22 \, kg/m^2$$

12 바닥면적이 300 m²인 창고에 목재 1,000 kg과 기타 가연물 1,000 kg이 적재되어 있는 경우 화재하중 [kg/m²]은 얼마인가? (단, 목재의 단위발열량은 4,500 kcal/kg, 기타 가연물의 단위발열량은 5,000 kJ/kg이며, 소수점 이하 셋째자리에서 반올림한다)

① 2.11
② 4.22
③ 7.04
④ 14.08

13 다중이용업소의 안전관리에 관한 특별법령상 다중이용업소에 설치·유지하여야 하는 피난설비에서 피난기구가 아닌 것은?

① 피난사다리
② 피난유도선
③ 구조대
④ 완강기

해설 | 다중이용업소의 안전관리에 관한 특별법
1. 피난설비
  1) 피난기구(간이 완강기 및 피난밧줄 제외) 설치
  2) 피난유도선 설치 : 단란주점영업, 영화상영관, 비디오감상물업, 복합영상물제공업, 노래연습장, 산후 조리원, 고시원
  3) 유도등, 유도표지, 비상조명등
  4) 휴대용 비상조명등

14 구획실 화재에서 화재가혹도에 관한 설명으로 옳지 않은 것은?

① 화재가혹도는 최고온도의 지속시간으로 화재가 건물에 피해를 입히는 능력의 정도를 나타낸다.
② 화재가혹도는 화재하중과 화재강도로 구성되며 화재강도는 단위면적당 가연물의 양으로 계산한다.
③ 화재가혹도를 낮추기 위해서는 가연물을 최소단위로 저장하고 불연성 밀폐 용기에 보관한다.
④ 화재가혹도에 견디는 내력을 화재저항이라고 하며 건축물의 내화구조, 방화구조 등을 의미한다.

해설 | 화재가혹도

1. 정의
   화재가 당해 건물과 그 내부의 수용재산 등을 파괴하거나 손상을 입히는 능력의 정도를 의미한다.
2. 주요 요소
   1) 화재가혹도 = 화재강도 × 화재하중
   2) 화재강도 = 최고온도 = 열축적이 크다. = 질적 개념 = 주수율 좌우
   3) 화재하중 = 지속시간 = 가연물의 양이 많다. = 양적 개념 = 주수시간을 좌우

15 건축물의 피난·방화구조 등의 기준에 관한 규칙에서 소방관 진입창의 기준으로 옳지 않은 것은?

① 2층 이상 11층 이하인 층에 각각 1개소 이상 설치할 것
② 창문의 한쪽 모서리에 타격지점을 지름 3 cm 이상의 원형으로 표시할 것
③ 강화유리 또는 배강도유리로서 그 두께가 6 mm 이상인 것
④ 창문의 가운데에 지름 20 cm 이상의 역삼각형을 야간에도 알아볼 수 있도록 빛 반사 등으로 붉은색으로 표시할 것

해설 | 소방관 진입창

1. 2층 이상 11층 이하인 층(직접 지상으로 통하는 출입구가 있는 층은 제외한다)에 각각 1개소 이상 설치할 것. 이 경우 소방관이 진입할 수 있는 창의 가운데에서 벽면 끝까지의 수평거리가 40미터 이상인 경우에는 40미터 이내마다 소방관이 진입할 수 있는 창을 추가로 설치해야 한다.
2. 소방차 진입로 또는 소방차 진입이 가능한 공터에 면할 것
3. 창문의 가운데에 지름 20센티미터 이상의 역삼각형을 야간에도 알아볼 수 있도록 빛 반사 등으로 붉은색으로 표시할 것
4. 창문의 한쪽 모서리에 타격지점을 지름 3센티미터 이상의 원형으로 표시할 것
5. 창문 유리의 크기는 폭 90센티미터 이상, 높이 1미터 이상으로 하고, 실내 바닥면으로부터 창의 아랫부분까지의 높이는 80센티미터[난간이 설치된 노대등(영 제40조 제1항에 따른 노대등을 말한다)에 불가피하게 소방관 진입창을 설치하는 경우에는 120센티미터] 이내로 할 것

6. 다음 각 목의 어느 하나에 해당하는 유리를 사용할 것
   가. 플로트판유리로서 그 두께가 6밀리미터 이하인 것
   나. 강화유리 또는 배강도유리로서 그 두께가 5밀리미터 이하인 것
   다. 가목 또는 나목에 해당하는 유리로 구성된 이중 유리
   라. 가목 또는 나목에 해당하는 유리로 구성된 삼중 유리. 이 경우 각각의 유리에 비산방지필름을 부착하는 경우에는 그 필름 두께를 50마이크로미터 이하로 해야 한다.

해설 | 화재 시 인간의 피난행동 특성

본능	특성
귀소본능	인간은 비상시 늘 사용하던 친숙한 경로를 따라 대피하려고 한다.
지광본능	화재나 정전 시 주위가 어두워지면 밝은 쪽으로 피난하려고 한다.
추종본능	비상시 많은 사람들이 리더를 추종하려고 한다.
퇴피본능	화염, 연기에 대한 공포감으로 발화의 반대방향으로 이동하려고 한다.
좌회본능	좌측통행과 시계반대방향으로 회전하려고 한다.
직진본능	비상시 직진하려고 한다.

16 화재 시 인간의 피난행동 특성에 관한 설명으로 옳지 않은 것은?

① 처음에 들어온 빌딩 등에서 내부 상황을 모를 경우 들어왔던 경로로 피난하려는 본능을 귀소본능이라 한다.
② 건물 내부에 연기로 인해 시야가 제한을 받을 경우 빛이 새어나오는 방향으로 피난하려는 본능을 지광본능이라 한다.
③ 열린 느낌이 드는 방향으로 피난하려는 경향을 직진성이라 한다.
④ 안전하다고 생각되는 경로로 피난하려는 경향을 이성적 안전지향성이라 한다.

17 아레니우스(Arrhenius)의 반응속도식에 관한 설명으로 옳은 것은?

① 활성화에너지가 클수록 반응속도는 증가한다.
② 기체상수가 클수록 반응속도는 증가한다.
③ 온도가 높을수록 반응속도는 감소한다.
④ 가연물의 밀도가 높을수록 반응속도는 증가한다.

해설 | 아레니우스 식

1) 수식 $V = C \cdot e^{-\frac{E}{RT}} = C \times \dfrac{1}{e^{\frac{E}{RT}}}$

2) 각 인자
   (1) C : 빈도계수
   (2) E : 활성화에너지
   (3) R : 기체상수
   (4) T : 절대온도

3) 해석
   (1) 활성화에너지가 클수록 반응속도는 감소한다.
   (2) 기체상수가 클수록, 절대온도가 클수록 반응속도는 증가한다.

해설 | 열량 계산

1) 수식 $\ddot{q}'' = k \cdot A \cdot \dfrac{\Delta T}{l}$

2) 계산
$$l = \dfrac{k \cdot A \cdot \Delta T}{\ddot{q}''} = \dfrac{0.8 \times 0.5 \times 0.6 \times 320}{250}$$
$$= 0.3072 ≒ 0.31$$

18 가로 50 cm, 세로 60 cm인 벽면의 양쪽 온도가 350 ℃와 30 ℃이고, 벽을 통한 이동열량이 250 W일 때 이 벽의 두께 t(m)는? (단, 열전도도는 0.8 W/m · K 이고 기타 조건은 무시하며, 소수점 이하 셋째자리에서 반올림한다)

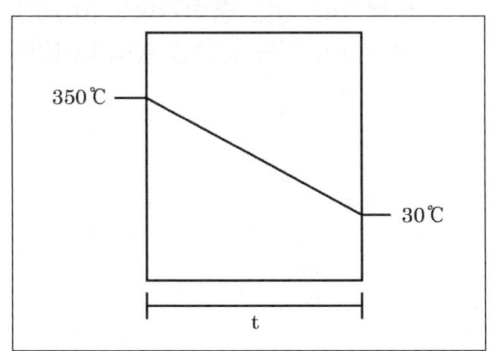

① 0.31 ② 0.45
③ 0.64 ④ 0.78

19 건축물의 피난·방화구조 등의 기준에 관한 규칙에서 정한 건축물의 내부에 설치하는 피난계단의 구조의 기준으로 옳지 않은 것은?

① 계단실은 창문·출입구 기타 개구부를 제외한 당해 건축물의 다른 부분과 내화구조의 벽으로 구획할 것
② 건축물의 내부와 접하는 계단실의 창문 등(출입구를 제외한다)은 망이 들어 있는 유리의 붙박이창으로서 그 면적을 각각 $1\,m^2$ 이하로 할 것
③ 건축물의 내부에서 계단실로 통하는 출입구의 유효너비는 0.9 m 이상으로 할 것
④ 계단실의 바깥쪽과 접하는 창문 등은 당해 건축물의 다른 부분에 설치하는 창문 등으로부터 1 m 이하의 거리를 두고 설치할 것

정답 18 ① 19 ④

해설 | 건축물의 내부 피난계단

구분	구조
구획	내화구조 벽
마감재	불연재 사용
조명	예비전원에 의한 조명설비
바깥쪽 창문	타 창문과 2 m 이상 이격 설치
내부창	붙박이창(망입유리) 1 m² 이하 설치
출입구	• 유효너비 0.9 m 이상, 피난방향개방 및 자동 폐쇄되는 60분+ 방화문 또는 60분 방화문 • 방화문은 상시 폐쇄되거나 열·연기 등에 의해 자동 폐쇄될 것
도착지	피난층 또는 지상까지 연결

20 구획실에서 화재의 지속시간에 관한 설명으로 옳지 않은 것은?

① 화재실 단위면적당 가연물의 양에 비례한다.
② 화재실 바닥면적에 비례한다.
③ 화재실 개구부 면적에 비례한다.
④ 화재실 개구부 높이의 제곱근에 반비례한다.

해설 | 지속시간

1) 지속시간 = $\dfrac{A_F}{A\sqrt{H}}$

   A_F : 바닥면적
   A : 개구부 면적
   H : 개구부 높이
   $A\sqrt{H}$: 환기요소

2) 지속시간은 화재실 바닥면적에 비례하고 환기요소에 반비례한다.

21 에탄올(C_2H_5OH) 1 kmol을 완전연소하는 데 필요한 이론적인 산소(O_2)의 체적 [m³]은? (단, 0 ℃, 1기압 표준상태를 기준으로 하며, 소수점 이하 둘째자리에서 반올림한다)

① 67.2 ② 69.4
③ 70.6 ④ 74.0

해설 | 에탄올

1) 완전연소반응식

   $C_2H_5OH + 3O_2 \rightarrow 2CO_2 + 3H_2O$

2) 산소체적 계산

   (1) 아보가드로법칙을 적용해서 비례식으로 구한다.
   (2) $16 : 3 \times 22.4 = 1000 : X$
   따라서 산소체적은 67.2 m³

22 힌클리(Hinkley)의 연기하강시간(t)에 관한 식으로 옳은 것은? (단, t의 연기의 하강시간(s), A는 바닥면적 [m²], P_f는 화재둘레 [m], g는 중력가속도 [m/s²], H는 층고 [m], Y는 청결층 높이 [m]이다)

① $t = \dfrac{20A}{P_f \times g}\left(\dfrac{1}{\sqrt{H}} - \dfrac{1}{\sqrt{Y}}\right)$

② $t = \dfrac{20A}{P_f \times \sqrt{g}}\left(\dfrac{1}{\sqrt{H}} - \dfrac{1}{\sqrt{Y}}\right)$

③ $t = \dfrac{20A}{P_f \times g}\left(\dfrac{1}{\sqrt{Y}} - \dfrac{1}{H}\right)$

④ $t = \dfrac{20A}{P_f \times \sqrt{g}}\left(\dfrac{1}{\sqrt{Y}} - \dfrac{1}{\sqrt{H}}\right)$

정답 20 ③ 21 ① 22 ④

해설 | 힌클리 공식
1. 개념
   1) 연기층 온도 300 ℃를 기준으로 유도된 식
   2) 청결층이 유지되기 위해서는 연기층이 예상 청결층에 도달하기 전에 제연설비가 작동하여야 하는데, 힌클리 식은 제연설비가 정상 작동하여야 하는 최대시간이다.
2. 수식 $t = \dfrac{20A}{P \times \sqrt{g}} \times \left(\dfrac{1}{\sqrt{y}} - \dfrac{1}{\sqrt{h}}\right)$

   t : 연기층 하강시간
   A : 화재실의 바닥면적
   P : 화염 둘레의 길이
   (대형 12 m, 중형 6 m, 소형 4 m)
   g : 중력 가속도
   y : 청결층 높이
   h : 화재실 천장 높이

23 연소생성물질의 특성에 관한 설명으로 옳지 않은 것은?

① 일산화탄소(CO)는 불연성기체로서 호흡률을 높여 독성가스 흡입을 증가시킨다.
② 아크롤레인(CH_2CHCHO)은 석유류 제품 및 유지(기름)성분의 물질이 연소할 때 발생한다.
③ 황화수소(H_2S)은 계란 썩은 것 같은 냄새가 난다.
④ 염화수소(HCl)은 PVC 등 염소함유물질이 연소할 때 생성된다.

해설 | 연소생성물질의 특성
1. 일산화탄소는 가연성기체이다.
2. 불연성기체는 산소와 반응을 일으키지 않는 만큼 안정된 기체이다(CO_2, H_2O).

24 고층건축물의 화재 시 굴뚝효과(Stack Effect)에 의한 샤프트와 외기의 압력차에 관한 설명으로 옳은 것은?

① 외기 온도가 높을수록 감소한다.
② 샤프트 내부 온도가 높을수록 감소한다.
③ 중성대(면) 위의 거리(높이)가 클수록 감소한다.
④ 샤프트 내부와 외기의 온도차가 클수록 감소한다.

해설 | 굴뚝효과와 중성대
1. 굴뚝효과(Stack Effect)
   1) 정의
      (1) 평상시 서로 다른 온도(밀도)를 가지고 연결되는 두 개의 공기 기둥 때문에 발생하는 압력차에 의한 연기 이동현상이다.
      (2) 계단, 샤프트 등의 수직 공간이 있는 고층 빌딩에서 내부와 외부와의 온도차에 의한 부력 발생으로 유도되는 압력차에 의해 공기가 유동한다.
   2) 수식 $\Delta P = 3460 H \left(\dfrac{1}{T_o} - \dfrac{1}{T_i}\right)$
   3) 영향인자
      (1) 건물의 높이
      (2) 건물의 실내와 실외의 온도차
      (3) 건물 외벽의 기밀도
      (4) 건물 내부 바닥의 누설 면적

정답 23 ① 24 ①

2. 중성대
   1) 개념
      실내외의 압력차가 0이 되는 지점으로서 기류의 흐름이 없는 지점을 의미한다.
   2) 중성대 높이
   $$h = H \times \frac{1}{1 + \left(\frac{T_i}{T_0}\right)\left(\frac{A_1}{A_2}\right)^2} \text{ m}$$

25 연기농도와 피난한계에 관한 설명으로 옳지 않은 것은? (단, C_s는 감광계수이다)

① 반사형 표지 및 문짝의 가시거리(L)는 $\frac{2 \sim 4}{Cs}$ m이다.

② 발광형 표지 및 주간 창의 가시거리(L)는 $\frac{5 \sim 10}{Cs}$ m이다.

③ 가시거리(L)와 감광계수(C_s)는 비례한다.

④ 감광계수(C_s)는 입사된 광량에 대한 투과된 광량의 감쇄율로, 단위는 m^{-1}이다.

해설 | 가시거리
1) 수식 : $C_s \cdot D = K$
   C_s : 감광계수
   D : 가시거리
   K : 발광체(5 ~ 10), 비발광체(2 ~ 4)
2) 건물 내 숙지자의 한계간파거리는 5 m이고 건물 내 미숙지자의 한계간파거리는 30 m이다.
3) 가시거리와 감광계수는 반비례 관계이다.

정답 25 ③

20회 제2과목 소방수리학

목표 점수 : _____   맞은 개수 : _____

26 그림과 같이 안지름 600 mm의 본관에 안지름 200 mm인 벤츄리미터가 장치되어 있다. 압력수두차가 2 m이면 유량 [m³/sec]은 약 얼마인가? (단, 유량계수는 0.98이다)

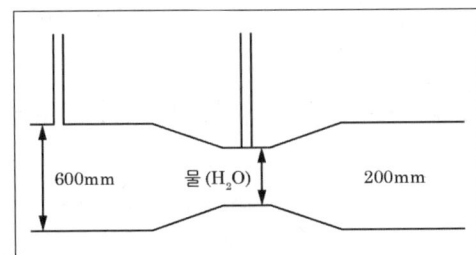

① 0.148 ② 0.164
③ 0.188 ④ 0.194

해설 | 벤츄리미터

$$Q = \frac{CA_2}{\sqrt{1-\left(\frac{A_2}{A_1}\right)^2}}\sqrt{2g\frac{(P_1-P_2)}{\gamma}}$$

$$= \frac{CA_2}{\sqrt{1-\left(\frac{A_2}{A_1}\right)^2}}\sqrt{2gh}$$

C : 유량계수, A : 면적 $[m^2]$
g : 중력가속도($9.8\ m/s^2$), γ : 비중량 $[N/m^3]$
$P_1 - P_2$: 압력차, h : 2 m

$$Q = \frac{0.98 \times \frac{\pi}{4} \times 0.2^2}{\sqrt{1-\left(\frac{\frac{\pi}{4}\times 0.2^2}{\frac{\pi}{4}\times 0.6^2}\right)^2}} \times \sqrt{2\times 9.8 \times 2}$$

$= 0.194\ m^3/s$

27 지름 50 mm의 관에 20 ℃의 물이 흐를 경우 한계유속 [cm/sec]은 얼마인가? (단, 수온 20 ℃에서의 동점성계수는 1 × 10⁻² Stokes이고 한계레이놀즈수(Re)는 2,000이다)

① 2   ② 4
③ 8   ④ 10

해설 | 레이놀즈수

$$Re = \frac{\rho VD}{\mu} = \frac{VD}{\nu}\left[\frac{관성력}{점성력}\right]$$

ρ : 밀도 $[kg/m^3]$
V : 속도 $[m/s]$
μ : 절대점도 $[kg/m \cdot s = N \cdot s/m^2]$
ν : 동점도 $[m^2/s]$
D : 직경 $[m]$

- 물의 밀도 $1\ g/cm^3$
- 단위 환산 $[stokes] = [cm^2/s]$

$$2,000 = \frac{1\ g/cm^3 \times V \times 5\ cm}{(1\times 10^{-2}\ cm^2/s)}$$

$$V = \frac{2,000 \times 10^{-2}\ cm^2/s}{(1\ g/cm^3 \times 5\ cm)}$$

$= 4\ cm/s$

정답 26 ④ 27 ②

28 단위질량당 체적을 나타내는 용어는?

① 밀도　　② 비중
③ 비체적　④ 비중량

해설 | 단위질량당 체적
- 밀도 : 단위체적당 질량 $[kg/m^3]$
- 비중 : 물질의 밀도에 대한 상대적인 비로, 일반적으로 액체의 경우 1기압하에 4℃ 물을 기준으로 한다.
- 비체적 : 단위질량당 체적 $[m^3/kg]$
- 비중량 : 단위체적당 중량 $[N/m^3]$

29 지름 2 m인 원형 수조의 측벽 하단부에 지름 50 mm의 구멍이 있다. 이 수조의 수위를 50 cm 이상으로 유지하기 위해서 수조에 공급해야 할 최소유량(cm³/sec)은 약 얼마인가? (단, 유출구에서의 유량계수는 0.75이다)

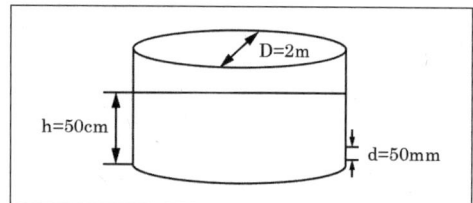

① 4,610
② 6,140
③ 7,370
④ 8,190

해설 | 최소유량
$$Q = C \times A \times V$$
[풀이]
$$Q = C \times A \times V = C \times A \times \sqrt{2gh}$$
$$Q = 0.75 \times \left\{ \frac{\pi}{4} \times (5\,cm)^2 \right\}$$
$$\times \sqrt{2 \times 980\,cm/s^2 \times 50\,cm}$$
$$= 4,610\,cm^3/s$$

30 베르누이방정식에 관한 설명으로 옳지 않은 것은?

① 에너지방정식이라고도 한다.
② 에너지보존법칙을 유체의 흐름에 적용한 것이다.
③ 동수경사선은 위치수두와 압력수두를 합한 선으로 연결한 것이다.
④ 적용조건은 이상유체, 정상류, 비압축성 흐름, 점성 흐름이다.

해설 | 베르누이방정식
1) 유선을 따르는 유동
2) 정상유동
3) 마찰손실이 없는 유동
4) 비압축성 유체
5) 임의의 두 점은 같은 유선상에 존재

정답　28 ③　29 ①　30 ④

31 유적선에 관한 설명으로 옳은 것은?

① 어느 한순간에 주어진 유체입자의 흐름방향을 나타낸 것이다.
② 흐름을 직각으로 끊은 횡단면적을 말한다.
③ 유체입자의 실제 운동 경로를 말하며, 경우에 따라 유선과 일치할 수도 있다.
④ 단위시간에 그 단면을 통과하는 물의 용적이다.

해설 | 유적선(流跡線)
한 유체입자가 일정기간 동안에 움직인 경로

32 비중 0.93인 물체가 해수면 위에 떠 있다. 이 물체가 해수면 위로 나온 부분의 체적이 200 cm³일 때 물속에 잠긴 부분의 체적 [cm³]은 얼마인가? (단, 해수의 비중은 1.03이다)

① 1,860
② 2,060
③ 2,260
④ 2,460

해설 | 부력(유체 위에 떠 있는 경우)
F(물체의 무게) $= F_B$(부력)
$\gamma_{물체} \times V_{전체체적} = \gamma_{액체} \times V_{잠긴체적}$
$S_{물체} \times \gamma_w \times V_{전체체적} = S_{유체} \times \gamma_w \times V_{잠긴체적}$

물속에 잠긴 부분을 x, γ_w : 물의 비중량
$S_{물체} \times \gamma_w \times V_{전체체적} = S_{유체} \times \gamma_w \times V_{잠긴체적}$
$0.93 \times \gamma_w \times (200+x) = 1.03 \times \gamma_w \times x$
$\dfrac{200+x}{x} = \dfrac{1.03}{0.93}$
$x = 1,860$

33 펌프의 축동력이 26.4 kW, 기계의 손실동력이 4 kW인 송수펌프가 있다. 이 송수펌프의 기계효율(η_m)은 약 얼마인가?

① 0.65
② 0.75
③ 0.85
④ 0.95

해설 | 펌프의 기계효율
$\eta_m = 1 - \dfrac{L_m}{L}$

η_m : 기계효율
L_m : 기계의 손실동력
L : 축동력

$\eta_m = 1 - \dfrac{4\,kW}{26.4\,kW} = 0.848 ≒ 0.85$

정답 31 ③ 32 ① 33 ③

34 펌프의 비속도(N_s)에 관한 설명으로 옳지 않은 것은?

① 토출량과 양정이 동일한 경우 회전수(N)가 낮을수록 비속도가 커진다.
② 임펠러의 상사성과 펌프의 특성 및 펌프의 형식을 결정하는 데 이용되는 값이다.
③ 양흡입 펌프의 경우 토출량의 1/2로 계산한다.
④ 회전수와 양정이 일정할 때 토출량이 클수록 비속도가 커진다.

해설 | 비속도

$$Ns = \frac{N\sqrt{Q}}{H^{\frac{3}{4}}} \ [rpm \cdot m^3/\min \cdot m]$$

N : 회전수 [rpm]
Q : 유량 [$m^3/\min$]
H : 양정 [m]

토출량과 양정이 동일한 경우 회전수(N)가 클수록 비속도가 커진다.

정답 34 ①

20회 제2과목 약제화학

35 포소화약제 포원액의 비중기준으로 옳은 것은?
① 단백포소화약제 : 0.90 이상 2.00 이하
② 합성계면활성제 포소화약제 : 1.10 이상 1.20 이하
③ 수성막포소화약제 : 1.00 이상 1.15 이하
④ 알콜형 포소화약제 : 0.60 이상 1.20 이하

해설 | 포약제

물성 \ 종류	단백포	합성계면활성제포	수성막포	내알코올용포
pH [20℃]	6.0~7.5	6.5~8.5	6.0~8.5	6.0~8.5
비중 [20℃]	1.1~1.2	0.9~1.2	1.0~1.15	0.9~1.2
점도 [Stokes]	400 이하	200 이하	200 이하	3,500 이하
유동점 [℃]	-7.5	-12.5	-22.5	-22.5
팽창비	6배 이상	저발포 6배 이상 / 고발포 80배 이상	5배 이상	6배 이상
침전 원액량	0.1 vol% 이하			

36 소화약제에 관한 설명으로 옳지 않은 것은?
① 제1종 분말소화약제에 탄산마그네슘 등의 분산제를 첨가해서 유동성을 향상시킨다.
② 포소화약제 중 수성막포의 팽창비는 6배 이상, 기타 포소화약제의 팽창비는 5배 이상이다.
③ 물소화약제에 증점제를 첨가하여 가연물에 대한 물의 잔류시간을 길게 한다.
④ 물의 증발잠열은 약 539 kcal/kg이다.

해설 | 소화약제의 물성

물성 \ 종류	단백포	합성계면활성제포	수성막포	내알코올용포
팽창비	6배 이상	저발포 6배 이상 / 고발포 80배 이상	5배 이상	6배 이상

정답 35 ③ 36 ②

37 온도변화 없이 밀폐된 공간에 산소 21 vol%, 질소 79 vol%인 공기 353 ft³이 가득 차있다. 이 공간에 순수한 이산화탄소가 417 L가 방출될 때 이산화탄소 농도(vol%)는? (단, 1 ft = 0.3048 m이다)

① 2   ② 3
③ 4   ④ 6

해설 | 이산화탄소의 농도

[이산화탄소 농도]

$$= \frac{\text{방출된 } CO_2 \text{ 가스량}[m^3]}{\text{방호구역 체적}[m^3] + \text{방출된 } CO_2 \text{ 가스량}[m^3]} \times 100$$

[단위 변환]
- 방호구역체적

$$V = 353\,ft^3 \times \frac{0.3048^3\,m^3}{1^3\,ft^3} = 10.00\,m^3$$

- 방출된 이산화탄소 가스량

$$417\,L = 0.417\,m^3$$

$$CO_2\,[\%] = \frac{0.417\,m^3}{10.00\,m^3 + 0.417\,m^3} \times 100 = 4.00\,\%$$

38 표준상태에서 한계산소농도가 가장 큰 가연성물질은?

① 메테인   ② 수소
③ 에틸렌   ④ 일산화탄소

해설 | 한계산소농도

[한계산소농도, 최소산소농도, MOC]
= 연소하한계 × 산소몰수

[연소하한계]

종류	메테인	수소	에틸렌	일산화탄소
연소 범위	5.0~15.0	4.0~75.0	2.7~36.0	12.5~74.0

[연소반응식]

메테인	$CH_4 + 2O_2 \rightarrow CO_2 + 2H_2O$
수소	$2H_2 + O_2 \rightarrow 2H_2O$
에틸렌	$C_2H_4 + 3O_2 \rightarrow 2CO_2 + 2H_2O$
일산화탄소	$CO + \frac{1}{2}O_2 \rightarrow CO_2$

① 메테인 $= 5 \times 2\,mol = 10\,\%$
② 수소 $= 4 \times 1\,mol = 4\,\%$
③ 에틸렌 $= 2.7 \times 3\,mol = 8.1\,\%$
④ 일산화탄소 $= 12.5 \times 0.5\,mol = 6.25\,\%$

정답 37 ③ 38 ①

39 할로겐화합물소화약제의 최대허용 설계농도가 가장 큰 순서대로 나열한 것은?

① HCFC-124 > HFC-125 > IG-100 > HFC-23
② HFC-23 > HCFC-124 > HFC-125 > IG-100
③ IG-100 > HFC-23 > HFC-125 > HCFC-124
④ IG-100 > HFC-125 > HCFC-124 > HFC-23

해설 | 최대허용 설계농도

소화약제	최대허용 설계농도[%]	소화약제	최대허용 설계농도[%]
IG-100	43	HFC-125	11.5
HFC-23	30	HCFC-124	1.0

40 분말소화약제에 관한 설명으로 옳지 않은 것은?

① 제3종 분말소화약제는 제1종과 제2종에 비해 낮은 온도에서 열분해한다.
② 제2종 분말소화약제의 구성성분이 제1종보다 반응성이 커서 소화능력이 우수하다.
③ 분말소화약제는 작열연소보다 불꽃연소에 소화효과가 우수하다.
④ 제1종 분말소화약제가 590℃ 이상에서 분해될 때 Na_2O가 생성된다.

해설 | 열분해 반응식

1. 제1종 분말

온도	열분해 반응식
270℃	$2Na_4HCO_3 \rightarrow Na_2CO_3 + CO_2 + H_2O$
850℃	$2Na_4HCO_3 \rightarrow Na_2O + 2CO_2 + H_2O$

2. 제2종 분말

온도	열분해 반응식
190℃	$2KHCO_3 \rightarrow K_2CO_3 + CO_2 + H_2O$
590℃	$2KHCO_3 \rightarrow K_2O + 2CO_2 + H_2O$

3. 제3종 분말

온도	열분해 반응식
166℃	$NH_4H_2PO_4 \rightarrow NH_3 + H_3PO_4$(올소인산)
216℃	$2H_3PO_4 \rightarrow H_2O + H_4P_2O_7$(피로인산)
360℃ 이상	$H_4P_2O_7 \rightarrow H_2O + 2HPO_3$(메타인산)
1000℃ 이상	$2HPO_3 \rightarrow H_2O + P_2O_5$(오산화린)

4. 제4종 분말
$2KHCO_3 + (NH_2)_2CO \rightarrow K_2CO_3 + 2NH_3 + 2CO_2$

정답 39 ③ 40 ④

41 할로겐화합물 및 불활성기체소화설비의 화재안전기준상 저장용기의 최대충전밀도가 가장 큰 것은?

① FK-5-1-12
② FC-3-1-10
③ HCFC BLEND A
④ HCFC-124

해설 | 최대충전밀도

소화약제	최대충전밀도 [kg/m^3]
FK-5-1-12	1,441.7
FC-3-1-10	1,281.4
HCFC-BLEND A	900.2
HCFC-124	1,185.4

42 할로겐화합물 및 불활성기체소화설비의 화재안전기준상 할로겐화합물소화약제 저장용기의 설치기준으로 옳은 것은?

① 저장용기를 방호구역 내에 설치한 경우에는 방화문으로 구획된 실에 설치할 것
② 용기 간의 간격은 점검에 지장이 없도록 3 cm 이상의 간격을 유지할 것
③ 온도가 65 ℃ 이하이고 온도 변화가 작은 곳에 설치할 것
④ 하나의 방호구역을 담당하는 경우에도 저장용기와 집합관을 연결하는 연결배관에는 체크밸브를 설치할 것

해설 | 할로겐화합물 및 불활성기체소화약제 저장용기의 설치기준

1. 방호구역 외의 장소에 설치할 것. 다만 방호구역 내에 설치할 경우에는 피난 및 조작이 용이하도록 피난구 부근에 설치하여야 한다.
2. 온도가 55 ℃ 이하이고, 온도의 변화가 작은 곳에 설치할 것
3. 직사광선 및 빗물이 침투할 우려가 없는 곳에 설치할 것
4. 저장용기를 방호구역 외에 설치한 경우에는 방화문으로 구획된 실에 설치할 것
5. 용기의 설치장소에는 해당 용기가 설치된 곳임을 표시하는 표지를 할 것
6. 용기 간의 간격은 점검에 지장이 없도록 3 cm 이상의 간격을 유지할 것
7. 저장용기와 집합관을 연결하는 연결배관에는 체크밸브를 설치할 것. 다만 저장용기가 하나의 방호구역만을 담당하는 경우에는 그러하지 아니하다.

정답 41 ① 42 ②

20회 제2과목 소방전기

43 다음 그림은 교류 실횻값 3 A의 전류 파형이다. 이 파형을 표현한 수식으로 옳지 않은 것은?

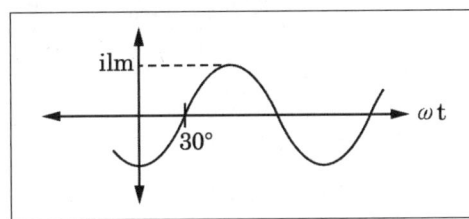

① i = 3sin(ωt - 30°)
② i = 3∠ - 30
③ i = 2.6 - j1.5
④ i = 3e - j30

해설 | 교류회로에서의 전류 기본식 $i = I_m \sin \omega t$

1) 실횻값이 3 A이므로 최댓값은 $3\sqrt{2}$가 된다.
2) 파형이 기준파형에 30° 뒤지므로 -30°가 된다.
3) 따라서 위 전류 파형의 기본식은 $i = 3\sqrt{2} \sin(\omega t - 30°)$가 된다.

44 전계 내에서 전하 사이에 작용하는 힘, 전계, 전위를 표현한 식으로 옳지 않은 것은 무엇인가? (단, F : 힘, Q : 전하, r : 거리, V : 전위, K : 비례상수, E : 전계)

① $F = QE$ [N]
② $E = K\dfrac{Q}{r^2}$ [V/m]
③ $V = K\dfrac{Q}{r}$ [V]
④ $F = K\dfrac{Q_1 Q_2}{r}$ [N]

해설 | 정전계에서의 쿨롱의 법칙
$$F = \dfrac{1}{4\pi\epsilon} \times \dfrac{Q_1 Q_2}{r^2} = K\dfrac{Q_1 Q_2}{r^2} \text{ [N]}$$

정답 43 ① 44 ④

45 다음 회로에서 10 Ω의 저항에 흐르는 전류 I [A]는?

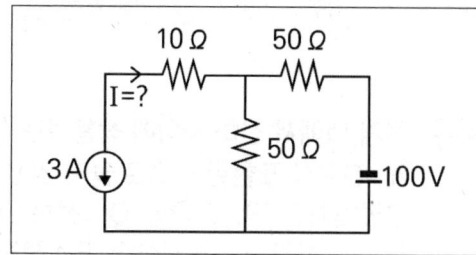

① 3   ② 1.5
③ -1.5   ④ -3

해설 | 전류

위 회로는 중첩의 정리에 전류원을 기준으로 했을 때와 전압원을 기준으로 했을 때의 전류를 각각 구한 다음 전류의 합계를 구하면 된다.
1. 전압원기준
   1) 전압원기준 시 전류원은 개방이 된다.
   2) 회로도에서 전류원이 개방되므로 10 Ω의 저항에는 전류가 흐르지 않는다.
2. 전류원기준
   1) 전류원기준 시 전압원은 단락이 된다.
   2) 3 A의 전류는 그대로 10 Ω에 전부 흐르게 되는데, 방향이 반대가 되므로 -3 A가 된다.

46 그림과 같이 전류가 흐를 때 미소길이 [dL] 0.1 m인 전선의 일부에서 발생한 자속이 P점에 영향을 줄 경우 P점에서 측정한 자기장의 세기 dH [AT/m]는 약 얼마인가? (단, π = 3.14이다)

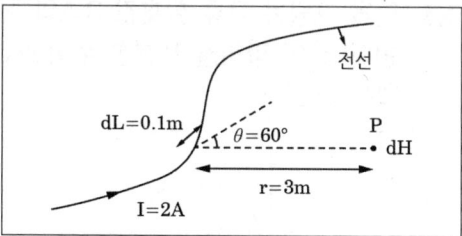

① 1.732×10^{-3}
② 1.532×10^{-3}
③ 1.414×10^{-3}
④ 1.212×10^{-3}

해설 | 비오 - 사바르 법칙

[수식]
$$\Delta H = \frac{I \Delta l}{4\pi r^2} \times \sin\theta$$

[풀이]
$$\Delta H = \frac{I \Delta l}{4\pi r^2} \times \sin\theta$$
$$= \frac{2 \times 0.1}{4\pi \times 3^2} \times \sin 60°$$
$$= 0.001532 = 1.532 \times 10^{-3}$$

47 다음 무접점 논리회로의 출력을 표현한 진리표의 내용이 옳게 작성된 것은?

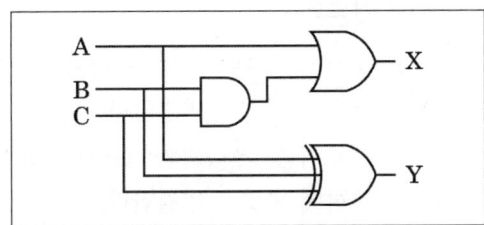

A	B	C	가		나		다		라	
			X	Y	X	Y	X	Y	X	Y
0	0	0	0	0	0	0	0	0	0	0
0	0	1	0	0	0	0	0	1	1	1
0	1	0	0	1	0	1	0	0	1	0
0	1	1	0	1	0	1	0	0	1	0
1	0	0	1	1	1	0	1	1	0	1
1	0	1	0	1	1	1	1	0	0	0
1	1	0	1	1	1	0	1	1	0	0
1	1	1	1	1	1	0	1	1	0	0
			0	1	1	1	1	0	0	1

① 가   ② 나
③ 다   ④ 라

해설 | 논리회로

1) $X = A + BC$ 이므로 A가 1이면 출력값이 1이 나오고, B와 C가 동시에 1인 경우에도 출력값이 1이 나온다.
2) $Y = A \oplus B \oplus C$ 인 배타적 논리기호이다. 배타적 논리기호는 A, B, C의 입력값 1이 홀수일 때 출력값이 1이 나온다. 따라서 각각의 입력값이 1일 때와 A, B, C 모두 1일 때 출력값이 1이 나온다.

48 다음 회로에서 스위치 PB_2를 ON시키면 램프가 점등된다. 스위치 PB_1를 OFF하여도 램프가 계속 점등상태가 되기 위해서는 어떤 회로를 어느 위치에 연결해야 하는가?

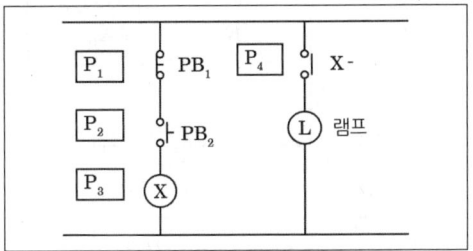

① 자기유지회로를 P_1 위치에 연결한다.
② 자기유지회로를 P_2 위치에 연결한다.
③ 인터록회로를 P_3 위치에 연결한다.
④ 인터록회로를 P_4 위치에 연결한다.

해설 | 자기유지회로

1) 자기유지회로는 푸쉬버튼을 한번 누른 후 지속적으로 동작 상태를 유지하기 위해 푸쉬버튼 옆에 병렬로 a접점을 연결하면 된다.
2) 따라서 자기유지접점을 P_2에 연결하면 된다.

49 다음 R-L 직렬회로에서 전압의 위상을 0°로 할 때 회로의 전류(I) 및 전류 위상 (θ)을 올바르게 나열한 것은?

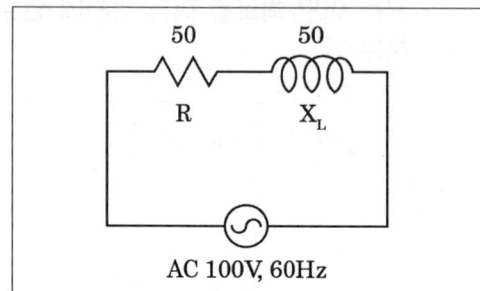

① I = 1.5 A, θ = -30°
② I = 1.4 A, θ = -45°
③ I = 1.3 A, θ = -60°
④ I = 1.2 A, θ = -90°

해설 | R-L 직렬회로
1) 임피던스 $Z = \sqrt{50^2 + 50^2} = 70.71$
2) 전류 $I = \dfrac{V}{Z} = \dfrac{100}{70.71} = 1.414\,A$
3) 위상 $\theta = \tan^{-1}\dfrac{X_L}{R} = \tan^{-1}\dfrac{50}{50} = 45°$

50 전압 계측기의 측정범위를 확장하여 더 높은 전압을 측정하기 위한 방법으로 옳은 것은?

① 분류기를 계측기와 병렬로 연결하여 부하에 직렬로 연결한다.
② 분류기를 계측기와 직렬로 연결하여 부하에 병렬로 연결한다.
③ 배율기를 계측기와 병렬로 연결하여 부하에 직렬로 연결한다.
④ 배율기를 계측기와 직렬로 연결하여 부하에 병렬로 연결한다.

해설 | 분류기와 배율기
1) 분류기 : 전류의 측정범위를 확대하기 위해 병렬로 연결한다.
2) 배율기 : 전압의 측정범위를 확대하기 위해 직렬로 연결한다.

정답 49 ② 50 ④

20회 제3과목 소방관련법령

목표 점수 : _____   맞은 개수 : _____

51 소방대상물에 화재가 발생한 경우 정당한 사유 없이 소방대가 현장에 도착할 때까지 사람을 구출하는 조치를 하지 않은 관계인에게 처할 수 있는 벌칙으로 옳은 것은?

① 100만 원 이하의 벌금
② 200만 원 이하의 벌금
③ 300만 원 이하의 벌금
④ 400만 원 이하의 벌금

해설 | 소방기본법 벌금 100만 원 기준

징역 (이하)	벌금 (또는 이하)	위반행위
-	100만 원	1. 소방대의 생활안전활동을 방해한 자 2. 정당한 사유 없이 소방대가 도착할 때까지 사람을 구출하는 조치 또는 불을 끄거나 번지지 아니하도록 하는 조치를 하지 아니한 사람 3. 피난 명령을 위반한 사람 4. 정당한 사유 없이 물의 사용, 수도의 개폐장치의 사용, 조작을 하지 못하게 하거나 방해한 자 5. 화재 발생을 막거나 폭발 등으로 화재가 확대되는 것을 막기 위하여 가스·전기 또는 유류 등의 시설에 대하여 위험물질의 공급을 차단하는 등의 필요한 조치를 정당한 사유 없이 방해한 자

52 소방본부 화재조사전담부서에 갖추어야 할 장비 및 시설 중 감식·감정용 기기에 속하지 않는 것은?

① 클램프미터
② 검전기
③ 슈미트해머
④ 거리측정기

해설 | 화재조사 전담부서 필요장비, 시설

1) 소방본부(거점소방서 포함)
   [소방기본법 시행규칙 별표 6]
   발굴용구(공구, 드릴 등), 기록용기(16종), 감식·감정용기기(16종), 조명기기, 안전장비 등
   (1) 감식·감정용 기기 : 절연저항계, 멀티테스터기, 클램프미터, 정전기측정장치, 누설전류계, 검전기, 복합가스측정기, 가스(유증)검지기, 확대경, 실체현미경, 적외선열상카메라, 접지저항계, 휴대용디지털현미경, 탄화심도계, 슈미트해머, 내시경카메라
   ※ 화재조사 : 22.06.09 소방기본법 삭제됨

정답 51 ① 52 ②

53 소방기본법령상 소방대장이 화재 현장에 소방활동구역을 정하여 출입을 제한하는 경우 소방활동에 필요한 사람으로서 그 구역에 출입이 가능하지 않은 자는?

① 소방활동구역 안에 있는 소방대상물의 소유자
② 전기업무에 종사하는 사람으로서 원활한 소방활동을 위하여 필요한 사람
③ 구조·구급업무에 종사하는 사람
④ 시·도지사가 소방활동을 위하여 출입을 허가한 사람

해설 | 소방활동 구역의 설정과 소방활동구역 출입자
1) 설정권자 : <u>소방대장</u>
2) <u>소방활동구역 출입자</u>
　(1) 소방대상물의 소유자·관리자·점유자
　(2) 소방활동을 위해 필요한 사람(전기·가스·수도·통신·교통업무 종사자)
　(3) 의사·간호사·구조·구급업무 종사자
　(4) 취재인력 등 보도업무 종사자
　(5) 수사업무에 종사자
　(6) <u>소방대장이 소방활동을 위해 출입을 허가한 사람</u>
3) 경찰공무원은 소방대가 없거나 소방대장 요청 시 출입제한 조치를 할 수 있다.

54 소방기본법령상 소방본부의 종합상황실 실장이 소방청의 종합상황실에 보고하여야 하는 화재가 아닌 것은?

① 사상자가 10인 이상 발생한 화재
② 재산피해액이 30억 원 이상 발생한 화재
③ 연면적 15,000 m^2 이상인 공장에서 발생한 화재
④ 항구에 매어 둔 총 톤수가 1천 톤 이상인 선박에서 발생한 화재

해설 | 종합상황실 실장의 보고대상
1) 사망자가 5인, 사상자가 10인 이상 화재
2) 이재민이 100인 이상 화재
3) <u>재산피해 50억 원 이상 화재</u>
4) 관공서·학교·정부미도정공장·문화재·지하철, 지하구 화재
5) 관광호텔, 11층 이상 건축물, 지하상가, 시장, 백화점, 제조소·저장소·취급소(3,000배 이상)
6) 숙박시설(5층 또는 30실 이상), 종합·정신·한방병원, 요양소(병상 30개 이상)
7) 공장(연 15,000 m^2 이상), 화재예방강화지구
8) 철도차량, 선박(항구에 매어 둔 1,000 ton 이상), 항공기, 발전소, 변전소
9) 가스화약류 폭발에 의한 화재
10) 다중이용업소의 화재
11) 통제단장의 현장지휘가 필요한 재난상황
12) 언론에 보도된 재난상황

정답 53 ④ 54 ②

55 소방시설공사업령상 200만 원 이하의 과태료 부과대상이 아닌 경우는?

① 소방기술자를 공사현장에 배치하지 아니한 자
② 감리 관계 서류를 인수·인계하지 아니한 자
③ 방염성능기준 미만으로 방염을 한 자
④ 감리업자의 보완 요구에 따르지 아니한 자

해설 | 소방시설공사업령상 200만 원 이하의 과태료

과태료 금액 (만 원/위반횟수)			위반행위
1차	2차	3차	
200			1. 하자보수기간에 관계서류 보관하지 않은 공사업자 2. 소방기술자 공사현장에 배치하지 않은 공사업자 3. 완공검사 받지 않은 공사업자 4. 감리 변경 시 감리 관계 서류를 인수·인계하지 않은 경우 5. 방염성능기준 미만으로 방염한 경우 6. 방염처리능력 평가 관련 서류를 거짓으로 제출한 경우 7. 도급(하도급)계약 체결 시 의무를 이행하지 않은 경우 8. 공사대금의 지급보증, 담보의 제공 또는 보험료 등의 지급을 정당한 사유 없이 이행하지 아니한 자 9. 시공능력평가 서류를 거짓으로 제출한 경우 10. 사업수행능력평가 서류를 위조·변조하여 거짓·부정한 방법으로 입찰에 참여한 자

④ 감리업자의 보완 요구에 따르지 아니한 자 : 300만 원 이하 벌금

56 소방시설공사업법령상 방염처리능력평가액 계산식으로 옳은 것은?

① 방염처리능력평가액 = 실적평가액 + 기술력평가액 + 연평균 방염처리실적액 ± 신인도평가액
② 방염처리능력평가액 = 실적평가액 + 자본금평가액 + 기술력평가액 ± 신인도평가액
③ 방염처리능력평가액 = 실적평가액 + 자본금평가액 + 기술력평가액 + 경력평가액 ± 신인도평가액
④ 방염처리능력평가액 = 실적평가액 + 자본금평가액 + 연평균 방염처리실적액 ± 신인도평가액

해설 | 소방시설공사업법령상 방염처리능력평가액 계산식

※ 방염처리능력평가액 = 실적평가액 + 자본금평가액 + 기술력평가액 + 경력평가액 ± 신인도평가액

실적평가액	연평균공사 실적액
자본금평가액	(실질자본금 × 실질자본금 평점 + 출자·예치·담보 금액) × 70/100
기술평가액	전년도 업계 1인 평균생산액 × 보유기술인력 가중치 × 30/100 + 전년 기술개발투자액
경력평가액	실적평가액 × 공사업 경영기간 평점 × 20/100
신인도평가액	(실적평가액 + 자본금평가액 + 기술력평가액 + 경력평가액) × 신인도 반영비율 합계

정답 55 ④ 56 ③

57 소방시설공사업법령상 소방시설업 등록취소와 영업정지 등에 관한 설명으로 옳지 않은 것은?

① 거짓으로 등록한 경우에는 6개월 이내의 기간을 정하여 시정이나 그 영업의 정지를 명할 수 있다.
② 등록을 한 후 정당한 사유 없이 1년이 지날 때까지 영업을 시작하지 아니한 때에는 등록을 취소할 수 있다.
③ 소방시설업자가 영업정지 기간 중에 소방시설공사 등을 한 경우에는 그 등록을 취소하여야 한다.
④ 다른 자에게 등록증을 빌려준 경우에는 6개월 이내의 기간을 정하여 그 영업의 정지를 명할 수 있다.

해설 | 소방시설업 등록취소와 영업정지 사항
거짓이나 부정한 방법을 이용하여 등록한 경우에는 시정명령 없이 바로 등록취소가 된다.

위반사항	행정처분 기준		
	1차	2차	3차
1. 거짓이나 부정한 방법으로 등록	등록 취소	-	-
2. 등록 결격사유(피성년후견인, 집행2년 등)			
3. 영업정지기간에 소방시설공사 등을 한 경우			
4. 등록증 또는 등록수첩 빌려준 경우	영업 정지 6개월	등록 취소	-
5. 업무 중 고의·과실로 상해를 입힌 경우			
6. 시공과 감리를 함께 한 경우	영업 정지 3개월	등록 취소	-
7. 등록 후 1년 이내 개시하지 않거나 1년 이상 휴업	경고 (시정명령)	등록 취소	-
8. 방염 성능기준 위반	영업 정지 3개월	영업 정지 6개월	등록 취소
9. 하도급 기준 위반			
10. 사업수행능력 평가서류 위조·변조·부정입찰			
11. 현장감독 시 자료 미제출 및 거짓보고			
12. 공무원 출입·검사·조사를 거부·방해·기피			

58 화재의 예방 및 안전관리에 관한 법령상 중앙화재안전조사단의 편성·운영에 관한 설명으로 옳은 것을 모두 고른 것은?

ㄱ. 중앙화재안전조사단은 단장을 포함하여 21명 이내의 단원으로 성별을 고려하여 구성한다.
ㄴ. 소방관서장은 소방공무원을 조사단의 단원으로 위촉할 수 있다.
ㄷ. 단장은 단원 중에서 소방관서장이 임명 또는 위촉한다.

① ㄱ
② ㄱ, ㄷ
③ ㄴ, ㄷ
④ ㄱ, ㄴ, ㄷ

해설 | 중앙화재안전조사단의 편성·운영
〈제정 2022.12.1.〉
1) 중앙화재안전조사단 및 지방화재안전조사단(이하 "조사단"이라 한다)은 각각 단장을 포함하여 50명 이내의 단원으로 성별을 고려하여 구성한다.

2) 조사단의 단원은 다음 각 호의 어느 하나에 해당하는 사람 중에서 소방관서장이 임명하거나 위촉하고, 단장은 단원 중에서 소방관서장이 임명하거나 위촉한다.
   (1) 소방공무원
   (2) 소방업무와 관련된 단체 또는 연구기관 등의 임직원
   (3) 소방 관련 분야에서 전문적인 지식이나 경험이 풍부한 사람

59 소방시설설치 및 관리에 관한 법령상 건축허가 등을 할 때 미리 소방본부장 또는 소방서장의 동의를 받아야 하는 건축물은?

① 층수가 5층인 건축물
② 주차장으로 사용되는 바닥면적이 200 m²인 층이 있는 주차시설
③ 승강기 등 기계장치에 의한 주차시설로서 자동차 15대를 주차할 수 있는 시설
④ 연면적이 150 m²인 장애인 의료재활시설

해설 | 건축허가등의 동의대상물

1) 연면적 400 m² 이상의 건축물이나 시설 - 다만 다음 건축물은 예외
   (1) 학교시설 : 100 m² 이상
   (2) 노유자(老幼者) 시설 및 수련시설 : 200 m² 이상
   (3) 정신의료기관(입원실이 없는 정신건강의학과 의원은 제외)·장애인의료재활시설 : 300 m² 이상
2) 지하층 또는 무창층이 있는 건축물로서 바닥면적이 150 m²(공연장 100 m²) 이상인 층이 있는 것
3) 차고·주차장·주차용도로 사용되는 시설로서 어느 하나에 해당하는 것
   (1) 차고·주차장으로 사용되는 바닥면적이 200 m² 이상인 층이 있는 건축물·주차시설
   (2) 승강기 등 기계장치에 의한 주차시설로서 자동차 20대 이상 주차 시설
4) 층수가 6층 이상인 건축물
5) 항공기격납고, 관망탑, 항공관제탑, 방송용 송수신탑
6) 공동주택, 의원(입원실 또는 인공신장실이 있는 것으로 한정한다), 숙박시설, 조산원, 산후조리원, 위험물 저장 및 처리시설, 발전시설 중 풍력발전소·전기저장시설, 지하구 〈개정 2024.12.31.〉 개정
7) 1)호에 해당하지 않는 노유자시설 중 다음 어느 하나에 해당하는 시설
   다만 아래 밑줄 친 부분의 시설 중 단독주택 또는 공동주택에 설치되는 시설은 제외
   (1) 노인 관련 시설 중 다음에 해당하는 시설
      ① 노인주거복지시설·노인의료복지시설·재가노인복지시설
      ② 학대피해노인 전용쉼터
   (2) 아동복지시설(아동상담소·아동전용시설·지역아동센터는 제외)
   (3) 장애인거주시설
   (4) 정신질환자 관련 시설
   (5) 노숙인 관련 시설 중 노숙인자활시설·노숙인재활시설·노숙인요양시설
   (6) 결핵환자나 한센인이 24시간 생활하는 노유자시설
8) 요양병원(의료재활시설 제외)
9) 공장 또는 창고시설로서 지정 수량의 750배 이상의 특수가연물을 저장·취급하는 것
10) 가스시설로서 지상에 노출된 탱크의 저장용량의 합계가 100톤 이상인 것

정답 59 ②

60 소방시설설치 및 관리에 관한 법령상 소방시설관리사 시험에 응시할 수 없는 사람은?

① 건축사
② 소방설비산업기사 자격을 취득한 후 3년의 소방실무경력이 있는 사람
③ 소방공무원으로 3년 근무한 경력이 있는 사람
④ 소방안전 관련 학과의 학사학위를 취득한 후 3년의 소방실무경력이 있는 사람

해설 | 소방시설관리사시험의 응시자격
1) 소방기술사·위험물기능장·건축사·건축기계설비기술사·건축전기설비기술사 또는 공조냉동기계기술사
2) 소방설비기사 자격을 취득한 후 2년 이상 소방실무경력이 있는 사람
3) 소방설비산업기사 자격을 취득한 후 3년 이상 소방실무경력이 있는 사람
4) 이공계 분야를 전공한 사람으로서 다음 각 목의 어느 하나에 해당하는 사람
   (1) 이공계 분야의 박사학위를 취득한 사람
   (2) 이공계 분야의 석사학위를 취득한 후 2년 이상 소방실무경력이 있는 사람
   (3) 이공계 분야의 학사학위를 취득한 후 3년 이상 소방실무경력이 있는 사람
5) 소방안전공학(소방방재공학, 안전공학을 포함한다) 분야를 전공한 사람
   (1) 해당 분야의 석사학위 이상을 취득한 사람
   (2) 2년 이상 소방실무경력이 있는 사람
6) 위험물산업기사 또는 위험물기능사 자격을 취득한 후 3년 이상 소방실무경력이 있는 사람
7) 소방공무원으로 5년 이상 근무한 경력이 있는 사람
8) 소방안전 관련 학과의 학사학위를 취득한 후 3년 이상 소방실무경력이 있는 사람
9) 산업안전기사 자격을 취득한 후 3년 이상 소방실무경력이 있는 사람
10) 다음 각 목의 어느 하나에 해당하는 사람
   (1) 특급 소방안전관리대상물의 소방안전관리자로 2년 이상 근무한 실무경력이 있는 사람
   (2) 1급 소방안전관리대상물의 소방안전관리자로 3년 이상 근무한 실무경력이 있는 사람
   (3) 2급 소방안전관리대상물의 소방안전관리자로 5년 이상 근무한 실무경력이 있는 사람
   (4) 3급 소방안전관리대상물의 소방안전관리자로 7년 이상 근무한 실무경력이 있는 사람
   (5) 10년 이상 소방실무경력이 있는 사람

▶ 소방시설관리사시험의 응시자격
〈시행 2027.01.01〉
1. 소방기술사·건축사·건축기계설비기술사·건축전기설비기술사 또는 공조냉동기계기술사
2. 위험물기능장
3. 소방설비기사
4. 「국가과학기술 경쟁력 강화를 위한 이공계지원 특별법」 제2조제1호에 따른 이공계 분야의 박사학위를 취득한 사람
5. 소방청장이 정하여 고시하는 소방안전 관련 분야의 석사 이상의 학위를 취득한 사람
6. 소방설비산업기사 또는 소방공무원 등 소방청장이 정하여 고시하는 사람 중 소방에 관한 실무경력(자격 취득 후의 실무경력으로 한정한다)이 3년 이상인 사람

정답 60 ③

61 소방시설설치 및 관리에 관한 법령상 벌칙에 관한 설명으로 옳지 않은 것은?

① 소방시설관리업의 등록을 하지 아니하고 영업을 한 자는 2년 이하의 징역 또는 2천만 원 이하의 벌금에 처한다.
② 특정소방대상물의 관계인이 소방시설을 유지·관리할 때 소방시설의 기능과 성능에 지장을 줄 수 있는 폐쇄·차단 등의 행위를 한 경우 5년 이하의 징역 또는 5천만 원 이하의 벌금에 처한다.
③ 특정소방대상물의 관계인이 소방시설을 유지·관리할 때 소방시설의 기능과 성능에 지장을 줄 수 있는 폐쇄·차단 등의 행위를 하여 사람을 상해에 이르게 한 때에는 7년 이하의 징역 또는 7천만 원 이하의 벌금에 처한다.
④ 특정소방대상물의 관계인이 소방시설을 유지·관리할 때 소방시설의 기능과 성능에 지장을 줄 수 있는 폐쇄·차단 등의 행위를 하여 사람을 사망에 이르게 한 때에는 10년 이하의 징역 또는 1억 원 이하의 벌금에 처한다.

해설 | 소방시설법 벌칙기준

소방시설관리업의 등록을 하지 아니하고 영업을 한 자는 3년 이하의 징역 또는 3천만 원 벌금에 처한다.

징역 (이하)	벌금 (또는, 이하)	위반행위
5년	5,000만 원	소방시설 폐쇄·차단(기능·성능에 지장이 있는 경우)행위자
7년	7,000만 원	소방시설 폐쇄·차단으로 사람이 상해 시
10년	1억 원	소방시설 폐쇄·차단으로 사람이 사망 시

징역 (이하)	벌금 (또는, 이하)	위반행위
3년	3,000만 원	1. 조치명령 위반사항에 대한 명령을 정당한 사유 없이 위반 2. 관리업 등록을 하지 않고 영업을 한 자 3. 소방용품 형식승인 없이 제조·수입한 자 4. 제품검사를 받지 아니한 자 5. 형식승인을 받지 않거나 변경하여 소방용품을 판매·진열·공사에 사용한 자 6. 제품검사 받지 않거나 합격표시 없이 소방용품을 판매·진열·공사에 사용한 자 7. 거짓, 그 밖에 부정한 방법으로 전문기관 지정 받은 자

62 소방시설설치 및 관리에 관한 법령상 특정소방대상물의 관계인이 특정소방대상물의 규모·용도 및 수용인원 등을 고려하여 갖추어야 하는 소방시설에 관한 설명으로 옳은 것은? (법령 개정으로 문제 수정)

① 아파트 등 및 16층 이상 오피스텔의 모든 층에는 주거용 주방자동소화장치를 설치하여야 한다.
② 창고시설(물류터미널은 제외한다)로서 바닥면적 합계가 5천 m^2 이상인 경우에는 모든 층에 스프링클러설비를 설치하여야 한다.
③ 기계장치에 의한 주차시설을 이용하여 15대 이상의 차량을 주차할 수 있는 것은 물분무등소화설비를 설치하여야 한다.
④ 숙박시설로서 연면적 500 m^2 이상인 것은 자동화재탐지설비를 실시하여야 한다.

정답 61 ① 62 ②

해설 | 특정소방대상물의 규모·용도 및 수용인원 등을 고려하여 갖추어야 하는 소방시설
1) 주거용 주방자동소화장치 : 아파트 등 및 오피스텔의 모든 층
2) 스프링클러 설비(창고시설 중 물류터미널 제외) : 바닥면적 합계 5천 m² 이상 전 층
3) 물분무등소화설비 : 기계장치에 의한 주차시설 20대 이상 차량 주차
4) 자동화재탐지설비 : 공동주택 중 아파트 등·기숙사 및 숙박시설의 경우에는 모든 층

63 소방시설설치 및 관리에 관한 법령상 소방용품의 품질관리 등에 관한 설명으로 옳지 않은 것은?

① 연구개발 목적으로 제조하거나 수입하는 소방용품은 소방청장의 형식승인을 받아야 한다.
② 누구든지 형식승인을 받지 아니한 소방용품을 판매하거나 판매 목적으로 진열하거나 소방시설공사에 사용할 수 없다.
③ 소방청장은 제조사 또는 수입자 등의 요청이 있는 경우 소방용품에 대하여 성능인증을 할 수 있다.
④ 소방청장은 소방용품의 품질관리를 위하여 필요하다고 인정할 때에는 유통 중인 소방용품을 수집하여 검사할 수 있다.

해설 | 소방용품의 품질관리
1) 용어의 정의
  (1) 형식승인 : 소방용품과 소방장비가 의무적으로 받아야 하는 검정기준
  (2) 성능인증 : 형식승인 이외, 제조자의 신청에 의해서 받는 검정기준
  (3) 제품검사 : 형식승인·성능인증, 제조자가 양산 시 받는 검정기준
2) 소방용품을 제조하거나 수입하려는 자는 소방청장의 형식승인을 받아야 한다. 다만 연구개발 목적으로 제조하거나 수입하는 소방용품은 그러하지 아니하다.
3) 형식승인을 받으려는 자는 행정안전부령으로 정하는 기준에 따라 형식승인을 위한 시험시설을 갖추고 소방청장의 심사를 받아야 한다.
4) 형식승인을 받은 자는 그 소방용품에 대하여 소방청장이 실시하는 제품검사를 받아야 한다.
5) 형식승인의 방법·절차 등과 제3항에 따른 제품검사의 구분·방법·순서·합격표시 등에 관한 사항은 행정안전부령으로 정한다.
6) 소방용품의 형상·구조·재질·성분·성능 등(이하 "형상 등"이라 한다)의 형식승인 및 제품검사의 기술기준 등에 관한 사항은 소방청장이 정하여 고시한다.
7) 소방용품을 판매·진열(판매목적)·소방시설공사에 사용할 수 없는 경우
  (1) 형식승인을 받지 않는 것
  (2) 형상 등을 임의로 변경한 것
  (3) 제품검사 안 받은 것, 합격표시 안 한 것

64 소방시설설치 및 관리에 관한 법령상 특정소방대상물에 설치 또는 부착하는 방염대상물품의 방염성능기준으로 옳지 않은 것은? (단, 고시는 제외한다)

① 버너의 불꽃을 제거한 때부터 불꽃을 올리며 연소하는 상태가 그칠 때까지 시간은 20초 이내일 것
② 버너의 불꽃을 제거한 때부터 불꽃을 올리지 아니하고 연소하는 상태가 그칠 때까지 시간은 30초 이내일 것
③ 탄화한 면적은 50 cm² 이내, 탄화한 길이는 30 cm 이내일 것
④ 불꽃에 의하여 완전히 녹을 때까지 불꽃의 접촉 횟수는 3회 이상일 것

해설 | 방염성능기준

잔염시간	버너 불꽃 제거한 때부터 불꽃 올리며 연소 그칠 때까지 시간	20초 이내
잔신시간	버너 불꽃 제거한 때부터 불꽃 올리지 않고 연소 그칠 때까지 시간	30초 이내
탄화면적	불꽃에 의해 탄화된 면적	50 cm² 이내
탄화길이	불꽃에 의해 탄화된 길이	20 cm 이내
불꽃접촉 횟수	불꽃에 의해 녹을 때까지 불꽃의 접촉횟수	3회 이상
최대연기 밀도	발연량 측정으로 최대연기밀도	400 이하

65 화재의 예방 및 안전관리에 관한 법령상 소방안전관리자를 선임하여야 하는 2급 소방안전관리대상물이 아닌 것은? (단, 공공기관의 소방안전관리에 관한 규정을 적용받는 특정소방대상물은 제외한다)

① 가연성가스를 1천 톤 이상 저장·취급하는 시설
② 지하구
③ 국보로 지정된 목조건축물
④ 가스 제조설비를 갖추고 도시가스사업의 허가를 받아야 하는 시설

해설 | 2급 소방안전관리대상물의 종류

선임 대상 물	1) 옥내소화전, 스프링클러, 물분무등소화설비 설치대상[호스릴 방식 물분무등소화설비만을 설치한 경우 제외] 2) 가스 제조설비를 갖추고 도시가스사업의 허가를 받아야 하는 시설 또는 가연성가스 100톤 이상 1천톤 미만 저장·취급 시설 3) 지하구 4) 공동주택 (옥내소화전설비, 스프링클러설비 설치된 경우만 해당) 5) 보물 또는 국보로 지정된 목조건축물
선임 자격	1) 위험물기능장·위험물산업기사 또는 위험물기능사 2) 소방공무원으로 3년 이상 3) 2급 소방안전관리 시험 합격자 4) 「기업활동 규제완화에 관한 특별조치법」에 따라 소방안전관리자로 선임된 사람

정답 64 ③ 65 ①

66 소방시설설치 및 관리에 관한 법령상 소방시설 등의 자체점검 시 점검인력 배치기준 중 작동점검에서 점검인력 1단위가 하루 동안 점검할 수 있는 특정소방대상물의 연면적(점검한도 면적) 기준은?
(법령 개정으로 지문 수정)

① 5,000 ㎡
② 8,000 ㎡
③ 10,000 ㎡
④ 12,000 ㎡

해설 | 자체점검 시 점검인력 배치기준 〈시행 2024.12.1.〉

용도	구분	종합점검	작동점검
일반건축물	점검 한도면적	8,000 ㎡	10,000 ㎡
	보조인력 1명 추가 (하루에 2개 이상 점검할 경우 투입된 점검인력에 따른 점검한도면적의 평균값)	2,000 ㎡	2,500 ㎡
아파트 등	점검 한도 세대수	250세대	
	보조인력 1명 추가	60세대	

67 소방시설설치 및 관리에 관한 법령상 제품검사 전문기관의 지정 등에 관한 설명으로 옳지 않은 것은?

① 소방청장은 제품검사 전문기관이 거짓으로 지정을 받은 경우 6개월 이내의 기간을 정하여 그 업무의 정지를 명할 수 있다.
② 소방청장은 제품검사 전문기관이 정당한 사유 없이 1년 이상 계속하여 제품검사 등 지정받은 업무를 수행하지 아니한 경우 그 지정을 취소할 수 있다.
③ 소방청장 또는 시·도지사는 전문기관의 지정취소 및 업무정지 처분을 하려면 청문을 하여야 한다.
④ 전문기관은 제품검사 실시 현황을 소방청장에게 보고하여야 한다.

해설 | 제품검사 전문기관의 지정
소방청장은 전문기관이 다음 각 호의 어느 하나에 해당할 때에는 그 지정을 취소하거나 6개월 이내의 기간을 정하여 그 업무의 정지를 명할 수 있다. 다만 제1호에 해당할 때에는 그 지정을 취소하여야 한다.
1) 거짓이나 그 밖의 부정한 방법으로 지정을 받은 경우
2) 정당한 사유 없이 1년 이상 계속하여 제품검사 또는 실무교육 등 지정받은 업무를 수행하지 아니한 경우
3) 검사기관으로서의 요건을 갖추지 못하거나 검사인력 및 검사설비를 갖추고 있지 않는 경우
4) 감독 결과 이 법이나 다른 법령을 위반하여 전문기관으로서의 업무를 수행하는 것이 부적당하다고 인정되는 경우

정답 66 ③ 67 ①

68 위험물안전관리법령상 자체소방대의 설치 의무가 있는 제4류 위험물을 취급하는 일반취급소는? (단, 지정수량은 3천 배 이상이다)

① 용기에 위험물을 옮겨 담는 일반취급소
② 보일러 그 밖에 이와 유사한 장치로 위험물을 소비하는 일반취급소
③ 이동저장탱크 그 밖에 이와 유사한 것에 위험물을 주입하는 일반취급소
④ 세정을 위하여 위험물을 취급하는 일반취급소

해설 | 자체소방대 설치 의무기준 및 설치 제외대상인 일반취급소 기준

※ 자체소방대를 두어야 하는 대상
(1) 지정수량의 3,000배 이상의 제4류 위험물을 취급하는 제조소, 일반취급소
(2) 다만 보일러로 위험물을 소비하는 일반취급소 등 행정안전부령이 정하는 일반취급소를 제외한다.
① 보일러, 버너 그 밖에 이와 유사한 장치로 위험물을 소비하는 일반취급소
② 이동저장탱크 그 밖에 이와 유사한 것에 위험물을 주입하는 일반취급소
③ 용기에 위험물을 옮겨 담는 일반취급소
④ 유압장치, 윤활유순환장치 그 밖에 이와 유사한 장치로 위험물을 취급하는 일반취급소
⑤ 광산보안법의 적용을 받는 일반취급소

69 위험물안전관리법령상 1인의 안전관리자를 중복하여 선임할 수 있는 저장소에 해당하지 않는 것은? (단, 저장소는 동일구내에 있고 동일인이 설치한다)

① 30개 이하의 옥내저장소
② 30개 이하의 옥외탱크저장소
③ 10개 이하의 옥외저장소
④ 10개 이하의 암반탱크저장소

해설 | 1인의 안전관리자를 중복하여 선임할 수 있는 경우 등
① 옥내저장소는 10개 이하인 경우에 안전관리자를 중복하여 선임할 수 있다.

대상물과 대상물		조건
7개 이하의 일반취급소(보일러·버너 등 위험물을 소비하는 장치)	저장소	• 동일구역 내에 있는 경우 • 동일인이 설치
5개 이하의 일반취급소(옮겨 담기 위한 취급소)	저장소	• 일반취급소 간 보행거리 300 m 이내 • 동일인이 설치

저장소	저장소	• 동일구역 내에 있거나 상호 100m 이내
		• 동일인이 설치
		• 저장소 개수 조건
		  - 옥내, 옥외, 암반탱크 : 10개 이하
		  - 옥외탱크 : 30개 이하
		  - 옥내탱크, 지하탱크, 간이탱크 : 제한 없음

5개 이하의 제조소등		• 동일구역 내에 있거나 상호 100 m 이내 • 동일인 설치 • 최대수량이 지정수량의 3천 배 미만일 것 (저장소 제외)

정답 68 ④ 69 ①

70 위험물안전관리법령상 시·도지사가 한국소방산업기술원에 위탁하는 업무에 해당하지 않는 것은?

① 암반탱크안전성능검사
② 암반탱크저장소의 변경에 따른 완공검사
③ 암반탱크저장소의 설치에 따른 완공검사
④ 용량이 50만 리터 이상인 액체위험물을 저장하는 탱크안전성능검사

해설 | 시·도지사가 한국소방산업기술원에 위탁하는 업무(위험물 안전관리법 시행령 제22조)

(1) 탱크성능검사 중 다음에 해당하는 것
   ① 용량이 100만 L 이상인 액체위험물을 저장하는 탱크
   ② 암반탱크
   ③ 지하탱크저장소의 위험물탱크 중 이중벽탱크
(2) 완공검사 중 다음에 해당하는 것
   ① 지정수량의 1천 배 이상의 위험물을 취급하는 제조소·일반취급소의 설치 또는 변경(사용 중인 제조소 또는 일반취급소의 보수 또는 부분적인 증설 제외)에 따른 완공검사
   〈개정 2024.4.30.〉 **개정**
   ② 옥외탱크저장소(저장용량이 50만 L 이상인 것만 해당)·암반탱크저장소의 설치 또는 변경에 따른 완공검사
(3) 운반용기 검사

71 다음은 위험물안전관리법령상 주유취급소 피난설비의 기준에 관한 내용이다. ( )에 들어갈 내용이 옳은 것은?

> 법 제5조 제4항의 규정에 의하여 주유취급소 중 건축물의 (ㄱ)층 이상의 부분을 점포·(ㄴ)음식점 또는 전시장의 용도로 사용하는 것과 (ㄷ)주유취급소에는 피난설비를 설치하여야 한다.

① ㄱ : 2, ㄴ : 일반, ㄷ : 철도
② ㄱ : 2, ㄴ : 휴게, ㄷ : 옥내
③ ㄱ : 3, ㄴ : 일반, ㄷ : 철도
④ ㄱ : 3, ㄴ : 휴게, ㄷ : 옥내

해설 | 주유취급소에 설치하는 피난설비기준(위험물안전관리법 시행규칙 별표 17)

1) 주유취급소 중 건축물의 2층 이상의 부분을 점포·휴게음식점 또는 전시장의 용도로 사용하는 것에 있어서는 당해 건축물의 2층 이상으로부터 주유취급소의 부지 밖으로 통하는 출입구와 당해 출입구로 통하는 통로·계단 및 출입구에 유도등을 설치하여야 한다.
2) 옥내주유취급소에 있어서는 당해 사무소 등의 출입구 및 피난구와 당해 피난구로 통하는 통로·계단 및 출입구에 유도등을 설치하여야 한다.
3) 유도등에는 비상전원을 설치하여야 한다.

72 다중이용업소의 안전관리에 관한 특별법령상 보험회사가 화재배상책임보험의 보험금 청구를 받은 경우 지급할 보험금을 결정한 후 피해자에게 며칠 이내에 보험금을 지급하여야 하는가?

① 7일
② 10일
③ 14일
④ 30일

해설 | 보험금의 지급
1) 보험회사는 화재배상책임보험의 보험금 청구를 받은 때에는 지체 없이 지급할 보험금을 결정
2) 보험금 결정 후 <u>14일 이내에 피해자에게 보험금을 지급하여야 한다.</u>

73 다중이용업소의 안전관리에 관한 특별법령상 화재위험평가대행자가 등록사항을 변경할 때 소방청장에게 등록하여야 하는 중요사항이 아닌 것은?

① 사무소의 소재지
② 등록번호
③ 평가대행자의 명칭이나 상호
④ 기술인력의 보유현황

해설 | 화재위험평가 대행자의 등록사항 변경신청 중 중요사항 목록
1) 대표자
2) 사무소의 소재지
3) 평가대행자의 명칭이나 상호
4) 기술인력의 보유현황

74 다중이용업소의 안전관리에 관한 특별법령상 소방안전교육 강사의 자격요건으로 옳은 것은?

① 소방 관련학의 학사학위 이상을 가진 자
② 대학에서 소방안전 관련 학과를 졸업하고 소방 관련 기관에서 3년 이상 강의경력이 있는 자
③ 소방설비기사 자격을 소지한 소방장 이상의 소방공무원
④ 소방설비기사 및 위험물기능사 자격을 소지한 자로서 소방 관련 기관에서 3년 이상 강의경력이 있는 자

해설 | 소방안전교육 강사의 자격요건(다중이용업소의 안전관리에 관한 특별법 시행규칙 별표 1)
1) 강사의 자격요건
   (1) 소방 관련학의 <u>석사학위 이상을 가진 자</u>
   (2) 전문대학에서 소방안전 관련 학과 전임강사 이상으로 재직한 자
   (3) 소방기술사, 위험물기능장, 소방시설관리사, 소방안전교육사 자격을 소지한 자
   (4) <u>소방설비기사 및 위험물산업기사 자격을 소지한 자로서 2년 이상 강의 경력</u>
   (5) 소방설비산업기사 및 위험물기능사 자격을 소지한 자로서 5년 이상 강의 경력
   (6) <u>소방안전 관련 학과를 졸업하고 5년 이상 강의경력이 있는 자</u>
   (7) 10년 이상 실무경력이 있는 자로서 5년 이상 강의경력이 있는 자
   (8) 소방위 또는 지방소방위 이상의 소방공무원 또는 소방설비기사 자격을 소지한 소방장 또는 지방소방장 이상의 소방공무원
   (9) 응급구조사 자격을 소지한 소방공무원(응급처치 교육에 한한다)

정답 72 ③ 73 ② 74 ③

75 다중이용업소의 안전관리에 관한 특별법령상 다중이용업주의 안전시설 등에 대한 정기점검에 관한 설명으로 옳은 것은?

① 정기적으로 안전시설 등을 점검하고 그 점검결과서를 6개월간 보관하여야 한다.
② 다중이용업주는 정기점검을 소방시설관리업자에게 위탁할 수 있다.
③ 정기적인 안전점검은 매월 1회 이상 하여야 한다.
④ 해당 영업장의 다중이용업주는 정기점검을 직접 수행할 수 없다.

해설 | 다중이용업주의 안전시설 등의 정기점검
(1) 다중이용업주는 정기적으로 안전시설 등을 점검하여야 한다.
(2) 그 점검결과서를 작성하여 1년간 보관하여야 한다.
(3) 다중이용업주는 정기점검을 소방시설관리업자에게 위탁할 수 있다.
(4) 제1항에 따른 안전점검의 대상, 점검자의 자격, 점검주기, 점검방법, 그 밖에 필요한 사항은 행정안전부령으로 정한다.

안전점검의 대상	다중이용업소의 영업장에 설치된 안전시설 등
안전점검자의 자격	1) 다중이용업주 2) 다중이용업소가 위치한 특정소방대상물의 소방안전관리자(선임된 경우에 한함) 3) 종업원 중 소방안전관리자·소방기술사·소방설비(산업)기사 자격 취득한 자 4) 소방시설관리업자
점검주기	매 분기별 1회 이상 점검(연 4회). 단, 자체점검 실시한 그 분기는 생략 가능
점검방법	안전시설 등의 작동·유지·관리 상태를 점검한다.

정답 75 ②

20회 제4과목 위험물의 성상 및 시설기준

목표 점수 : _____ 맞은 개수 : _____

76 과염소산암모늄과 알루미늄 분말이 반응하여 폭발사고가 발생하였다. 이에 관한 설명으로 옳은 것은?

① 알루미늄은 급격히 환원되어 고온에서 염화알루미늄이 생성된다.
② 과염소산암모늄은 전자를 주는 물질을 발생하여 알루미늄 분말을 환원시키는 반응이다.
③ 산화성물질과 환원성물질의 반응으로 많은 가스 발생을 수반하는 폭발 반응이다.
④ 가연성 산화제와 알루미늄의 급격한 산화·환원 반응으로 압력이 발화원으로 작용한 것이다.

해설 | 과염소산암모늄과 알루미늄 분말

[과염소산암모늄(NH_4ClO_4)]
제1류 산화성고체의 과염소산염류, 무색결정, 불연성, 조연성

[알루미늄 분말]
제2류 가연성고체의 금속분, 환원제

[과염소산암모늄과 알루미늄 분말의 반응]
화학반응식 $3Al + 3NH_4ClO_4$
→ $Al_2O_3 + AlCl_3 + 3NO + 6H_2O$

① 알루미늄은 급격히 환원되어 고온에서 산화알루미늄이 생성된다.
② 과염소산암모늄은 전자를 주는 물질을 발생하여 알루미늄 분말을 산화시키는 반응이다.
③ 산화성물질과 환원성물질의 반응으로 많은 가스 발생을 수반하는 폭발 반응이다.
④ 가연성 산화제와 알루미늄의 급격한 산화·환원 반응으로 여러 가지 다른 가스와 엄청난 양의 열이 발화원으로 작용한 것이다.

77 위험물안전관리법령상 제2류 위험물 인화성고체로 분류되는 것은?

① 고형알코올   ② 마그네슘
③ 적린   ④ 황린

해설 | 인화성고체
"인화성고체"라 함은 고형알코올, 그 밖에 1기압에서 인화점이 섭씨 40도 미만인 고체를 말한다.

정답 76 ③ 77 ①

78 과산화칼륨이 다량의 물과 완전 반응하여 표준상태(0 ℃, 1기압)에서 112 m³의 산소가 발생하였다면 과산화칼륨의 반응량 [kg]은? (단, K_2O_2 1 mol의 분자량은 110 g이다)

① 11 ② 110
③ 1,100 ④ 11,000

해설 | 과산화칼륨의 반응량

① $PV = nRT$

$n = \dfrac{PV}{RV} = \dfrac{1 atm \times 112 m^3}{0.082 atm \cdot m^3/mol \cdot K \times 0 + 273K}$

≒ 5 mol

② $mol = \dfrac{112 m^3}{22.4 (m^3/mol)} = 5 mol$

③ 과산화칼륨의 반응식

$10K_2O_2 + 10H_2O \rightarrow 20KOH + 5O_2 \uparrow$

과산화칼륨 10 mol이 몰과 반응 시 산소 5 mol이 생성된다.

$mol = \dfrac{질량}{분자량/mol}$

→ $10 = \dfrac{과산화칼륨의\ 질량}{110\ kg/mol}$

따라서 과산화칼륨 10 mol은 1,110 kg에 해당한다.

79 위험물안전관리법령상 제3류 위험물의 성상에 관한 설명으로 옳지 않은 것은?

① 트라이에틸알루미늄은 상온상압에서 액체이다.
② 금수성물질은 물과 접촉하면 발화·폭발한다.
③ 트라이메틸알루미늄은 물보다 가볍다.
④ 알킬알루미늄은 물과 반응하여 산소를 발생한다.

해설 | 알킬알루미늄
물과 반응 시 메테인, 에테인 등의 가스 발생
- 주수소화 금지

$(CH_3)_3Al + 3H_2O \rightarrow Al(OH)_3 + 3CH_4 \uparrow$
$(C_2H_5)_3Al + 3H_2O \rightarrow Al(OH)_3 + 3C_2H_6 \uparrow$

80 마그네슘에 관한 설명으로 옳은 것을 모두 고른 것은?

ㄱ. 이산화탄소 소화약제를 사용할 수 없다.
ㄴ. $2Mg + O_2 \rightarrow 2MgO$는 발열반응이다.
ㄷ. 무기과산화물과 혼합한 것은 마찰·충격에 의하여 발화하지 않는다.
ㄹ. 강산과 반응하여 산소를 발생시킨다.

① ㄱ, ㄴ ② ㄱ, ㄷ
③ ㄴ, ㄷ ④ ㄴ, ㄹ

해설 | 마그네슘(Mg)
마그네슘 및 마그네슘을 함유한 것에 있어서는 다음 각 목에 해당하는 것은 제외한다.
- 2 mm의 체를 통과하지 아니하는 덩어리 상태의 것
- 직경 2 mm 이상의 막대모양의 것

1) 이산화탄소 소화약제를 사용할 수 없다.
$2Mg + CO_2 \rightarrow MgO + C$
2) 가열하면 연소하기 쉽고, 순간적으로 맹렬하게 폭발한다.
$2Mg + O_2 \rightarrow 2MgO + Q$
3) 무기과산화물과 혼합한 것은 마찰·충격에 의하여 분해하여 산소가 방출되며 발화한다.
$2MgO_2 \rightarrow 2MgO + O_2 \uparrow$
4) 강산과 반응하여 수소를 발생시킨다.
$Mg + 2HCl \rightarrow MgCl_2 + H_2 \uparrow$

5) 물과 반응하여 수소기체를 방출하며 발화한다.
  Mg + 2H$_2$O → Mg(OH)$_2$ + H$_2$ ↑
6) 고온에서 질소와 반응하면 질화마그네슘 생성한다.
  3Mg + N$_2$ → Mg$_3$N$_2$

81 질산암모늄에 관한 설명으로 옳지 않은 것은?

① 강환원제이다.
② 질소비료의 원료이다.
③ 화약, 폭약의 산소공급제이다.
④ 분해폭발하면 다량의 가스가 발생한다.

해설 | 질산암모늄(NH$_4$NO$_3$)
1) 제1류 산화성고체의 질산염류 강산화제
2) 고체 로켓 발사화약의 산화제, 비료, 산화질소, 제초제, 살충제, 동결제, 폭약, 성냥, 촉매제, 의약품, 실험용 시약으로 사용한다.
3) 유기물과 혼합, 가열하면 폭발한다.
  • 가열분해반응
    NH$_4$NO$_3$ → N$_2$O + 2H$_2$O
  • 분해폭발반응
    2NH$_4$NO$_3$ → 4H$_2$O + 2N$_2$ + O$_2$ ↑
4) ANFO폭약 : NH$_4$NO$_3$ 94 % + 경유 6 % 혼합 제조
5) 무색무취의 결정, 조해성, 흡수성
6) 물, 알코올에 녹음(흡열반응)

82 위험물안전관리법령상 옥외탱크저장소에서 보유공지를 단축할 수 있는 물분무설비 기준으로 옳은 것은?

① 탱크에 보강링이 설치된 경우에는 보강링이 인접한 바로 위에 분무헤드를 설치한다.
② 탱크표면에 방사하는 물의 양은 탱크의 원주길이 1 m에 대하여 분당 37 L 이상으로 한다.
③ 수원의 양은 15분 이상 방사할 수 있는 수량으로 한다.
④ 화재 시 1 m^{2}당 10 kW 이상의 복사열에 노출되는 표면을 갖는 인접한 옥외저장탱크에 설치한다.

해설 | 공지단축 옥외저장탱크(규칙 별표6)
다음 각 목의 기준에 적합한 물분무설비로 방호조치를 하는 경우에는 그 보유공지를 제1호의 규정에 의한 보유공지의 2분의 1 이상의 너비(최소 3 m 이상)로 할 수 있다. 이 경우 공지단축 옥외저장탱크의 화재 시 1 m^{2}당 20 kW 이상의 복사열에 노출되는 표면을 갖는 인접한 옥외저장탱크가 있으면 당해 표면에도 다음 각 목의 기준에 적합한 물분무설비로 방호조치를 함께 하여야 한다.
1) 탱크의 표면에 방사하는 물의 양은 탱크의 원주길이 1 m에 대하여 분당 37 L 이상으로 할 것
2) 수원의 양은 가목의 규정에 의한 수량으로 20분 이상 방사할 수 있는 수량으로 할 것
3) 탱크에 보강링이 설치된 경우에는 보강링의 아래에 분무헤드를 설치하되, 분무헤드는 탱크의 높이 및 구조를 고려하여 분무가 적정하게 이루어질 수 있도록 배치할 것
4) 물분무소화설비의 설치기준에 준할 것

83 위험물안전관리법령상 제4류 위험물 중 알코올류에 해당하는 것은?

① $C_2H_4(OH)_2$
② C_3H_7OH
③ $C_5H_{11}OH$
④ C_6H_5OH

해설 | 제4류 위험물 분류

화학식	$C_2H_4(OH)_2$	C_3H_7OH	$C_5H_{11}OH$	C_6H_5OH
명칭	에틸렌 글라이콜	이소프로필 알코올	아밀알코올	페놀
품명	제3석유류 수용성	알코올류	제1석유류	비위험물
구조식	H-C-C-H (OH OH)	OH CH₃-CH-CH₃	H₃C-CH-OH CH₃	HO-(벤젠고리)

84 위험물안전관리법령상 제5류 위험물에 해당하지 않는 것은?

① 나이트로벤젠[$C_6H_5NO_2$]
② 트라이나이트로페놀[$C_6H_2(NO_2)_3OH$]
③ 트라이나이트로톨루엔 [$C_6H_2(NO_2)_3CH_3$]
④ 나이트로글리세린[$C_3H_5(ONO_2)_3$]

해설 | 위험물 분류

명칭	나이트로 벤젠	트라이니 트로페놀	트라이니 트로톨루엔	나이트로 글리세린
화학식	$C_6H_5NO_2$	$C_6H_2(NO_2)_3OH$	$C_6H_2(NO_2)_3CH_3$	$C_3H_5(ONO_2)_3$
품명	제4류 제3석유류	제5류 나이트로 화합물	제5류 나이트로 화합물	제5류 질산 에스터류
구조식	(벤젠-NO₂)	(페놀 트라이NO₂)	(톨루엔 트라이NO₂)	H-C-C-C-H (O O O) (NO₂ NO₂ NO₂)

85 과산화수소(H_2O_2)에 관한 설명으로 옳지 않은 것은?

① 강산화제이나 환원제로 작용할 때도 있다.
② 60중량퍼센트 이상의 농도에서 가열·충격 시 단독으로도 폭발한다.
③ 석유, 벤젠에 용해되지 않는다.
④ 분해 시 산소를 발생하므로 안정제로 이산화망간을 사용한다.

해설 | 과산화수소(H_2O_2)

1) 과산화수소는 산화와 동시에 환원되어 다른 생성물을 만드는 불균등화반응을 한다.
$2H_2O_2 \rightarrow 2H_2O + O_2$

구분	산화환원반응	산소의 산화수	산화수
산화	$2H_2O_2 \rightarrow O_2$	$-1 \rightarrow 0$	증가
환원	$2H_2O_2 \rightarrow 2H_2O$	$-1 \rightarrow -2$	감소

2) 농도 60 중량% 이상 충격, 마찰에 의해 단독 분해폭발 위험이 있다.
3) 석유, 벤젠에 용해되지 않는다.
4) 과산화수소 안정제 : H_2SO_4(인산), $C_5H_4N_4O_3$(요산)

정답 83 ② 84 ① 85 ④

86 스티렌($C_6H_5CH=CH_2$)의 성상 및 위험성에 관한 설명으로 옳지 않은 것은?

① 무색·투명한 액체로서 마취성이 있으며, 독성이 매우 강하다.
② 실온에서 인화의 위험이 있으며, 연소 시 폭발성 유기과산화물을 생성한다.
③ 산화제와 중합반응하여 생성된 폴리스티렌수지는 분해폭발성물질이다.
④ 강산성물질과의 혼촉 시 발열·발화한다.

해설 | 스티렌($C_6H_5CH=CH_2$)
1) 무색·투명한 액체로서 마취성이 있으며, 독성이 매우 강하다.
   ⑴ 공기 중에서 산소와 결합하면 독성이 강한 이산화스티렌을 형성한다.
   ⑵ 많은 양에 노출되면 두통, 메스꺼움, 구토, 어지럼증 등을 포함한 "스티렌 중독" 증상이 나타날 수 있으며, 심한 경우 심장 박동이 불규칙해지거나 혼수상태에 빠질 위험도 있다.
2) 실온에서 인화의 위험이 있으며 연소 시 폭발성 유기과산화물을 생성한다.

융점	증기밀도	인화점	착화점	비중	연소 범위%
-31℃	3.6	32℃	490℃	0.81	1.1 ~ 6.1

3) 폴리스티렌수지는 스티렌(Styrene) 단량체(Monomer)를 중합시켜 합성하는 고분자이다.

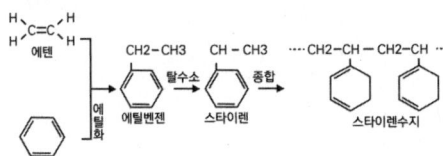

4) 강산성물질과의 혼촉 시 발열·발화한다.

87 위험물안전관리법령상 암반탱크저장소의 암반탱크 설치기준에서 암반투수계수 [m/s] 기준은?

① 1×10^5 이하 ② 1×10^6 이하
③ 1×10^7 이하 ④ 1×10^8 이하

해설 | 암반탱크저장소
1) 암반탱크 설치기준
   ⑴ 암반탱크는 암반투수계수가 1초당 10만분의 1 m 이하인 천연암반 내에 설치할 것
   ⑵ 암반탱크는 저장할 위험물의 증기압을 억제할 수 있는 지하수면 하에 설치할 것
   ⑶ 암반탱크는 내벽은 암반균열에 의한 낙반을 방지할 수 있도록 볼트·콘크리트 등으로 보강할 것
2) 수리 조건
   ⑴ 암반탱크 내로 유입되는 지하수의 양은 암반 내의 지하수 충전량보다 적을 것
   ⑵ 암반탱크의 상부로 물을 주입하여 수압을 유지할 필요가 있는 경우에는 수벽공을 설치할 것

88 위험물안전관리법령상 옥내저장탱크에 불활성가스를 봉입하여 저장하여야 하는 것은?

① 아세트산에틸
② 아세트알데히드
③ 메틸에틸케톤
④ 과산화벤조일

정답 86 ③ 87 ① 88 ②

해설 | 위험물의 성질에 따른 옥내탱크저장소의 특례

알킬알루미늄 등, 아세트알데히드 등 및 하이드록실아민 등을 저장 또는 취급하는 옥내탱크저장소에 있어서는 알킬알루미늄 등의 옥외탱크저장소, 아세트알데히드 등의 옥외탱크저장소 및 하이드록실아민 등의 옥외탱크저장소의 규정을 준용하여야 한다.

1) 알킬알루미늄 등의 옥외탱크저장소
   (1) 옥외저장탱크의 주위에는 누설범위를 국한하기 위한 설비 및 누설된 알킬알루미늄 등을 안전한 장소에 설치된 조에 이끌어 들일 수 있는 설비를 설치할 것
   (2) 옥외저장탱크에는 불활성기체를 봉입하는 장치를 설치할 것
2) 아세트알데히드 등의 옥외탱크저장소
   (1) 옥외저장탱크의 설비는 동·마그네슘·은·수은 또는 이들을 성분으로 하는 합금으로 만들지 아니할 것
   (2) 옥외저장탱크에는 냉각장치 또는 보냉장치, 그리고 연소성 혼합기체의 생성에 의한 폭발을 방지하기 위한 불활성의 기체를 봉입하는 장치를 설치할 것
3) 하이드록실아민 등의 옥외탱크저장소
   (1) 옥외탱크저장소에는 하이드록실아민 등의 온도의 상승에 의한 위험한 반응을 방지하기 위한 조치를 강구할 것
   (2) 옥외탱크저장소에는 철이온 등의 혼입에 의한 위험한 반응을 방지하기 위한 조치를 강구할 것

89 가솔린(휘발유)에 관한 설명으로 옳지 않은 것은?

① 주요성분은 탄소수가 $C_5 \sim C_9$의 포화·불포화 탄화수소 혼합물이다.
② 비전도성으로 정전유도현상에 의해 착화·폭발할 수 있다.
③ 유기용제에는 녹지 않으며 유지, 수지 등을 잘 녹인다.
④ 액체 상태는 물보다 가볍고, 증기 상태는 공기보다 무겁다.

해설 | 가솔린(휘발유)

1) 유기용제에 녹으며 유지, 수지 등을 잘 녹인다.

   참고 유기용제: 기름을 녹이고, 피부에 묻으면 지방질을 통과해 체내에 흡수되며, 휘발성과 인화성이 매우 강하다.

2) 물성

화학식	$C_5H_{12} \sim C_9H_{20}$
증기밀도	3.0 ~ 4.0
인화점	-43 ~ -20 ℃
비점	32 ~ 220 ℃
착화점	300 ℃
비중	0.7 ~ 0.8
연소범위	1.4 ~ 7.6 %

정답 89 ③

90 탄화칼슘 16 kg이 다량의 물과 완전 반응하여 생성되는 수산화칼슘의 질량 [kg]은? (단, Ca의 원자량은 40이다)

① 15.5   ② 16.3
③ 18.5   ④ 19.3

해설 | 탄화칼슘
1) 물 반응식
   $CaC_2 + 2H_2O \rightarrow Ca(OH)_2 + C_2H_2 \uparrow$
2) 탄화칼슘 16 kg이 다량의 물과 완전 반응하여 생성되는 수산화칼슘의 질량(kg)을 비례식으로 계산하면
   64 kg : 74 kg = 16 kg : X kg
   ∴ X = 18.5 kg

91 위험물안전관리법령상 옥외저장소에 저장할 수 있는 것은? (단, 국제해상위험물 규칙 등 예외규정은 적용하지 않는다)

① 염소산나트륨   ② 과염소산
③ 질산메틸   ④ 황린

해설 | 옥외저장소에 저장할 수 있는 것
1) 제2류 위험물 중 황 또는 인화성고체(인화점 0 ℃ 이상)
2) 제4류 위험물 중 제1(인화점 0 ℃ 이상), 알, 2, 3, 4, 동식물유류
3) 제6류 위험물

명칭	염소산나트륨	과염소산	질산메틸	황린
유별	제1류 위험물	제6류 위험물	제5류 위험물	제3류 위험물
옥외저장소 저장	×	○	×	×

92 위험물안전관리법령상 염소산칼륨을 1일 1,000 kg 생산하고 있는 제조소의 소화기 비치량을 산정하기 위한 총 소요단위는? (단, 제조소의 연면적은 300 m²이고, 제조소의 외벽은 내화구조이다)

① 5   ② 6
③ 7   ④ 8

해설 | 총 소요단위
1) 1 소요단위 계산방법

구분	제조소 또는 취급소	저장소	위험물
외벽 내화구조	100 m²	150 m²	지정수량의 10배
외벽 비내화구조	50 m²	75 m²	

2) 염소산칼륨의 소요단위
   $= \dfrac{1,000}{50 \times 10} = 2배$
3) 제조소 소요단위 $= \dfrac{300}{100} = 3배$
4) 소요단위 = 2배 + 3배 = 5배

93 위험물안전관리법령상 일반취급소 하나의 층에 옥내소화전 3개가 설치되어 있다. 확보해야 할 수원의 최소 양 [m³]은?

① 7.8
② 11.7
③ 15.6
④ 23.4

정답   90 ③   91 ②   92 ①   93 ④

해설 | 수원의 양

1) 소화설비 설치기준

구분	옥내소화전	옥외소화전
최대 기준개수	5개	4개
방수량	260 LPM	450 LPM
방사시간	30 min	30 min
방사압	0.35 MPa	0.35 MPa
수평거리	25 m	40 m
비상전원	45분 이상	45분 이상

2) 옥내소화전 수원의 양
  3개 × 260 Lpm × 30 min
  = 23,400 L = 23.4 m³

해설 | 제조소의 옥외에 있는 액체 위험물 취급 탱크의 방유제 용량

1) 하나의 탱크 취급 : 당해 탱크 용량의 50 % 이상

2) 둘 이상의 취급탱크 : 용량이 최대인 것의 50 %에 나머지 탱크 용량 합계의 10 % 가산한 양 이상

3) 예 : 방유제의 용량으로 산정되는 부분을 사선으로 나타낸다.

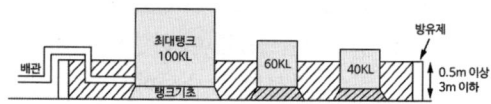

4) 풀이
  1 m³ × 0 % + 0.5 m³ × 10 %
  = 0.55 m³ 이상

94 위험물안전관리법령상 제조소의 옥외 위험물 취급탱크가 메틸알코올 1 m³와 아세톤 0.5 m³가 있다. 이를 하나의 방유제 내에 설치하고자 할 때 방유제 기준에 관한 검토 사항으로 옳은 것은?

① 방유제 용량은 0.55 m³ 이상이 되도록 설치하여야 한다.
② 방유제 용량은 1.1 m³ 이상이 되도록 설치하여야 한다.
③ 취급하는 위험물의 성상이 액체이므로 방유제를 설치하지 않아도 된다.
④ 위험물저장탱크의 용량이 지정수량 기준에 미달하여 방유제를 설치하지 않아도 된다.

95 위험물안전관리법령상 주유취급소 내 건축물 등의 구조 기준으로 옳지 않은 것은? (단, 단서조항은 적용하지 않는다)

① 건축물의 벽·기둥·바닥·보 및 지붕을 내화구조 또는 불연재료로 할 수 있다.
② 주거시설 용도로 사용하는 부분은 개구부가 없는 내화구조의 바닥 또는 벽으로 당해 건축물의 다른 부분과 구획하고 주유를 위한 작업장 등 위험물 취급장소에 면한 쪽의 벽에는 출입구를 설치할 수 없다.
③ 사무실 등의 창 및 출입구에 유리를 사용하는 경우에는 망입유리 또는 강화유리로 하여야 한다.

정답 94 ① 95 ④

④ 자동차 등의 점검·정비를 행하는 설비는 고정주유설비로부터 2 m 이상, 도로경계선으로부터 1 m 이상 떨어진 장소에 설치하여야 한다.

해설 | 주유취급소

자동차 등의 점검·정비를 행하는 설비는 다음의 기준에 적합하게 할 것
1) 고정주유설비로부터 4 m 이상, 도로경계선으로부터 2 m 이상 떨어지게 할 것. 다만 작업장 중 바닥 및 벽으로 구획된 옥내의 작업장에 설치하는 경우에는 그러하지 아니하다.
2) 위험물을 취급하는 설비는 위험물의 누설·넘침 또는 비산을 방지할 수 있는 구조로 할 것

해설 | 주의사항

유별		저장 및 취급 시	운반 시
제1류	알칼리금속 과산화물	물기엄금	화기, 충격주의, 물기엄금, 가연물 접촉주의
	기타	-	화기, 충격주의, 가연물 접촉주의
제2류	인화성고체	화기엄금	화기엄금
	철분, 마그네슘, 금속분	화기주의	물기엄금, 화기주의
	기타		화기주의
제3류	자연발화성 물질	화기엄금	화기엄금, 공기접촉 엄금
	금수성물질	물기엄금	물기엄금
제4류		화기엄금	화기엄금
제5류		화기엄금	화기엄금, 충격주의
제6류		-	가연물 접촉주의

96 위험물안전관리법령상 제조소등에서 "화기엄금" 게시판을 설치하여야 하는 위험물을 모두 고른 것은?

ㄱ. 제2류 위험물(인화성고체 제외)
ㄴ. 제4류 위험물
ㄷ. 제3류 위험물 중 자연발화성물질
ㄹ. 제5류 위험물

① ㄴ, ㄹ
② ㄱ, ㄴ, ㄷ
③ ㄱ, ㄷ, ㄹ
④ ㄴ, ㄷ, ㄹ

97 위험물안전관리법령상 유별을 달리하는 위험물 상호 간 1 m 이상의 간격을 두더라도 동일한 옥내저장소에 저장할 수 없는 것은?

① 제1류 위험물과 제6류 위험물
② 제2류 위험물 중 인화성고체와 제4류 위험물
③ 제4류 위험물과 제5류 위험물(유기과산화물은 제외)
④ 제1류 위험물(알칼리금속의 과산화물은 제외)과 제5류 위험물

정답 96 ④ 97 ③

해설 | 위험물 저장의 기준

옥내저장소 또는 옥외저장소의 유별을 달리 1 m 간격 두고 저장 가능한 경우(1356/4235)
1) 제1류 위험물(알칼리금속 과산화물 제외)과 제5류 위험물을 저장하는 경우
2) 제1류 위험물과 제6류 위험물을 저장하는 경우
3) 제1류 위험물과 제3류 위험물 중 자연발화성물질(황린)을 저장하는 경우
4) 제2류 위험물 중 인화성고체와 제4류 위험물을 저장하는 경우
5) 제3류 위험물 중 알킬알루미늄등과 제4류 위험물(알킬알루미늄 또는 알킬리튬을 함유한 것에 한한다)을 저장하는 경우
6) 제4류 위험물 중 유기과산화물 또는 이를 함유하는 것과 제5류 위험물 중 유기과산화물 또는 이를 함유한 것을 저장하는 경우

해설 | 제조소 환기설비
1) 환기는 자연배기방식으로 할 것
2) 급기구는 당해 급기구가 설치된 실의 바닥면적 150 m²마다 1개 이상으로 하되, 급기구의 크기는 800 cm² 이상으로 할 것. 다만 바닥면적이 150 m² 미만인 경우에는 다음의 크기로 하여야 한다.

바닥면적	급기구의 면적
60 m² 미만	150 cm² 이상
60 m² 이상 90 m² 미만	300 cm² 이상
90 m² 이상 120 m² 미만	450 cm² 이상
120 m² 이상 150 m² 미만	600 cm² 이상

3) 급기구는 낮은 곳에 설치하고, 가는 눈의 구리망 등으로 인화방지망을 설치할 것
4) 환기구는 지붕위 또는 지상 2 m 이상의 높이에 회전식 고정벤티레이터 또는 루프팬방식으로 설치할 것
※ 배출설비가 설치되어 유효하게 환기가 되는 건축물에는 환기설비를 하지 아니할 수 있고, 조명설비가 설치되어 유효하게 조도가 확보되는 건축물에는 채광설비를 하지 아니할 수 있다.

98 위험물안전관리법령상 제조소 바닥면적이 110 m²인 경우 환기설비 중 급기구의 면적 기준으로 옳은 것은?

① 300 cm² 이상
② 450 cm² 이상
③ 600 cm² 이상
④ 800 cm² 이상

정답 98 ②

99 위험물안전관리법령상 일반취급소에 해당하는 것을 모두 고른 것은? (단, 위험물은 지정수량의 배수 이상이다)

	반응원료	중간 생성물	최종 생성물
ㄱ	위험물	위험물	비위험물
ㄴ	위험물	비위험물	비위험물
ㄷ	비위험물	위험물	위험물
ㄹ	비위험물	위험물	비위험물
ㅁ	비위험물	비위험물	위험물

① ㄱ, ㄴ　　　② ㄱ, ㄴ, ㄹ
③ ㄱ, ㄷ, ㄹ　　④ ㄷ, ㄹ, ㅁ

해설 | 제조소등의 구분
제조소란 최초 이용하는 원료가 위험물 또는 비위험물의 여부에 관계없이 여러 공정을 거쳐 제조한 최종물품이 위험물인 시설을 말한다. 정유플랜트, 위험물을 제조하는 화학공정 플랜트, 폐유정제플랜트 등이 해당한다.

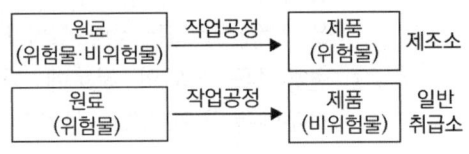

100 위험물안전관리법령상 하이드록실아민을 1일 150 kg 취급하는 제조소의 최소 안전거리 [m]는 약 얼마인가?

① 41　　② 50
③ 59　　④ 63

해설 | 하이드록실아민 등을 취급하는 제조소 안전거리

$D = 51.1\sqrt[3]{N}$

　　　　D : 거리(m)
　　　　N : 해당 제조소에서 취급하는 하이드록실아민 등의 지정수량의 배수

[계산]
$D = 51.1\sqrt[3]{\dfrac{150}{100}} = 58.49 ≒ 59$

정답 99 ②　100 ③

20회 제5과목 소방시설의 구조원리

목표 점수 : _____   맞은 개수 : _____

101 비상콘센트설비의 화재안전기술기준상 ( )에 들어갈 기준은?

> 절연내력은 전원부와 외함 사이에 정격전압이 150 V 이하인 경우에는 (ㄱ) V의 실효전압을, 정격전압이 150 V 초과인 경우에는 그 정격전압에 2를 곱하여 1,000을 더한 실효전압을 가하는 시험에서 (ㄴ) 분 이상 견디는 것으로 할 것

① ㄱ : 500   ㄴ : 1
② ㄱ : 1,000 ㄴ : 1
③ ㄱ : 500   ㄴ : 3
④ ㄱ : 1,000 ㄴ : 3

해설 | 비상콘센트설비 절연저항 및 절연내력
1) 절연저항 : 전원부와 외함 사이를 500 V 절연저항계로 측정할 때 20 MΩ 이상
2) 절연내력
  (1) 정격전압이 150 V 이하
      1,000 V의 실효전압
  (2) 정격전압이 150 V 초과인 경우
      정격전압 [V] × 2 + 1,000 V
  (3) 1분 이상 견디는 것으로 할 것

102 누전경보기의 화재안전기술기준상 설치기준으로 옳지 않은 것은?

① 경계전로의 정격전류가 60 A를 초과하는 전로에 있어서는 1급 누전경보기를, 60 A 이하의 전로에 있어서는 1급 또는 2급 누전경보기를 설치할 것
② 변류기는 특정소방대상물의 형태, 인입선의 시설방법 등에 따라 옥외 인입선의 제1지점의 부하 측 또는 제2종 접지선 측의 점검이 쉬운 위치에 설치할 것
③ 전원은 분전반으로부터 전용회로로 하고, 각 극에 개폐기 및 30 A 이하의 과전류차단기(배선용 차단기에 있어서는 20 A 이하의 것으로 각 극을 개폐할 수 있는 것)를 설치할 것
④ 변류기를 옥외의 전로에 설치하는 경우에는 옥외형으로 설치할 것

해설 | 누전경보기 화재안전기술기준
1) 변류기를 옥외의 전로에 설치하는 경우에는 옥외형으로 설치할 것
2) 누전차단기의 전원을 분기할 때에는 다른 차단기에 따라 전원이 차단되지 아니할 것
3) 전원은 분전반으로부터 전용회로로 하고, 각 극에 개폐기 및 <u>15 A 이하의 과전류 차단기</u>(배선용차단기에 있어서는 20 A 이하의 것으로 각 극을 개폐할 수 있는 것)를 설치할 것

정답 101 ② 102 ③

103 유도등 및 유도표지의 화재안전기술기준상 피난유도선 설치기준으로 옳은 것은?

① 축광방식의 피난유도선은 바닥으로부터 높이 50 cm 이하의 위치 또는 바닥면에 설치할 것
② 축광방식의 피난유도 표시부는 60 cm 이내의 간격으로 연속되도록 설치할 것
③ 광원점등방식의 피난유도 표시부는 바닥으로부터 높이 1.5 m 이하의 위치 또는 바닥면에 설치할 것
④ 광원점등방식의 피난유도 표시부는 60 cm 이내의 간격으로 연속되도록 설치하되 실내장식물 등으로 설치가 곤란할 경우 1.5 m 이내로 설치할 것

해설 | 피난유도선 설치기준
② 축광방식의 피난유도 표시부는 50 cm 이내의 간격으로 연속되도록 설치할 것
③ 광원점등방식의 피난유도 표시부는 바닥으로부터 높이 1 m 이하의 위치 또는 바닥면에 설치할 것
④ 광원점등방식의 피난유도 표시부는 50 cm 이내의 간격으로 연속되도록 설치하되 실내장식물 등으로 설치가 곤란할 경우 1 m 이내로 설치할 것

104 단상 2선식 220 V로 수전하는 곳에 부하전력이 65 kW, 역률이 85 %, 구내배선의 길이가 100 m 일 때 전압강하를 5 V까지 허용하는 경우 배선의 최소 굵기 [mm²]는 약 얼마인가?

① 121.46   ② 142.89
③ 210.36   ④ 247.49

해설 | 전압강하를 이용한 전선의 굵기
1) 전선의 굵기 $A = \dfrac{35.6 LI}{1000 e}$
2) 전력 $P = VI\cos\theta$ 에서
$I = \dfrac{P}{V\cos\theta} = \dfrac{65 \times 10^3}{220 \times 0.85} = 347.59$
3) 전선 굵기
$A = \dfrac{35.6 \times 100 \times 347.59}{1000 \times 5} = 247.486$

105 비상방송설비의 화재안전기술기준상 용어의 정의 및 음향장치에 관한 내용으로 옳지 않은 것은?

① 음량조절기란 가변저항을 이용하여 전류를 변화시켜 음량을 크게 하거나 작게 조절할 수 있는 장치를 말한다.
② 증폭기란 전류량을 늘려 감도를 좋게 하고 미약한 음성전류를 커다란 음성전류로 변화시켜 소리를 크게 하는 장치를 말한다.
③ 음량조정기를 설치하는 경우 음량조정기의 배선은 3선식으로 할 것
④ 하나의 특정소방대상물 2 이상의 조작부가 설치되어 있는 때에는 각각의 조작부가 있는 장소 상호 간에 동시통화가 가능한 설비를 설치할 것

정답 103 ① 104 ④ 105 ②

해설 | 증폭기
전압전류의 진폭을 늘려 감도를 좋게 하고 미약한 음성전류를 커다란 음성전류로 변화시켜 소리를 크게 하는 장치를 말한다.

106 자동화재탐지설비 및 시각경보장치의 화재안전기술기준상 발신기 설치기준으로 옳지 않은 것은?

① 지하구의 경우에는 발신기를 설치하지 아니할 수 있다.
② 조작이 쉬운 장소에 설치하고, 스위치는 바닥으로부터 0.8 m 이상 1.5 m 이하의 높이에 설치할 것
③ 특정소방대상물의 층마다 설치하되, 해당 특정소방대상물의 각 부분으로부터 하나의 발신기까지의 수평거리가 25 m 이하가 되도록 할 것. 다만 복도 또는 별도로 구획된 실로서 보행거리가 40 m 이상일 경우에는 추가로 설치하여야 한다.
④ 발신기의 위치를 표시하는 표시등은 함의 상부에 설치하되, 그 불빛은 부착면으로부터 10° 이상의 범위 안에서 부착지점으로부터 10 m 이내의 어느 곳에서도 쉽게 식별할 수 있는 적색등으로 하여야 한다.

해설 | 발신기 설치기준
1) 조작이 쉬운 장소에 설치하고, 스위치는 바닥으로부터 0.8 m 이상 1.5 m 이하의 높이에 설치할 것
2) 특정소방대상물의 층마다 설치하되, 해당 특정소방대상물의 각 부분으로부터 하나의 발신기까지 수평거리가 25 m 이하가 되도록 할 것
   다만 복도 또는 별도로 구획된 실로서 보행거리가 40 m 이상일 경우에는 추가로 설치하여야 한다.
3) 위 기준을 초과하는 경우로서 기둥 또는 벽이 설치되지 아니한 대형공간의 경우 발신기는 설치 대상 장소의 가장 가까운 장소의 벽 또는 기둥 등에 설치할 것
4) 발신기 위치 표시등은 함의 상부에 설치하되, 그 불빛은 부착면으로부터 15° 이상의 범위 안에서 부착지점으로부터 10 m 이내의 어느 곳에서도 쉽게 식별할 수 있는 적색등으로 하여야 한다.

※ 지하구 : 발신기, 지구음향장치 및 시각경보기를 설치하지 않을 수 있다.

정답 106 ④

107 소방펌프에 전기를 공급하는 전동기설비가 있을 때 모터의 전부하전류 [A]는 약 얼마인가? (단, 전압은 단상 220 V, 모터용량은 20 kW, 역률은 90 %, 효율은 70 %이다)

① 58 ② 83
③ 101 ④ 144

해설 | 전부하전류(A)

$P = VI\cos\theta \times \eta$에서 전류 구하기

$$I = \frac{P}{V\cos\theta \times \eta} = \frac{20 \times 10^3}{220 \times 0.9 \times 0.7} = 144\ [A]$$

108 도로터널의 화재안전기술기준상 옥내소화전설비의 설치기준으로 옳은 것은?

① 소화전함과 방수구는 편도 2차선 이상의 양방향 터널이나 4차로 이상의 일방향 터널의 경우에는 양쪽 측벽에 각각 60 m 이내의 간격으로 엇갈리게 설치할 것
② 소화전함에는 옥내소화전 방수구 1개, 15 m 이상의 소방호스 2본 이상 및 방수노즐을 비치할 것
③ 가압송수장치는 옥내소화전 2개(4차로 이상의 터널인 경우 3개)를 동시에 사용할 경우 각 옥내소화전의 노즐선단에서의 방수압력은 0.35 MPa 이상이고, 방수량은 190 L/min 이상이 되는 성능의 것으로 할 것
④ 방수구는 40 mm 구경의 단구형을 옥내소화전이 설치된 도로의 바닥면으로부터 1.5 m 이하의 높이에 설치할 것

해설 | 도로터널의 화재안전기술기준
1) 소화전함과 방수구는 주행차로 우측 측벽을 따라 50 m 이내의 간격으로 설치하며, 편도 2차선 이상의 양방향 터널이나 4차로 이상의 일방향 터널의 경우에는 양쪽 측벽에 각각 50 m 이내의 간격으로 엇갈리게 설치할 것
2) 수원은 그 저수량이 옥내소화전의 설치개수 2개(4차로 이상의 터널의 경우 3개)를 동시에 40분 이상 사용할 수 있는 충분한 양 이상을 확보할 것
3) 가압송수장치는 옥내소화전 2개(4차로 이상의 터널인 경우 3개)를 동시에 사용할 경우 각 옥내소화전의 노즐선단에서의 방수압력은 0.35 MPa 이상이고 방수량은 190 L/min 이상이 되는 성능의 것으로 할 것. 다만 하나의 옥내소화전을 사용하는 노즐선단에서의 방수압력이 0.7 MPa을 초과할 경우에는 호스접결구의 인입 측에 감압장치를 설치하여야 한다.
4) 압력수조나 고가수조가 아닌 전동기 및 내연기관에 의한 펌프를 이용하는 가압송수장치는 주펌프와 동등 이상인 별도의 예비펌프를 설치할 것
5) 방수구는 40 mm 구경의 단구형을 옥내소화전이 설치된 벽면의 바닥면으로부터 1.5 m 이하의 높이에 설치할 것
6) 소화전함에는 옥내소화전 방수구 1개, 15 m 이상의 소방호스 3본 이상 및 방수노즐을 비치할 것
7) 옥내소화전설비의 비상전원은 40분 이상 작동할 수 있을 것

정답 107 ④ 108 ③

109 간이스프링클러설비의 화재안전기술기준상 급수배관의 설치기준으로 옳지 않은 것은?

① 상수도직결형의 경우에는 수도배관 호칭지름 25 mm 이상의 배관이어야 한다.
② 배관과 연결되는 이음쇠 등의 부속품은 물이 고이는 현상을 방지하는 조치를 하여야 한다.
③ 급수를 차단할 수 있는 개폐밸브는 개폐표시형으로 하여야 한다.
④ 수리계산에 의하는 경우 가지배관의 유속은 6 m/s, 그 밖의 배관의 유속은 10 m/s를 초과할 수 없다.

해설 | 간이스프링클러설비의 화재안전기술기준
[급수배관 설치기준]
1) 전용으로 할 것. 다만 상수도직결형의 경우에는 수도배관 호칭지름 32 mm 이상의 배관이어야 하고, 간이헤드가 개방될 경우에는 유수신호 작동과 동시에 다른 용도로 사용하는 배관의 송수를 자동 차단할 수 있도록 하여야 하며, 배관과 연결되는 이음쇠 등의 부속품은 물이 고이는 현상을 방지하는 조치를 하여야 한다.
2) 급수를 차단할 수 있는 개폐밸브는 개폐표시형으로 할 것. 이 경우 펌프의 흡입 측 배관에는 버터플라이밸브 외의 개폐표시형밸브를 설치하여야 한다.
3) 배관의 구경은 제5조 제1항에 적합하도록 수리계산에 의하거나 별표 1의 기준에 따라 설치할 것. 다만 수리계산에 의하는 경우 가지배관의 유속은 6 m/s, 그 밖의 배관의 유속은 10 m/s를 초과할 수 없다.

110 P형 1급 수신기와 감지기 사이에 배선회로에서 종단저항은 10 kΩ, 배선저항 100 Ω, 릴레이 저항은 800 Ω이며, 회로전압은 24 V일 때 감지기 동작 시 흐르는 전류 [mA]는 약 얼마인가?

① 11.63   ② 12.63
③ 23.67   ④ 26.67

해설 | 감지기 동작 시 흐르는 전류
1) 감지기가 동작 시에는 전류는 종단저항을 거치지 않는다.
2) $I = \dfrac{V}{R} = \dfrac{24}{100+800} \times 10^3 = 26.667 \, mA$

111 고층건축물의 화재안전기술기준상 피난안전구역에 설치하는 소방시설설치기준으로 옳지 않은 것은?

① 피난유도선 설치기준에서 피난유도 표시부의 너비는 최소 25 mm 이상으로 설치할 것
② 인명구조기구는 피난안전구역이 50층 이상에 설치되어 있을 경우에는 동일한 성능의 예비용기를 5개 이상 비치할 것
③ 비상조명등은 상시 조명이 소등된 상태에서 그 비상조명등이 점등되는 경우 각 부분의 바닥에서 조도는 10 lx 이상이 될 수 있도록 설치할 것
④ 제연설비는 피난안전구역과 비 제연구역간의 차압은 50 Pa(옥내에 스프링클러설비가 설치된 경우에는 12.5 Pa) 이상으로 하여야 한다.

정답 109 ① 110 ④ 111 ②

해설 | 피난안전구역에 설치하는 소방시설설치기준

[인명구조기구]
1) 방열복, 인공소생기를 각 2개 이상 비치할 것
2) 45분 이상 사용할 수 있는 성능의 공기호흡기(보조마스크를 포함한다)를 2개 이상 비치하여야 한다. 다만 피난안전구역이 50층 이상에 설치되어 있을 경우에는 동일한 성능의 예비용기를 10개 이상 비치할 것
3) 화재 시 쉽게 반출할 수 있는 곳에 비치할 것
4) 인명구조기구가 설치된 장소의 보기 쉬운 곳에 "인명구조기구"라는 표지판 등을 설치할 것

112 소방펌프의 정격유량과 압력이 각각 0.1 m³/s 및 0.5 MPa일 경우 펌프의 수동력 [kW]는 약 얼마인가?

① 30   ② 40
③ 50   ④ 60

해설 | 소방펌프의 수동력

$P[kW] = \gamma H Q = P_t Q$
$= 0.5 \times 10^3 \, kN/m^2 \times 0.1 \, m^3/s$
$= 50 \, kW$

P_t : 전압 [kN/m²]
Q : 유량 [m³/s]
H : 전양정 [m]
γ : 비중량 [kN/m³]

113 지상 40층짜리 아파트에 스프링클러설비가 설치되어 있고, 세대별 헤드수가 8개일 때 확보해야 할 최소 수원의 양 [m³]은? (단, 옥상수조 수원의 양은 고려하지 않는다)

① 12.8   ② 16.0
③ 25.6   ④ 32.0

해설 | 설치장소에 따른 헤드의 기준개수

스프링클러설비 설치장소		기준개수
※ 10층 이하인 소방대상물(지하층 제외)		
공장	특수가연물 저장·취급하는 것	30
	그 밖의 것	20
근린생활시설, 판매시설, 운수시설, 또는 복합건축물	판매시설 또는 복합건축물(판매시설이 설치되는 복합건축물)	30
	그 밖의 것	20
그 밖의 것	헤드 부착높이가 8m 이상	20
	헤드 부착높이가 8m 미만	10
※ 지하층을 제외한 11층 이상인 소방대상물, 지하가 또는 지하역사		30

※ 공동주택의 화재안전성능기준
〈시행 2024.1.1.〉
• 아파트등 : 10개
• 각 동이 주차장으로 연결된 구조의 주차장 부분 : 30개

스프링클러헤드의 설치 개수가 가장 많은 층(아파트의 경우에는 설치 개수가 가장 많은 세대)에 설치된 스프링클러헤드의 개수가 기준개수보다 작은 경우에는 그 설치 개수를 말한다.

1) 40층이므로 수원량 3.2 m³
2) 세대별 헤드수가 8개이므로 8개 적용
3) 수원량(Q) = N × 3.2 m³
 ∴ Q = 8 × 3.2 m³ = 25.6 m³

114. 물분무소화설비의 화재안전기술기준상 수원의 저수량 기준으로 옳은 것은?

① 콘베이어 벨트 등은 벨트부분의 바닥면적 1 m²에 대하여 8 L/min로 20분간 방수할 수 있는 양 이상으로 할 것

② 차고 또는 주차장은 그 바닥면적 1 m²에 대하여 10 L/min로 20분간 방수할 수 있는 양 이상으로 할 것

③ 절연유봉입 변압기는 바닥부분을 제외한 표면적을 합한 면적 1 m²에 대하여 8 L/min로 20분간 방수할 수 있는 양 이상으로 할 것

④ 케이블트레이, 케이블덕트 등은 투영된 바닥면적 1 m²에 대하여 12 L/min로 20분간 방수할 수 있는 양 이상으로 할 것

해설 | 물분무소화설비 수원

소방대상물	토출량	비고
특수가연물	10 L/min·m²	최소 50 m²
컨베이어벨트·절연유 봉입변압기	10 L/min·m²	변압기는 바닥면적 제외한 표면적 합계
케이블트레이	12 L/min·m²	-
차고·주차장	20 L/min·m²	최소 50 m²

115. 옥외소화전설비의 화재안전기술기준상 소화전함 설치기준으로 옳지 않은 것은?

① 옥외소화전이 10개 이하 설치된 때에는 옥외소화전마다 5 m 이내의 장소에 1개 이상의 소화전함을 설치하여야 한다.

② 옥외소화전이 11개 이상 30개 이하 설치된 때에는 11개 이상의 소화전함을 각각 분산하여 설치하여야 한다.

③ 옥외소화전이 31개 이상 설치된 때에는 옥외소화전 2개마다 1개 이상의 소화전함을 설치하여야 한다.

④ 가압송수장치의 조작부 또는 그 부근에는 가압송수장치의 기동을 명시하는 적색등을 설치하여야 한다.

해설 | 옥외소화전설비의 화재안전기술기준

옥외소화전	옥외소화전함의 개수
10개 이하	5 m 이내의 장소에 1개 이상 설치
11~30개 이하	11개 이상의 소화전함을 각각 분산하여 설치
31개 이상	옥외소화전 3개마다 1개 이상 설치

정답 114 ④ 115 ③

116 지상 11층의 내화구조 건물에서 특별피난계단용 부속실의 급기 가압용 송풍기의 동력 [kW]은 약 얼마인가?

- 총 누설량 : 2.1 m³/s
- 총 보충량 : 0.75 m³/s
- 송풍기 모터효율 : 50 %
- 송풍기 압력 : 1,000 Pa
- 전달계수 : 1.1
- 송풍기 풍량의 여유율 : 15 %

① 1.68   ② 7.21
③ 16.8   ④ 72.1

해설 | 송풍기의 전동기동력

$$P = \frac{P_T \cdot Q}{102 \cdot \eta} K$$

P : 송풍기 동력 [kW]
P_t : 전압 [mmAq, mmH₂O]
Q : 풍량 [m³/s]
η : 전효율 [%]

- Q = 0.75 + 2.1 = 2.85 m³/s
- η = 50 % = 0.5
- $P_t = \frac{1000}{101325} \times 10332 \ mmAq$
  $= 101.9689 \ mmAq$

∴ $P = \frac{101.9689 \times 2.85}{102 \times 0.5} \times 1.1 \times 1.15 = 7.2083 \ kW$

117 이산화탄소소화설비 화재안전기술기준상 호스릴 이산화탄소소화설비 설치기준으로 옳지 않은 것은?

① 방호대상물의 각 부분으로부터 하나의 호스접결구까지의 수평거리가 15 m 이하가 되도록 할 것
② 노즐은 20 ℃에서 하나의 노즐마다 50 kg/min 이상의 소화약제를 방사할 수 있는 것으로 할 것
③ 소화약제 저장용기는 호스릴을 설치하는 장소마다 설치할 것
④ 화재 시 현저하게 연기가 찰 우려가 없는 장소로서 지상 1층 및 피난층에 있는 부분으로서 지상에서 수동 또는 원격조작에 따라 개방할 수 있는 개구부의 유효면적의 합계가 바닥면적의 15 % 이상이 되는 부분에 설치할 수 있다.

해설 | 호스릴 이산화탄소소화설비 설치기준

1) 방호대상물의 각 부분으로부터 하나의 호스접결구까지의 수평거리가 15 m 이하가 되도록 할 것
2) 노즐은 20 ℃에서 하나의 노즐마다 60 kg/min(저장 90 kg) 이상의 소화약제를 방사할 수 있는 것으로 할 것
3) 소화약제 저장용기는 호스릴을 설치하는 장소마다 설치할 것
4) 소화약제 저장용기의 개방밸브는 호스의 설치장소에서 수동으로 개폐할 수 있는 것으로 할 것
5) 가까운 곳의 보기 쉬운 곳에 표시등을 설치하고, 호스릴 이산화탄소소화설비 표지를 할 것

정답 116 ② 117 ②

6) 화재 시 현저하게 연기가 찰 우려가 없는 장소로서 다음 각 호의 어느 하나에 해당하는 장소(차고 또는 주차의 용도로 사용되는 부분 제외)에는 호스릴이산화탄소소화설비를 설치할 수 있다.
7) 지상 1층 및 피난층에 있는 부분으로서 지상에서 수동 또는 원격조작에 따라 개방할 수 있는 개구부의 유효면적의 합계가 바닥면적의 15 % 이상이 되는 부분

118 할로겐화합물 및 불활성기체소화설비의 화재안전기술기준상 용어의 정의로 옳지 않은 것은?

① "할로겐화합물 및 불활성기체소화약제"란 할로겐화합물(할론 1301, 할론 2402, 할론 1211 제외) 및 불활성기체로서 전기적으로 전도성이며 휘발성이 있거나 증발 후 잔여물을 남기지 않는 소화약제를 말한다.
② "할로겐화합물소화약제"란 불소, 염소, 브롬 또는 요오드 중 하나 이상의 원소를 포함하고 있는 유기화합물을 기본성분으로 하는 소화약제를 말한다.
③ "불활성기체소화약제"란 헬륨, 네온, 아르곤 또는 질소가스 중 하나 이상의 원소를 기본성분으로 하는 소화약제를 말한다.
④ "충전밀도"란 용기의 단위용적당 소화약제의 중량의 비율을 말한다.

해설 | 할로겐화합물 및 불활성기체소화설비의 정의
1) "할로겐화합물 및 불활성기체소화약제"란 할로겐화합물(할론 1301, 할론 2402, 할론 1211 제외) 및 불활성기체로서 전기적으로 비전도성이며 휘발성이 있거나 증발 후 잔여물을 남기지 않는 소화약제를 말한다.
2) "할로겐화합물소화약제"란 불소, 염소, 브롬 또는 요오드 중 하나 이상의 원소를 포함하고 있는 유기화합물을 기본성분으로 하는 소화약제를 말한다.
3) "불활성기체소화약제"란 헬륨, 네온, 아르곤 또는 질소가스 중 하나 이상의 원소를 기본성분으로 하는 소화약제를 말한다.
4) "충전밀도"란 용기의 단위용적당 소화약제의 중량의 비율을 말한다.
5) "방화문"이란 건축법 시행령 제64조의 규정에 따른 60분+ 방화문, 60분 방화문 또는 30분 방화문을 말한다.

119 피난기구의 화재안전기술기준이다. ( )에 들어갈 피난기구로 옳은 것은?

> 피난기구를 설치하는 개구부는 서로 동일직선상이 아닌 위치에 있을 것. 다만 (ㄱ)·(ㄴ)·(ㄷ)·아파트에 설치되는 피난기구(다수인 피난장비는 제외한다) 기타 피난상 지장이 없는 것에 있어서는 그러하지 아니하다.

① ㄱ : 구조대
　ㄴ : 피난교
　ㄷ : 피난용트랩
② ㄱ : 구조대
　ㄴ : 피난교
　ㄷ : 간이완강기
③ ㄱ : 피난교
　ㄴ : 피난용트랩
　ㄷ : 피난사다리
④ ㄱ : 피난교
　ㄴ : 피난용트랩
　ㄷ : 간이완강기

해설 | 피난기구의 설치기준
피난기구를 설치하는 개구부는 서로 동일직선상이 아닌 위치에 있을 것. 다만 <u>피난교·피난용트랩·간이완강기·아파트에 설치되는 피난기구(다수인 피난장비는 제외한다)</u> 기타 피난상 지장이 없는 것에 있어서는 그러하지 아니하다.

120 소방시설의 내진설계기준상 수평배관 흔들림방지버팀대 설치기준으로 옳은 것은?

① 횡방향 흔들림방지버팀대의 설계하중은 설치된 위치의 좌우 5 m를 포함한 15 m 내의 배관에 작용하는 횡방향수평지진하중으로 산정한다.
② 횡방향 흔들림방지버팀대는 배관구경에 관계없이 모든 주배관, 교차배관에 설치하여야 한다.
③ 마지막 버팀대와 배관 단부 사이의 거리는 2 m를 초과하지 않아야 한다.
④ 버팀대의 간격은 중심선 기준으로 최대간격이 15 m를 초과하지 않아야 한다.

해설 | 수평배관 흔들림방지버팀대 설치기준
횡방향 흔들림방지버팀대는 다음 각 호에 따라 설치하여야 한다.
1) 배관 구경에 관계없이 모든 수평주행배관·교차배관 및 옥내소화전설비의 수평배관에 설치하여야 하고, 가지배관 및 기타배관에는 구경 65 mm 이상인 배관에 설치하여야 한다.
2) 횡방향 흔들림방지버팀대의 설계하중은 설치된 위치의 <u>좌우 6 m를 포함한 12 m 이내</u>의 배관에 작용하는 횡방향 수평지진하중으로 영향구역 내의 수평주행배관, 교차배관, 가지배관의 하중을 포함하여 산정한다.
3) 흔들림방지버팀대의 간격은 중심선 기준 <u>최대간격이 12 m</u>를 초과하지 않아야 한다.
4) 마지막 흔들림방지버팀대와 배관 <u>단부 사이의 거리는 1.8 m</u>를 초과하지 않아야 한다.

정답 119 ④ 120 ②

121 연결송수관설비의 화재안전기술기준상 송수구가 부설된 옥내소화전을 설치한 특정소방대상물 중 방수구를 설치하지 않아도 되는 층은?

① 지하층의 층수가 2 이하인 숙박시설의 지하층
② 지하층의 층수가 2 이하인 창고시설의 지하층
③ 지하층의 층수가 2 이하인 관람장의 지하층
④ 지하층의 층수가 2 이하인 공장의 지하층

해설 | 방수구의 설치 제외
1) 아파트의 1층 및 2층
2) 소방차의 접근이 가능하고 소방대원이 소방차로부터 각 부분에 쉽게 도달할 수 있는 피난층
3) 송수구가 부설된 옥내소화전을 설치한 특정소방대상물(집회장·관람장·백화점·도매시장·소매시장·판매시설·공장·창고시설 또는 지하가를 제외한다)로서 다음의 어느 하나에 해당하는 층
   (1) 지하층을 제외한 층수가 4층 이하이고 연면적이 6,000 m² 미만인 특정소방대상물의 지상층
   (2) 지하층의 층수가 2 이하인 특정소방대상물의 지하층

122 특별피난계단의 계단실 및 부속실 제연설비의 화재안전기술기준상 수직풍도에 따른 배출기준으로 옳지 않은 것은?

① 배출댐퍼는 두께 1.5 mm 이상의 강판 또는 이와 동등 이상의 성능이 있는 것으로 설치하여야 하며 비 내식성 재료의 경우에는 부식방지 조치를 할 것
② 수직풍도의 내부면은 두께 0.5 mm 이상의 아연도금강판 또는 동등 이상의 내식성·내열성이 있는 것으로 마감되는 접합부에 대하여는 통기성이 없도록 조치할 것
③ 화재층에 설치된 화재감지기의 동작에 따라 전층의 댐퍼가 개방될 것
④ 열기류에 노출되는 송풍기 및 그 부품들은 250 ℃의 온도에서 1시간 이상 가동상태를 유지할 것

해설 | 배출댐퍼 설치기준
1) 배출댐퍼는 두께 1.5 mm 이상의 강판 또는 이와 동등 이상의 성능이 있는 것으로 설치하여야 하며 비내식성 재료의 경우에는 부식방지 조치를 할 것
2) 평상시 닫힌 구조로 기밀상태를 유지할 것
3) 개폐 여부를 당해 장치 및 제어반에서 확인할 수 있는 감지기능을 내장하고 있을 것
4) 구동부의 작동상태와 닫혀 있을 때의 기밀상태를 수시로 점검할 수 있는 구조일 것
5) 풍도의 내부마감상태에 대한 점검 및 댐퍼의 정비가 가능한 이·탈착구조로 할 것
6) 화재층에 설치된 화재감지기의 동작에 따라 당해 층의 댐퍼가 개방될 것
7) 개방 시의 실제개구부(개구율을 감안한 것을 말한다)의 크기는 수직풍도의 최소 내부단면적 이상으로 할 것

정답 121 ① 122 ③

8) 댐퍼는 풍도 내의 공기흐름에 지장을 주지 않도록 수직풍도의 내부로 돌출하지 않게 설치할 것

※ 배출용 송풍기 : 열기류에 노출되는 송풍기 및 그 부품들은 250 ℃의 온도에서 1시간 이상 가동상태를 유지할 것

소화기구의 능력단위를 산출함에 있어서 건축물의 주요구조부가 내화구조이고, 벽 및 반자의 실내에 면하는 부분이 불연재료·준불연재료 또는 난연재료로 된 특정소방대상물에 있어서는 위 표의 기준 면적 2배를 해당 특정소방대상물의 기준 면적으로 한다.

• 숙박시설 : $\frac{(30 \times 20)}{100}$ = 6단위

• 장례식장 : $\frac{(30 \times 20)}{50}$ = 12단위

• 위락시설 : $\frac{(30 \times 20)}{30}$ = 20단위

• 교육연구시설 : $\frac{(30 \times 20)}{200}$ = 3단위

123 바닥면적이 가로 30 m, 세로 20 m인 아래의 특정소방대상물에서 소화기구의 능력단위를 산정한 값으로 옳은 것은? (단, 건축물의 주요 구조부는 내화구조가 아니다)

| ㄱ. 숙박시설 | ㄴ. 장례식장 |
| ㄷ. 위락시설 | ㄹ. 교육연구시설 |

① ㄱ : 6, ㄴ : 12, ㄷ : 20, ㄹ : 3
② ㄱ : 12, ㄴ : 6, ㄷ : 12, ㄹ : 6
③ ㄱ : 6, ㄴ : 6, ㄷ : 12, ㄹ : 3
④ ㄱ : 12, ㄴ : 12, ㄷ : 20, ㄹ : 6

해설 | 소화기구의 능력단위 기준

특정소방대상물	소화기구의 능력단위
위락시설	바닥면적 30 m²마다 1단위
공연장, 집회장, 관람장, 문화재, 장례식장 및 의료시설	바닥면적 50 m²마다 1단위
근린생활시설, 판매시설, 운수시설, 숙박시설, 노유자시설, 전시장, 공동주택, 업무시설, 방송통신시설, 공장, 창고시설, 항공기 및 자동차 관련 시설 및 관광휴게시설	바닥면적 100 m²마다 1단위
그 밖의 것 (교육연구시설)	바닥면적 200 m²마다 1단위

124 특별피난계단의 계단실 및 부속실 제연설비의 화재안전기술기준상 제연구역으로부터 공기가 누설하는 출입문의 틈새면적을 산출하는 기준이다. ( )에 들어갈 값으로 옳은 것은?

A = (L/ℓ) × A_d
A : 출입문의 틈새(m^2)
L : 출입문 틈새의 길이(m)
ℓ : 외여닫이문이 설치되어 있는 경우에는 5.6, 쌍여닫이문이 설치되어 있는 경우에는 9.2, 승강기의 출입문이 설치되어 있는 경우에는 8.0으로 할 것
A_d : 외여닫이문으로 제연구역의 실내 쪽으로 열리도록 설치하는 경우에는 (ㄱ), 제연구역의 실외 쪽으로 열리도록 설치하는 경우에는 (ㄴ), 쌍여닫이문의 경우에는 (ㄷ), 승강기의 출입문에 대하여는 0.06으로 할 것

① ㄱ : 0.01, ㄴ : 0.02, ㄷ : 0.03
② ㄱ : 0.02, ㄴ : 0.03, ㄷ : 0.04
③ ㄱ : 0.03, ㄴ : 0.04, ㄷ : 0.05
④ ㄱ : 0.04, ㄴ : 0.05, ㄷ : 0.06

정답 123 ① 124 ①

해설 | 누설틈새면적

$A = (L/\ell) \times A_d$

A : 출입문의 틈새 [m²]
L : 출입문 틈새의 길이 [m]
다만 L의 수치가 ℓ 의 수치 이하인 경우에는 ℓ 의 수치로 할 것
ℓ : 외여닫이문이 설치되어 있는 경우 5.6
쌍여닫이문이 설치되어 있는 경우 9.2
승강기의 출입문이 설치되어 있는 경우 8.0
A_d : 외여닫이문·제연구역의 실내 쪽으로 열리는 경우 0.01, 제연구역의 실외 쪽으로 열리도록 설치하는 경우 0.02, 쌍여닫이문의 경우 0.03, 승강기의 출입문 0.06

해설 | 소화수조 또는 저수조의 저수량

특정소방대상물의 구분	기준면적
1층 및 2층의 바닥면적 합계가 15,000 m² 이상인 특정소방대상물	7,500 m²
그 밖의 특정소방대상물	12,500 m²

저수량 = $\dfrac{\text{연면적}}{\text{기준면적}}$ (소수점 이하 절상) × 20 m³

1) 1층과 2층 바닥면적의 합계가 10,000 m²이므로 기준면적 12,500 m²로 나누어 얻은 수(정수)에 20 m³을 곱한 양이 필요하다.

2) 저수량 = $\dfrac{(5000 \times 8) m^2}{12,500 m^2} = 3.2$

∴ $4 \times 20\ m^3 = 80\ m^3$

125 내화건축물의 소화용수설비 최소 유효 저수량 [m³]은 얼마인가? (단, 소수점 이하의 수는 1로 본다)

- 지상 8층
- 각 층의 바닥면적은 각각 5,000 m²
- 대지면적은 25,000 m²

① 60
② 80
③ 100
④ 120

정답 125 ②

소방시설관리사

문제풀이

소방시설관리사

제19회

제1과목   소방안전관리론
제2과목   소방수리학·약제화학 및 소방전기
제3과목   소방관련법령
제4과목   위험물의 성상 및 시설기준
제5과목   소방시설의 구조원리

19회 제1과목 소방안전관리론

목표 점수 : _____   맞은 개수 : _____

01 공기 중의 산소농도가 증가할수록 화재 시 일어나는 현상으로 옳지 않은 것은?

① 점화에너지가 커진다.
② 발화온도가 낮아진다.
③ 폭발범위가 넓어진다.
④ 연소속도가 빨라진다.

해설 | 산소농도와 연소와의 관계
1) 연소범위가 넓어진다.
2) 연소속도가 빨라진다.
3) 발화온도가 낮아진다.
4) 점화에너지는 에너지의 조건으로서 산소농도와는 연관성이 없다.

02 물이 어는 온도(0°C)를 화씨온도(°F)와 절대온도(°R)로 나타낸 것으로 옳은 것은?

① 0°F, 460°R
② 0°F, 492°R
③ 32°F, 460°R
④ 32°F, 492°R

해설 | 화씨온도(°F)
1) 수식 $°F = \dfrac{9}{5} \times °C + 32$
2) 계산 $°F = \dfrac{9}{5} \times 0°C + 32 = 32 °F$

[절대온도(°R)]
1) 수식 °R = °F + 460
2) 계산 °R = 32 °F + 460 = 492 °R

03 가연물의 종류와 연소형태의 연결이 옳지 않은 것은?

① 숯 - 표면연소
② 에틸벤젠 - 자기연소
③ 가솔린 - 증발연소
④ 종이 - 분해연소

해설 | 연소 형태에 의한 분류

구분	내용	종류
증발연소	열분해 없이 그대로 증발하는 연소	황, 나프탈렌, 파라핀 가솔린, 등유
분해연소	열분해로 생성된 가연성가스가 공기와 혼합하여 연소	목재, 석탄, 종이, 플라스틱, 고무
표면연소	불꽃이 없는 연소로 표면에서 연소	숯, 목탄, 코크스, 금속분
자기연소	물질 자체에 산소를 함유해 별도의 산소 없이 연소	나이트로셀룰로오스, 나이트로글리세린
확산연소	확산화염에 의한 연소	메테인, 암모니아, 수소, 아세틸렌
예혼합연소	미리 공기와 혼합된 연료가 연소	LNG, LPG, 가연성가스

정답 01 ① 02 ④ 03 ②

04
건축물의 피난·방화구조 등의 기준에 관한 규칙에서 정하고 있는 60분+ 방화문의 성능기준으로 ( )에 들어갈 내용으로 옳은 것은?

> 60분+ 방화문은 국토교통부장관이 정하여 고시하는 시험기준에 따라 시험한 결과 다음 각 호의 구분에 따른 기준에 적합하여야 한다.
> 1. 60분+ 방화문 : 다음 각 목의 성능을 모두 확보할 것
>   가. 연기 및 불꽃을 차단할 수 있는 시간 (ㄱ) 이상
>   나. 열을 차단할 수 있는 시간 (ㄴ)이상

① ㄱ : 30분,   ㄴ : 30분
② ㄱ : 30분,   ㄴ : 1시간
③ ㄱ : 1시간,   ㄴ : 30분
④ ㄱ : 1시간,   ㄴ : 1시간

해설 | 방화문의 구조

구분	성능기준
60분+ 방화문	• 연기 및 불꽃을 차단할 수 있는 시간이 60분 이상 • 열을 차단할 수 있는 시간 30분 이상
60분 방화문	• 연기 및 불꽃을 차단할 수 있는 시간이 60분 이상

05
다음 물질의 증기비중이 낮은 것부터 높은 순으로 바르게 나열한 것은?

> ㄱ. 톨루엔(Toluene)
> ㄴ. 벤젠(Benzene)
> ㄷ. 에틸알코올(Ethyl Alcohol)
> ㄹ. 크실렌(Xylene)

① ㄴ - ㄱ - ㄹ - ㄷ
② ㄴ - ㄷ - ㄱ - ㄹ
③ ㄷ - ㄱ - ㄹ - ㄴ
④ ㄷ - ㄴ - ㄱ - ㄹ

해설 | 증기비중
1) 증기비중 = 기체 분자량/공기 분자량
2) 각 가스의 분자량
    톨루엔 : C_3H_8 = 92
    벤젠 : C_6H_6 = 78
    에틸알코올 : C_2H_6O = 46
    크실렌 : C_8H_{10} = 106
3) 증기비중은 기체의 분자량과 비례하므로 분자량이 클수록 증기비중도 커진다.
    따라서 증기비중이 낮은 순으로는 에틸알코올 < 벤젠 < 톨루엔 < 크실렌 순서가 된다.

정답 04 ③ 05 ④

06 산불화재의 형태에 관한 설명으로 옳지 않은 것은?

① 지중화는 산림 지중에 있는 유기질층이 타는 것이다.
② 지표화는 산림 지면에 떨어져 있는 낙엽, 마른풀 등이 타는 것이다.
③ 수관화는 나무의 줄기가 타는 것이다.
④ 비화는 강풍 등에 의해 불꽃이 날아가 타는 것이다.

해설 | 산불화재 형태

구분	산림화재의 형태
지중화	산림 지중에 있는 이탄층, 갈탄층의 유기물이 타는 것
지표화	산림 지면에 떨어져 있는 낙엽, 관목이 타는 것
수간화	나무의 줄기가 타는 것
수관화	나무의 가지 부분이 타는 것
비화	강풍, 복사 등에 의해 불꽃이 날아가 타는 것

07 다음에서 설명하는 폭발은?

> 물속에서 사고로 인해 액화천연가스가 분출되었을 때 이 물질이 급격한 비등현상으로 체적팽창 및 상변화로 인하여 고압이 형성되어 일어나는 폭발현상이다.

① 증기폭발   ② 분해폭발
③ 중합폭발   ④ 산화폭발

해설 | 수증기폭발
액상에서 기상으로의 급격한 상변화에 의한 체적팽창으로 발생되는 폭발

08 온도변화에 따른 연소범위에서 (   )에 들어갈 내용으로 옳은 것은?

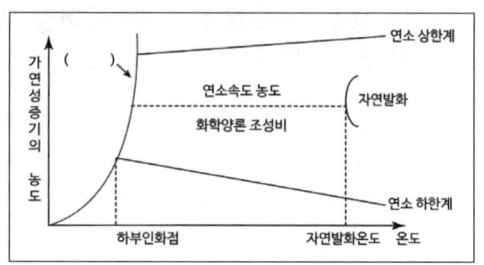

① 삼중압선   ② 연소점곡선
③ 공연비곡선 ④ 포화증기압선

해설 | 포화증기압선도
1) 포화 상태 수증기압의 상태곡선이다.
2) 온도와 압력에 따라서 머금는 수증기압은 일정하며, 온도가 올라가면 포화증기압은 증가하고 압력이 커지면 감소한다.

09 화재의 종류별 특성에 관한 설명으로 옳지 않은 것은?

① 금속화재는 나트륨, 칼륨 등 금속가연물에 의한 화재로 물에 의한 냉각소화가 효과적이다.
② 유류화재는 인화성액체에 의한 화재로 포(Foam)를 이용한 질식소화가 효과적이다.
③ 전기화재는 통전 중인 전기기기에서 발생하는 화재로 이산화탄소에 의한 질식소화가 효과적이다.
④ 일반화재는 종이, 목재에 의한 화재로 물에 의한 냉각소화가 효과적이다.

정답 06 ③ 07 ① 08 ④ 09 ①

해설 | 화재의 분류
1) 금속화재 소화방법
   (1) 가장 적응성이 좋은 소화약제는 건조사이며, 알킬기와 알킬알루미늄 화재 시 팽창질석이나 팽창진주암을 이용하여 소화한다.
   (2) 가연성 금속은 주수 소화 시 물과 반응하여 수소가 발생되기 때문에 주수소화 금지
2) 유류화재 : 질식소화가 주된 소화
3) 전기화재 : 질식소화가 주된 소화
4) 일반화재 : 냉각소화가 주된 소화

10 두께 3 cm인 내열판의 한쪽 면의 온도는 500 ℃, 다른 쪽 면의 온도는 50 ℃일 때 이 판을 통해 일어나는 열전달량 [W/m²]은 얼마인가? (단, 내열판의 열전도도는 0.1 W/m · ℃이다)

① 13.5　　② 150.0
③ 1350.0　④ 1500.0

해설 | 전도
1) 수식 $kA\dfrac{(T_2-T_1)}{l}$
2) 계산 : 면적은 없으므로 무시한다.
$0.1 \times \dfrac{(500-50)}{0.03} = 1500\,W/m^2$

11 피난원칙 중 페일세이프(Fail Safe)에 관한 설명으로 옳은 것은?

① 피난경로는 간단명료하게 하여야 한다.
② 피난수단은 원시적 방법에 의한 것을 원칙으로 한다.
③ 비상시 판단능력 저하를 대비하여 누구나 알 수 있도록 피난수단 등을 문자나 그림 등으로 표시한다.
④ 피난 시 하나의 수단이 고장으로 실패하여도 다른 수단에 의해 피난할 수 있도록 하는 것을 말한다.

해설 | Fail Safe와 Fool Proof

Fail Safe	Fool Proof
한 가지가 고장으로 실패하더라도 다른 수단에 의해 안전을 확보하는 것	누구라도 안전하게 사용할 수 있도록 원시적 방법으로 그림, 색 등을 활용하는 것
• 양방향 피난로 • 부분화 및 다중화	• 피난 통로유도등 및 유도표지 • 피난설비는 고정설비 • 피난경로 간단명료

12 화재예방, 소방시설 설치·유지 및 안전관리에 관한 법령상 특정소방대상물의 규모 등에 따라 갖추어야 하는 소방시설의 수용인원 산정방법으로 (　)에 들어갈 내용으로 옳은 것은?

숙박시설이 있는 특정 소방대상물에서 침대가 없는 숙박시설의 경우 해당 특정소방대상물의 종사자 수에 숙박시설 바닥면적의 합계를 (　　) m² 나누어 얻은 수를 합한 수

① 0.45　　② 1.9
③ 3　　　 ④ 4.6

정답 10 ④　11 ④　12 ③

해설 | 수용인원 산정방법
1) 숙박시설
   (1) 침대 : 종사자 수 + 침대 수
   (2) 침대 없음 : 종사자 수 + $\dfrac{바닥면적}{3\,m^2}$
2) 강의실 : $\dfrac{바닥면적}{1.9\,m^2}$

13 다음에서 설명하는 화재 현상은?

> 증질유 탱크 화재 시 유류표면 온도가 물의 비점 이상일 때 소화용수를 유류표면에 방수시키면 물이 수증기로 변하면서 급격한 부피 팽창으로 인해 유류가 탱크의 외부로 분출되는 현상이다.

① 보일 오버(Boil Over)
② 슬롭 오버(Slop Over)
③ 프로스 오버(Froth Over)
④ 플래시 오버(Flash Over)

해설 | 슬롭 오버(Slop Over)
열류층을 형성한 다성분 액체인 중질유는 열류층 방향이 아래로 향하고 물질의 이동은 반대로 된다. 이때 소화를 위해 다량의 소화약제가 고온층의 표면에 투입하게 되면 열류층의 흐름과 물질의 흐름이 같은 방향이 되어 열류층을 탱크 밖으로 비산시키며 연소하는 현상이다.

14 건축물의 피난·방화구조 등의 기준에 관한 규칙에서 정하고 있는 건축물의 피난안전구역의 설치기준 중 구조 및 설비기준으로 옳지 않은 것은?

① 피난안전구역의 높이는 2.1 m 이상일 것
② 피난안전구역의 내부마감재료는 준불연재료로 설치할 것
③ 비상용승강기는 피난안전구역에서 승하차할 수 있는 구조로 설치할 것
④ 건축물의 내부에서 피난안전구역으로 통하는 계단은 특별피난계단의 구조로 설치할 것

해설 | 피난안전구역 구조 및 설비기준

피난안전 구역	1개 층을 하나의 대피공간으로 활용
구조	내화구조로 구획
계단구조	특별피난계단 설치하고 피난안전구역을 거쳐서 상하층으로 이동할 것
내부마감재료	불연재료
비상용승강기	피난안전구역에서 승하차
급수전	1개소 이상 설치
조명	예비전원에 의한 조명설비
높이	2.1 m 이상
배연설비	배연설비 설치

15 화재성장속도의 분류별 약 1 MW의 열량에 도달하는 시간으로 ( )에 들어갈 내용으로 옳은 것은?

화재성장속도	Slow	Medium	Fast	Ultrafast
시간(s)	600	(ㄱ)	(ㄴ)	(ㄷ)

① ㄱ : 200, ㄴ : 100, ㄷ : 50
② ㄱ : 300, ㄴ : 150, ㄷ : 75
③ ㄱ : 400, ㄴ : 200, ㄷ : 100
④ ㄱ : 450, ㄴ : 300, ㄷ : 150

해설 | 화재성장속도
1) 화재 모델링을 위한 화재 분류에서 화재의 발열량이 1,055 kW에 도달하는 데 걸리는 시간
2) 수식 $Q = \alpha t^2$
3) 화재성장속도에 따른 분류

화재성장속도	1,055 kW 도달 시간
Ultra-Fast	75초
Fast	150초
Medium	300초
Slow	600초

16 내화건축물의 구획실 내에서 가연물의 연소 시 성장기의 지배적 열전달로 옳은 것은?

① 복사   ② 대류
③ 전도   ④ 확산

해설 | 내화건축물의 구획실 화재
1) 성장기 때 지배적인 열전달 : 대류
2) 최성기 이후 지배적인 열전달 : 복사

진행과정	진행 과정별 화재 특성
화재 초기	연소가 완만하고 불완전연소가 발생한다.
성장기	실내 온도 상승으로 인한 공기의 열팽창으로 개구부를 통해 화염 분출, F·O 발생한다.
최성기	화재가 가장 왕성한 시기, 콘크리트 폭렬현상도 발생한다.
감쇠기	화재가 약해지고 가연성물질이 소진된 상태이다.

※ F·O 발생의 공급요인은 복사열이다.

17 화재로 인해 공장 벽체의 내부 표면온도가 450 ℃까지 상승하였으며, 벽체 외부의 공기온도는 15 ℃일 때 벽체 외부 표면온도[℃]는 약 얼마인가? (단, 벽체의 두께는 200 mm이고, 벽체의 열전도계수는 0.69 W/m·K, 대류열전달계수는 12 W/m²K이다. 복사의 영향과 벽체 상·하부로의 열전달 및 기타의 손실은 무시하며, 0 ℃는 273 K이고 소수점 이하 셋째자리에서 반올림한다)

① 112.14   ② 121.14
③ 235.14   ④ 385.14

해설 | 표면온도

[전도와 대류의 복합작용]

$\dfrac{k}{l} \Delta T = h \cdot \Delta T$

[계산]

$\dfrac{0.69}{0.2} \times (450 - T) = 12(T - 15)$

$(12 + 3.45)T = 1552.5 + 180$

$\therefore T = 112.1359$

해설 | 연소가스의 종류와 특징

연소가스	특징
일산화탄소 (CO)	흡입 시 CoHb(카르모헤모글로빈)을 형성하여 산소와의 결합 및 공급을 방해하고 혈중에 산소농도를 저하시켜 질식 사망을 유발
이산화탄소 (CO_2)	연소가스 중 가장 많은 양을 차지하고 다량이 존재할 경우 호흡속도를 증가시키고 위험성 가중
암모니아 (NH_3)	눈, 코, 폐 등에 매우 자극성이 큰 가연성가스
포스겐 ($COCl_2$)	눈, 코, 폐 등에 매우 자극성이 큰 가연성가스, 염소가 함유된 가연물 연소 시 발생
황화수소 (H_2S)	달걀 썩는 냄새
아크롤레인 (CH_2CHCHO)	독성이 매우 높은 가스이며 석유제품, 유지 등이 연소할 때 생성

18 다음에서 설명하는 연소생성물은?

질소가 함유된 수지류 등의 연소 시 생성되는 유독성가스로서 다량 노출 시 눈, 코, 인후 및 폐에 심한 손상을 주며 냉동창고 냉동기의 냉매로도 쓰이고 있다.

① 이산화질소(NO_2)
② 이산화탄소(CO_2)
③ 암모니아(NH_3)
④ 시안화수소(HCN)

19 연소생성물 중 연기가 인간에 미치는 유해성을 모두 고른 것은?

ㄱ. 시각적 유해성
ㄴ. 심리적 유해성
ㄷ. 생리적 유해성

① ㄱ, ㄴ
② ㄱ, ㄷ
③ ㄴ, ㄷ
④ ㄱ, ㄴ, ㄷ

해설 | 연기가 인체에 미치는 유해성
1) 시계의 저하(시각적 유해성)
2) 연기에 의한 공포(심리적 유해성)
3) 연기의 유독성(생리적 유해성)
4) 연기에 의한 연소

20 연기농도를 측정하는 감광계수, 중량농도법, 입자농도법의 단위를 순서대로 나열한 것으로 옳은 것은?

① m^{-1}, 개/cm^3, mg/m^3
② m^{-1}, mg/cm^3, 개/m^3
③ m^{-3}, mg/cm^3, 개/m^3
④ m^{-3}, 개/cm^3, mg/m^3

해설 | 연기농도와 가시거리
1) 감광계수
   (1) 연기의 농도를 나타내는 척도
   (2) 단위 : m^{-1}
2) 질량농도(중량농도)
   (1) 단위 체적당 입자의 질량
   (2) 단위 : mg/cm^3
3) 개수농도(입자농도)
   (1) 단위 체적당 입자의 개수
   (2) 단위 : 개/cm^3

21 제연방식으로 ( )에 들어갈 내용으로 옳은 것은?

- (ㄱ) : 화재에 의해서 발생한 열기류의 부력 또는 외부 바람의 흡출효과에 의해 실의 상부에 설치된 창 또는 전용의 제연구로부터 연기를 옥외로 배출하는 방식
- (ㄴ) : 화재 시 온도 상승에 의하여 생긴 실내 공기의 부력이나 지붕 상에 설치된 루프모니터 등이 외부 바람에 의해 동작하면서 생긴 흡입력을 이용하여 제연하는 방식

① ㄱ : 자연제연방식
　 ㄴ : 기계제연방식
② ㄱ : 밀폐제연방식
　 ㄴ : 급배기 기계제연방식
③ ㄱ : 밀폐제연방식
　 ㄴ : 스모크타워제연방식
④ ㄱ : 자연제연방식
　 ㄴ : 스모크타워제연방식

해설 | 연기의 제어

구분	특징
차단	연기를 일정한 장소로부터 차단
배기	연기를 건물 외부로 배출
희석	신선한 공기를 불어넣어 연기의 농도를 낮춤
자연제연방식	자연적인 연돌효과에 의해 배출
스모크타워 제연방식	천장에 루프모니터를 이용하여 제연하는 방식
기계제연방식	• 제1종 : 송풍기 + 배풍기 • 제2종 : 송풍기 • 제3종 : 배풍기

정답 20 ② 21 ④

22 면적이 0.15 m²인 합판이 연소되면서 발생한 열방출량(Heat Release Rate) kW은 약 얼마인가? (단, 평균질량 감소율은 0.03 kg/m²·s, 연소열은 25 kJ/g, 연소효율은 55 %이며, 소수점 이하 셋째자리에서 반올림한다)

① 0.06 ② 0.20
③ 61.88 ④ 204.50

해설 | 열방출량
[수식]
$\dot{Q} = \dot{m} \times \Delta H_c \times A$
[계산]
$\dot{Q}$ = 0.03 × 25000 × 0.15
  = 61.875 kW

23 화재플럼(Fire Plume)에 관한 설명으로 옳지 않은 것은?

① 측면에서는 층류에 의한 부분적인 와류를 생성한다.
② 내부에 형성되는 기류는 중앙부의 부력이 가장 강하다.
③ 열원으로부터 점차 멀어질수록 주변으로 넓게 퍼져가는 모습이다.
④ 고온의 연소생성물은 부력에 의해 위로 상승한다.

해설 | 화재플럼
1) 부력에 의해 상승하는 화염을 포함한 연소생성물 기둥
2) 플럼의 특성
  (1) 상승기류의 형성 : 화재로 인한 고온의 가스가 생성되어 밀도차에 의한 부력으로 상승기류 형성
  (2) 유입공기 : 플럼이 상승함에 따라 주위의 찬 공기가 화재플럼 내로 유입
  (3) 난류효과 : 와류에 의한 난류효과로 난류확산화염을 형성
  (4) 난류연소에 의한 와류 형성
  부력에 의해 상승하는 기류는 인입되는 공기에 의해 희석되어 온도가 서서히 낮아지며, 상승하는 기류의 차가운 끝부분이 천천히 아래로 내려오면서 공기가 회전하는 것을 와류라 한다.

24 다음에서 설명하는 연소방식은?

> 점도가 높고 비휘발성인 액체를 일단 가열 등의 방법으로 점도를 낮춰 버너 등을 사용하여 액체의 입자를 안개상으로 분출하여 액체 표면적을 넓게 하여 공기와의 접촉면을 많게 하는 연소방법이다.

① 자기연소 ② 확산연소
③ 분무연소 ④ 예혼합연소

해설 | 분무연소
점도가 높고 휘발성이 낮은 액체를 가열 등의 방법으로 점도를 낮추어 분무기로 미세입자로 분무하고, 공기와 혼합시켜 연소시키는 방법

정답 22 ③ 23 ① 24 ③

25 환기구로 에너지가 유출되는 것을 의미하는 환기계수로 옳은 것은? (단, A는 면적, H는 높이이다)

① $A\sqrt{H}$
② $H\sqrt{A}$
③ $A^2\sqrt{H}$
④ $\sqrt{\dfrac{A}{H}}$

해설 | 환기지배형 화재

1) 환기지배형 화재는 환기변수에 지배를 받는 화재로 구획실로 유입되는 공기에 의해 최고온도와 지속시간이 결정된다.
2) 환기요소
   (1) $A\sqrt{H}$라 하며 개구부 면적과 개구부 높이로 표현한다.
   (2) 같은 면적의 창문이라도 횡장창보다 종장창이 환기요소가 더 커진다.

정답 25 ①

19회 제2과목 소방수리학

26 이상기체의 부피 변화와 관련된 것은?

① 아르키메데스(Archimedes)의 원리
② 아보가드로(Avogadro)의 법칙
③ 베르누이(Bernoulli)의 정리
④ 하젠-윌리엄스(Hazen-Williams)의 공식

해설 | 아보가드로의 법칙
$0℃, 1atm$ 모든 기체 1 mol은 22.4 L
$V \propto n$ 체적은 몰수에 비례한다.

27 모세관현상으로 인해 물이 상승할 때 그 상승높이에 관한 설명으로 옳지 않은 것은?

① 관의 직경에 비례한다.
② 표면장력에 비례한다.
③ 물의 비중량에 반비례한다.
④ 수면과 관의 접촉각이 커질수록 감소한다.

해설 | 모세관현상
액면의 상승높이 $h = \dfrac{4\sigma\cos\beta}{\gamma d}$
관의 직경에 반비례한다.

28 달시-바이스바하(Darcy-Weisbach) 공식에서 마찰손실수두에 관한 설명으로 옳지 않은 것은?

① 관의 직경에 반비례한다.
② 관의 길이에 비례한다.
③ 마찰손실계수에 비례한다.
④ 유속에 반비례한다.

해설 | 달시식
$$H_L = f \times \dfrac{l}{D} \times \dfrac{V^2}{2g}$$

H_L : 손실수두 $[m]$
f : 마찰손실계수 $\left(f = \dfrac{64}{Re}\right)$
l : 길이 $[m]$ d : 직경 $[m]$ V : 속도 $[m/s]$
g : 중력가속도 $[m/s^2]$

29 상·하판의 간격이 5 cm인 두 판 사이에 점성계수가 0.001 N·s/m²인 뉴턴 유체(Newtonian Fluid)가 있다. 상판이 수평 방향으로 2.5 m/s로 움직일 때 발생하는 전단응력 [N/m²]은? (단, 하판은 고정되어 있다)

① 0.05   ② 0.50
③ 5.00   ④ 50.0

정답 26 ② 27 ① 28 ④ 29 ①

해설 | 전단응력

$$\tau = \mu \frac{dv}{dy} \ [N/m^2]$$

τ : 점단응력 $[N/m^2]$
μ : 점성계수 $[N \cdot s/m^2]$
$\frac{dv}{dy}$: 속도구배

[풀이]

$$\tau = \mu \frac{du}{dy} = 0.001 \times \frac{2.5}{0.05} = 0.05$$

30 전양정이 30 m인 펌프가 물을 0.03 m³/s로 수송할 때 펌프의 축동력 [kW]은 약 얼마인가? (단, 물의 비중량은 9,800 N/m³, 중력가속도는 9.8 m/s², 펌프의 효율은 60 %이다)

① 1.44 ② 1.47
③ 14.7 ④ 144

해설 | 축동력

$$P = \frac{\gamma Q H}{\eta} \ [kW]$$

P : 동력 $[kW]$
γ : 물의 비중량 $[kN/m^3]$
Q : 유량 $[m^3/s]$
H : 양정 $[m]$, η : 효율 $[\%]$

[풀이]

$$P = \frac{\gamma \times Q \times H}{\eta} = \frac{9.8 \times 0.03 \times 30}{0.6}$$

$$= 14.7 \, kW$$

31 배관 내 평균유속 5 m/s로 물이 흐르고 있다가 갑작스런 밸브의 잠김으로 발생되는 압력상승 [MPa]은 약 얼마인가? (단, 물의 비중량은 9,800 N/m³, 유체 내 압축파의 전달속도는 1,494 m/s, 중력가속도는 9.8 m/s²이다)

① 7.32 ② 7.47
③ 73.2 ④ 74.7

해설 | 수격현상 압력상승

$$P = \frac{9.81 \times a \times v}{g} = \frac{9.81 \times 1494 \times 5}{9.8}$$

$$= 7477.622 \, kPa = 7.47 \, MPa$$

32 폭이 a이고, 높이가 b인 직사각형 단면을 갖는 배관의 마찰손실수두를 계산할 때 수력반경(Hydraulic Radius)은?

① $\frac{2ab}{(a+b)}$ ② $\frac{ab}{2(a+b)}$
③ $\frac{(a+b)}{2ab}$ ④ $\frac{(a+b)}{4ab}$

해설 | 수력반경

$$수력반경 = \frac{접수면적}{접수길이}$$

$$= \frac{ab}{2a+2b} = \frac{ab}{2(a+b)}$$

정답 30 ③ 31 ② 32 ②

33 층류 상태로 직경 5 cm인 원형관 내 흐를 수 있는 물의 최대 유량 [m³/s]은 약 얼마인가? (단, 물의 비중량은 9,800 N/m³, 물의 점성계수는 10 × 10⁻³ N·s/m², 층류의 상한계 레이놀즈(Raeynolds)수는 2,000, 중력가속도는 9.8 m/s², 원주율은 3.0이다)

① 7.35×10^{-4}
② 7.50×10^{-4}
③ 7.35×10^{-2}
④ 7.50×10^{-2}

해설 | 체적유량
$Q = AV$

[풀이]
$Q = AV$에서 V가 없으므로
$Re = \dfrac{\rho VD}{\mu} \rightarrow V = \dfrac{Re \times \mu}{\rho \times D}$
$= \dfrac{2{,}000 \times 10 \times 10^{-3}}{1{,}000 \times 0.05} = 0.4$
$Q = \dfrac{3}{4} \times 0.05^2 \times 0.4 = 7.5 \times 10^{-4}$

34 관수로 흐름의 유량을 측정할 수 없는 장치는?

① 피토관(Pitot Tube)
② 오리피스(Orifice)
③ 벤츄리미터(Venturi Meter)
④ 파샬플룸(Parshall Flume)

해설 | 유량계

구분	측정기기
유량	오리피스, 노즐, 벤츄리미터, 로타미터, 삼각위어, 사각위어
유속	피토관, 피토정압관, 열선풍속계, 시차액주계
압력	피에조미터, 정압관, 부르돈 압력계, 마노미터(U자관 마노미터)

정답 33 ② 34 ①

35. 분말소화약제에 관한 설명으로 옳지 않은 것은?

① 분말의 안식각이 작을수록 유동성이 커진다.
② 제1종 분말소화약제를 저장하는 경우 분말소화약제 1 kg당 저장용기의 내용적은 0.8 L이다.
③ 제2종 분말소화약제의 주성분은 탄산수소나트륨($NaHCO_3$)이다.
④ 제3종 분말소화약제의 주성분은 인산암모늄($NH_4H_2PO_4$)이다.

해설 | 분말소화약제

[안식각]
1) 분말의 유동성 측정 시 사용
2) 일정 높이에서 깔때기를 이용해 분말을 떨어뜨렸을 때 쌓인 높이의 각도
3) 분체의 안식각이 작을수록 유동성이 좋아짐

[저장용기 내용적]

구분	주성분	소화약제 1 kg당 저장용기의 내용적
제1종 분말	중탄산나트륨 ($NaHCO_3$)	0.8 ℓ
제2종 분말	중탄산칼륨($KHCO_3$)	1.0 ℓ
제3종 분말	인산암모늄 ($NH_4H_2PO_4$)	1.0 ℓ
제4종 분말	중탄산칼륨+요소 ($KHCO_3+(NH_2)_2CO$)	1.25 ℓ

36. 이산화탄소소화설비의 화재안전기준상 소화에 필요한 이산화탄소의 설계농도[%]가 가장 높은 것은?

① 프로페인 ② 에틸렌
③ 산화에틸렌 ④ 에테인

해설 | 이산화탄소 설계농도

방호대상물	설계농도 %
뷰테인(Butane), 메테인(Methane)	34
이소뷰테인(Iso Butane), 프로페인(Propane)	36
석탄가스, 천연가스(Coal, Natural Gas), 사이클로프로페인(Cyclo Propane)	37
에테인(Ethane)	40
에틸렌(Ethylene)	49
산화에틸렌(Ethylene Oxide)	53
일산화탄소(Carbon Monoxide)	64
아세틸렌(Acetylene)	66
수소(Hydrogen)	75

정답 35 ③ 36 ③

37 1기압 20 ℃에서 기체상태로 존재하는 것을 모두 고른 것은?

| ㄱ. Halon 1211 |
| ㄴ. Halon 1301 |
| ㄷ. Halon 2402 |

① ㄱ, ㄴ ② ㄱ, ㄷ
③ ㄴ, ㄷ ④ ㄱ, ㄴ, ㄷ

해설 | 할론소화약제의 종류 및 성상

종류	성상
할론 1301 [CF_3Br]	• 무색무취, 비전도성 • 상온 대기압하에서 기체로만 존재 • 공기보다 5배 무거움 • 불꽃연소에 특히 강한 소화력 • 독성이 거의 없고 인체에 무해하나 고온에서 열분해 시 독성이 강한 분해생성물이 발생하기 때문에 소화 후 환기가 필요 • 유류화재, 전기화재에 적합
할론 1211 [CF_2ClBr]	• 상온에서 기체, 공기보다 약 5.7배 무거움 • 방출 시 액체로 분사되며, 비점은 -4℃
할론 2402 [$C_2F_2Br_2$]	• 상온에서 액체 • 유일하게 에테인에서 치환된 것 • 독성이 강해 거의 사용하지 않음

38 단백포소화약제 3 %형 18 L를 이용하여 팽창비가 5가 되도록 포를 방출할 때 발생된 포의 체적 [m³]은?

① 0.08 ② 0.3
③ 3.0   ④ 6.0

해설 포팽창비
1) 팽창비(발포배율)
$$= \frac{방출된\ 포\ 체적(L)}{방출\ 전\ 포수용액\ 체적(L)}$$ 에서 방출된
포 체적 = 팽창비 × 방출 전 포수용액 체적
2) 방출 전 포수용액의 체적
단백포 원액 18 L를 3 % 비율로 혼합
포수용액 $= \frac{18}{0.03} = 600\ L$
∴ 0.6 m³
3) 방출된 포의 부피
= 팽창비 × 방출 전 포수용액 체적
= 5 × 0.6 m³
= 3.0 m³

39 물에 관한 설명으로 옳지 않은 것은?
① 압력이 감소함에 따라 비등점은 낮아진다.
② 물의 기화열은 융해열보다 크다.
③ 물의 표면장력을 낮추는 경우 침투성이 강화된다.
④ 온도가 상승할수록 물의 점도는 증가한다.

해설 | 점도(점성) 변화
온도가 증가할수록 액체의 점도는 감소하고 기체의 점도는 증가한다.

40 연소에 관한 설명으로 옳지 않은 것은?

① 자기반응성물질은 외부에서 공급되는 산소가 없는 경우 연소하지 않는다.
② 연소는 산화반응의 일종이다.
③ 메테인이 완전연소를 하는 경우 이산화탄소가 발생한다.
④ 일산화탄소는 연소가 가능한 가연성물질이다.

해설 | 자기반응성물질(제5류 위험물)
1) 정의
   고체 또는 액체로서 폭발의 위험성 또는 가열분해의 격렬함을 판단하기 위하여 고시로 정하는 시험에서 고시로 정하는 성질과 상태를 나타내는 것
2) 공통 특성
   (1) 고체 또는 액체로 비중이 1보다 크며 연소하기 쉬운 물질
   (2) 산소를 함유하고 있어 자기연소성이 있는 것이 많음
   (3) 가열, 충격, 마찰 등에 의해 발화하고 폭발하는 것이 많음

41 벤츄리관의 벤츄리작용을 이용하는 기계포소화약제의 혼합방식을 모두 고른 것은?

> ㄱ. 프레져 사이드 프로포셔너방식
> ㄴ. 라인 프로포셔너방식
> ㄷ. 프레져 프로포셔너방식

① ㄱ, ㄴ
② ㄱ, ㄷ
③ ㄴ, ㄷ
④ ㄱ, ㄴ, ㄷ

해설 | 포 프로포셔너

구분	내용
펌프 프로포셔너 방식	펌프의 토출관과 흡입관 사이의 배관 도중에 설치한 흡입기에 펌프에서 토출된 물의 일부를 보내고 농도조절 밸브에서 조정된 포소화약제 필요량을 소화약제 탱크에서 펌프흡입 측으로 보내어 약제를 혼합하는 방식
라인 프로포셔너 방식	펌프와 발포기 중간에 설치된 벤츄리관의 벤츄리작용에 의하여 포소화약제를 흡입, 혼합하는 방식
프레져 프로포셔너 방식	펌프와 발포기의 중간에 설치된 벤츄리관의 벤츄리작용과 펌프가압수의 포소화약제 저장 탱크에 대한 압력의 의하여 포소화약제를 흡입, 혼합하는 방식
프레져 사이드 프로포셔너 방식	펌프의 토출관에 압입기를 설치하여 포소화약제 압입용펌프로 포소화약제를 압입시켜 혼합하는 방식

정답 40 ① 41 ③

19회 제2과목 소방전기

42 다음 진리표를 만족하는 시퀀스회로를 설계하고자 한다. 출력에 관한 논리식으로 옳지 않은 것은?

입력		출력
A	B	X
0	0	1
0	1	0
1	0	1
1	1	1

① $X = \overline{A} \cdot \overline{B} + A \cdot \overline{B} + A \cdot B$
② $X = \overline{A} + A \cdot B$
③ $X = \overline{A} \cdot \overline{B} + A$
④ $X = A + \overline{B}$

해설 | 시퀀스회로
- $X = \overline{A}\overline{B} + A\overline{B} + AB$
  $= \overline{A}\overline{B} + A(\overline{B}+B)$
  $= \overline{A}\overline{B} + A$
  $= \overline{B} + A$
- $\overline{B} + B = 1$이므로
  $\overline{A}\overline{B} + A$일때 $\overline{A}$는 A의 보수이므로 삭제된다.

43 전기력선의 기본 성질에 관한 설명으로 옳지 않은 것은?

① 전기력선은 서로 교차하지 않는다.
② 전계의 세기는 전기력선의 밀도와 같다.
③ 전기력선은 등전위면과 직교한다.
④ 전계의 세기는 도체 내부에서 가장 크다.

해설 | 전기력선의 성질
1) 정전하에서 시작하여 부전하에서 끝난다.
2) 전위가 높은 곳에서 낮은 곳으로 향한다.
3) 그 자신만으로 폐곡선이 되지 않는다.
4) 도체표면에서 수직으로 출입한다.
5) 서로 다른 두 전기력선은 교차하지 않는다.
6) 전기력선 밀도는 그 점의 전계의 세기와 같다.
7) 전하가 없는 곳에서는 전기력선이 존재하지 않는다.
8) 도체 내부에서의 전기력선은 존재하지 않는다.
9) 단, 전하에서는 $\frac{1}{\varepsilon_0}$개의 전기력선이 출입한다.

정답 42 ② 43 ④

44 다음 그림과 같이 직렬로 접속된 2개의 코일에 10 A의 전류를 흘릴 경우 합성 코일에 발생하는 에너지 [J]는 얼마인가? (단, 결합계수는 0.6이다)

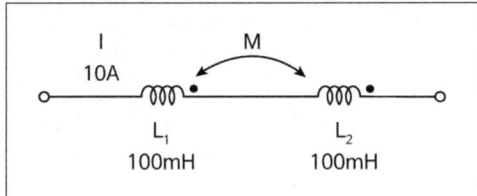

① 4
② 10
③ 12
④ 16

해설 | 합성코일의 에너지
1) 코일에 발생하는 에너지
$$W = \frac{1}{2} L I^2 \, J$$
2) L(인덕턴스) 값은 (가동접속)
  (1) $L = L_1 + L_2 + 2 \times M$ 에서
  (2) 상호 인덕턴스[M]을 구하면
  $$M = K \sqrt{L_1 L_2}$$
  $$= 0.6 \times \sqrt{0.1 \times 0.1} = 0.06$$
  (3) 따라서 1)식에 대입하면
  $$L = 0.1 + 0.1 + 2 \times 0.06$$
  $$= 0.32 \, H$$
3) 식에 대입
$$W = \frac{1}{2} \times 0.32 \times 10^2 = 16 \, J$$

45 동일한 배터리와 전구를 사용하여 그림과 같이 2개의 회로를 구성하였다. 다음 중 옳은 것은?

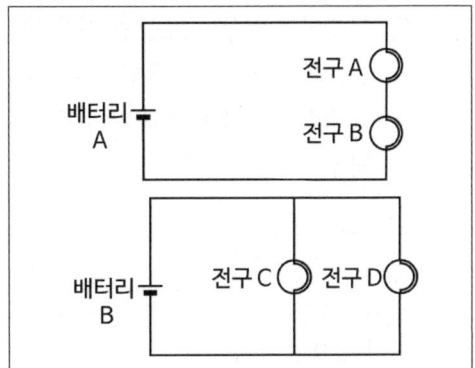

① 모든 전구의 밝기는 동일하다.
② 모든 배터리의 사용시간은 동일하다.
③ 전구 C는 전구 A보다 밝다.
④ 배터리 B의 사용시간은 배터리 A보다 길다.

해설 | 회로의 구성
전구는 직렬로 연결할 때보다 병렬로 연결했을 때 밝기가 더 밝다.

구분	전지	전구
직렬 연결	전지의 다른 극끼리 한 길로 연결된 것	전구가 한 줄로 연결된 것
병렬 연결	전지가 같은 극끼리 묶어서 연결된 것	전선이 갈라져서 나란히 연결된 것
전구의 밝기	직렬연결일 때 더 밝음(직렬〉병렬)	병렬연결일 때 더 밝음(직렬〈병렬)

정답 44 ④ 45 ③

46 정전용량 1 F에 해당하는 것은?

① 1 V의 전압을 가하여 1 C의 전하가 축적된 경우
② 1 W의 전력을 1초 동안 사용한 경우
③ 1 C의 전하가 1초 동안 흐른 경우
④ 1 C의 전하가 이동하여 1 J의 일을 한 경우

해설 | 정전용량(1 F)

전위를 1 V의 전압을 가하여 1 C(쿨롱)의 전하가 필요한 용량

$C = \dfrac{Q}{V}$ [F]

$1\,\text{F} = \dfrac{C}{V}$

47 그림과 같은 저항기의 값이 4.7 MΩ이고, 허용오차가 ±10 %일 때 이 저항기의 색띠(Color Code)를 바르게 나열한 것은?

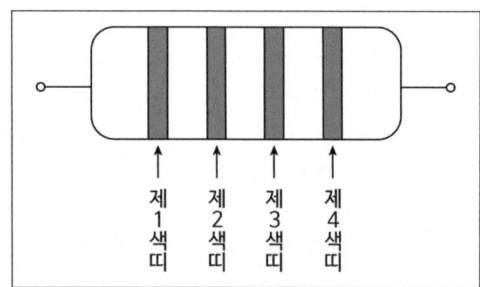

	제1색띠	제2색띠	제3색띠	제4색띠
①	적색	청색	황색	금색
②	녹색	회색	청색	금색
③	황색	자색	녹색	은색
④	동색	녹색	회색	은색

해설 | 저항기의 색띠

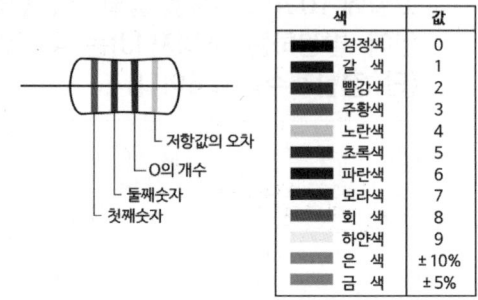

색	값
검정색	0
갈 색	1
빨강색	2
주황색	3
노란색	4
초록색	5
파란색	6
보라색	7
회 색	8
하얀색	9
은 색	±10%
금 색	±5%

4.7 MΩ → 4,700,000 Ω으로
1번째 4 : 노란색(황색)
2번째 7 : 보라색(자색)
3번째 0의 개수 5 : 초록색(녹색)
4번째 ±10 % : 은색

48 소비전력이 3 W인 스피커에 DC 1.5 V, 2,000 mAh의 배터리 2개를 병렬 연결하여 사용하고 있다. 이 스피커를 최대 출력으로 사용할 경우 예상되는 사용시간은?

① 1시간 ② 2시간
③ 4시간 ④ 8시간

해설 | 병렬연결과 예상사용시간

- $P = VI$에서 전류 $I = P/V = 3/1.5 = 2\,\text{A}$
- 축전지 용량 구하는 식 $C = \dfrac{1}{L}KI$에서 용량 환산 시간을 구하면 $K = \dfrac{CL}{I} = \dfrac{2}{2} = 1\,h$이다.
- 배터리 2개를 병렬로 연결하면 시간은 두 배가 되므로 2시간이 된다.

49 대칭 3상 Y결선회로에 관한 설명으로 옳지 않은 것은?

① 상전압은 선간전압보다 위상이 30° 앞선다.
② 선간전압의 크기는 상전압의 $\sqrt{3}$ 배이다.
③ 상전류와 선전류의 크기는 같다.
④ 각 상의 위상차는 120°이다.

해설 | Y결선
1) $I_\ell = I_P$ 선전류와 상전류는 같다.
2) $V_\ell = \sqrt{3}\, V_P$, ∠30°
3) 선간전압은 상전압의 $\sqrt{3}$ 배이고 위상이 30° 앞선다.

50 다음과 같은 R-L-C 직렬회로에 $v(t) = \sqrt{2} \cdot 220 \cdot \sin 120\pi t\, \text{V}$의 순시전압을 인가한 경우 회로에 흐르는 실효전류(A)는 얼마인가?

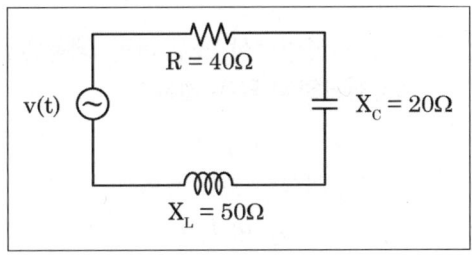

① 2.0 ② 3.1
③ 4.4 ④ 5.5

해설 | 실효전류
[R-L-C 직렬회로]
$I = \dfrac{V}{Z} = \dfrac{V}{\sqrt{R^2 + (X_L - X_C)^2}}$ 에서

[실효전류]
$I = \dfrac{220}{\sqrt{40^2 + (50-20)^2}} = 4.4\, A$

정답 49 ① 50 ③

19회 제3과목 소방관련법령

51 소방기본법령상 소방대의 생활안전활동에 해당하지 않는 것은?

① 붕괴, 낙하 등이 우려되는 고드름, 나무, 위험 구조물 등의 제거 활동
② 위해동물, 벌 등의 포획 및 퇴치
③ 단전 사고 시 비상전원 또는 조명의 공급
④ 집회·공연 등 각종 행사 시 사고에 대비한 근접대기 등 지원활동

해설 | 생활안전활동

신고가 접수된 생활안전·위험제거활동에 대응하기 위해 소방대 출동 활동
1) 붕괴·낙하 우려(고드름, 나무, 위험구조물) 제거활동
2) 위해동물, 벌 등의 포획 및 퇴치활동
3) 끼임, 고립 등에 따른 위험제거 및 구출활동
4) 단전 사고 시 비상전원·조명공급
5) 방치 시 급박해질 우려가 있는 위험을 예방하기 위한 활동
※ ④ 집회·공연 등 각종 행사 시 사고에 대비한 근접대기 등 지원활동 : 생활지원활동

52 소방기본법령상 보상제도에 관한 설명이다. ( )에 들어갈 말을 순서대로 바르게 나열한 것은?

> 소방청장 또는 시·도지사는 「소방기본법」 제16조의3 제1항에 따른 조치로 인하여 손실을 입은 자 등에게 ( )의 심사·의결에 따라 정당한 보상을 하여야 한다. 이러한 보상을 청구할 수 있는 권리는 손실이 있음을 안 날로부터 ( ), 손실이 발생한 날부터 ( )간 행사하지 아니하면 시효의 완성으로 소멸한다.

① 손해보상심의위원회 - 3년 - 5년
② 손실보상심의위원회 - 3년 - 5년
③ 손해보상심의위원회 - 5년 - 10년
④ 손실보상심의위원회 - 5년 - 10년

해설 | 손실보상기준

1) 소방청장 또는 시·도지사는 손실보상심의위원회의 심사·의결에 따라 정당한 보상을 하여야 함
2) 손실보상 청구권리 : 손실이 있음을 안 날부터 3년. 다만 5년간 행사하지 아니하면 소멸됨
3) 손실보상청구사건을 심사·의결하기 위하여 '손실보상심의위원회'를 둠
4) 손실보상의 기준, 보상금액, 지급절차 및 방법, 손실보상심의위원회의 구성 및 운영, 그밖에 필요한 사항 : 대통령령

정답 51 ④ 52 ②

53 소방기본법령상 소방자동차 전용구역에 관한 설명으로 옳지 않은 것은?

① 세대수가 100세대 이상인 아파트의 건축주는 소방자동차 전용구역을 설치하여야 한다.
② 소방자동차 전용구역 노면표지 도료의 색채는 황색을 기본으로 하되, 문자(P, 소방차 전용)는 백색으로 표시한다.
③ 소방자동차 전용구역에 물건 등을 쌓거나 주차하는 등의 방해행위를 하여서는 아니된다.
④ 전용구역 방해행위를 한 자는 100만 원 이하의 벌금에 처한다.

해설 | 소방자동차 전용구역
1) 전용구역 설치대상
   (1) 공동주택으로 100세대 이상 아파트
   (2) 공동주택으로 3층 이상 기숙사
2) 전용구역 설치기준·방법
   (1) 공동주택의 건축주는 소방자동차 접근이 쉽고, 소방활동이 쉬운 위치를 선정
   (2) 각 동별 전면 또는 후면에 소방자동차 전용구역을 1개소 이상 설치
   (3) 단, 하나의 전용구역에서 여러 동의 접근이 가능한 경우 각 동별로 설치를 하지 않을 수 있음

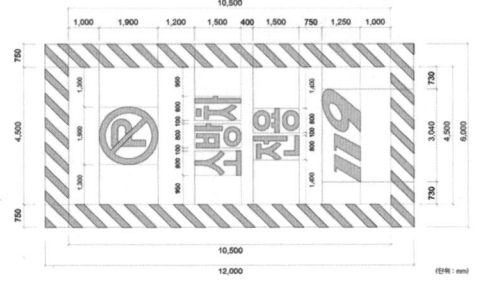

3) 전용구역 방해행위 과태료 부과기준
   (1) 전용구역에 차를 주차하거나 전용구역에의 진입을 가로막는 등의 방해행위를 한 자에게는 100만 원 이하의 과태료를 부과한다.

54 소방기본법령상 용어의 정의에 관한 설명으로 옳지 않은 것은?

① "관계인"이란 소방대상물의 소유자·관리자 또는 점유자를 말한다.
② "관계지역"이란 소방대상물이 있는 장소 및 그 이웃지역으로서 화재의 예방·경계·진압, 구조·구급 등의 활동에 필요한 지역을 말한다.
③ "소방대"란 화재를 진압하고 화재, 재난·재해, 그 밖의 위급한 상황에서 구조·구급 활동 등을 하기 위하여 소방공무원, 의무소방원, 의용소방대원, 사회복무요원으로 구성된 조직체를 말한다.
④ "소방본부장"이란 특별시·광역시·특별자치시·도 또는 특별자치도에서 화재의 예방·경계·진압·조사 및 구조·구급 등의 업무를 담당하는 부서의 장을 말한다.

해설 | 소방기본법 관련 용어의 정의
1) 소방대상물 : 건축물, 차량, 선박(항구에 매어 둔 선박만), 선박건조구조물, 산림, 인공구조물, 물건
2) 관계지역 : 소방대상물의 장소(이웃지역 포함)로 화재진압·예방·구조 등 활동에 필요한 지역
3) 관계인 : 소방대상물의 소유자, 관리자, 점유자
4) 소방본부장 : 특별시, 광역시, 특별자치시·도(시·도)에서 화재진압조사구조 등의 업무를 담당하는 부서의 장
5) 소방대 : 화재를 진압하고 화재재난재해 그 밖의 위급상황에서 구조구급 활동을 하는 조직체
   (1) 소방공무원
   (2) 의무소방원
   (3) 의용소방대원
6) 소방대장 : 소방본부장·소방서장 등 화재·재난 등 위급상황이 발생한 현장에서 소방대를 지휘하는 사람

해설 | 소방시설공사업법 관련 용어의 정의
1) 소방시설업
   (1) 소방시설설계업
   (2) 소방시설공사업
   (3) 소방공사감리업
   (4) 방염처리업
2) 감리원 : 소방기술자로서 해당 소방시설공사를 감리하는 사람
3) 소방기술자
   (1) 소방기술경력을 인정받은 사람으로서
   (2) 소방시설업과 소방시설관리업의 기술인력으로 등록된 사람
   (3) 소방시설관리사, 소방기술사, 소방설비기사·산업기사, 위험물 기능장·기능사·산업기사
4) 발주자 : 소방시설공사 등(설계·시공·감리·방염)을 도급하는 자, 단, 수급인이 도급받은 공사를 하도급하는 자는 제외

55 소방시설공사업법령상 용어에 관한 설명으로 옳은 것은?
① 방염처리업은 소방시설업에 포함된다.
② 위험물기능장은 소방기술자 대상에 포함되지 않는다.
③ 소방시설관리업은 소방시설업에 포함된다.
④ 화재감식평가기사는 소방기술자 대상에 포함된다.

56 소방시설공사업법령상 완공검사를 위한 현장확인대상 특정소방대상물이 아닌 것은?
① 판매시설
② 창고시설
③ 노유자시설
④ 운수시설

해설 | 완공검사
1) 소방공사업자는 공사완료 시 소방본부장·서장에게 완공검사를 받아야 한다.
2) 공사감리자 지정 시 공사감리 결과보고서로서 완공검사를 갈음할 수 있다.
3) <u>완공검사를 위한 현장확인 대상</u>(소방본부장·서장)
   (1) 문화 및 집회, 종교, 판매, 노유자, 수련, 운동, 숙박, 창고, 지하상가, 다중이용업소
   (2) 다음 각 목의 어느 하나에 해당하는 설비가 설치되는 특정소방대상물
      ① 스프링클러설비 등
      ② 물분무등소화설비(호스릴 방식의 소화설비는 제외)
      ③ 연 1만 m^2 이상이거나 11층 이상(아파트 제외)
   (4) 가연성가스 제조저장취급 시설 중 지상 노출 가연성가스탱크 저장용량 합계 1,000 ton 이상
4) 준공되기 전 부분적 사용 필요시 그 일부만 부분완공검사를 신청할 수 있다.
5) 완공검사(부분)의 신청과 검사증명서 발급, 그밖에 필요한 사항은 행정안전부령으로 정한다.

57 소방시설공사업법령상 소방시설업자협회의 업무에 해당하지 않는 것은?

① 소방산업의 발전 및 소방기술의 향상을 위한 지원
② 소방시설업의 기술발전과 관련된 국제교류·활동 및 행사의 유치
③ 소방시설업의 사익 증진과 과태료 부과 업무에 관한 사항
④ 소방시설업의 기술발전과 소방기술의 진흥을 위한 조사·연구·분석 및 평가

해설 | 소방시설업자협회의 업무
1) 소방시설업의 기술발전과 소방기술의 진흥을 위한 조사·연구·분석 및 평가
2) 소방산업의 발전 및 소방기술의 향상을 위한 지원
3) 소방시설업의 기술발전과 관련된 국제교류·활동 및 행사의 유치
4) 이 법에 따른 위탁 업무의 수행

58 소방시설설치 및 관리에 관한 법령상 소방시설에 대한 설명으로 옳은 것은?

① 수용인원 50명인 문화 및 집회시설 중 영화상영관은 공기호흡기를 설치하여야 한다.
② 비상경보설비는 소방시설의 내진설계기준에 맞게 설치하여야 한다.
③ 분말형태의 소화약제를 사용하는 소화기의 내용연수는 5년으로 한다.
④ 불연성물품을 저장하는 창고는 옥외소화전 및 연결살수설비를 설치하지 아니할 수 있다.

정답 57 ③ 58 ④

해설 | 소방시설설치대상
① 수용인원 100명 이상 문화 및 집회시설 중 영화상영관은 공기호흡기를 설치
② 내진설계대상 소방시설 : 옥내소화전, 스프링클러, 물분무 등
③ 분말소화약제 내용연수 : 10년
④ 불연성물품을 저장하는 창고는 옥외소화전 및 연결살수설비를 설치하지 아니할 수 있다.

해설 | 소방시설관리업의 등록취소기준
1) 거짓, 그 밖에 부정한 방법으로 등록
2) 등록증이나 등록수첩을 빌려준 경우
3) 등록의 결격사유에 해당하는 경우(단, 법인의 임원인 경우 2개월 내 교체 시 제외)

행정처분기준			위반행위
1차	2차	3차	
등록 취소	-	-	1. 거짓, 그 밖의 부정한 방법으로 등록한 경우 2. 등록증·등록수첩을 다른 자에게 빌려준 경우 3. 「등록의 결격사유」에 해당하는 경우 다만 임원 중에 등록 결격사유에 해당하는 사람이 있는 법인으로서 결격사유에 해당하게 된 날부터 2개월 이내에 그 임원을 결격 사유가 없는 임원으로 바꾸어 선임한 경우 제외
정지 (1월)	정지 (3월)	등록 취소	4. 점검을 하지 않은 경우 5. 점검능력 평가를 받지 아니하고 자체점검을 한 경우
경고 (시정 명령)	정지 (3월)	등록 취소	6. 거짓으로 점검한 경우 7. 등록기준에 미달하게 된 경우 다만 기술인력이 퇴직하거나 해임되어 30일 이내에 재선임하여 신고한 경우는 제외

59 소방시설설치 및 관리에 관한 법령상 시·도지사가 소방시설관리업 등록을 반드시 취소하여야 하는 사유로 옳은 것을 모두 고른 것은?

ㄱ. 소방시설관리업자가 거짓이나 그 밖의 부정한 방법으로 등록을 한 경우
ㄴ. 소방시설관리업자가 소방시설 등의 자체점검 결과를 거짓으로 보고한 경우
ㄷ. 소방시설관리업자가 관리업의 등록기준에 미달하게 된 경우
ㄹ. 소방시설관리업자가 관리업의 등록증을 다른 자에게 빌려준 경우

① ㄱ, ㄴ ② ㄱ, ㄹ
③ ㄴ, ㄷ ④ ㄷ, ㄹ

정답 59 ②

60 화재의 예방 및 안전관리에 관한 법령상 중앙화재안전조사단의 조사단원이 될 수 있는 사람을 모두 고른 것은?

> ㄱ. 소방공무원
> ㄴ. 소방업무와 관련된 단체의 임직원
> ㄷ. 소방업무와 관련된 연구기관의 임직원

① ㄱ ② ㄱ, ㄴ
③ ㄴ, ㄷ ④ ㄱ, ㄴ, ㄷ

해설 | 중앙화재안전조사단 구성
조사단의 단원은 각 호의 사람 중에서 소방관서장이 임명 또는 위촉, 단장은 단원 중에서 소방관서장이 임명 또는 위촉
1) 소방공무원
2) 소방업무와 관련된 단체 또는 연구기관 등의 임직원
3) 소방 관련 분야에서 전문적인 지식이나 경험이 풍부한 사람

61 소방시설설치 및 관리에 관한 법령상 연소방지설비는 어떤 소방시설에 속하는가?
① 소화설비
② 소화용수설비
③ 소화활동설비
④ 피난구조설비

해설 | 소방활동설비의 종류
1) 소화용수설비 : 화재 진압 시 필요한 물 공급·저장 설비 → 상수도소화용수설비, 소화수조·저수조, 그 밖의 소화용수설비
2) 소화활동설비 : 화재 진압·인명구조 활동을 위해 필요한 설비 → 제연설비, 연결송수관설비, 연결살수설비, 비상콘센트설비, 무선통신보조설비, 연소방지설비
 ① 연결송수관설비 : 건물 내 소화수 부족 시, 소방펌프차가 급수하는 소방관사용 소화설비
 ② 연결살수설비 : 지하가·지하층 화재 시, 외부 소방펌프차의 급수하여 헤드로 일제히 살수함
 ③ 연소방지설비 : 지하구 화재 시, 외부 소방펌프차가 급수하여 구역을 일제히 살수함

62 소방시설설치 및 관리에 관한 법령상 방염대상물품이 아닌 것은?
① 철재를 원료로 제작된 의자
② 카펫
③ 전시용 합판
④ 창문에 설치하는 커튼류

정답 60 ④ 61 ③ 62 ①

해설 | 방염대상물품
1) 제조·가공 공정에서의 방염처리 물품
   (1) 창문에 설치하는 커튼류(블라인드 포함)
   (2) 카펫, 벽지류(두께 2 mm 미만인 종이벽지 제외)
   (3) 전시용 합판 또는 무대용 합판·섬유판
   (4) 암막·무대막(영화상영관 스크린, 가상체험 체육시설업 스크린 포함)
   (5) 섬유류·합성수지류 등 원료의 소파·의자(다중이용업 중 단란주점·유흥주점·노래연습장 영업의 영업장에 설치하는 것만 해당)
2) 천장·벽에 부착·설치하는 실내장식물 → 가구류(옷장·식탁·책상·의자 등)와 너비 10 cm 이하 반자돌림대 등과 내부마감재료는 제외
   (1) 종이류(두께 2 mm 이상), 합성수지류, 섬유류 주원료의 물품
   (2) 합판이나 목재
   (3) 공간구획용 간이 칸막이
   (4) 흡음재, 방음재(커튼 포함)
3) 방염성능기준

잔염시간	버너 불꽃 제거한 때부터 불꽃 올리며 연소 그칠 때까지 시간	20초 이내
잔신시간	버너 불꽃 제거한 때부터 불꽃 올리지 않고 연소 그칠 때까지 시간	30초 이내
탄화면적	불꽃에 의해 탄화된 면적	50 cm² 이내
탄화길이	불꽃에 의해 탄화된 길이	20 cm 이내
불꽃접촉 횟수	불꽃에 의해 녹을 때까지 불꽃의 접촉횟수	3회 이상
최대연기밀도	발연량 측정으로 최대연기밀도	400 이하

63 화재의 예방 및 안전관리에 관한 법령상 소방안전관리대상물의 관계인이 소방안전관리자를 선임한 경우에 소방안전관리대상물의 출입자가 쉽게 알 수 있도록 게시하여야 하는 사항이 아닌 것은?

① 소방안전관리자의 성명
② 소방안전관리자의 소방관련 경력
③ 소방안전관리자의 연락처
④ 소방안전관리자의 선임일자

해설 | 소방안전관리자 현황표
소방안전관리대상물의 관계인이 제24조에 따라 소방안전관리자 또는 소방안전관리보조자를 선임한 경우에는 행정안전부령으로 정하는 바에 따라 선임한 날부터 14일 이내에 소방본부장 또는 소방서장에게 신고하고, 소방안전관리대상물의 출입자가 쉽게 알 수 있도록 소방안전관리자의 성명과 그 밖에 행정안전부령으로 정하는 사항을 게시하여야 한다.
1. 소방안전관리대상물의 명칭 및 등급
2. 소방안전관리자의 성명 및 선임일자
3. 소방안전관리자의 연락처
4. 소방안전관리자의 근무 위치(화재 수신기 또는 종합방재실을 말한다)
※〈시행규칙 별표 5〉점검기록표

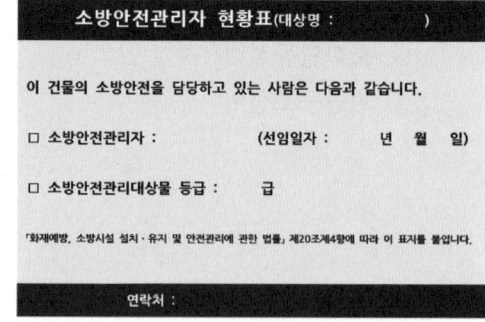

정답 63 ②

64 소방시설설치 및 관리에 관한 법령상 과태료 처분에 해당하는 경우는?

① 형식승인의 변경승인을 받지 아니한 자
② 화재안전기준을 위반하여 소방시설을 설치 또는 유지·관리한 자
③ 영업정지처분을 받고 그 영업정지기간 중에 관리업의 업무를 한 자
④ 소방시설 등에 대한 자체점검을 하지 아니하거나 관리업자 등으로 하여금 정기적으로 점검하게 하지 아니한 자

해설 | 벌칙 및 과태료기준

[1년 이하 또는 1000만 원 이하 벌금]
① 형식승인의 변경승인을 받지 아니한 자
③ 영업정지처분을 받고 그 영업정지기간 중에 관리업의 업무를 한 자
④ 소방시설 등에 대한 자체점검을 하지 아니하거나 관리업자 등으로 하여금 정기적으로 점검하게 하지 아니한 자

[300만 원 이하 과태료]
② 소방시설을 화재안전기준에 따라 설치·관리하지 아니한 자 〈개정 2022.12.1.〉

65 소방시설설치 및 관리에 관한 법령상 방염성능기준 이상의 실내장식물 등을 설치하여야 하는 특정소방대상물이 아닌 것은?

① 공항시설
② 숙박시설
③ 의료시설 중 종합병원
④ 노유자시설

해설 | 방염 설치대상

1) 근린생활시설 중 의원, 치과의원, 한의원, 조산원, 산후조리원, 체력단련장, 공연장 및 종교집회장 〈개정/시행 2024.12.31.〉 개정
2) 건축물 옥내에 있는 문화 및 집회시설, 종교시설, 운동시설(수영장 제외)
3) 의료시설
4) 교육연구시설 중 합숙소
5) 노유자시설
6) 숙박이 가능한 수련시설
7) 숙박시설
8) 방송통신시설 중 방송국 및 촬영소
9) 다중이용업소
10) 1~9호에 해당하지 아니하는 것으로서 층수가 11층 이상의 것(아파트 제외)

정답 64 ② 65 ①

66 위험물안전관리법령상 시·도지사의 허가를 받아야 설치할 수 있는 제조소등은?

① 주택의 난방시설을 위한 취급소
② 축산용으로 필요한 건조시설을 위한 지정수량 20배 이하의 저장소
③ 공동주택의 중앙난방시설을 위한 저장소
④ 농예용으로 필요한 난방시설을 위한 지정수량 20배 이하의 저장소

해설 | 제조소등의 허가, 변경, 신고를 하지 않아도 되는 경우
1) 주택의 난방시설(공동주택의 중앙난방시설을 제외)을 위한 저장소 또는 취급소
2) 농예용·축산용 또는 수산용으로 필요한 난방시설 또는 건조시설을 위한 지정수량 20배 이하의 저장소

67 위험물안전관리법령상 탱크안전성능검사의 대상이 되는 탱크 등에 관한 내용이다. ( )에 들어갈 숫자로 옳은 것은?

| 기초·지반검사 : 옥외탱크저장소의 액체위험물탱크 중 그 용량이 ( )만 리터 이상인 탱크 |

① 20   ② 50
③ 70   ④ 100

해설 | 탱크안전성능검사의 대상이 되는 탱크 및 신청 시기

검사종류	완공검사 신청 시기	신청 시기
기초·지반검사	옥외탱크저장소의 액체위험물탱크 중 그 용량이 100만 L 이상인 탱크	기초 및 지반에 관한 공사 개시 전
충수·수압검사	액체위험물을 저장 또는 취급하는 탱크	위험물 탱크의 배관 및 부속설비 부착 전
용접부검사	옥외탱크저장소의 액체위험물탱크 중 그 용량이 100만 L 이상인 탱크	탱크본체에 관한 공사의 개시 전
암반탱크검사	액체위험물을 저장 또는 취급하는 탱크	암반탱크 본체 공사의 개시 전

정답 66 ③ 67 ④

68 위험물안전관리법령상 제조소등의 위험물안전관리자(이하 "안전관리자"라 함)에 관한 설명으로 옳은 것은?

① 제조소등의 관계인이 안전관리자가 질병 등의 사유로 일시적으로 직무를 수행할 수 없어 대리자를 지정하는 경우 대리자가 안전관리자의 직무를 대행하는 기간은 15일을 초과할 수 없다.
② 제조소등의 관계인이 안전관리자를 해임한 경우 그 관계인 또는 안전관리자는 소방본부장이나 소방서장에게 그 사실을 알려 해임된 사실을 확인받을 수 있다.
③ 제조소등의 관계인이 안전관리자를 선임한 경우에는 선임한 날부터 30일 이내에 소방본부장 또는 소방서장에게 신고하여야 한다.
④ 안전관리자를 선임한 제조소등의 관계인은 안전관리자가 퇴직한 때에는 퇴직한 날부터 60일 이내에 다시 안전관리자를 선임하여야 한다.

해설 | 위험물시설의 안전관리자

1) 제조소등의 관계인은 위험물의 안전관리에 관한 직무를 수행하게 하기 위하여 제조소등마다 대통령이 정하는 위험물취급자격자를 위험물 안전관리자로 선임하여야 한다.
2) 제1항의 규정에 따라 안전관리자를 선임한 제조소등의 관계인은 그 안전관리자를 해임하거나 안전관리자가 퇴직한 때에는 해임하거나 퇴직한 날부터 30일 이내에 다시 안전관리자를 선임하여야 한다.
3) 제조소등의 관계인은 제1항 및 제2항에 따라 안전관리자를 선임한 경우에는 선임한 날부터 14일 이내에 행정안전부령으로 정하는 바에 따라 소방본부장 또는 소방서장에게 신고하여야 한다.
4) 제조소등의 관계인이 안전관리자를 해임하거나 안전관리자가 퇴직한 경우 그 관계인 또는 안전관리자는 소방본부장이나 소방서장에게 그 사실을 알려 해임되거나 퇴직한 사실을 확인 받을 수 있다.
5) 제1항의 규정에 따라 안전관리자를 선임한 제조소등의 관계인은 안전관리자가 여행·질병 그 밖의 사유로 인하여 일시적으로 직무를 수행할 수 없거나 안전관리자의 해임 또는 퇴직과 동시에 다른 안전관리자를 선임하지 못하는 경우에는 국가기술자격법에 따른 위험물의 취급에 관한 자격취득자 또는 위험물안전에 관한 기본지식과 경험이 있는 자로서 행정안전부령이 정하는 자를 대리자로 지정하여 그 직무를 대행하게 하여야 한다. 이 경우 대리자가 안전관리자의 직무를 대행하는 기간은 30일을 초과할 수 없다.

정답 68 ②

6) 안전관리자는 위험물을 취급하는 작업을 하는 때에는 작업자에게 안전관리에 관한 필요한 지시를 하는 등 행정안전부령이 정하는 바에 따라 위험물의 취급에 관한 안전관리와 감독을 하여야 하고, 제조소 등의 관계인과 그 종사자는 안전관리자의 위험물 안전관리에 관한 의견을 존중하고 그 권고에 따라야 한다.
7) 제조소등에 있어서 위험물취급자격자가 아닌 자는 안전관리자 또는 대리자가 참여한 상태에서 위험물을 취급하여야 한다.
8) 다수의 제조소등을 동일인이 설치한 경우에 관계인은 대통령령이 정하는 바에 따라 1인의 안전관리자를 중복하여 선임할 수 있다. 이 경우 대통령령이 정하는 제조소등의 관계인은 대리자의 자격이 있는 자를 각 제조소등별로 지정하여 안전관리자를 보조하게 하여야 한다.
9) 제조소등의 종류 및 규모에 따라 선임하여야 하는 안전관리자의 자격은 대통령령으로 정한다.

69 위험물안전관리법령상 과태료 처분에 해당하는 경우는?

① 정기점검 결과를 기록·보존하지 아니한 자
② 제조소등의 설치허가를 받지 아니하고 제조소등을 설치한 자
③ 안전관리자 또는 그 대리자가 참여하지 아니한 상태에서 위험물을 취급한 자
④ 위험물의 운반에 관한 중요기준에 따르지 아니한 자

해설 | 위험물안전관리법에 벌칙기준
① 정기점검 결과를 기록·보존하지 아니한 자 : 1차, 250 / 2차, 400 / 3차 이상, 500 과태료
② 제조소등의 설치허가를 받지 아니하고 제조소등을 설치한 자 : 5년 이하 징역 또는 1억 원 이하 벌금
③ 안전관리자 또는 그 대리자가 참여하지 아니한 상태에서 위험물을 취급한 자 : 1,000만 원 이하 벌금
④ 위험물의 운반에 관한 중요기준에 따르지 아니한 자 : 1,000만 원 이하 벌금

정답 69 ①

70 위험물안전관리법령상 정기점검의 대상인 제조소등이 아닌 것은?

① 판매취급소 ② 이동탱크저장소
③ 이송취급소 ④ 지하탱크저장소

해설 | 정기점검 대상인 제조소등

구분	대상	점검 시기 및 기록 유지	실시자
정기점검	• 예방규정을 정해야 하는 제조소등 • 지하탱크저장소, 이동탱크저장소 • 위험물을 취급하는 탱크로서 지하에 매설된 탱크가 있는 제조소·주유취급소·일반취급소	[점검시기] • 연 1회 이상 실시 [기록사항] • 점검을 실시한 제조소등의 명칭 • 점검의 방법 및 결과 • 점검연월일 • 점검한 안전관리자 또는 탱크시험자와 점검에 입회한 안전관리자의 성명 [기록유지] • 정기점검 기록 : 3년	• 안전관리자 • 위험물운송자 • 안전관리대행기관 또는 탱크시험자에게 의뢰 가능이 경우 안전관리자는 점검현장에 입회하여야 함
정기검사	• 액체위험물을 저장 또는 취급하는 50만 L 이상 옥외탱크저장소(특정·준특정 옥외탱크저장소)	[정밀정기검사 시기] • 완공검사합격확인증을 발급받은 날부터 12년 • 최근 정밀정기검사 받은 날부터 11년 [중간정기검사 시기] • 완공검사합격확인증을 발급받은 날부터 4년 • 최근의 정기검사를 받은 날부터 4년	• 한국소방산업기술원 [신청 시 제출 서류] ① 구조설비명세표 ② 위치·구조·설비에 관한 도면 ③ 완공검사합격확인증 ④ 밑판, 옆판, 지붕판, 개구부의 보수이력 관한 서류
구조안전점검	• 특정·준특정 옥외탱크저장소 : 정기점검 대상 중 액체위험물의 최대수량 50만 L 이상인 옥외저장탱크	[기록유지] • 차기 정기검사 시까지 보관 [점검시기] • 완공검사합격확인증을 교부받은 날부터 12년 • 최근 정밀정기검사 받은 날부터 11년 • 안전조치 후 연장 신청을 하여 안전조치가 적정한 것으로 인정받은 경우 최근 정기검사를 받은 날부터 13년 [기록유지] • 구조안전점검에 관한 기록 : 25년 • 안전조치 후 연장 신청한 경우 : 30년	• 한국소방산업기술원

[예방규정을 정하여야 할 제조소등]

제조소등	구분(지정수량 배수)
암반탱크저장소·이송취급소	조건 없이 예방규정 준수
제조소·일반취급소	지정수량의 10배 이상
옥외저장소	지정수량의 100배 이상
옥내저장소	지정수량의 150배 이상
옥외탱크저장소	지정수량의 200배 이상

정답 70 ①

71 다중이용업소의 안전관리에 관한 특별법령상 안전시설 등의 설치·유지에 관한 설명이다. (   )에 들어갈 내용으로 옳은 것은?

> 숙박을 제공하는 형태의 다중이용업소의 영업장 또는 밀폐구조의 영업장 중 대통령령으로 정하는 영업장에는 소방시설 중 (   )를(을) 행정안전부령으로 정하는 기준에 따라 설치하여야 한다.

① 간이스프링클러설비
② 비상조명등
③ 자동화재탐지설비
④ 가스누설경보기

해설 | 다중이용업소의 간이스프링클러설비 설치 대상

다중이용업주 및 다중이용업을 하려는 자는 영업장에 대통령령으로 정하는 안전시설 등을 행정안전부령으로 정하는 기준에 따라 설치·유지하여야 한다. 이 경우 <u>다음 각 호의 어느 하나에 해당하는 영업장 중 대통령령으로 정하는 영업장에는 소방시설 중 간이스프링클러설비를 행정안전부령으로 정하는 기준에 따라 설치하여야 한다.</u>
1) 지하층에 설치된 영업장
2) 밀폐구조 영업장
3) <u>숙박을 제공하는 형태의 영업장 중 다음의 영업장</u>(지상 1층 또는 지상과 직접 맞닿아 있는 층에 설치된 영업장은 제외)
   (1) 산후조리업
   (2) 고시원업
4) 권총사격장업

72 다중이용업소의 안전관리에 관한 특별법령상 화재배상책임보험의 가입과 관련하여 과태료 부과 대상에 해당하지 않는 것은?

① 화재배상책임보험에 가입하지 않은 다중이용업주
② 정당한 사유 없이 계약 체결을 거부한 보험 회사
③ 화재배상책임보험 외의 보험 가입을 권유한 보험회사
④ 임의로 계약을 해제 또는 해지한 보험 회사

해설 | 과태료 300만 원 이하
1) 화재배상책임보험 가입 의무를 위반하여 화재배상책임보험에 가입하지 아니한 다중이용업주(최대금액 300만 원, 기간에 따라 차등 적용)
2) 보험회사가 보험의 계약·재계약·해지 경우 통지하지 않은 경우
3) 보험회사가 보험 계약 체결을 거부한 경우
4) 보험회사가 임의로 계약을 해제·해지한 경우
※ 화재보험업무 위탁 시 정보 누설, 정보 제공, 부당 목적을 이용한 자 : 1년 이하의 징역 또는 1,000만 원 이하의 벌금

정답 71 ① 72 ③

73. 다중이용업소의 안전관리에 관한 특별법령상 다중이용업에 해당하지 않는 것은?

① 비디오물감상실업
② 노래연습장업
③ 산후조리업
④ 노인의료복지업

해설 | 다중이용업의 대상범위

구분	종류	면적 및 수용인원
식품접객업 · 공유주방운영업	• 휴게음식점, 제과점영업, 일반음식점업. 다만 영업장이 지상1층 또는 지상과 직접 접하는 층에 설치되고, 그 영업장의 주된 출입구가 건축물 외부의 지면과 직접 연결되는 곳에서 하는 영업을 제외	바닥면적 합계 100 m² 이상 (지하층 66 m² 이상)
	• 단란주점영업, 유흥주점영업	-
-	• 영화상영관, 비디오물감상실업, 비디오물소극장업, 복합영상물제공업	-
학원	• 학원	수용인원 300명 이상
	• 학원 + 기숙사 • 학원 + 다중이용업 • 학원 + 학원, 즉 2개 이상	다만 학원과 다른 용도가 방화구획으로 나누어진 경우 제외: 수용인원 100 이상 300명 미만 / 수용인원 300명 이상
목욕장업	• 하나의 영업장에서 물로 목욕을 할 수 있는 시설 및 설비 등의 서비스를 갖춘 목욕장업 중 맥반석 · 황토 · 옥 등을 직접 또는 간접 가열하여 발생되는 열기 또는 원적외선 등을 이용하여 땀을 낼 수 있는 시설 및 설비	수용인원 100명 이상 (물로 목욕을 할 수 있는 시설 부분의 수용인원은 제외)
	• 맥반석 · 황토 · 옥 등을 직접 또는 간접 가열하여 발생되는 열기 또는 원적외선 등을 이용하여 땀을 낼 수 있는 시설 및 설비 등의 서비스를 갖춘 목욕장업	-
-	• 게임제공업, 인터넷게임시설제공업, 복합유통게임제공업. 다만 지상1층 또는 지상과 직접 접하는 층에 설치된 게임제공업 및 인터넷컴퓨터게임시설제공업의 경우에로서 그 영업장(내부계단으로 연결된 복층구조의 영업장은 제외)의 주된 출입구가 건축물 외부의 지면과 직접 연결된 구조에 해당하는 경우에는 제외	
-	① 노래연습장업 ② 산후조리업 ③ 고시원업 : 구획된 실 안에 학습자가 공부할 수 있는 시설을 갖추고 숙박 또는 숙식을 제공하는 형태의 영업 ④ 권총사격장 : 실내사격장에 한정하며, 종합사격장에 설치된 경우를 포함 ⑤ 가상체험 체육시설업 : 실내에 1개 이상의 별도의 구획된 실을 만들어 골프 종목의 운동이 가능한 시설을 경영하는 영업으로 한정 ⑥ 안마시술소	

정답 73 ④

구분	종류	면적 및 수용인원

행정안전부령	• 화재발생 시 인명피해가 발생할 우려가 높은 불특정다수인이 출입하는 영업 〈2022.6.8. 시행〉
	① 전화방업 · 화상대화방업 : 구획된 실 안에 전화기 · 텔레비전 · 모니터 또는 카메라 등 상대방과 대화할 수 있는 시설을 갖춘 형태의 영업
	② 수면방업 : 구획된 실 안에 침대 · 간이침대 그 밖에 휴식을 취할 수 있는 시설을 갖춘 형태의 영업
	③ 콜라텍업 : 손님이 춤을 추는 시설 등을 갖춘 형태의 영업으로서 주류판매가 허용되지 아니하는 영업
	④ 방탈출카페업 : 제한된 시간 내에 방을 탈출하는 놀이 형태의 영업
	⑤ 키즈카페업
	  가. 기타유원시설업으로서 실내공간에서 어린이에게 놀이를 제공하는 영업
	  나. 실내에 어린이놀이시설을 갖춘 영업
	  다. 휴게음식점영업으로서 실내공간에서 어린이에게 놀이를 제공하고 부수적으로 음식류를 판매 · 제공하는 영업	

행정안전부령	⑥ 만화카페업 : 만화책 등 다수의 도서를 갖춘 다음 각 목의 영업. 다만 도서를 대여 · 판매만 하는 영업인 경우와 영업장으로 사용하는 바닥면적 합계가 50 m² 미만인 경우는 제외
	  가. 휴게음식점영업
	  나. 도서의 열람, 휴식공간 등을 제공할 목적으로 실내에 다수의 구획된 실(室)을 만들거나 입체 형태의 구조물을 설치한 영업	

	• 화재위험평가결과 화재안전등급이 D 또는 E 등급인 경우	

※ 노인의료복지시설 : 노유자시설

74 다중이용업소의 안전관리에 관한 특별법령상 이행강제금에 대한 설명으로 옳지 않은 것은?

① 이행강제금의 1회 부과 한도는 1천만 원 이하이다.
② 조치 명령을 받은 자가 조치 명령을 이행하면 이미 부과된 이행강제금도 징수할 수 없다.
③ 이행강제금을 부과하기 전 이행강제금을 부과 · 징수한다는 것을 미리 문서로 알려주어야 한다.
④ 최초의 조치 명령을 한 날을 기준으로 매년 2회의 범위에서 그 조치 명령이 이행될 때까지 반복하여 이행강제금을 부과 · 징수할 수 있다.

해설 | 다중이용업소의 안전관리법에 따른 이행강제금

1) 소방청장, 소방본부장 또는 소방서장은 조치 명령을 받은 후 그 정한 기간 이내에 그 명령을 이행하지 아니하는 자에게는 <u>1천만 원 이하의 이행강제금</u>을 부과한다.
2) 소방청장, 소방본부장 또는 소방서장은 <u>이행강제금을 부과하기 전에 이행강제금을 부과 · 징수한다는 것을 미리 문서로 알려 주어야 한다.</u>
3) 소방청장, 소방본부장 또는 소방서장은 이행강제금을 부과할 때에는 이행강제금의 금액, 이행강제금의 부과 사유, 납부기한, 수납기관, 이의 제기방법 및 이의 제기기관 등을 적은 문서로 하여야 한다.
4) 소방청장, 소방본부장 또는 소방서장은 <u>최초의 조치 명령을 한 날을 기준으로 매년 2회의 범위에서 그 조치 명령이 이행될 때까지 반복하여 이행강제금을 부과 · 징수할 수 있다.</u>

정답 74 ②

5) 소방청장, 소방본부장 또는 소방서장은 조치 명령을 받은 자가 명령을 이행하면 새로운 이행강제금의 부과를 즉시 중지하되, 이미 부과된 이행강제금은 징수하여야 한다.
6) 소방청장, 소방본부장 또는 소방서장은 이행강제금 부과처분을 받은 자가 이행강제금을 기한까지 납부하지 아니하면 국세 체납처분의 예 또는 지방세 외 수입금의 징수 등에 관한 법률에 따라 징수한다.
7) 이행강제금을 부과하는 위반행위의 종류와 위반 정도에 따른 금액과 이의 제기 절차, 그 밖에 필요한 사항은 대통령령으로 정한다.

75 다중이용업소의 안전관리에 관한 특별법령상 영업장 내부를 구획하고자 할 때 천장(반자 속)까지 불연재료로 구획해야 하는 업종에 해당하는 것은?

① 산후조리업 ② 게임제공업
③ 단란주점 영업 ④ 고시원업

해설 | 영업장의 내부구획
1) 다중이용업소의 영업장 내부를 구획 시, 불연재료로 구획해야 한다.
2) 단, 단란주점 및 유흥주점 영업, 노래연습장업은 천장(반자 속)까지 구획해야 한다.
3) 내부구획의 관통 시 그 틈을 내화충전성능(KS 또는 국토부장관 고시)의 재료로 메워야 한다.

정답 75 ③

19회 제4과목 위험물의 성상 및 시설기준

목표 점수 : _____   맞은 개수 : _____

76 아염소산나트륨(NaClO₂)에 관한 설명으로 옳지 않은 것은?

① 매우 불안정하여 180℃ 이상 가열하면 발열 분해하여 O_2를 발생한다.
② 가연성물질로서 가열, 충격, 마찰에 의해 발화, 폭발한다.
③ 암모니아, 아민류와 반응하여 폭발성의 물질을 생성한다.
④ 수용액 상태에서도 산화력을 가지고 있다.

해설 | 아염소산나트륨
1) 무색 또는 백색결정, 물에 잘 녹으며 조해성
2) 산과 반응하면 이산화염소의 유독가스 발생
  $3NaClO_2 + 2HCl$
  $\rightarrow 3NaCl + 2ClO_2 + H_2O_2$
3) 유기물, 금속분 등 환원성물질과 접촉하면 즉시 폭발
4) 가연물과의 접촉 또는 혼합이나 분해를 촉진하는 물품과의 접근 또는 과열, 충격, 마찰 등을 피하는 한편, 알칼리금속의 과산화물 및 이를 함유한 것에 있어서는 물과의 접촉을 피해야 한다.

77 황 480 g이 공기 중에서 완전연소할 때 발생되는 이산화황(SO_2) 가스의 발생량[g]은? (단, 황의 원자량은 32, 산소의 원자량은 16으로 한다)

① 630   ② 730
③ 850   ④ 960

해설 | 이산화황가스의 발생량
1) 황의 완전연소반응식
  $S + O_2 \rightarrow SO_2$
2) 황 480 g이 완전연소할 때 SO_2 발생량
  비례식 32 g : 64 g = 480 g : X g
  X = 960 g

78 나트륨(Na)에 관한 설명으로 옳지 않은 것은?

① 수은과 격렬하게 반응하여 나트륨 아말감을 만든다.
② 물과 격렬하게 반응하여 발열하고, HO_2를 발생한다.
③ 에틸알코올과 반응하여 H_2를 발생한다.
④ 질산과 격렬하게 반응하여 H_2를 발생한다.

정답 76 ② 77 ④ 78 ②

해설 | 나트륨(Na)
1) 은백색의 광택이 있는 무른 경금속으로 노란색 불꽃을 내면서 연소
2) 보호액(등유, 경유, 유동파라핀)을 넣은 내통에 밀봉 저장
3) 아이오딘산과 접촉 시 폭발하며, 수은과 결렬반응 및 폭발반응
4) 물과 반응
$2Na + 2H_2O \rightarrow 2NaOH + H_2$
5) 알코올과 반응
$2Na + 2C_2H_5OH \rightarrow 2C_2H_5ONa + H_2 \uparrow$
6) 산과 반응
$2Na + 2HCl \rightarrow 2NaCl + H_2 \uparrow$
7) 액체암모니아와 반응
$2Na + 2NH_3 \rightarrow 2NaNH_2 + H_2 \uparrow$

해설 | 철분(Fe)
1) 은백색의 광택, 금속분말
2) 물과 반응 시 수소가스 발생
$2Fe + 3H_2O \rightarrow Fe_2O_3 + 3H_2 \uparrow$
3) 공기 중에서 서서히 산화하여 산화 제이철이 되어 백색 광택이 황갈색으로 변화
$4Fe + 3O_2 \rightarrow 2Fe_2O_3$
4) 강산화제인 발연 질산에 넣었다 꺼내면 산화피복 형성 부동태가 됨
5) 상온에서 강산과 반응하여 철화합물 생성, 수소가스 발생
$2Fe + 6HCl \rightarrow 2FeCl_3 + 3H_2 \uparrow$
$Fe + H_2SO_4 \rightarrow FeSO_4 + H_2 \uparrow$

79 철분(Fe)에 관한 설명으로 옳지 않은 것은?

① 절삭유와 같은 기름이 묻은 철분을 장기 방치하면 자연발화하기 쉽다.
② 용융 황과 접촉하면 폭발하며 무기과산화물과 혼합한 것은 소량의 물에 의해 발화한다.
③ 금속의 온도가 충분히 높을 때 수증기와 반응하며 O_2를 발생한다.
④ 발연질산에 넣었다가 꺼내면 산화 피막을 형성하여 부동태가 된다.

80 다이에틸에터($C_2H_5OC_2H_5$)에 관한 설명으로 옳지 않은 것은?

① 물과 접촉 시 격렬하게 반응한다.
② 비점, 인화점, 발화점이 매우 낮고, 연소범위가 넓다.
③ 연소범위의 하한치가 낮아 약간의 증기가 누출되어도 폭발을 일으킨다.
④ 증기압이 높아 저장용기가 가열되면 변형이나 파손되기 쉽다.

해설 | 다이에틸에터
• 물에 약간 녹고 물과 반응하지 않는다.
• 알코올에 잘 녹으며 발생된 증기는 마취성이 있다.

정답 79 ③ 80 ①

81 제3류 위험물이 아닌 것은?

① 황린
② 다이크로뮴산염
③ 탄화칼슘
④ 알킬리튬

해설 | 다이크로뮴산염($H_2Cr_2O_7$) : 제1류 위험물
1) 다이크로뮴산칼륨 $K_2Cr_2O_7$
2) 다이크로뮴산나트륨 $Na_2Cr_2O_7$
3) 다이크로뮴산암모늄 $(NH_4)_2Cr_2O_7$

82 하이드라진(N_2H_4)에 관한 설명으로 옳지 않은 것은?

① 공기 중에서 가열하면 약 180℃에서 다량의 NH_3, N_2, H_2를 발생한다.
② 산소가 존재하지 않아도 폭발할 수 있다.
③ 강알칼리, 강환원제와는 반응하지 않는다.
④ CuO, CaO, HgO, BaO과 접촉할 때 불꽃이 발생하며 혼촉발화한다.

해설 | 하이드라진(N_2H_4) : 제4류 위험물 제2석유류 수용성
1) 하이드라진은 암모니아 냄새가 나는 무색의 발연 유성액체
2) 물이나 알코올에는 잘 녹고, 에터에는 녹지 않음
3) 유리를 침식하고 코르크나 고무를 분해하므로 사용하지 말 것
4) 약알칼리성으로 공기 중 약 180℃에서 암모니아와 질소로 분해($2N_2H_4 \rightarrow 2NH_3 + N_2 + H_2$)
5) 발암성물질로서 피부, 호흡기에 유독, 유해
6) 과산화수소와 하이드라진 혼촉발화
   - $7H_2O_2 + N_2H_4 \rightarrow 2HNO_3 + 8H_2O$
7) 인화점은 99℉이며, 미량의 공기가 있을 경우 증류하는 동안 폭발
8) 조직에 대해 부식성
9) 연소하는 동안 유독한 질소 산화물을 생성하며 로켓 추진체 및 연료 전지에 사용

83 염소산($HClO_4$)에 관한 설명으로 옳지 않은 것은?

① 종이, 나뭇조각 등이 유기물과 접촉하면 연소·폭발한다.
② 알코올과 에터에 폭발위험이 있고, 불순물과 섞여 있는 것은 폭발이 용이하다.
③ 물과 반응하면 심하게 발열하며 소리를 낸다.
④ 아염소산보다는 약한산이다.

정답 81 ② 82 ③ 83 ④

해설 | 과염소산($HClO_4$)
1) 무색, 무취 유동하기 쉬운 액체로 염소 냄새, 흡습성, 휘발성
2) 가열하면 폭발하고 산성이 강함
   $HClO_4 \rightarrow HCl + 2O_2$
3) 물과 반응하면 심하게 발열
4) 불연성, 자극성, 산화성
5) 밀폐용기에 보관, 저온에서 통풍이 잘 되는 곳에 보관
6) 강산화제, 환원제, 알코올류, 시안화합물, 알칼리와 접촉 방지
7) 염소산 중에서 제일 강한 산
   $HClO < HClO_2 < HClO_3 < HClO_4$

84 나이트로소화합물에 관한 설명으로 옳은 것은?

① 분해가 용이하고 가열 또는 충격·마찰에 안정하다.
② 연소속도가 느리다.
③ 나이트로소기(-NO)가 결합된 유기화합물이다.
④ 질식소화가 효과적이다.

해설 | 나이트로소화합물 : 나이트로소기(-NO)를 가진 화합물
1) 가열, 마찰, 충격에 의해 폭발의 위험이 있다.
2) 불안정하며 연소속도가 빠르다.
3) 산소를 함유하고 있는 자기연소성, 폭발성물질이다.
4) 다량의 물로 냉각소화가 효과적이다.

85 위험물안전관리법령상 제조소의 위치·구조 및 설비의 기준에서 지정수량 5배의 하이드록실아민(NH_2OH)을 취급하는 위험물 제조소의 외벽과 병원(의료법에 의한 병원급 의료기관)의 안전거리로 옳은 것은?

① 58 m 이상
② 68 m 이상
③ 78 m 이상
④ 88 m 이상

해설 | 안전거리
1) 하이드록실아민 등을 취급하는 제조소의 특례
   지정수량 이상의 하이드록실아민 등을 취급하는 제조소의 위치는 건축물의 벽 또는 이에 상당하는 공작물의 외측으로부터 해당 제조소의 외벽 또는 이에 상당하는 공작물의 외측까지의 사이에 다음 식에 의하여 요구되는 거리 이상의 안전거리를 둔다.
   $D = 51.1 \sqrt[3]{N}$
   D : 거리(m)
   N : 해당 제조소에서 취급하는 하이드록실아민 등의 지정수량의 배수
2) 풀이 : $D = 51.1 \sqrt[3]{5}$
   $= 87.3797 \text{ m} ≒ 88 \text{ m 이상}$

정답 84 ③ 85 ④

86 제4류 위험물 중 제1석유류가 아닌 것은?

① 벤젠
② 아세톤
③ 에틸렌글라이콜
④ 메틸에틸케톤

해설 | 제4류 위험물 유별 구분

종류	유별	지정수량 L	위험등급
벤젠	4-1	200	II
아세톤	4-1(수)	400	II
에틸렌글라이콜	4-3(수)	4,000	III
메틸에틸케톤	4-1	200	II

87 위험물안전관리법령상 브로민산칼륨 ($KBrO_3$)의 지정 수량 [kg]은?

① 50
② 100
③ 200
④ 300

해설 | 브로민산칼륨($KBrO_3$)
제1류 위험물 300 kg 위험등급 II

88 다음 물질 중 발화점이 가장 낮은 것은?

① 아크롤레인
② 톨루엔
③ 메틸에틸케톤
④ 초산에틸

해설 | 제4류 인화성액체의 제1석유류 비수용성 액체

종류	화학식	발화점[℃]
아크롤레인(프로펜알)	$CH_2=CHCHO$	220
톨루엔(메틸벤젠)	$C_6H_5CH_3$	480
메틸에틸케톤	$C_2H_5COCH_3$	505
초산에틸(아세트산에틸)	$CH_3COOC_2H_5$	429

89 분자량 227 g/mol인 나이트로글리세린 [$C_3H_5(ONO_2)_3$] 2,000 g이 부피 1,500 mL인 비파괴성 용기에서 폭발하였다. 폭발 당시의 온도가 500 ℃라면 이때의 압력 [atm]은 얼마인가? (단, 절대온도 273 K, 기체상수 0.082 L·atm/K·mol이며, 소수점 이하는 절삭한다)

① 372
② 400
③ 485
④ 575

해설 | 폭발 당시 온도에서 증가한 압력

[풀이 1] 이상기체상태방정식

$$PV = nRT = \frac{W}{M}RT$$

P : 압력 [atm]
V : 부피 [L]
n : 몰수 [mol]
M : 분자량
R : 기체상수 [L · atm/mol · K]
T : 절대온도

$$\therefore P = \frac{WRT}{MV} = \frac{2,000 \times 0.082 \times 773}{227 \times 1.5}$$

$$= 372.3113 \, atm$$

[풀이 2] 폭발 당시의 압력

1) 나이트로글리세린의 폭발반응식
   $4C_3H_5(ONO_2)_3 \rightarrow 12CO_2 + 10H_2O + 6N_2 + O_2$

   암기 이물질산121061

2) 4 mol의 N.G가 폭발하여 총 29 mol의 가스 생성
   즉, 몰의 부피가 7.25배 증가

3) N.G 2,000 g의 몰수
   1 mol : 227 g = X mol : 2,000 g
   X = 8.8106 mol

4) N.G 2,000 g 폭발 시 가스 생성량
   8.8106 mol × 7.25배 = 63.8769 mol

5) 500℃에서 폭발 당시 압력

   $$P = \frac{nRT}{V(\text{폭발전 용기의 부피})}$$

   $$= \frac{63.8767 \, mol \times 0.082 \times 773}{1.5}$$

   $$= 2,699.27 \, atm ≒ 2,700 \, atm$$

[정답]
단순히 이상기체상태방정식을 적용하면 372 atm으로 증가하며 문제의 정답으로 [풀이 1]을 적용할 수 있다. 그러나 폭발 당시 온도에서 증가한 압력을 구하는 것은 [풀이 2]를 적용하는 것이 합리적이다.

90 다음은 위험물안전관리법령상 제조소의 위치·구조 및 설비의 기준에 관한 내용이다. (   )에 알맞은 숫자를 순서대로 나열한 것은?

> Ⅱ. 보유공지
> 1. 위험물을 취급하는 건축물 그 밖의 시설(위험물을 이송하기 위한 배관 그 밖에 이와 유사한 시설을 제외한다)의 주위에는 그 취급하는 위험물의 최대수량에 따라 다음 표에 대한 너비의 공지를 보유하여야 한다.
>
> | 취급하는 위험물의 최대 수량 | 공지의 너비 |
> | --- | --- |
> | 지정수량의 10배 이하 | (   ) m 이상 |
> | 지정수량의 10배 초과 | (   ) m 이상 |

① 1, 3 ② 2, 3
③ 3, 5 ④ 5, 7

해설 | 보유공지

1) 위험물을 취급하는 건축물 그 밖의 시설(위험물을 이송하기 위한 배관 그 밖에 이와 유사한 시설 제외)의 주위에는 그 취급하는 위험물의 최대수량에 따라 공지를 보유하여야 한다.

취급하는 위험물의 최대 수량	공지의 너비
지정수량의 10배 이하	3 m 이상
지정수량의 10배 초과	5 m 이상

정답 90 ③

2) 제조소의 작업공정이 다른 작업장의 작업공정과 연속되어 있어 제조소의 건축물 그 밖의 공작물의 주위에 공지를 두게 되면 그 제조소의 작업에 현저한 지장이 생길 우려가 있는 경우 당해 제조소와 다른 작업장 사이에 다음 각 목의 기준에 따라 방화상 유효한 격벽을 설치한 때에는 당해 제조소와 다른 작업장 사이에 공지를 보유하지 아니할 수 있다.
   (1) 방화벽은 내화구조로 할 것(다만 취급하는 위험물이 제6류 위험물인 경우에는 불연재료로 할 수 있다)
   (2) 방화벽에 설치하는 출입구 및 창 등의 개구부는 가능한 한 최소로 하고, 출입구 및 창에는 자동폐쇄식의 60분+ 방화문 또는 60분 방화문을 설치할 것
   (3) 방화벽의 양단 및 상단이 외벽 또는 지붕으로부터 50 cm 이상 돌출하도록 할 것

91 위험물안전관리법령상 제조소의 위치·구조 및 설비의 기준에서 배관의 설치에 관한 설명으로 옳은 것은?

① 배관의 재질은 폴리에틸렌(PE)관 그 밖에 이와 유사한 금속성으로 하여야 한다.
② 배관에 걸리는 최대상용압력의 1.2배 이상의 압력으로 수압시험을 실시하여야 한다.
③ 지상에 설치하는 배관은 지진·풍압·지반침하 및 온도 변화에 안전한 구조의 지지물에 설치하여야 한다.
④ 지하에 매설하는 배관은 지면에 미치는 중량이 당해 배관에 미치도록 하여 안전하게 하여야 한다.

해설 | 위험물 제조소 내 위험물 취급 배관 설치 기준
1) 배관의 재질은 강관 그 밖에 이와 유사한 금속성으로 하여야 한다. 다만 다음 각 목의 기준에 적합한 경우에는 그러하지 아니하다.
   (1) 배관의 재질은 한국산업규격의 유리섬유강화플라스틱·고밀도폴리에틸렌 또는 폴리우레탄으로 할 것
   (2) 배관의 구조는 내관 및 외관의 이중으로 하고, 내관과 외관의 사이에는 틈새공간을 두어 누설 여부를 외부에서 쉽게 확인할 수 있도록 할 것(다만 배관의 재질이 취급하는 위험물에 의해 쉽게 열화될 우려가 없는 경우에는 그러하지 아니하다)
   (3) 국내 또는 국외의 관련 공인시험기관으로부터 안전성에 대한 시험 또는 인증을 받을 것
   (4) 배관은 지하에 매설할 것(다만 화재 등 열에 의하여 쉽게 변형될 우려가 없는 재질이거나 화재 등 열에 의한 악영향을 받을 우려가 없는 장소에 설치되는 경우에는 그러하지 아니하다)
2) 배관에 걸리는 최대상용압력의 1.5배 이상의 압력으로 수압시험(불연성의 액체 또는 기체를 이용하여 실시하는 시험을 포함)을 실시하여 누설 그 밖의 이상이 없는 것으로 하여야 한다.
3) 배관을 지상에 설치하는 경우에는 지진·풍압·지반침하 및 온도 변화에 안전한 구조의 지지물에 설치하되, 지면에 닿지 아니하도록 하고 배관의 외면에 부식방지를 위한 도장을 하여야 한다. 다만 불변강관 또는 부식의 우려가 없는 재질의 배관의 경우에는 부식방지를 위한 도장을 아니할 수 있다.

4) 배관을 지하에 매설하는 경우에는 다음 각 목의 기준에 적합하게 하여야 한다.
   (1) 금속성 배관의 외면에는 부식방지를 위하여 도복장·코팅 또는 전기방식 등의 필요한 조치를 할 것
   (2) 배관의 접합부분(용접에 의한 접합부 또는 위험물의 누설의 우려가 없다고 인정되는 방법에 의하여 접합된 부분을 제외한다)에는 위험물의 누설 여부를 점검할 수 있는 점검구를 설치할 것
   (3) 지면에 미치는 중량이 당해 배관에 미치지 아니하도록 보호할 것
5) 배관에 가열 또는 보온을 위한 설비를 설치하는 경우에는 화재예방상 안전한 구조로 하여야 한다.

92
위험물안전관리법령상 제조소의 위치·구조 및 설비의 기준에서 표지 및 게시판에 관한 설명으로 옳지 않은 것은?

① "위험물제조소"의 표지는 백색바탕에 흑색문자로 할 것
② 제1류 위험물의 "물기엄금"의 표지는 청색바탕에 백색문자로 할 것
③ 제4류 위험물의 "화기엄금"의 표지는 적색바탕에 백색문자로 할 것
④ 제5류 위험물의 "화기주의"의 표지는 적색바탕에 백색문자로 할 것

해설 | 표지 및 게시판
제5류 위험물의 "화기엄금"의 표지는 적색바탕에 백색문자로 할 것

93
위험물안전관리법령상 소화설비, 경보설비 및 피난설비의 기준에서 위험물제조소의 연면적이 2,000 m² 또는 저장 및 취급하는 위험물이 지정수량의 150배 이상인 위험물제조소에 설치하여야 하는 소화설비로 옳은 것을 모두 고른 것은?

ㄱ. 옥내소화전설비
ㄴ. 옥외소화전설비
ㄷ. 상수도소화전설비
ㄹ. 물분무소화설비

① ㄱ, ㄴ, ㄷ   ② ㄱ, ㄴ, ㄹ
③ ㄱ, ㄷ, ㄹ   ④ ㄴ, ㄷ, ㄹ

해설 | 위험물제조소에 설치하여야 하는 소화설비
1) 소화난이등급 Ⅰ에 해당하는 제조소, 일반취급소
   (1) 연면적 1,000 m² 이상인 것
   (2) 지정수량의 100배 이상인 것(고인화점 위험물만을 100℃ 미만의 온도에서 취급하는 것 및 제48조의 위험물을 취급하는 것은 제외)
   (3) 지반면으로부터 6 m 이상의 높이에 위험물 취급설비가 있는 것(고인화점 위험물만을 100℃ 미만의 온도에서 취급하는 것은 제외)
   (4) 일반취급소로 사용되는 부분 외의 부분을 갖는 건축물에 설치된 것(내화구조로 개구부 없이 구획된 것, 고인화점 위험물만을 100℃ 미만의 온도에서 취급하는 것 및 화학실험의 일반취급소는 제외)

정답 92 ④ 93 ②

2) 소화난이도등급 I 의 제조소등에 설치하여야 하는 소화설비
  (1) 옥내소화전설비, 옥외소화전설비, 스프링클러설비 또는 물분무등소화설비(화재 발생 시 연기가 충만할 우려가 있는 장소에는 스프링클러설비 또는 이동식 외의 물분무등소화설비에 한함)

94 위험물안전관리법령상 옥외탱크저장소의 위치·구조 및 설비의 기준에서 인화성 액체위험물(이황화탄소 제외) 옥외탱크저장소의 탱크 주위에 설치하는 방유제의 설치높이 기준으로 옳은 것은?

① 0.1 m 이상 1 m 이하
② 0.3 m 이상 2 m 이하
③ 0.5 m 이상 3 m 이하
④ 0.7 m 이상 4 m 이하

해설 | 방유제의 설치높이

방유제는 높이 0.5 m 이상 3 m 이하, 두께 0.2 m 이상, 지하매설 깊이 1 m 이상으로 한다. 다만 방유제와 옥외저장탱크 사이의 지반면 아래에 불침윤성(不浸潤性) 구조물을 설치하는 경우에는 지하매설깊이를 해당 불침윤성 구조물까지로 할 수 있다.

95 위험물안전관리법령상 옥외저장소의 위치·구조 및 설비의 기준에서 옥외저장소에 위험물을 저장하는 경우 저장장소 주위에 배수구 및 집유설비를 설치하여야 하는 위험물이 아닌 것은?

① 에틸알코올   ② 다이에틸에터
③ 톨루엔   ④ 초산에틸

해설 | 인화성고체, 제1석유류 또는 알코올류의 옥외저장소의 특례

1) 인화성고체, 제1석유류 또는 알코올류를 저장 또는 취급하는 장소에는 당해 위험물을 적당한 온도로 유지하기 위한 살수설비 등을 설치하여야 한다.
2) 제1석유류 또는 알코올류를 저장 또는 취급하는 장소의 주위에는 배수구 및 집유설비를 설치하여야 한다. 이 경우 제1석유류(온도 20℃의 물 100 g에 용해되는 양이 1 g 미만인 것에 한한다)를 저장 또는 취급하는 장소에 있어서는 집유설비에 유분리장치를 설치하여야 한다.

96 위험물안전관리법령상 옥외탱크저장소의 위치·구조 및 설비의 기준에서 무연가솔린 5,000리터를 저장하는 위험물 옥외탱크저장소에는 접지시설을 하거나 피뢰침을 설치하여야 한다. 이 경우 위험물 옥외탱크저장소에 피뢰침을 설치하지 아니할 수 있는 접지시설의 저항값으로 옳은 것은?

① 5 Ω 이하   ② 10 Ω 이하
③ 15 Ω 이상 ④ 20 Ω 이상

해설 | 옥외저장탱크의 외부구조 및 설비

지정수량의 10배 이상인 옥외탱크저장소(제6류 위험물의 옥외탱크저장소를 제외한다)에는 피뢰침을 설치하여야 한다. 다만 탱크에 저항이 5 Ω 이하인 접지시설을 설치하거나 인근 피뢰설비의 보호범위 내에 들어가는 등 주위의 상황에 따라 안전상 지장이 없는 경우에는 피뢰침을 설치하지 아니할 수 있다.

97 위험물안전관리법령상 이송취급소의 위치·구조 및 설비의 기준에서 배관을 지하에 매설하는 경우 건축물의 외면으로부터 배관까지의 안전거리는 얼마인가? (단, 지하가 내의 건축물을 제외한다)

① 0.5 m 이상
② 0.75 m 이상
③ 1.0 m 이상
④ 1.5 m 이상

해설 | 이송취급소 지하매설 배관설치의 기준

1) 배관은 그 외면으로부터 건축물·지하가·터널 또는 수도시설까지 각각 다음의 규정에 의한 안전거리를 둘 것. 다만 (2) 또는 (3)의 공작물에 있어서는 적절한 누설확산방지조치를 하는 경우에 그 안전거리를 2분의 1의 범위 안에서 단축할 수 있다.
   (1) 건축물(지하가 내의 건축물을 제외한다) : 1.5 m 이상
   (2) 지하가 및 터널 : 10 m 이상
   (3) 수도법에 의한 수도시설(위험물의 유입 우려가 있는 것에 한한다) : 300 m 이상

2) 배관은 그 외면으로부터 다른 공작물에 대하여 0.3 m 이상의 거리를 보유할 것. 다만 0.3 m 이상의 거리를 보유하기 곤란한 경우로서 당해 공작물의 보전을 위하여 필요한 조치를 하는 경우에는 그러하지 아니하다.

3) 배관의 외면과 지표면과의 거리는 산이나 들에 있어서는 0.9 m 이상, 그 밖의 지역에 있어서는 1.2 m 이상으로 할 것. 다만 당해 배관을 각각의 깊이로 매설하는 경우와 동등 이상의 안전성이 확보되는 견고하고 내구성이 있는 구조물(이하 "방호구조물"이라 한다) 안에 설치하는 경우에는 그러하지 아니하다.

4) 배관은 지반의 동결로 인한 손상을 받지 아니하는 적절한 깊이로 매설할 것

5) 성토 또는 절토를 한 경사면의 부근에 배관을 매설하는 경우에는 경사면의 붕괴에 의한 피해가 발생하지 아니하도록 매설할 것

6) 배관의 입상부, 지반의 급변부 등 지지조건이 급변하는 장소에 있어서는 굽은 관을 사용하거나 지반개량 그 밖에 필요한 조치를 강구할 것

7) 배관의 하부에는 사질토 또는 모래로 20 cm(자동차 등의 하중이 없는 경우에는 10 cm) 이상, 배관의 상부에는 사질토 또는 모래로 30 cm(자동차 등의 하중에 없는 경우에는 20 cm) 이상 채울 것

정답 97 ④

98 위험물안전관리법령상 제조소의 위치·구조 및 설비 기준에서 위험물을 취급하는 건축물의 지붕(작업공정상 제조기계시설 등이 2층 이상에 연결되어 설치된 경우에는 최상층의 지붕을 말한다)을 내화구조로 할 수 없는 것은?

① 제1류 위험물
② 제2류 위험물(분상의 것과 인화성고체 제외)
③ 제4류 위험물 중 제4석유류·동식물유류
④ 제6류 위험물을 취급하는 건축물

해설 | 건축물의 구조

지붕(작업공정상 제조기계시설 등이 2층 이상에 연결되어 설치된 경우에는 최상층의 지붕을 말한다)은 폭발력이 위로 방출될 정도의 가벼운 불연재료로 덮어야 한다. 다만 위험물을 취급하는 건축물이 다음에 해당하는 경우에는 그 지붕을 내화구조로 할 수 있다.
1) 제2류 위험물(분상의 것과 인화성고체를 제외한다), 제4류 위험물 중 제4석유류·동식물유류 또는 제6류 위험물을 취급하는 건축물인 경우
2) 다음의 기준에 적합한 밀폐형 구조의 건축물인 경우
　(1) 발생할 수 있는 내부의 과압(過壓) 또는 부압(負壓)에 견딜 수 있는 철근콘크리트조일 것
　(2) 외부화재에 90분 이상 견딜 수 있는 구조일 것

99 위험물안전관리법령상 옥내저장소의 위치·구조 및 설비의 기준에서 제4류 위험물 중 아세톤을 보관하는 하나의 옥내저장창고(2 이상의 구획된 실이 있는 때에는 각 실의 바닥면적의 합계로 한다)의 최대 바닥면적 [m²]은?

① 500
② 1,000
③ 1,500
④ 2,000

해설 | 옥내저장소의 기준

하나의 저장창고의 바닥면적(2 이상의 구획된 실이 있는 경우에는 각 실의 바닥면적의 합계)은 다음 면적 이하로 하여야 한다. 이 경우 1)의 위험물과 2)의 위험물을 같은 저장창고에 저장하는 때에는 1)의 위험물을 저장하는 것으로 보아 그에 따른 바닥면적을 적용한다.
1) 다음의 위험물을 저장하는 창고 : 1,000 m²
　(1) 제1류 위험물 중 아염소산염류, 염소산염류, 과염소산염류, 무기과산화물 그 밖에 지정수량이 500 kg인 위험물
　(2) 제3류 위험물 중 칼륨, 나트륨, 알킬알루미늄, 알킬리튬 그 밖에 지정수량이 10 kg인 위험물 및 황린
　(3) 제4류 위험물 중 특수인화물, 제1석유류 및 알코올류
　(4) 제5류 위험물 중 유기과산화물, 질산에스터류 그 밖에 지정수량이 10 kg인 위험물
　(5) 제6류 위험물
2) 1)의 위험물 외의 위험물을 저장하는 창고 : 2,000 m²
3) 1)의 위험물과 나목의 위험물을 내화구조의 격벽으로 완전히 구획된 실에 각각 저장하는 창고 : 1,500 m²(가목의 위험물을 저장하는 실의 면적은 500 m²를 초과할 수 없다)

100 위험물안전관리법령상 수소충전설비를 설치한 주유취급소의 특례에 관한 설명으로 옳지 않은 것은?

① 충전설비의 위치는 주유공지 또는 급유공지 내의 장소로 한다.
② 충전설비는 자동차 등의 충돌을 방지하는 조치를 마련하여야 한다.
③ 충전설비는 자동차 등의 충돌을 감지하여 운전을 자동으로 정지시키는 구조이어야 한다.
④ 충전설비의 충전호스는 자동차 등의 가스충전구와 정상적으로 접속하지 않는 경우에는 가스가 공급되지 않는 구조로 하여야 한다.

해설 | 충전설비
1) 위치는 주유공지 또는 급유공지 외의 장소로 하되, 주유공지 또는 급유공지에서 압축수소를 충전하는 것이 불가능한 장소로 할 것
2) 충전호스는 자동차 등의 가스충전구와 정상적으로 접속하지 않는 경우에는 가스가 공급되지 않는 구조로 하고, 200 kg중 이하의 하중에 의하여 파단 또는 이탈되어야 하며, 파단 또는 이탈된 부분으로부터 가스 누출을 방지할 수 있는 구조일 것
3) 자동차 등의 충돌을 방지하는 조치를 마련할 것
4) 자동차 등의 충돌을 감지하여 운전을 자동으로 정지시키는 구조일 것

정답 100 ①

19회 제5과목 소방시설의 구조원리

목표 점수 : _____ 맞은 개수 : _____

101 비상방송설비의 화재안전기술기준상 배선의 설치기준으로 옳은 것은?

① 화재로 인하여 하나의 층에 확성기 또는 배선이 단락 또는 단선되어도 다른 층의 화재통보에 지장이 없도록 한다.
② 전원회로의 배선은 옥내소화전설비의 화재안전기술기준(NFTC 102)에 따른 내화배선 또는 내열배선에 따라 설치한다.
③ 전원회로의 부속회로는 전로와 대지 사이 및 배선 상호 간의 절연저항은 1경계구역마다 직류 500 V의 절연저항측정기를 사용하여 측정한 절연저항이 0.1 MΩ 이상이 되도록 한다.
④ 비상방송설비의 배선은 다른 전선과 별도의 관·덕트 몰드 또는 풀박스 등에 설치한다. 다만 100 V 미만의 약전류회로에 사용하는 전선으로서 각각의 전압이 같을 때에는 그러하지 아니하다.

해설 | 비상방송설비 배선의 설치기준
1) 화재로 인하여 한 층의 확성기나 배선이 단락·단선되어도 다른 층의 화재통보에 지장이 없도록 한다.
2) <u>전원회로의 배선은 내화배선</u>, 그 밖의 배선은 내화 또는 내열배선으로 한다.
3) 부속회로의 전로와 대지 사이 및 배선 상호 간의 절연저항은 1경계구역마다 <u>직류 250 V의 절연저항측정기를 사용하여 측정한 절연저항이 0.1 MΩ 이상</u>이어야 한다.
4) 비상방송설비의 배선은 다른 전선과 별도의 관·덕트, 몰드 또는 풀박스 등에 설치(단, <u>60 V 미만</u>의 약전류 회로에 사용하는 전선으로 각각의 전압이 같을 때에는 그러하지 아니함)한다.

102 수신기 형식승인 및 제품검사의 기술기준상 수신기의 구조 및 일반기능으로 옳지 않은 것은?

① 화재신호를 수신하는 경우 P형, P형 복합식, GP형, GP형 복합식, R형, R형 복합식, GR형 또는 GR형 복합식의 수신기에 있어서는 둘 이상의 지구표시장치에 의하여 각각 화재를 표시할 수 있어야 한다.
② 예비전원회로에는 단락사고 등으로부터 보호하기 위한 퓨즈 등 과전류 보호장치를 설치하여야 한다.
③ 수신기(1회선용은 제외)는 2회선이 동시에 작동하여도 화재표시가 되어야 하며, 감지기의 감지 또는 발신기의 발신개시로부터 P형, P형 복합식, GP형, GP형 복합식, R형, R형 복합식, GR형 또는 GR형 복합식 수신기의 수신완료까지의 소요시간은 5초(축적형의 경우에는 60초) 이내이어야 한다.

정답 101 ① 102 ④

④ 부식에 의하여 전기적 기능에 영향을 줄 우려가 있는 부분은 칠, 도금 등으로 유효하게 내식가공을 하거나 방청가공을 하여야 하며 기계적 기능에 영향이 있는 단자, 나사 및 와셔 등을 동합금이나 이와 동등 이상의 내식성능이 있는 재질을 사용하여야 한다.

해설 | 수신기의 형식승인 및 제품검사 기술기준 제3조

1) 부식에 의하여 <u>기계적 기능</u>에 영향을 초래할 우려가 있는 부분은 칠, 도금 등으로 유효하게 내식가공을 하거나 방청가공을 하여야 하며 <u>전기적 기능</u>에 영향이 있는 단자, 나사 및 와셔 등은 동합금이나 이와 동등 이상의 내식성능이 있는 재질을 사용하여야 한다.
2) 외함은 불연성 또는 난연성재질로 만들어져야 하며 다음과 같아야 한다.
    (1) 외함에 강판을 사용하는 경우에는 다음에 기재된 두께이상의 강판을 사용하여야 한다. 다만 합성수지를 사용하는 경우에는 강판의 2.5배 이상의 두께이어야 한다.
        ① 1회선용은 1.0 mm 이상
        ② 1회선을 초과하는 것은 1.2 mm 이상
        ③ 직접 벽면에 접하며 벽속에 매립되는 외함의 부분은 1.6 mm 이상
3) 정격전압이 60 V를 넘는 기구의 금속제 외함에는 접지단자를 설치하여야 한다.
4) 예비전원회로에는 단락사고 등으로부터 보호하기 위한 퓨즈 등 과전류 보호장치를 설치
5) 내부의 부품 등에서 발생되는 열에 의하여 구조 및 기능에 이상이 생길 우려가 있는 것은 방열판 또는 방열공 등에 의하여 보호조치를 하여야 한다.

6) 수신기(회선수가 1회선인 것은 제외)는 발신기가 작동하는 경우 그 표시를 할 수 있어야 한다.
7) 수신기(1회선용은 제외한다)는 2회선이 동시에 작동하여도 화재표시가 되어야 하며, 감지기의 감지 또는 발신기의 발신개시로부터 P형, P형 복합식, GP형, GP형 복합식, R형, R형 복합식, GR형 또는 GR형 복합식 수신기의 수신완료까지의 소요시간은 5초
8) 화재신호를 수신하는 경우 P형, P형 복합식, GP형, GP형 복합식, R형, R형 복합식, GR형 또는 GR형 복합식의 수신기에 있어서는 2이상의 지구표시장치에 각각 화재를 표시할 수 있어야 한다.
9) 자동적으로 정위치에 복귀하지 아니하는 스위치를 설치하는 경우에는 음신호장치 또한 점멸하는 주의등을 설치하여야 한다.
10) 예비전원을 병렬로 접속하는 경우는 역충전 방지 등의 조치를 강구하여야 한다.

103. 스프링클러설비의 화재안전기술기준상 다음 조건에서 폐쇄형 스프링클러헤드의 기준 개수는? (기준 개정으로 문제 수정)

- 아파트(지하 2층 ~ 지상 50층, 각 층 층고 2.8 m)로서 2개 동이 주차장(이하 2개 층)으로 연결된 구조
- 지하층을 제외한 층수가 15층인 오피스텔

① 아파트 : 10개, 오피스텔 : 10개
② 아파트 : 30개, 오피스텔 : 30개
③ 아파트 : 20개, 오피스텔 : 20개
④ 아파트 : 20개, 오피스텔 : 30개

정답 103 ②

해설 | 헤드의 기준 개수 〈개정 2024.1.1.〉

설치장소			기준 개수
지하층을 제외한 층수가 10층 이하인 소방 대상물	공장	특수가연물 저장·취급하는 것	30
		그 밖의 것	20
	근린생활시설, 판매시설· 운수시설 또는 복합건축물	판매시설 또는 복합건축물(판매시설이 설치되는 복합건축물)	30
		그 밖의 것	20
	그 밖의 것	헤드의 부착높이 8m 이상의 것	20
		헤드의 부착높이 8m 미만의 것	10
지하층을 제외한 층수가 <u>11층 이상</u>인 소방대상물·지하가 또는 지하역사			30

※ 공동주택의 화재안전성능기준
〈시행 2024.1.1.〉
폐쇄형 스프링클러헤드를 사용하는 아파트등은 기준개수 10개(스프링클러헤드의 설치 개수가 가장 많은 세대에 설치된 스프링클러헤드의 개수가 기준개수보다 작은 경우에는 그 설치 개수를 말한다)에 1.6 m³를 곱한 양 이상의 수원이 확보되도록 할 것. 다만, 아파트등의 각 동이 주차장으로 서로 연결된 구조인 경우 해당 주차장 부분의 기준개수는 30개로 할 것

104 국가화재 안전기준상 배관의 기울기에 관한 내용으로 옳지 않은 것은?

① 습식 스프링클러설비 또는 부압식 스프링클러설비 외의 설비에는 헤드를 향하여 상향으로 수평주행배관의 기울기를 500분의 1 이상, 가지배관의 기울기를 250분의 1 이상으로 한다. 다만 배관의 구조상 기울기를 줄 수 없는 경우에는 배수를 원활하게 할 수 있도록 배수밸브를 설치하여야 한다.

② 간이스프링클러설비의 배관을 수평으로 한다. 다만 배관의 구조상 소화수가 남아 있는 곳에는 배수밸브를 설치하여야 한다.

③ 습식 스프링클러설비 또는 부압식 스프링클러설비의 배관을 수평으로 할 것. 다만 배관의 구조상 소화수가 남아 있는 곳에는 배수밸브를 설치하여야 한다.

④ 개방형 미분무소화설비에는 헤드를 향하여 하향으로 수평주행배관의 기울기를 1,000분의 1 이상, 가지배관의 기울기를 500분의 1 이상으로 한다. 다만 배관의 구조상 기울기를 줄 수 없는 경우에는 배수를 원활하게 할 수 있도록 배수밸브를 설치하여야 한다.

해설 | 미분무설비 배관의 배수를 위한 기울기
1) 폐쇄형 미분무소화설비의 배관을 수평으로 하는데, 배관의 구조상 소화수가 남아 있는 곳에는 배수밸브를 설치하여야 한다.

정답 104 ④

2) 개방형 미분무 소화설비에는 헤드를 향하여 상향으로 수평주행배관의 기울기를 500분의 1 이상, 가지배관의 기울기를 250분의 1 이상으로 한다. 다만 배관의 구조상 기울기를 줄 수 없는 경우에는 배수를 원활하게 할 수 있도록 배수밸브를 설치하여야 한다.

106 P형 1급 수신기와 감지기와의 배선회로에서 회로 종단저항은 10 kΩ이고, 감지기 회로저항은 30 Ω, 릴레이저항은 20 Ω, 회로전압 DC 24 V일 때 평상시 수신반에서의 감시전류 [mA]는 약 얼마인가?

① 2.39 ② 3.39
③ 4.25 ④ 5.25

해설 | 감시전류를 구하는 방법 옴의 법칙

1) 옴의 법칙 $I = \dfrac{V}{R}$ [A], 여기서 저항은 직렬 개념이므로 모두 더해서 구한다.
2) 계산
$I = \dfrac{24}{10,000 + 30 + 20} \times 10^3 = 2.388 \, mA$
$\fallingdotseq 2.39 \, mA$

105 소방용 가압송수장치 전동기가 3상3선식 380 V로 작동하고 있다. 전동기의 용량이 85 kW, 역률 90 %, 전기공급설비로부터 100 m 떨어져 있으며, 전선에서의 전압강하를 10 V까지 허용할 경우 전선의 최소 굵기 [mm²]는 약 얼마인가?

① 41.1 ② 42.1
③ 43.2 ④ 44.2

해설 | 전압강하

1) 3상3선식 전압강하 식 $e = \dfrac{30.8\, LI}{1000\, A}$ [V]
2) 전류 구하기
$P = \sqrt{3}\, VI\cos\theta \Rightarrow I = \dfrac{P}{\sqrt{3}\, V\cos\theta}$
$= \dfrac{85 \times 10^3}{\sqrt{3} \times 380 \times 0.9} = 143.493 \, A$
3) 전선의 단면적
$A = \dfrac{30.8\, LI}{1000\, e}$
$= \dfrac{30.8 \times 100 \times 143.493}{1000 \times 10} = 44.196$
$\fallingdotseq 44.2 \, mm^2$

107 고가수조를 보호하기 위하여 피뢰침을 설치한 경우 피뢰부의 소방시설 도시기호는?

①   ②
③   ④

해설 | 소방시설의 도시기호
① 피뢰부
② 스피커
③ 화재댐퍼
④ 전선관(입상)

108 지상 30층 아파트에 스프링클러설비가 설치되어 있고 세대별 헤드 수는 12개일 때 옥상수조 수원의 양을 포함하여 확보하여야 할 스프링클러설비의 최소 수원의 양 [m³]은 약 얼마 이상인가?

① 32.0 ② 38.4
③ 42.7 ④ 51.2

해설 | 스프링클러설비 수원의 양

설치장소			기준 개수
지하층을 제외한 층수가 10층 이하인 소방대상물	공장	특수가연물 저장·취급하는 것	30
		그 밖의 것	20
	근린생활시설, 판매시설·운수시설 또는 복합건축물	판매시설 또는 복합건축물(판매시설이 설치되는 복합건축물)	30
		그 밖의 것	20
	그 밖의 것	헤드의 부착높이 8 m 이상의 것	20
		헤드의 부착높이 8 m 미만의 것	10
지하층을 제외한 층수가 11층 이상인 소방대상물·지하가 또는 지하역사			30

※ 공동주택의 화재안전성능기준 〈시행 2024.1.1.〉
- 아파트등 : 10개
- 각 동이 주차장으로 연결된 구조의 주차장 부분 : 30개

1) 전용수원
   N × 80 L/min × 40 min
   = 10 × 80 × 40 = 32,000 L = 32 m³
2) 옥상수원 : $32 \times \frac{1}{3} = 10.67 \, m^3$
3) 전체 수원 : 32 + 10.67 = 42.67 m³

---

109 국가화재 안전기술기준상 음향장치 및 음향경보장치기준으로 옳지 않은 것은?

① 비상벨설비 또는 자동식 사이렌설비의 음향장치의 음량은 부착된 음향장치의 중심으로부터 1 m 떨어진 위치에서 90 dB 이상이 되는 것으로 하여야 한다.
② 화재조기진압용 스프링클러설비의 음향장치의 음량은 부착된 음향장치의 중심으로부터 1 m 떨어진 위치에서 90 dB 이상이 되는 것으로 한다.
③ 이산화탄소소화설비의 음향경보장치는 소화약제의 방사 개시 후 30초 이상 경보를 계속할 수 있는 것으로 한다.
④ 할로겐화합물 및 불활성기체소화설비의 음향경보장치는 소화약제의 방사 개시 후 1분 이상 경보를 계속할 수 있는 것으로 한다.

해설 | 음향장치 및 음향경보장치기준
1) 비상벨설비 또는 자동식 사이렌설비의 음향장치의 음량은 부착된 음향장치의 중심으로부터 1 m 떨어진 위치에서 90 dB 이상이 되는 것으로 하여야 한다.
2) 화재조기진압용 스프링클러설비의 음향장치의 음량은 부착된 음향장치의 중심으로부터 1 m 떨어진 위치에서 90폰 이상이 되는 것으로 한다.
3) 이산화탄소소화설비의 음향경보장치는 소화약제의 방사 개시 후 1분 이상 경보를 계속할 수 있는 것으로 한다.
4) 할로겐화합물 및 불활성기체소화설비의 음향경보장치는 소화약제의 방사 개시 후 1분 이상 경보를 계속할 수 있는 것으로 한다.

정답 108 ③ 109 ③

110 지하구의 화재안전기술기준상 연소방지재의 설치기준으로 옳지 않은 것은?

① 연소방지재는 분기구, 지하구의 인입구 또는 인출부등에 설치하고 연소방지재 간의 설치 간격은 350 m를 넘지 않도록 할 것
② 시험에 사용되는 연소방지재는 시료(케이블 등)의 아래쪽(점화원으로부터 가까운 쪽)으로부터 30 cm 지점부터 부착 또는 설치되어야 한다.
③ 시험에 사용되는 시료(케이블 등)의 단면적은 325 mm² 로 한다.
④ 연소방지재는 한국산업표준(KS C IEC 60332 - 3 - 24)에서 정한 준불연성능 이상의 제품을 사용할 것

해설 | 연소방지재의 설치기준

지하구 내에 설치하는 케이블·전선 등에는 다음 각 호의 기준에 따라 연소방지재를 설치하여야 한다. 다만 케이블·전선 등을 다음 제1호의 난연성능 이상을 충족하는 것으로 설치한 경우에는 연소방지재를 설치하지 않을 수 있다.

1) 연소방지재는 한국산업표준(KS C IEC 60332 - 3 - 24)에서 정한 <u>난연성능 이상의 제품</u>을 사용하되 다음 각 목의 기준을 충족할 것
  (1) 시험에 사용되는 연소방지재는 시료(케이블 등)의 아래쪽(점화원으로부터 가까운 쪽)으로부터 30 cm 지점부터 부착 또는 설치되어야 한다.
  (2) 시험에 사용되는 시료(케이블 등)의 단면적은 325 mm² 로 한다.
  (3) 시험성적서의 유효기간은 발급 후 3년

2) 연소방지재는 다음 각 목에 해당하는 부분에 제1호와 관련된 시험성적서에 명시된 방식으로 시험성적서에 명시된 길이 이상으로 설치하되, 연소방지재 간의 설치 간격은 350 m를 넘지 않도록 한다.
  (1) 분기구
  (2) 지하구의 인입부 또는 인출부
  (3) 절연유 순환펌프 등이 설치된 부분
  (4) 기타 화재 발생 위험이 우려되는 부분

111 다음 직·병렬 복합 누설경로 그림에서 제연실에서의 총 유효누설면적 m²은 얼마인가? (단, $A_1 = A_2 = A_3 = 0.02\ m^2$, $A_4 = A_5 = 0.01\ m^2$, 소수점 이하 넷째 자리에서 반올림한다)

- $Q = 0.827 A P^{\frac{1}{2}}$
- Q : 가압을 위한 급기량 [m³/s]
- A : 유효누설면적 [m²]
- P : 차압 [Pa]

① 0.0007 ② 0.017
③ 0.027   ④ 0.037

해설 | 유효누설면적

- A_4, A_5 (병렬) $= 0.01 + 0.01$
  $= 0.02\,m^2$

- A_1, A_2 (직렬) $= (\dfrac{1}{0.02^2} + \dfrac{1}{0.02^2})^{-\frac{1}{2}}$
  $= 0.0141\,m^2$

- A_{1-2}, A_3 (병렬) $= 0.0141 + 0.02$
  $= 0.0341\,m^2$

- A_{1-3}, A_{4-5} (직렬) $= (\dfrac{1}{0.0341^2} + \dfrac{1}{0.02^2})^{-\frac{1}{2}}$
  $= 0.017252 = 0.0173\,m^2$

112 제연설비의 화재안전기술기준상 예상제연구역에 대한 배출구의 설치기준으로 옳은 것은?

① 바닥면적이 400 m² 미만인 예상제연구역이 벽으로 구획되어 있는 경우의 배출구는 바닥 이외의 천장·반자 또는 이에 가까운 벽의 부분에 설치한다.
② 바닥면적이 400 m² 미만인 예상제연구역의 경우 배출구를 벽에 설치한 경우에는 배출구의 중심이 가장 짧은 제연경계의 하단보다 높이 되도록 하여야 한다.
③ 바닥면적이 400 m² 이상인 통로 외의 예상제연구역에 대한 배출구를 벽에 설치한 경우에는 배출구의 하단과 바닥 간의 최단거리가 2 m 이상이어야 한다.
④ 바닥면적이 400 m² 이상인 통로 예상제연구역 중 어느 한 부분이 제연경계로 구획되어 있을 경우 배출구를 벽 또는 제연경계에 설치하는 경우에는 제연경계의 수직거리가 가장 짧은 제연경계의 하단보다 낮게 설치하여야 한다.

해설 | 배출구 설치기준

1) 바닥면적이 400 m² 미만인 예상제연구역(통로인 예상제연구역을 제외한다)에 대한 배출구의 설치는 다음 각 목의 기준에 적합해야 한다.
   (1) 예상제연구역이 벽으로 구획되어 있는 경우의 배출구는 천장 또는 반자와 바닥 사이의 중간 윗부분에 설치할 것
   (2) 예상제연구역 중 어느 한부분이 제연경계로 구획되어 있는 경우에는 천장·반자 또는 이에 가까운 벽의 부분에 설치할 것. 다만 배출구를 벽에 설치하는 경우에는 배출구의 하단이 해당 예상제연구역에서 제연경계의 폭이 가장 짧은 제연경계의 하단보다 높이 되도록 하여야 한다.
2) 통로인 예상제연구역과 바닥면적이 400 m² 이상인 통로 외의 예상제연구역에 대한 배출구의 위치는 다음 각 목의 기준에 적합하여야 한다.
   (1) 예상제연구역이 벽으로 구획되어 있는 경우의 배출구는 천장·반자 또는 이에 가까운 벽의 부분에 설치할 것. 다만 배출구를 벽에 설치한 경우에는 배출구의 하단과 바닥 간의 최단거리가 2 m 이상이어야 한다.

정답 112 ③

(2) 예상제연구역 중 어느 한 부분이 제연경계로 구획되어 있을 경우에는 천장·반자 또는 이에 가까운 벽의 부분(제연경계를 포함한다)에 설치할 것. 다만 배출구를 벽 또는 제연경계에 설치하는 경우에는 배출구의 하단이 해당 예상제연구역에서 제연경계의 폭이 가장 짧은 제연경계의 하단보다 높이 되도록 설치하여야 한다.
3) 예상제연구역의 각 부분으로부터 하나의 배출구까지의 수평거리는 10 m 이내가 되도록 하여야 한다.

113 유도등 및 유도표지의 화재안전기술기준상 피난구유도등 설치 제외 대상에 관한 설명이다. ( )에 들어갈 특정소방대상물로 옳지 않은 것은?

> 출입구가 3개 이상 있는 거실로서 그 거실 각 부분으로부터 하나의 출입구에 이르는 보행거리가 30 m 이하인 경우에는 주된 출입구 2개소 외의 출입구(유도표지가 부착된 출입구를 말한다). 다만 ( )의 경우에는 그러하지 아니하다.

① 공연장, 숙박시설
② 노유자시설, 공동주택
③ 판매시설, 집회장
④ 전시장, 장례식장

해설 | 피난구 유도등 설치 제외
1) 바닥면적이 1,000 m² 미만인 층으로서 옥내로부터 직접 지상으로 통하는 출입구
2) 대각선 길이가 15 m 이내인 구획된 실의 출입구
3) 거실 각 부분으로부터 하나의 출입구에 이르는 보행거리가 20 m 이하이고, 비상조명등과 유도표지가 설치된 거실의 출입구
4) 출입구가 3개 이상 있는 거실로서 그 거실 각 부분으로부터 하나의 출입구에 이르는 보행거리가 30 m 이하인 경우에는 주된 출입구 2개소 외의 출입구(단, 공연장, 집회장, 관람장, 전시장, 판매시설, 운수시설, 숙박시설, 노유자시설, 의료시설, 장례식장 제외)

114 할로겐화합물 및 불활성기체소화설비의 화재안전기술기준상 배관의 설치기준으로 옳지 않은 것은?

① 할로겐화합물 및 불활성기체소화설비의 배관은 전용으로 하여야 한다.
② 강관을 사용하는 경우의 배관은 압력배관용 탄소강관(KS D 3562) 또는 이와 동등 이상의 강도를 가진 것으로서 아연도금 등에 따라 방식처리된 것을 사용하여야 한다.
③ 배관과 배관, 배관과 배관부속 및 밸브류의 접속은 나사접합, 용접접합, 압축접합 또는 플랜지접합 등의 방법을 사용하여야 한다.

④ 배관의 구경은 해당 방호구역에 할로겐화합물 소화약제는 10초 이내에, 불활성기체 소화약제는 A·C급 화재 1분, B급 화재 2분 이내에 방호구역 각 부분에 최소설계농도의 95 % 이상 해당하는 약제량이 방출되도록 하여야 한다.

해설 | 할로겐화합물 및 불활성기체소화설비의 화재안전기술기준
배관의 구경은 해당 방호구역에 할로겐화합물소화약제는 10초 이내에, 불활성기체소화약제는 A·C급 화재 2분, B급 화재 1분 이내에 방호구역 각 부분에 최소설계농도의 95 % 이상 해당하는 약제량이 방출되도록 하여야 한다.

115 자동화재 속보설비의 화재안전기술기준상 설치기준으로 옳은 것은?

① 조작스위치는 바닥으로부터 1.5 m 이하의 높이에 설치한다.
② 속보기는 소방관서에 통신망으로 통보하도록 하며, 데이터 또는 코드전송방식을 부가적으로 설치할 수 없다.
③ 노유자시설에 설치하는 자동화재 속보설비는 속보기에 감지기를 직접 연결하는 방식으로 한다.
④ 자동화재 탐지설비와 연동으로 작동하여 자동적으로 화재 발생 상황을 소방관서에 전달되는 것으로 한다.

해설 | 자동화재 속보설비 설치기준
1) 자동화재 탐지설비와 연동으로 작동하여 자동적으로 화재발생 상황을 소방관서에 전달되는 것으로 한다.
2) 조작 스위치는 바닥으로부터 0.8 m 이상 1.5 m 이하의 높이에 설치한다.
3) 속보기는 소방관서에 통신망으로 통보하도록 하며, 데이터 또는 코드전송방식을 부가적으로 설치할 수 있다.
4) 문화재에 설치하는 자동화재 속보설비는 속보기에 감지기를 직접 연결하는 방식(자동화재 탐지설비 1개의 경계구역에 한한다)으로 할 수 있다.

116 자동화재 탐지설비 및 시각경보장치의 화재안전기술기준상 지상 15층, 지하 3층으로 연면적이 3,000 m²를 초과하는 특정소방대상물에 화재가 발생하여 자동화재 탐지설비를 통해 지하 1층, 지하 2층, 지하 3층, 지상 1층에 경보가 발생된 경우 발화층은?

① 지하 3층   ② 지하 2층
③ 지하 1층   ④ 지상 2층

해설 | 음향장치 및 시각경보장치 경보
1) 경보방식
 (1) 일제경보 방식 : 화재 시 전 층에 경보를 발한다.
 (2) 우선경보 방식 : 층수가 11층(공동주택의 경우에는 16층) 이상의 특정소방대상물에 적용

정답 115 ④ 116 ③

2) 우선경보방식

11층(공동주택의 경우에는 16층) 이상	
발화층	경보층
2층 이상	발화층 + 그 직상 4개 층
1층	발화층 + 그 직상 4개 층 + 지하층
지하층	발화층 + 그 직상층 + 기타 지하층

117
할로겐화합물 및 불활성기체소화설비의 화재안전기술기준상 소화약제의 최대허용 설계농도 [%] 기준으로 옳은 것은?

① HCFC - 124 : 2.0
② HFC - 227ea : 10.5
③ HFC - 236fa : 13.5
④ IG - 100 : 53

해설 | 할로겐화합물 및 불활성기체소화설비의 화재안전기술기준

약제명	최대허용 설계농도 %
FC - 3 - 1 - 10	40
HCFC BLEND A	10
HCFC - 124	1.0
HFC - 125	11.5
HFC - 227ea	10.5
HFC - 23	30
HFC - 236fa	12.5
FIC - 13I1	0.3
IG - 01	43
IG - 55	43
IG - 100	43
IG - 541	43

118
분말소화설비를 방호구역에 전역방출 방식으로 설치하고자 한다. 소화약제는 제4종 분말이고, 방호구역의 체적이 150 m³, 개구부의 면적이 3 m²이며, 자동폐쇄장치를 설치하지 아니한 경우 분말소화약제의 최소 저장량 [kg]은?

① 41.4 ② 49.5
③ 59.4 ④ 67.5

해설 | 분말소화설비의 화재안전기술기준

구분	소요 약제량	개구부가산량 (자동폐쇄장치 미설치 시 적용)
제1종 분말	0.6 kg/m³	4.5 kg/m²
제2·3종 분말	0.36 kg/m³	2.7 kg/m²
제4종 분말	0.24 kg/m³	1.8 kg/m²

[약제량] $(150 \times 0.24) + (3 \times 1.8) = 41.4 \, kg$

119
자동화재 탐지설비 및 시각경보장치의 화재안전기술기준상 부착높이가 8 m 이상, 15 m 미만일 경우 적응성 있는 감지기의 종류로 옳지 않은 것은?

① 차동식 스포트형
② 차동식 분포형
③ 연기복합형
④ 불꽃감지기

해설 | 부착 높이별 적응성 감지기 8 m 이상 15 m 미만
1) 차동식 분포형 감지기
2) 광전식(스포트형, 분리형, 공기 흡입형) 1종, 2종
3) 이온화식 1종 또는 2종
4) 연기 복합형, 불꽃 감지기

정답 117 ② 118 ① 119 ①

120 화재조기진압용 스프링클러설비의 화재안전기술기준상 헤드에 관한 기준으로 옳지 않은 것은?

① 헤드의 작동온도는 74 ℃ 이하로 한다.
② 하향식 헤드의 반사판의 위치는 천장이나 반자 아래 115 mm 이상 355 mm 이하로 한다.
③ 헤드의 반사판은 천장 또는 반자와 평행하게 설치하고 저장물의 최상부와 914 mm 이상 확보되도록 한다.
④ 헤드 하나의 방호면적은 6.0 m² 이상 9.3 m² 이하로 한다.

해설 | 화재조기진압용 스프링클러설비의 헤드 설치기준

1) 헤드 하나의 방호면적은 6.0 m² 이상 9.3 m² 이하로 할 것
2) 가지배관의 헤드 사이의 거리는 천장의 높이가 9.1 m 미만인 경우에는 2.4 m 이상 3.7 m 이하로, 9.1 m 이상 13.7 m 이하인 경우에는 3.1 m 이하로 할 것
3) 헤드의 반사판은 천장 또는 반자와 평행하게 설치하고 저장물의 최상부와 914 mm 이상 확보되도록 할 것
4) 하향식 헤드의 반사판의 위치는 천장이나 반자 아래 125 mm 이상 355 mm 이하일 것
5) 상향식 헤드의 감지부 중앙은 천장 또는 반자와 101 mm 이상 152 mm 이하이어야 하며 반사판의 위치는 스프링클러배관의 윗부분에서 최소 178 mm 상부에 설치되도록 할 것
6) 헤드와 벽과의 거리는 헤드 상호 간 거리의 2분의 1을 초과하지 않아야 하며 최소 102 mm 이상일 것
7) 헤드의 작동온도는 74 ℃ 이하일 것(헤드 주위의 온도가 38 ℃ 이상의 경우에는 그 온도에서의 화재시험 등에서 헤드작동에 관하여 공인기관의 시험을 거친 것을 사용한다)
8) 헤드의 살수분포에 장애를 주는 장애물이 있는 경우에는 다음 각 목의 어느 하나에 적합할 것
   (1) 천장 또는 천장 근처에 있는 장애물과 반사판의 위치는 별도 1 또는 별도 2와 같이 하며 천장 또는 천장근처에 보·덕트·기둥·난방기구·조명기구·전선관 및 배관 등의 기타 장애물이 있는 경우에는 장애물과 헤드 사이의 수평거리에 따른 장애물의 하단과 그 보다 윗부분에 설치되는 헤드 반사판 사이의 수직거리는 별표 1 또는 별도 3에 따를 것
   (2) 헤드 아래에 덕트·전선관·난방용배관 등이 설치되어 헤드의 살수를 방해하는 경우에는 별표 1 또는 별도 3에 따를 것. 다만 2개 이상의 헤드 살수를 방해하는 경우에는 별표 2를 참고로 한다.
9) 상부에 설치된 헤드의 방출수에 따라 감열부에 영향을 받을 우려가 있는 헤드에는 방출수를 차단할 수 있는 유효한 차폐판을 설치할 것

정답 120 ②

121 물분무소화설비의 화재안전기술기준상 물분무소화설비를 투영된 바닥면적이 50 m²인 케이블트레이에 설치하는 경우 필요한 최소 수원의 양 [m³]은 얼마 이상인가?

① 10 ② 12
③ 20 ④ 24

해설 | 물분무소화설비의 수원량

소방대상물	수원량 [L]	
특수가연물	A [m²] × 10 $L/min \cdot m^2$ × 20 min	A [m²] : 바닥면적 (최소 50 m²)
컨베이어 벨트 · 절연유봉입변압기	A [m²] × 10 $L/min \cdot m^2$ × 20 min	A [m²] ① 컨베이어 벨트 바닥면적 ② 바닥부분 제외 변압기 표면적
케이블 트레이/덕트	A [m²] × 12 $L/min \cdot m^2$ × 20 min	A [m²] : 수평투영면적
차고 · 주차장	A [m²] × 20 $L/min \cdot m^2$ × 20 min	A [m²] : 바닥면적 (최소 50 m²)

[수원량] 50 × 12 × 20 = 12,000 L
= 12 m³

122 이산화탄소소화설비의 화재안전기술기준상 이산화탄소 소화약제 양 [kg]으로 옳은 것은?

방호구역 체적	방호구역의 체적 1 m³에 대한 소화약제의 양
45 m³ 미만	ㄱ
45 m³ 이상 150 m³ 미만	ㄴ
150 m³ 이상 1,450 m³ 미만	ㄷ
1,450 m³ 이상	ㄹ

① ㄱ : 0.75 ② ㄴ : 0.75
③ ㄷ : 0.75 ④ ㄹ : 0.75

해설 | 표면화재(가연성가스, 가연성액체)

방호구역 체적	소요약제량	최소저장량
45 m³ 미만	1 kg/m³	45 kg
45 m³ 이상 150 m³ 미만	0.9 kg/m³	45 kg
150 m³ 이상 1,450 m³ 미만	0.8 kg/m³	135 kg
1,450 m³ 이상	0.75 kg/m³	1,125 kg

123 연결송수관설비의 화재안전기술기준상 송수구의 설치기준으로 옳지 않은 것은?

① 습식의 경우에는 송수구 · 체크밸브 · 자동배수밸브의 순으로 설치한다.
② 지면으로부터 높이가 0.5 m 이상 1.0 m 이하의 위치에 설치한다.
③ 구경 65 mm의 쌍구형으로 한다.
④ 가까운 곳의 보기 쉬운 곳에 송수압력범위를 표시한 표지를 한다.

정답 121 ② 122 ④ 123 ①

해설 | 연결송수관설비의 화재안전기술기준
1) 소방차가 쉽게 접근할 수 있고 잘 보이는 장소에 설치할 것
2) 지면으로부터 높이가 0.5 m 이상 1 m 이하의 위치에 설치할 것
3) 화재층으로부터 지면으로 떨어지는 유리창 등이 송수 및 그 밖의 소화 작업에 지장을 주지 아니하는 장소에 설치할 것
4) 주배관에 이르는 연결배관에 개폐밸브를 설치한 때에는 그 개폐상태를 쉽게 확인 및 조작할 수 있는 옥외 또는 기계실 등의 장소에 설치할 것
5) 구경 65 mm의 쌍구형으로 할 것
6) 송수구에는 그 가까운 곳의 보기 쉬운 곳에 송수압력범위를 표시한 표지를 할 것
7) 송수구는 연결송수관의 수직배관마다 1개 이상을 설치할 것
8) 송수구의 부근에는 자동배수밸브 및 체크밸브를 다음의 기준에 따라 설치할 것
    (1) 습식 : 송수구, 자동배수밸브, 체크밸브의 순으로 설치할 것
    (2) 건식 : 송수구, 자동배수밸브, 체크밸브, 자동배수밸브의 순으로 설치할 것
9) 가까운 곳의 보기 쉬운 곳에 "연결송수관설비 송수구"라고 표시한 표지를 설치할 것
10) 송수구에는 이물질을 막기 위한 마개를 씌울 것

124
피난기구의 화재안전기술기준상 숙박시설의 각 층의 바닥면적이 2,500 m² 일 경우 층마다 설치하여야 하는 피난기구의 최소 개수는?

① 3개   ② 4개
③ 5개   ④ 6개

해설 | 피난기구의 화재안전기술기준
1) 층마다 설치
2) 설치대상에 다른 설치 개수

설치대상	설치 개수
숙박시설, 노유자시설, 의료시설	500 m²마다 1개 이상
위락시설, 문화 및 집회시설, 운동시설, 판매시설, 복합용도의 층	800 m²마다 1개 이상
그 밖의 용도의 층	1,000 m²마다 1개 이상
계단실형 아파트	각 세대마다

3) 숙박시설(휴양콘도미니엄 제외) : 추가로 객실마다 완강기 또는 둘 이상의 간이완강기 설치
4) 1), 2)에 따라 설치한 피난기구 외에 4층 이상의 층에 설치된 노유자시설 중 장애인 관련 시설로서 주된 사용자 중 스스로 피난이 불가한 자가 있는 경우에는 층마다 구조대를 1개 이상 추가로 설치할 것

$$\therefore \frac{2500 m^2}{500 m^2/개} = 5개$$

125 이산화탄소소화설비의 화재안전기술기준상 소화약제의 저장용기 설치기준으로 옳지 않은 것은?

① 직사광선 및 빗물이 침투할 우려가 없는 곳에 설치할 것
② 방화문으로 구획된 실에 설치할 것
③ 온도가 45 ℃ 이하이고, 온도변화가 적은 곳에 설치할 것
④ 방호구역 외의 장소에 설치할 것

해설 | 이산화탄소소화설비 저장용기 설치장소의 적합기준

1) 방호구역 외의 장소에 설치하는데, 방호구역 내에 설치할 경우에는 피난 및 조작이 용이하도록 피난구 부근에 설치하여야 한다.
2) 온도가 <u>40 ℃ 이하</u>이고 온도 변화가 적은 곳에 설치한다.
3) 직사광선 및 빗물이 침투할 우려가 없는 곳에 설치한다.
4) 방화문으로 구획된 실에 설치한다.
5) 용기의 설치장소에는 해당 용기가 설치된 곳임을 표시하는 표지를 한다.
6) 용기 간의 간격은 점검에 지장이 없도록 3 cm 이상의 간격을 유지할 것
7) 저장용기와 집합관을 연결하는 연결배관에는 체크밸브를 설치하는데, 저장용기가 하나의 방호구역만을 담당하는 경우에는 그러하지 아니하다.

정답 125 ③

소방시설관리사

문제풀이

제18회

제1과목 소방안전관리론
제2과목 소방수리학·약제화학 및 소방전기
제3과목 소방관련법령
제4과목 위험물의 성상 및 시설기준
제5과목 소방시설의 구조원리

18회 제1과목 소방안전관리론

목표 점수: _____   맞은 개수: _____

01 다음에서 설명하는 용어는?

- 생물체의 성장기능, 신진대사 등에 영향을 주는 최소량으로 인체에 미치는 독성 최소농도를 말함
- 이것보다 설계농도가 높은 소화약제는 사람이 없거나 30초 이내에 대피할 수 있는 장소에만 사용할 수 있음

① ODP   ② GWP
③ NOAEL   ④ LOAEL

해설 | 용어의 정의
1) 청정소화약제 환경 영향성
 (1) ODP : 오존층 파괴지수
 (2) GWP : 지구 온난화 지수
 (3) ALT : 대기권 잔존 시간
2) 청정소화약제 독성
 (1) 할로겐화합물 청정소화약제
  • NOAEL : 농도를 증가시킬 때 악영향을 감지할 수 없는 최대농도
  • LOAEL : 농도를 감소시킬 때 악영향을 감지할 수 있는 최소농도
 (2) 불활성기체 청정소화약제
  • NEL : 저 산소 분위기에서 인체에 영향을 주지 않는 최대농도
  • LEL : 저 산소 분위기에서 인체에 영향을 주는 최소농도

02 전기화재의 원인과 주된 방지대책의 연결이 옳지 않은 것은?

① 낙뢰 - 피뢰설비
② 정전기 - 방진설비
③ 스파크 - 방폭설비
④ 과전류 - 적정용량의 배선 및 차단기 설치

해설 | 전기화재의 원인과 방지대책
[전기적 발화요인]
근본적으로 "전류가 흐르면 열이 발생한다"는 줄(Joule)의 법칙에 따르며 종류는 다음과 같다.

[전기적 발화요인의 종류]
1) 과전류에 의한 발화
2) 낙뢰에 의한 발화
3) 단락(합선)에 의한 발화
4) 지락에 의한 발화
5) 열적 경과에 의한 발화
6) 접속부 과열에 의한 발화
7) 누전에 의한 발화
8) 스파크에 의한 발화
9) 절연열화 또는 탄화에 의한 발화
10) 정전기에 의한 발화

정답 01 ④ 02 ②

[정전기 방지법]

구분	원인
정전기 발생원인 (마찰)	전기부도체와의 마찰
	자동차를 장시간 주행
	옥외탱크에 석유를 주입
	인체에서의 대전(니트 등의 소재에 의해 주유기 발화)
정전기 방지대책 (전기방전 이 대책)	접지 및 본딩
	배관 내 유속의 제한(1 m/s 이하)
	정차(자동차의 정지)시간
	가습(상대습도 70 % 이상)
	대전방지제 사용
	제전기 사용
	공기의 이온화
	전기도체의 사용

03 연소현상에서 역화(Back Fire)의 원인으로 옳지 않은 것은?

① 분출 혼합가스의 압력이 비정상적으로 높을 때
② 분출 혼합가스의 양이 매우 적을 때
③ 연소속도보다 혼합가스의 분출속도가 느릴 때
④ 노즐의 부식 등으로 분출구가 커질 때

해설 | 연소 시 이상현상

구분	설명
불완전 연소	완전연소되지 못할 때 화염이나 그을음이 발생하면서 연소하는 현상 • 공기량이 부족하거나 연소가스량이 많을 경우 • 배기가 불완전할 경우 • 저온물체에 접촉할 경우
황염	• 1차 공기가 부족할 경우 완전연소하지 못할 때 발생 • 일종의 불완전연소
역화 현상	연소가스의 분출속도보다 연소속도가 빠를 때 불꽃이 염공 속으로 빨려 들어가 연소하는 현상 • 1차 공기가 적거나 공급가스압력이 낮을 경우 • 염공이 부식 등에 의해 크게 되었을 경우
리프팅 부상 화염	연료가스의 분출속도가 연소속도보다 빠를 경우 발생 • 1차 공기가 너무 많거나 공급가스압력이 높을 경우 • 버너의 염공이 작거나 막혔을 경우
블로우 오프	공기의 움직임 등에 의해 불꽃이 꺼지는 현상 • 연료가스의 분출속도가 연소속도보다 빠를 경우 • 리프팅이 되어 있을 경우로 주위의 기류에 의해 꺼지는 경우

04 폭발의 종류와 해당 물질의 연결이 옳지 않은 것은?

① 분해폭발 - 아세틸렌
② 증기폭발 - 염화비닐
③ 분진폭발 - 석탄가루
④ 중합폭발 - 시안화수소

정답 03 ① 04 ②

해설 | 폭발의 구분

구분	설명
기상 폭발	• 화학적 반응(폭발)에 의해 발생 • 가스폭발 : 가연성가스(LNG, LPG 등 증기운) • 분진폭발 : 가연성분진 (밀가루, 석탄가루, 먼지, 금속분말 등) • 분무폭발 : 가연성액체 • 분해폭발 : 에틸렌, 아세틸렌, 산화에틸렌 • 중합폭발 : 염화비닐, 초산비닐, 시안화수소, 산화에틸렌 • 촉매폭발 : 수소-산소, 수소-염소 등이 빛에 쪼일 경우
응상 폭발	• 급격한 상변화에 따른 물리적 폭발 • 수증기폭발 : 수증기의 팽창 • 과열액체 증기폭발 : 보일러 내 액체폭발 • 액화가스 증기폭발 : LNG의 급격한 누출 • 고상 간 전이에 의한 폭발 : 무정형 안티몬이 고상의 안티몬으로 전이 • 전선폭발 : 알루미늄 전선 등

해설 | 위험도

1) 연소하한이 낮거나 또는 연소범위가 넓을수록 위험도는 커진다.
2) 위험도 $H = \dfrac{U-L}{L}$

   U : 연소상한계%   L : 연소하한계%
3) 프로페인(3.52) < 수소(17.75) < 에터(24.26) < 아세틸렌(31.4)

05 다음에 제시된 가연성기체의 폭발한계범위에서 위험도가 낮은 것부터 높은 순으로 바르게 나열된 것은?

> ㄱ. 수소(4.0 ~ 75.0 vol%)
> ㄴ. 아세틸렌(2.5 ~ 81.0 vol%)
> ㄷ. 에터(1.9 ~ 48 vol%)
> ㄹ. 프로페인(2.1 ~ 9.5 vol%)

① ㄷ < ㄱ < ㄹ < ㄴ
② ㄷ < ㄹ < ㄴ < ㄱ
③ ㄹ < ㄱ < ㄷ < ㄴ
④ ㄹ < ㄷ < ㄴ < ㄱ

06 국내의 A급 화재, B급 화재, C급 화재, D급 화재를 표시색과 가연물에 따른 화재분류로 바르게 연결한 것은?

① A급 화재 - 적색화재 - 일반화재
② B급 화재 - 백색화재 - 유류화재
③ C급 화재 - 청색화재 - 전기화재
④ D급 화재 - 황색화재 - 금속화재

해설 | 화재의 분류

등급	화재	표시색	적응물질
A급	일반화재	백색	목재, 섬유, 합성섬유
B급	유류화재	황색	인화성액체
C급	전기화재	청색	통전 중인 전기설비, 기기화재
D급	금속화재	무색	가연성 금속
K급	주방화재	황색	식용유

07 화재 소화방법 중 자유 라디칼(Free Radical) 생성과 관계되는 것은?

① 냉각소화   ② 제거소화
③ 질식소화   ④ 억제소화

정답 05 ③   06 ③   07 ④

해설 | 연쇄반응
1) 연쇄반응이란 연소의 4요소 중 하나로, 화학적 반응에서 지속적으로 활성라디칼이 발생되는 과정을 의미한다.
2) 연쇄반응 억제란 화학적 소화로서 연쇄전달체의 발생을 억제하여 연쇄반응을 차단함으로써 소화하는 방법이다.

08 폭굉(Detonnation)에 관한 설명으로 옳지 않은 것은?
① 화염전파속도가 음속보다 빠르다.
② 온도 상승은 충격파의 압력에 비례한다.
③ 화재전파의 연속성을 갖는다.
④ 폭굉파를 형성하여 물리적인 충격에 의한 피해가 크다.

해설 | 폭연과 폭굉

구분	설명
폭연 (Deflagration)	화염전파속도가 음속보다 느릴 경우 (0.1 ~ 10 m/s) 폭연이라 하며, 계속 중첩될 경우 폭굉으로 전이될 수 있다(Deflagration-Detonation-Transition : D - D - T 전이).
폭굉 (Detonation)	화염전파속도가 음속보다 빠를 경우 (1,000 ~ 3,500 m/s) 폭굉이라 하며, 충격파를 동반하게 된다. 화재전파의 불연속성을 갖는다.

09 건축법령상 요양병원의 피난층 외의 층에 설치하여야 하는 시설에 해당하지 않는 것은?
① 각 층마다 별도로 방화구획된 대피공간
② 발코니의 바닥에 국토교통부령으로 정하는 하향식 피난구
③ 계단을 이용하지 아니하고 건물 외부 지표면 또는 인접 건물로 수평으로 피난할 수 있도록 설치하는 구름다리 형태의 구조물
④ 거실에 직접 접속하여 바깥공기에 개방된 피난용 발코니

해설 | 요양병원 피난층 외의 층에 설치하여야 하는 설비
요양병원, 정신병원, 노인요양시설, 장애인 거주시설 및 장애인 의료재활시설의 피난층 외의 층에는 다음의 어느 하나에 해당되는 시설을 설치할 것
1) 각 층마다 별도로 방화구획된 대피공간
2) 거실에 접하여 설치된 노대 등
3) 계단을 이용하지 아니하고 건물 외부의 지상으로 통하는 경사로 또는 인접 건축물로 피난할 수 있도록 설치하는 연결복도 또는 연결통로

정답 08 ③ 09 ②

10 건축물의 연소 확대 방지를 위한 구획방법으로 옳지 않은 것은?

① 일정한 면적마다 방화구획을 함으로써 화재규모를 가능한 한 작은 범위로 줄이고 피해를 최소한으로 한다.
② 외벽의 개구부에는 내화구조의 차양, 발코니 등을 설치하지 않는 것이 바람직하며 고온의 화기가 상부로 올라가도록 구획한다.
③ 건축물을 수직으로 관통하는 부분은 다른 층으로 화재가 확산되지 않도록 구획한다.
④ 복합건축물에서 화재위험을 많이 내포하고 있는 공간을 그 밖의 공간과 구획하여 화재 시 피해를 줄인다.

해설 | 방화구획
1) 대상 건축물
   주요 구조부가 내화구조 또는 불연재료로 된 건축물로서 연면적 1,000 m² 초과 대상물
2) 면적별 구획
   (1) 10층 이하 : 바닥면적 1,000 m² 이내마다 구획
   (2) 11층 이상 : 바닥면적 200 m² 이내마다 구획(내장재 불연재료인 경우 500 m²)
3) 층별 구획
   (1) 3층 이상의 모든 층
   (2) 지하층은 층마다 구획
4) 용도별 구획
   주요구조부를 내화구조로 하여야 하는 대상 부분과 기타 부분 사이
5) 방화구획을 통한 상승부 연소 확대 방지
   스펜드럴 : 0.9 m 이상
   캔틸레버 : 0.5 m 이상

11 내화건축물의 화재 특성으로 옳지 않은 것은?

① 공기의 유입이 불충분하여 발염연소가 억제된다.
② 열이 외부로 방출되는 것보다 축적되는 것이 많다.
③ 저온장기형의 특성을 나타낸다.
④ 목조건축물에 비해 밀도가 낮기 때문에 초기에 연소가 빠르다.

해설 | 화재온도시간 곡선
1) 내화건축물의 경우 : 충분하게 공기(산소)가 공급되지 못하므로 화재성상은 환기지배형, 저온장기형으로 온도는 800 ~ 1,000 ℃이다.
2) 목조건축물의 경우 : 충분하게 공기(산소)가 공급되므로 화재성상은 연료 지배형, 고온단기형으로 온도는 1,000 ~ 1,300 ℃이다.

정답 10 ② 11 ④

12 건축물의 피난·방화구조 등의 기준에 관한 규칙상 건축물의 출입구에 설치하는 회전문의 설치기준으로 옳지 않은 것은?

① 계단이나 에스컬레이터로부터 1.5 m 이상의 거리를 둘 것
② 출입에 지장이 없도록 일정한 방향으로 회전하는 구조로 할 것
③ 회전문의 회전속도는 분당회전수가 8회를 넘지 아니하도록 할 것
④ 자동회전문은 충격이 가하여지거나 사용자가 위험한 위치에 있는 경우에는 전자감지장치 등을 사용하여 정지하는 구조로 할 것

해설 | 회전문 설치기준
1) 계단이나 에스컬레이터로부터 2 m 이상의 거리를 둘 것
2) 회전문과 문틀 사이 및 바닥 사이는 다음 각 목에서 정하는 간격을 확보하고, 틈 사이를 고무와 고무펠트의 조합체 등을 사용하여 신체나 물건 등에 손상이 없도록 할 것
  (1) 회전문과 문틀 사이는 5 cm 이상
  (2) 회전문과 바닥 사이는 3 cm 이하
3) 출입에 지장이 없도록 일정한 방향으로 회전하는 구조로 할 것
4) 회전문의 중심축에서 회전문과 문틀 사이의 간격을 포함한 회전문 날개 끝부분까지의 길이는 140 cm 이상이 되도록 할 것
5) 회전문의 회전속도는 분당회전수가 8회를 넘지 아니하도록 할 것
6) 자동회전문은 충격이 가하여지거나 사용자가 위험한 위치에 있는 경우에는 전자감지장치 등을 사용하여 정지하는 구조로 할 것

13 건축물 실내 화재에서 화재성상에 영향을 주는 주된 요인으로 옳지 않은 것은?

① 인접실의 크기
② 실의 개구부 위치 및 크기
③ 실의 넓이와 모양
④ 화원의 위치와 크기

해설 | 플래시 오버(Flash Over)

구분	설명
정의	• 화재실 내 열분해에 의해 축적된 가연성가스에 의해 실 전체로 화염이 확산되는 현상 • 국부적인 화재에서 실 전체로의 화재 확대를 의미 • 성장기에서 최성기로 넘어가는 분기점
현상	• 화염이 창밖으로 돌출 • 연료지배형 화재에서 환기지배형 화재로의 전이 및 최성기로의 전이를 의미 • 실내온도가 400~600 ℃로 가연성가스가 충만할 때 발생
영향 요소	• 개구율 : 창문 및 개구부의 크기(환기조건 → 산소의 공급) • 실내의 전 표면적(표면적이 클수록 산소의 양이 많으며, 열축적에 영향) • 내장재료(가연물)의 종류 • 화원의 크기(점화원)

정답 12 ① 13 ①

14 바닥면적이 200 m²인 창고에 의류 1,000 kg, 고무제품 2,000 kg이 적재되어 있는 경우 완전연소되었을 때 화재하중은 몇 kg/m²인가? (단, 의류, 고무, 목재의 단위 발열량은 각각 5,000 kcal/kg, 9,000 kcal/kg, 4,500 kcal/kg이다)

① 15.56 ② 20.56
③ 25.56 ④ 30.56

해설 | 화재하중
[화재하중 관계식]
$$Q = \frac{\sum(G_i \cdot H_i)}{H \cdot A} = \frac{\sum Q_t}{4,500 A} \, kg/m^2$$

Q : 화재하중 [kg/m²]
G_i : 가연물의 양 [kg]
H_i : 단위중량당 발열량 [kcal/kg]
H : 목재의 단위중량당 발열량 [4,500 kcal/kg]
A : 화재실의 바닥면적 [m²]
$\sum Q_t$: 화재실 내 가연물의 전발열량 [kcal]

[풀이]
$G_1 \cdot H_1$ = 1,000 kg × 5,000 kcal/kg
$G_2 \cdot H_2$ = 2,000 kg × 9,000 kcal/kg
A : 200 m²

$\therefore Q = \dfrac{\sum Q_t}{4,500 A}$

$= \dfrac{(1,000\,kg \times 5,000\,kcal/kg + 2,000\,kg \times 9,000\,kcal/kg)}{4,500\,kcal/kg \times 200\,m^2}$

= 25.555 ≒ 25.56 kg/m²

15 열전달의 형태에 관한 설명으로 옳지 않은 것은?

① 전도는 열이 직접 접촉하여 전달되는 것이다.
② 대류는 유체의 흐름으로 열이 이동하는 현상이다.
③ 비화는 화재의 이동경로, 연소 확산에 영향을 미치지 않는다.
④ 복사는 진공상태에서 손실이 없으며 복사열은 일직선으로 이동한다.

해설 | 열전달 형태

전도	• 고체 또는 정지상태의 유체 내에서 매질을 통한 열전달 • 분자진동, 자유전자 이동, 분자충돌에 의해 열이 이동
대류	• 액체 또는 기체에서의 열의 전달방법 • 유체의 이동에 의한 밀도변화를 통한 열의 이동
복사	• 매질을 이용하지 않고 전자기파의 형태로 열을 전달 • 화재 시 가장 크게 작용하는 열의 전달방법
비화	• 불티가 기류와 바람에 의하여 원거리 가연물에 의해 착화하는 현상 • 산불 등에서 자주 일어난다.

16 다음에서 설명하는 용어는?

> 밀폐된 공간의 화재 시 산소농도 저하로 불꽃을 내지 못하고 가연물질의 열분해에 의해 발생된 가연성가스가 축적된 경우, 진화를 위하여 출입문 등을 개방할 때 신선한 공기의 유입으로 폭발적인 연소가 다시 시작되는 현상

① 롤 오버(Roll Over)
② 백드래프트(Backdraft)
③ 보일 오버(Boil Over)
④ 슬로 오버(Slop Over)

해설 | 백드래프트(Backdraft)
1) 화재로 고온의 가연성가스가 실내에 축척되고 산소가 급격하게 유입되었을 때 발생하는 현상
2) 폭풍 및 충격파를 수반하는 폭발 또는 급격한 연소현상을 의미
3) 소방관 살인현상이라고도 부름

17 분진폭발에 영향을 미치는 요소에 관한 설명으로 옳지 않은 것은?

① 분진의 입자가 작고 밀도가 작을수록 표면적이 크고 폭발하기 쉽다.
② 분진의 발열량이 크고 휘발성이 클수록 폭발하기 쉽다.
③ 분진의 부유성이 클수록 공기 중에 체류하는 시간이 긴 동시에 위험성도 커진다.
④ 분진의 형상과 표면의 상태에 관계없이 폭발성은 일정하다.

해설 | 분진폭발 영향인자
1) 화학적 성질과 조성 : 분체의 휘발성분이 많고 발화온도가 낮을수록 폭발이 용이
2) 입경 및 입자의 분포 : 입자가 작을수록 비표면적이 작아 폭발성이 증가, 입도가 동일할 경우 구형일수록 폭발성이 작음
3) 수분 : 수분은 분진의 부유성을 억제시켜 폭발성을 감소시킴
4) 물과 반응하는 금속분진(알루미늄, 마그네슘)의 경우 수분량이 증가하면 폭발성이 증가
5) 난류 : 난류가 있으면 화염전파속도가 증가하여 폭발위력은 증가

18 물질 연소 시 발생되는 열에너지원의 종류와 열원의 연결이 옳은 것을 모두 고른 것은?

> ㄱ. 화학적에너지 – 분해열, 연소열
> ㄴ. 전기적에너지 – 저항열, 유전열
> ㄷ. 기계적에너지 – 마찰스파크열, 아크열
> ㄹ. 원자력에너지 – 원자핵 중성자 입자를 충돌시킬 때 발생하는 열, 낙뢰에 의한 열

① ㄱ, ㄴ
② ㄱ, ㄹ
③ ㄴ, ㄷ
④ ㄴ, ㄹ

해설 | 열에너지원의 종류와 열원의 연결

[전기적 열에너지의 종류]

구분	설명
유도열	도체 주위의 자장변화에 의해 전위차가 발생하여 전류의 흐름에 의해 저항열이 발생하는 것
유전열	누설전류와 절연능력이 파괴되었을 경우에 발생하는 것
저항열	전류가 흐르면 줄의 법칙에 의해 발생(전열기, 백열등 및 기타)
정전기열	정전기에 의해 생성되는 에너지(가연성기체, 유증기, 분진의 점화에너지)
아크열	접촉불량 등에 의해 발생

[화학적에너지 종류]
1) 연소열 : 물질이 완전 산화되는 과정에서 발생하는 열
2) 분해열 : 화합물이 분해될 때 발생하는 열
3) 용해열 : 용해될 때 발생하는 열
4) 생성열 : 발열반응에 의해 생성되는 열
5) 자연발화열 : 점화원 없이 열 축적에 의해 온도가 상승하며 발생하는 열

19 거실제연설비의 소요배출량 27,000 m³/h, 송풍기 전압(全壓) 60 mmAq, 효율 55 %, 여유율 20 %인 다익형 송풍기의 축동력 [kW]과, 본 송풍기를 그대로 사용하고 배출량만 20 %로 증가시킬 경우 회전수 [rpm]는 약 얼마인가? (단, 다익형 송풍기의 초기회전수는 1,200 rpm 이다)

① 축동력 6.63, 회전수 1,350
② 축동력 6.63, 회전수 1,480
③ 축동력 9.63, 회전수 1,440
④ 축동력 9.63, 회전수 1,450

해설 | 회전수

[축동력]
전달계수를 고려하지 않은 동력
1) 축동력

$$P_s = \frac{P_w}{\eta} = \frac{\gamma H Q}{102 \times 60 \eta} = \frac{P_T Q}{6120 \eta}$$

P_s : 축동력 [kW]
P_w : 수동력 [kW]
P_T : 전양정, 전압 $[mmH_2O = mmAq]$
Q : 유량 [m³/min]
η : 효율

2) 계산

$$P_s = \frac{P_T Q}{6120 \eta}$$

$$= \frac{60\,mmH_2O \times 27,000\,m^3/h \times \frac{1h}{60\min} \times 1.2}{6120 \times 0.55}$$

$$= 9.625 = 9.63\,kW$$

[상사법칙]

• 유량 $\dfrac{Q_2}{Q_1} = \left(\dfrac{D_2}{D_1}\right)^3 \left(\dfrac{N_2}{N_1}\right)$

• 양정 $\dfrac{H_2}{H_1} = \left(\dfrac{D_2}{D_1}\right)^2 \left(\dfrac{N_2}{N_1}\right)^2$

• 축동력 $\dfrac{L_2}{L_1} = \left(\dfrac{D_2}{D_1}\right)^5 \left(\dfrac{N_2}{N_1}\right)^3$

$\dfrac{Q_2}{Q_1} = \left(\dfrac{D_2}{D_1}\right)^3 \left(\dfrac{N_2}{N_1}\right)$, $D_1 = D_2$

$\therefore N_2 = N_1 \times \dfrac{Q_2}{Q_1}$

$= 1,200\,rpm \times \dfrac{27,000\,m^3/h \times 1.2}{27,000\,m^3/h}$

$= 1,440\,rpm$

정답 19 ③

20 인간의 피난행동 특성에 관한 설명으로 옳지 않은 것은?

① 퇴피본능 : 반사적으로 위험으로부터 멀리하려는 본능
② 폐쇄공간지향본능 : 가능한 좁은 공간을 찾아 이동하다가 위험성이 높아지면 의외의 넓은 공간을 찾는 본능
③ 지광본능 : 화재 시 연기 및 정전 등으로 시야가 흐려질 때 어두운 곳에서 개구부, 조명부 등의 밝은 빛을 따르려는 본능
④ 귀소본능 : 피난 시 평소에 사용하는 문, 길, 통로를 사용하거나 자신이 왔었던 길로 되돌아가려는 본능

해설 | 인간의 피난행동 특성

추종본능	위험상황에서 한 사람의 리더를 추종하는 본능
퇴피본능	위험 상황을 파악하려고 하고, 피하려고 하는 본능
지광본능	밝은 곳으로 이동하려는 본능
귀소본능	자신에게 익숙한 경로를 이용하려는 본능
좌회본능	오른손잡이의 경우 왼쪽으로 도는 본능

21 피난시설계획에 관한 설명으로 옳지 않은 것은?

① 피난수단은 원시적인 방법에 의한 것을 원칙으로 한다.
② 피난대책은 Fool Proof와 Fail safe의 원칙을 중시해야 한다.
③ 피난경로에 따라 일정한 구획을 한정하여 피난 Zone을 설정하고 안전성을 높이도록 한다.
④ 피난설비는 이동식 시설에 의해야 하고 가구식의 기구나 장치 등은 극히 예외적인 보조수단으로 생각하여야 한다.

해설 | 피난계획 시 고려사항
1) 피난경로는 간단명료하게 해야 한다.
2) 피난구조설비는 고정식 설비를 위주로 해야 한다.
3) 피난수단은 원시적 방법에 의한 것을 원칙으로 한다.
4) 2개 이상의 방향으로 피난할 수 있으며, 그 말단은 화재로부터 안전한 장소이어야 한다.
5) 수평동선과 수직동선으로 구분되어야 한다.
6) 상호 반대방향으로 다수의 출구와 연결되는 것이 좋다.
7) 피난경로는 일정한 구획을 한정하여 피난Zone을 설정하고 안전성을 높이도록 한다.
8) 피난대책은 Fool Proof와 Fail Safe의 원칙을 중시한다.

22 특별피난계단의 계단실 및 부속실 제연설비의 화재안전기준상 시험, 측정 및 조정 등의 기준으로 옳은 것은?

① 제연구역의 모든 출입문 등의 크기와 열리는 방향이 설계 시와 동일한지 확인하고, 동일하지 아니한 경우 급기량과 보충량 등을 다시 산출하여 조정가능 여부 또는 재설계·개수의 여부를 결정할 것
② 제연구역의 출입문 및 복도와 거실(옥내가 복도와 거실로 되어 있는 경우에 한함) 사이의 출입문마다 제연설비가 작동하고 있는 상태에서 그 폐쇄력을 측정할 것
③ 둘 이상의 특정소방대상물이 지하에 설치된 주차장으로 연결된 경우에는 주차장에서 둘 이상의 특정소방대상물의 제연구역으로 들어가는 출구에 설치된 제연용 연기감지기의 작동에 따라 특정소방대상물의 해당 수직풍도에 연결된 일부 제연구역의 댐퍼가 개방되도록 할 것
④ 제연구역의 출입문이 일부 닫혀 있는 상태에서 제연설비를 가동시킨 후 출입문의 개방에 필요한 힘을 측정할 것

해설 | 특별피난계단 계단실·부속실 제연설비 시험·측정·조정

1) 제연구역의 모든 출입문 등의 크기와 열리는 방향이 설계 와 동일한지 확인하고, 동일하지 아니한 경우 급기량과 보충량 등을 다시 산출하여 조정 가능 여부 또는 재설계·개수의 여부를 결정할 것
2) 1)의 기준에 따른 확인결과 출입문 등이 설계 시와 동일한 경우에는 출입문마다 그 바닥 사이의 틈새가 평균적으로 균일한지 여부를 확인하고, 큰 편차가 있는 출입문 등에 대하여는 그 바닥의 마감을 재시공하거나, 출입문 등에 불연재료를 사용하여 틈새를 조정할 것
3) 제연구역의 출입문 및 복도와 거실(옥내가 복도와 거실로 되어 있는 경우에 한함) 사이의 출입문마다 제연설비가 작동하고 있지 아니한 상태에서 그 폐쇄력을 측정할 것
4) 옥내의 층별로 화재감지기(수동기동장치를 포함)를 동작시켜 제연설비가 작동하는지 여부를 확인할 것. 다만 둘 이상의 특정소방대상물이 지하에 설치된 주차장으로 연결되어 있는 경우에는 주차장에서 하나의 특정소방대상물의 제연구역으로 들어가는 입구에 설치된 제연용 연기감지기의 작동에 따라 특정소방대상물의 해당 수직풍도에 연결된 모든 제연구역의 댐퍼가 개방되도록 하고 비상전원을 작동시켜 급기 및 배기용 송풍기의 성능이 정상인지 확인할 것
5) 4)의 기준에 따라 제연설비가 작동하는 경우 다음 각 목의 기준에 따른 시험 등을 실시할 것
   (1) 부속실과 면하는 옥내 및 계단실의 출입문을 동시에 개방할 경우 유입공기의 풍속이 방연풍속에 적합한지 여부를 확인하고, 적합하지 아니한 경우에는 급기구의 개구율과 송풍기의 풍량조절댐퍼 등을 조정하여 적합하게 할 것. 이 경우 유입공기의 풍속은 출입문의 개방에 따른 개구부를 대칭적으로 균등 분할하는 10 이상의 지점에서 측정하는 풍속의 평균치로 할 것

(2) (1) 목의 기준에 따른 시험 등의 과정에서 출입문을 개방하지 아니하는 제연구역의 실제 차압이 기준에 적합한지 여부를 출입문 등에 차압측정공을 설치하고 이를 통하여 차압측정기구로 실측하여 확인·조정할 것

(3) 제연구역의 출입문이 모두 닫혀 있는 상태에서 제연설비를 가동시킨 후 출입문의 개방에 필요한 힘을 측정하여 규정에 따른 개방력에 적합한지 여부를 확인하고, 적합하지 아니한 경우에는 급기구의 개구율 조정 및 플랩댐퍼(설치하는 경우에 한함)와 풍량조절용 댐퍼 등의 조정에 따라 적합하도록 조치할 것

23
압력 0.8 MPa, 온도 20 ℃의 CO_2 기체 10 kg을 저장한 용기의 체적 [m³]은 약 얼마인가? (단, CO_2의 기체상수 R = 19.26 kgf·m / kg·K, 절대온도는 273 K이다)

① 0.71   ② 1.71
③ 2.71   ④ 3.71

해설 | 체적

[이상기체상태방정식]

$$PV = nRT = \frac{W}{M}RT \text{ 또는 } PV = W\overline{R}T$$

P : 절대압력 [Pa = N/m²]
V : 체적 [m³]
n : 몰수 [kmol = $\frac{W(실제질량)\,kg}{M(분자량)\,kg}$]
T : 절대온도 [k = 273 + ℃]
$R = \frac{PV}{nT}$: 일반기체상수
[8,313.85 N·m / kmol·K]

[풀이]
- 기체상수 $\overline{R}$ = 19.26 kgf·m / kg·K
- 압력 P = 0.8 Mpa = 800 KN/m²
  → 1 Kg_f = 9.8 N이므로 $\frac{800}{9.8}$ Kg_f/m^2
- $V = \frac{W\overline{R}T}{P}$

$$= \frac{10\,kg \times 19.26\,Kg_f \cdot m/kg \cdot K \times (273+20)\,K}{(800/9.8)\,Kg_f/m^2}$$

$= 0.691\,m^3$

∴ 0.69 m³ ≒ 0.71 m²

정답 23 ①

24 자연발화 방지방법으로 옳지 않은 것은?

① 통풍을 잘 시킴
② 습도를 높게 유지
③ 열의 축적을 방지
④ 주위의 온도를 낮춤

해설 | 자연발화 방지법
1) 온도 : 주위 온도를 낮게 유지하여 열 축적을 방지
2) 습도 : 습도가 높지 않게 일정습도를 유지
3) 수납 : 수납 시 열 축적이 용이하지 않도록 수납
4) 통풍 : 공기유통이 잘 되게 함

25 건축물 내 연기유동의 원인을 모두 고른 것은?

ㄱ. 부력효과
ㄴ. 바람에 의한 압력차
ㄷ. 굴뚝(연돌)효과
ㄹ. 공기조화설비의 영향

① ㄱ, ㄷ
② ㄴ, ㄹ
③ ㄱ, ㄴ, ㄷ
④ ㄱ, ㄴ, ㄷ, ㄹ

해설 | 연기의 유동

바람효과	• 외부의 바람에 의해 압력차가 발생 • 지표면의 마찰에 의해 고층일수록 풍속은 빨라짐
부력	• 온도 상승에 따라 부피팽창, 밀도 감소 • 부력이 발생하여 위로 상승
공조 시스템	• 공조시스템에 의해 건물 내 강제적인 공기 이동
연돌효과	• 건물 내·외부 공기의 온도차와 밀도차이로 압력차 발생 • 건물 수직 방향의 공기유동현상
피스톤 효과	• 승강기의 수직이동에 의한 공기 유동 • 승강기 이동방향은 양압, 반대방향은 음압이 발생
팽창	• 화재에 의해 압력·온도 증가하여, 공기가 팽창

정답 24 ② 25 ④

18회 제2과목 소방수리학

목표 점수 : _____ 맞은 개수 : _____

26 이상기체상태방정식에서 기체상수의 근삿값이 아닌 것은?

① $8.31 \dfrac{J}{mol \cdot K}$

② $82 \dfrac{cm^3 \cdot atm}{mol \cdot K}$

③ $0.082 \dfrac{L \cdot atm}{mol \cdot K}$

④ $8.2 \times 10^{-3} \dfrac{m^3 \cdot atm}{mol \cdot K}$

해설 | 이상기체상수

[이상기체 상태방정식]

1) $PV = nRT = \dfrac{W}{M}RT$ 또는 $PV = mR'T$

　P : 절대압력 [Pa], V : 부피 [m^3]

　n : 몰수 [$\dfrac{W}{M}$], T : 절대온도 [K]

　$R = \dfrac{PV}{nT}$: 일반기체상수 [J/mol·K]

2) $T = 0℃ \, (273\,K)$, $P = 101,325\,Pa\,(N/m^2)$
에서 모든 기체 $1\,kmol$은
$V = 22.4\,m^3$일 경우의 기체상수

$R = \dfrac{PV}{nT} = \dfrac{101,325\,N/m^2 \times 22.4\,m^3}{1\,kmol \times 273\,K}$

$= 8,313.85\,N \cdot m/kmol \cdot K$

3) $T = 0℃ \, (273\,K)$, $P = 1\,atm$에서 모든 기체 $1\,mol$은 $V = 22.4\,L$일 경우의 기체상수

$R = \dfrac{PV}{nT} = \dfrac{1\,atm \times 22.4\,l}{1\,mol \times 273\,K}$

$= 0.082\,atm \cdot L/mol \cdot K$

[풀이]

(1) $8,313.85\,J/kmol \cdot K \times \dfrac{1\,kmol}{1,000\,mol}$

$\fallingdotseq 8.31 \dfrac{J}{mol \cdot K}$

(2) $0.082\,atm \cdot L/mol \cdot K \times \dfrac{1000\,cm^3}{1\,L}$

$\fallingdotseq 82 \dfrac{cm^3 \cdot atm}{mol \cdot K}$

(3) $0.082\,atm \cdot L/mol \cdot K = 0.082 \dfrac{L \cdot atm}{mol \cdot K}$

(4) $0.082\,atm \cdot L/mol \cdot K \times \dfrac{1\,m^3}{1000\,l}$

$\fallingdotseq 8.2 \times 10^{-5} \dfrac{m^3 \cdot atm}{mol \cdot K}$

27 동일한 성능 펌프 2대를 연결하여 운용하는 경우에 관한 설명 중 옳은 것은?

① 직렬로 연결한 경우 양정이 약 2배가 된다

② 직렬로 연결한 경우 유량이 약 4배가 된다.

③ 병렬로 연결한 경우 양정이 약 2배가 된다.

④ 병렬로 연결한 경우 유량이 약 4배가 된다.

정답 26 ④ 27 ①

해설 | 펌프운전

- 펌프의 직렬운전
  유량은 변화 없고, 양정은 2배
- 펌프의 병렬운전
  양정은 변화 없고, 유량은 2배

28 물이 지름 0.5 m 관로에 유속 2 m/s로 흐를 때 100 m 구간에서 발생하는 손실수두 [m]는 약 얼마인가? (단, 마찰손실계수는 0.019이다)

① 0.35 ② 0.58
③ 0.77 ④ 0.98

해설 | 손실수두

[달시식]

$$H_L = f \times \frac{l}{D} \times \frac{V^2}{2g}$$

H_L : 손실수두 [m], f : 마찰손실계수
l : 길이 [m], D : 직경 [m], V : 속도 [m/s]

[풀이]

$$H_L = f \times \frac{l}{D} \times \frac{V^2}{2g} = 0.019 \times \frac{100}{0.5} \times \frac{2^2}{19.6}$$
$$= 0.77\,m$$

29 A광역시 교외에 위치한 산업단지의 노후화된 물탱크 안전진단 결과 철거결정이 내려졌다. 물탱크 구조물을 해체하기 전에 탱크 안의 물을 먼저 배수하여야 하는데 수위 변화에 따른 유속 및 유량이 변화할 것으로 예상된다. 물은 대기압하의 물탱크 바닥 오리피스에서 분출시킬 때 최대유량 [m³/s]은 약 얼마인가? (단, 오리피스의 지름은 5 cm, 초기 수위는 3 m이다)

① 0.002 ② 0.005
③ 0.010 ④ 0.015

해설 | 최대유량

[체적유량]

$Q = AV$

Q : 체적유량 [m³/s]
A : 단면적 [m²]
V : 속도 [m/s]

[풀이]

유량 $Q = AV = \frac{\pi}{4} \times 0.05^2 \times \sqrt{2 \times 9.8 \times 3}$
$= 0.015\,m^3/s$

정답 28 ③ 29 ④

30 베르누이방정식은 완전유체를 대상으로 하며, 몇 가지 제한조건을 전제로 한다. 이 제한조건에 해당하는 것은?

① 비정상 유체유동
② 압축성 유체유동
③ 점성 유체유동
④ 비회전성 유체유동

해설 | 베르누이방정식
1) 유선을 따르는 유동
2) 정상유동
3) 마찰손실이 없는 유동
4) 비압축성 유체
5) 임의의 두 점은 같은 유선상에 존재

31 물이 지름 2 mm인 원형관에 0.25 cm³/s 로 흐르고 있을 때 레이놀즈수는 약 얼마 인가? (단, 동점성계수는 0.0112 cm²/s 이다)

① 106
② 142
③ 206
④ 410

해설 | 레이놀즈수
[수식]
$$Re = \frac{\rho VD}{\mu} = \frac{VD}{\nu} \begin{bmatrix} 관성력 \\ 점성력 \end{bmatrix}$$

[풀이]
$$Re = \frac{\rho VD}{\mu} = \frac{VD}{\nu}$$

1) 속도
$$Q = AV \rightarrow V = \frac{Q}{A} = \frac{0.25}{\frac{\pi}{4} \times 0.2^2} = 7.96\, cm/s$$

2) Re수
$$Re = \frac{VD}{\nu} = \frac{7.96 \times 0.2}{0.0112} = 142$$

32 단면적 2.5 cm², 길이 1.4 m인 소방장비 의 무게가 지상에서 2.75 kg일 때 물속에 서의 무게 [kg]는 얼마인가?

① 0.9
② 1.4
③ 1.9
④ 2.4

해설 | 부력
[부력(물체가 유체 속에 잠긴 경우)]
F_B = 공기 중 물체의 무게
　　　 - 유체 속 물체의 무게
F_B : 부력 $[N] = \gamma \cdot V$

γ : 액체 비중량 $[kg/m^3]$
V : 물체의 잠긴 부피 $[m^3]$

[풀이]
소방장비 체적 $= 2.5 \times 10^{-4} \times 1.4$
　　　　　　　 $= 3.5 \times 10^{-4}\, m^3$
부력 $= \gamma \cdot V = 1,000 \times 3.5 \times 10^{-4} = 0.35\, kg$
물속의 무게 = 공기 중 무게 - 부력
　　　　　　 = 2.75 - 0.35 = 2.4 kg

정답 30 ④ 31 ② 32 ④

33 유체의 압력 표시방법에 관한 설명으로 옳지 않은 것은?

① 계기압은 대기압을 0으로 놓고 측정하는 압력이다.
② 해수면에서 표준대기압은 약 101.3 kPa 이다.
③ 계기압은 절대압과 대기압의 합이다.
④ 이상기체 방정식에서 부피는 절대압을 사용한다.

해설 | 절대압과 계기압
- 절대압 = 대기압 + 계기압
- 계기압 = 절대압 - 대기압

34 2개의 피스톤으로 구성된 유압잭의 작동 원리에 관한 설명 중 옳지 않은 것은? (단, W : 일, P : 압력, F : 힘, A : 피스톤의 단면적, L : 피스톤이 이동한 거리)

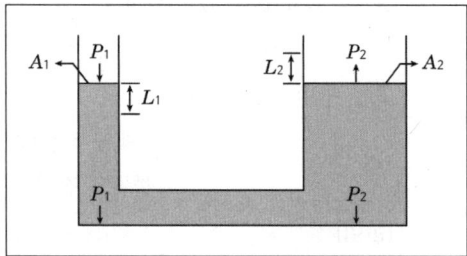

① $F_1 < F_2$ ② $P_1 = P_2$
③ $L_1 < L_2$ ④ $W_1 = W_2$

해설 | 파스칼의 원리
압력이 같으며 ($P_1 = P_2$)
$F_1 < F_2$, $L_1 > L_2$, $W_1 = W_2$

18회 제2과목 약제화학

35 합성계면활성제 포소화약제 2 %형 원액 12 L를 사용하여 팽창률을 100이 되도록 포를 방출할 때 방출된 포의 부피 [m³]는?

① 24 ② 60
③ 240 ④ 600

해설 **포팽창비**

1) 팽창비(발포배율)
$$= \frac{\text{방출된 포체적(L)}}{\text{방출 전 포수용액 체적(L)}}$$

2) 방출 전 포수용액의 체적
원액 12 L를 2 % 비율로 혼합
방출전 포수용액 $= \frac{12\,L}{0.02} = 600\,L$
∴ 0.6 m³

3) 방출된 포의 부피
방출된 포 체적(부피)
= 팽창비 × 방출 전 포수용액 체적
= 100 × 0.6 m³ = 60 m³

36 프로페인가스 1 mol이 완전연소 시 생성되는 생성물에서 질소기체가 차지하는 부피비 [%]는 약 얼마인가? (단, 생성물은 모두 기체로 가정하고, 공기 중의 산소는 21 vol%, 질소는 79 vol%이다)

① 18.8 ② 22.4
③ 72.9 ④ 79.0

해설 | 프로페인의 완전연소반응식

1) $C_3H_8 + 5O_2 + (5 \times \frac{0.79}{0.21}) \rightarrow$
$3CO_2 + 4H_2O + (5 \times \frac{0.79}{0.21})N_2$

2) 질소 부피
$X = \frac{79 \times 5}{21} = 18.8$

3) 연소생성물 중 질소 부피비
$\frac{18.8}{3+4+18.8} \times 100 = 72.9\%$

정답 35 ② 36 ③

37 청정소화약제소화설비의 화재안전기준 (NFSC 107A)에 의한 청정소화약제의 최대허용 설계농도 [%]가 옳은 것을 모두 고른 것은?

> ㄱ. FC-3-1-10 : 40
> ㄴ. IG-55 : 43
> ㄷ. HCFC-124 : 1.0
> ㄹ. HFC-23 : 40
> ㅁ. FK-5-1-12 : 10
> ㅂ. HCFC BLEND A : 20

① ㄱ, ㄴ, ㄷ, ㅁ
② ㄱ, ㄷ, ㄹ, ㅁ
③ ㄴ, ㄷ, ㄹ, ㅁ
④ ㄴ, ㄹ, ㅁ, ㅂ

해설 | 할로겐화합물 및 불활성기체소화약제 최대허용 설계농도

소화약제	최대허용 설계농도 [%]
FC-3-1-10	40
FIC-13I1	0.3
FK-5-1-12	10
HFC-23	30
HFC-125	11.5
HFC-227ea	10.5
HFC-236fa	12.5
HCFC BLEND A	10
HCFC-124	1.0
IG-01	43
IG-55	
IG-100	
IG-541	

38 이산화탄소소화약제에 관한 설명으로 옳지 않은 것은?

① 이산화탄소는 연소물 주변의 산소 농도를 저하시켜 질식소화한다.
② 심부화재의 경우 고농도의 이산화탄소를 장시간 방출시켜 재발화를 방지할 수 있다.
③ 통신기기실, 전산기기실, 변전실 화재에 적응성이 있다.
④ 마그네슘 화재에 적응성이 있다.

해설 | 이산화탄소소화약제
1) 소화 후 오손이 물소화약제 등에 비해 상대적으로 작다.
2) 공유결합 물질이다.
3) 전기의 부도체로 절연성이 높고, 오손이 작으므로 전기실 등에 적응성이 있다.
4) 오손 등이 작으므로 소화 후 증거 보존 등이 용이하다.
5) 공기보다 비중(S = 1.52)이 커서(무거워서) 심부화재에도 적응성을 가진다.
6) 대기압, 상온에서 무색무취의 기체, 화학적으로 안정되었다.
7) 1기압 상온에서 무색 기체이다.
8) 나트륨, 칼륨, 칼슘, 마그네슘 등의 화재 시 이산화탄소가 방사되면 탈탄작용으로 가연성 탄소가 발생하여 더욱 위험해진다.
$2Mg + CO_2 \Rightarrow 2MgO + C$

39 제3종 분말소화약제의 열분해 시 생성되는 올소(Ortho)인산의 화학식으로 옳은 것은?

① H_3PO_4 ② HPO_3
③ $H_4P_2O_5$ ④ $H_4P_2O_7$

해설 | 제3종 분말소화약제 열분해 반응식

온도	열분해 반응식
166 ℃	$NH_4H_2PO_4 \rightarrow NH_3 + H_3PO_4$ (올소인산)
216 ℃	$2H_3PO_4 \rightarrow H_2O + H_4P_2O_7$ (피로인산)
360 ℃ 이상	$H_4P_2O_7 \rightarrow H_2O + 2HPO_3$ (메타인산)
1000 ℃ 이상	$2HPO_3 \rightarrow H_2O + P_2O_5$ (오산화린)

40 표준상태에서 물질의 증발잠열(cal/g)이 가장 작은 것은?

① 에틸알코올 ② 아세톤
③ 액화질소 ④ 액화프로페인

해설 | 증발잠열
1) 온도변화 없이 상태가 변화할 때의 열량
2) 물이 수증기로 증발할 경우 539 kcal/kg (= 2,245.8 kJ/kg)이며, 증발잠열이 클수록 냉각효과가 우수하다(1 J = 0.24 cal).

[물질의 증발잠열]

구분	증발잠열
에틸알코올	204.9 cal/g
아세톤	124.5 cal/g
액화질소	47.7 cal/g
액화프로페인	98 cal/g

41 1,000 K에서 기체의 열용량(C_p^{1000K}, $\frac{J}{mol \cdot K}$)이 가장 높은 물질에서 낮은 순서로 옳은 것은?

① $CO_2 > H_2O(g) > N_2 > He$
② $H_2O(g) > CO_2 > N_2 > He$
③ $He > CO_2 > H_2O(g) > N_2$
④ $H_2O(g) > He > N_2 > CO_2$

해설 | 열용량
$CO_2 > H_2O(g) > N_2 > He$

구분	500 K [J/mol·K]	1,000 K [J/mol·K]	1500 K [J/mol·K]
CO_2	44.626	54.308	58.379
$H_2O(g)$	35.208	41.217	46.999
N_2	29.577	32.698	34.852
He	20.786	20.786	20.786

정답 39 ① 40 ③ 41 ①

18회 제2과목 소방전기

목표 점수 : _____   맞은 개수 : _____

42 다음 용어 정의에 대한 공식과 단위 연결이 옳지 않은 것은? (단, W : 일, Q : 전하량, t : 시간, ρ : 고유저항, l : 길이, S : 단면적)

① 전압 $V = \dfrac{Q}{W}(C/J)$

② 전류 $I = \dfrac{Q}{t}(C/s)$

③ 전력 $P = \dfrac{W}{t}(J/s)$

④ 저항 $R = \rho\dfrac{l}{S}(\Omega)$

해설 | 전기 공식

전압 $V = \dfrac{W}{Q}(\dfrac{J}{C} = V)$

43 자동제어계의 제어동작에 의한 분류 중 옳지 않은 제어방식은?

① PD제어
② PE제어
③ PI제어
④ P제어

해설 | 제어동작에 의한 분류

분류		설명
연속 제어	P제어(비례)	제어동작신호에 비례하는 조절신호를 만드는 제어동작 잔류편차 발생
	I제어(적분)	잔류편차 개선, 시간지연 발생
	D제어(미분)	시간지연 개선, 잔류편차 존재, 오차가 커지는 것을 미연방지, 진동억제
	PI제어 (비례, 적분)	잔류편차를 제거하여 정상특성 개선, 간헐현상 발생
연속 제어	PD제어 (비례, 미분)	오버슈트(Over Shoot) 감소, 응답 속도 개선
	PID제어 (비례, 미분, 적분)	잔류편차, 시간지연 개선, 가장 안정적
불연속 제어	On-Off제어 (2위치 제어)	-

정답 42 ① 43 ②

44 논리식 $X = A \cdot \overline{B}$에 맞는 타임차트는?
(단, A, B는 입력, X는 출력)

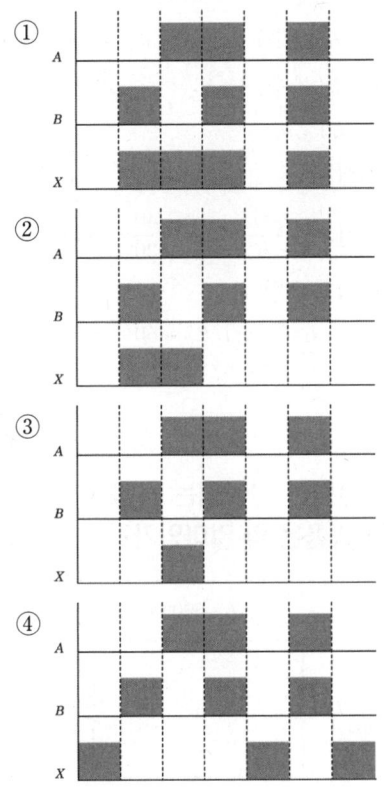

해설 | 타임차트의 논리식
① $X = A + B$ (OR회로)
② $X = \overline{A} \cdot B + A \cdot \overline{B}$ (Exclusive OR회로)
③ $X = A \cdot \overline{B}$
④ $X = \overline{A} \cdot \overline{B}$ (NOR회로)

45 다음 그림의 유접점회로와 동일한 무접점 회로는?

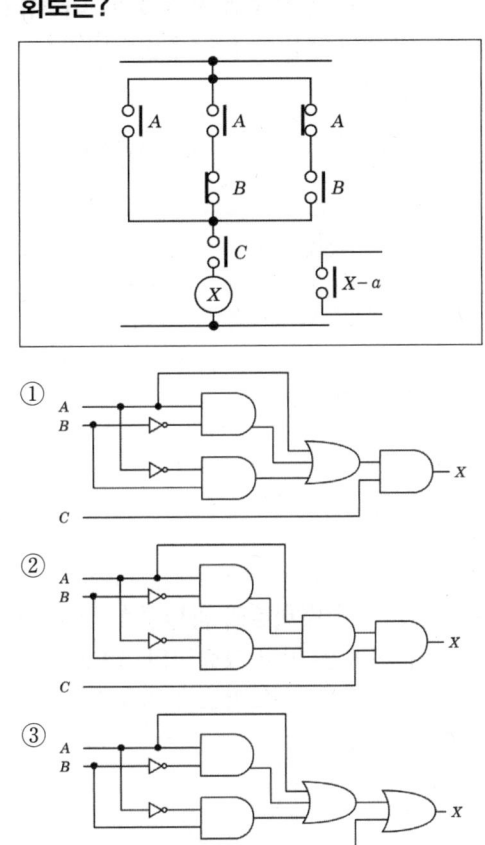

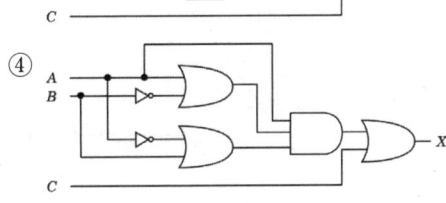

해설 | 유접점회로와 무접점회로
논리식 $X = (A + A\overline{B} + \overline{A}B)C$

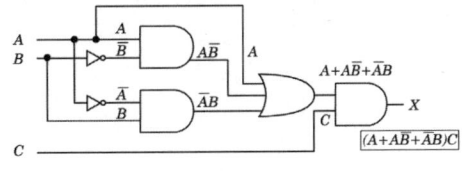

정답 44 ③ 45 ①

46 전압 220 V 저항부하 110 Ω인 회로에 1시간 동안 전류를 흘렸을 때 이 저항에서의 발열량 [kcal]은 약 얼마인가?

① 26
② 380
③ 440
④ 1,584

해설 | 발열량

$$H = 0.24 \frac{V^2}{R} t = 0.24 \times \frac{220^2}{110} \times (60 \times 60)$$
$$= 380,160 \, cal$$
$$\therefore 380 \, kcal$$

47 R-L 직렬회로의 임피던스 Z를 복소수평면상에 표현한 그림이다. 이 회로의 임피던스에 관한 설명으로 옳지 않은 것은?

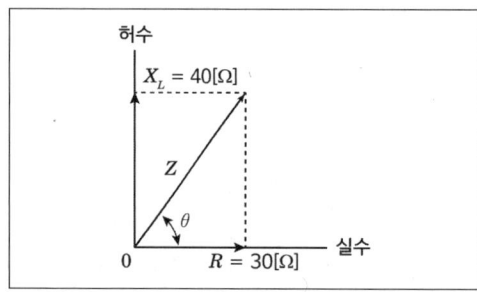

① 임피던스 $Z = 50 \angle \theta$
② 임피던스 $Z = 30 + j40$
③ 임피던스 위상각 $\theta ≒ 53.1$
④ 임피던스 $Z = 50(\sin\theta + j\cos\theta)$

해설 | R-L 직렬회로
1) 임피던스
$$Z = R(실수) + jX_L(허수) = \sqrt{R^2 + X_L^2}$$
$$Z = R(실수) + jX_L(허수) \; Z = 30 + j40$$
$$= 50 \angle \theta$$

2) 위상차
$$\theta = \tan^{-1}\frac{X_L}{R} = \tan^{-1}\frac{40}{30} ≒ 53.1°$$

3) 삼각함수법
$$Z = (\cos\theta + j\sin\theta) = 50(\cos\theta + j\sin\theta)$$

48 교류전원이 인가되는 다음 R-L 직렬회로의 역률은 약 얼마인가?

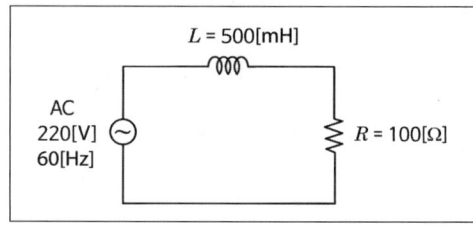

① 0.196
② 0.258
③ 0.389
④ 0.469

해설 | R-L 직렬회로 역률($\cos\theta$)

$$\cos\theta = \frac{R}{Z} = \frac{R}{\sqrt{R^2 + X_L^2}}$$

1) 유도성 리액턴스(X_L)
$$X_L = \omega L = 2\pi f L$$
$$= 2 \times 3.14 \times 60 \times 500 \times 10^{-3} = 188.4 \, \Omega$$

2) 역률($\cos\theta$)
$$\cos\theta = \frac{R}{Z} = \frac{R}{\sqrt{R^2 + X_L^2}}$$
$$= \frac{100}{\sqrt{100^2 + 188.4^2}} ≒ 0.469$$

정답 46 ② 47 ④ 48 ④

49 교류전압을 표현하는 방법 중 실횻값에 해당하지 않는 것은 무엇인가? (단, $v = V_m \sin\omega t$, V_m은 최댓값이다)

① 실횻값 $V = \sqrt{\dfrac{1}{\pi}\displaystyle\int_0^\pi v\,dt}$

② 실횻값 $V = \dfrac{V_m}{\sqrt{2}}$

③ 실횻값은 동일한 저항에 직류전원과 교류전원을 각각 인가했을 경우 평균 전력이 같아지는 때의 전압 값을 의미

④ 교류 220 V 와 380 V 등은 교류전원의 실횻값 전압을 의미

해설 | 교류전압의 실횻값(V)
교류의 순싯값 $i(t)$의 제곱에 대한 1주기 평균(평균값)의 제곱근

$V = \sqrt{\dfrac{1}{\pi}\displaystyle\int_0^\pi v^2\,dt}$

50 권선수 500회이고, 자기인덕턴스가 50 mH인 코일에 2 A의 전류를 흘렸을 때의 자속 [Wb]은 얼마인가?

① 1×10^{-4}
② 2×10^{-4}
③ 3×10^{-4}
④ 4×10^{-4}

해설 | 자속 $\varPhi$
$LI = N\varPhi$

L : 인덕턴스 [H]
I : 전류 [A]
N : 권선수
$\varPhi$: 자속 [Wb]

$\varPhi = \dfrac{LI}{N} = \dfrac{50 \times 10^{-3} \times 2}{500} = 0.0002$
$= 2 \times 10^{-4}\,Wb$

정답 49 ① 50 ②

18회 제3과목 소방관련법령

51 소방기본법령상 국고보조 대상사업의 범위와 기준보조율에 관한 설명으로 옳은 것은?

① 국고보조 대상사업의 범위에 따른 소방활동장비 및 설비의 종류와 규격은 대통령령으로 정한다.
② 방화복 등 소화활동에 필요한 소방장비의 구입 및 설치는 국고보조 대상사업의 범위에 해당한다.
③ 소방헬리콥터 및 소방정의 구입 및 설치는 국고보조 대상사업의 범위에 해당하지 않는다.
④ 국고보조 대상사업의 기준보조율은 「보조금 관리에 관한 법률」에서 정하는 바에 따른다.

해설 | 소방장비 국고보조

1) 국고보조
  (1) 국가는 소방장비의 구입 등 시·도의 소방업무에 필요한 경비를 일부 보조함
  (2) 국고보조 대상사업의 범위와 기준 보조율 : 대통령령
    ① 소방활동장비 및 설비의 종류와 규격 : 행정안전부령
    ② 국고보조 대상사업의 기준 보조율 : 보조금관리에 관한 법률 시행령

2) 국고보조 대상사업 범위
  (1) 소방활동장비·설비의 구입 및 설치
    ① 소방자동차
    ② 소방헬리콥터 및 소방정
    ③ 소방전용통신설비 및 전산설비
    ④ 그 밖에 방화복 등 소방활동에 필요한 소방장비
  (2) 소방관서용 청사의 건축

3) 국고보조산정을 위한 기준 가격
  (1) 국내조달품 : 정부고시가격
  (2) 수입물품 : 조달청에서 조사한 해외시장 시가
  (3) 해외시장 시가가 없는 물품(고시가격·조달청 조사) : 2 이상 물가조사의(공신력 있음) 평균 가격

52 다음 중 300만 원의 벌금에 처해질 수 있는 자는? (법령 개정으로 문제 수정)

① 화재안전조사를 정당한 사유 없이 거부·방해 또는 기피한 자
② 정당한 사유 없이 소방대의 생활안전활동을 방해한 자
③ 피난 명령을 위반한 사람
④ 정당한 사유 없이 물의 사용을 방해한 자

정답 51 ② 52 ①

해설 | 벌칙

[화재예방법]
① 화재안전조사를 정당한 사유 없이 거부·방해 또는 기피한 자 : 300만 원이하 벌금

[소방기본법 : 100만 원 이하 벌금]
② 정당한 사유 없이 소방대의 생활안전활동을 방해한 자
③ 피난 명령을 위반한 사람
④ 정당한 사유 없이 물의 사용을 방해한 자

53
화재가 발생하였을 때의 화재의 원인 및 피해 등에 대한 조사를 하여야 하는 사람으로 옳지 않은 것은?

① 행정안전부장관
② 소방청장
③ 소방본부장
④ 소방서장

해설 | 화재조사

1) 화재원인 및 피해조사
  (1) 화재조사자 : 소방청장, 소방본부장, 소방서장
  (2) 화재조사방법·운영·자격 등 필요한 사항 : 행정안전부령
  (3) 화재사실을 인지하는 즉시 실시 : 관계공무원

2) 화재조사의 종류 및 조사의 범위
  (1) 화재원인조사

조사 종류	조사범위
발화원인	화재 발생과정, 화재 발생지점, 점화물질
발견·통보·초기 소화상황	화재 발견·통보·초기소화 등 일련의 과정
연소상황	화재의 연소경로·확대원인 등의 상황
피난상황	피난경로, 피난상의 장애요인 등의 상황
소방시설 등	소방시설의 사용·작동 등의 상황

  (2) 화재피해조사

조사 종류	조사범위
인명 피해	• 소방활동 중 발생한 사망자 및 부상자 • 그 밖에 화재로 인한 사망자 및 부상자
재산 피해	• 열에 의한 탄화, 용융, 파손 등의 피해 • 소화활동 중 사용된 물로 인한 피해 • 그 밖에 연기, 물품반출, 화재로 인한 폭발 등에 의한 피해

※ 화재조사 : 2022.6.9. 소방기본법 삭제 됨

54
소방시설공사업법령상 합병의 경우 소방시설업자 지위 승계를 신고하려는 자가 제출하여야 하는 서류가 아닌 것은?

① 소방시설업 합병신고서
② 합병계약서 사본
③ 합병 후 법인의 소방시설업 등록증 및 등록수첩
④ 합병공고문 사본

해설 | 소방시설업자 지위승계 신고 등
1) 소방시설업자 지위 승계를 신고하려는 자는 그 지위를 승계한 날부터 30일 이내에 다음 각 호의 구분에 따른 서류(전자문서를 포함한다)를 협회에 제출하여야 한다.
   (1) 양도·양수의 경우 다음 각 목의 서류 (분할 또는 분할합병에 따른 양도·양수의 경우를 포함)
      ① 소방시설업 지위승계신고서
      ② 양도인 또는 합병 전 법인의 소방시설업 등록증 및 등록수첩
      ③ 양도·양수 계약서 사본, 분할계획서 사본 또는 분할합병계약서 사본(법인의 경우 양도·양수에 관한 사항을 의결한 주주총회 등의 결의서 사본을 포함)
      ④ 양도·양수 공고문 사본
      ⑤ 소방시설업 등록신청서
2) 상속의 경우 : 다음 각 목의 서류
   (1) 소방시설업 지위승계신고서
   (2) 피상속인의 소방시설업 등록증 및 등록수첩
   (3) 소방시설업 등록신청서
   (4) 상속인임을 증명하는 서류
3) 합병의 경우 : 다음 각 목의 서류
   (1) 소방시설업 합병신고서
   (2) 합병 전 법인의 소방시설업 등록증 및 등록수첩
   (3) 합병계약서 사본(합병에 관한 사항을 의결한 총회 또는 창립총회 결의서 사본을 포함한다)
   (4) 소방시설업 등록신청서
   (5) 합병공고문 사본

55 소방시설공사업법령상 수수료 기준으로 옳지 않은 것은?

① 전문 소방시설설계업을 등록하려는 자 - 4만 원
② 소방시설업 등록증을 재발급 받으려는 자 - 2만 원
③ 소방시설업자의 지위승계 신고를 하려는 자 - 2만 원
④ 일반 소방시설공사업을 등록하려는 자 - 분야별 2만 원

해설 | 수수료 및 교육비
1) 소방시설업을 등록하려는 자
   (1) 전문 소방시설설계업 : 4만 원
   (2) 일반 소방시설설계업 : 분야별 2만 원
   (3) 전문 소방시설공사업 : 4만 원
   (4) 일반 소방시설공사업 : 분야별 2만 원
   (5) 전문 소방공사감리업 : 4만 원
   (6) 일반 소방공사감리업 : 분야별 2만 원
   (7) 방염처리업 : 업종별 4만 원
2) 소방시설업 등록증 또는 등록수첩을 재발급 받으려는 자 : 소방시설업 등록증 또는 등록수첩별 각각 1만 원
3) 소방시설업자의 지위승계 신고를 하려는 자 : 2만 원
4) 방염처리능력 평가, 시공능력평가, 자격수첩·경력수첩 발급, 실무교육 받으려는 사람 : 소방청장이 고시하는 금액

정답 55 ②

56 소방시설공사업법령상 하도급계약심사위원회의 구성 및 운영에 관한 설명으로 옳은 것은?

① 하도급계약심사위원회는 위원장 1명과 부위원장 1명을 제외한 10명 이내의 위원으로 구성한다.
② 소방 분야 연구기관의 연구위원급 이상인 사람은 위원회의 부위원장으로 위촉될 수 있다.
③ 위원회의 회의는 재적위원 과반수의 출석으로 개의하고 출석위원 3분의 2 이상의 찬성으로 의결한다.
④ 위원의 임기는 2년으로 하되, 두 차례까지 연임할 수 있다.

해설 | 소방시설공사업법령상 하도급계약심사위원회 구성 및 운영

1) 하도급계약심사위원회는 위원장 1명과 부위원장 1명을 포함하여 10명 이내의 위원으로 구성한다.
2) 위원회의 위원장은 발주기관의 장(발주기관이 시·도의 경우에는 해당 기관 소속 2급 또는 3급 공무원 중에서 발주기관이 제12조의2 제2항에 따른 공공기관인 경우에는 1급 이상 임직원 중에서 발주기관의 장이 지명하는 사람을 각각 말한다)이 되고, 부위원장과 위원은 다음 각 호의 어느 하나에 해당하는 사람 중에서 위원장이 임명하거나 성별을 고려하여 위촉한다.
   (1) 해당 발주기관의 과장급 이상 공무원 (공공기관의 경우에는 2급 이상의 임직원을 말한다)
   (2) 소방 분야 연구기관의 연구위원급 이상인 사람

(3) 소방 분야의 박사학위를 취득하고 그 분야에서 3년 이상 연구 또는 실무경험이 있는 사람
(4) 대학(소방 분야로 한정한다)의 조교수 이상인 사람
(5) 소방기술사 자격을 취득한 사람
4) 위원장의 임기는 3년으로 하며 한 차례만 연임할 수 있다.
5) 위원회의 회의는 재적위원 과반수의 출석으로 개의(開議)하고 출석위원 과반수의 찬성으로 의결한다.
6) 제1항부터 제4항까지에서 규정한 사항 외에 위원회의 운영에 필요한 사항은 위원회의 의결을 거쳐 위원장이 정한다.

57 소방시설공사업법령상 하자보수 대상 소방시설과 하자보수 보증기간의 연결이 옳지 않은 것은?

① 피난기구 - 3년
② 자동화재탐지설비 - 3년
③ 자동소화장치 - 3년
④ 간이스프링클러설비 - 3년

해설 | 하자보수 기간과 대상
〈개정 2025.1.21.〉 개정

2년	비상경보설비, 비상방송설비, 피난기구, 유도등, 비상조명등 및 무선통신보조설비
3년	자동소화장치, 옥내소화전설비, 스프링클러설비등, 물분무등소화설비, 옥외소화전설비, 자동화재탐지설비, 화재알림설비, 소화용수설비 및 소화활동설비(무선통신보조설비 제외)

※ 스프링클러설비등 : 스프링클러설비, 간이스프링클러설비, 화재조기진압용스프링클러설비

정답 56 ② 57 ①

58 소방시설공사업법령상 영업정지가 그 이용자에게 불편을 주거나 그 밖에 공익을 해칠 우려가 있을 때에 시·도지사가 영업정지처분을 갈음하여 과징금을 부과할 수 있는 경우는?

① 사업수행능력 평가에 관한 서류를 위조하거나 변조하는 등 거짓이나 그 밖의 부정한 방법으로 입찰에 참여한 경우
② 동일한 특정소방대상물의 소방시설에 대한 시공과 감리를 함께 할 수 없으나 이를 위반하여 시공과 감리를 함께 한 경우
③ 정당한 사유 없이 관계 공무원의 출입 또는 검사·조사를 기피한 경우
④ 공사감리자를 변경하였을 때에는 새로 지정된 공사감리자와 종전의 공사감리자는 감리업무 수행에 관한 사항과 관계 서류를 인수·인계를 기피한 경우

해설 | 시·도지사가 영업정지처분을 갈음하여 과징금 부과 제외 대상
(1) 소방시설업 등록기준에 미달하게 된 후 30일이 경과한 경우
(2) 다른 자에게 자기의 성명이나 상호를 사용하여 소방시설공사등을 수급 또는 시공하게 하거나 소방시설업의 등록증 또는 등록수첩을 빌려준 경우
(3) 공사감리자 변경 시 인수·인계를 거부·방해·기피한 경우
(4) 사업수행능력 평가에 관한 서류를 위조하거나 변조하는 등 거짓이나 그 밖의 부정한 방법으로 입찰에 참여한 경우
(5) 감독을 위하여 명령한 보고 또는 자료 제출을 하지 아니하거나 거짓으로 보고 또는 자료 제출을 한 경우
(6) 정당한 사유 없이 공무원의 출입 또는 검사조사를 거부방해 또는 기피한 경우

59 소방시설설치 및 관리에 관한 법령상 특정소방대상물이 증축되는 경우에 기존 부분에 대해서는 증축 당시의 소방시설의 설치에 관한 대통령령 또는 화재안전기준을 적용하지 아니하는 경우가 있다. 이 경우에 해당하지 않는 것은?

① 기존 부분과 증축 부분이 60분+ 방화문으로 구획되어 있는 경우
② 기존 부분과 증축 부분이 국토교통부장관이 정하는 기준에 적합한 자동방화셔터로 구획되어 있는 경우
③ 자동차 생산공장 내부에 연면적 50 m²의 직원 휴게실을 증축하는 경우
④ 자동차 생산공장에 3면 이상에 벽이 없는 구조의 캐노피를 설치하는 경우

해설 | 기존 부분의 증축 당시 규정 적용 제외기준
1) 기존과 증축 부분이 내화구조(바닥, 벽)로 구획
2) 기존과 증축 부분이 자동방화셔터 또는 60분+ 방화문으로 구획
3) 자동차 생산공장 등 화재위험이 낮은 33 m² 이하의 직원휴게실 증축하는 경우
4) 자동차 생산공장 등 화재위험이 낮은 캐노피(기둥으로 받치거나 매달아 놓은 덮개를 말하며, 3면 이상 벽 없음)를 설치하는 경우

정답 58 ② 59 ③

60 소방시설설치 및 관리에 관한 법령상 임시소방시설에 해당하지 않는 것은?

① 비상경보장치 ② 간이완강기
③ 간이소화장치 ④ 간이피난유도선

해설 | 임시소방시설의 종류와 설치

종류	공사의 규모와 종류	유사 소방시설
소화기	–	소방본부장 또는 소방서장의 동의를 받아야 하는 특정소방대상물의 신축·증축·개축·재축·이전·용도변경 또는 대수선 등을 위한 공사 중 작업 현장에 설치	–
간이소화장치	물을 방사하여 화재를 진화할 수 있는 장치로서 소방청장이 정하는 성능을 갖추고 있을 것	다음 어느 하나에 해당하는 작업현장 ① 연면적 3,000㎡ 이상 ② 지하층·무창층· 4층 이상의 층 이 경우 해당 층의 바닥면적이 600㎡ 이상인 경우만 해당	소방청장이 정하여 고시하는 기준에 맞는 소화기(연결송수관설비의 방수구 인근에 설치한 경우로 한정) 또는 옥내소화전설비
비상경보장치	화재가 발생한 경우 주변에 있는 작업자에게 화재사실을 알릴 수 있는 장치로서 소방청장이 정하는 성능을 갖추고 있을 것	다음 어느 하나에 해당하는 작업현장 ① 연면적 400㎡ 이상 ② 지하층·무창층 이 경우 해당 층의 바닥면적이 150㎡ 이상인 경우만 해당	① 비상방송설비 ② 자동화재탐지설비
가스누설경보기	가연성 가스가 누설 또는 발생된 경우 탐지하여 경보하는 장치로서 소방청장이 실시하는 형식승인 및 제품검사를 받은 것	바닥면적이 150㎡ 이상인 지하층 또는 무창층의 작업현장에 설치	–
간이피난유도선	화재가 발생한 경우 피난구 방향을 안내할 수 있는 장치로서 소방청장이 정하는 성능을 갖추고 있을 것	바닥면적이 150㎡ 이상인 지하층 또는 무창층의 작업현장에 설치	① 피난유도선 ② 피난구유도등 ③ 통로유도등 ④ 비상조명등
비상조명등	화재발생 시 안전하고 원활한 피난활동을 할 수 있도록 거실 및 피난통로 등에 설치하여 자동 점등되는 조명장치로서 소방청장이 정하는 성능을 갖추고 있을 것	바닥면적이 150㎡ 이상인 지하층·무창층의 작업현장에 설치	–
방화포	용접·용단 등 작업 시 발생하는 금속성 불티로부터 가연물이 점화되는 것을 방지해주는 천 또는 불연성 물품으로서 소방청장이 정하는 성능을 갖추고 있을 것	용접·용단 작업이 진행되는 작업현장에 설치	–

정답 60 ②

61 화재의 예방 및 안전관리에 관한 법령상 1급 소방안전관리대상물에 해당하는 것은 무엇인가? (단, 공공기관의 소방안전관리에 관한 규정을 적용받는 특정소방대상물은 제외한다)

① 지하구
② 철강 등 불연성 물품을 저장·취급하는 창고
③ 층수가 10층이고 연면적이 15,000 m²인 판매시설
④ 층수가 20층이고 지상으로부터 높이가 60 m인 아파트

해설 | 소방안전관리자 선임 특정소방대상물

※ 동·식물원, 철강 등 불연성 물품을 저장·취급하는 창고, 위험물 저장 및 처리시설 중 위험물 제조소등, 지하구 제외(특급, 1급만 해당)

특급	1급	2급
[아파트] 50층(지제) 또는 200 m 이상	[아파트] 30층(지제) 또는 120 m 이상	• 지하구 • 공동주택(옥내, SP설치된 경우) • 목조건축물 (보물·국보) • 옥내·S/P·물분무등 설치대상
[아파트 제외] 30층 이상(지포) 또는 120m 이상(지상부터)	[아파트 제외] 11층 이상	
연 10만 m² 이상	연 1만 5천 m² 이상	
-	가연성가스 1,000 t 이상	가연성가스 100 t 이상~ 1,000 t 미만 가스제조설비로 도시가스허가시설

62 소방시설설치 및 관리에 관한 법령에 대한 설명으로 옳은 것은?

① 시·도지사는 소방시설관리업등록증(등록수첩) 재교부신청서를 제출받은 때에는 3일 이내에 소방시설관리업등록증 또는 등록수첩을 재교부하여야 한다.
② 소방시설관리업자가 소방시설관리업을 휴·폐업한 때에는 3일 이내에 소재지를 관할하는 소방서장에게 그 소방시설관리업등록증 및 등록수첩을 반납하여야 한다.
③ 시·도지사는 소방시설관리업자로부터 소방시설관리업등록사항 변경신고를 받은 때에는 7일 이내에 소방시설관리업등록증 및 등록수첩을 새로 교부하여야 한다.
④ 피성년후견인이 금고 이상의 형의 집행유예를 선고받고 그 유예기간이 종료된 경우에는 소방시설관리업의 등록을 할 수 있다.

해설 | 소방시설관리업 등록절차
※ ④ : 피성년후견인은 안됨

- 서류보완 10일 이내
  - 첨부서류 미비
  - 신청서첨부서류 기재내용 불명확
- 재교부 신청 시 발급 : 3일 이내
- 등록사항 변경신고 시 : 5일 이내
- 소방시설관리사 자격증 발급
  - 신규신청 : 합격자 공고일부터 1개월 이내
  - 재교부 신청 시 : 3일 이내

정답 61 ③ 62 ①

63 소방시설설치 및 관리에 관한 법령상 특정소방대상물의 설명으로 옳지 않은 것은?

① 의원은 근린생활시설이다.
② 보건소는 업무시설이다.
③ 요양병원은 의료시설이다.
④ 동물원은 동물 및 식물 관련 시설이다.

해설 | 특정소방대상물의 분류

[문화 및 집회시설]
(1) 공연장으로서 근린생활시설에 해당하지 않는 것
(2) 집회장 : 예식장, 공회당, 회의장, 마권 장외 발매소, 마권 전화투표소, 그 밖에 이와 비슷한 것으로서 근린생활시설에 해당하지 않는 것
(3) 관람장 : 경마장, 경륜장, 경정장, 자동차 경기장, 그 밖에 이와 비슷한 것과 체육관 및 운동장으로서 관람석의 바닥면적의 합계가 1천 m² 이상인 것
(4) 전시장 : 박물관, 미술관, 과학관, 문화관, 체험관, 기념관, 산업전시장, 박람회장, 견본주택, 그 밖에 이와 비슷한 것
(5) 동·식물원 : 동물원, 식물원, 수족관, 그 밖에 이와 비슷한 것

분류	해당 대상물
공동주택	기숙사
근·생	의원
	동물병원
	독서실
	장의사
	학원
관광휴게시설	유원지
	야외극장

분류	해당 대상물
노유자 시설	정신요양시설
	장애인지역사회시설 장애인직업재활시설
	노인의료복지시설
	어린이집
업무시설	오피스텔
	보건소
문화 및 집회시설	마권장외 발매소 마권 전화투표소
운수시설	공항시설, 항만시설
숙박시설	생활형 숙박시설
의료시설	치과병원
의료시설	병원, 요양병원
교육연구시설	도서관
업무시설	공공도서관
묘지관련시설	봉안당
위락시설	무도학원
항공기 및 자동차관련시설	자동차학원·정비학원
위락시설	유원시설업
근생, 문화 및 집회시설	극장(실내)
의료시설	정신의료기관
의료시설	장애인 의료재활시설
관광휴게시설	어린이회관
수련시설	유스호스텔
의료시설	마약진료소
위락시설	카지노영업소
항공기 및 자동차 관련시설	항공기격납고, 주기장

정답 63 ④

64 소방시설설치 및 관리에 관한 법령상 주택용 소방시설을 설치하여야 하는 대상을 모두 고른 것은?

ㄱ. 다중주택	ㄴ. 다가구주택
ㄷ. 연립주택	ㄹ. 기숙사

① ㄱ, ㄹ
② ㄴ, ㄷ
③ ㄱ, ㄴ, ㄷ
④ ㄴ, ㄷ, ㄹ

해설 | 주택용 소방시설
1) 소화기
2) 단독경보형 감지기

다음 각 호의 주택의 소유자는 대통령령으로 정하는 소방시설을 설치하여야 한다.
1) 단독주택 : 단독, <u>다가구</u>, <u>다중주택</u>
2) 공동주택 : 아파트등, 기숙사, <u>연립주택</u>, <u>다세대주택</u>(아파트 및 기숙사는 주택용 소방시설 제외)

65 소방시설설치 및 관리에 관한 법령상 무선통신보조설비를 설치하여야 하는 특정소방대상물에 해당하지 않는 것은 무엇인가? (단, 위험물 저장 및 처리시설 중 가스시설은 제외한다)

① 공동구
② 지하상가로서 연면적 1천 m² 이상인 것
③ 층수가 30층 이상인 것으로서 11층 이상 부분의 모든 층
④ 지하층의 층수가 3층 이상이고, 지하층의 바닥면적의 합계가 1천 m² 이상인 것은 지하층의 모든 층

해설 | 무선통신보조설비 설치대상물
1) 지하상가로서 연면적 1,000 m² 이상인 것
2) 지하층의 바닥면적 합계가 3,000 m² 이상인 것 또는 지하층 층수가 3층 이상이고 지하층의 바닥면적 합계가 1,000 m² 이상인 것은 지하층의 모든 층
3) 터널로서 길이가 500 m 이상인 것
4) 공동구
5) <u>층수 30층 이상인 것으로서 16층 이상 부분의 모든 층</u>

※ 무선통신보조설비 설치 제외 : 위험물 저장 및 처리시설 중 가스시설

66 소방시설설치 및 관리에 관한 법령상 우수품질 제품에 대한 인증 및 지원에 관한 설명으로 옳은 것은?

① 우수품질인증을 받으려는 자는 대통령령으로 정하는 바에 따라 시·도지사에게 신청하여야 한다.
② 우수품질인증을 받은 소방용품에는 KS인증 표시를 한다.
③ 우수품질인증의 유효기간은 5년의 범위에서 행정안전부령으로 정한다.
④ 중앙행정기관은 건축물의 신축으로 소방용품을 신규 비치하여야 하는 경우 우수품질인증 소방용품을 반드시 구매·사용해야 한다.

정답 64 ③ 65 ③ 66 ③

해설 | 우수품질제품 인증
1) 우수품질인증
  (1) 신청자 : 제조자
  (2) 인증에 대한 사항(정하는 바) : 행정안전부령
  (3) 신청 받는 자 : 소방청장
  (4) 우수품질인증 표시할 수 있고 유효기간은 5년
2) 우수품질인증 우선구매기관
  → 우수품질인증 소방용품을 우선 구매·사용하도록 노력해야 함(신축·증축·개축, 변경·신규 비치)
  (1) 중앙행정기관
  (2) 지방자치단체
  (3) 공공기관(공공기관의 운영의 법률)
  (4) 지방공단(지방공기업법)
  (5) 출자·출연기관(지방자치단체의 출자)

해설 | 화재안전조사 위원회 임명·위촉
1) 소방공무원(과장급 이상)
2) 소방기술사, 소방관리사
3) 소방 관련 석사학위 이상
4) 소방 관련 법인단체에서 소방업무 5년 이상
5) 소방공무원 교육기관, 학교·연구소에서 소방 관련 교육·연구 5년 이상

67 화재의 예방 및 안전관리에 관한 법령상 소방본부장이 화재안전조사위원회의 위원으로 임명하거나 위촉할 수 없는 사람은?
① 소방기술사
② 소방 관련 분야의 석사학위 이상을 취득한 사람
③ 과장급 직위 이상의 소방공무원
④ 소방공무원 교육기관에서 소방과 관련한 연구에 3년 이상 종사한 사람

68 위험물안전관리법령상 허가를 받지 아니하고 지정수량 이상의 위험물을 저장 또는 취급하는 자에 대한 조치명령에 관한 설명으로 옳은 것은?
① 소방서장은 수산용으로 필요한 난방시설을 위한 지정수량 20배의 저장소를 설치한 자에 대하여 제거 등 필요한 조치를 명할 수 있다.
② 소방본부장은 주택의 난방시설(공동주택의 중앙난방시설은 제외한다)을 위한 취급소를 설치한 자에 대하여 제거 등 필요한 조치를 명할 수 있다.
③ 시·도지사는 축산용으로 필요한 난방시설을 위한 지정수량 20배의 저장소를 설치한 자에 대하여 제거 등 필요한 조치를 명할 수 있다.
④ 소방서장은 농예용으로 필요한 건조시설을 위한 지정수량 30배의 저장소를 설치한 자에 대하여 제거 등 필요한 조치를 명할 수 있다.

정답 67 ④ 68 ④

해설 | 제조소등의 허가, 변경, 신고를 하지 않아도 되는 경우
1) 주택의 난방시설(공동주택의 중앙난방시설을 제외)을 위한 저장소 또는 취급소
2) 농예용·축산용 또는 수산용으로 필요한 난방시설 또는 건조시설을 위한 지정수량 20배 이하의 저장소

69 위험물안전관리법령상 기계에 의하여 하역하는 구조로 된 운반용기에 대한 수납기준으로 옳은 것은?

① 금속제의 운반용기는 3년 6개월 이내에 실시한 운반용기의 외부의 점검 및 7년 이내의 사이에 실시한 운반용기의 내부의 점검에서 누설 등 이상이 없을 것
② 경질플라스틱 제외 운반용기에 액체위험물을 수납하는 경우에는 당해 운반용기는 제조된 때로부터 7년 이내의 것으로 할 것
③ 플라스틱 내용기 부착의 운반용기에 있어서는 3년 6개월 이내에 실시한 기밀시험에서 누설 등 이상이 없을 것
④ 금속제의 운반용기에 액체위험물을 수납하는 경우에는 55℃의 온도에서 증기압이 130 kPa 이하가 되도록 수납할 것

해설 | 기계에 의하여 하역하는 구조로 된 용기
1) 다음의 규정에 의한 요건에 적합한 운반용기에 수납할 것
 (1) 부식, 손상 등 이상이 없을 것
 (2) 금속제의 운반용기, 경질플라스틱제의 운반용기 또는 플라스틱 내용기 부착의 운반용기에 있어서는 다음에 정하는 시험 및 점검에서 누설 등 이상이 없을 것
  ① 2년 6개월 이내에 실시한 기밀시험(액체의 위험물 또는 10 kPa 이상의 압력을 가하여 수납 또는 배출하는 고체의 위험물을 수납하는 운반용기에 한한다)
  ② 2년 6개월 이내에 실시한 운반용기의 외부의 점검·부속 설비의 기능 점검 및 5년 이내의 사이에 실시한 운반용기의 내부 점검
2) 복수의 폐쇄장치가 연속하여 설치되어 있는 운반용기에 위험물을 수납하는 경우에는 용기 본체에 가까운 폐쇄장치를 먼저 폐쇄할 것
3) 휘발유, 벤젠 그 밖의 정전기에 의한 재해가 발생할 우려가 있는 액체의 위험물을 운반용기에 수납 또는 배출할 때에는 당해 재해의 발생을 방지하기 위한 조치를 강구할 것
4) 온도 변화 등에 의하여 액상이 되는 고체의 위험물은 액상으로 되었을 때 당해 위험물이 새지 아니하는 운반용기에 수납할 것
5) 액체위험물을 수납하는 경우에는 55℃의 온도에서의 증기압이 130 kPa 이하가 되도록 수납할 것
6) 경질플라스틱제의 운반용기 또는 플라스틱 내용기 부착의 운반용기에 액체위험물을 수납하는 경우에는 당해 운반용기는 제조된 때로부터 5년 이내의 것으로 할 것

7) 가목 내지 바목에 규정하는 것 외에 운반 용기에의 수납에 관하여 필요한 사항은 소방청장이 정하여 고시한다.

70 위험물안전관리법상 안전교육의 교육대상자와 교육시기의 연결이 옳지 않은 것은?

① 안전관리자 - 신규 종사 후 3년마다 1회
② 위험물운송자 - 신규 종사 후 3년마다 1회
③ 탱크시험자의 기술인력 - 신규 종사 후 6개월 이내
④ 위험물운송자가 되고자 하는 자 - 신규 종사 전

해설 | 교육과정 · 교육대상자 · 교육시간 · 교육시기 및 교육기관

교육과정	교육대상자	교육시간	교육시기	교육기관
강습교육	안전관리자가 되고자 하는 자	24시간	신규종사 전	안전원
	위험물운반자가 되려는 사람	8시간		안전원
	위험물운송자가 되고자 하는 자	16시간		안전원
실무교육	안전관리자	8시간 이내	신규종사 후 2년마다 1회	안전원
	위험물운반자	4시간	가. 위험물운반자로 종사한 날부터 6개월 이내 나. 가목에 따른 교육을 받은 후 3년마다 1회	안전원
	위험물운송자	8시간 이내	신규종사 후 3년마다 1회	안전원
	탱크시험자의 기술인력	8시간 이내	가. 신규 종사 후 6개월 이내 나. 가목에 따른 교육을 받은 후 2년마다 1회	기술원

71 위험물안전관리법령상 제1류 위험물의 지정수량으로 옳지 않은 것은?

① 과염소산염류 - 50 kg
② 브로민산염류 - 200 kg
③ 아이오딘산염류 - 300 kg
④ 다이크로뮴산염류 - 1,000 kg

해설 | 1류(산화성고체) 지정수량

품명	지정수량
1. 아염소산염류	50 kg
2. 염소산염류	50 kg
3. 과염소산염류	50 kg
4. 무기과산화물	50 kg
5. 브로민산염류	300 kg
6. 질산염류	300 kg
7. 아이오딘산염류	300 kg
8. 과망가니즈산염류	1,000 kg

정답 70 ① 71 ②

품명	지정수량
9. 다이크로뮴산염류	1,000 kg
10. 그 밖에 행정안전부령으로 정하는 것 11. 위에 해당하는 어느 하나 이상을 함유한 것	50 kg, 300 kg 또는 1,000 kg

72 위험물안전관리법령상 위험물시설의 설치 및 변경 등에 관한 조문의 일부이다. ( )에 들어갈 말을 바르게 나열한 것은?

> 제조소등의 위치, 구조 또는 설비의 변경 없이 당해 제조소등에서 저장하거나 취급하는 위험물의 품명·수량 또는 지정수량의 배수를 변경하고자 하는 자는 변경하고자 하는 날의 (㉠) 전까지 (㉡)이 정하는 바에 따라 (㉢)에게 신고하여야 한다.

	㉠	㉡	㉢
①	1일	대통령령	소방서장
②	1일	행정안전부령	시·도지사
③	3일	대통령령	소방서장
④	3일	행정안전부령	시·도지사

해설 | 위험물시설의 설치 및 변경 등

1) 제조소등을 설치하고자 하는 자는 대통령령이 정하는 바에 따라 그 설치장소를 관할하는 시·도지사의 허가를 받아야 한다. 제조소등의 위치·구조 또는 설비 가운데 행정안전부령이 정하는 사항을 변경하고자 하는 때에도 또한 같다.

2) 제조소등의 위치·구조·설비의 변경 없이 당해 제조소등에서 저장하거나 취급하는 위험물의 품명·수량·지정수량의 배수를 변경하고자 하는 자는 변경하고자 하는 날의 1일 전까지 행정안전부령이 정하는 바에 따라 시·도지사에게 신고하여야 한다.

3) 다음의 경우에는 허가를 받지 아니하고 당해 제조소등을 설치하거나 그 위치·구조 또는 설비를 변경할 수 있으며, 신고를 하지 아니하고 위험물의 품명·수량·지정수량의 배수를 변경할 수 있다.
   - 주택의 난방시설(공동주택 중앙난방시설 제외)을 위한 저장소 또는 취급소
   - 농예용·축산용·수산용으로 필요한 난방시설·건조시설을 위한 지정수량 20배 이하의 저장소

[위험물 관련 기간·일정]

기간	내용	
1일	제조소 등	1일 이내 변경 신고기간
7일	암반탱크	7일간 용출되는 지하수의 양의 용적과 해당 탱크 용적의 1/100 용적 중 큰 용적을 공간용적으로 정함
14일 이내	용도 폐지한 날로부터 신고기간	
	안전관리자의 선임·해임시 신고기간	
30일 이내	안전관리자의 선임·재선임 기간	
	제조소등의 승계 신고기간	
	안전관리자 직무대행기간(대리자 지정)	
90일 이내	관할소방서장의 승인을 받아 임시로 저장·취급할 수 있는 기간	

73 다중이용업소의 안전관리에 관한 특별법령상 화재를 예방하고 화재로 인한 생명·신체·재산상의 피해를 방지하기 위하여 필요하다고 인정하는 경우 화재위험평가를 할 수 있는 지역 또는 건축물에 해당하는 것은?

① 3,000 m² 지역 안에 있는 다중이용업소가 40개 이상 밀집하여 있는 경우
② 하나의 건축물에 다중이용업소로 사용하는 영업장 바닥면적의 합계가 500 m² 이상인 경우
③ 5층 이상인 건축물로서 다중이용업소가 10개 이상 있는 경우
④ 4,000 m² 지역 안에 4층 이하인 건축물로서 다중이용업소가 20개 이상 밀집하여 있는 경우

해설 | 화재위험 평가지역
1) 2,000 m² 지역에 다중이용업소 50개 이상 밀집(도로로 둘러싸인 지역)
2) 5층 이상 건축물에 다중이용업소 10개 이상
3) 하나 건축물에 다중이용영업장 바닥면적 합계 1,000 m² 이상

74 다중이용업소의 안전관리에 관한 특별법령상 관련 행정기관의 통보사항에 관한 내용이다. ( )에 들어갈 말을 바르게 나열한 것은?

> 허가관청은 다중이용업주가 휴업 후 영업을 재개(再開) 하였을 때에는 그 신고를 수리한 날부터 (㉠) 이내에 (㉡)에게 통보하여야 한다.

	㉠	㉡
①	14일	시·도지사
②	30일	시·도지사
③	14일	소방본부장 또는 소방서장
④	30일	소방본부장 또는 소방서장

해설 | 행정기관의 통보사항
1) 다른 법률에 따라 다중이용업의 허가 등을 하는 허가관청은 허가 등을 한 날부터 14일 이내에 행정안전부령으로 정하는 바에 따라 다중이용업소의 소재지를 관할하는 소방본부장 또는 소방서장에게 다음 각 호의 사항을 통보하여야 한다.
  (1) 다중이용업주의 성명 및 주소
  (2) 다중이용업소의 상호 및 주소
  (3) 다중이용업의 업종 및 영업장 면적
2) 허가관청은 다중이용업주가 다음 각 호의 어느 하나에 해당하는 행위를 하였을 때에는 그 신고를 수리한 날부터 30일 이내에 소방본부장 또는 소방서장에게 통보하여야 한다.
  (1) 휴업·폐업 또는 휴업 후 영업의 재개
  (2) 영업 내용의 변경
  (3) 다중이용업주의 변경 또는 다중이용업주 주소의 변경
  (4) 다중이용업소 상호 또는 주소의 변경

정답 73 ③ 74 ④

75 다중이용업소의 안전관리에 관한 특별법령상 다중이용업소의 안전관리기본계획에 포함되어야 할 사항으로 옳지 않은 것은?

① 다중이용업소의 자율적인 안전관리 촉진에 관한 사항
② 다중이용업소의 화재안전에 관한 정보체계의 구축 및 관리
③ 다중이용업소의 적정한 유지·관리에 필요한 교육과 기술 연구·개발
④ 다중이용업주와 종업원에 대한 자체지도계획

안전관리 기본계획 수립지침
1. 화재 등 재난 발생 경감대책 1) 화재피해 원인조사 및 분석 2) 안전관리정보의 전달·관리체계 구축 3) 화재 등 재난 발생에 대비한 교육·훈련과 예방에 관한 홍보 2. 화재 등 재난 발생을 줄이기 위한 중·장기 대책 1) 다중이용업소 안전시설 등의 관리 및 유지계획 2) 소관법령 및 관련 기준의 정비

해설 | 다중이용업소의 안전관리기본계획
1) 안전관리 기본계획
 (1) 수립·시행자 : 소방청장
 (2) 수립·시행 : 5년마다
 (3) 연도별계획 수립·시행 : 소방청장이 매년
 (4) 기본계획 및 연도별계획의 통보 대상 : 중앙행정기관의 장, 시·도지사
2) 안전관리의 집행계획
 (1) 수립·시행자 : 소방본부장
 (2) 수립·시행 : 매년마다
 (3) 집행계획의 제출 : 소방청장에게
 (4) 집행계획과 전년도 추진실적 제출 : 매년 1월 31일
 (5) 집행계획의 수립시기 : 전년 12월 31일

안전관리 기본계획의 내용
1) 안전관리 기본방향, 자율적 안전관리 촉진 2) 화재안전에 관한 정보체계의 구축 및 관리 3) 안전관리법령 정비 등 제도 개선에 관한 사항 4) 적정한 유지·관리 교육과 기술연구·개발 5) 화재배상책임보험 기본방향, 가입관리전산망 구축·운영, 정비 및 개선 6) 화재위험평가의 연구·개발 7) 안전관리체제·안전관리실태평가 및 개선계획 8) 시·도 안전관리기본계획에 관한 사항

정답 75 ④

18회 제4과목 위험물의 성상 및 시설기준

목표 점수 : _____   맞은 개수 : _____

76 물과 반응하여 수산화나트륨을 발생하는 무기과산화물은?

① 다이크로뮴산나트륨
② 과망가니즈산나트륨
③ 과산화나트륨
④ 과염소산나트륨

해설 | 무기과산화물
① 다이크로뮴산나트륨 : 물에는 잘 녹지만 알코올에 녹지 않으며, 흡습성, 조해성이 있다.
② 과망가니즈산나트륨 : 적자색 결정으로 물에 잘 녹는다.
③ 과산화나트륨 : $2Na_2O_2 + 2H_2O \rightarrow 4NaOH + O_2 \uparrow$
④ 과염소산나트륨 : 물, 아세톤, 알코올에 녹고 에터에 녹지 않는다.

77 제2류 위험물에 관한 설명으로 옳은 것은?

① 적린은 황린에 비해 화학적으로 활성이 크고 공기 중에서 불안정하다.
② 마그네슘 화재 시 물을 주수하면 메테인가스가 발생하여 폭발적으로 연소한다.
③ 황은 연소될 때 오산화인이 생성된다.
④ 철분은 상온에서 묽은 산과 반응하여 수소가스를 발생한다.

해설 | 제2류 위험물
① 공기를 차단하고 황린을 250 ℃로 가열하면 적린이 생성됨

종류	색상	독성	저장	연소 생성물	CS_2 용해도	위험 등급
황린	백색 또는 담황색	유	물속	P_2O_5	○	I
적린	암적색	무	냉암소	P_2O_5	×	II

② 마그네슘 : $Mg + 2H_2O \rightarrow Mg(OH)_2 + H_2 \uparrow$
③ 황 : $S + O_2 \rightarrow SO_2$
④ 철분 : $2Fe + 6HCl \rightarrow 2FeCl_3 + 3H_2 \uparrow$

78 위험물안전관리법상 제2류 위험물인 금속분에 해당하는 것은 무엇인가? (단, 150마이크로미터의 체를 통과하는 것이 50중량퍼센트 미만인 것은 제외한다)

① 칼슘분   ② 니켈분
③ 세슘분   ④ 아연분

해설 | 금속분
• Al, Zn, Ti, Co, Cr, Pt 분말
• 알칼리금속·알칼리토류금속·철 및 마그네슘 외의 금속 분말을 말하고 구리분, 니켈분 및 150 μm의 체를 통과하는 것이 50 wt% 미만인 것은 제외한다.

정답 76 ③ 77 ④ 78 ④

79 황린이 공기 중에서 완전연소할 때 생성되는 물질은?

① 오산화인
② 황화수소
③ 인화수소
④ 이산화황

해설 | 황린의 완전연소 반응식
$P_4 + 5O_2 \rightarrow 2P_2O_5$

80 탄화칼슘 10 kg이 질소와 고온에서 모두 반응한다고 가정할 때 생성되는 칼슘시안아미드(Calcium Cyanamide)의 질량 [kg]은 얼마인가? (단, 원자량은 Ca는 40, C는 12, N은 14로 한다)

① 10.3
② 12.5
③ 14.4
④ 25.0

해설 | 탄화칼슘과 질소의 반응
1) 석회질소(칼슘시안아미드)가 생성
  $CaC_2 + N_2 \rightarrow CaCN_2 + C$
   64 g   80 g
2) 탄화칼슘 10 kg이 모두 반응하면
   비례식 64 g : 80 g = 10,000 g : X g
   X = 12,500 g = 12.5 kg

81 아세트알데히드에 관한 설명으로 옳지 않은 것은?

① 공기 중에서 산화되면 에틸알코올이 생성된다.
② 강산화제와 접촉 시 혼촉발화의 위험성이 있다.
③ 인화점이 낮아 상온에서 인화하기 쉬운 물질이다.
④ 구리, 은, 마그네슘과 반응하여 폭발성 물질을 생성한다.

해설 | 아세트알데히드
1) 무색투명한 액체이며 자극성 냄새
2) 공기와 접촉하면 가압에 의해 폭발성 과산화물 생성
3) 암모니아와 반응하면 알데히드암모니아 생성
4) 펠링반응, 은거울반응
5) Cu, Mg, Ag, Hg와 반응, 아세틸레이트 생성
6) 알코올포, 이산화탄소, 분말소화 효과
7) 산화/환원 작용
   $CH_3CHO + \frac{1}{2} O_2 \rightarrow CH_3COOH$ (산화작용)
   $CH_3CHO + H_2 \rightarrow C_2H_5OH$ (환원작용)

정답 79 ① 80 ② 81 ②

82 탄화알루미늄과 트라이에틸알루미늄이 각각 물과 반응할 때 생성되는 기체는?

	탄화알루미늄	트라이에틸알루미늄
①	CH_4	C_2H_6
②	C_2H_2	H_2
③	CH_4	C_3H_8
④	C_2H_2	H_2

해설 | 탄화알루미늄과 트라이에틸알루미늄
1) 탄화알루미늄
 $Al_4C_3 + 12H_2O$
 $\rightarrow 4Al(OH)_3 + 3CH_4$(메테인)
2) 트라이에틸알루미늄
 $(C_2H_5)_3Al + 3H_2O$
 $\rightarrow Al(OH)_3 + 3C_2H_6$(에테인)

83 제4류 위험물에 관한 설명으로 옳지 않은 것은?

① 크레오소트유는 콜타르를 증류하여 제조하며, 나프탈렌과 안트라센을 포함한 혼합물이다.
② 콜로디온은 용제인 에틸알코올과 에터가 증발하고 나면 제6류 위험물과 같은 산화성을 나타낸다.
③ 이황화탄소는 액체비중이 물보다 크며, 완전연소 시 이산화황과 이황화탄소가 생성된다.
④ 이소프로필알코올은 25 ℃에서 인화의 위험이 있고, 증기는 공기보다 무거워 낮은 곳에 체류한다.

해설 | 제4류 위험물
① 크레오소트유(타르유, 액체피치유) : 콜타르 증류 혼합물로 얻으며 나프탈렌, 안트라센을 함유한 혼합물
② 콜로디온 : 질화도가 낮은 질화면(N.C)에 부피비로 에틸알코올과 에터 3 : 1의 혼합용액으로 녹여 교질상태로 만든 것(콜로디온 성분 중 에틸알코올, 에터 등 상온에서 인화 위험이 크다)
③ 이황화탄소 : $CS_2 + 3O_2 \rightarrow CO_2 + 2SO_2$
④ 이소프로필아민(C_3H_9N) : 강한 암모니아 냄새가 나는 무색투명한 인화성액체로 인화점 12 ℃

84 트라이나이트로페놀에 관한 설명으로 옳지 않은 것은?

① 300 ℃ 이상으로 가열하면 폭발한다.
② 순수한 것은 상온에서 황색의 액체이다.
③ 에틸알코올에 녹는다.
④ 피크린산이라고도 한다.

해설 | 트라이나이트로페놀(TNP, 피크린산)
1) 제법

$C_6H_5OH + 3HNO_3 \xrightarrow[\text{니트로화}]{H_2SO_4} C_6H_2(NO_2)_3OH + 3H_2O$

2) 광택 있는 황색의 침상결정이고, 찬물에 미량이 녹으며 알코올, 에터, 온수에 잘 녹음
3) 쓴맛, 독성, 황색염료와 폭약으로 사용
4) 단독으로 가열, 마찰, 충격에 안정하고 연소 시 검은 연기, 폭발×
5) 금속염과 혼합 폭발 심함, 가솔린, 알코올, 아이오딘, 황 혼합 시 심한 폭발

정답 82 ① 83 ② 84 ②

85 위험물안전관리법령상 지정수량 이상의 위험물을 운반하는 경우 질산에틸과 함께 운반할 수 있는 것은?

① 염소산암모늄, 과망가니즈산칼륨
② 적린, 아크릴산
③ 아세톤, 황린
④ 등유, 과염소산

해설 | 위험물 안전관리법 – 위험물의 운반

1) 위험물의 유별 분류 및 지정수량

종류	유별	지정수량
질산에틸	제5류	10 kg
염소산암모늄	제1류	50 kg
과망가니즈산칼륨	제1류	1,000 kg
적린	제2류	100 kg
아크릴산	4-2(수)	2,000 L
아세톤	4-1수	400 L
황린	제3류	20 kg
등유	제2류	1,000 L
과염소산	제6류	300 kg

2) 유별을 달리하는 위험물 혼재 가능 기준

위험물 구분	제1류	제2류	제3류	제4류	제5류	제6류
제1류		×	×	×	×	○
제2류	×		×	○	○	×
제3류	×	×		○	×	×
제4류	×	○	○		○	×
제5류	×	○	×	○		×
제6류	○	×	×	×	×	

3) 질산에틸(제5류)은 적린(제2류), 아크릴산(제4류)과 혼재 가능

86 위험물안전관리법령상 위험물별 지정수량과 위험등급의 연결로 옳지 않은 것은?

① 염소산칼륨, 과산화마그네슘 - 50 kg - Ⅰ등급
② 질산, 과산화수소 - 300 kg - Ⅰ등급
③ 수소화리튬, 다이에틸아연 - 300 kg - Ⅲ등급
④ 피크린산, 메틸하이드라진 - 200 kg - Ⅱ등급

해설 | 위험물별 지정수량과 위험등급 **개정**

종류	유별	지정수량	위험등급
염소산칼륨	제1류	50 kg	Ⅰ
과산화마그네슘	제1류	50 kg	Ⅰ
질산	제6류	300 kg	Ⅰ
과산화수소	제6류	300 kg	Ⅰ
수소화리튬	제3류	300 kg	Ⅲ
다이에틸아연	제3류	50 kg	Ⅱ
피크린산	제5류		Ⅱ
메틸하이드라진	제5류		Ⅱ

※ 2024년 7월 31일부로 제5류 위험물 지정수량은 제1종은 10 kg, 제2종은 100 kg으로 변경됨. 피크린산, 메틸하이드라진 등의 명칭은 그대로 존재하나 지정수량 200 kg은 삭제됨

87 고농도의 경우 충격, 마찰에 의해 단독으로도 폭발할 수 있으며, 분해 시 발생기 산소가 발생하는 물질은?

① 트라이에틸알루미늄
② 인화칼슘
③ 하이드라진
④ 과산화수소

해설 | 과산화수소
1) 상온에서 서서히 분해, 산소 발생으로 인한 폭발 위험을 낮추기 위한 통기의 목적
   $H_2O_2 \rightarrow H_2O + [O]$ 발생기산소(표백작용)
2) 저장용기 : 밀봉하지 말고 착색 유리병에 구멍이 있는 마개를 사용

88 위험물안전관리법령상 위험물제조소에 5개의 옥외소화전이 있을 경우 확보하여야 하는 수원의 최소 수량 [m^3]은?

① 14   ② 31.2
③ 54   ④ 67.5

해설 | 옥외소화전설비 수원
수원의 최소 수량
= N(최대 4개) × 450 L/min × 30 min 이상
= N(최대 4개) × 13.5 m^3 이상
= 54 m^3 이상

89 위험물안전관리법령상 위험물을 취급하는 제조소 건축물의 지붕을 내화구조로 할 수 있는 것은?

① 과염소산
② 과망가니즈산칼륨
③ 부틸리튬
④ 산화프로필렌

해설 | 위험물을 취급하는 건축물의 지붕을 내화구조로 할 수 있는 경우
1) 제2류 위험물(분상의 것과 인화성고체를 제외한다), 제4류 위험물 중 제4석유류·동식물유류 또는 제6류 위험물을 취급하는 건축물인 경우
2) 다음의 기준에 적합한 밀폐형 구조의 건축물인 경우
   ⑴ 발생할 수 있는 내부의 과압(過壓) 또는 부압(負壓)에 견딜 수 있는 철근콘크리트조일 것
   ⑵ 외부화재에 90분 이상 견딜 수 있는 구조일 것

종류	류별	지정수량	위험등급
과염소산	제6류	300 kg	I
과망가니즈산칼륨	제1류	1,000 kg	III
부틸리튬	제3류	10 kg	I
산화프로필렌	4-특	50 kg	I

정답 87 ④ 88 ③ 89 ①

90 위험물안전관리법령상 철분을 취급하는 위험물제조소에 설치하여야 하는 주의사항을 표시한 게시판의 내용으로 옳은 것은?

① 물기주의 ② 물기엄금
③ 화기주의 ④ 화기엄금

해설 | 위험물 주의사항 표기

유별		저장 및 취급 시	운반 시
제1류	알칼리금속의 과산화물과 이를 함유한 것	물기엄금	화기주의, 충격주의, 물기엄금, 가연물접촉주의
	기타		화기주의, 충격주의, 가연물접촉주의
제2류	인화성고체	화기엄금	화기엄금
	철분, 마그네슘, 금속분	화기주의	물기엄금, 화기주의
	기타		화기주의
제3류	자연발화성물질	화기엄금	화기엄금, 공기접촉엄금
	금수성물질	물기엄금	물기엄금
제4류		화기엄금	화기엄금
제5류		화기엄금	화기엄금, 충격주의
제6류			가연물접촉주의

91 위험물안전관리법령상 위험물제조소의 환기설비에 관한 기준 중 다음 ( )에 들어갈 내용으로 옳은 것은?

환기구는 지붕 위 또는 지상 ( ) m 이상의 높이에 회전식 고정벤틸레이터 또는 루프팬방식으로 설치할 것

① 1 ② 2
③ 3 ④ 4

해설 | 위험물제조소 환기설비 기준
1) 환기는 자연배기방식으로 할 것
2) 급기구는 당해 급기구가 설치된 실의 바닥면적 150 m² 마다 1개 이상으로 하되, 급기구의 크기는 800 cm² 이상으로 할 것
3) 바닥면적이 150 m² 미만인 경우에는 다음의 크기로 할 것

바닥면적	급기구의 면적
60 m² 미만	150 cm² 이상
60 m² 이상 90 m² 미만	300 cm² 이상
90 m² 이상 120 m² 미만	450 cm² 이상
120 m² 이상 150 m² 미만	600 cm² 이상

4) 급기구는 낮은 곳에 설치하고, 가는 눈의 구리망 등으로 인화방지망을 설치할 것
5) 환기구는 지붕 위 또는 지상 2 m 이상의 높이에 회전식 고정벤틸레이터 또는 루프팬방식으로 설치할 것

92 위험물안전관리법령상 위험물제조소와 인근 건축물 등과의 안전거리가 다음 중 가장 긴 것은 무엇인가? (단, 제6류 위험물을 취급하는 제조소를 제외한다)

① 「초·중등교육법」에 정하는 학교
② 사용전압이 35,000 V를 초과하는 특고압가공전선
③ 「도시가스사업법」의 규정에 의한 가스공급시설
④ 「문화유산의 보존 및 활용에 관한 법률」의 규정에 의한 기념물 중 지정문화유산

해설 | 제조소등의 안전거리

건축물	안전거리
건축물 그 밖의 공작물로서 주거용으로 사용되는 것(제조소가 설치된 부지 내에 있는 것을 제외)	10 m 이상
학교·병원·극장 그 밖에 다수인을 수용하는 시설 1)	30 m 이상
「문화유산의 보존 및 활용에 관한 법률」의 규정에 의한 유형문화유산과 지정문화유산	50 m 이상
고압가스, 액화석유가스 또는 도시가스를 저장 또는 취급하는 시설 2)	20 m 이상
사용전압이 7,000 V 초과 35,000 V 이하의 특고압가공전선	3 m 이상
사용전압이 35,000 V를 초과하는 특고압가공전선	5 m 이상

93 위험물안전관리법령상 지하탱크저장소의 기준에 관한 설명으로 옳은 것은 무엇인가? (단, 이중벽탱크와 특수누설방지구조는 제외한다)

① 지하저장탱크의 윗부분은 지면으로부터 0.5 m 이상 아래에 있어야 한다.
② 지하저장탱크와 탱크전용실의 안쪽과의 사이는 5 cm 이상의 간격을 유지하도록 한다.
③ 지하저장탱크는 용량이 1,500 L 이하일 때 탱크의 최대 직경은 1,067 mm, 강철판의 최소두께는 4.24 mm로 한다.
④ 철근콘크리트 구조인 탱크전용실의 벽·바닥 및 뚜껑은 두께 0.3 m 이상으로 하고 그 내부에는 직경 9 mm부터 13 mm까지의 철근을 가로 및 세로로 5 cm부터 20 cm까지의 간격으로 배치한다.

해설 | 지하탱크저장소의 설치기준
① 지하저장탱크의 윗부분은 지면으로부터 0.6 m 이상 아래에 있어야 한다.
② 지하저장탱크와 탱크전용실의 안쪽과의 사이는 0.1 m 이상의 간격을 유지하도록 하며, 당해 탱크의 주위에 마른 모래 또는 습기 등에 의하여 응고되지 아니하는 입자지름 5 mm 이하의 마른 자갈분을 채워야 한다.

③ 지하저장탱크는 용량에 따라 다음 표에 정하는 기준에 적합하게 강철판 또는 동등 이상의 성능이 있는 금속재질로 완전용입용접 또는 양면겹침이음용접으로 틈이 없도록 만드는 동시에, 압력탱크(최대상용압력이 46.7 kPa 이상인 탱크를 말한다) 외의 탱크에 있어서는 70 kPa의 압력으로, 압력탱크에 있어서는 최대상용압력의 1.5배의 압력으로 각각 10분간 수압시험을 실시하여 새거나 변형되지 아니하여야 한다. 이 경우 수압시험은 소방청장이 정하여 고시하는 기밀시험과 비파괴시험을 동시에 실시하는 방법으로 대신할 수 있다.

탱크용량(L)	탱크의 최대직경 (mm)	강철판의 최소두께 (mm)
1,000 이하	1,067	3.20
1,000 초과 2,000 이하	1,219	3.20
2,000 초과 4,000 이하	1,625	3.20
4,000 초과 15,000 이하	2,450	4.24
15,000 초과 45,000 이하	3,200	6.10
45,000 초과 75,000 이하	3,657	7.67
75,000 초과 189,000 이하	3,657	9.27
189,000 초과	-	10.00

94 위험물안전관리법령상 이동탱크저장소의 기준에 관한 설명으로 옳은 것을 모두 고른 것은?

ㄱ. 이동탱크저장소에 주입설비를 설치하는 경우에는 주입설비의 길이는 60 m 이내로 하고, 분당 토출량은 250 L 이하로 할 것
ㄴ. 탱크는 두께 3.2 mm 이상의 강철판 또는 이와 동등 이상의 강도·내식성 및 내열성이 있다고 인정하여 소방청장이 정하여 고시하는 재료 및 구조로 위험물이 새지 아니하게 제작할 것
ㄷ. 제4류 위험물 중 특수인화물, 제1석유류 또는 제2석유류의 이동탱크저장소에는 정해진 기준에 의하여 접지도선을 설치할 것
ㄹ. 방호틀은 두께 1.6 mm 이상의 강철판 또는 이와 동등 이상의 기계적 성질이 있는 재료로서 산 모양의 형상으로 할 것

① ㄱ, ㄹ
② ㄴ, ㄷ
③ ㄱ, ㄷ, ㄹ
④ ㄱ, ㄴ, ㄷ, ㄹ

해설 | 이동탱크저장소의 설치기준

1) 이동탱크저장소에 주입설비(주입호스의 선단에 개폐밸브를 설치한 것) 설치기준
   (1) 위험물이 샐 우려가 없고, 화재예방상 안전한 구조로 할 것
   (2) 주입설비의 길이는 50 m 이내로 하고, 그 선단에 축적되는 정전기를 유효하게 제거할 수 있는 장치를 할 것
   (3) 분당 토출량은 200 L 이하로 할 것

정답 94 ②

2) 방호틀
  (1) 두께 2.3 mm 이상의 강철판 또는 이와 동등 이상의 기계적 성질이 있는 재료로서, 산 모양의 형상으로 하거나 이와 동등 이상의 강도가 있는 형상으로 할 것
  (2) 정상부분은 부속장치보다 50 mm 이상 높게 하거나 이와 동등 이상의 성능이 있는 것으로 할 것

95 위험물안전관리법령상 옥외탱크저장소 탱크 주위에 설치하는 방유제의 설치기준 중 ( )에 들어갈 내용으로 옳게 나열된 것은?

> 방유제는 두께 (㉠)m 이상, 지하매설깊이 (㉡)m 이상으로 할 것. 다만 방유제와 옥외저장탱크 사이의 지반면 아래에 불침윤성(不浸潤性) 구조물을 설치하는 경우에는 지하매설깊이를 해당 불침윤성 구조물까지로 할 수 있다.

	㉠	㉡
①	0.1	0.5
②	0.1	1
③	0.2	0.5
④	0.2	1

해설 | 방유제의 설치기준
방유제는 높이 0.5 m 이상 3 m 이하, 두께 0.2 m 이상, 지하매설 깊이 1 m 이상으로 한다. 다만 방유제와 옥외저장탱크 사이의 지반면 아래에 불침윤성(不浸潤性) 구조물을 설치하는 경우에는 지하매설깊이를 해당 불침윤성 구조물까지로 할 수 있다.

96 위험물안전관리법령상 위험물저장소의 건축물 외벽이 내화구조이고, 연면적이 900 m²인 경우 소화설비의 설치기준에 의한 소화설비 소요단위의 계산값은?

① 6   ② 9
③ 12 ④ 18

해설 | 소화설비의 소요단위
1) 소요단위 계산방법

구분	제조소 또는 취급소	저장소	위험물
외벽 내화구조	100 m²	150 m²	지정수량 의 10배
외벽 비내화구조	50 m²	75 m²	

2) 위험물저장소 소요단위 = $\frac{900}{150}$ = 6

97 위험물안전관리법령상 옥외저장소에 저장할 수는 없는 위험물을 모두 고른 것은? (단, 국제해상위험물규칙에 적합한 용기에 수납된 경우와 「관세법」상 보세구역 안에 저장하는 경우는 제외한다)

> ㄱ. 황   ㄴ. 인화알루미늄
> ㄷ. 벤젠   ㄹ. 에틸알코올
> ㅁ. 초산   ㅂ. 적린
> ㅅ. 과염소산

① ㄱ, ㄹ, ㅅ
② ㄴ, ㄷ, ㅂ
③ ㄴ, ㅁ, ㅂ
④ ㄷ, ㅁ, ㅅ

정답 95 ④ 96 ① 97 ②

해설 | 옥외저장소 저장 가능 위험물
- 제2류 중 황, 인화성고체(인화점 0 ℃ 이상)
- 제4류 중 제1석유류(인화점 0 ℃ 이상), 제2, 3, 4석유류, 동식물유류
- 제6류 위험물
※ 인화알루미늄(제3류), 벤젠(제4류 -11 ℃), 적린(제2류)

98 위험물안전관리법령상 제1종 판매취급소의 위험물을 배합하는 실에 관한 기준으로 옳은 것은?

① 바닥면적은 6 m² 이상 15 m² 이하로 할 것
② 방화구조 또는 난연재료로 된 벽으로 구획할 것
③ 출입구 문턱의 높이는 바닥면으로부터 5 cm 이상으로 할 것
④ 출입구에는 수시로 열 수 있는 자동폐쇄식의 60분+ 방화문, 60분 방화문 또는 30분 방화문을 설치할 것

해설 | 제1종 판매취급소 위험물배합실 기준
1) 바닥면적 6 m² 이상 15 m² 이하 내화 또는 불연재료 벽으로 구획
2) 바닥 : 경사 및 집유설비
3) 출입구 : 자동폐쇄식 60분+ 방화문 또는 60분 방화문
4) 출입구 문턱 : 0.1 m 이상
5) 가연성 증기미분 지붕 위 방출설비

99 위험물안전관리법령상 이송취급소에 관한 기준 중 ( )에 들어갈 내용으로 옳은 것은?

내압시험 시 배관 등은 최대상용압력의 ( )배 이상의 압력으로 4시간 이상 수압을 가하여 누설 그 밖의 이상이 없을 것

① 1
② 1.1
③ 1.25
④ 1.5

해설 | 이송취급소 내압시험
1) 배관 등은 최대상용압력의 1.25배 이상의 압력으로 4시간 이상 수압을 가하여 누설 그 밖의 이상이 없을 것. 다만 수압시험을 실시한 배관 등의 시험구간 상호 간을 연결하는 부분 또는 수압시험을 위하여 배관 등의 내부공기를 뽑아낸 후 폐쇄한 곳의 용접부는 제5호의 비파괴시험으로 갈음할 수 있다.
2) 1)의 규정에 의한 내압시험의 방법, 판정기준 등은 소방청장이 정하여 고시하는 바에 의할 것

정답 98 ① 99 ③

100 위험물안전관리법령상 주유취급소의 담 또는 벽의 일부분에 방화상 유효한 구조의 유리를 부착할 때 설치기준으로 옳지 않은 것은?

① 하나의 유리관의 가로의 길이는 2 m 이내일 것
② 주유취급소 내의 지반면으로부터 70 cm 초과하는 부분에 한하여 유리를 부착할 것
③ 유리를 부착하는 범위는 전체의 담 또는 벽의 길이의 10분의 3을 초과하지 아니할 것
④ 유리를 부착하는 위치는 주입구, 고정주유설비 및 고정급유설비로부터 4 m 이상 이격될 것

해설 | 주유취급소 담 또는 벽
1) 주유취급소의 주위에는 자동차 등이 출입하는 쪽 외의 부분에 높이 2 m 이상의 내화구조 또는 불연재료의 담 또는 벽을 설치하되, 주유취급소 인근에 연소의 우려가 있는 건축물이 있는 경우에는 소방청장이 정하여 고시하는 바에 따라 방화상 유효한 높이로 하여야 한다.
2) 1)에도 불구하고 다음 각 목의 기준에 모두 적합한 경우에는 담 또는 벽의 일부분에 방화상 유효한 구조의 유리를 부착할 수 있다.
   (1) 유리를 부착하는 위치는 주입구, 고정주유설비 및 고정급유설비로부터 4 m 이상 이격될 것
   (2) 유리를 부착하는 방법은 다음의 기준에 모두 적합할 것
      ① 주유취급소 내의 지반면으로부터 70 cm를 초과하는 부분에 한하여 유리를 부착할 것
      ② 하나의 유리판의 가로의 길이는 2 m 이내일 것
      ③ 유리판의 테두리를 금속제의 구조물에 견고하게 고정하고 해당 구조물을 담 또는 벽에 견고하게 부착할 것
      ④ 유리의 구조는 접합유리(두 장의 유리를 두께 0.76 mm 이상의 폴리비닐부티랄 필름으로 접합한 구조를 말한다)로 하되,「유리구획 부분의 내화시험방법(KS F 2845)」에 따라 시험하여 비차열 30분 이상의 방화성능이 인정될 것
   (3) 유리를 부착하는 범위는 전체의 담 또는 벽의 길이의 10분의 2를 초과하지 아니할 것

정답 100 ③

18회 제5과목 소방시설의 구조원리

101 소화기구 및 자동소화장치의 화재안전기술기준상 상업용 주방자동소화장치의 설치기준이 아닌 것은?

① 소화장치는 조리기구의 종류별로 성능인증을 받은 설계 매뉴얼에 적합하게 설치할 것
② 감지부는 성능인증을 받은 유효높이 및 위치에 설치할 것
③ 차단장치(전기 또는 가스)는 상시 확인 및 점검이 가능하도록 설치할 것
④ 수신부는 주위의 열기류 또는 습기 등과 주위 온도에 영향을 받지 아니하고 사용자가 상시 볼 수 있는 장소에 설치할 것

해설 | 상업용 주방자동소화장치 설치기준
1) 소화장치는 조리기구의 종류별로 성능인증 받은 설계 매뉴얼에 적합하게 설치할 것
2) 감지부는 성능인증을 받은 유효높이 및 위치에 설치할 것
3) 차단장치(전기 또는 가스)는 상시 확인 및 점검이 가능하도록 설치할 것
4) 후드에 방출되는 분사헤드는 후드의 가장 긴 변의 길이까지 방출될 수 있도록 약제 방출 방향 및 거리를 고려하여 설치할 것
5) 덕트에 방출되는 분사헤드는 성능인증을 받은 길이 이내로 설치할 것

102 펌프의 제원이 전양정 50 m, 유량 6 m³/min, 4극 유도전동기 60 Hz, 슬립 3 %일 때 비속도는 약 얼마인가?

① 210.11　② 214.60
③ 227.45　④ 235.31

해설 | 비속도
[펌프의 회전속도]
1) 공식

$$N = \frac{120f}{P}(1-s)$$

N : 펌프의 회전속도 [rpm]
f : 주파수 [Hz]
P : 극수, s : 슬립 [%]

- 유량(Q) : 6 m³/min
- 양정(H) : 50 m
- 단수(n) : 1
- 주파수(f) : 60 Hz
- 극수(P) : 4극
- 슬립(s) : 3 % = 0.03

2) 풀이

$$N = \frac{120 \times 60 Hz}{4}(1-0.03) = 1,746 \ rpm$$

[비교회전도(비속도)]

1) 공식

$$N_S = \frac{N\sqrt{Q}}{\left(\dfrac{H}{n}\right)^{0.75}}$$

N_s : 비교회전도 [rpm·m³/min·m]
N : 펌프의 회전속도 [rpm]
Q : 유량 [m³/min]
H : 양정 [m]
n : 단수

2) 풀이

$$N_S = 1,746\,rpm \times \frac{\sqrt{6m^3/\min}}{\left(\dfrac{50m}{1}\right)^{0.75}} = 22.452$$

$\fallingdotseq 227.45\,rpm,\,m^3/\min,\,m$

103
무선통신보조설비의 화재안전기술기준상 (   )에 들어갈 내용으로 옳게 묶인 것은? (기준 개정으로 문제 수정)

> 누설동축케이블 및 안테나는 고압의 전로로부터 (   ) m 이상 떨어진 위치에 설치할 것. 다만 해당전로에 (   )를 유효하게 설치한 경우에는 그러하지 아니하다.

① 3, 과전류차단기
② 2.5, 정전기 차폐장치
③ 2, 과전류차단기
④ 1.5, 정전기 차폐장치

해설 | 누설동축케이블 등 설치기준

1) 소방전용주파수대에서 전파의 전송 또는 복사에 적합한 것으로서 소방전용의 것으로 할 것. 다만 소방대 상호간의 무선 연락에 지장이 없는 경우에는 다른 용도와 겸용할 수 있다.
2) 누설동축케이블과 이에 접속하는 안테나 또는 동축케이블과 이에 접속하는 안테나로 구성할 것
3) 누설동축케이블 및 동축케이블은 불연 또는 난연성의 것으로서 습기 등의 환경조건에 따라 전기의 특성이 변질되지 않는 것으로 하고, 노출하여 설치한 경우에는 피난 및 통행에 장애가 없도록 할 것
4) 누설동축케이블 및 동축케이블은 화재에 따라 해당 케이블의 피복이 소실된 경우에 케이블 본체가 떨어지지 않도록 4 m 이내마다 금속제 또는 자기제 등의 지지금구로 벽·천장·기둥 등에 견고하게 고정할 것. 다만 불연재료로 구획된 반자 안에 설치하는 경우에는 그렇지 않다.
5) 누설동축케이블 및 안테나는 금속판 등에 따라 전파의 복사 또는 특성이 현저하게 저하되지 않는 위치에 설치할 것
6) 누설동축케이블 및 안테나는 고압의 전로로부터 <u>1.5 m 이상</u> 떨어진 위치에 설치할 것. 다만 해당 전로에 <u>정전기 차폐장치를</u> 유효하게 설치한 경우에는 그렇지 않다.
7) 누설동축케이블의 끝부분에는 무반사 종단저항을 견고하게 설치할 것

정답 103 ④

104 특별피난계단의 계단실 및 부속실 제연설비의 화재안전기술기준상 제연구획에 대한 급기기준으로 옳지 않은 것은?

① 계단실 및 부속실을 동시에 제연하는 경우 계단실에 대하여는 그 부속실의 수직풍도를 통해 급기할 수 있다.
② 하나의 수직풍도마다 전용의 송풍기로 급기한다.
③ 부속실을 제연하는 경우 동일수직선상에 2대 이상의 급기송풍기가 설치되는 경우에는 수직풍도를 분리하여 설치할 수 있다.
④ 계단실을 제연하는 경우 전용수직풍도를 설치하거나 부속실에 급기풍도를 직접 연결하여 급기하는 방식으로 한다.

해설 | 급기기준

1) 부속실을 제연하는 경우 동일수직선상의 모든 부속실은 하나의 전용수직풍도를 통해 동시에 급기한다. 다만 동일수직선상에 2대 이상의 급기 송풍기가 설치되는 경우에는 수직풍도를 분리하여 설치할 수 있다.
2) 계단실 및 부속실을 동시에 제연하는 경우 계단실에 대하여는 그 부속실의 수직풍도를 통해 급기할 수 있다.
3) <u>계단실만 제연하는 경우에는 전용수직풍도를 설치하거나 계단실에 급기풍도 또는 급기송풍기를 직접 연결하여 급기하는 방식으로 한다.</u>
4) 하나의 수직풍도마다 전용의 송풍기로 급기한다.
5) 비상용승강기 또는 피난용승강기의 승강장을 제연하는 경우 해당 승강기의 승강로를 급기풍도로 사용할 수 있다. 〈시행 2024.7.1.〉

105 연결송수관설비의 화재안전기술기준상 배관 등의 설치기준으로 옳지 않은 것은?

① 지상 11층 이상인 특정소방대상물에 있어서는 습식설비로 할 것
② 주배관의 구경은 100 mm 이상의 것으로 할 것
③ 연결송수관설비의 배관은 주배관의 구경이 100 mm 이상인 옥내소화전설비·스프링클러설비 또는 물분무등소화설비의 배관과 겸용할 수 있다.
④ 배관 내 사용압력이 1.2 MPa 이상일 경우에는 일반배관용 스테인리스강관(KS D 3595) 또는 배관용 스테인리스강관(KS D 3576)을 사용한다.

해설 | 사용압력에 따른 배관의 종류

사용압력	배관의 종류
1.2 MPa 미만	• 배관용 탄소강관 • 이음매 없는 구리 및 구리합금관 (습식에 한함) • 배관용 스테인리스강관 또는 일반·배관용 스테인리스강관 • 덕타일 주철관
1.2 MPa 이상	• 압력배관용 탄소강관 • 배관용 아크용접 탄소강강관

[연결송수관설비 배관 등 설치기준]
1) 주배관의 구경은 100 mm 이상의 것으로 할 것. 다만 주 배관의 구경이 100 mm 이상인 옥내소화전설비의 배관과는 겸용할 수 있다. 〈개정 2024.7.1.〉 개정
2) 지면으로부터의 높이가 31 m 이상인 특정소방대상물 또는 지상 11층 이상인 특정소방대상물에 있어서는 습식설비로 할 것

정답 104 ④ 105 ④

3) 성능시험배관은 펌프의 토출 측에 설치된 개폐밸브 이전에서 분기하여 설치하고, 유량측정장치를 기준으로 전단에 개폐밸브를 후단에 유량조절밸브를 설치해야 한다. 〈개정 2024.7.1.〉 개정

4) 성능시험배관에 설치하는 유량측정장치는 성능시험배관의 직관부에 설치하되, 펌프 정격토출량의 175 % 이상을 측정할 수 있는 것으로 해야 한다. 〈신설 2024.7.1.〉 신설

5) 연결송수관설비의 수직배관은 내화구조로 구획된 계단실(부속실을 포함한다) 또는 파이프덕트 등 화재의 우려가 없는 장소에 설치해야 한다. 다만 학교 또는 공장이거나 배관주위를 1시간 이상의 내화성능이 있는 재료로 보호하는 경우에는 그렇지 않다.

해설 | 용어의 정의
① 공용 큐비클식 : 소방회로 및 일반회로 겸용의 것으로서 수전설비, 변전설비 그 밖의 기기 및 배선을 금속제 외함에 수납한 것을 말한다.
② 공용 배전반 : 소방회로 및 일반회로 겸용의 것으로서 개폐기, 과전류차단기, 계기와 그 밖의 배선용기기 및 배선을 금속제 외함에 수납한 것을 말한다.
③ 공용 분전반 : 소방회로 및 일반회로 겸용의 것으로서 분기개폐기, 분기과전류차단기와 그 밖의 배선용기기 및 배선을 금속제 외함에 수납한 것을 말한다.
④ 전용 큐비클식 : 소방회로용의 것으로 수전설비, 변전설비와 그 밖의 기기 및 배선을 금속제 외함에 수납한 것을 말한다.

106 소방시설용 비상전원수전설비의 화재안전기술기준상 다음 설명에 해당하는 용어는?

> 소방회로 및 일반회로 겸용의 것으로서 수전설비, 변전설비 그 밖의 기기 및 배선을 금속제 외함에 수납한 것을 말한다.

① 공용 큐비클식
② 공용 배전반
③ 공용 분전반
④ 전용 큐비클식

107 연결살수설비의 화재안전기술기준상 ( )에 들어갈 내용으로 옳게 묶인 것은?

> 송수구는 구경 ( )mm의 쌍구형으로 설치할 것. 다만 하나의 송수구역에 부착하는 살수헤드의 수가 ( )개 이하일 경우에 있어서는 단구형의 것으로 할 수 있다.

① 40, 3   ② 40, 10
③ 65, 10   ④ 100, 20

정답 106 ① 107 ③

해설 | 연결살수설비의 송수구 설치기준
1) 소방차가 쉽게 접근할 수 있고, 노출된 장소에 설치할 것
   ※ 가연성가스의 저장·취급시설에 설치하는 연결살수설비의 송수구는 그 방호대상물로부터 20 m 이상의 거리를 두거나 방호대상물에 면하는 부분이 높이 1.5 m 이상, 폭 2.5 m 이상의 철근콘크리트벽으로 가려진 장소에 설치하여야 한다.
2) 송수구는 구경 65 ㎜의 쌍구형으로 설치할 것. 다만 하나의 송수구역에 부착하는 살수헤드의 수가 10개 이하인 것은 단구형인 것으로 할 수 있다.
3) 개방형 헤드의 송수구는 각 송수구역마다 설치할 것(다만 선택밸브가 설치되고 주요구조부가 내화구조인 경우 제외)
4) 지면으로부터 높이가 0.5 m 이상 1 m 이하의 위치에 설치할 것
5) 송수구로부터 주배관에 이르는 연결배관에는 개폐밸브를 설치하지 아니할 것(스프링클러설비, 물분무소화설비, 포소화설비 또는 연결송수관설비의 배관과 겸용하는 경우에는 제외)
6) 송수구 부근에 "연결살수설비 송수구"라는 표지와 송수구역일람표를 설치할 것
7) 송수구에는 이물질을 막기 위한 마개를 씌워야 한다.

108
4단 펌프인 수평 회전축 소화펌프를 운전하면서 물의 압력을 측정하였더니 흡입 측 압력이 0.09 MPa, 토출 측 압력이 0.98 MPa이었다. 이 펌프 1단의 임펠러에 가해지는 토출압력 MPa은 약 얼마인가?

① 0.13
② 0.16
③ 0.19
④ 0.21

해설 | 압축비

$$K = \sqrt[\epsilon]{\frac{P_2}{P_1}}$$

K : 압축비
ϵ : 단수
P_1 : 흡입 측 압력 [MPa]
P_2 : 토출 측 압력 [MPa]

- 단수(ϵ) : 4
- 흡입 측 압력(P_1) : 0.09 MPa
- 토출 측 압력(P_2) : 0.098 MPa

1) 압축비 $K = \sqrt[4]{\frac{0.98}{0.09}} = 1.816$

2) 1단의 임펠러에 가해지는 토출압력[MPa]
   = 흡입 측 압력 × 압축비 [K]
∴ 1단의 임펠러에 가해지는 토출압력
   [MPa] = 0.09 MPa × 1.816
   = 0.163 ≒ 0.16 MPa

109 피난기구의 화재안전기술기준의 설치장소별 피난기구 적응성에서 4층 이상 10층 이하의 노유자시설에 설치할 수 있는 피난기구로 묶인 것은?
(법령 개정으로 문제 수정)

① 구조대, 미끄럼대
② 피난교, 승강식 피난기
③ 완강기, 승강식 피난기
④ 피난교, 완강기

해설 | 소방대상물 설치장소별 피난기구 적응성 [별표 1]

용도	1 ~ 3층	4층 이상 10층 이하
노유자 시설	미끄럼대 구조대 피난교 다수인 피난장비 승강식 피난기	구조대 피난교 다수인 피난장비 승강식 피난기

※ 4층 이상의 층에 설치된 노유자시설 중 장애인 관련 시설로서 주된 사용자 중 스스로 피난이 불가한 자가 있는 경우에는 층마다 구조대를 1개 이상 추가로 설치할 것

110 유도등 및 유도표지의 화재안전기술기준상 축광식 피난유도선의 설치기준에 관한 설명으로 옳지 않은 것은?

① 바닥으로부터 높이 50 cm 이하의 위치 또는 바닥면에 설치할 것
② 구획된 각 실로부터 주 출입구 또는 비상구까지 설치할 것
③ 피난유도 표시부는 1 m 이내의 간격으로 연속되도록 설치 할 것
④ 외광 또는 조명장치에 의하여 상시 조명이 제공되거나 비상조명등에 의한 조명이 제공되도록 설치할 것

해설 | 축광방식 피난유도선 설치기준
1) 구획된 각 실로부터 주출입구 또는 비상구까지 설치할 것
2) 바닥으로부터 높이 50 cm 이하의 위치 또는 바닥 면에 설치할 것
3) <u>피난유도 표시부는 50 cm 이내의 간격으</u>로 연속되도록 설치
4) 부착대에 의하여 견고하게 설치할 것
5) 외부의 빛 또는 조명장치에 의하여 상시 조명이 제공되거나 비상조명등에 의한 조명이 제공되도록 설치 할 것

111 자동화재탐지설비 및 시각경보장치의 화재안전기술기준상 다음 조건을 만족하는 소방대상물의 최소 경계구역 수는?

- 층별 바닥면적 605 m²(55 m × 11 m)인 10층 규모의 대상물
- 지하 2층, 지상 8층 구조이고, 높이가 43 m인 소방대상물
- 건물 중앙부에 지하까지 연계된 계단 및 엘리베이터 설치

① 12개 ② 21개
③ 23개 ④ 24개

해설 | 경계구역 설정
1) 수평적 경계구역
   (1) 1개 층 경계구역
   $\dfrac{605}{600} = 1.008 = 2$경계구역
   (2) 총 경계구역 : 2 × 10 = 20 경계구역
2) 수직적 경계구역
   (1) 지상계단 : 45 m 이하이므로 1경계구역
   (2) 지하계단 : 1경계구역
   (3) 엘리베이터 : 1경계구역
3) 총 경계구역 : 23경계구역

---

112 자동화재탐지설비 및 시각경보장치의 화재안전기술기준상 다음 조건에서 설명하고 있는 감지기는?

- 분전반 내부에 설치하는 경우 접착제를 이용하여 돌기를 바닥에 고정시키고 그곳에 감지기를 설치할 것
- 감지기와 감지구역의 각 부분과의 수평거리가 내화구조의 경우 1종 4.5 m 이하, 2종 3 m 이하로 할 것
- 단자부와 마감 고정금구와의 설치간격은 10 cm 이내로 설치할 것

① 정온식 감지선형
② 열전대식 차동식 분포형
③ 광전식 분리형
④ 열연복합형

해설 | 정온식 감지선형 감지기 설치기준
1) 보조선이나 고정금구를 사용하여 감지선이 늘어지지 않도록 설치
2) 단자부와 마감 고정금구와의 설치간격은 10 cm 이내로 설치
3) 감지선형 감지기의 굴곡반경은 5 cm 이상
4) 감지기와 감지구역의 각 부분과의 수평거리가 내화구조의 경우 1종 4.5 m 이하, 2종 3 m 이하로 할 것. 기타 구조의 경우 1종 3 m 이하, 2종 1 m 이하로 할 것
5) 케이블트레이에 감지기를 설치하는 경우 케이블트레이 받침대에 마감금구를 사용하여 설치
6) 지하구나 창고의 천장 등에 지지물이 적당하지 않는 장소에서는 보조선을 설치하고 그 보조선에 설치
7) 분전반 내부에 설치하는 경우 접착제를 이용하여 돌기를 바닥에 고정시키고 그곳에 감지기를 설치

정답 111 ③ 112 ①

113 스프링클러설비가 설치된 판매시설이 있는 복합건축물로서 배관 길이 80 m, 관경 100 mm, 마찰손실계수 0.03인 배관을 통해 높이 60 m까지 소화수를 공급할 경우 펌프의 이론 소요동력 [kW]은 약 얼마인가? (단, 펌프효율 : 0.8, 전달계수 1.15, 중력가속도 : 9.8 m/s², 헤드의 방수압 : 10 mAq, π : 3.14, 헤드는 표준형이다)

① 47.28 ② 52.28
③ 57.28 ④ 62.28

해설 | 전동기의 용량

$$P = \frac{\gamma Q H}{\eta} K$$

P : 전동기 동력 [kW], γ : 9.8 kN/m³
Q : 토출량 [m³/min], H : 전양정 [m]
K : 전달계수, η : 전효율

1) 스프링클러설비의 토출량
   $Q = 80\ L/min \times N(기준갯수)$
   Q : 토출량(유량) L/min
   N : 기준 개수(복합[판매] : 30개)
   $Q = 80\ L/min \times 30 = 2400\ L/min$
   $= 2.4 m^3/min$

2) 스프링클러설비 전양정(펌프방식)
   $H = h_1 + h_2 + 10$
   H : 전양정 [m]
   h_1 : 배관 및 관부속품의 마찰손실수두 [m]
   h_2 : 실양정(흡입양정 + 토출양정) [m]
   10 m : 규정방수압력 환산수두 [m]

   (1) 마찰손실 m(달시 방정식)
   $$h_L = f \times \frac{L}{D} \times \frac{v^2}{2g}$$
   $$= 0.03 \times \frac{80}{0.1} \times \frac{5.09^2}{2 \times 9.8} = 31.72\ m$$
   $$\left(v = \frac{4Q}{\pi D^2} = \frac{4 \times 2.4}{3.14 \times 0.1^2 \times 60} = 5.09\ m/s \right)$$

   (2) 실양정 m : 60 m
   (3) 헤드 방사압 환산수두 : 10 m
   $H = 31.72 + 60 + 10 = 101.72\ m$

3) 전달계수 : 1.15
4) 효율 : 0.8
   $$\therefore P = \frac{9.8 \times 2.4 \times 101.72}{0.8 \times 60} \times 1.15$$
   $$= 57.32\ kW$$

114 비상콘센트설비의 화재안전기술기준상 전원 및 콘센트 등 설치기준으로 옳지 않은 것은?

① 지하층을 포함한 층수가 7층 이상으로서 연면적 2,000 m² 이상인 소방대상물에 설치하는 비상콘센트설비는 자가발전설비를 비상전원으로 설치한다.
② 하나의 전용회로에 설치하는 비상콘센트는 10개 이하로 할 것
③ 비상콘센트용의 풀박스 등은 방청도장을 한 것으로서, 두께 1.6 mm 이상의 철판으로 할 것
④ 비상콘센트설비의 전원회로는 단상교류 220 V인 것으로서, 그 공급용량은 1.5 kVA 이상인 것으로 할 것

정답 113 ③ 114 ①

해설 | 비상전원 설치기준
① 지하층을 제외한 층수가 7층 이상으로서 연면적 2,000 m² 이상이거나 지하층의 바닥면적의 합계가 3,000 m² 이상인 특정소방대상물의 비상콘센트설비에는 자가발전설비, 비상전원수전설비, 축전지설비 또는 전기저장장치(외부 전기에너지를 저장해두었다가 필요한 때 전기를 공급하는 장치)를 비상전원으로 설치할 것

4) 광축의 높이는 천장 등(천장의 실내에 면한 부분 또는 상층의 바닥하부면을 말한다) 높이의 80 % 이상일 것
5) 감지기의 광축의 길이는 공칭감시거리 범위 이내일 것
6) 그 밖의 설치기준은 형식승인 내용에 따르며 형식승인 사항이 아닌 것은 제조사의 시방서에 따라 설치할 것

115 자동화재탐지설비 및 시각경보장치의 화재안전기술기준상 광전식 분리형 감지기의 설치기준으로 옳은 것은?

① 광축은 나란한 벽으로부터 0.6 m 이상 이격하여 설치할 것
② 광축의 높이는 천장 등 높이의 60 % 이상으로 할 것
③ 감지기의 송광부와 수광부는 설치된 뒷벽으로부터 30 cm 이내 위치에 설치할 것
④ 감지기의 수평면은 햇빛이 잘 비추는 곳으로 놓이도록 설치할 것

해설 | 광전식 분리형 감지기의 설치기준
1) 감지기의 수광면은 햇빛을 직접 받지 않도록 설치할 것
2) 광축(송광면과 수광면의 중심을 연결한 선)은 나란한 벽으로부터 0.6 m 이상 이격하여 설치할 것
3) 감지기의 송광부와 수광부는 설치된 뒷벽으로부터 1 m 이내의 위치에 설치할 것

116 자동화재탐지설비 및 시각경보장치의 화재안전기술기준상 수신기 설치기준으로 옳은 것은?

① 6층 이상의 소방대상물에는 발신기와 전화통화가 가능한 수신기를 설치할 것
② 수신기는 감지기, 중계기 또는 발신기가 작동하는 경계구역을 표시할 수 있는 것으로 설치할 것
③ 하나의 경계구역은 여러 개 표시등으로 표시하여 공동감시가 가능토록 설치할 것
④ 실내면적이 50 m² 이상으로 열이나 연기 등으로 인하여 감지기가 일시적인 화재신호를 발신할 우려가 있는 경우에는 축적기능이 있는 수신기를 설치할 것

해설 | 수신기의 설치기준
① 4층 이상의 소방대상물에는 발신기와 전화통화가 가능한 수신기를 설치할 것
〈삭제 2022.5.9.〉
③ 하나의 경계구역은 하나의 표시등 또는 하나의 문자로 표시되도록 할 것
④ 자동화재탐지설비의 수신기는 특정소방대상물 또는 그 부분이 지하층·무창층 등으로서 환기가 잘되지 아니하거나 실내면적이 40 m² 미만인 장소, 감지기의 부착면과 실내바닥과의 거리가 2.3 m 이하인 장소로서 일시적으로 발생한 열·연기 또는 먼지 등으로 인하여 감지기가 화재신호를 발신할 우려가 있는 때에는 축적기능 등이 있는 것으로 설치하여야 할 것

117 포소화설비의 화재안전기술기준상 포헤드 및 고정포방출구 설치기준으로 옳지 않은 것은?

① 포헤드의 1분당 바닥면적 1 m²당 방사량으로 차고·주차장에 합성계면활성제포소화약제 6.5 L 이상
② 포헤드 및 고정포방출구의 팽창비가 20 이하인 경우에는 포헤드, 압축공기포헤드를 사용한다.
③ 포워터스프링클러헤드는 특정소방대상물의 천장 또는 반자에 설치하되, 바닥면적 8 m²마다 1개 이상으로 하여 해당 방호대상물의 화재를 유효하게 소화할 수 있도록 할 것

④ 포헤드는 특정소방대상물의 천장 또는 반자에 설치하되, 바닥면적 9 m²마다 1개 이상으로 하여 해당 방호대상물의 화재를 유효하게 소화할 수 있도록 할 것

해설 | 포소화설비의 화재안전기술기준
1) 특수가연물을 저장·취급장소
   단백포, 합성계면활성제포, 수성막포 : 6.5 L/min·m²
2) 차고 주차장 및 항공기 격납고 방사량
   (1) 단백포 : 6.5 L/min·m²
   (2) 합성계면활성제포 : 8 L/min·m²
   (3) 수성막포 : 3.7 L/min·m²
3) 팽창비에 따른 포방출구의 종류

구분	팽창비	포방출구
저발포	20 이하	• 포헤드 • 압축공기포
고발포	80 ~ 1,000 미만	• 고발포용 고정포방출구

정답 117 ①

118 소방시설의 내진설계기준에서 규정하고 있는 배관의 내진설계기준으로 옳지 않은 것은?

① 지진분리장치의 전단과 후단의 1.8 m 이내에는 4방향 흔들림방지버팀대를 설치하여야 한다.
② 소방시설을 팽창성·화학성 또는 부분적으로 현장타설된 건축부재에 정착할 경우에는 수평지진하중을 2배 증가시켜 사용한다.
③ 지진분리이음은 배관의 변형을 최소화하고 소화설비 주요 부품 사이의 유연성을 증가시킬 필요가 있는 위치에 설치하여야 한다.
④ 버팀대와 고정장치는 소화설비의 동작 및 살수를 방해하지 않아야 한다.

해설 | 소방시설의 내진설계기준
② 소방시설을 팽창성·화학성 또는 부분적으로 현장타설된 건축부재에 정착할 경우에는 수평지진하중을 1.5배 증가시켜 사용한다.

119 스프링클러설비의 화재안전기술기준상 폐쇄형 스프링클러설비의 방호구역·유수검지장치의 기준으로 옳지 않은 것은?

① 자연낙차에 따른 압력수가 흐르는 배관상에 설치된 유수검지장치는 화재 시 물의 흐름을 검지할 수 있는 최대한의 압력이 얻어질 수 있도록 수조의 상단으로부터 낙차를 두어 설치할 것
② 하나의 방호구역에는 1개 이상의 유수검지장치를 설치하되, 화재 발생 시 접근이 쉽고 점검하기 편리한 장소에 설치할 것
③ 스프링클러헤드에 공급되는 물은 유수검지장치를 지나도록 할 것(단, 송수구를 통하여 공급되는 물 제외)
④ 조기반응형 스프링클러헤드를 설치하는 경우에는 습식유수검지장치를 설치할 것

해설 | 방호구역·유수검지장치
1) 하나의 방호구역의 바닥면적은 3,000 m^2를 초과하지 아니할 것. 다만 폐쇄형 스프링클러설비에 격자형배관방식(둘 이상의 수평주행배관 사이를 가지배관으로 연결하는 방식을 말한다)을 채택하는 때에는 3,700 m^2 범위 내에서 펌프용량, 배관의 구경 등을 수리학적으로 계산한 결과 헤드의 방수압 및 방수량이 방호구역 범위 내에서 소화목적을 달성하는 데 충분할 것
2) 하나의 방호구역에는 1개 이상의 유수검지장치를 설치하되, 화재 발생 시 접근이 쉽고 점검하기 편리한 장소에 설치할 것

정답 118 ② 119 ①

3) 하나의 방호구역은 2개 층에 미치지 아니 하도록 할 것. 다만 1개 층에 설치되는 스프링클러헤드의 수가 10개 이하인 경우와 복층형 구조의 공동주택에는 3개 층 이내로 할 수 있다.
4) 유수검지장치를 실내에 설치하거나 보호용 철망 등으로 구획하여 바닥으로부터 0.8 m 이상 1.5 m 이하의 위치에 설치하되, 그 실 등에는 가로 0.5 m 이상 세로 1 m 이상의 출입문을 설치하고 그 출입문 상단에 "유수검지 장치실"이라고 표시한 표지를 설치할 것. 다만 유수검지장치를 기계실(공조용기계실을 포함한다) 안에 설치하는 경우에는 별도의 실 또는 보호용 철망을 설치하지 아니하고 기계실 출입문 상단에 "유수검지장치실"이라고 표시한 표지를 설치할 수 있다.
5) 스프링클러헤드에 공급되는 물은 유수검지장치를 지나도록 할 것. 다만 송수구를 통하여 공급되는 물은 그러하지 아니하다.
6) 자연낙차에 따른 압력수가 흐르는 배관상에 설치된 유수검지장치는 <u>화재 시 물의 흐름을 검지할 수 있는 최소한의 압력이 얻어질 수 있도록 수조의 하단으로부터 낙차를 두어 설치할 것</u>
7) 조기반응형 스프링클러헤드를 설치하는 경우에는 습식유수검지장치 또는 부압식 스프링클러설비를 설치할 것

120 미분무소화설비의 화재안전기술기준상 헤드의 설치기준으로 옳지 않은 것은?

① 미분무헤드는 설계도면과 동일하게 설치하여야 한다.
② 미분무헤드는 소방대상물의 천장·반자·천장과 반자 사이·덕트·선반, 기타 이와 유사한 부분에 설계자의 의도에 적합하도록 설치하여야 한다.
③ 미분무소화설비에 사용되는 헤드는 개방형 헤드를 설치하여야 한다.
④ 미분무헤드는 배관, 행거 등으로부터 살수가 방해되지 아니하도록 설치하여야 한다.

해설 | 미분무소화설비 헤드기준

1) <u>미분무헤드는 소방대상물의 천장·반자·천장과 반자 사이·덕트·선반, 기타 이와 유사한 부분에 설계자의 의도에 적합하도록 설치하여야 한다.</u>
2) 하나의 헤드까지의 수평거리 산정은 설계자가 제시하여야 한다.
3) <u>미분무설비에 사용되는 헤드는 조기반응형 헤드를 설치하여야 한다.</u>
4) 폐쇄형 미분무헤드는 그 설치장소의 평상시 최고주위온도에 따라 다음 식에 따른 표시온도의 것으로 설치하여야 한다.
  $T_A = 0.9\,T_m - 27.3℃$
  (T_A: 최고주위온도, T_M: 표시온도)
5) <u>미분무헤드는 배관, 행거 등으로부터 살수가 방해되지 아니하도록 설치하여야 한다.</u>
6) <u>미분무헤드는 설계도면과 동일하게 설치하여야 한다.</u>
7) 미분무헤드는 '한국소방산업기술원' 또는 성능시험기관으로 지정받은 기관에서 검증받아야 한다.

정답 120 ③

121 간이스프링클러설비의 화재안전기술기준상 상수도 직결형의 배관 및 밸브 설치순서로 옳은 것은?

① 수도용계량기, 급수차단장치, 개폐표시형밸브, 압력계, 체크밸브, 유수검지장치, 2개의 시험밸브의 순으로 설치할 것
② 수도용계량기, 급수차단장치, 개폐표시형밸브, 체크밸브, 압력계, 유수검지장치, 2개의 시험밸브의 순으로 설치할 것
③ 급수차단장치, 수도용계량기, 개폐표시형밸브, 체크밸브, 압력계, 유수검지장치, 2개의 시험밸브의 순으로 설치할 것
④ 수도용계량기, 개폐표시형밸브, 급수차단장치, 체크밸브, 압력계, 유수검지장치, 2개의 시험밸브 순으로 설치할 것

해설 | 간이S/P 상수도직결형 배관·밸브의 설치기준
1) 수도용계량기, 급수차단장치, 개폐표시형밸브, 체크밸브, 압력계, 유수검지장치, 2개의 시험밸브
2) 간이스프링클러설비 이외의 배관에는 화재 시 배관을 차단할 수 있는 급수장치를 설치

122 지상 5층 복합건축물(판매 시설 포함) 각 층에 최대 옥내소화전 3개와 폐쇄형 스프링클러헤드 60개가 설치되어 있을 경우 필요한 수원의 양 [m³]은?

① 101.2 ② 57.8
③ 53.2   ④ 52.6

해설 | 수원의 양
[스프링클러 수원의 양(복합)]
$Q_S = 20\ min \times 80\ L/min \times N$(기준개수)
$Q_S = 20 \times 80 \times 30 = 48000\ \ell = 48\ m^3$

[옥내소화전 수원의 양]
$Q_F = 20\ min \times 130\ L/min \times N$(설치 개수)
$Q_F = 20 \times 130 \times 2 = 5200\ L = 5.2\ m^3$
$\therefore Q_T = 48 + 5.2 = 53.2\ m^3$

123 소방시설설치 및 관리에 관한 법령상 옥외소화전설비 설치 대상으로 옳은 것은?

① 동일구 내 각각의 건축물이 다른 건축물의 2층 외벽으로부터 수평거리가 10.5 m이며, 지상 1층 및 2층 바닥면적 합계가 5,000 m²인 건축물
② 가연성액체류 1,000 m³ 이상을 저장하는 창고
③ 국보로 지정된 석조건축물
④ 볏짚류 750,000 kg 이상을 저장하는 창고

해설 | 옥외소화전 설치대상
1) 지상 1층 및 2층의 바닥면적의 합계가 9,000 m² 이상인 것
2) 문화유산 중 보물 또는 국보로 지정된 목조건축물
3) 공장 또는 창고시설로서 지정수량의 750배 이상의 특수가연물을 저장·취급하는 것

[특수가연물 지정수량(기본법 시행령 별표 2)]
1) 가연성액체류 지정수량 : 2 m³
   가연성액체 1,000 m³
   $= \dfrac{1,000}{2} = 500$배 저장
2) 볏짚류 지정수량 1,000 kg 이상
   볏짚류 750,000 kg
   $= \dfrac{750,000}{1,000} = 750$배 저장

※ ④는 옥외소화전을 설치한다.

124 자동화재탐지설비 및 시각경보장치의 화재안전기술기준상 청각장애인용 시각경보장치의 설치기준으로 옳지 않은 것은?

① 설치높이는 바닥으로부터 2 m 이상 2.5 m 이하의 장소에 설치할 것
② 천장의 높이가 2 m 이하인 경우에는 천장으로부터 1 m 이내의 장소에 설치하여야 한다.
③ 복도·통로·청각장애인용 객실 및 공용으로 사용하는 거실에 설치하며, 각 부분으로부터 유효하게 경보를 발할 수 있는 위치에 설치할 것
④ 공연장·집회장·관람장 또는 이와 유사한 장소에 설치하는 경우에는 시선이 집중되는 무대부 부분 등에 설치할 것

해설 | 시각경보장치 설치 기준
1) 복도·통로·청각장애인용 객실 및 공용으로 사용하는 거실(로비, 회의실, 강의실, 식당, 휴게실, 오락실, 대기실, 체력단련실, 접객실, 안내실, 전시실, 기타 이와 유사한 장소를 말한다)에 설치하며, 각 부분으로부터 유효하게 경보를 발할 수 있는 위치에 설치할 것
2) 공연장·집회장·관람장 또는 이와 유사한 장소에 설치하는 경우에는 시선이 집중되는 무대부 부분 등에 설치할 것
3) 설치높이는 바닥으로부터 2 m 이상 2.5 m 이하의 장소에 설치할 것. 다만 천장의 높이가 2 m 이하인 경우에는 천장으로부터 0.15 m 이내의 장소에 설치해야 한다.
4) 시각경보장치의 광원은 전용의 축전지설비 또는 전기저장장치(외부 전기에너지를 저장해두었다가 필요한 때 전기를 공급하는 장치)에 의하여 점등되도록 할 것. 다만 시각경보기에 작동전원을 공급할 수 있도록 형식승인을 얻은 수신기를 설치한 경우에는 그렇지 않다.

정답 124 ②

125 소방펌프 시운전 시 공급유량이 원활하지 않아 펌프 임펠러 교체로 회전수를 변경하였다. 이때 소요 펌프동력(kW)은 약 얼마인가?

- 회전수 N_1 : 1,800 rpm
  N_2 : 1,980 rpm
- 임펠러 직경 D_1 : 400 mm
  D_2 : 440 mm
- 유량 : 3,050 L/min
- 양정 H_1 : 85 m
  전달계수 : 1.1
  펌프효율 : 0.75

① 61.98 ② 70.74
③ 80.74 ④ 90.74

해설 | 소요 펌프동력

[전동기(펌프)의 용량]

$$P = \frac{\gamma Q H}{\eta} K$$

- 토출량(유량)(Q) :
  3,050 L/min = 3.050 m³/min
- 전달계수(K) : 1.1
- 전효율(η) : 0.75
- 전양정

[상사법칙(양정)]

$$\frac{H_2}{H_1} = \left(\frac{D_2}{D_1}\right)^2 \left(\frac{N_2}{N_1}\right)^2$$

[변경 후 양정]

$H_2 = H_1 \times (\frac{N_2}{N_1})^2 \times (\frac{D_2}{D_1})^2$ 이므로

$H_2 = 85 \times (\frac{1,980\,rpm}{1,800\,rpm})^2 \times (\frac{440\,mm}{400\,mm})^2$

$= 124.4485\,m$

[전동기의 용량 계산]

$$P = \frac{9.8 \times 3.050\,m^3/\min \times 124.4485\,m}{0.75 \times 60} \times 1.1$$

$= 90.93$

∴ 전동기 용량은 90.93 kW

소방시설관리사

문제풀이

소방시설관리사

제17회

제1과목　소방안전관리론
제2과목　소방수리학·약제화학 및 소방전기
제3과목　소방관련법령
제4과목　위험물의 성상 및 시설기준
제5과목　소방시설의 구조원리

17회 제1과목 소방안전관리론

01 프로페인(C_3H_8) 2 mol과 산소(O_2) 10 mol이 반응할 경우 이산화탄소는 몇 mol이 생성되는가?

① 2 ② 4
③ 6 ④ 8

해설 | 완전연소반응식

1) 프로페인 완전연소반응식
   (1) $C_3H_8 + 5O_2 \rightarrow 3CO_2 + 4H_2O$
   (2) 프로페인 1 mol이 완전연소 시 산소 5 mol이 필요
2) 프로페인 2 mol과 산소 10 mol이 완전연소 시
   (1) $2C_3H_8 + 10O_2 \rightarrow 6CO_2 + 8H_2O$
   (2) 이산화탄소 6 mol이 생성

02 폭발성 분위기 내에 표준용기 접합면 틈새를 통하여 폭발화염이 내부에서 외부로 전파되지 않는 안전틈새(화염일주한계)가 가장 넓은 물질은?

① 뷰테인 ② 에틸렌
③ 수소   ④ 아세틸렌

해설 | 화염일주 한계에 따른 가스의 분류

폭발등급	A Group	B Group	C Group
방폭기기	II_A	II_B	II_C
최소점화 전류비	0.8 ≤	0.45 ~ 0.8	0.45 ≥
최대안전 틈새 mm	0.8 ≤	0.5 ~ 0.9	0.5 ≥
위험성	작다	중간	크다
해당가스	아세톤 뷰테인, 에테인 메테인 CO, NH_3	에틸렌 HCN	수소 아세틸렌

03 열에너지원 중 기계적 열에너지가 아닌 것은?

① 마찰열   ② 압축열
③ 마찰스파크 ④ 유도열

해설 | 기계적 열에너지

[기계적에너지 종류]
기계적인 마찰, 충격, 단열압축에 의해 발화하는 에너지

[전기적인 에너지 종류]
1) 유도열 : 도체 주위의 자장 변화
2) 유전열 : 누설전류와 절연능력 파괴로 발생되는 열
3) 저항열 : 줄의 법칙
4) 정전기열 : 정전기에 의해 발생되는 열
5) 아크열 : 접촉불량에 의해 발생되는 열

정답 01 ③ 02 ① 03 ④

04 폭굉 유도거리가 짧아질 수 있는 조건으로 옳지 않은 것은?

① 점화에너지가 클수록 짧아진다.
② 정상연소속도가 큰 가스일수록 짧아진다.
③ 관경이 작을수록 짧아진다.
④ 압력이 낮을수록 짧아진다.

해설 | 폭굉유도거리
1) 정상연소에서 폭연을 거쳐 폭굉으로 전이될 때까지의 거리를 의미한다.
2) 영향요소
   (1) 혼합기체의 반응성이 클 것
   (2) 가연성혼합기의 농도가 폭발범위 이내일 것
   (3) 초기 압력 및 온도가 높을 것
   (4) 방호구역 내 난류 정도나 초기 가스 속도가 높을 것
   (5) 혼합기가 들어 있는 용기나 파이프 길이가 직경의 10배 이상일 것
   (6) 파이프의 직경이 최소 12 mm 이상일 것

05 메테인 30 vol%, 에테인 30 vol%, 뷰테인 40 vol%인 혼합기체의 공기 중 폭발하한계는 약 몇 vol%인가? (단, 공기 중 각 가스의 폭발하한계는 메테인 5.0 vol%, 에테인 3.0 vol%, 뷰테인 1.8 vol%이다)

① 2.62 ② 3.28
③ 4.24 ④ 5.27

해설 | 르샤틀리에 공식
1) 혼합가스의 폭발하한계 및 상한계를 계산할 수 있다.
2) 연소하한계가 낮을수록, 상한계가 높을수록 연소범위가 넓어져서 위험도는 크다.
3) 계산식

$$\frac{100}{L} = \frac{V_1}{L_1} + \frac{V_2}{L_2} + \frac{V_3}{L_3} + \cdots + \frac{V_n}{L_n}$$

L : 폭발하한계 [%]
V_1, V_2, V_3 : 폭발가스의 체적비율
L_1, L_2, L_3 : 폭발가스의 연소 상·하 한계

4) 풀이

$$\frac{100}{L} = \frac{30}{5} + \frac{30}{3} + \frac{40}{1.8}$$

$$\therefore L = \frac{100}{\frac{30}{5} + \frac{30}{3} + \frac{40}{1.8}} = 2.616 ≒ 2.62 \%$$

06 유류저장탱크 내부의 물이 점성을 가진 뜨거운 기름의 표면 아래에서 끓을 때 화재를 수반하지 않고 기름이 넘치는 현상은?

① 슬롭 오버(Slop Over)
② 플레임 오버(Flame Over)
③ 보일 오버(Boil Over)
④ 프로스 오버(Froth Over)

해설 | 보일 오버
중질유 탱크 내에서 화재 발생 시 고온층의 표면에서 열류층이 생성되어 탱크 바닥에 전달되면 탱크 바닥에 있는 물이 끓어 팽창하면서 유류와 함께 분출되는 현상

정답 04 ④ 05 ① 06 ④

07 최소발화(점화)에너지에 영향을 미치는 인자에 관한 설명으로 옳지 않은 것은?

① 온도가 높을수록 최소발화에너지가 낮아진다.
② 압력이 낮을수록 최소발화에너지가 낮아진다.
③ 산소의 분압이 높아지면 연소범위 내에서 최소발화에너지가 낮아진다.
④ 연소범위에 따라서 최소발화에너지는 변하며 화학양론비 부근에서 가장 낮다.

해설 | 최소점화에너지(MIE) = 최소발화에너지
1) 가연성혼합기를 발화시키는 데 필요한 최소에너지
2) 최소점화에너지 영향요소
  (1) 온도가 높을수록 위험
  (2) 압력이 클수록 위험
  (3) 인화점, 발화점, 융점, 비점이 낮을 것
  (4) 증발열, 비열, 표면장력, 비중이 작을수록 위험
  (5) 연소범위가 넓을수록 위험
  (6) 연소속도, 연소열, 증기압이 클수록 위험
  (7) 파라핀계 탄화수소는 분자량이 클수록 발화온도는 낮아지며 화학양론 조성비에서 가장 낮은 발화온도가 됨

08 1기압 상온에서 인화점이 낮은 것에서 높은 것으로 옳게 나열한 것은?

① 아세톤 < 이황화탄소 < 메틸알코올 < 벤젠
② 이황화탄소 < 아세톤 < 벤젠 < 메틸알코올
③ 벤젠 < 이황화탄소 < 아세톤 < 메틸알코올
④ 아세톤 < 벤젠 < 메틸알코올 < 이황화탄소

해설 | 인화점
외부에너지, 즉 점화원을 가했을 경우 연소가 시작하는 최저온도이다.

[제4류 위험물의 인화점 분류]

종류	인화점 [℃]
에틸알코올	13
메틸알코올	11.1
벤젠	-11
아세톤	-18.5
이황화탄소	-30

09 연소속도에 영향을 미치는 요인에 관한 설명으로 옳지 않은 것은?

① 화염온도가 높을수록 연소속도는 증가된다.
② 미연소 가연성기체의 비열이 클수록 연소속도는 증가한다.
③ 미연소 가연성기체의 열전도율이 클수록 연소속도는 증가한다.
④ 미연소 가연성기체의 밀도가 작을수록 연소속도는 증가한다.

정답 07 ② 08 ② 09 ②

해설 | 최소점화에너지 영향인자
1) 가연물 특성
   (1) 비표면적이 넓고 표면적이 거칠 것
   (2) 비열이 작을수록 열전도도가 작을수록
   (3) 활성화에너지, 인화점이 작을수록
   (4) 산소와 친화력이 크고 발열량이 클수록
   (5) 연소하한이 낮고 연소범위가 넓을수록
   (6) 수분 함유량이 15 % 이하이고, 비점과 융점이 낮을수록 연소가 용이
2) 산소
   (1) 공기의 공급이 원활하고 개구율이 클 것
   (2) 불활성물질 첨가 시 연소속도는 느려짐
3) 점화원
   (1) 점화원의 크기와 주위 온도가 높을수록
   (2) 압력이 높을수록

10 목재 300 kg과 고무 500 kg이 쌓여 있는 공간(가로 4 m, 세로 8 m, 높이 6 m)의 내부화재하중 kg/m²은 약 얼마인가? (단, 목재의 단위 발열량은 18,855 kJ/kg, 고무의 단위 발열량은 42,430 kJ/kg이다)

① 44.54　② 46.62
③ 48.22　④ 50.62

해설 | 화재하중
1) 건축물 내 단위면적당 가연물의 양
2) 수식 $Q = \dfrac{\sum(G_i \cdot H_i)}{H \cdot A} = \dfrac{\sum Q_t}{4500 \times A}$

3) 계산

$$Q = \dfrac{\sum(G_i \cdot H_i)}{H \cdot A} = \dfrac{\sum Q_t}{4500 \times A}$$

$$= \dfrac{(300 \times 18,855 + 500 \times 42,430) \times \dfrac{1}{4.2}}{4,500 \times 4 \times 8}$$

$$= 44.6 \, Kg/m^2$$

11 건축물의 피난계획 수립 시 Fool Proof를 적용한 사례로 옳지 않은 것은?

① 소화·경보 설비의 위치, 유도표지에 판별이 쉬운 색체를 사용한다.
② 피난방향으로 열리는 출입문을 설치한다.
③ 도어노브는 회전식이 아닌 레버식을 사용한다.
④ 정전 시를 대비한 비상조명등을 설치하며, 피난경로는 2방향 이상 피난로를 확보한다.

해설 | 피난계획 시 고려사항
1) 피난대책
   (1) Fool Proof
   (2) Fail Safe
2) 피난구 : 잠금장치 해제
3) 피난경로
   (1) 단순 명료할 것
   (2) 양방향 피난로 확보할 것
4) 피난로 : 추종본능, 귀소본능, 퇴피본능, 좌회본능, 지광본능
5) 피난수단 : 원시적 수단, 엘리베이터 사용 금지
6) 피난구조설비 : 고정설비일 것

정답 10 ① 11 ④

12 구획실 내 화염(가로 2 m, 세로 2 m)에서 발생되는 연기발생량 [kg/s]을 힌클리(Hinkley) 공식을 이용해 계산하면 약 얼마인가? (단, 청결층(Clear Layer)의 높이 1.8 m, 공기의 밀도 1.22 kg/m³, 외기의 온도 290 K, 화염의 온도 1,100 K, 중력가속도 9.81 m/s²이다)

① 3.15　　② 3.32
③ 3.63　　④ 3.87

해설 | 힌클리 공식
1) 연기층 온도 300 ℃를 기준으로 하여 유도된 식
2) 제연설비가 정상 작동하여야 하는 최대시간, 청결층이 유지되기 위해서는 연기층이 예상 청결층에 도달하기 전에 제연설비가 작동해야 함
3) 공식

$$t = \frac{20A}{P \times \sqrt{g}} \times \left(\frac{1}{\sqrt{y}} - \frac{1}{\sqrt{h}}\right)$$

　　t : 연기층 하강시간
　　A : 화재실의 바닥면적
　　P : 화염 둘레의 길이
　(대형 12 m, 중형 6 m, 소형 4 m)
　　g : 중력 가속도
　　y : 청결층 높이
　　h : 화재실 천장 높이

4) 연기 발생량
　힌클리 공식에서 유도되는 식
$$m = 0.188 \times P \times y^{3/2}$$
$$= 0.188 \times (2 \times 4) \times 1.8^{3/2}$$
$$= 3.63 \, kg/s$$

13 건축물의 화재안전에 대한 공간적 대응방법에 해당되지 않는 것은?

① 건축물 내장재의 난연·불연화 성능
② 건축물의 내화성능
③ 건축물의 방화구획성능
④ 건축물의 제연설비성능

해설 | 건물의 방재계획
1) 공간적 대응
　(1) 대항성 : 방화구획, 방연구획, 내화재료 사용
　(2) 회피성 : 불연화, 난연화 등 내장재의 제한과 소방훈련 실시
　(3) 도피성 : 피난자가 위험에 빠지지 않도록 구조적으로 배려하는 것
2) 설비적 대응 : 공간적 대응을 보완하는 것

14 건축물의 피난·방화구조 등의 기준에 관한 규칙상 건축물의 내화구조로 옳지 않은 것은?

① 외벽 중 비내력벽의 경우 철골철근콘크리트조로서 두께가 5 cm 이상인 것
② 보의 경우 철골을 두께 5 cm 이상의 콘크리트로 덮은 것
③ 벽의 경우 철재로 보강된 콘크리트블록조·벽돌조 또는 석조로서 철재에 덮은 콘크리트블록 등의 두께가 5 cm 이상인 것
④ 기둥의 경우 그 작은 지름이 25 cm 이상인 것으로서 철골을 두께 5 cm 이상의 콘크리트로 덮은 것

해설 | 내화구조
1) 일정 시간 동안 화재에 견딜 수 있는 성능을 가진 구조로서 간단한 수리로 재사용 가능
2) 목적
   (1) 구조적 안정성 확보
   (2) 화재확산 방지내화구조의 벽
3) 내화구조의 벽 기준(건축물 피난·방화구조 등의 기준에 관한 규칙)

구조	두께
철골 콘크리트조 또는 철골철근 콘크리트조	10 cm 이상
골구를 철골조로 하고 그 양면에 철망모르타르	4 cm 이상
골구를 철골조로 하고 그 양면에 콘크리트 블록, 벽돌 또는 석재	5 cm 이상
철재로 보강된 콘크리트블록조, 벽돌조 또는 석조	5 cm 이상
벽돌조	19 cm 이상
고온·고압의 증기로 양생된 경량기포 콘크리트패널 또는 경량기포 콘크리트블록조	10 cm 이상

15 건축법령상 방화구획 등의 설치 대상 건축물 중 방화구획 설치를 적용하지 아니하거나 그 사용에 지장이 없는 범위에서 완화하여 적용할 수 있는 것이 아닌 것은? (단, 특별건축구역 등 기타 사항은 고려하지 않는다)

① 장례시설의 용도로 쓰는 거실로서 시선 및 활동공간의 확보를 위하여 불가피한 부분
② 승강기의 승강로 부분으로서 그 건축물의 다른 부분과 방화구획으로 구획된 부분
③ 주요 구조부가 난연재료로 된 주차장
④ 복층형 공동주택의 세대별 층간 바닥 부분

해설 | 방화구획
1) 대상 건축물
   주요 구조부가 내화구조 또는 불연재료로 된 건축물로서 연면적 1,000 m² 초과 대상물
2) 적용 완화 또는 비적용 대상물
   (1) 문화 및 집회시설, 종교시설, 운동시설 또는 장례시설의 용도로 쓰는 거실로서 시선 및 활동공간의 확보를 위하여 불가피한 부분
   (2) 계단실 부분·복도 또는 승강기의 승강로 부분으로서 그 건축물의 다른 부분과 방화구획으로 구획된 부분
   (3) 주요 구조부가 내화구조 또는 불연재료로 된 주차장
   (4) 복층형 주택의 세대별 층간 바닥부분

정답 14 ① 15 ③

16 굴뚝효과(Stack Effect)에 관한 설명으로 옳은 것은?

① 건물 내부와 외부의 온도차가 클수록 발생가능성이 낮다.
② 일반적으로 고층건물보다 저층건물에서 더 크다.
③ 층간 공기누설과 관계가 없다.
④ 건물 내부와 외부의 공기밀도 차로 인해 발생한 압력차로 발생한다.

해설 | 연돌효과
1) 평상시 서로 다른 온도(밀도)를 가지고 연결되는 두 개의 공기 기둥 때문에 발생하는 압력차로서 계단, 샤프트 등의 수직 공간이 있는 고층 빌딩에서 내부와 외부의 온도차에 의한 부력에 의해 유도되는 압력차에 의한 연기 유동현상이다.
2) 영향요소
  (1) 실내외의 온도차
  (2) 외벽의 기밀성, 층간 공기누설

17 연기의 피난한계에서 발광형 표지 및 주차장의 가시거리(간파거리)는? (단, L은 가시거리, Cs는 감광계수이다)

① $L = \dfrac{1 \sim 2}{C_s} m$

② $L = \dfrac{3 \sim 4}{C_s} m$

③ $L = \dfrac{5 \sim 10}{C_s} m$

④ $L = \dfrac{11 \sim 15}{C_s} m$

해설 | 감광계수와 가시거리와의 관계
1) 수식 $L = \dfrac{C_v}{C_s}$

  L : 가시거리
  C_v : 물체의 조명도에 의한 계수
  C_s : 감광계수

2) 발광형 표지 $L = \dfrac{5 \sim 10}{C_s}$

3) 반사판형 표지 $L = \dfrac{2 \sim 4}{C_s}$

18 제한된 공간에서 연기 이동과 확산에 관한 설명으로 옳지 않은 것은?

① 고층건물의 연기 이동을 일으키는 주요 인자는 부력, 팽창, 바람 영향 등이다.
② 중성대에서 연기의 흐름이 가장 활발하다.
③ 계단에서 연기 수직이동속도는 일반적으로 3 ~ 5 m/s이다.
④ 거실에서 연기 수평이동속도는 일반적으로 0.5 ~ 1.0 m/s이다.

해설 | 중성대
1) 실내외의 압력차가 0이 되는 지점으로서 기류의 흐름이 없는 지점을 의미한다.
2) 구분
  (1) 중성대 상부 : 실내압력 > 실외압력
  (2) 중성대 하부 : 실내압력 < 실외압력

정답 16 ④ 17 ③ 18 ②

19 공간 화재 특성에 관한 설명으로 옳지 않은 것은?

① 플래시 오버는 실내의 국소화재로부터 실내 모든 가연물 표면이 연소하는 현상을 말한다.
② 백드래프트는 신선한 공기가 유입되어 실내에 축적되었던 가연성가스가 단시간에 폭발적으로 연소하는 현상이다.
③ 환기지배형 화재란 환기가 충분한 상태에서 가연물의 양에 따라 제어되는 화재를 말한다.
④ 공간 화재에서 연기와 공기의 유동은 주로 온도 상승에 의한 부력의 영향 때문이다.

해설 | 공간 화재의 특성
[연료 지배형 화재]
1) 주위 공기 중에 산소량이 충분한 상태에서 이용 가능한 연료의 양에 의해 화재의 성장과 지속이 좌우된다.
2) 화재 초기에서 성장기까지의 화재이다.

[환기 지배형 화재]
1) 가연물의 열분해 속도가 매우 증가하여 분해가스의 연소속도를 능가하여 이용 가능한 산소의 양이 화재의 성장과 지속을 결정한다.
2) 플래시 오버(Flash Over) 이후가 해당된다.

20 연기제연방식에 관한 설명으로 옳은 것은?

① 밀폐제연방식은 비교적 대규모 공간의 연기제어에 적합하다.
② 자연제연방식은 실내외의 온도, 개구부의 높이나 형상, 외부 바람 등에 영향을 받는다.
③ 스모크타워제연방식은 기계배연의 한 방법으로 저층건물에 적합하다.
④ 기계제연방식은 넓은 면적의 구역과 좁은 면적의 구획을 공동 배연할 경우 넓은 면적에서 현저한 압력 저하가 일어난다.

해설 | 연기의 제어

구분	특징
차단	연기를 일정한 장소로부터 차단
배기	연기를 건물 외부로 배출
희석	신선한 공기를 불어넣어 연기의 농도를 낮춤
자연 제연방식	자연적인 연돌효과에 의해 배출
스모크타워 제연방식	천장에 루프모니터를 이용하여 제연하는 방식
기계 제연방식	• 제1종 : 송풍기 + 배풍기 • 제2종 : 송풍기 • 제3종 : 배풍기

정답 19 ③ 20 ②

21 연소물질과 연소 시 생성되는 연소가스의 연결이 옳은 것을 모두 고른 것은? (단, 불완전연소를 포함한다)

> ㄱ. PVC – 황화수소
> ㄴ. 나일론 – 암모니아
> ㄷ. 폴리스티렌 – 시안화수소
> ㄹ. 레이온 – 아크롤레인

① ㄱ, ㄴ ② ㄱ, ㄷ
③ ㄴ, ㄹ ④ ㄷ, ㄹ

해설 | 연소물질과 연소생성물 가스
1) PVC : 염화수소(HCl)
2) 나일론 : 암모니아(NH_3)
3) 폴리스티렌 : 아크롤레인
4) 레이온 : 아크롤레인
※ 레이온 : 목재 또는 무명의 부스러기 등을 적당한 화학방법으로 처리하여 순수한 섬유소로 이루어진 펄프를 만들고 화학적으로 이를 융해한 다음 다시 섬유상으로 응고시킨 것

22 화재 시 연기성질에 관한 설명으로 옳지 않은 것은?

① 연기란 연소가스에 부가하여 미세하게 이루어진 미립자와 에어로졸성의 불안전한 액체입자로 구성된다.
② 연기입자의 크기는 0.01 ~ 10 μm 정도이다.
③ 탄소입자가 다량으로 함유된 연기는 농도가 짙으며 검게 보인다.
④ 연기의 생성은 화재 크기와는 관계가 없고, 층 면적과 구획 크기와 관계가 있다.

해설 | 발연량
1) 연기의 발생량을 의미한다.
2) 연소의 4요소와 불완전연소와 완전연소에 따라 발연량이 달라진다.
3) 화재의 크기와 바닥면적, 구획의 크기와도 연관이 있다.

23 표준대기압 조건에 내부와 외부가 각각 25 ℃와 -10 ℃이고 높이가 170 m인 건물에서 중성대가 건물의 중간 높이에 위치한다고 가정하면 건물 샤프트의 최상부와 외부 사이의 굴뚝효과에 의한 압력차 Pa는 약 얼마인가?

① 94.76 ② 113.24
③ 131.34 ④ 150.16

해설 | 굴뚝효과(Stack Effect)
1) 건축물 내·외부 공기의 온도 차이로 인한 압력차에 의해 공기가 이동하는 현상
2) 수식 : $\triangle P = 3460 \left(\dfrac{1}{T_o} - \dfrac{1}{T_i} \right) H$
3) 계산
$$P = 3460 \times \left(\dfrac{1}{(273-10)} + \dfrac{1}{(273+25)} \right) \times 85$$
$= 131.3 \ Pa$

정답 21 ③ 22 ④ 23 ③

24 난류화염으로부터 10 ℃의 벽으로 전달되는 대류열유속 [kW/m²]은 얼마인가? (단, 대류열전달계수 h값은 5 W/m² · ℃을 사용하고, 시간 평균 최대화염온도는 약 900 ℃이다)

① 3.16 ② 4.45
③ 5.41 ④ 6.12

해설 | 대류
1) 유체의 유동에 의해 온도가 다른 고체 표면과의 사이에 발생하는 열전달 형태
2) 수식 $\dot{q} = h \cdot A \cdot \Delta T$
3) 계산
$$\dot{q} = 5 \times 1 \times (900 - 10)$$
$$= 4{,}450 \ W/m^2$$

25 목조건축물의 화재 특성으로 옳지 않은 것은?

① 화염의 분출면적이 작고 복사열이 커서 접근하기 어렵다.
② 습도가 낮을수록 연소 확대가 빠르다.
③ 횡방향보다 종방향의 화재성장이 빠르다.
④ 화재 최성기 이후 비화에 의해 화재 확대의 위험성이 높다.

해설 | 목조건축물의 화재
1) 산소가 충분한 상태이므로 연료지배형을 띠고 고온 단기형으로서 온도는 1,100 ~ 1,300 ℃이다.
2) 화염의 순간적인 분출면적과 복사열이 크다.

정답 24 ② 25 ①

17회 제2과목 소방수리학

26 아보가드로(Avogadro)의 법칙에 관한 설명으로 옳은 것은?

① 온도가 일정할 때 기체의 압력은 부피에 반비례한다.
② 0℃, 1기압에서 모든 기체 1 mol의 부피는 22.4 L이다.
③ 압력이 일정할 때 기체의 부피는 절대온도에 비례한다.
④ 밀폐된 용기에서 유체에 가한 압력은 모든 방향에서 같은 크기로 전달된다.

해설 | 아보가드로의 법칙
1) 0℃ 1기압의 모든 기체 1 mol은 22.4 L
2) 분자수는 6.02×10^{23}개

27 관성력과 점성력의 비를 나타내는 무차원수는?

① 웨버(Weber)수
② 프라우드(Froude)수
③ 오일러(Euler)수
④ 레이놀즈(Reynolds)수

해설 | 무차원수

레이놀즈수	프라우드수	웨버수	오일러수	마하수
관성력/점성력	관성력/중력	관성력/표면장력	압축력/관성력	관성력/탄성력

28 배관 내 동압을 측정할 수 없는 장치는?

① 피토관
② 피에조미터
③ 시차액주계
④ 피토-정압관

해설 | 유량계
피에조미터는 정지된 유체의 압력 측정

구분	측정기기
유량	오리피스, 노즐, 벤츄리미터, 로타미터, 삼각위어, 사각위어
유속	피토관, 피토정압관, 열선풍속계, 시차액주계
압력	피에조미터, 정압관, 부르돈 압력계, 마노미터 (U자관 마노미터)

29 다음과 같이 단면이 원형인 연직점 축소관에서 위에서 아래로 물이 0.3 m³/s로 흐를 때 상·하 단면에서의 압력차는? (단, 관내 에너지손실은 무시하고, 물의 밀도는 1,000 kg/m³, 중력가속도는 10.0 m/s², 원주율은 3.0이다)

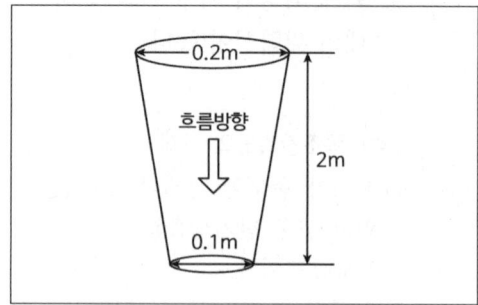

① 73 N/cm²
② 73 kN/m²
③ 75 N/cm²
④ 75 kN/m²

정답 26 ② 27 ④ 28 ② 29 ①

해설 | 압력차

[베르누이방정식]

$$\frac{V_1^2}{2g}+\frac{P_1}{\gamma}+Z_1=\frac{V_2^2}{2g}+\frac{P_2}{\gamma}+Z_2$$

[풀이]

1) 식 정리

$$\frac{V_1^2}{2g}+\frac{P_1}{\gamma}+Z_1=\frac{V_2^2}{2g}+\frac{P_2}{\gamma}+Z_2$$

$$\Rightarrow \frac{P_1-P_2}{\gamma}=\frac{V_2^2-V_1^2}{2g}+Z_2-Z_1$$

$$\Rightarrow \Delta P=\gamma \times \left(\frac{V_2^2-V_1^2}{2g}+Z_2-Z_1\right)$$

2) 조건

$\gamma = \rho \times g = 1{,}000 \times 10 = 10{,}000\ N/m^3$

$Z_1=2,\ Z_2=0$

$V_2=\dfrac{0.3}{\frac{3}{4}\times 0.1^2}=40,\ V_1=\dfrac{0.3}{\frac{3}{4}\times 0.2^2}=10$

3) 계산

$$\Delta P=\gamma \times \left(\frac{V_2^2-V_1^2}{2g}+Z_2-Z_1\right)$$

$$=10{,}000\ N/m^3 \times \left(\frac{40^2-10^2}{20}+0-2\right)m$$

$$=730{,}000\ N/m^2$$

4) 단위환산

$$730{,}000\ N/m^2 \times \frac{1\ m^2}{10{,}000\ cm^2}=73\ N/cm^2$$

30
안지름 2.0 cm인 노즐을 통하여 매초 0.06 m³의 물을 수평으로 방사할 때 노즐에서 발생하는 반발력 kN은? (단, 물의 밀도는 1,000 kg/m³이고, 원주율은 3.0이다)

① 1.0　　② 1.2
③ 10　　　④ 12

해설 | 반발력

$F=\rho QV$

[풀이]

1) 유속

$Q=A\times V,\ V=\dfrac{Q}{A}=\dfrac{0.06}{\frac{3}{4}\times 0.02^2}=200\ m/s$

2) 반발력

$F=\rho QV=1{,}000\times 0.06 \times 200=12{,}000\ N$
$=12\ KN$

31
물의 특성을 나타내는 식과 그에 대한 차원식이 모두 옳게 표현된 것은? (단, 물의 점성계수는 μ, 동점성계수는 ν, 밀도는 ρ, 비중량은 γ, 중력가속도는 g, 질량은 M, 길이는 L, 시간은 T이다)

① $\mu = \rho \times \nu\ [ML^{-1}T^{-1}]$
② $\gamma = \rho \times g\ [ML^{-2}T^{-1}]$
③ $\rho = \nu \times \mu\ [ML^{-3}]$
④ $\gamma = \rho \times g\ [ML^{-3}T^{-1}]$

정답 30 ④ 31 ①

해설 | 차원식

- $\mu = \rho \times \nu \ [\frac{kg}{m^3} \times \frac{m^2}{s}]$

  $= [\frac{kg}{m \cdot s}] \quad [ML^{-1}T^{-1}]$

- $\gamma = \rho \times g \ [\frac{kg}{m^3} \times \frac{m}{s^2}]$

  $= [\frac{kg}{m^2 \times s^2}] \quad [ML^{-2}T^{-2}]$

- $\rho = \nu^{-1} \times \mu \quad [ML^{-3}]$

해설 | 유량계수

[실제유량]

$Q = C \times A \times V, (C = C_v \times C_c)$

C : 유량계수
C_v : 속도계수
C_c : 축소계수

[풀이]

1) 식 정리

$Q = C \times A \times V$
$= C \times A \times \sqrt{2gh}$

$C = \dfrac{Q}{A \times \sqrt{2gh}}$

Q : 유량 [m³/s], C : 유량계수
A : 배관 단면적 [m²]
V : 유속 [m/s]
h : 속도수두(높이) [m]

2) 조건

$Q(m^3/s) = A \times v = \dfrac{V(m^3)}{t(s)}$

$V = 0.75 \times 0.75 \times 0.8 = 0.45 \, m^3$

$t = (16 \times 60) + 40 = 1{,}000 \, s$

$Q = \dfrac{0.45}{1{,}000} = 4.5 \times 10^{-4} \, m^3/s$

3) 유량계수 계산

$C = \dfrac{Q}{A \times \sqrt{2gh}}$

$= \dfrac{4.5 \times 10^{-4}}{1 \times \dfrac{3}{4} \times 0.01^2 \times \sqrt{2 \times 10 \times 5}} = 0.6$

32 개방된 물탱크 A의 수면으로부터 5 m 아래에 지금 10 mm인 오리피스를 부착하였다. 그 아래쪽에 설치한 한 변의 길이가 75 cm인 정사각형 수조 안으로 물을 낙하시켜서 16분 40초 후에 수조의 수심이 0.8 m 상승하였다면 오리피스의 유량계수는? (단, 물탱크 A의 수심은 변화 없고, 수축계수는 1.0, 원주율은 3.0, 중력가속도는 10.0 m/s²이다)

① 0.45   ② 0.50
③ 0.60   ④ 0.75

정답 32 ③

33 서징(Surging)현상에 관한 설명으로 옳은 것은?

① 만관 흐름에서 관로 끝에 위치한 밸브를 갑자기 닫을 경우 발생한다.
② 펌프의 흡입 측 배관의 물의 정압이 기존의 수증기압보다 낮아져서 기포가 발생한다.
③ 수주분리(Column Separation)가 생겨 재결합 시에 발생하는 격심한 충격파로 관로에 피해를 발생시킨다.
④ 펌프 운전 중에 계기압력의 눈금이 어떤 주기를 가지고 큰 진폭으로 흔들리고, 토출량도 어떤 범위에서 주기적인 변동이 발생된다.

해설 | 서징(Surging)현상

구분	공지 너비
정의	맥동현상이라고도 하며, 주기적으로 진동과 소음, 유량 등이 변하는 것
발생 원인	• 펌프의 특성곡선이 산형 곡선(우상향)일 경우 • 운전점이 그 정상부 부근일 경우 • 배관 중에 수조가 있을 경우 • 배관 중에 기체상태의 부분이 있을 경우 • 유량조절밸브가 배관 중 수조의 위치 후단에 있을 경우

정답 33 ④

17회 제2과목 약제화학

34 제1종 분말소화약제의 주성분인 탄산수소나트륨 10 kg 질량이 850 ℃에서 2차 열분해될 때 생성되는 이산화탄소 발생량 [kg]은 약 얼마인가? (단, 원자량은 Na : 23, H : 1, C : 12, O : 16으로 한다)

① 2.62 ② 3.48
③ 5.24 ④ 10.48

해설 | 1종 분말의 이산화탄소 발생량

저장용기 내용적	소화약제 1 kg당 0.8 L
적응화재	B, C급
색상	백색
열분해 반응식	270℃ : $2NaHCO_3$ → $Na_2CO_3 + CO_2 + H_2O - 90.3\,kcal$ 850℃ : $2NaHCO_3$ → $Na_2C + 2CO_2 + H_2O - 104.44\,kcal$

1) 제1종 분말소화약제
   [탄산수소나트륨($NaHCO_3$)]

2) 이산화탄소 발생량
   $2NaHCO_3$
   $= 2 \times (23\,kg + 1\,kg + 12\,kg + 16\,kg \times 3)$
   $= 168\,kg$

   $2CO_2 = 2 \times (12\,kg + 16\,kg \times 2) = 88\,kg$

   $168\,kg : 88\,kg = 10\,kg : X$

   $X = \dfrac{88\,kg \times 10\,kg}{168\,kg} = 5.24$ kg

35 이산화탄소소화약제에 관한 설명으로 옳지 않은 것은?

① 무색, 무취이며, 전기적으로 비전도성이고 공기보다 약 1.5배 무겁다.
② 임계온도는 약 31 ℃이고, 삼중점은 0.51 MPa에서 약 -56 ℃이다.
③ A급, B급, C급 화재 모두 적응이 가능하나 주로 B급과 C급 화재에 사용된다.
④ 한국산업규격에 따른 품질에 관한 액화이산화탄소 분류에서 제1종과 제2종을 소화약제로 사용한다.

해설 | 이산화탄소(CO_2)소화약제
1) 소화 후 오손이 물소화약제 등에 비해 상대적으로 작다.
2) 공유결합 물질이다.
3) 전기의 부도체로 절연성이 높아, 전기실 등에 적응성이 있다.
4) 오손 등이 작으므로 소화 후 증거보존 등이 용이하다.
5) 공기보다 비중(S = 1.52)이 커서(무거워서) 심부화재에도 적응성을 가진다.
6) 대기압, 상온에서 무색무취의 기체, 화학적으로 안정되었다.
7) 1기압 상온에서 무색 기체이다.

[이산화탄소(CO₂) 물성]

구분	압력	온도
비점(승화점)	1 atm	-78 ℃
3중점	5.1 atm	-56 ℃
임계온도	72.8 atm	31 ℃
허용농도	0.5%	

4) 팽창비

방출된 포 체적 = 325 m³ = 325,000 L

팽창비(발표배율)

$$= \frac{방출된\ 포\ 체적(L)}{방출\ 전\ 포수용액\ 체적(L)}$$

$$= \frac{325,000\ L}{500\ L} = 650$$

---

36 소화원액 15 L로 3 % 합성계면활성제포 수용액을 만들었다. 이 수용액을 이용하여 발생시킨 포의 총 부피가 325 m³일 때 팽창비는?

① 450 ② 550
③ 650 ④ 750

해설 | 포팽창비

1) 팽창비(발포배율)

$$= \frac{방출된\ 포\ 체적(L)}{방출\ 전\ 포수용액\ 체적(L)}\ 에서$$

방출된 포 체적
= 팽창비 × 방출 전 포수용액 체적

2) 포의 팽창비

팽창비			포방출구의 종류
저발포	20배 이하		포헤드
고발포	제1종 기계포	80~250배 미만	고발포용 고정포방출구
	제2종 기계포	250~500배 미만	
	제3종 기계포	500~1,000배 미만	

3) 방출 전 포수용액체적

$$= \frac{포원액량}{농도} = \frac{15\ L}{0.03} = 500\ L$$

---

37 화재안전기준(NFSC 107A)에서 정한 청정소화약제의 최대허용 설계농도기준으로 옳지 않은 것은?

① HCFC - 124 : 1.0 %
② HFC - 227ea : 10.5 %
③ HFC - 125 : 12.5 %
④ FC - 3 - 1 - 10 : 40 %

해설 | 할로겐화합물 및 불활성기체 최대허용 설계농도

소화약제	최대허용 설계농도 %
FC - 3 - 1 - 10	40
FIC - 13I1	0.3
FK - 5 - 1 - 12	10
HFC - 23	30
HFC - 125	11.5
HFC - 227ea	10.5
HFC - 236fa	12.5
HCFC BLEND A	10
HCFC - 124	1.0
IG - 01	43
IG - 55	
IG - 100	
IG - 541	

정답 36 ③ 37 ③

38 금속화재에 적응성이 없는 분말소화약제는?

① G - 1
② MET - L - X
③ Na - X
④ CDC(Compatible Dry Chemical)

해설 | Dry Powder(금속화재용소화약제)

종류	구성	특징
Na - X	탄산나트륨(Na_2CO_3) + 첨가제	나트륨 화재에 사용할 수 있는 것으로 염소가 포함되지 않은 비염소화합물소화약제
MET - L - X	염화나트륨 + 첨가물	• 대형금속화재에 적합 • 마그네슘, 나트륨, 칼륨 등의 화재에 적합
G - 1	유기인과 흑연이 입혀진 코크스	• 흑연은 열전도체로서 화재로부터 열을 흡수해 금속의 온도를 발화온도 이하로 낮추어 소화 • 마그네슘, 나트륨, 칼륨, 티타늄, 리튬 등의 금속화재의 소화에 효과적
Lith - X	흑연 + 첨가제	Mg, Zr, Na 및 Na - K 화재에 사용 가능

[CDC(Compatible Dry Chemical)]
1) 포소화약제와 혼합, Twin Agent System으로 사용할 수 있는 분말소화약제
2) 포의 지속적인 안정성과 분말소화약제의 빠른 소화특성을 이용한 방식
3) CDC 분말소화약제로 제2종(중탄산칼륨) 및 제3종(인산암모늄) 분말이 사용
4) 금속화재에 사용할 수 없음(물을 방사할 경우 수소가 발생)

39 질식소화를 위한 연소한계 산소농도가 15 %인 가연물질의 소화에 필요한 CO_2 가스의 최소소화농도 [vol%]는? (단, 무유출(No Efflux)방식 전제로 하고, 공기 중 산소는 20 vol%이다)

① 20 ② 25
③ 33 ④ 40

해설 | (최소)소화농도

1) 소화가스 농도 [%] = $\dfrac{21 - O_2\%}{21} \times 100$

  산소 농도를 조건에 따라 20 %로 적용

2) 소화가스 농도 [%]
  = $\dfrac{20 - 15\%}{20} \times 100 = 25\ \%$

40 다음 중 오존파괴지수가 가장 높은 소화약제는?

① Halon 2402 ② Halon 1211
③ CFC 12 ④ CFC 113

해설 | 오존파괴지수(ODP)

계열	가스명	ODP
Halon	Halon 1301	10
	Halon 1211	3
	Halon 2402	6
CFC	CFC 11	1
	CFC 12	1
	CFC 113	0.8
	CFC 114	1
	CFC 115	0.6

정답 38 ④ 39 ② 40 ①

[용어 정의]

구분	설명
지구 온난화 지수	지구온난화에 영향을 미치는 정도로서 CO_2 1 kg에 대한 해당 물질 1 kg의 온난화 정도 $GWP = \dfrac{\text{해당 물질 } 1\,kg \text{에 대한 지구온난화정도}}{CO_2\, 1\,kg \text{에 대한 지구온난화정도}}$
오존파괴 지수	• 오존층 파괴에 영향을 미치는 정도로서 CFC-11 1 kg에 대한 해당 물질 1 kg의 온난화 정도 $ODP = \dfrac{\text{해당 물질 } 1\,kg \text{에 대한 오존파괴지수}}{CFC-11\,kg \text{에 대한 오존파괴지수}}$ • 할론화합물의 오존파괴지수 할론 1301 > 할론 2402 > 할론 1211

[분말소화약제]

구분	약제	화학 반응식	착색	적응 화재	비고
1종	중탄산 나트륨 ($NaHCO_3$)	$2NaHCO_3$ $\rightarrow Na_2CO_3$ $+ CO_2$ $+ H_2O$	백색	BC급	식용유, 지방질유 화재
2종	중탄산칼륨 ($KHCO_3$)	$2KHCO_3$ $\rightarrow K_2CO_3$ $+ CO_2$ $+ H_2O$	담자색 (담회색)	BC급	-
3종	인산암모늄 ($NH_4H_2PO_4$)	$NH_4H_2PO_4$ $\rightarrow HPO_3$ $+ NH_3$ $+ H_2O$	담홍색	ABC급	차고, 주차장
4종	중탄산칼륨 + 요소 ($KHCO_3 +$ $(NH_2)_2CO$)	$2KHCO_3$ $+ (NH_2)_2CO$ $\rightarrow K_2CO_3$ $+ 2NH_3$ $+ 2CO_2$	회(백)색	BC급	-

[열분해 반응식]

온도	열분해 반응식
116℃	$NH_4H_2PO_4 \rightarrow NH_3 + H_3PO_4$(올소인산)
216℃	$2H_3PO_4 \rightarrow H_2O + H_4P_2O_7$(피로인산)
360℃ 이상	$H_4P_2O_7 \rightarrow H_2O + 2HPO_3$(메타인산)
1000℃ 이상	$2HPO_3 \rightarrow H_2O + P_2O_5$(오산화린)

[3종 분말소화약제 소화작용]

소화작용	내용
냉각작용	열분해에 의한 냉각작용
질식작용	열분해로 발생한 불연성가스에 의한 질식작용
방진작용	메타인산(HPO_3)에 의한 방진작용
차단효과	분말운무에 의한 열방사의 차단효과
부촉매효과	NH_4^+의 부촉매효과

41 열분해로 생성된 불연성의 용융물질에 의한 방진소화효과를 발생시키는 분말소화약제는?

① $NH_4H_2PO_4$
② $KHCO_3$
③ $NaHCO_3$
④ $KHCO_3 + CO(NH_2)_2$

해설 | 분말소화약제

[3종 분말 방진효과]
1) ABC 급으로 분말소화약제로 차고 주차장에 적응성을 가진다.
2) Twin Agent System : 수성막포와 분말소화약제를 겸용, 소화성능이 향상

정답 41 ①

17회 제2과목 소방전기

42 100 Ω의 저항부하 2개만으로 직렬 연결된 회로에 AC 60 Hz, 220 V의 교류전원을 인가하였을 때 역률은 얼마인가?

① 1 ② 0.9
③ 0.8 ④ 0.7

해설 | R(저항)회로
저항(R)회로는 전압과 전류의 위상이 동상이다. 역률[$\cos\theta$]에서 $\theta = 0$으로 $\cos 0 = 1$이 된다.

43 단면적이 2 mm²이고, 길이가 2 km인 원형 구리 전선의 저항은 약 얼마인가? (단, 구리의 고유저항은 1.72×10^{-8} Ω·m이다)

① 1.72 mΩ ② 17.2 mΩ
③ 1.72 Ω ④ 17.2 Ω

해설 | 전선의 저항
$$R = \rho \frac{l}{A} = \frac{l}{\frac{\pi}{4}d^2} \Omega$$
$$= 1.72 \times 10^{-8} \times \frac{2,000}{2 \times 10^{-6}}$$
$$= 17.2 \, \Omega$$

44 다음 회로에서 4 Ω의 저항에 흐르는 전류는?

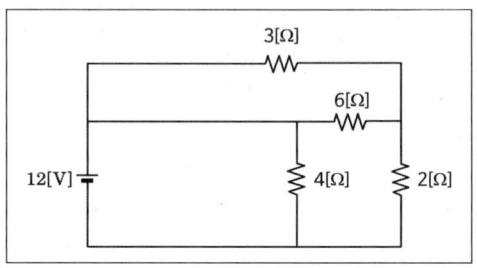

① 1 A ② 2 A
③ 3 A ④ 6 A

해설 | 전류
1) 회로 변환

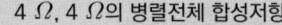

3 Ω, 6 Ω의 병렬합성저항	2 Ω, 2 Ω의 직렬합성저항
$R_0 = \frac{3 \times 6}{3 + 6} = 2\,\Omega$	$R_0 = 2 + 2 = 4\,\Omega$
4 Ω, 4 Ω의 병렬전체 합성저항	

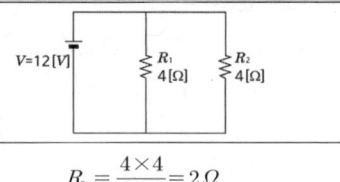

$$R_0 = \frac{4 \times 4}{4 + 4} = 2\,\Omega$$

2) 전체전류
$$I = \frac{V}{R_0} = \frac{12}{2} = 6\,A$$

정답 42 ① 43 ④ 44 ③

3) 4 Ω에 흐르는 전류

$$I_4 = \frac{R_2}{R_1+R_2} \times I = \frac{4}{4+4} \times 6 = 3\,A$$

45
다음은 정현파 교류전압 파형의 한 주기를 나타내었다. 시간(t)에 따른 전압의 순싯값을 가장 근사하게 표현한 것은?

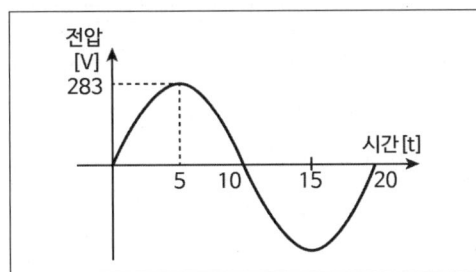

① $v(t) = \sqrt{2} \cdot 200 \cdot \sin 40\pi t$
② $v(t) = \sqrt{2} \cdot 200 \cdot \sin 100\pi t$
③ $v(t) = \sqrt{2} \cdot 220 \cdot \sin 40\pi t$
④ $v(t) = \sqrt{2} \cdot 220 \cdot \sin 100\pi t$

해설 | 시간에 따른 전압의 순싯값
1) 교류전압 순싯값
$v = V_m \sin wt = \sqrt{2}\,V\sin\omega t\,V$
2) 실횻값(V)
$V = \frac{Vm}{\sqrt{2}} = \frac{283}{\sqrt{2}} = 200\,V$
3) 각속도[ω]
$w = 2\pi f = 2\pi \frac{1}{T}$
$= 2 \times \pi \times \frac{1}{20 \times 10^{-3}}$
$= 100\pi$
4) 식에 대입
$v = \sqrt{2}\,V\sin\omega t\,V$
$= \sqrt{2} \times 200 \times \sin 100\pi t$

46
자화되지 않은 강자성체를 외부 자계 내에 놓았더니 히스테리시스 곡선(Hysteresis Loop)이 나타났다. 이에 관한 설명으로 옳은 것을 모두 고른 것은?

> ㄱ. 외부자계의 세기를 계속 증가시키면 강자성체의 자속밀도가 계속 증가한다.
> ㄴ. 자계의 세기를 0에서 증가시켰다가 다시 0으로 감소시키면 강자성체에는 잔류자기(Residual Magnetization)가 남게 된다.
> ㄷ. 히스테리시스 곡선이 이루는 면적에 해당하는 에너지는 손실이다.
> ㄹ. 주파수를 낮추면 히스테리시스 곡선이 이루는 면적을 키울 수 있다.

① ㄱ   ② ㄴ, ㄷ
③ ㄴ, ㄷ, ㄹ   ④ ㄱ, ㄴ, ㄷ, ㄹ

해설 | 히스테리시스 곡선
1) 철과 같은 강자성체에서 자화의 변화가 외부자기장의 변화에 의해 지연되는 현상
2) 철심(강자성체)을 자화하는 경우에, 자기장의 세기(자속밀도, H)의 변화 철심의 자계의 세기(B)의 변화가 초기 자화곡선과 일치하지 않고 고리 모양으로 곡선을 이룸

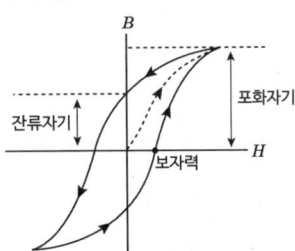

3) 일반적으로 외부인인 힘에 의한 어떤 물체의 성질 변화가 변화의 원인이 제거된 이후에도 쉽사리 본래의 상태로 되돌아가지 않는 현상

정답 45 ② 46 ②

4) 히스테리시스 곡선이 이루는 면적은 에너지 손실이며 주파수를 낮추면 히스테리시스곡선이 이루는 면적을 줄일 수 있음

47 다음 논리회로에 대한 논리식을 가장 간략화한 것은?

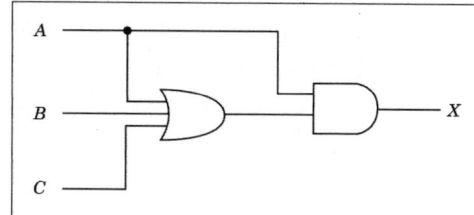

① X = A
② X = AB
③ X = BC
④ X = AB + BC

해설 | 논리회로의 논리식

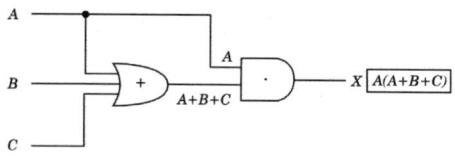

$X = A(A+B+C)$
$= AA + AB + AC$
$= A + AB + AC$
$= A(1+B+C)$
$= A$

48 다음 타임차트의 논리식은 무엇인가? (단, A, B, C는 입력, X는 출력이다)

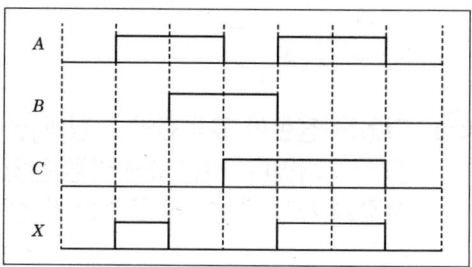

① $X = A\overline{B}$
② $X = \overline{A}B$
③ $X = AB\overline{C}$
④ $X = \overline{A}B\overline{C}$

해설 | 타임차트의 논리식

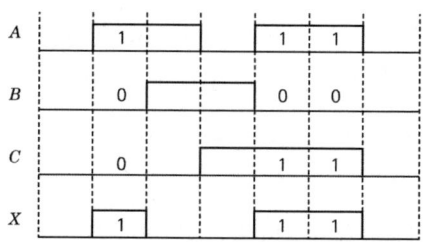

$X = A\overline{B}\,\overline{C} + A\overline{B}C + A\overline{B}\,C$
$= A(\overline{B}\,\overline{C} + \overline{B}C + \overline{B}C)$
$= A(\overline{B}\,\overline{B}\,\overline{B} + \overline{C}\,C\,\overline{C})$
$= A\overline{B}$

정답 47 ① 48 ①

49 콘덴서(Condenser)에 축적되는 에너지를 2배로 만들기 위한 방법으로 옳지 않은 것은?

① 두 극판의 면적을 2배로 한다.
② 두 극판 사이의 간격을 0.5배로 한다.
③ 두 전극 사이에 인가된 전압을 2배로 한다.
④ 두 극판 사이에 유전율이 2배인 유전체를 삽입한다.

해설 | 콘덴서에 축적되는 에너지
1) 콘덴서에 축적된 에너지[W]
$$W = \frac{1}{2}CV^2$$
2) 평행판 콘덴서 정전용량
$$C = \frac{\varepsilon A}{d} = \frac{\varepsilon_0 \varepsilon_s A}{d}$$
3) 콘덴서에 축적된 에너지 $W \propto V^2$으로 전압을 2배로 하면 축적된 에너지는 4배가 된다.

50 다음은 금속관을 사용한 소방용 옥내배선 그림 기호의 일부분이다. 공사방법으로 옳지 않은 것은?

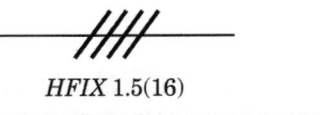

① 천장은 폐배선을 한다.
② 직경 1.5 mm인 전선 4가닥을 사용한다.
③ 내경 16 mm의 후강전선관을 사용한다.
④ 저독성 난연 가교 폴리올레핀 절연 전선을 사용한다.

해설 | 전선의 굵기(단면적) 1.5 mm²

전선가닥수 (4가닥) / 배선공사명(천장은폐배선)
HFIX 1.5(16)
전선의 종류 (450/750V 저독성 난연가교 폴리올레핀 절연전선) / 전선의 굵기 (1.5mm²) / 관의 굵기 (16mm)

정답 49 ③ 50 ②

17회 제3과목 소방관련법령

51 소방기본법령상 소방청장이 수립·시행하는 종합계획에 포함되어야 하는 사항에 해당하지 않는 것은?

① 소방전문인력 양성
② 화재안전분야 국제 경쟁력 향상
③ 소방업무의 교육 및 홍보
④ 소방기술의 연구·개발 및 보급

해설 | 소방업무에 관한 종합계획의 포함사항
1) 소방서비스의 질 향상을 위한 정책의 기본방향
2) 소방업무에 필요한 체계의 구축, 소방기술의 연구·개발 및 보급
3) 소방업무에 필요한 장비의 구비
4) 소방전문인력 양성
5) 소방업무에 필요한 기반조성
6) 소방업무의 교육 및 홍보(소방자동차의 우선 통행 등에 관한 홍보를 포함한다)
7) 그 밖에 소방업무의 효율적 수행을 위하여 필요한 사항으로서 대통령령으로 정하는 사항

52 소방기본법령상 소방활동에 필요한 소방용수시설을 설치하고 유지·관리하여야 하는 자는? (단, 권한의 위임 등 기타 사항은 고려하지 않는다)

① 소방본부장·소방서장
② 시장·군수
③ 시·도지사
④ 소방청장

해설 | 소방용수시설의 설치 및 관리 등
시·도지사는 소방활동에 필요한 소화전·급수탑·저수조(소방용수시설)를 설치하고 유지·관리하여야 한다. 다만 수도법에 따라 소화전을 설치하는 일반수도사업자는 관할 소방서장과 사전협의를 거친 후 소화전을 설치하여야 하며, 설치 사실을 관할 소방서장에게 통지하고, 그 소화전을 유지·관리하여야 한다.

53 화재의 예방 및 안전관리에 관한 법령상 명시적으로 규정하고 있는 화재예방강화지구의 지정 대상지역에 해당하지 않는 것은?

① 주택이 밀집한 지역
② 공장·창고가 밀집한 지역
③ 석유화학제품을 생산하는 공장이 있는 지역
④ 소방시설·소방용수시설 또는 소방출동로가 없는 지역

정답 51 ② 52 ③ 53 ①

해설 | 화재예방강화지구

1) 화재예방강화지구로 선정되는 지역
   (1) 시장지역
   (2) 공장·창고가 밀집한 지역
   (3) 목조건물이 밀집한 지역
   (4) 노후·불량건축물이 밀집한 지역
   (5) 위험물의 저장 및 처리시설이 밀집한 지역
   (6) 석유화학제품을 생산하는 공장이 있는 지역
   (7) 산업단지
   (8) 소방시설·소방용수시설 또는 소방출동로가 없는 지역
   (9) 물류단지
   (10) 그 밖에 소방관서장이 화재예방강화지구로 지정할 필요가 있다고 인정하는 지역
2) 화재예방강화지구의 지정 : 시·도지사
3) 화재안전조사 실시권자 : 소방본부장, 소방서장
4) 규정 : 대통령령

54 화재의 예방 및 안전관리에 관한 법령상 특수가연물의 저장 및 취급기준에 관한 설명으로 옳지 않은 것은? (법령 개정으로 문제 수정)

① 살수설비를 설치하는 경우에는 쌓는 높이는 15 m 이하가 되도록 할 것
② 발전용으로 저장하는 석탄·목탄류는 품명별로 구분하여 쌓을 것
③ 쌓는 부분(실내)의 바닥면적 사이는 1.2 m 또는 쌓는 높이의 1/2 중 큰 값 이상으로 이격 할 것
④ 특수가연물을 저장 또는 취급하는 장소에는 품명·최대수량 및 화기취급의 금지표지를 설치할 것

해설 | 특수가연물의 저장 및 취급의 기준

1) 특수가연물 : 화재 시 빠르게 번지는 화재
2) 해당 장소에 품명·최대수량·단위체적당 질량(단위질량당 체적)·관리책임자 성명·직책, 연락처 및 화기취급의 금지표시 설치
3) 쌓을 경우 기준(다만 석탄·목탄류를 발전용으로 저장할 경우는 제외)
   (1) 품명별로 구분하여 쌓을 것
   (2) 높이 10 m 이하, 쌓는 부분 바닥 50 m² 이하(석탄·목탄은 200 m² 이하)
   (3) 살수설비 또는 대형수동식소화기 설치 시 → 높이 15 m 이하, 쌓는 부분 바닥 200 m² 이하(석탄·목탄 300 m² 이하)
   (4) 실외에 쌓아 저장하는 경우 쌓는 부분과 대지경계선 또는 도로, 인접 건축물과 최소 6 m 이상 이격, 쌓은 높이보다 0.9 m 이상 높은 내화구조 벽체 설치 시 예외
   (5) 실내에 쌓아 저장하는 경우 주요구조부는 내화구조이면서 불연재료, 다른 종류의 특수가연물과 같은 공간에 보관금지. 다만 내화구조의 벽으로 분리 시 예외
   (6) 쌓는 부분의 바닥면적 사이
      ㉠ 실내 : 1.2 m 또는 쌓는 높이의 1/2 중 큰 값 이상으로 이격
      ㉡ 실외 : 3 m 또는 쌓는 높이 중 큰 값 이상으로 이격

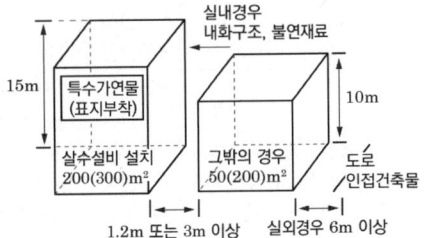

[특수가연물 설치개념]

정답 54 ②

55 소방시설공사업법령상 중급기술자 이상의 소방기술자(기계 및 전기분야) 배치기준으로 옳지 않은 것은?

① 호스릴방식의 포소화설비가 설치되는 특정소방대상물의 공사현장
② 아파트가 아닌 특정소방대상물로서 연면적 20,000 m²인 공사현장
③ 연면적 20,000 m²인 아파트 공사현장
④ 제연설비가 설치되는 특정소방대상물의 공사현장

해설 | 소방기술자의 배치기준

소방기술자의 배치기준	소방시설 공사현장의 기준
특급기술자인 소방기술자(기계분야 및 전기분야)	• 연면적 20만 m² 이상인 특정소방대상물의 공사현장 • 지하층을 포함한 층수가 40층 이상인 특정소방대상물의 공사현장
고급기술자 이상의 소방기술자(기계분야 및 전기분야)	• 연면적 3만 m² 이상 20만 m² 미만인 특정소방대상물(아파트 제외)의 공사현장 • 지하층을 포함한 층수가 16층 이상 40층 미만의 특정소방대상물의 공사현장
중급기술자 이상의 소방기술자(기계분야 및 전기분야)	• 물분무등소화설비(호스릴방식 제외) 또는 제연설비가 설치되는 특정소방대상물의 공사현장 • 연면적 5천 m² 이상 3만 m² 미만인 특정소방대상물(아파트 제외)의 공사현장 • 연면적 1만 m² 이상 20만 m² 미만인 아파트의 공사현장
초급기술자 이상의 소방기술자(기계분야 및 전기분야)	• 연면적 1천 m² 이상 5천 m² 미만인 특정소방대상물(아파트 제외)의 공사현장 • 연면적 1천m² 이상 1만m² 미만인 특정소방대상물(아파트 제외)의 공사현장 • 지하구의 공사현장
소방기술 인정 자격수첩을 발급받은 소방기술자	연면적 1천 m² 미만인 특정소방대상물의 공사현장

56 소방시설공사업법령상 소방시설업자의 지위승계가 가능한 자에 해당하는 것을 모두 고른 것은?

㉠ 소방시설업자가 사망한 경우 그 상속인
㉡ 소방시설업자가 그 영업을 양도한 경우 그 양수인
㉢ 법인인 소방시설업자가 다른 법인과 합병한 경우 합병 후 존속하는 법인이나 합병으로 설립된 법인
㉣ 폐업신고로 소방시설업 등록이 말소된 후 6개월 이내에 다시 소방시설업을 등록한 자

① ㉠, ㉡, ㉢ ② ㉠, ㉢, ㉣
③ ㉡, ㉢, ㉣ ④ ㉠, ㉡, ㉢, ㉣

해설 | 소방시설업자의 지위승계
1) 지위승계기준
　(1) 지위승계신고 : 시·도지사
　(2) 시·도지사는 신고를 받은 경우 그 내용을 검토하여 이법에 적합하면 신고를 수리하여야 함
　(3) 상속받은 날부터 등록의 결격사유에 해당 경우 3개월 동안은 제외
　(4) 지위승계 시 행정처분도 승계
2) 지위승계자
　(1) 소방시설업자가 사망 → 상속인
　(2) 소방시설업자 영업 양도 → 양수인
　(3) 법인업자의 합병 → 존속법인·설립법인

정답 55 ① 56 ①

3) 다음에 따른 소방시설 전부 인수 시 지위 승계
   (1) 경매
   (2) 환가(압류재산을 매각하여 현금으로 바꿈)
   (3) 압류재산의 매각
   ▶ ㉣ 폐업신고로 소방시설업 등록이 말소된 후 6개월 이내에 다시 소방시설업을 등록한 자 〈삭제 2020.6.9.〉

57 소방시설설치 및 관리에 관한 법령상 특정소방대상물에 대하여 관계인이 소방시설 등을 정기적으로 자체 점검할 때 소방시설별로 갖추어야 하는 점검장비의 연결이 옳지 않은 것은?

① 포소화설비 - 헤드결합렌치
② 할로겐화합물 및 불활성기체 소화설비 - 절연저항계
③ 옥내소화전설비 - 차압계
④ 제연설비 - 폐쇄력측정기

해설 | 소방시설별 점검장비

소방시설	장비	규격
• 모든 소방시설	방수압력측정계, 절연저항계(절연저항측정기), 전류전압측정계	-
• 소화기구	저울	-
• 옥내소화전설비 • 옥외소화전설비	소화전밸브압력계	-
• 스프링클러설비 • 포소화설비	헤드결합렌치	-
• 이산화탄소소화설비 • 분말소화설비 • 할론소화설비 • 할로겐화합물 및 불활성기체소화약제 소화설비	검량계, 관누설시험기, 그 밖에 소화약제의 저장량을 측정할 수 있는 점검기구	-
• 자동화재탐지설비 • 시각경보기	열감지기시험기, 연감지기시험기, 공기주입시험기, 감지기시험기연결폴대, 음량계	-
• 누전경보기	누전계	누전전류 측정용
• 무선통신보조설비	무선기	통화 시험용
• 제연설비	풍속풍압계, 폐쇄력측정기, 차압계(압력차측정기)	-
• 통로유도등 • 비상조명등	조도계	최소 눈금이 0.1 lx 이하인 것

58 소방시설설치 및 관리에 관한 법령상 소방시설 등의 자체 점검 시 점검인력 배치기준 중 종합점검에서 점검인력 1단위가 하루 동안 점검할 수 있는 특정소방대상물의 연면적 m² 기준은?

① 7,000
② 8,000
③ 9,000
④ 10,000

정답 57 ③ 58 ②

해설 | 점검인력 1단위 하루 점검한도면적
〈시행 2024.12.1.〉 개정

용도	구분	종합점검	작동점검
일반 건축물	점검 한도면적	8,000 m²	10,000 m²
	보조인력 1명 추가 (하루에 2개 이상 점검할 경우 투입된 점검인력에 따른 점검 한도면적의 평균값)	2,000 m²	2,500 m²
아파트 등	점검 한도 세대수	250세대	
	보조인력 1명 추가	60세대	

59 소방시설설치 및 관리에 관한 법령상 소방시설관리업의 등록기준으로 옳지 않은 것은?

① 소방설비산업기사는 보조기술인력 자격이 없다.
② 보조기술인력은 소방설비기사가 2명 이상이다.
③ 소방공무원으로 3년 이상 근무하고 소방기술 인정 자격수첩을 발급받은 사람은 보조기술인력이 될 수 있다.
④ 주된 기술인력은 소방시설관리사 1명 이상이다.

해설 | 소방시설관리업의 등록기준
해당 문제는 개정된 내용으로 적용할 것
〈시행 2024.12.1.〉 개정

기술인력 등 업종별	기술인력	영업범위
전문 소방시설관리업	가. 주된 기술인력 1) 소방시설관리사 자격을 취득한 후 소방 관련 실무경력이 5년 이상인 사람 1명 이상 2) 소방시설관리사 자격을 취득한 후 소방 관련 실무경력이 3년 이상인 사람 1명 이상 나. 보조 기술인력 1) 고급점검자 이상의 기술인력 : 2명 이상 2) 중급점검자 이상의 기술인력 : 2명 이상 3) 초급점검자 이상의 기술인력 : 2명 이상	모든 특정소방대상물
일반 소방시설관리업	가. 주된 기술인력 : 소방시설관리사 자격을 취득한 후 소방 관련 실무경력이 1년 이상인 사람 1명 이상 나. 보조 기술인력 1) 중급점검자 이상의 기술인력 : 1명 이상 2) 초급점검자 이상의 기술인력 : 1명 이상	특정소방대상물 중 「화재예방법 시행령」 별표 4에 따른 1급, 2급, 3급 소방안전관리 대상물

60 화재의 예방 및 안전관리에 관한 법령상 연면적 126,000 m²의 업무 시설인 건축물에서는 소방안전관리보조자를 최소 몇 명을 선임하여야 하는가?

① 5 ② 6
③ 8 ④ 9

해설 | 소방안전관리보조자

[소방안전관리보조자의 최소 선임인원]

$$선임인원 = \frac{연면적[m^2] - 15,000m^2}{15,000m^2}$$

$$= \frac{126,000m^2 - 15,000m^2}{15,000m^2} = 7.4$$

≒ 8명

[소방안전관리보조자 선임기준]
1) 아파트(주택으로 쓰는 층수가 5개 층 이상인 주택(300세대 이상인 아파트만 해당한다) : 1명(초과되는 300세대마다 1명 이상을 추가로 선임)
2) 1)의 아파트를 제외한 연면적이 15,000 m² 이상인 특정소방대상물 : 1명(초과되는 연면적 15,000 m²마다 1명 이상을 추가로 선임) 다만 특정소방대상물의 방재실에 자위소방대가 24시간 상시 근무하고, 소방자동차 중 소방펌프차, 소방물탱크차, 소방화학차, 무인방수차를 운용하는 경우 30,000 m² 초과마다 1명 추가 선임
3) 1) 및 2)에 따른 특정소방대상물을 제외한 공동주택 중 기숙사, 의료시설, 노유자시설, 수련시설, 숙박시설(숙박시설로 사용되는 바닥면적의 합계가 1,500 m² 미만이고 관계인이 24시간 상시 근무하고 있는 숙박시설은 제외)

61 소방시설설치 및 관리에 관한 법령상 소방본부장이나 소방서장에게 건축허가등의 동의를 받아야 하는 건축물은?

① 연면적 150 m²인 수련시설
② 주차장으로 사용되는 바닥면적이 150 m²인 층이 있는 주차시설
③ 연면적 50 m²인 위험물저장 및 처리시설
④ 연면적 250 m²인 장애인 의료재활시설

해설 | 건축허가등의 동의 대상물
1) 연면적 400 m² 이상의 건축물이나 시설 - 다만 다음 건축물은 예외
  (1) 학교시설 : 100 m² 이상
  (2) 노유자(老幼者) 시설 및 수련시설 : 200 m² 이상
  (3) 정신의료기관(입원실이 없는 정신건강의학과 의원은 제외)·장애인의료재활시설 : 300 m² 이상
2) 지하층 또는 무창층이 있는 건축물로서 바닥면적이 150 m²(공연장 100 m²) 이상인 층이 있는 것
3) 차고·주차장·주차용도로 사용되는 시설로서 어느 하나에 해당하는 것
  (1) 차고·주차장으로 사용되는 바닥면적 200 m² 이상인 층이 있는 건축물·주차시설
  (2) 승강기 등 기계장치에 의한 주차시설로서 자동차 20대 이상 주차 시설
4) 층수가 6층 이상인 건축물
5) 항공기격납고, 관망탑, 항공관제탑, 방송용 송수신탑

정답 60 ③ 61 ③

6) 공동주택, 의원(입원실 또는 인공신장실이 있는 것으로 한정한다), 숙박시설, 조산원, 산후조리원, 위험물 저장 및 처리시설, 발전시설 중 풍력발전소·전기저장시설, 지하구 〈개정 2024.12.31.〉 개정

7) 1)호에 해당하지 않는 <u>노유자시설</u> 중 다음 어느 하나에 해당하는 시설
   <u>다만 아래 밑줄 친 부분의 시설 중 단독주택 또는 공동주택에 설치되는 시설은 제외</u>
   (1) 노인 관련 시설 중 다음에 해당하는 시설
      ① 노인주거복지시설·노인의료복지시설·재가노인복지시설
      ② 학대피해노인 전용쉼터
   (2) <u>아동복지시설(아동상담소·아동전용시설·지역아동센터는 제외)</u>
   (3) <u>장애인거주시설</u>
   (4) <u>정신질환자 관련 시설</u>
   (5) <u>노숙인 관련 시설 중 노숙인자활시설·노숙인재활시설·노숙인요양시설</u>
   (6) <u>결핵환자나 한센인이 24시간 생활하는 노유자시설</u>

8) <u>요양병원</u>(의료재활시설 제외)

9) 공장 또는 창고시설로서 지정 수량의 750배 이상의 특수가연물을 저장·취급하는 것

10) 가스시설로서 지상에 노출된 탱크의 저장용량의 합계가 100톤 이상인 것

62. 소방시설설치 및 관리에 관한 법령상 방염성능검사 결과가 방염성능기준에 부합하지 않은 것은?

① 탄화한 길이는 22 cm이었다.
② 버너의 불꽃을 제거한 때부터 불꽃을 올리며 연소하는 상태가 그칠 때까지 시간이 18초이었다.
③ 버너의 불꽃을 제거한 때부터 불꽃을 올리지 아니하고 연소하는 상태가 그칠 때까지 시간이 27초이었다.
④ 탄화한 면적은 45 cm²이었다.

해설 | 방염성능기준

잔염시간	버너 불꽃 제거한 때부터 불꽃 올리며 연소 그칠 때까지 시간	20초 이내
잔신시간	버너 불꽃 제거한 때부터 불꽃 올리지 않고 연소 그칠 때까지 시간	30초 이내
탄화면적	불꽃에 의해 탄화된 면적	50 cm^2 이내
<u>탄화길이</u>	불꽃에 의해 탄화된 길이	<u>20 cm</u> 이내
불꽃접촉 횟수	불꽃에 의해 녹을 때까지 불꽃의 접촉횟수	3회 이상
최대연기 밀도	발연량 측정으로 최대연기밀도	400 이하

정답 62 ①

63 소방시설설치 및 관리에 관한 법령상 1년 이하의 징역 또는 1,000만 원 이하의 벌금에 처할 수 있는 것은?

① 화재안전조사를 정당한 사유 없이 거부·방해한 자
② 관리업의 등록증을 다른 자에게 빌려준 관리업자
③ 소방안전관리자를 선임하여야 하는 관계자가 소방안전관리자를 선임하지 아니한 자
④ 관리업자가 소방시설 등의 점검을 하고 점검기록표를 거짓으로 작성한 자

해설 | 소방시설법 벌칙 및 벌금기준

징역 (이하)	벌금 (또는, 이하)	위반행위
5년	5,000만 원	소방시설 폐쇄·차단(기능·성능에 지장 있는 경우)
7년	7,000만 원	소방시설 폐쇄·차단으로 사람이 상해 시(신설 2016년)
10년	1억 원	소방시설 폐쇄·차단으로 사람이 사망 시(신설 2016년)
3년	3,000만 원	1. 조치명령 위반사항에 대한 명령을 정당한 사유 없이 위반 2. 관리업 등록을 하지 않고 영업을 한 자 3. 소방용품 형식승인 받지 아니하고 제조·수입 또는 거짓이나 그 밖의 부정한 방법으로 형식승인을 받은 자 4. 제품검사를 받지 아니한 자 또는 거짓이나 그 밖의 부정한 방법으로 제품검사를 받은 자 5. 소방용품을 판매·진열하거나 소방시설공사에 사용한 자 6. 거짓이나 그 밖의 부정한 방법으로 성능인증 또는 제품검사를 받은 자
3년	3,000만 원	7. 제품검사를 받지 아니하거나 합격표시를 하지 아니한 소방용품을 판매·진열하거나 소방시설공사에 사용한 자 8. 구매자에게 명령을 받은 사실을 알리지 아니하거나 필요한 조치를 하지 아니한 자 9. 거짓이나 그 밖의 부정한 방법으로 전문기관으로 지정을 받은 자
1년	1,000만 원	1. 자체점검을 하지 않거나 관리업자에게 정기 점검하게 하지 아니한 자 2. 소방시설관리사증을 빌려주거나 빌리거나 이를 알선한 자 3. 동시에 둘 이상의 업체에 취업한 자 4. 자격정지처분을 받고 자격정지기간 중에 관리사의 업무를 한 자 5. 관리업 등록증. 등록수첩을 다른 자에게 빌려주거나 빌리거나 이를 알선한 자 6. 영업정지처분을 받고 영업정지기간 중에 관리업의 업무를 한 자 7. 제품검사 합격표시 허위·위조·변조한 자 8. 형식승인의 변경승인을 받지 아니한 자 9. 제품검사에 합격하지 아니한 소방용품에 성능인증을 받았다는 표시 또는 제품검사에 합격하였다는 표시를 하거나 성능인증을 받았다는 표시 또는 제품검사에 합격하였다는 표시를 위조 또는 변조하여 사용한 자 10. 성능인증의 변경인증을 받지 아니한 자 11. 우수품질 표시 허위·위조·변조하여 사용한 자

정답 63 ②

징역 (이하)	벌금 (또는, 이하)	위반행위
1년	1,000만 원	12. 관계인의 업무 방해하거나 출입·검사 시 알게 된 비밀 누설한 자
-	300만 원	1. 업무를 수행하면서 알게 된 비밀을 이 법에서 정한 목적 외의 용도로 사용하거나 다른 사람 또는 기관에 제공하거나 누설한 자 2. 방염성능검사에 합격하지 아니한 물품에 합격표시를 하거나 합격표시를 위조하거나 변조하여 사용한 자 3. 방염성능검사 시 거짓 시료 제출 4. 자체점검 결과의 조치를 하지 아니한 관계인 또는 관계인에게 중대위반사항을 알리지 아니한 관리업자 등

①, ③ : 300만 원 이하 벌금(화재예방법)
④ 점검 결과를 보고하지 아니하거나 거짓으로 보고한 자 : 300만원 이하 과태료

64 소방시설설치 및 관리에 관한 법령상 소방용품 중 형식승인을 받지 않아도 되는 것은? (단, 연구개발 목적의 용도로 제조하거나 수입하는 것은 제외한다)

① 방염제 ② 공기호흡기
③ 유도표지 ④ 누전경보기

해설 | 소방용품
1) 소화설비를 구성하는 제품 또는 기기
 (1) 소화기구(소화약제 외의 것을 이용한 간이소화용구는 제외)
 (2) 자동소화장치(제외 : 상업용 주방소화장치)
 (3) 소화설비를 구성하는 소화전, 관창, 소방호스, 스프링클러헤드, 기동용 수압개폐장치, 유수 제어밸브 및 가스관선택밸브
2) 경보설비를 구성하는 제품 또는 기기
 (1) 누전경보기 및 가스누설경보기
 (2) 경보설비를 구성하는 발신기, 수신기, 중계기, 감지기 및 음향장치(경종만 해당한다)
3) 피난구조설비를 구성하는 제품 또는 기기
 (1) 피난사다리, 구조대, 완강기(간이완강기 및 지지대를 포함한다)
 (2) 공기호흡기(충전기를 포함한다)
 (3) 피난구유도등, 통로유도등, 객석유도등 및 예비전원이 내장된 비상조명등
4) 소화용으로 사용하는 제품 또는 기기
 (1) 소화약제(다만 다음에 해당하는 소화설비용만 해당)
  - 상업용 주방자동소화장치, 캐비닛형 주방자동소화장치
  - 포, 이산화탄소, 할론, 할로겐화합물 및 불활성기체, 분말, 강화액, 고체에어로졸 소화설비
 (2) 방염제(방염액·방염도료 및 방염성물질)
5) 그 밖에 행정안전부령으로 정하는 소방 관련 제품 또는 기기

정답 64 ③

65 소방시설설치 및 관리에 관한 법령상 신축하는 특정소방대상물 중 성능위주설계를 하여야 하는 장소에 해당하지 않는 것은?

① 높이가 120 m인 업무시설
② 연면적 230,000 m²인 아파트
③ 지하 5층이며, 지상 29층인 의료시설
④ 연면적 40,000 m²인 공항시설

해설 | 성능위주설계를 하여야 하는 특정소방대상물의 범위

1) 연면적 200,000 m² 이상인 특정소방대상물[공동주택 중 주택으로 쓰이는 층수가 5층 이상인 주택(아파트 등)은 제외]
2) 50층 이상(지하층 제외)이거나 지상으로부터 높이가 200 m 이상인 아파트등
3) 30층 이상(지하층 포함)이거나 지상으로부터 높이가 120 m 이상인 특정소방대상물(아파트 등은 제외)
4) 연면적 30,000 m² 이상인 철도 및 도시철도시설
5) 연면적 30,000 m² 이상인 공항시설
6) 하나의 건축물에 영화상영관이 10개 이상인 특정소방대상물
7) 초고층 및 지하연계 복합건축물 재난관리에 관한 특별법 제2조 제2호에 따른 지하연계 복합건축물에 해당하는 특정소방대상물
8) 창고시설 중 연면적 10만 m² 이상인 것 또는 지하층 층수가 2개 층 이상이고 지하층의 바닥면적의 합계가 3만 m² 이상인 것
9) 터널 중 수저(水底)터널 또는 길이가 5천 m 이상인 것

66 화재의 예방 및 안전관리에 관한 법령상 화재안전조사에 관한 설명으로 옳은 것은?

① 화재안전조사의 연기를 신청하려는 자는 화재안전조사 시작 1일 전까지 전화로 연기신청을 할 수 있다.
② 화재안전조사를 하는 관계 공무원은 관계인에게 필요한 자료제출을 명할 수 있지만 필요한 보고를 하도록 할 수는 없다.
③ 관계인이 장기출장으로 화재안전조사에 참여할 수 없는 경우에는 연기신청을 할 수 없다.
④ 소방서장은 연기신청 결과 통지서를 연기신청자에게 통지하여야 하고, 연기기간이 종료하면 지체 없이 조사를 시작하여야 한다.

해설 | 화재안전조사

① 화재안전조사의 연기를 신청하려는 자는 화재안전조사 시작 3일 전까지 화재안전조사 연기신청서(전자문서로 된 신청서를 포함한다)에 화재안전조사를 받기가 곤란함을 증명할 수 있는 서류(전자문서로 된 서류를 포함한다)를 첨부하여 소방관서장에게 제출하여야 한다.
② 화재안전조사를 하는 관계 공무원은 관계인에게 필요한 자료제출을 명할 수 있으며, 필요한 보고를 하도록 할 수 있다.
③ 관계인이 장기출장으로 화재안전조사에 참여할 수 없는 경우에는 연기신청을 할 수 있다.

정답 65 ② 66 ④

[화재안전조사방법·절차]
1) 소방관서장은 7일 이상 조사대상, 조사기간 및 조사사유 등 조사계획을 인터넷 홈페이지나 전산시스템 등을 통해 사전에 공개하여야 함. 단, 다음 중 제외
   (1) 화재·재난 발생 우려가 긴급하여 조사 필요시
   (2) 사전통지 시 조사목적 미 달성
2) 관계인 승낙 없이 해가 뜨기 전·후에 할 수 없다.
3) 관계인은 천재지변, 태풍, 홍수, 질병, 장기 출장, 권한기관 기록부·일지 등이 압수·영치 시 연기신청을 할 수 있다.
   신청서를 제출받은 소방관서장은 3일 이내에 연기신청의 승인 여부를 결정하여 별지 제2호 서식의 화재안전조사 연기신청 결과 통지서를 연기신청을 한 자에게 통지해야 하며 연기기간이 종료되면 지체 없이 화재안전조사를 시작해야 한다.
4) 연기신청 받은 경우 승인 여부를 결정하고, 조사 개시 전까지 관계인에게 알려준다.
5) 조사 마친 후 조사결과를 서면으로 통지한다.

67 위험물안전관리법령상 위험물시설의 설치 및 변경에 관한 설명으로 옳지 않은 것은 무엇인가? (단, 권한의 위임 등 기타 사항은 고려하지 않는다)

① 제조소등을 설치하고자 하는 자는 그 설치장소를 관할하는 시·도지사의 허가를 받아야 한다.
② 제조소등의 위치·구조 등의 변경 없이 당해 제조소등에서 저장하는 위험물의 품명·수량 등을 변경하고자 하는 자는 변경하고자 하는 날까지 시·도지사의 허가를 받아야 한다.
③ 군사목적으로 제조소등을 설치하고자 하는 군부대의 장이 제조소등의 소재지를 관할하는 시·도지사와 협의한 경우에는 허가를 받은 것으로 본다.
④ 군부대의 장은 국가기밀에 속하는 제조소등의 설비를 변경하고자 하는 경우에는 당해 제조소등의 변경공사를 착수하기 전에 그 공사의 설계도서와 서류제출을 생략할 수 있다.

해설 | 제조소등의 등록기준

설치허가 또는 변경허가신청서,
구조설비명세서, 설계도서

등록자 (신청자) 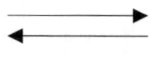 등록관청 (시·도지사)

- 설치허가 : 제조소등을 설치하고자 할 때
- 변경신고 : 품명, 수량 또는 지정수량의 배수를 변경하고자 하는 날의 1일 이내
- 지위승계신고 : 30일 이내
- 제조소등 폐지신고 : 폐지한 날로부터 14일 이내
- 위험물안전관리자 선임 : 30일 이내
  - 위험물 안전관리자 신고 : 14일 이내(본부장/서장)
  - 대리자 지정 : 30일 이내

정답 67 ②

② 제조소등의 위치·구조 등의 변경 없이 당해 제조소등에서 저장하는 위험물의 품명·수량 등을 변경하고자 하는 자는 변경하고자 하는 날의 1일 전까지 시·도지사의 허가를 받아야 한다.

68 위험물안전관리법령상 허가를 받고 설치하여야 하는 제조소등을 모두 고른 것은?

> ㉠ 공동주택의 중앙난방시설을 위한 취급소
> ㉡ 농예용으로 필요한 건조시설을 위한 지정수량 20배 이하의 저장소
> ㉢ 축산용으로 필요한 난방시설을 위한 지정수량 20배 이하의 취급소

① ㉠, ㉡ ② ㉠, ㉢
③ ㉡, ㉢ ④ ㉠, ㉡, ㉢

해설 | 위험물시설의 설치 및 변경 등
1) 제조소등의 설치허가·변경신고 시·도지사
2) 제조소등의 변경신고 : 1일 전
3) 제조소등의 설치허가 제외
   (1) 주택의 난방시설(공동주택의 중앙난방시설 제외)을 위한 저장소·취급소
   (2) 농예용·축산용·수산용으로 필요한 난방시설·건조 시설을 위한 지정수량 20배 이하의 저장소

69 위험물안전관리법령상 탱크안전성능검사의 내용에 해당하지 않는 것은?
① 수직·수평검사 ② 충수·수압검사
③ 기초·지반검사 ④ 암반탱크검사

해설 | 탱크안전성능검사

검사종류	완공검사 신청 시기	신청 시기
기초·지반검사	옥외탱크저장소의 액체위험물탱크 중 그 용량이 100만 L 이상인 탱크	기초 및 지반에 관한 공사 개시 전
충수·수압검사	액체위험물을 저장 또는 취급하는 탱크	위험물 탱크의 배관 및 부속설비 부착 전
용접부검사	옥외탱크저장소의 액체위험물탱크 중 그 용량이 100만 L 이상인 탱크	탱크본체에 관한 공사의 개시 전
암반탱크검사	액체위험물을 저장 또는 취급하는 탱크	암반탱크 본체 공사의 개시 전

70 위험물안전관리법령상 과징금에 관한 설명으로 옳지 않은 것은?
① 시·도지사는 제조소등에 대한 사용의 취소가 공익을 해칠 우려가 있는 때에는 사용취소처분에 갈음하여 1억 원 이하의 과징금을 부과할 수 있다.
② 과징금의 징수절차에 관하여는 「국고금관리법 시행규칙」을 준용한다.
③ 1일당 과징금의 금액은 당해 제조소등의 연간 매출액을 기준으로 하여 산정한다.
④ 시·도지사는 과징금을 납부하여야 하는 자가 납부기한까지 이를 납부하지 아니한 때에는 「지방세외수입금의 징수 등에 관한 법률」에 따라 징수한다.

정답 68 ② 69 ① 70 ①

해설 | 과징금처분
1) 시·도지사는 제12조 각 호의 어느 하나에 해당하는 경우로서 제조소등에 대한 사용의 정지가 그 이용자에게 심한 불편을 주거나 그 밖에 공익을 해칠 우려가 있는 때에는 사용정지처분에 갈음하여 <u>2억원 이하의 과징금</u>을 부과할 수 있다.
2) 제1항의 규정에 따른 과징금을 부과하는 위반행위의 종별·정도 등에 따른 과징금의 금액 그 밖의 필요한 사항은 행정안전부령으로 정한다.
3) 시·도지사는 제1항의 규정에 따른 과징금을 납부하여야 하는 자가 납부기한까지 이를 납부하지 아니한 때에는 지방세외수입금의 징수 등에 관한 법률에 따라 징수한다.

해설 | 탱크시험자의 등록을 할 수 없는 경우
1) 기술능력, 시설 및 장비기준을 갖추기 못한 경우
2) 등록을 신청한 자가 다음의 어느 하나에 해당하는 경우
   (1) 피성년후견인 또는 피한정후견인
   (2) 금고 이상의 실형의 선고를 받고 그 집행이 종료되거나 집행이 면제된 날부터 2년이 지나지 아니한 자
   (3) 금고 이상의 형의 집행유예 선고를 받고 그 유예기간 중에 있는 자
   (4) <u>탱크시험자의 등록이 취소된 날부터 2년이 지나지 아니한 자</u>
   (5) 법인으로서 그 대표자가 제(1)호 내지 제(4)호의 하나에 해당하는 경우
3) 그 밖에 법령에 따른 제한에 위반되는 경우

71 위험물안전관리법령상 탱크시험자로 등록하거나 탱크시험자의 업무에 종사할 수 있는 경우는?

① 피성년후견인 또는 피한정후견인
② 「소방기본법」에 따른 금고 이상의 형의 집행유예 선고를 받고 그 유예기간 중에 있는 자
③ 「소방시설공사업법」에 따른 금고 이상의 실형의 선고를 받고 그 집행이 종료되거나 집행이 면제된 날부터 1년이 된 자
④ 탱크시험자의 등록이 취소된 날부터 3년이 된 자

72 다중이용업소의 안전관리에 관한 특별법령상 다중이용업소의 안전관리기본계획 (이하 "기본계획"이라 함)의 수립·시행에 관한 설명으로 옳지 않은 것은?

① 기본계획에는 다중이용업소의 안전관리에 관한 기본방향이 포함되어야 한다.
② 소방청장은 수립된 기본계획을 시·도지사에게 통보하여야 한다.
③ 시·도지사는 기본계획에 따라 연도별 계획을 수립·시행하여야 한다.
④ 소방청장은 5년마다 다중이용업소의 기본계획을 수립·시행하여야 한다.

정답 71 ④ 72 ③

해설 | 다중이용업소의 기본계획과 집행계획
1) 안전관리 기본계획
   (1) 수립·시행자 : 소방청장
   (2) 수립·시행 : 5년마다
   (3) 연도별계획 수립·시행 : 소방청장이 매년
   (4) 기본계획 및 연도별계획의 통보 대상 : 중앙행정기관의 장, 시·도지사

   > 소방청장은 기본계획 및 연도별 계획을 수립하기 위하여 필요하면 관계 중앙행정기관의 장 및 시·도지사에게 관련된 자료의 제출을 요구할 수 있다. 이 경우 자료 제출을 요구받은 관계 중앙행정기관의 장 또는 시·도지사는 특별한 사유가 없으면 요구에 따라야 한다.

2) 안전관리의 「집행계획」
   (1) 수립·시행자 : 소방본부장
   (2) 수립·시행 : 매년마다
   (3) 집행계획의 제출 : 소방청장에게
   (4) 집행계획과 전년도 추진실적 제출 : 매년 1월 31일
   (5) 집행계획의 수립시기 : 전년 12월 31일

73 다중이용업소의 안전관리에 관한 특별법령상 화재위험평가대행자의 등록을 반드시 취소해야 하는 사유에 해당하지 않는 것은?

① 평가서를 거짓으로 작성하거나 고의 또는 중대한 과실로 평가서를 부실하게 작성한 경우
② 다른 사람에게 등록증이나 명의를 대여한 경우
③ 거짓이나 그 밖의 부정한 방법으로 등록한 경우
④ 최근 1년 이내에 2회의 업무정지처분을 받고 다시 업무정지처분 사유에 해당하는 행위를 한 경우

해설 | 화재위험평가 대행자 등록
1) 등록기준

기술인력	소방기술사	1명 이상
	소방기술사, 소방설비(산업)기사, 소방기술자 자격수첩 발급자	2명 이상
시설·장비	화재 모의시험이 가능한 컴퓨터	1대 이상
	화재 모의시험을 위한 프로그램	-
비고	1. 두 종류 이상 자격가진 기술인력은 한 종류 자격으로 봄 2. 설계업과 감리업에 등록된 소방기술사는 중복 등록 가능함	

2) 대행자 결격사유
   (1) 피성년후견인 또는 피한정후견인
   (2) 등록취소 후 2년 지나지 아니한 자
   (3) 징역 이상 실형 후 2년 지나지 아니한 자
   (4) 임원이 위 하나에 해당하는 법인

3) 등록취소
   (1) 대행자 결격사유에 해당하는 경우
   (2) 거짓이나 부정한 방법으로 등록한 경우
   (3) 최근 1년 이내 2회 업무정지처분 후 다시 해당 행위를 한 경우
   (4) 다른 사람 등록증이나 명의를 대여한 경우
   (5) 등록기준에 미치지 못하게 된 경우 다른 평가서의 내용을 복제한 경우
   (6) 평가서를 거짓 작성, 고의·중대한 과실로 평가서 부실하게 작성한 경우(2차)
   (7) 등록 후 2년 이내 대행업무를 시작하지 않거나 계속하여 2년 이상 실적이 없는 경우

정답 73 ①

74 다중이용업소의 안전관리에 관한 특별법령상 화재배상책임보험의 가입 촉진 및 관리에 관한 설명으로 옳지 않은 것은?

① 다중이용업주는 다중이용업주를 변경한 경우 화재배상책임보험에 가입한 후 그 증명서를 소방서장에게 제출하여야 한다.
② 화재배상책임보험에 가입한 다중이용업주는 화재배상책임보험에 가입한 영업소임을 표시하는 표지를 부착할 수 있다.
③ 보험회사는 화재배상책임보험에 가입하여야 할 자와 계약을 체결한 경우 소방서장에게 알려야 한다.
④ 소방서장은 다중이용업주가 화재배상책임보험에 가입하지 아니한 경우 허가취소를 하거나 영업정지를 할 수 있다.

해설 | 화재배상책임보험의 가입 촉진 및 관리
④ 소방서장은 다중이용업주가 화재배상책임보험에 가입하지 아니하였을 때에는 <u>허가관청</u>에 다중이용업주에 대한 인가·허가의 취소, 영업의 정지 등 <u>필요한 조치를 취할 것을 요청</u>할 수 있다.

[화재배상책임보험 가입]
1) 화재배상책임보험
  (1) 다중이용업주는 화재·폭발로 사람이 사망·부상·재산손해 입은 경우 피해자에게 일정금액 책임지는 화재배상책임보험에 가입해야 한다.
  (2) 다중이용업소의 안전시설 등의 설치·유지·안전관리를 고려하여 보험료율을 차등 적용

(3) 화재배상책임보험 가입 영업소 표지

• 규격 : 지름 120 mm
• 재질 : 투명한 코팅으로 마감된 종이 스티커
• 바탕색 : 흰색
• 이미지 : 상단(하늘색),
         하단(노랑, 주황)
• 부착기간 : 보험계약기간
• 부착위치 : 주 출입문 또는 주변을 잘 볼 수 있는 위치

2) 보험금 지급
  (1) 보험회사는 화재배상책임보험의 보험금 청구를 받은 때에는 지체 없이 지급할 보험금을 결정한다.
  (2) 보험금 결정 후 14일 이내에 피해자에게 보험금을 지급하여야 한다.
3) 보험회사가 다중이용업주에게 알려야 하는 경우 → 계약종료일 75 ~ 30일 전까지, 30 ~ 10일 전까지의 기간에 알려야 한다.
  (1) 보험기간이 1개월 이내인 계약 경우
  (2) 다중이용업주가 자기와 다시 계약을 체결한 경우
  (3) 다중이용업주가 다른 회사랑 계약을 체결한 경우
4) 보험회사가 소방청장·본부장·서장에게 알려야 하는 경우 → 계약 체결·해지 사실의 전산입력 5일 이내, 계약효력 30일 초과 금지
  (1) 화재배상책임보험 계약을 체결한 경우
  (2) 체결한 후 계약기간이 끝나기 전에 해지한 경우
  (3) 계약 끝난 후 재계약을 다시 하지 않는 경우

5) 보험요율 차등적용
  (1) 해당 업종의 화재발생빈도
  (2) 해당 업소의 영업장 면적
  (3) 공개된 법령위반업소에 해당하는 여부
  (4) 공표된 안전관리우수업소에 해당하는 여부
  (5) 보험요율활용자료 산출기관에 제공 - 소방청장은 보험요율활용 자료를 매년 1월 31일까지 산출기관에 제공
6) 화재배상책임보험의 계약 해제·해지 가능 사유
  (1) 폐업한 경우
  (2) 다중이용업에 해당하지 않게 된 경우
  (3) 천재지변, 사고 등의 사유로 운영이 불가능한 사실을 증명한 경우
  (4) 상법에 따른 보험계약의 해지사유가 발생한 경우

75 다중이용업소의 안전관리에 관한 특별법령상 용어의 설명으로 옳지 않은 것은?

① "안전시설 등"이란 소방시설, 비상구, 영업장 내부 피난통로, 그 밖의 안전시설을 말한다.
② "영업장의 내부구획"이란 다중이용업소의 영업장 내부를 이용객들이 사용할 수 있도록 벽 또는 칸막이 등을 사용하여 구획된 실을 만드는 것을 말한다.
③ "실내장식물"이란 건축물 내부의 천장 또는 벽·바닥 등에 설치하는 것으로 옷장, 찬장 등 가구류가 포함된다.
④ "다중이용업"이란 불특정 다수인이 이용하는 영업 중 화재 등 재난 발생 시 생명·신체·재산상의 피해가 발생할 우려가 높은 영업을 말한다.

해설 | 다중이용업의 관련 용어의 정의
1) 다중이용업 : 불특정다수가 이용하여 화재·재난 시 생명·신체·재산 피해가 높아 대통령령으로 정한 영업
2) 안전시설 등 : 소방시설, 비상구, 영업장 내부피난통로, 그 외 대통령령으로 정한 것
3) <u>실내장식물</u> : 건축물 내부의 천장벽에 설치하는 것으로 대통령령으로 정한 것
  → 대통령령으로 정한 것
    다만 <u>가구류</u>(옷장, 찬장, 식탁, 식탁용 의자, 사무용 책상, 사무용 의자 및 계산대 등)와 너비 10센티미터 이하인 반자돌림대 등과 내부마감재료는 <u>제외</u>
  (1) 종이류(두께 2mm 이상)·합성수지류 또는 섬유류를 주원료로 한 물품
  (2) 합판이나 목재
  (3) 공간을 구획하기 위하여 설치하는 간이 칸막이
  (4) 흡음재(흡음용 커튼 포함) 또는 방음재(방음용 커튼 포함)
4) 화재위험평가 : 다중이용업소가 밀집한 지역·건축물에 화재 발생 가능성과 피해예측·분석으로 대책 마련
5) 밀폐구조의 영업장 : 지상층 영업장 중 채광·환기·통풍·피난이 어려운 구조로 대통령령으로 정한 것 → 무창층 요건에 따른 개구부가 영업장 바닥면적의 1/30 이하
6) 영업장의 내부구획 : 이용객들이 사용하는 벽·칸막이 등으로 구획된 실

정답 75 ③

17회 제4과목 위험물의 성상 및 시설기준

76 제1류 위험물에 관한 설명으로 옳지 않은 것은?

① 모두 불연성물질이며, 강력한 산화제로 열분해하여 산소를 발생시킨다.
② 브로민산염류, 질산염류, 아이오딘염류는 지정수량이 300 kg이고, 위험등급 Ⅱ에 해당된다.
③ 물에 녹아 수용액상태가 되면 산화성이 없어진다.
④ 무기과산화물, 퍼옥소붕산염류, 삼산화크로뮴은 물과 반응하여 산소를 발생하고 발열한다.

해설 | 제1류 위험물 일반적인 성질
1) 모두 무기화합물로 부분 무색결정, 백색분말의 산화성고체이며 수용액 상태가 되어도 강한 산화력을 가짐
2) 강산화성물질이며 불연성고체
3) 가열, 충격, 마찰, 타격으로 분해 산소 방출 및 조연성
4) 비중 1보다 크며 물에 녹는 것도 있음
5) 가열하여 용융된 진한 용액은 가연성물질과 접촉 시 혼촉 발화 위험

77 제1류 위험물인 질산염류에 관한 설명으로 옳은 것은?

① 질산나트륨은 흑색화약의 원료로 사용된다.
② 질산칼륨은 AN-FO 폭약의 원료로 사용된다.
③ 강력한 산화제로 염소산염류에 비해 불안정하여 폭약의 원료로 사용된다.
④ 물에 잘 녹으며, 조해성이 있는 것이 많다.

해설 | 제1류 위험물 질산염류
① 질산칼륨(KNO_3) : 흑색화약의 원료
② 질산암모늄(NH_4NO_3) : AN-FO 폭약의 원료
③ 질산염류 300 kg(Ⅱ등급), 염소산염류 50 kg(Ⅰ등급) 강력한 산화제로 염소산염류에 비해 안정

정답 76 ③ 77 ④

78 제2류 위험물인 황화인에 관한 설명으로 옳지 않은 것은?

① 대표적으로 안정된 황화인은 P_4S_3, P_2S_5, P_4S_7이 있다.
② P_4S_3, P_2S_5, P_4S_7의 연소생성물은 오산화인과 이산화황으로 동일하며 유독하다.
③ P_4S_3, P_2S_5, P_4S_7는 찬물과 반응하여 가연성가스인 황화수소가 발생된다.
④ 가열에 의해 매우 쉽게 연소하며, 때에 따라 폭발한다.

해설 | 제2류 위험물 황화인 종류

항목	삼황화인	오황화인	칠황화인
화학식	P_4S_3	P_2S_5	P_4S_7
외관(색상)	황색결정	담황색결정	담황색결정
착화점	100℃	142℃	-
물에 대한 용해성	불용성	용해, 조해성, 흡습성	용해, 끓는(더운)물 급격 분해
녹이는 물질	CS_2, 질산, 알칼리	CS_2, 알칼리, 글리세린, 알코올	CS_2, 질산, 황산

79 물과 반응하여 가연성가스인 메테인(CH_4)이 발생되는 위험물을 모두 고른 것은?

> ㄱ. 인화알루미늄
> ㄴ. 다이에틸아연
> ㄷ. 탄화알루미늄
> ㄹ. 수소화알루미늄리튬
> ㅁ. 메틸리튬

① ㄷ, ㅁ
② ㄹ, ㅁ
③ ㄱ, ㄴ, ㄹ
④ ㄷ, ㄹ, ㅁ

해설 | 메테인이 발생되는 위험물
1) 인화알루미늄
 $AlP + 3H_2O \rightarrow Al(OH)_3 + PH_3$
2) 다이에틸아연
 $Zn(C_2H_5)_2 + 2H_2O \rightarrow Zn(OH)_2 + 2C_2H_6$
3) 탄화알루미늄
 $Al_4C_3 + 12H_2O \rightarrow 4Al(OH)_3 + 3CH_4$
4) 수소화알루미늄리튬
 $LiAlH_4 + 4H_2O$
 $\rightarrow LiOH + Al(OH)_3 + 4H_2$
5) 메틸리튬
 $CH_3Li + H_2O \rightarrow LiOH + CH_4$

정답 78 ③ 79 ①

80 아세트알데히드(Acetaldehyde)를 취급하는 제조설비의 재질로 사용할 수 있는 것은?

① 구리 ② 마그네슘
③ 은 ④ 철

해설 | 아세트알데히드 등을 취급하는 제조소 특례
1) 아세트알데히드 등을 취급하는 설비는 은·수은·동·마그네슘 또는 이들을 성분으로 하는 합금으로 만들지 아니할 것
2) 아세트알데히드 등을 취급하는 설비에는 연소성 혼합기체의 생성에 의한 폭발을 방지하기 위한 불활성기체 또는 수증기를 봉입하는 장치를 갖출 것
3) 아세트알데히드 등을 취급하는 탱크(옥외에 있는 탱크 또는 옥내에 있는 탱크로서 그 용량이 지정수량의 5분의 1 미만의 것을 제외한다)에는 냉각장치 또는 저온을 유지하기 위한 보냉장치 및 연소성 혼합기체의 생성에 의한 폭발을 방지하기 위한 불활성기체를 봉입하는 장치를 갖출 것
   - 다만 지하에 있는 탱크가 아세트알데히드 등의 온도를 저온으로 유지할 수 있는 구조인 경우에는 냉각장치 및 보냉장치를 갖추지 아니할 수 있다.
4) 냉각장치 또는 보냉장치는 둘 이상 설치하여 하나의 냉각장치 도는 보냉장치가 고장난 때에도 일정 온도를 유지할 수 있도록 하고, 다음의 기준에 적합한 비상전원을 갖출 것
   (1) 상용전력원이 고장인 경우에 자동으로 비상전원으로 전환되어 가동되도록 할 것
   (2) 비상전원의 용량은 냉각장치 또는 보냉장치를 유효하게 작동할 수 있는 정도일 것
5) 아세트알데히드 등을 취급하는 탱크를 지하에 매설하는 경우에는 당해 탱크를 탱크전용실에 설치할 것

81 특수인화물에 해당하지 않는 것은?

① $C_2H_5OC_2H_5$ ② CH_3CHCH_2O
③ CH_3COCH_3 ④ CH_3CHO

해설 | 특수인화물

화학식	종류	품명
$C_2H_5OC_2H_5$	다이에틸에터	특수인화물
CH_3CHCH_2O	산화프로필렌	특수인화물
CH_3COCH_3	아세톤	제1석유류수용성
CH_3CHO	아세트알데히드	특수인화물

82 다이에틸에터를 장시간 저장할 때 폭발성의 불안정한 과산화물을 생성한다. 이러한 과산화물 생성방지를 위한 방법으로 옳은 것은?

① 10 % KI 용액을 첨가한다.
② 40 mesh의 구리망을 넣어 준다.
③ 30 % 황산제일철을 넣어 준다.
④ $CaCl_2$를 넣어 준다.

해설 | 다이에틸에터의 과산화물 생성

과산화물 생성방지	과산화물 검출시약(황색)	과산화물 제거시약
• 40 mesh 구리망을 넣음 • 30 % IPA 또는 물에 넣음	아이오딘화칼륨 (KI) 10% 수용액 첨가	황산제일철, 환원철

정답 80 ④ 81 ③ 82 ②

83 제5류 위험물 중 나이트로화합물에 해당하는 물질로만 이루어진 것은?

① 나이트로셀룰로오스, 나이트로글리세린, 나이트로글라이콜
② 트라이나이트로톨루엔, 디나이트로페놀, 나이트로글라이콜
③ 나이트로글리세린, 펜트라이트, 디나이트로톨루엔
④ 트라이나이트로톨루엔, 피크린산, 테트릴

해설 | 나이트로화합물의 종류

[나이트로화합물]
유기화합물의 수소원자를 나이트로기($-NO_2$)로 치환한 화합물

1) 트라이나이트로톨루엔 : $C_6H_2CH_3(NO_2)_3$
2) 트라이나이트로페놀 : $C_6H_2OH(NO_2)_3$
3) 테트릴 : $C_7H_5N_5O_8$
4) 헥소겐 : $C_3H_6N_6O_6$
5) 디나이트로벤젠 : $C_6H_4(NO_2)_2$
6) 디나이트로톨루엔 : $C_6H_3(NO_2)_2CH_3$
7) 디나이트로페놀 : $C_6H_3OH(NO_2)_2$

[질산에스터류]
1) 나이트로셀룰로오스 : $C_{24}H_{29}O_9(ONO_2)_{11}$
2) 나이트로글리세린 : $C_3H_5(ONO_2)_3$
3) 셀룰로이드
4) 질산메틸 : CH_3ONO_2
5) 질산에틸 : $C_2H_5ONO_2$
6) 나이트로글라이콜 : $C_2H_4(ONO_2)_2$
7) 펜트라이트 : $C(CH_2NO_3)_4$

84 트라이나이트로톨루엔(TNT)의 열분해 생성물이 아닌 것은?

① H_2 ② CO_2
③ CO ④ N_2

해설 | 트라이나이트로톨루엔(TNT) 열분해 반응식
$2C_6H_2CH_3(NO_2)_3$
→ $12CO\uparrow + 5H_2\uparrow + 3N_2\uparrow + 2C$

암기 일수질탄12532

85 옥내저장소에 질산칼륨 450 kg, 염소산칼륨 300 kg, 질산 600 L를 저장하고 있다. 이 저장소는 지정수량의 몇 배를 저장하고 있는가? (단, 저장 중인 질산의 비중은 1.5이다)

① 5.5 ② 9.5
③ 10.5 ④ 12.5

해설 | 옥내저장소의 지정수량

1) 지정수량

종류	화학식	류별	지정수량
질산칼륨	KNO_3	제1류	300 kg
염소산칼륨	$KClO_3$	제1류	50 kg
질산	HNO_3	제6류	300 kg

질산 : 비중이 1.49 이상인 것

2) 지정수량의 배수
$= \dfrac{450}{300} + \dfrac{300}{50} + \dfrac{600 \times 1.5}{300} = 10.5$

정답 83 ④ 84 ② 85 ③

86 제6류 위험물에 관한 설명으로 옳지 않은 것은?

① 농도가 30 wt%인 과산화수소는 「위험물안전관리법령」상의 위험물이다.
② 과산화수소의 자연분해 방지를 위해 용기에 인산 또는 요산을 첨가한다.
③ 질산은 염산과 일정한 비율로 혼합되면 금과 백금을 녹일 수 있는 왕수가 된다.
④ 과염소산은 가열하면 폭발적으로 분해되고 유독성 염화수소를 발생한다.

해설 | 제6류 위험물
1) 농도가 36 wt%인 과산화수소는 「위험물안전관리법령」상의 위험물이다.
2) 왕수는 진한 염산(HCl)과 진한 질산(HNO_3)을 3 : 1로 섞은 용액이다. 일반 산에는 녹지 않는 금이나 백금 등의 귀금속을 녹이며, 그래서 '왕의 물'이라는 뜻의 이름이 붙었다.
3) 과염소산 $HClO_4 \rightarrow HCl + 2O_2$

87 위험물안전관리법령상 위험물별 지정수량과 위험등급의 연결이 옳지 않은 것은?

① 에틸알코올, 메틸에틸케톤 400 L
　Ⅱ등급
② 질산암모늄, 수소화리튬 300 kg
　Ⅲ등급
③ 알킬알루미늄, 유기과산화물 10 kg
　Ⅰ등급
④ 철분, 마그네슘 500 kg Ⅲ등급

해설 | 위험물별 지정수량과 위험등급

종류	류별	지정수량	위험등급
에틸알코올	4-알	400 L	Ⅱ
메틸에틸케톤	4-1	200 L	Ⅱ
질산암모늄	제1류	300 kg	Ⅱ
수소화리튬	제3류	300 kg	Ⅲ
알킬알루미늄	제3류	10 kg	Ⅰ
유기과산화물	제5류	10 kg	Ⅰ
철분, 마그네슘	제2류	500 kg	Ⅲ

88 위험물안전관리법령상 옥외탱크저장소 주위에 확보하여야 하는 보유공지는 어느 부분을 기준으로 너비를 확보하는가?

① 방유제의 내벽
② 옥외저장탱크의 측면
③ 옥외저장탱크 밑판의 중심
④ 펌프시설의 중심

해설 | 보유공지
옥외저장탱크(위험물을 이송하기 위한 배관 그 밖에 이에 준하는 공작물을 제외한다)의 주위에는 그 저장 또는 취급하는 위험물의 최대수량에 따라 옥외저장탱크의 측면으로부터 공지를 보유하여야 한다.

89 위험물안전관리법령상 하이드록실아민 등을 취급하는 제조소의 담 또는 토제 설치기준에 관한 내용이다. ( )에 알맞은 숫자를 순서대로 나열한 것은?

> 제조소 주위에는 공작물 외측으로부터 ( ) m 이상 떨어진 장소에 담 또는 토제를 설치하고 담의 두께는 ( ) cm 이상의 철근콘크리트조로 하고, 토제의 경우 경사면의 경사도는 ( )도 미만으로 한다.

① 2, 15, 60 ② 2, 20, 45
③ 3, 15, 60 ④ 3, 20, 45

해설 | 제조소 주위 담 또는 토제(土堤)의 설치 기준
1) 담 또는 토제는 당해 제조소의 외벽 또는 이에 상당하는 공작물의 외측으로부터 2 m 이상 떨어진 장소에 설치할 것
2) 담 또는 토제의 높이는 당해 제조소에 있어서 하이드록실아민 등을 취급하는 부분의 높이 이상으로 할 것
3) 담은 두께 15 cm 이상의 철근콘크리트조·철골철근콘크리트조 또는 두께 20 cm 이상의 보강콘크리트블록조로 할 것
4) 토제 경사면의 경사도는 60도 미만으로 할 것

90 위험물안전관리법령상 제조소등에 설치하는 비상구 설치기준으로 옳지 않은 것은?

① 출입구와 같은 방향에 있지 아니하고, 출입구로부터 3 m 이상 떨어져 있을 것
② 작업장 각 부분으로부터 하나의 비상구까지 수평거리는 50 m 이하가 되도록 할 것
③ 비상구의 너비를 0.75 m 이상, 높이는 1.5 m 이상으로 할 것
④ 피난방향으로 열리는 구조이며, 항상 잠겨 있는 구조로 할 것

해설 | 산업안전보건기준에 관한 규칙 제17조(비상구의 설치)
위험물질 제조·취급하는 작업장의 비상구의 문은 피난방향으로 열리도록 하고 실내에서 항상 열 수 있는 구조로 해야 한다.

91 위험물 제조소의 옥외에 있는 위험물 취급탱크 2기가 방유제 내에 있다. 방유제의 최소 내용적 [m³]은 얼마인가?

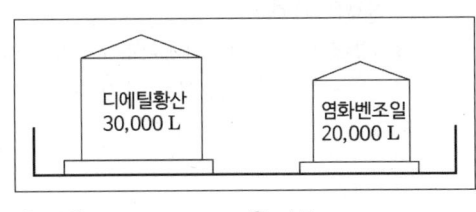

① 15 ② 17
③ 32 ④ 33

해설 | 방유제의 최소부피

1) 제조소의 옥외탱크 방유제

1기	당해 탱크용량×50% 이상
2기 이상	탱크 중 용량이 최대인 것×50% 이상 + 나머지 탱크용량 합계×10% 이상

2) 방유제 용량
= (30,000×0.5)+(20,000×0.1)
= 17,000 L = 17 m³

92. 위험물안전관리법령상 옥외저장소에 저장 또는 취급할 수 없는 위험물은 무엇인가? (단, 국제해상위험물 규칙에 적합한 용기에 수납된 경우 보세구역 안에 저장하는 경우는 제외한다)

① 벤젠
② 톨루엔
③ 피리딘
④ 에틸알코올

해설 | 옥외저장소 저장가능 위험물
- 제2류 중 황, 인화성고체(인화점 0°C 이상)
- 제4류 중 제1석유류(인화점 0°C 이상), 제2, 3, 4석유류, 동식물유류
- 제6류 위험물
- ※ 벤젠(C_6H_6)은 제1석유류-만 인화점이 -11.1°C이므로 저장 불가

93. 위험물안전관리법령상 이송취급소를 설치할 수 없는 장소는? (단, 지형 상황 등 부득이한 경우 또는 횡단의 경우는 제외한다)

① 시가지 도로의 노면 아래
② 산림 또는 평야
③ 고속국도의 길 어깨
④ 지하 또는 해저

해설 | 이송취급소 설치 제외 장소
1) 철도 및 도로의 터널 안
2) 고속국도 및 자동차전용도로의 차도, 길어깨 및 중앙분리
3) 호수, 저수지 등 수리의 수원이 되는 곳
4) 급경사지역으로 붕괴의 위험이 있는 지역

94. 위험물안전관리법령상 옥내저장탱크의 대기밸브 부착 통기관은 얼마 이하의 압력차 [kPa]로 작동되어야 하는가?

① 5
② 7
③ 10
④ 20

해설 | 옥내·옥외·간이 저장탱크의 안전장치

압력 탱크		안전장치(자동으로 압력의 상승을 정지시키는 장치, 안전밸브를 병용하는 경보장치, 감압 측에 안전밸브를 부착한 감압밸브, 파괴판)	
비압력 탱크	밸브 없는 통기관	통기관의 직경	30 mm 이상
		선단과 수평면의 각도	45도 이상
		통기관의 끝	인화방지장치 (예외, 인화점 70 ℃ 이상)
	가연성증기 회수밸브		개방구조 폐쇄 시 10 kPa 이하 압력에서 개방
	대기밸브 부착 통기관	작동압력	5 kPa 이하의 압력차로 작동
		통기관의 끝	인화방지장치

95 위험물안전관리법령상 옥내탱크저장소의 저장탱크에 크레오소트유(Creosote Oil)를 저장하고자 할 때 최대용량 [L]은?

① 20,000 ② 40,000
③ 60,000 ④ 80,000

해설 | 옥내탱크저장소의 최대용량
1) 옥내탱크저장소 저장용량

구분	단층건물	단층 외 (2층 이상)
지정수량	40배 이하	10배 이하
4류 (4.동식물유 제외)	최대 20,000 L 이하	최대 5,000 L 이하

2) 크레오소트유 : 제3석유류이므로 최대 용량은 20,000 L, 초과 시 20,000 L 이하

96 다음 그림과 같은 저장탱크에 중유를 저장하고자 한다. 지정수량의 최대 몇 배를 저장할 수 있는가? (단, 공간용적은 10 % 이고, 원주율은 3.14, 소수점 셋째자리에서 반올림한다)

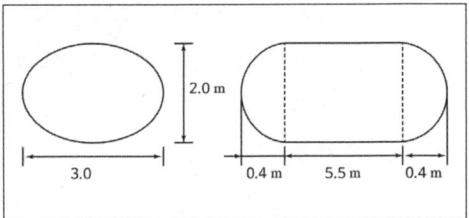

① 12.22 ② 13.03
③ 13.58 ④ 14.47

해설 | 저장탱크의 최대저장량
1) 탱크의 내용적
$= \dfrac{\pi ab}{4}(l + \dfrac{l_1 + l_2}{3})$
$= \dfrac{\pi \times 3 \times 2}{4} \times \left(5.5 + \dfrac{0.4 + 0.4}{3}\right)$
$= 27.161 \ m^3$

2) 공간용적 10 %

3) 탱크용량 = 내용적 - 공간용적
   = 27.161 - 2.7161 = 24.4449

4) 중유의 저장량
$= \dfrac{탱크용량}{지정수량} = \dfrac{24.4449}{2} = 12.22245$
= 12.22(소수점 셋째자리에서 반올림)배

97 위험물안전관리법령상 수소충전설비를 설치한 주유취급소의 충전설비 설치기준으로 옳지 않은 것은?

① 자동차 등의 충돌을 방지하는 조치를 마련할 것
② 충전호스는 200 kg 중 이하의 하중에 의하여 파단 또는 이탈되어야 할 것
③ 급유공지 또는 주유공지에 설치할 것
④ 충전호스는 자동차 등의 가스충전구와 정상적으로 접속하지 않는 경우에는 가스가 공급되지 않는 구조로 할 것

해설 | 수소충전설비를 설치한 주유취급소의 특례
1) 압축수소충전설비 설치 주유취급소에는 인화성액체를 원료로 하여 수소를 제조하기 위한 개질장치에 접속하는 원료탱크(50,000 L 이하의 것에 한정)를 설치할 수 있다. 이 경우 원료탱크는 지하에 매설한다.
2) 주유취급소에 설치하는 설비의 기술기준
　(1) 개질장치의 위치, 구조 및 설비
　　① 개질장치는 자동차 등이 충돌할 우려가 없는 옥외에 설치할 것
　　② 개질원료 및 수소가 누출된 경우에 개질장치의 운전을 자동으로 정지시키는 장치를 설치할 것
　　③ 펌프설비에는 개질원료의 토출압력이 최대상용압력을 초과하여 상승하는 것을 방지하기 위한 장치를 설치할 것
　　④ 개질장치의 위험물 취급량은 지정수량의 10배 미만일 것

　(2) 압축기(壓縮機) 기준
　　① 가스의 토출압력이 최대상용압력을 초과하여 상승하는 경우에 압축기의 운전을 자동으로 정지시키는 장치를 설치할 것
　　② 토출 측과 가장 가까운 배관에 역류방지밸브를 설치할 것
　　③ 자동차 등의 충돌을 방지하는 조치를 마련할 것
　(3) 충전설비 기준
　　① 위치는 주유공지 또는 급유공지 외의 장소로 하되, 주유공지 또는 급유공지에서 압축수소를 충전하는 것이 불가능한 장소로 할 것
　　② 충전호스는 자동차 등의 가스충전구와 정상적으로 접속하지 않는 경우에는 가스가 공급되지 않는 구조로 하고, 200 kg 중 이하의 하중에 의하여 파단 또는 이탈되어야 하며, 파단 또는 이탈된 부분으로부터 가스 누출을 방지할 수 있는 구조일 것
　　③ 자동차 등의 충돌을 방지하는 조치를 마련할 것
　　④ 자동차 등의 충돌을 감지하여 운전을 자동으로 정지시키는 구조일 것

98 제4류 위험물 제1석유류인 아세톤 1,000 L를 사용하는 취급소의 살수기준면적이 465 m²이라면 소화설비 적응성을 갖기 위한 스프링클러설비의 최소방사량 [m³/min]은 (단, 위험물을 취급하는 설비 또는 부분이 넓게 분산되어 있지 않다. 소수점 셋째자리에서 반올림한다).

① 3.77 ② 4.05
③ 5.67 ④ 6.10

해설 | 스프링클러설비의 최소방사량

1) 제4류 위험물을 저장 또는 취급하는 장소의 살수기준면적에 따라 스프링클러설비의 살수밀도가 다음 표에 정하는 기준 이상인 경우에는 당해 스프링클러설비가 제4류 위험물에 대하여 적응성이 있음

살수기준면적 [m²]	방사밀도 [L/m²·min]	
	인화점 38 ℃ 미만	인화점 38 ℃ 이상
279 미만	16.3 이상	12.2 이상
279 이상 372 미만	15.5 이상	11.8 이상
372 이상 465 미만	13.9 이상	9.8 이상
465 이상	12.2 이상	8.1 이상

2) 아세톤 인화점 −18 ℃, 살수기준면적이 465 m²이므로 방사밀도 12.2 L/m²·min 이상

3) 스프링클러설비의 최소방사량
 = 살수기준면적 × 방사밀도
 $= 465\ m^2 \times 12.2\ L/m^2 \cdot min$
 $= 5673\ L/min = 5.67\ m^3/min$

99 위험물안전관리법령상 제1종 판매취급소의 위치·구조 및 설비의 기준에 관한 설명으로 옳지 않은 것은?

① 상층이 없는 경우 지붕은 내화구조 또는 불연재료로 한다.
② 취급하는 위험물은 지정수량 20배 이하로 한다.
③ 상층이 있는 경우 상층의 바닥을 내화구조로 한다.
④ 저장하는 위험물은 지정수량 40배 이하로 한다.

해설 | 제1종 판매취습소의 위치, 구조 및 설비 기준

1) 제1종 판매취급소 : 저장 또는 취급하는 위험물의 수량이 지정수량의 20배 이하인 경우
2) 제2종 판매취급소 : 40배 이하인 경우

정답 98 ③ 99 ④

100 위험물안전관리법령상 주유취급소의 위치·구조 및 설비의 기준에 관한 내용이다. ( )에 알맞은 숫자를 순서대로 나열한 것은?

> 주유취급소의 고정주유설비의 주위에는 주유를 받으려는 자동차 등이 출입할 수 있도록 너비 ( ) m 이상, 길이 ( ) m 이상의 콘크리트 등으로 포장한 공지를 보유하여야 한다.

① 6, 10 ② 6, 15
③ 10, 6 ④ 15, 6

해설 | 주유공지 및 급유공지
1) 주유취급소의 고정주유설비의 주위에는 주유를 받으려는 자동차 등이 출입할 수 있도록 너비 15 m 이상, 길이 6 m 이상의 콘크리트 등으로 포장한 주유공지를 보유하여야 하고, 고정급유설비를 설치하는 경우에는 고정급유설비의 호스기기의 주위에 필요한 급유공지를 보유하여야 한다.
2) 공지의 바닥은 주위 지면보다 높게 하고, 그 표면을 적당하게 경사지게 하여 새어 나온 기름 그 밖의 액체가 공지의 외부로 유출되지 아니하도록 배수구·집유설비 및 유분리장치를 하여야 한다.

정답 100 ④

17회 제5과목 소방시설의 구조원리

목표 점수 : _____　　맞은 개수 : _____

101 특정소방대상물별 소화기구의 능력단위기준에 관한 설명으로 옳은 것은? (단, 주요 구조부는 내화구조가 아니다)

① 위락시설 : 바닥면적 50 m²마다 능력단위 1단위 이상
② 장례식장 : 바닥면적 100 m²마다 능력단위 1단위 이상
③ 관광휴게시설 : 바닥면적 100 m²마다 능력단위 1단위 이상
④ 창고시설 : 바닥면적 200 m²마다 능력단위 1단위 이상

해설 | 소화기구의 능력단위기준

소방대상물	소화기구 능력단위	내화구조 불연·준불연 난연재료
• 위락시설	1단위 / 30m²	1단위 /60 m²
• 공연장 • 집회장 • 관람장 • 문화재 • 장례식장 및 의료시설	1단위 / 50 m²	1단위 /100 m²
• 근린생활시설 • 판매시설 • 숙박시설 • 노유자시설 • 전시장 • 공동주택 • 업무시설 • 방송통신시설 • 공장/창고시설 • 운수시설 • 항공기 및 자동차 관련시설 • 관광휴게시설	1단위 / 100 m²	1단위 /200 m²
• 그 밖의 것	1단위 / 200 m²	1단위 /400 m²

102 도로터널의 화재안전기술기준에 관한 내용으로 옳지 않은 것은?

① 소화전함과 방수구는 주행차로 우측 측벽을 따라 50 m 이내의 간격으로 설치하며, 편도 2차선 이상의 양방향 터널이나 4차로 이상의 일방향 터널의 경우에는 양쪽 측벽에 각각 50 m 이내의 간격으로 엇갈리게 설치할 것
② 물분무설비 하나의 방수구역은 25 m 이상으로 하며 4개 방수구역을 동시에 20분 이상 방수할 수 있는 수량을 확보할 것
③ 제연설비의 설계화재강도는 20 MW를 기준으로 하고 이때 연기발생률은 80 m³/s로 할 것
④ 연결송수관설비의 방수압력은 0.35 MPa 이상, 방수량은 400 L/min 이상을 유지할 수 있도록 할 것

정답　101 ③　102 ②

해설 | 도로터널의 화재안전기술기준
② 물분무설비 하나의 방수구역은 25 m 이상으로 하며 3개 방수구역을 동시에 40분 이상 방수할 수 있는 수량을 확보할 것

103 미분무소화설비의 방수구역 내에 설치된 미분무헤드의 개수가 20개, 헤드 1개당 설계유량은 50 L/min, 방사시간 1시간, 배관의 총체적 0.06 m³이며, 안전율은 1.2일 경우 본 소화설비에 필요한 최소 수원의 양 [m³]은?

① 72.06　② 74.06
③ 76.06　④ 78.06

해설 | 미분무소화설비 수원의 양

$Q = N \times D \times T \times S + V$

Q : 수원의 양 [m³]
N : 방호구역(방수구역) 내 헤드의 개수
D : 설계유량 [m³/min]
T : 설계방수시간 [min]
S : 안전율 (1.2 이상)
V : 배관의 총 체적 [m³]

수원의 양(Q)
= 20개 × 50 L/min × 60 min × 1.2 × 10⁻³ + 0.06 m³
= 72.06 m³

104 경유를 저장한 직경 40 m인 플로팅루프 탱크에 고정포방출구를 설치하고 소화약제는 수성막포농도 3 %, 분당 방출량 10 L/m², 방사시간 20분으로 설계할 경우 본 포소화설비의 고정포방출구에 필요한 소화약제량 L은 약 얼마인가? (단, 탱크내면과 굽도리판의 간격은 1.4 m, 원주율은 3.14, 기타 제시되지 않은 것은 고려하지 않는다)

① 1,018.11　② 1,108.11
③ 1,058.11　④ 1,208.11

해설 | 고정포방출구의 소화약제량

$Q_A = A \cdot Q_1 \cdot T \cdot S$

Q_A : 포소화약제의 양 [L]
A : 탱크의 액표면적 [m²]
Q_1 : 포소화수용액 방출량 [L/min·m²]
T : 방사시간 [min]
S : 약제 농도 [%]

1) 탱크의 액표면적(A)

$A = \frac{\pi}{4}(40^2 - 37.2^2) \ m^2$

2) 포소화수용액 방출량(Q_1)

$Q_1 = 10 \ L/min \cdot m^2$

3) 약제농도(S)

3 % → S = 0.03으로 적용

4) 고정포방출구에 필요한 소화약제량

$Q_A = \frac{3.14}{4}(40^2 - 37.2^2) \times 10 \times 20 \times 0.03$

$= 1,018.11 \ L$

105 소화수조 및 저수조의 화재안전기술기준에 관한 내용으로 옳지 않은 것은?

① 지하에 설치하는 소화용수설비의 흡수관투입구는 그 한 변이 0.6 m 이상이거나 직경이 0.6 m 이상인 것, 소요수량이 80 m³ 미만인 것은 1개 이상, 80 m³ 이상인 것은 2개 이상을 설치한다.

② 1층과 2층의 바닥면적의 합계가 32,000 m²인 경우 소화수조의 저수량은 100 m³ 이상이어야 한다.

③ 소화수조 또는 저수조가 지표면으로부터의 깊이가 4.5 m 이상인 지하에 있는 경우에는 소요수량에 관계없이 가압송수장치의 분당 양수량은 1,100 L 이상으로 설치한다.

④ 소화용수설비를 설치하여야 할 특정소방대상물에 있어서 유수의 양이 0.8 m³/min 이상인 유수를 사용할 수 있는 경우에는 소화수조를 설치하지 아니할 수 있다.

해설 | 소화수조 및 저수조의 화재안전기술기준

[소화수조 · 저수조 가압송수장치의 토출량]

소화수조 소요수량	2 m³ 이상 40 m³ 미만	40 m³ 이상 100 m³ 미만	100 m³ 이상
토출량 [L/min]	1,100 L/min 이상	2,200 L/min 이상	3,300 L/min 이상

[소화수조 · 저수조의 저수량]

특정소방대상물의 구분	기준면적
1층 및 2층의 바닥면적 합계가 15,000 m² 이상인 특정소방대상물	7,500 m²
그 밖의 특정소방대상물	12,500 m²

② 저수량 = $\dfrac{\text{연면적}}{\text{기준면적}}$ (소수점 이하 절상) × 20 m³

1층과 2층의 바닥면적의 합계(연면적)가 32,000 m²이므로 기준면적은 7,500 m²가 된다.

∴ 저수량 = $\dfrac{32,000\,m^2}{7,500\,m^2}$ = 4.266 ≒ 5
= 5 × 20 m³ = 100 m³

106 스프링클러설비의 화재안전기술기준에 관한 내용으로 옳은 것은?

① 50층인 초고층건축물에 스프링클러설비를 설치할 때 본 설비의 유효수량과 옥상에 설치한 수원의 양을 합한 수원의 양은 100 m³이다.

② 소방펌프의 성능은 체절운전 시 정격토출압력의 150 %를 초과하지 아니하고, 정격토출량의 140 %로 운전 시 정격토출압력의 65 % 이상이 되어야 한다.

③ 성능시험배관은 펌프의 토출 측에 설치된 개폐밸브 이후에서 분기하여 설치하고, 유량 측정장치를 기준으로 전단 및 후단의 직관부에 개폐밸브를 설치한다.

④ 가압송수장치에는 체절운전 시 수온의 상승을 방지하기 위한 순환배관을 설치할 것. 다만 충압펌프의 경우에는 그러하지 아니하다.

해설 | 스프링클러설비의 화재안전기술기준

① 50층인 초고층건축물에 스프링클러설비를 설치할 때 본 설비의 유효수량과 옥상에 설치한 수원의 양을 합한 수원의 양은 192 m³이다.|

[풀이]
- 지하층 제외한 11층 이상, 기준개수 30개
- 수원량 산정 [m³]
  $Q_1 = 4.8\ m^3 \times N$ (50층 이상)
  $(80\ \ell/min \times 60\ min = 4.8\ m^3)$
  $\therefore Q_1 = 4.8 \times 30 = 144\ m^3$
- 옥상수원의 양(1/3)
  $Q_2 = 144\ m^3 \times \dfrac{1}{3} = 48\ m^3$
- 전체 수원 양
  $Q_T = 144\ m^3 + 48\ m^3 = 192\ m^3$

② 소방펌프의 성능은 체절운전 시 정격토출압력의 140 %를 초과하지 아니하고, 정격토출량의 150 %로 운전 시 정격토출압력의 65 % 이상이 되어야 한다.

③ 성능시험배관은 펌프의 토출 측에 설치된 개폐밸브 이후에서 분기하여 설치하고, 유량측정장치를 기준으로 전단 직관부에 개폐밸브를 후단 직관부에는 유량조절밸브를 설치한다.

107 승강식 피난기 및 하향식 피난구용 내림식사다리에 관한 설치기준으로 옳은 것은?

① 하강구 내측에는 기구의 연결 금속구 등이 있어야 하며 전개된 피난기구는 하강구수직투영면적 공간 내의 범위를 침범하지 않는 구조이어야 한다.

② 승강식 피난기 및 하향식 피난구용 내림식사다리는 설치경로가 설치층에서 피난층까지 연계될 수 있는 구조로 반드시 설치하여야 한다.

③ 대피실의 출입문은 60분+ 방화문 또는 60분 방화문으로 설치하고 피난방향에서 식별할 수 있는 위치에 "대피실" 표지판을 부착한다. 단, 외기와 개방된 장소에는 그러하지 아니한다. 또한 착지점과 하강구는 상호 수평거리 15 cm 이상의 간격을 둔다.

④ 대피실 출입문이 개방되거나 피난기구 작동 시 해당 층 및 직상층 거실에 설치된 유도표지 및 시각장치가 작동되고, 감시제어반에서는 피난기구의 작동을 확인할 수 있어야 한다.

해설 | 승강식 피난기·하향식사다리 설치기준

① 하강구 내측에는 기구의 <u>연결 금속구 등이 없어야 하며</u> 전개된 피난기구는 하강구 <u>수평투영면적</u> 공간 내의 범위를 침범하지 않는 구조이어야 한다.

② 승강식 피난기 및 하향식 피난구용 내림식사다리는 설치경로가 설치층에서 피난층까지 연계될 수 있는 구조로 설치할 것. <u>다만 건축물의 구조 및 설치 여건상 불가피한 경우에는 그러하지 아니 한다.</u>

정답 107 ③

④ 대피실 출입문이 개방되거나, 피난기구 작동 시 해당층 및 직하층 거실에 설치된 표시등 및 경보장치가 작동되고, 감시제어반에서는 피난기구의 작동을 확인할 수 있어야 한다.

108 특정소방대상물에 다음 조건에 따라 소방펌프를 설치할 경우 전동기의 설계용량 [kW]은 약 얼마인가?

- 전달계수(전동기 직결) : 1.1
- 정격토출량 : 1,500 L/min
- 전양정 : 40 m
- 펌프 효율 : 75 %

① 12.4 ② 14.4
③ 16.4 ④ 20.4

해설 | 전동기 용량

$$P = \frac{\gamma Q H}{\eta} K$$

P : 전동기 동력 [kW], Q : 토출량 [m³/s]
H : 전양정 [m], γ : 비중량 [kN/m³]
η : 전효율, K : 전달계수

토출량 Q : $1,500\,\ell/min = 1.5\,m^3/min$

$$\therefore P = \frac{9.8 \times 1.5\,m^3/min \times 40\,m}{0.75 \times 60} \times 1.1$$

$= 14.373$
$\fallingdotseq 14.4\,kW$

109 소방시설 도시기호의 명칭을 순서대로 연결한 것은?

(ㄱ)	(ㄴ)
(ㄷ)	(ㄹ)

	(ㄱ)	(ㄴ)	(ㄷ)	(ㄹ)
①	릴리프밸브(일반)	앵글밸브	가스체크밸브	감압밸브
②	앵글밸브	릴리프밸브(일반)	감압밸브	가스체크밸브
③	앵글밸브	릴리프밸브(일반)	가스체크밸브	감압밸브
④	릴리프밸브(일반)	가스체크밸브	앵글밸브	감압밸브

해설 | 소방시설 도시기호

기호	명칭
	(ㄱ) 릴리프밸브(일반)
	(ㄴ) 앵글밸브
	(ㄷ) 가스체크밸브
	(ㄹ) 감압밸브

정답 108 ② 109 ①

110 소방시설설치 및 관리에 관한 법령에서 제시된 소방시설의 분류로 옳지 않은 것은?

① 경보설비 : 자동화재탐지설비, 비상경보설비, 비상방송설비, 가스누설경보기
② 피난구조설비 : 피난기구, 인명구조기구, 유도등, 비상조명등, 제연설비
③ 소화설비 : 소화기구, 소화전설비(옥내, 옥외), 물분무소화설비, 미분무소화설비
④ 소화활동설비 : 연결살수설비, 연소방지설비, 무선통신보조설비, 비상콘센트설비

해설 | 소방시설 분류
1) 소화설비
 (1) 소화기구, 자동소화장치
 (2) 옥내·옥외 소화전 설비
 (3) 스프링클러설비 등, 물분무등소화설비
2) 경보설비
 (1) 비상경보설비, 단독경보형 감지기, 누전 경보기
 (2) 자동화재속보설비, 자동화재 탐지설비
 (3) 비상방송설비, 가스누설 경보기, 시각경보기
 (4) 통합감시시설
3) 피난구조설비
 (1) 피난기구, 인명구조기구, 유도등
 (2) 비상조명등 및 휴대용 비상조명등
4) 소화용수설비
 (1) 상수도 소화용수설비
 (2) 소화수조, 저수조, 그 밖의 소화용수설비

5) 소화활동설비
 (1) 제연설비, 연결송수관설비, 연결살수설비
 (2) 비상콘센트설비, 무선통신 보조설비
 (3) 연소방지 설비

111 다중이용업소의 안전관리에 관한 특별법 시행령의 다중이용업소에 설치·유지하여야 하는 안전시설 등 중 그 밖의 안전시설에 해당하지 않는 것은?

① 영상음향차단장치
② 창문
③ 누전차단기
④ 방화문

해설 | 다중이용업소의 안전시설 등
다중이용업소의 안전관리에 관한 특별법 시행 [별표 1의2]
 5. 그 밖의 안전시설
  가. 영상음향차단장치. 다만 노래반주기 등 영상음향장치를 사용하는 영업장에만 설치한다.
  나. 누전차단기
  다. 창문. 다만 고시원업의 영업장에만 설치한다.

정답 110 ② 111 ④

112 고층건축물의 화재안전기술기준에 따른 피난안전구역에 설치하는 소방시설 중 피난 유도선의 설치기준으로 옳지 않은 것은?

① 피난안전구역이 설치된 층의 계단실 출입구에서 피난안전구역 주 출입구 또는 비상구까지 설치할 것
② 계단실에 설치하는 경우 계단 및 계단참에 설치할 것
③ 피난유도 표시부의 너비는 최소 20 mm 이하로 설치할 것
④ 광원점등방식(전류에 의하여 빛을 내는 방식)으로 설치하되, 60분 이상 유효하게 작동할 것

해설 | 피난유도선의 설치기준
③ 피난유도 표시부의 너비는 최소 25 mm 이상으로 설치할 것

113 휴대용 비상조명등 설치기준으로 옳지 않은 것은?

① 숙박시설 또는 다중이용업소에는 객실 또는 영업장 안의 구획된 실마다 잘 보이는 곳(외부에 설치 시 출입문 손잡이로부터 1 m 이내 부분)에 1개 이상 설치할 것
② 「유통산업발전법」에 따른 대규모점포(지하상가 및 지하역사는 제외한다)와 영화상영관에는 보행거리 50 m 이내마다 2개를 설치할 것
③ 지하상가 및 지하역사에는 보행거리 25 m 이내마다 3개 이상 설치할 것
④ 설치높이는 바닥으로부터 0.8 m 이상 1.5 m 이하의 높이에 설치할 것

해설 | 휴대용 비상조명등 설치기준
1) 설치장소(휴대용 비상조명등)
 (1) 숙박시설 또는 다중이용업소에는 객실 또는 영업장안의 구획된 실마다 잘 보이는 곳에 1개 이상 설치(외부 설치 시 출입문 손잡이로부터 1 m 이내)
 (2) 대규모점포와 영화상영관에는 보행거리 50 m 이내마다 3개 이상 설치
 (3) 지하상가 및 지하역사에는 보행거리 25 m 이내마다 3개 이상 설치
2) 설치높이 : 바닥으로부터 0.8 m 이상 1.5 m 이하
3) 어둠 속 위치 확인 가능
4) 사용시 자동으로 점등되는 구조
5) 외함 난연 성능 필요
6) 건전지 사용 시 방전방지조치를 하여야 하고, 충전식 배터리 사용 시는 상시 충전되도록 할 것
7) 건전지 및 충전식 배터리의 용량 : 20분 이상

114 소방시설의 내진설계기준으로 옳은 것은?

① 배관에 대한 내진설계를 실시할 경우 지진분리이음은 배관의 수직지진하중에 따라 산정하여야 한다.
② 배관의 변형을 최소화하기 위하여 소화설비 주요 부품과 벽체 상호 간을 견고하게 고정하여야 한다.
③ 건축 구조부재 상호 간의 상대변위에 의한 배관의 응력을 최대화시키기 위하여 신축 배관을 사용하거나 적당한 이격거리를 유지하여야 한다.

정답 112 ③ 113 ② 114 ④

④ 건물의 지진분리이음이 설치된 위치의 배관에는 직경과 상관없이 지진분리장치를 설치하여야 한다.

해설 | 소방시설의 내진설계기준
① 배관에 대한 내진설계를 실시할 경우 지진분리이음은 배관의 수평지진하중을 산정하여야 한다.
② 배관의 변형을 최소화하고 소화설비 주요 부품 사이의 유연성을 증가시킬 수 있는 것으로 설치하여야 한다.
③ 건물 구조부재 간의 상대변위에 의한 배관의 응력을 최소화시키기 위하여 신축배관을 사용하거나 적당한 이격거리를 유지하여야 한다.

115
수평 배관의 직경이 확대되면서 유속이 16 m/sec에서 6 m/sec로 변동될 경우 압력 수두 [m]는 얼마인가? (단, 중력가속도는 10 m/sec²이다)

① 4　　② 8
③ 11　　④ 15

해설 | 베르누이 방정식

$$\frac{P_1}{\gamma} + \frac{V_1^2}{2g} + Z_1 = \frac{P_2}{\gamma} + \frac{V_2^2}{2g} + Z_2$$

($Z_1 = Z_2$ 수평배관)

$$\frac{P_1}{\gamma} - \frac{P_2}{\gamma} \left(= \frac{\Delta P}{\gamma}\right) = \frac{V_2^2}{2g} - \frac{V_1^2}{2g}$$

압력수두 $\left(\frac{\Delta P}{\gamma}\right) = \frac{6^2}{2 \times 10} - \frac{16^2}{2 \times 10} = 11\,m$

116
절연유봉입 변압기설비에 물분무소화설비를 설치한 경우 필요한 저수량 [m³]는 얼마인가? (단, 바닥면적을 제외한 변압기의 표면적은 24 m²)

① 1.2　　② 2.4
③ 3.6　　④ 4.8

해설 | 물분무소화설비 수원의 양

소방대상물	토출량	비고
컨베이어벨트 · 절연유봉입변압기	10 L/min·m²	변압기는 바닥면적 제외한 표면적 합계

※ 단, 20분간 방수할 수 있을 것
수원의 양(Q)
= 바닥면적 제외 표면적 합계[m²] × 기준 토출량 [L/min·m²] × 20 min
= 24 m² × 10 L/min·m² × 20 min
= 4,800 L = 4.8 m³

117
다음 간이소화 용구를 배치했을 때 능력단위의 합은?

- 삽을 상비한 마른모래(50 L, 4포)
- 삽을 상비한 팽창질석(80 L, 4포)

① 2단위　　② 3단위
③ 4단위　　④ 5단위

해설 | 간이소화용구의 능력단위

간이소화용구		능력단위
마른모래	삽을 상비한 50 L 이상의 것 1포	0.5단위
팽창질석 또는 팽창진주암	삽을 상비한 80 L 이상의 것 1포	

1) 삽을 상비한 마른모래 50 L, 1포의 능력단위는 0.5단위이므로 0.5단위 × 4포 = 2단위
2) 삽을 상비한 팽창질석 80 L, 4포의 능력단위는 0.5단위이므로 0.5단위 × 4포 = 2단위
3) 능력단위 = 2단위 + 2단위 = 4단위

118 무선통신보조설비의 화재안전기술기준상 누설동축케이블 등의 설치기준으로 옳지 않은 것은?

① 누설동축케이블은 화재에 따라 해당 케이블의 피복이 소실된 경우에 케이블 본체가 떨어지지 아니하도록 4 m 이내마다 금속제 또는 자기제 등의 지지금구로 벽·천장·기둥 등에 견고하게 고정시킬 것
② 누설동축케이블의 중간부분에는 무반사 종단저항을 견고하게 설치할 것
③ 누설동축케이블 및 공중선은 금속판 등에 따라 전파의 복사 또는 특성이 현저하게 저하되지 아니하는 위치에 설치할 것
④ 누설동축케이블 및 공중선은 고압의 전로로부터 1.5 m 이상 떨어진 위치에 설치할 것

해설 | 누설동축케이블등의 설치기준
1) 소방전용주파수대에서 전파의 전송 또는 복사에 적합한 것으로서 소방전용의 것으로 할 것. 다만 소방대 상호간의 무선 연락에 지장이 없는 경우에는 다른 용도와 겸용할 수 있다.
2) 누설동축케이블과 이에 접속하는 안테나 또는 동축케이블과 이에 접속하는 안테나로 구성할 것
3) 누설동축케이블 및 동축케이블은 불연 또는 난연성의 것으로서 습기 등의 환경조건에 따라 전기의 특성이 변질되지 않는 것으로 하고 노출하여 설치한 경우에는 피난 및 통행에 장애가 없도록 할 것
4) 누설동축케이블 및 동축케이블은 화재에 따라 해당 케이블의 피복이 소실된 경우에 케이블 본체가 떨어지지 않도록 4 m 이내마다 금속제 또는 자기제 등의 지지금구로 벽·천장·기둥 등에 견고하게 고정할 것. 다만 불연재료로 구획된 반자 안에 설치하는 경우에는 그렇지 않다.
5) 누설동축케이블 및 안테나는 금속판 등에 따라 전파의 복사 또는 특성이 현저하게 저하되지 않는 위치에 설치할 것
6) 누설동축케이블 및 안테나는 고압의 전로로부터 1.5 m 이상 떨어진 위치에 설치할 것. 다만 해당 전로에 정전기 차폐장치를 유효하게 설치한 경우에는 그렇지 않다.
7) <u>누설동축케이블의 끝부분에는 무반사 종단저항을 견고하게 설치할 것</u>

119 스프링클러설비의 화재안전기술기준상 설치장소의 최고주위온도가 79 ℃인 경우 표시 온도 몇 ℃의 폐쇄형 스프링클러헤드를 설치해야 하는가? (단, 높이가 4 m 이상인 공장 및 창고는 제외한다)

① 64 ℃ 이상 106 ℃ 미만
② 79 ℃ 이상 121 ℃ 미만
③ 121 ℃ 이상 162 ℃ 미만
④ 162 ℃ 이상

정답 118 ② 119 ③

해설 | 폐쇄형 스프링클러헤드의 표시온도

설치장소 최고주위온도	표시온도
39 ℃ 미만	79 ℃
39 ℃ 이상 64 ℃ 미만	79 ℃ 이상 121 ℃ 미만
64 ℃ 이상 106 ℃ 미만	121 ℃ 이상 162 ℃ 미만
106 ℃ 이상	162 ℃ 미만

※ 폐쇄형 스프링클러헤드는 평상시 최고주위온도보다 높은 표시온도의 것을 설치한다.

120 자동화재탐지설비의 화재안전기술기준상 20 m 이상의 높이에 설치할 수 있는 감지기는?

① 차동식 분포형 공기관식 감지기
② 광전식 스포트형 중 아날로그방식
③ 이온화식 스포트형 중 아날로그방식
④ 광전식 공기흡입형 중 아날로그방식

해설 | 부착높이 20 m 이상 설치
1) 불꽃감지기, 광전식(분리형, 공기흡입형) 중 아날로그방식
2) 광전식 중 아날로그 감지기(공칭감지농도 하한값이 감광률 5 %/m 미만)

121 각 층의 바닥면적이 500 m²인 건축물에 다음 조건에 따라 자동화재탐지설비를 설치하는 경우 P형 수신기의 필요한 최소가닥수는? (단, 계단은 고려하지 않는다) (기준 개정으로 문제 수정)

- 건축물은 지하 2층, 지상 6층
- 수신기는 1층에 설치
- 6회로마다 발신기 공통선, 경종·표시등 공통선은 1선씩 추가함

① 20가닥 ② 15가닥
③ 24가닥 ④ 28가닥

해설 | 자동화재 탐지설비의 배선 가닥수
1) 우선경보 방식 적용 대상
   층수가 11층(공동주택의 경우에는 16층) 이상 〈개정 2022.5.9〉
2) 일제경보 방식 적용(10층 이하)
   - 전화선 〈삭제 2022.5.9〉
   (1) 회로선 : 8가닥
   (2) 회로 공통선 : 2가닥(지상 : 1, 지하 : 1)
   (3) 응답선 : 1가닥
   (4) 경종선 : 1가닥
   (5) 표시등 : 1가닥
   (6) 경종·표시등 공통선 : 2가닥(지상 : 1, 지하 : 1)
3) 합계 : 15가닥

정답 120 ④ 121 ②

122 건설현장의 화재안전기술기준상 용어의 정의로 옳지 않은 것은?

① "소화기"란 소화약제를 압력에 따라 방사하는 기구로서 사람이 수동으로 조작하여 소화하는 것을 말한다.
② "간이소화장치"란 공사현장에서 화재위험작업 시 신속한 화재 진압이 가능하도록 물을 방수하는 이동식 또는 고정식 형태의 소화장치를 말한다.
③ "비상경보장치"란 화재위험작업 공간 등에서 자동조작에 의해서 화재경보상황을 알려줄 수 있는 설비(비상벨, 사이렌, 휴대용 확성기 등)를 말한다.
④ "간이피난유도선"이란 화재위험작업 시 작업자의 피난을 유도할 수 있는 케이블형태의 장치를 말한다.

해설 | 임시소방시설의 화재안전기술기준상 용어
③ "비상경보장치"란 화재위험작업 공간 등에서 수동조작에 의해서 화재경보상황을 알려줄 수 있는 설비(비상벨, 사이렌, 휴대용 확성기 등)를 말한다.

123 연면적이 65,000 m²인 5층 건축물에 설치되어야 하는 소화수조 또는 저수조의 최소 저수량은? (단, 각 층의 바닥면적은 동일하다)

① 160 m³ 이상
② 180 m³ 이상
③ 200 m³ 이상
④ 220 m³ 이상

해설 | 소화수조 또는 저수조의 저수량

특정소방대상물의 구분	기준면적
1층 및 2층의 바닥면적 합계가 15,000 m² 이상인 특정소방대상물	7,500 m²
그 밖의 특정소방대상물	12,500 m²

1) 저수량 $= \dfrac{연면적}{기준면적}(소수점 이하 절상) \times 20\,m^3$

2) 연면적이 65,000 m²이고, 각 층의 바닥면적은 동일하므로 하나의 층의 바닥면적은 13,000 m²이다.

3) 1층 및 2층의 바닥면적 합계가 26,000 m²이므로 기준면적은 7,500 m²가 된다.

∴ 저수량 $= \dfrac{65,000\,m^2}{7,500\,m^2} = 8.666 ≒ 9$
$= 9 \times 20\,m^3 = 180\,m^3$

정답 122 ③ 123 ②

124 다음 조건에서 이산화탄소소화설비를 설치할 경우 감지기의 최소 설치 개수는?

- 내화구조의 공장건축물로 바닥면적 800 m²
- 차동식 스포트형 2종 감지기 설치
- 감지기 부착높이 7.5 m

① 23   ② 32
③ 46   ④ 64

해설 | 감지기 부착높이별 유효 바닥면적

부착높이 및 특정소방대상물의 구분		감지기의 종류				
		차동식/보상식 스포트		정온식 스포트		
		1종	2종	특종	1종	2종
4 m 미만	내화구조	90	70	70	60	20
	기타구조	50	40	40	30	15
4 m 이상 8 m 미만	내화구조	45	<u>35</u>	35	30	
	기타구조	30	25	25	15	

1) 감지기 설치 개수

$\dfrac{800}{35} = 22.857 = 23$개

2) 이산화탄소소화설비는 교차회로 방식을 적용하므로.

$23 \times 2 = 46$개

125 소방시설의 내진설계기준상 용어의 정의로 옳지 않은 것은?

① "내진"이란 면진, 제진을 포함한 지진으로부터 소방시설의 피해를 줄일 수 있는 구조를 의미하는 포괄적인 개념을 말한다.
② "면진"이란 건축물과 소방시설을 분리시켜 지반진동으로 인한 지진력이 직접 구조물로 전달되는 양을 감소시킴으로써 내진성을 확보하는 수동적인 지진 제어 기술을 말한다.
③ "세장비(L/r)"란 버팀대의 길이(L)과, 최소회전반경(r)의 비율을 말하며, 세장비가 작을수록 좌굴(Buckling)현상이 발생하여 지진 발생 시 파괴되거나 손상을 입기 쉽다.
④ "내진스토퍼"란 지진하중에 의해 과도한 변위가 발생하지 않도록 제한하는 장치를 말한다.

해설 | 소방시설의 내진설계기준
③ "세장비(L/r)"한 버팀대의 길이(L)와 최소회전반경(r)의 비율을 말하며 <u>세장비가 커질수록</u> 좌굴(Buckling)현상이 발생하여 지진 발생 시 파괴되거나 손상을 입기 쉽다.

소방시설관리사

문제풀이

제16회

제1과목 　 소방안전관리론
제2과목 　 소방수리학·약제화학 및 소방전기
제3과목 　 소방관련법령
제4과목 　 위험물의 성상 및 시설기준
제5과목 　 소방시설의 구조원리

16회 제1과목 소방안전관리론

목표 점수 : _____ 맞은 개수 : _____

01 표면연소(작열연소)에 관한 설명으로 옳지 않은 것은?
① 흑연, 목탄 등과 같이 휘발분이 거의 포함되지 않은 고체연료에서 주로 발생한다.
② 불꽃연소에 비해 일산화탄소가 발생할 가능성이 크다.
③ 화학적 소화만 소화효과가 있다.
④ 불꽃연소에 비해 연소속도가 느리고 단위시간당 방출열량이 적다.

해설 | 표면연소
1) 불꽃이 없는 연소로서 연쇄반응이 없고, 연소속도가 느리며, 온도가 낮다.
2) 종류 : 숯, 목탄, 코크스, 금속분, 흑연
3) 소화방법 : 물리적 소화

02 아이오딘값에 관한 설명으로 옳지 않은 것은?
① 유지 100 g에 흡수된 아이오딘의 g 수로 표시한 값이다.
② 값이 클수록 불포화도가 낮고 반응성이 작다.
③ 값이 클수록 공기 중에 노출되면 산화열 축적에 의해 자연발화하기 쉽다.
④ 아이오딘값이 130 이상인 유지를 건성유라고 한다.

해설 | 아이오딘값
1) 개념
 (1) 동식물성 유지는 산소를 흡수하면 산화건조되는데, 건조성의 정도를 표현한 것
 (2) 기름 100 g에 첨가되어 있는 아이오딘을 g수로 표시한 값
2) 구분
 (1) 건성유(들기름) : 130 이상
 (2) 반건성유(참기름) : 100 ~ 130
 (3) 불건성유(올리브유) : 100 이하
3) 특징
 아이오딘값이 클수록 산화되기 쉽고, 자연발화의 위험성이 커진다.

정답 01 ③ 02 ②

03 연료가스의 분출속도가 연소속도보다 클 때 주위 공기의 움직임에 따라 불꽃이 노즐에서 정착하지 않고 떨어져 꺼지는 현상은?

① 불완전연소(Incomplete Combustion)
② 리프팅(Lifting)
③ 블로오프(Blow Off)
④ 역화(Back Fire)

해설 | 연소 시 이상현상

이상현상	내용
불완전연소	연소가스의 배출과 공기유입이 부족하여 완전연소되지 못하고 가연물 일부가 미연소되는 현상으로 CO가 많이 발생
리프팅(Lifting)	불꽃이 염공 위에 들떠서 연소 ① 연료가스의 분출속도 > 연소속도 ② 버너의 염공이 작거나 막힌 경우 ③ 1차 공기가 많아 공급가스 압력이 높은 경우
역화(Back Fire)	불꽃이 역으로 진행하여 버너 내부의 혼합기 내에서 연소 ① 분출속도 < 연소속도 ② 1차 공기가 적거나 가스압력이 낮을 때 ③ 염공의 부식
황염(Yellow Tip)	불완전연소의 일종으로 노란 그을음 2차 공기의 부족
블로우 오프(Blow Off)	공기의 유속이 빨라서 불꽃이 꺼지는 현상 분출속도 > 연소속도

04 액화가스 탱크폭발인 BLEVE(Boiling Liquid Expanding Vapor Explosion)의 방지대책으로 옳지 않은 것은?

① 탱크가 화염에 의해 가열되지 않도록 고정식 살수설비를 설치한다.
② 입열을 위하여 탱크를 지상에 설치한다.
③ 용기 내압강도를 유지할 수 있도록 견고하게 탱크를 제작한다.
④ 탱크 내벽에 열전도도가 큰 알루미늄 합금박판을 설치한다.

해설 | BLEVE
1) 개념
　액화상태의 가연성가스나 비점이 낮은 인화성액체가 충전된 저장탱크 주위에 화재가 발생하여 저장탱크 벽면이 장시간 화염에 노출되면 탱크 윗부분(기상부분)의 온도가 상승하여 재질의 인장력이 저하되고, 내부의 온도 상승으로 저장탱크 벽면이 파열되어 액체가 비등하면서 폭발적으로 연소한다.
2) 방지대책
　(1) 용기 내 압력 상승 방지를 위한 감압 시스템 설치
　(2) 화염으로부터 탱크 보호
　　• 탱크 외벽의 단열 조치
　　• 탱크의 지하 설치
　　• 탱크 표면에 냉각 살수 장치(물분무) 설치
　(3) 액상과 기상 부분에 열전도가 좋은 재료로 탱크 보호
　(4) 방유제를 경사지게 설치
　(5) 내용물의 긴급 이송 조치

정답 03 ③ 04 ②

05 40톤의 프로페인이 증기운 폭발했을 때 TNT당량 모델에 따른 TNT 당량과 환산거리(폭발지점으로부터 100 m 지점)에 관한 설명으로 옳지 않은 것은? (단, 프로페인의 연소열은 47 MJ/톤, TNT의 연소열은 4.7 MJ/톤, 폭발효율은 0.1이다)

① TNT 당량은 어떤 물질이 폭발할 때 내는 에너지와 동일 에너지를 내는 TNT 중량을 말한다.
② 환산거리는 폭발의 영향범위 산정 및 폭풍파의 특성을 결정하는 데 사용된다.
③ TNT 당량값은 40,000 kg이다.
④ 환산 거리 값은 약 5.0 $m/kg^{1/3}$이다.

해설 | TNT 당량과 환산거리

[TNT 당량]
1) 어떤 물질이 폭발할 때 내는 에너지를 동일한 에너지를 내는 TNT 중량으로 환산한 값
2) TNT 당량 $W = \dfrac{ME_c}{E_{tnt}} \times \eta \; kg$

　　　　M : 폭발 물질의 질량(kg)
　　　　E_C : 폭발물질의 발열량·연소열(kJ/kg)
　　　　E_{tnt} : TNT연소열$[(kg/kg)$
　　　　　　또는 $1120 \, kcal/kg$
　　　　η : 폭발효율

3) 계산
$$W = \dfrac{40,000 \times 47}{4.7} \times 0.1 = 40,000 \, kg$$

[환산거리(Scale Distance)]
1) 폭발의 영향범위 산정 및 폭풍파의 특성을 결정하는 데 사용
2) 수식
　환산거리 $Z = \dfrac{R}{W_{tnt}^{1/3}} \; m/kg^{1/3}$

　　　　R = 폭발로부터의 거리[m]
　　　　$W_{tnt}^{1/3}$ = TNT 당량

3) 계산
$$Z = \dfrac{100}{40,000^{1/3}} = 2.924 \approx 2.92 \; m/kg^{1/3}$$

06 건축물의 피난·방화구조 등의 기준에 관한 규칙상 고층건축물에 설치하는 피난용승강기의 설치기준에 관한 설명으로 옳은 것은?

① 승강로의 상부 및 승강장에는 배연설비를 설치할 것
② 승강장에는 상용전원에 의한 조명설비만을 설치할 것
③ 예비전원은 전용으로 하고 30분 동안 작동할 수 있는 용량의 것으로 할 것
④ 승강장의 바닥면적은 피난용승강기 1대에 대하여 4 m^2로 할 것

정답 05 ④ 06 ①

해설 | 피난용 승강기

구분		내용
설치 대상		고층건물
설치 기준		승용승강기 중 1대 이상을 피난용 승강기 구조로 설치
승강기 구조		승강기 안전관리법 적용
승강장	구조	내화구조
	출입문	60분+ 방화문 또는 60분 방화문
	마감재	불연재료
	조명	예비전원 연결
	면적	승강기 1대당 6 m² 이상
	표지	피난 전용 승강기 표지 설치
	설비	배연설비 또는 제연설비
승강로	구조	• 내화구조 • 피난층까지 단일구조 연결
	설비	승강로 상부배연설비 설치
기계실	구조	내화구조
	출입문	60분+ 방화문 또는 60분 방화문
승강기 예비 전원	전원	예비전원 별도 설치
	적용	피난용 승강기, 기계실, 승강장 및 CCTV별도 설치
	시간	• 초고층 건축물 : 2시간 이상 • 준초고층 건축물 : 1시간 이상
	기능	상용전원과 예비전원의 공급을 자동·수동으로 절환
	배선	내열성자재, 방수조치

07 초고층 및 지하연계 복합건축물 재난관리에 대한 특별법령상 종합방재실의 설치기준에 관한 설명으로 옳지 않은 것은?

① 종합방재실과 방화구획된 부속실을 설치할 것
② 재난 및 안전관리에 필요한 인력은 2명을 상주하도록 할 것
③ 면적은 20 m² 이상으로 할 것
④ 종합방재실 피난층이 아닌 2층에 설치하는 경우 특별피난계단 출입구로부터 5 m 이내에 위치할 것

해설 | 초고층 건축물 종합방재실 설치기준

구분	내용
개수	1개, 100층 이상인 경우 추가 설치
위치	• 1층 또는 피난층 • 특별피난계단 출입구로부터 5 m 이내에 설치 시 2층 또는 지하 1층 설치
구조 및 면적	• 방화구획할 것 • 면적 20 m² 이상 • 출입문에는 출입제한 및 통제장치를 갖출 것
설비	• 조명설비, 배수설비, 급수설비 • 상용전원 및 예비전원 자동절환장치 • 공기조화, 냉·난방 설비 • 전력공급 확인 시스템 • 지진계 및 풍향계, 풍속계
인력	상주인력 3명 이상
관리	종합방재실의 시설 및 장비 등을 점검하고 그 결과를 보관할 것

정답 07 ②

08 다중이용업소의 안전관리에 관한 특별법령상 다중이용업이 아닌 것은?

① 수용인원이 400명인 학원
② 지상 3층에 설치된 영업장으로 사용하는 바닥면적의 합계가 66 m²인 일반음식점 영업
③ 구획된 실(室) 안에 학습자가 공부할 수 있는 시설을 갖추고 숙박 또는 숙식을 제공하는 고시원업
④ 노래연습장업

해설 | 다중이용업
1) 식품접객업
 (1) 일반음식점 : 100 m²(지하층 66 m²) 이상
 (2) 단란주점영업과 유흥주점영업
2) 비디오물 감상실업
3) 학원
 (1) 수용인원 300명 이상
 (2) 수용인원 100명 이상 300명 미만
  • 하나의 건축물에 학원+기숙사 = 학원
  • 하나의 건축물에 학원 2개 이상으로 수용인원이 300명 이상인 학원
  • 하나 이상의 다중 이용업과 학원이 함께 있는 경우
4) 목욕장업
 (1) 찜질방 : 수용인원 100명 이상
 (2) 목욕장업
5) PC방, 노래연습장, 산후조리원
6) 고시원, 실내사격장, 골프연습장, 안마시술소
7) 전화방, 수면방, 콜라텍

09 열에너지원의 종류 중 화학열이 아닌 것은?

① 분해열   ② 압축열
③ 용해열   ④ 생성열

해설 | 화학열의 종류
1) 연소열 : 빛과 열을 수반하는 산화과정
2) 분해열 : 분해 시 발열 반응을 하는 것
3) 용해열 : 액체에 용해될 경우 발생하는 열
4) 생성열 : 발열반응에 의해 생성되는 열
5) 자연발화 : 스스로 열을 축적하여 발화하는 것

10 소방시설 등의 성능위주설계 방법 및 기준상 화재 및 피난시뮬레이션의 시나리오 작성 시 국내 업무용도 건축물의 수용인원 산정기준은 1인당 몇 m²인가?

① 4.6   ② 9.3
③ 18.6   ④ 22.3

해설 | 성능설계 관련 수용인원 산정기준

구분	사용용도	(m²/인)
집회용도	고밀도 지역	0.65
	저밀도 지역	1.4
	벤치형 좌석	1인/좌석길이(0.457 m)
	고정 좌석	고정좌석 수
	열람실	4.6
	운동실	1.4
교육용도	교실	1.9
	매점, 도서관	4.6
	지하층 판매지역	2.8
의료용도	입원 치료구역	22.3
	수면 구역	11.1
주거용도	호텔, 기숙사	18.6
	아파트	18.6
업무용도		9.3

정답 08 ② 09 ② 10 ②

11 1기압 상온에서 가연성가스의 연소범위 vol%로 옳지 않은 것은?

① 수소 : 4 ~ 75
② 메테인 : 5 ~ 15
③ 암모니아 : 15 ~ 28
④ 일산화탄소 : 3 ~ 11.5

해설 | 연소범위

가스	하한(vol%)	상한(vol%)
아세틸렌	2.5	81
수소	4	75
일산화탄소	12.5	75
암모니아	15	28
메테인	5	15

12 화재조사 용어 중 강소흔에 관한 설명으로 옳은 것은?

① 목재 등의 표면이 타들어가 구갑상(舊甲狀)을 이루면서 탄화된 부분의 총 깊이
② 통전상태에 있던 전선이 화재 시의 열기로 인해 전선피복이 타버리는 과정에서 전선의 심선이 서로 접촉될 때의 방전으로 생기는 용흔
③ 목재표면이 불의 영향을 강하게 받아 심하게 탄 흔적으로 약 900 ℃ 수준의 불에 탄 목재 표면층에서 나타나는 균열흔
④ 가연물이 탈 때 발생하는 그을음 등의 입자가 공간 속을 흘러가며 물체 또는 공간 내 표면에 연기가 접촉해서 남겨 놓은 흔적

해설 | 균열흔의 종류
1) 완소흔
 (1) 온도 : 700 ~ 800 ℃
 (2) 느리게 타고 난 후 표면에 남는 흔적
2) 강소흔
 (1) 온도 : 900 ℃
 (2) 강한 불의 영향을 받아 심하게 탄 흔적
3) 열소흔
 (1) 온도 : 1,100 ℃
 (2) 대형화재 시 가연물이 많은 장소에서 발생하며, 홈의 깊이가 가장 깊고 넓음

13 1기압 상온에서 발화점(Ignition Point)이 가장 낮은 것은?

① 황린   ② 이황화탄소
③ 셀룰로이드   ④ 아세트알데히드

해설 | 발화점

발화점	발화점(℃)
황린	34
이황화탄소	90
황화인(삼황화인)	100
나이트로셀룰로오스	180
아세트알데히드	347

정답 11 ④ 12 ③ 13 ①

14 다음에서 설명하는 것은?

> 미분탄, 소맥분, 플라스틱의 분말 같은 가연성고체가 미분말로 되어 공기 중에 부유한 상태로 폭발농도 이상으로 있을 때 착화원이 존재함으로써 발생하는 폭발현상

① 산화폭발
② 분무폭발
③ 분진폭발
④ 분해폭발

해설 | 분진폭발
1) 가연성고체가 미분화하여 공기 중에 부유 시 공기와 일정 비율로 혼합이 된 상태에서 점화원 존재 시 순간적으로 급격하게 연소하는 현상
2) 대표적인 물질
  (1) 밀가루, 커피, 코코아 및 미분탄, 소맥분
  (2) 금속분말 : 알루미늄, 마그네슘
3) 분진폭발을 일으키지 않는 물질
  (1) 시멘트(불연성)
  (2) 석회석(불연성)
  (3) 팽창질석(소화약제)
  (4) 이황화탄소(액체)

15 화재성장속도 분류에서 약 1 MW의 열량에 도달하는 시간이 600초인 것은?

① Slow 화재
② Medium 화재
③ Fast 화재
④ Ultra Fast 화재

해설 | 화재성장속도
1) NFPA72에서는 화재가 임의의 열방출률에 도달하는 시간 또는 화재성장률(a)로서 화재를 구분하고 있다.
2) 화재성장 시간은 화재가 1,055 kW의 열방출률에 도달하는 시간으로 정의한다.
3) 구분
  (1) Ulrtra Fast : 75초
  (2) Fast : 150초
  (3) Mediume : 300초
  (4) Slow : 600초

16 연소 시 발생하는 연소가스가 인체에 미치는 영향에 관한 설명으로 옳지 않은 것은?

① 포스겐은 독성이 매우 강한 가스로서 공기 중에 25 ppm만 있어도 1시간 이내에 사망한다.
② 아크롤레인은 눈과 호흡기를 자극하며, 기도장애를 일으킨다.
③ 이산화탄소는 그 자체의 독성은 거의 없으나 다량 존재할 경우 사람의 호흡 속도를 증가시켜 화재가스에 혼합된 유해가스 흡입을 증가시킨다.
④ 시안화수소는 달걀 썩는 냄새가 나는 특성이 있으며, 공기 중에 0.02 %의 농도만으로도 치명적인 위험상태에 빠질 수가 있다.

정답 14 ③ 15 ① 16 ④

해설 | 연소가스의 종류와 특징

연소가스	특징
일산화탄소 (CO)	흡입 시 CoHb(카르모헤모글로빈)을 형성하여 산소와의 결합 및 공급을 방해하고 혈중에 산소농도를 저하시켜 질식 사망 유발
이산화탄소 (CO_2)	연소가스 중 가장 많은 양을 차지하고 다량이 존재할 경우 호흡속도를 증가시키고 위험성 가중
암모니아 (NH_3)	눈, 코, 폐 등에 매우 자극성이 큰 가연성가스
포스겐 ($COCl_2$)	눈, 코, 폐 등에 매우 자극성이 큰 가연성가스, 염소가 함유된 가연물 연소 시 발생
황화수소(H_2S)	달걀 썩는 냄새
아크롤레인 (CH_2CHCHO)	독성이 매우 높은 가스이며 석유제품, 유지 등이 연소할 때 생성

17 바닥으로부터 높이 0.2 m의 위치에 개구부(가로 2 m × 세로 2 m) 1개가 있는 창고(바닥면적 가로 3 m × 세로 4 m, 높이 3 m)에 화재가 발생하였을 때, Flash Over 발생에 필요한 최소한의 열방출속도 Q_{fo}는 몇 kW인가? (단, Thomas의 공식 $Q_{fo}(kW) = 7.8A_T + 378A\sqrt{H}$을 이용하며, 소수점 이하 셋째자리에서 반올림한다)

① 2,528.29
② 2,559.49
③ 2,621.89
④ 2,653.09

해설 | 열방출속도

[플래시 오버(Flash Over)]
환기가 충분한 상태에서 열축적에 의해 실내에 존재하는 모든 가연물이 동시에 갑작스럽게 발화하는 현상

[플래시 오버(Flash Over) 계산]
1) Mc - Caffrey
$$Q_{fo} = 610\left[\left(\frac{k}{\delta}\right) \cdot A_T \cdot A\sqrt{H}\right]^{1/2}$$
2) Thomas
$$Q_{fo} = 7.8A_T + 378A\sqrt{H}$$
3) Babrauskas
$$Q_{fo} = 750A\sqrt{H}$$
4) 계산
A_T(전표면적) = 전표면적 - 개구부면적
A_T = (3 × 4 × 2면) + (3 × 4 × 2면) + (3 × 3 × 2면)
= 62 m²
$Q_{fo} = 7.8 \times 62 + 378 \times 4 \times \sqrt{2}$
= 2621.890 ≒ 2,621 kW

18 힌클리(Hinkley) 공식을 이용하여 실내 화재 시 연기의 하강시간을 계산할 때 필요한 자료로 옳은 것을 모두 고른 것은?

㉠ 화재실의 바닥면적
㉡ 화재실의 높이
㉢ 청결층(Clear Layer) 높이
㉣ 화염 둘레길이

① ㉠, ㉡
② ㉡, ㉢
③ ㉠, ㉢, ㉣
④ ㉠, ㉡, ㉢, ㉣

해설 | 힌클리 공식
1) 연기층 온도 300℃를 기준으로 하여 유도된 식
2) 청결층이 유지되기 위해서는 연기층이 예상 청결층에 도달하기 전에 제연설비가 작동하여야 하는데, 힌클리 식은 제연설비가 정상 작동하여야 하는 최대시간
3) 공식

$$t = \frac{20A}{P \times \sqrt{g}} \times \left(\frac{1}{\sqrt{y}} - \frac{1}{\sqrt{h}}\right)$$

t : 연기층 하강시간
A : 화재실의 바닥면적
P : 화염 둘레의 길이 (대형 12 m, 중형 6 m, 소형 4 m)
g : 중력 가속도
y : 청결층 높이
h : 화재실 천장 높이

19 국내 화재 분류에서 A급 화재에 해당하는 것은?

① 일반화재 ② 유류화재
③ 전기화재 ④ 금속화재

해설 | 화재의 분류

급	명칭	내용
A급 (백색)	일반화재	목재, 고무, 섬유, 종이 등 일반가연물
B급 (황색)	유류, 가스화재	등유, 가솔린, 에틸알코올, LPG 등 액체 및 가스 가연물
C급 (청색)	전기화재	통전중인 전기설비(과전류, 단락, 지락 등)
D급 (무색)	금속화재	철분, 마그네슘, 금속분 등 가연성 금속분
K급	주방화재	주방에서 동식물성유에 의한 화재

20 연소과정에 따른 시간과 에너지의 관계를 나타내는 그림에서 연소열을 나타내는 구간은?

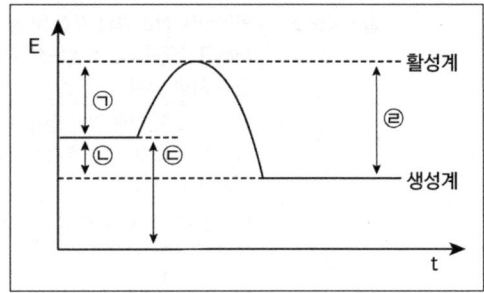

① ㉠ ② ㉡
③ ㉢ ④ ㉣

해설 | 연소현상의 과정 = 연소의 메커니즘
㉠ : 발화에너지
㉡ : 연소열
㉣ : 활성계가 생성계로 이동할 때의 방출에너지

21 정상상태에서 위험 분위기가 지속적으로 또는 장기적으로 존재하는 배관 내부에 적합한 방폭구조는?

① 내압방폭구조
② 본진안전방폭구조
③ 압력방폭구조
④ 안전증방폭구조

정답 19 ① 20 ② 21 ②

해설 | 방폭구조

방폭구조	특징
본질안전 방폭구조	정상 또는 이상 상태에서 발생되는 점화원이 위험성 분위기에 폭발을 발생시킬 수 없는 구조
내압 방폭구조	용기 내부로 폭발성가스가 침입하여도 외부의 위험성 분위기에는 영향이 없도록 최대안전틈새 이내로 격리시키는 구조
압력 방폭구조	용기 내에 불활성가스를 압입시켜 외부의 폭발성가스로부터 점화원을 격리시키는 구조
유입 방폭구조	점화원이 될 우려가 있는 부분에 오일을 주입하여 폭발성가스로부터 점화원을 격리시키는 구조
안전증 방폭구조	정상상태에서 전기기기에 대하여 고장이 발생하지 않도록 안전도를 높이는 방식

해설 | 피난 시 인간의 본능

본능	특성
귀소본능	인간은 비상시 늘 사용하던 친숙한 경로를 따라 대피하려고 한다.
지광본능	화재나 정전 시 주위가 어두워지면 밝은 쪽으로 피난하려고 한다.
추종본능	비상시 많은 사람들이 리더를 추종하려고 한다.
퇴피본능	화염, 연기에 대한 공포감으로 발화의 반대방향으로 이동하려고 한다.
좌회본능	좌측통행과 시계반대방향으로 회전하려고 한다.
직진본능	비상시 직진하려고 한다.

22 다음에서 설명하는 인간의 피난행동 특성은?

- 화재가 발생하면 확인하려 하고 그것이 비상사태로 확인되면 화재로부터 멀어지려고 한다.
- 연기, 불의 차폐물이 있는 곳으로 도망하거나 숨는다.
- 발화점으로부터 조금이라도 먼 곳으로 피난한다.

① 추종본능 ② 귀소본능
③ 퇴피본능 ④ 지광본능

23 폭연과 폭굉에 관한 설명으로 옳은 것은?

① 폭연은 압력파가 미반응 매질 속으로 음속 이하로 이동하는 폭발현상을 말한다.
② 폭연은 폭굉으로 전이될 수 없다.
③ 폭굉은 최고압력은 초기압력과 동일하다.
④ 폭굉의 파면에서는 온도, 압력, 밀도가 연속적으로 나타난다.

해설 | 폭연, 폭굉
1) 폭연 : 화염전파속도가 음속보다 느리다.
2) 폭굉
  (1) 화염전파속도가 음속보다 빠르다.
  (2) 온도, 압력, 밀도가 불연속적으로 나타난다.

정답 22 ③ 23 ①

24 가로 10 m, 세로 10 m, 높이 5 m인 공간에 저장되어 있는 발열량 13,500 kcal/kg인 가연물 2,000 kg과 발열량 9,000 kcal/kg인 가연물 1,000 kg이 완전연소하였을 때 화재하중은 몇 kg/m²인가? (단, 목재의 단위발열량은 4,500 kcal/kg이다)

① 20　　② 40
③ 60　　④ 80

해설 | 화재하중
1) 건축물 내 단위면적당 가연물의 양
2) 계산

$$Q = \frac{\sum(G_i \cdot H_i)}{H \cdot A} = \frac{\sum Q_t}{4500 \times A}$$

$$= \frac{(2,000 \times 13,500) + (1,000 \times 9,000)}{4,500 \times 10 \times 10}$$

$$= 80\, kcal$$

25 물리적 소화방법이 아닌 것은?

① 질식소화　　② 냉각소화
③ 제거소화　　④ 억제소화

해설 | 소화방법
1) 물리적 소화
　(1) 냉각소화 : 물의 증발잠열 이용
　(2) 유화소화 : 유류의 증발능력을 저하시켜 소화(에멀션효과)
　(3) 희석소화 : 수용성액체에 물을 공급하여 농도를 희석하여 소화
　(4) 제거소화 : 가연물의 이동 및 제거
2) 화학적 소화(부촉매소화)
　연쇄반응을 차단하여 억제소화

정답　24 ④　25 ④

16회 제2과목 소방수리학

26 뉴턴의 점성 법칙과 관계가 없는 것은?
① 점성계수　② 속도기울기
③ 전단응력　④ 압력

해설 | 뉴턴의 점성 법칙

$$\tau = \mu \frac{du}{dy}$$

τ : 전단응력 [N/m²]
μ : 점성계수 [N·s/m² = kg/m·s]
du : 두 층 간의 속도차 [m/s]
dy : 두 층 간의 거리 [m]
$\frac{du}{dy}$: 속도구배(기울기)

27 단일재질로 두께가 20 cm인 벽체의 양면 온도가 각각 800 ℃와 100 ℃라면 이 벽체를 통하여 단위면적 [m²]당 1 hr 동안 전도에 의해 전달되는 열의 양은 몇 [J]인가? (단, 열전도계수는 4 J/m·hr·K 이다)
① 14,000　② 16,000
③ 18,000　④ 20,000

해설 | 열전도

$$\dot{q} = \frac{K}{l} \times A \times (T_1 - T_2)$$
$$= \frac{4}{0.2} \times 1 \times 700 = 14,000\ J$$

28 베르누이(Bernoulli)식에 관한 설명으로 옳지 않은 것은?
① 배관 내의 모든 지점에서 위치수두, 속도수두, 압력수두의 합은 일정하다.
② 수평으로 설치된 배관의 위치수두는 일정하다.
③ 수력구배선은 위치수두와 속도수두의 합을 이은 선을 말한다.
④ 구경이 커지면 유속이 감소되어 속도수두는 감소한다.

해설 | 에너지선 = 베르누이방정식
1) 수력기울기선(정압) = 압력수두 + 위치수두
2) 에너지선(전압)
　= (압력수두 + 위치수두) + 속도수두
3) 에너지선은 수력구배(기울기)선보다 속도수두(동압)만큼 위에 있다.

정답　26 ④　27 ①　28 ③

29 다음 그림과 같이 수조 벽면에 설치된 오리피스로 유량 Q의 물이 방출되고 있다. 이때 수위가 감소하여 1/4 h가 되었다면 방출유량은 얼마인가? (단, 점성에 의한 영향 등은 무시한다)

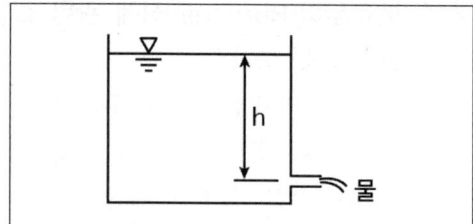

① $\dfrac{1}{\sqrt{2}}Q$ ② $\dfrac{1}{2}Q$
③ $\sqrt{2}\,Q$ ④ $2Q$

해설 | 체적유량

유량 $Q = AV$

여기서 $V = \sqrt{2gH}$

$H = \dfrac{h}{4}[m]$ 이므로 $V = \sqrt{2g\dfrac{h}{4}}$ 를 대입하면

$Q = A \times V = A \times \sqrt{2gH} = A \times \sqrt{2g\dfrac{1}{4}h}$

$= \sqrt{\dfrac{1}{4}} \times A \times \sqrt{2gh} = \dfrac{1}{2}Q$

30 온도가 30 ℃이고 절대압력이 6,000 kPa인 공기의 비중량은 약 몇 N/m³인가? (단, 공기의 기체상수는 R=286.8 J/kg·K이고, 중력가속도 g=9.8 m/s²이다)

① 579 ② 676
③ 755 ④ 886

해설 | 이상기체상태방정식

$PV = mR'T$

P : 절대압력 $[Pa]$
V : 부피 $[m^3]$
m : 분자량 $[kg]$
T : 절대온도 $[K]$
R' : 특정기체상수 $[J/kg \cdot K]$

[풀이]
1) 이상기체 상태방정식으로 밀도(ρ)를 구하면

$PV = mR'T$

$\rho = \dfrac{m}{V} = \dfrac{P}{R'T}$

2) 비중량 계산

$\gamma = \rho \times g = \dfrac{P}{R'T} \times g$

$= \dfrac{6000 \times 10^3}{286.8 \times (273+30)} \times 9.8$

$= 676 \ N/m^3$

정답 29 ② 30 ②

31 지름이 10 cm인 원형 배관에 물이 층류로 흐르고 있다. 이때 물의 최대평균유속은 약 몇 m/s인가? (단, 동점성계수는 $\nu = 1.006 \times 10^{-6}$ m²/s, 임계레이놀즈수는 2,100이다)

① 0.021   ② 0.21
③ 2.1   ④ 21

해설 | 레이놀즈수

$$Re = \frac{\rho VD}{\mu} = \frac{VD}{\nu} \left[\frac{관성력}{점성력}\right]$$

$$R_e = \frac{VD}{\nu}$$

$$\rightarrow V = \frac{R_e \times \nu}{D}$$

$$= \frac{2,100 \times 1.006 \times 10^{-6}}{0.1} = 0.021 \, m/s$$

32 배관의 마찰손실압력을 계산할 수 있는 하이젠-윌리엄스(Hazen-Williama)식에 관한 설명으로 옳지 않은 것은?

① 마찰손실은 유량의 1.85승에 정비례한다.
② 마찰손실은 배관 내경의 4.87승에 반비례한다.
③ 마찰손실은 관마찰손실계수의 1.85승에 정비례한다.
④ 관경은 호칭경보다 배관의 내경을 대입한다.

해설 | 하젠-윌리암스 식
③ 마찰손실계수와는 관계가 없다.

[하젠-윌리암스 식]

SI단위 [MPa]
$\Delta P = 6.053 \times 10^4 \times \dfrac{Q^{1.85}}{C^{1.85} \times D^{4.87}} \times l$

절대단위 [kg/cm²]
$\Delta P = 6.174 \times 10^5 \times \dfrac{Q^{1.85}}{C^{1.85} \times D^{4.87}} \times l$

Q : 유량 [lpm], C : 조도계수
D : 배관내경 [mm], l : 배관길이 [m]

33 원형 배관 내부로 흐르는 유체의 레이놀즈수가 1,000일 때 마찰손실계수는 얼마인가?

① 0.024   ② 0.064
③ 0.076   ④ 0.098

해설 | 마찰손실계수

$$f = \frac{64}{Re} = \frac{64}{1,000} = 0.064$$

f : 관마찰계수
Re : 레이놀즈수

34 펌프의 공동현상(Cavitaion) 방지방법이 아닌 것은?

① 수조의 밑 부분에 배수밸브 및 배수관을 설치해둔다.
② 펌프의 설치위치를 수조의 수위보다 낮게 한다.
③ 흡입 관로의 마찰손실을 줄인다.
④ 양흡입 펌프를 선정한다.

해설 | 공동현상
① 수조의 밑에 배수배관 및 배수밸브 설치와는 관계가 없다.

[캐비테이션(Cavitaion : 공동현상)]

구분	설명
정의	• 흡입 측 배관의 손실(마찰, 낙차, 포화증기압)이 커지게 되어 배관 내 압력이 물의 포화증기압보다 낮아져 기포가 발생하는 현상 • 배관 내 정압 < 포화증기압일 경우 발생 • [NPSHav < NPSHre]일 경우 발생
원인	• 펌프보다 수원이 낮아 흡입수두가 클 때 • 펌프의 임펠러 회전속도가 클 때 • 펌프의 흡입관경이 작을 때 • 흡입 측 배관의 유속이 빠를 때 • 흡입 측 배관의 마찰손실이 클 때(흡입배관의 길이가 길 경우) • 수온이 높을 때
대책	• 펌프의 설치위치를 가급적 낮게 • 회전차를 수중에 완전히 잠기게 • 흡입관경을 크게 • 2대 이상의 펌프를 사용 • 양흡입 펌프를 사용
현상	• 소음과 진동이 생김 • 임펠러(수차의 날개), 배관, 배관 부속 등에 응력 발생으로 손상 및 부식이 발생 • 토출량 및 양정이 감소되며, 전체적인 펌프의 효율이 감소

35 1기압에서 20 ℃의 물 10 kg을 100 ℃의 수증기로 만들 때 필요한 열량은 약 몇 kJ인가? (단, 물의 비열은 4.2 kJ/kg·K, 증발잠열은 2,263.8 kJ/kg, 융해잠열은 336 kJ/kg로 한다)

① 15,998　　② 25,998
③ 35,998　　④ 45,998

해설 | 열량
열량 $Q = m\,C\,\Delta T + m\gamma$

Q : 열량 [kJ]
m : 질량 [kg]
C : 비열(물 : 4.18 kJ/kg·℃)
△T : 온도차 [℃]
γ : 증발잠열(물 : 2,225.18 kcal/kg)

구분	비열		잠열	
	kcal/kg·℃	kJ/kg·℃	kcal/kg·℃	kJ/kg·℃
얼음	0.5	2.09	79	330.54
물	1	4.18	539	2,225.18

m = 10 kg
△T = (100-20) ℃
C = 4.2 kJ/kg·℃
γ = 2,263.8 kJ/kg

$Q = m\,C\,\Delta T + m\gamma$
 = 10 kg × 4.2 kJ/kg·℃
 × (100 - 20) ℃ + 2,263.8 kJ/kg
 × 10 kg
 = 25,998
∴ 25,998 kJ

16회 제2과목 약제화학

목표 점수 : _____   맞은 개수 : _____

36 제3종 분말소화약제에 해당하는 것을 모두 고른 것은?

- ㄱ. 분자식 : $KHCO_3$
- ㄴ. 적응화재 : A급, B급, C급
- ㄷ. 착색 : 담회색
- ㄹ. 열분해 생성물 : 메타인산(HPO_3)

① ㄱ, ㄷ ② ㄱ, ㄹ
③ ㄴ, ㄷ ④ ㄴ, ㄹ

해설 | 제3종 분말소화약제

[분말소화약제]

구분	약제	화학반응식	착색	적응화재	비고
1종	중탄산나트륨 ($NaHCO_3$)	$2NaHCO_3 \rightarrow Na_2CO_3 + CO_2 + H_2O$	백색	BC급	식용유, 지방질유 화재
2종	중탄산칼륨 ($KHCO_3$)	$2KHCO_3 \rightarrow K_2CO_3 + CO_2 + H_2O$	담자색(담회색)	BC급	-
3종	인산암모늄 ($NH_4H_2PO_4$)	$NH_4H_2PO_4 \rightarrow HPO_3 + NH_3 + H_2O$	담홍색	ABC급	차고, 주차장
4종	중탄산칼륨 +요소 ($KHCO_3$+ $(NH_2)_2CO$)	$2KHCO_3 + (NH_2)_2CO \rightarrow K_2CO_3 + 2NH_3 + 2CO_2$	회(백)색	BC급	-

[열분해 반응식]

온도	열분해 반응식
166 ℃	$NH_4H_2PO_4 \rightarrow NH_3 + H_3PO_4$(올소인산)
216 ℃	$2H_3PO_4 \rightarrow H_2O + H_4P_2O_7$(피로인산)
360 ℃ 이상	$H_4P_2O_7 \rightarrow H_2O + 2HPO_3$(메타인산)
1000 ℃ 이상	$2HPO_3 \rightarrow H_2O + P_2O_5$(오산화린)

37 이산화탄소소화약제에 관한 설명으로 옳지 않은 것은?

① 이온결합 물질이다.
② 기체의 비중은 약 1.52로 공기보다 무겁다.
③ 1기압 상온에서 무색 기체이다.
④ 삼중점은 5.1 atm에서 약 -56 ℃이다.

해설 | 이산화탄소(CO_2)소화약제
1) 소화 후 오손이 물소화약제 등에 비해 상대적으로 작다.
2) 공유결합 물질이다.
3) 전기의 부도체로 절연성이 높아 전기실 등에 적응성이 있다.
4) 오손 등이 작으므로 소화 후 증거보존 등이 용이하다.
5) 공기보다 비중(S = 1.52)이 커서(무거워서) 심부화재에도 적응성을 가진다.
6) 화학적으로 안정되었다.
7) 1기압 상온에서 무색 기체로 무취이다.

정답 36 ④ 37 ①

[이산화탄소(CO_2) 물성]

구분	압력	온도
비점(승화점)	1 atm	-78 ℃
3중점	5.1 atm	-56 ℃
임계온도	72.8 atm	31 ℃
허용농도	0.5 %	

38 포소화약제가 연소표면을 덮어 공기접촉을 차단하는 소화원리는?

① 냉각소화　　② 질식소화
③ 탈수소화　　④ 부촉매소화

해설 | 소화방법

구분		설명
물리적 소화	냉각 소화	• 주수로 물의 증발잠열을 이용하여 소화 • 다량의 물을 뿌려 소화하는 방법 • 이산화탄소소화설비의 줄-톰슨 효과에 의한 냉각소화
	유화 소화	물분무 입자에 의한 냉각으로 유류의 증발능력을 떨어뜨려 소화(에멀션효과)
	희석 소화	고체, 액체, 기체에서 나오는 분해가스나 증기농도를 낮춰 소화하는 방법
	제거 소화	• 유정(油井) 폭약에 의한 소화 • 가연물을 제거하여 소화하는 방법
	질식 소화	• 공기 중의 산소 농도를 15 % 이하로 소화 • 유류화재에서의 포소화설비 • 팽창질석, 팽창진주암, 마른모래 등 • 이산화탄소 등 피복을 입혀 질식소화(피복소화)
화학적 소화	부촉매 소화	할론의 연쇄반응 차단에 의한 억제소화(할론, 청정 할로겐계열, 강화액 및 분말소화약제 등)

39 할로겐원소가 아닌 것은?

① Cl　　② Br
③ At　　④ Ne

해설 | 할로겐원소

할로겐원소	기호	전기음성도	소화효과
불소	F	1	4
염소	Cl	2	3
브로민(취소)	Br	3	2
아이오딘(옥소)	I	4	1
아스타틴	At	-	-

40 농도가 6.5 wt%인 단백포소화약제 수용액 1 kg에 물을 첨가하여 농도가 1.5 wt%인 단백포소화약제 수용액으로 만들고자 한다. 이때 첨가해야 하는 물의 양은 몇 kg인가?

① 2.22 kg　　② 2.78 kg
③ 3.33 kg　　④ 3.88 kg

해설 | 포수용액

$$농도[\%] = \frac{약제량}{약제량 + 물량} \times 100$$

1) 약제량 = $1\,kg \times 0.065\,wt\% = 0.065\,kg$
2) 물량 = $1\,kg - 0.065\,kg = 0.935\,kg$
3) 물을 첨가하여 단백포가 1.5 wt%가 되므로 추가되는 물량을 χ라고 하면

$$1.5\% = \frac{0.065\,kg}{0.065\,kg + 0.935\,kg + \chi} \times 100$$

이므로 $\chi + 1 = \frac{0.065\,kg}{1.5\%} \times 100$

정답 38 ② 39 ④ 40 ③

$$\chi = \frac{0.065\,kg}{1.5\,\%} \times 100 - 1 = 3.333$$

∴ 3.33 kg

41 할론소화설비의 화재안전기술기준(NFTC 107)상 할론소화약제의 저장용기 등에 관한 기준이다. ( ) 안에 들어갈 내용으로 모두 옳은 것은?

> 축압식 저장용기의 압력은 온도 20 ℃에서 (㉠)을 저장하는 것은 1.1 MPa 또는 2.5 MPa, (㉡)을 저장하는 것은 2.5 MPa 또는 4.2 MPa이 되도록 질소가스로 축압할 것

① ㄱ : 할론 1211, ㄴ : 할론 1301
② ㄱ : 할론 1211, ㄴ : 할론 2402
③ ㄱ : 할론 1301, ㄴ : 할론 2402
④ ㄱ : 할론 1011, ㄴ : 할론 1301

해설 | 할론 저장용기

구분	저장압력 MPa	방사압력 MPa	충전비	
			가압식	축압식
할론 1301	2.5 또는 4.2	0.9	0.9 이상 1.6 이하	
할론 1211	1.1 또는 2	0.2	0.7 이상 1.4 이하	
할론 2402	–	0.1	0.51 이상 0.67 미만	0.67 이상 2.75 이하

정답 41 ①

42 콘덴서의 정전용량에 관한 설명으로 옳지 않은 것은?

① 전극 사이에 삽입된 절연물의 투자율에 비례한다.
② 동일한 정전용량을 갖는 콘덴서 2개를 병렬 연결하면 합성 정전용량은 2배가 된다.
③ 전극이 전하를 축적할 수 있는 능력의 정도를 나타내는 비례상수이다.
④ 전극 사이의 간격에 반비례한다.

해설 | 정전용량

$$C = \frac{\varepsilon A}{d} = \frac{\varepsilon_0 \varepsilon_s A}{d} \text{ F}$$

전극 사이 간격에 반비례하고 유전율과 극판 면적에는 비례한다.

43 기전력이 E이고 내부저항이 r인 같은 종류의 전지 3개를 병렬 접속하여 부하저항 R에 연결하였다. 부하저항 R에 흐르는 전류 I는?

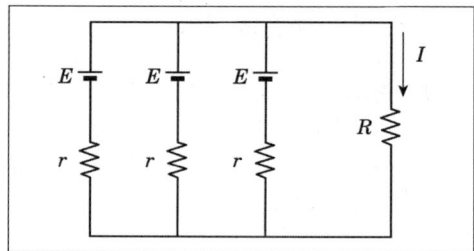

① $I = \dfrac{E}{R}$ ② $I = \dfrac{E}{R+3r}$

③ $I = \dfrac{3E}{R+3r}$ ④ $I = \dfrac{3E}{3R+r}$

해설 | 전지 접속형태

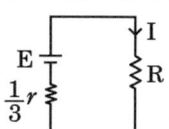

$$I = \frac{E}{R + \frac{1}{3}r} = \frac{3E}{3R+r}$$

44 우리나라에서 사용하는 단상 220 V, 60 Hz인 배전전압의 최댓값은 약 몇 V인가?

① 156
② 220
③ 311
④ 346

해설 | 교류전압의 최댓값
$V_m = \sqrt{2}\ V = \sqrt{2} \times 220$에서
$= 311\ \text{V}$

45 감지기 배선으로 단면적 1.5 mm²인 구리 전선을 2 km 사용하였다. 이 전선의 저항은 약 몇 Ω인가? (단, 구리의 고유저항은 1.72 × 10⁸ Ω · m이다)

① 8
② 12
③ 18
④ 23

해설 | 전선의 저항
$R = \rho \dfrac{l}{A}\ \Omega \qquad \left(A = \dfrac{\pi D^2}{4}\right)$
$= 1.72 \times 10^{-8} \times \dfrac{2000}{1.5 \times 10^{-6}}$
$= 23\ \Omega$

46 400 V 미만의 저압용 기기에 실시하는 접지공사 종류와 접지 저항값의 기준으로 옳은 것은?

① 제2종 접지공사 : 10 Ω 이하
② 제3종 접지공사 : 100 Ω 이하
③ 특별 제3종 접지공사 : 50 Ω 이하
④ 특별 제3종 접지공사 : 10 Ω 이하

해설 | 접지공사의 종류와 접지저항값

접지공사 종류	접지저항	용도
제1종	10 Ω 이하	접지사고 발생 시, 고압 특고압이 걸릴 위험이 있을 때
제2종	$\dfrac{150}{1\text{선지락전류}}$ Ω 이하	고압, 특고압이 저압과 혼촉사고가 일어날 위험이 있을 때
제3종	100 Ω 이하	400 V 미만의 저압용 기기에 누선 발생 시 감전방지
특별 제3종	10 Ω 이하	400 V 이상의 저압용 기기에 누선 발생 시 감전방지

47 교류전력에 관한 내용으로 옳지 않은 것은?

① 저항 4 Ω과 코일 3 Ω이 직렬연결되어 있고 100 V, 60 Hz인 전압을 공급하면 유효전력은 1.6 kW이다.
② 공진주파수에서 유효전력과 피상전력은 같다.
③ [kVar]는 무효전력의 단위이다.
④ [kW]는 피상전력의 단위이다.

정답 44 ③ 45 ④ 46 ② 47 ④

해설 | 교류전력

1) $P = I^2 R$ 에서
$I = \dfrac{V}{Z} = \dfrac{100}{\sqrt{4^2+3^2}} = 20\,A$
식에 대입
$P = 20^2 \times 4 = 1,600\,W = 1.6\,kW$

2) 유효전력의 단위 : kW,
피상전력의 단위 : kVA

48 피드백(Feedback)제어 시스템의 특징으로 옳은 것은?

① 개루프제어 시스템에 비하여 감도(입력 대 출력 비)가 증가한다.
② 개루프제어 시스템에 비하여 대역폭이 감소한다.
③ 입력과 출력을 비교하는 기능이 있다.
④ 개루프제어 시스템에 비하여 구조는 간단하나 설치비용이 비싸다.

해설 | 피드백제어의 특성
- 정확성 증가
- 계의 특성 변화에 대한 입력 대 출력비의 감도 감소
- 비선형성과 왜형에 대한 효과의 감소
- 감도 대역폭 증가
- 발진을 일으키고 불안정한 상태로 되어가는 경향성
- 반드시 입력과 출력을 비교하는 장치가 있을 것
- 구조가 복잡하고 설치비용이 고가

49 다음 그림의 논리회로와 동일한 동작을 하는 회로는?

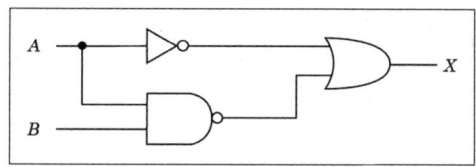

①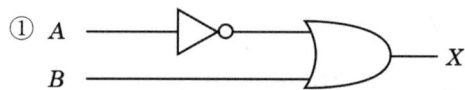

②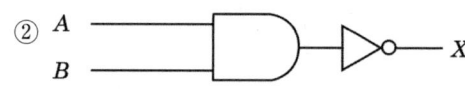

③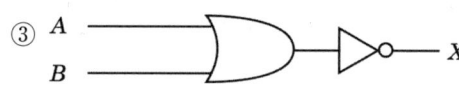

④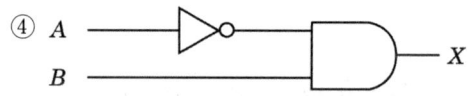

해설 | 논리회로

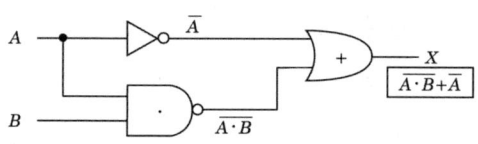

$X = \overline{\overline{A} \cdot B + \overline{A}}$
$= \overline{\overline{A} + \overline{B} + \overline{A}}$
$= \overline{\overline{A} + \overline{B}}$
$= \overline{\overline{A} \cdot B}$

정답 48 ③ 49 ②

50 다음 시퀀스회로에 관한 설명으로 옳지 않은 것은?

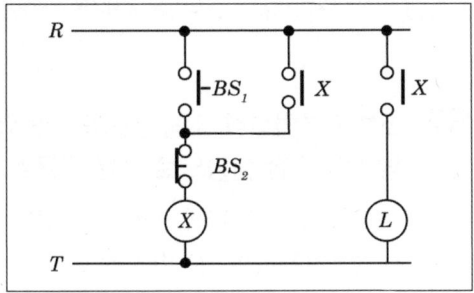

① BS₁를 누르고 BS₂를 누르지 않으면 L이 ON상태가 된다.
② BS₁은 a접점을 사용하였으며, BS₂는 b접점을 사용하였다.
③ 코일 X가 접점 X를 동작시키기 때문에 인터록회로라고 한다.
④ ON 상태가 되어 있는 L을 OFF 상태로 변화시키기 위해 BS₂를 누른다.

해설 | 자기유지회로
동작 조건이 주어지고, 계전기가 동작한 후에는 동작 조건이 소멸해도 계전기가 동작을 계속할 수 있는 조건을 자기(自己)의 접점을 더한 접점회로에 따라 형성하는 계전기회로를 따라서 코일 X가 접점 X를 동작시키기 때문에 인터록회로라 한다.

정답 50 ③

16회 제3과목 소방관련법령

51 소방기본법령상 소방용수시설 중 저수조의 설치기준으로 옳지 않은 것은?

① 지면으로부터의 낙차가 4.5 m 이하일 것
② 흡수부분의 수심이 0.5 m 이상일 것
③ 흡수관의 투입구가 원형의 경우에는 지름이 50 cm 이상일 것
④ 저수조에 물을 공급하는 방법은 상수도에 연결하여 자동으로 급수되는 구조일 것

해설 | 저수조 설치기준

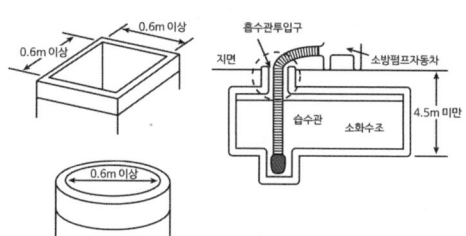

- 지면부터 낙차 : 4.5 m 이하
- 흡수부분 수심 : 0.5 m 이상
- 소방펌프자동차 쉽게 접근
- 흡수에 지장이 없도록 토사·쓰레기 제거설비를 갖출 것
- 흡수관의 투입구
  사각형 → 한 변 길이 60 cm 이상
  원형 → 지름 60 cm 이상
- 저수조 물공급 방법 : 상수도 연결 자동급수

52 소방기본법령상 소방신호와 종류와 신호방법에 관한 설명으로 옳은 것은?

① 경계신호의 타종 신호는 1타와 연 2타를 반복하며, 사이렌 신호는 5초 간격을 두고 10초씩 3회이다.
② 발화신호의 타종 신호는 난타이며 사이렌 신호는 5초 간격을 두고 5초씩 3회이다.
③ 해제신호의 타종 신호는 상당한 간격을 두고 1타씩 반복하며 사이렌 신호는 30초간 1회이다.
④ 훈련신호의 타종 신호는 연 3타 반복이며, 사이렌 신호는 30초 간격을 두고 1분씩 3회이다.

해설 | 소방신호

구분	발령	타종 신호 (반복)	사이렌 신호	
경계 신호	화재 예방상, 화재 위험 시	1타와 연 2타	30초 (3회)	5초 (간격)
발화 신호	화재 발생 시	난타	5초 (3회)	5초 (간격)
해제 신호	소화활동 불필요시	1타 (상당 간격)	1분 (1회)	-
훈련 신호	훈련상 필요시	연 3타	1분 (3회)	10초 (간격)

암기 경발해훈, 1타년2 / 난 / 1타상 / 연3

정답 51 ③ 52 ②

53 소방기본법령상 소방활동 종사명령에 관한 설명으로 옳지 않은 것은?

① 소방서장은 소방활동 종사명령을 받은 자에게 소방활동에 필요한 보호장구를 지급하는 등 안전을 위한 조치를 하여야 한다.
② 소방대장은 화재 등 위급한 상황이 발생한 현장에서 소방활동을 위하여 필요할 때에는 그 현장에 있는 자에게 소방활동 종사명령을 할 수 있다.
③ 소방대상물에 화재 등 위급한 상황이 발생한 경우 소방활동에 종사한 소방대상물의 점유자는 소방활동비용을 지급받을 수 있다.
④ 시·도지사는 소방활동 종사명령에 따라 소방활동에 종사한 자가 그로 인하여 사망하거나 부상을 입은 경우에는 보상하여야 한다.

② 고의·과실로 화재·구조·구조·구급활동을 발생시킨 사람
③ 화재·구조·구급 현장에서 물건을 가져간 사람

> 소방본부장, 소방서장 또는 소방대장은 화재, 재난·재해, 그 밖의 위급한 상황이 발생한 현장에서 소방활동을 위하여 필요할 때에는 그 관할구역에 사는 사람 또는 그 현장에 있는 사람으로 하여금 사람을 구출하는 일 또는 불을 끄거나 불이 번지지 아니하도록 하는 일을 하게 할 수 있다. 이 경우 소방본부장, 소방서장 또는 소방대장은 소방활동에 필요한 보호장구를 지급하는 등 안전을 위한 조치를 하여야 한다.

해설 | 소방활동 종사명령
1) 소방활동 종사명령자 : 소방본부장, 소방서장, 소방대장
2) 명령대상 : 화재·재난 시 그 구역에 사는 사람, 그 현장에 있는 사람
3) 명령내용 : 사람을 구출하는 일, 불을 끄거나, 불이 번지지 않도록 함
4) 소방활동 필요한 보호장구 지급 : 소방본부장, 소방서장, 소방대장
5) 시·도지사는 소방활동 종사자가 사망·부상 시 보상해야 한다. 〈2017.12.26.삭제〉
6) 소방활동 종사자는 시·도지사로부터 소방활동 비용을 지급 받을 수 있다. 단, 다음 경우는 제외
   (1) 소방대상물의 화재·재난·재해·위급 상황 발생한 경우 그 관계인

54 화재의 예방 및 안전관리에 관한 법령상 화재예방강화지구의 지정 등에 관한 설명으로 옳은 것은?

① 소방서장은 화재예방강화지구 안의 관계인에 대하여 대통령령으로 정하는 바에 따라 소방에 필요한 훈련 및 교육을 실시할 수 있다.
② 소방본부장은 소방상 필요한 교육을 실시하고자 하는 때에는 화재예방강화지구 안의 관계인에게 교육 7일 전까지 그 사실을 통보하여야 한다.
③ 소방서장은 화재가 발생할 우려가 높거나 화재로 인하여 피해가 클 것으로 예상되는 시장지역을 화재예방강화지구로 지정할 수 있다.
④ 시·도지사는 화재안전조사를 한 결과 화재의 예방과 경계를 위하여 필요한 경우 관계인에게 소방설비의 설치를 명할 수 있다.

정답 53 ③ 54 ①

해설 | 화재예방강화지구

※ 화재예방강화지구의 지정권자 : 시·도지사

대통령령으로 정하는 지역	• 시장지역 • 공장·창고가 밀집한 지역 • 목조건물이 밀집한 지역 • 위험물의 저장 및 처리시설이 밀집한 지역 • 석유화학제품을 생산하는 공장이 있는 지역 • 산업단지 • 소방시설, 소방용수시설 또는 소방출동로가 없는 지역 • 노후·불량건축물이 밀집한 지역 • 물류단지 • 소방본부장 또는 소방서장이 화재가 발생할 우려가 높거나 화재가 발생하는 경우 그로 인하여 피해가 클 것으로 인정하는 지역
화재안전조사	• 실시권자 : 소방본부장, 소방서장 • 횟수 : 연 1회 이상 실시 • 화재예방강화지구 내 소방대상물의 위치·구조 및 설비 등에 대한 화재안전조사
훈련 및 교육	• 실시자 : 소방본부장, 소방서장 • 횟수 : 연 1회 이상 실시 • 관계인 훈련·교육 통보 : 10일 전까지

55 소방시설공사업법령상 1년 이하의 징역 또는 1,000만 원 이하의 벌금에 처해질 수 없는 자는?

① 소방시설공사업법을 위반하여 시공을 한 소방시설공사업을 등록한 자
② 해당 소방시설업자가 아닌 자에게 소방시설공사업 등을 도급한 특정소방대상물의 관계인
③ 공사감리결과의 통보 또는 공사감리결과보고서의 제출을 거짓으로 한 소방공사 감리업을 등록한 자
④ 등록증이나 등록수첩을 다른 자에게 빌려준 소방시설업자

해설 | 소방시설공사업의 벌칙 및 벌금

징역 (이하)	벌금 (또는, 이하)	위반행위
3년	3,000만 원	1. 소방시설업 무등록영업 2. 부정한 청탁을 받고 재물 또는 재산상의 이익을 취득하거나 부정한 청탁을 하면서 재물 또는 재산상의 이익을 제공한 자
1년	1,000만 원	1. 영업정지 처분을 받고 그 기간에 영업한 자 2. <u>법과 화재안전기준을 위반한 설계·시공자</u> 3. 법을 위반하여 감리를 하거나 거짓으로 감리한 자 4. 공사 감리자를 지정하지 아니한 자 4-1. 공사업자가 감리업자의 시정보완 요구를 무시하고 그 공사를 계속할 경우 감리업자는 그 사실을 소방본부장 또는 소방서장에게 보고하여야 한다. 이 사실을 <u>거짓으로 보고한 감리업자</u>

정답 55 ④

징역 (이하)	벌금 (또는, 이하)	위반행위
		4-2. 공사감리 결과의 통보 또는 결과보고서의 제출을 거짓으로 한 자 5. <u>무등록 소방시설업자에게 소방시설공사 도급한 자</u> 6. 도급받은 소방시설의 설계, 시공, 감리를 하도급한 자 6-1. 하도급받은 소방시설공사를 다시 하도급한 자 7. 소방기술자가 법 또는 명령을 따르지 않고 업무를 수행한 자
-	300만 원	1. 다른 자에게 자기의 성명이나 상호를 사용하여 소방시설공사 등을 수급 또는 시공하게 하거나 <u>소방시설업의 등록증이나 등록수첩을 빌려준 자</u> 2. <u>소방시설공사현장에 감리원을 배치하지 아니한 감리업자</u> 3. 감리업자의 보완 요구에 따르지 아니한 공사업자 4. 감리업자가 공사업자의 위반사항을 소방서장에게 보고했다는 사유로 감리업자와의 공사감리 계약을 해지하거나 대가 지급을 거부하거나 지연시키거나 불이익을 준 자 5. 소방시설공사를 다른 업종의 공사와 분리하여 도급하지 아니한 자 6. 자격수첩 또는 경력수첩을 빌려 준 사람 7. 동시에 둘 이상의 업체에 취업한 사람 8. 관계인의 정당한 업무를 방해하거나 업무상 알게 된 비밀을 누설한 사람

징역 (이하)	벌금 (또는, 이하)	위반행위
-	100만 원	1. 감독업무를 하는 관계공무원의 명령을 위반하여 보고 또는 자료 제출을 하지 아니하거나 거짓으로 한 자 2. 정당한 사유 없이 감독업무를 하는 관계공무원의 출입 또는 검사·조사를 거부·방해 또는 기피한 자

56 소방시설공사업법령상 감리업자가 감리원 배치규정을 위반하여 소속 감리원을 소방시설공사현장에 배치하지 아니한 경우에 해당되는 벌칙기준은?

① 100만 원 이하의 벌금
② 200만 원 이하의 과태료
③ 300만 원 이하의 벌금
④ 500만 원 이하의 벌금

해설 | 소방시설공사업법 벌금 300만 원 기준 55번 해설 참고

정답 56 ③

57 소방시설공사업법령상 지하층을 포함한 층수가 40층이고, 연면적이 20만 m²인 특정소방대상물의 공사현장에 배치해야 하는 소방기술자의 배치기준으로 옳은 것은?

① 행정안전부령으로 정하는 특급기술자인 소방기술자(기계분야 및 전기분야)
② 행정안전부령으로 정하는 고급기술자 이상의 소방기술자(기계분야 및 전기분야)
③ 행정안전부령으로 정하는 중급기술자 이상의 소방기술자(기계분야 및 전기분야)
④ 행정안전부령으로 정하는 초급기술자 이상의 소방기술자(기계분야 및 전기분야)

해설 | 소방기술자의 배치기준

소방기술자의 배치기준	소방시설 공사현장의 기준
특급기술자인 소방기술자 (기계분야 및 전기분야)	• 연면적 20만 m² 이상인 특정소방대상물의 공사현장 • 지하층을 포함한 층수가 40층 이상인 특정소방대상물의 공사현장
고급기술자 이상의 소방기술자 (기계분야 및 전기분야)	• 연면적 3만 m² 이상 20만 m² 미만인 특정소방대상물(아파트 제외)의 공사현장 • 지하층을 포함한 층수가 16층 이상 40층 미만의 특정소방대상물의 공사현장
중급기술자 이상의 소방기술자 (기계분야 및 전기분야)	• 물분무등소화설비(호스릴방식 제외) 또는 제연설비가 설치되는 특정소방대상물의 공사현장 • 연면적 5천 m² 이상 3만 m² 미만인 특정소방대상물(아파트 제외)의 공사현장 • 연면적 1만 m² 이상 20만 m² 미만인 아파트의 공사현장
초급기술자 이상의 소방기술자 (기계분야 및 전기분야)	• 연면적 1천 m² 이상 5천 m² 미만인 특정소방대상물(아파트 제외)의 공사현장 • 연면적 1천 m² 이상 1만 m² 미만인 특정소방대상물(아파트 제외)의 공사현장 • 지하구의 공사현장
소방기술 인정 자격수첩을 발급받은 소방기술자	• 연면적 1천 m² 미만인 특정소방대상물의 공사현장

58 소방시설설치 및 관리에 관한 법령상 소화활동설비에 해당하지 않는 것은?

① 상수도소화용수설비
② 무선통신보조설비
③ 비상콘센트설비
④ 연결살수설비

해설 | 소방시설의 종류

소화설비	소화기구	소화기	
		간이소화용구	에어로졸식, 투척용, 소공간용, 소화약제 이외
		자동확산소화기	
	자동소화장치	주거용, 상업용, 캐비닛형, 가스자동, 분말자동, 고체에어로졸	
	옥내소화전설비(호스릴 포함)		
	스프링클러	스프링클러비, 간이형(캐비닛형 포함), 화재조기진압용	
	물분무등	미분무, 포, 이산화탄소, 할론, 할로겐화합물, 불활성기체, 분말, 강화액, 고체에어로졸	
	옥외소화전설비		

정답 57 ① 58 ①

경보설비	단독경보형 감지기	
	비상경보설비	비상벨, 자동식 사이렌
	시각경보기, 자탐, 비상방송, 자동화재속보, 통합감시시설, 누전경보기, 가스누설경보기, 화재알림설비	
피난구조설비	피난기구	피난사다리, 구조대, 완강기, 화재안전기준의 설비
	인명구조기구	방열복, 방화복(안전헬멧, 보호장갑, 안전화 포함), 공기호흡기, 인공소생기
	유도등	피난유도선, 피난구유도등, 통로유도등, 객석유도등, 유도표지
	비상조명등 및 휴대용 비상조명등	
소화용수설비	상수도소화용수설비, 소화수조·저수조, 그 밖의 소화용수설비	
소화활동설비	제연, 연결송수관, 연결살수, 비상콘센트, 무통, 연소방지설비	

~~소화용구, ~~자동소화장치, 소화설비, ~~ 설비(생략)

해설 | 소방안전관리자의 강습교육
〈개정 2022.12.1.〉

교육대상	시간 합계	이론 (30 %)	실무(70 %)	
			일반 (30 %)	실습 및 평가 (40 %)
특급	160시간	48시간	48시간	64시간
1급	80시간	24시간	24시간	32시간
2급 및 공공기관	40시간	12시간	12시간	16시간
3급	24시간	7시간	7시간	10시간
업무 대행감독	16시간	5시간	5시간	6시간
건설현장	24시간	7시간	7시간	10시간

59 특급, 1급, 2급 및 3급 소방안전관리대상물의 소방안전관리에 관한 강습교육과 공공기관 소방안전관리자에 대한 강습교육의 교육시간으로 옳지 않은 것은?

① 특급 소방안전관리자 – 160시간
② 1급 소방안전관리자 – 80시간
③ 공공기관 소방안전관리자 – 80시간
④ 2급 소방안전관리자 – 40시간

60 소방시설설치 및 관리에 관한 법령상 건축허가 등을 할 때 미리 소방본부장 또는 소방서장의 동의를 받아야 하는 건축물의 범위로 옳지 않은 것은?

① 지하층 또는 무창층이 있는 공연장으로서 바닥면적이 100 m² 이상인 층이 있는 것
② 연면적이 200 m² 이상인 노유자시설 및 수련시설
③ 연면적이 300 m² 이상인 장애인 의료재활시설
④ 주차용도로 사용되는 시설로 승강기 등 기계장치에 의한 주차시설로서 자동차 10대 이상을 주차할 수 있는 시설

정답 59 ③ 60 ④

해설 | 건축허가등의 동의대상물

1) 연면적 400 m² 이상의 건축물이나 시설
   - 다만 다음 건축물은 예외
   (1) 학교시설 : 100 m² 이상
   (2) 노유자(老幼者) 시설 및 수련시설 : 200 m² 이상
   (3) 정신의료기관(입원실이 없는 정신건강의학과 의원은 제외)·장애인의료재활시설 : 300 m² 이상
2) 지하층 또는 무창층이 있는 건축물로서 바닥면적이 150 m²(공연장 100 m²) 이상인 층이 있는 것
3) 차고·주차장·주차용도로 사용되는 시설로서 어느 하나에 해당하는 것
   (1) 차고·주차장으로 사용되는 바닥면적 200 m² 이상인 층이 있는 건축물·주차시설
   (2) 승강기 등 기계장치에 의한 주차시설로서 자동차 20대 이상 주차 시설
4) 층수가 6층 이상인 건축물
5) 항공기격납고, 관망탑, 항공관제탑, 방송용 송수신탑
6) 공동주택, 의원(입원실 또는 인공신장실이 있는 것으로 한정한다), 숙박시설,조산원, 산후조리원, 위험물 저장 및 처리시설, 발전시설 중 풍력발전소·전기저장시설, 지하구 〈개정 2024.12.31.〉 개정
7) 1)호에 해당하지 않는 노유자시설 중 다음 어느 하나에 해당하는 시설
   다만 아래 밑줄 친 부분의 시설 중 단독주택 또는 공동주택에 설치되는 시설은 제외
   (1) 노인 관련 시설 중 다음에 해당하는 시설
      ① 노인주거복지시설·노인의료복지시설·재가노인복지시설
      ② 학대피해노인 전용쉼터
   (2) 아동복지시설(아동상담소·아동전용시설·지역아동센터는 제외)
   (3) 장애인거주시설
   (4) 정신질환자 관련 시설
   (5) 노숙인 관련 시설 중 노숙인자활시설·노숙인재활시설·노숙인요양시설
   (6) 결핵환자나 한센인이 24시간 생활하는 노유자시설
8) 요양병원(의료재활시설 제외)
9) 공장 또는 창고시설로서 지정 수량의 750배 이상의 특수가연물을 저장·취급하는 것
10) 가스시설로서 지상에 노출된 탱크의 저장용량의 합계가 100톤 이상인 것

61 소방시설설치 및 관리에 관한 법령상 건축허가 등의 동의요구에 대한 조문 내용이다. ( ) 안에 들어갈 숫자가 바르게 나열된 것은?

> 소방본부장 또는 소방서장은 건축허가 등의 동의요구서류를 접수한 날부터 (ㄱ)일(허가를 신청한 건축물 등이 특급소방안전관리 대상물인 경우에는 10일) 이내에 건축허가 등의 동의 여부를 회신하여야 하고, 동의요구서 및 첨부서류의 보완이 필요한 경우에는 (ㄴ)일 이내의 기간을 정하여 보완을 요구할 수 있다. 건축허가 등의 동의를 요구한 기관이 그 건축허가 등을 취소하였을 때에는 취소한 날부터 (ㄷ)일 이내에 건축물 등의 시공지 또는 소재지를 관할하는 소방본부장 또는 소방서장에게 그 사실을 통보하여야 한다.

① ㄱ : 5, ㄴ : 4, ㄷ : 7
② ㄱ : 5, ㄴ : 5, ㄷ : 7
③ ㄱ : 7, ㄴ : 3, ㄷ : 7
④ ㄱ : 7, ㄴ : 4, ㄷ : 5

정답 61 ①

해설 | 건축허가 등의 동의요구 사항
1) 소방본부장 또는 소방서장은 건축허가 등의 동의요구서류를 접수한 날부터 5일(허가를 신청한 건축물 등이 영 제22조 제1항 제1호 각 목의 어느 하나에 해당하는 경우(특급 소방안전관리대상물에 있어서는 10일) 이내에 건축허가 등의 동의 여부를 회신하여야 한다.
2) 소방본부장 또는 소방서장은 동의요구서 및 첨부서류의 보완이 필요한 경우에는 4일 이내의 기간을 정하여 보완을 요구할 수 있다. 이 경우 보완기간은 회신기간에 산입하지 아니하고, 보완기간 내에 보완하지 아니하는 때에는 동의요구서를 반려하여야 한다.
3) 건축허가 등의 동의를 요구한 기관이 그 건축허가 등을 취소하였을 때에는 취소한 날부터 7일 이내에 건축물 등의 시공지 또는 소재지를 관할하는 소방본부장 또는 소방서장에게 그 사실을 통보하여야 한다.

해설 | 소방시설의 내진설계
1) 옥내소화전설비
2) 스프링클러설비
3) 물분무등소화설비

63 소방시설설치 및 관리에 관한 법령상 방염대상물품에 대한 방염성능기준으로 옳은 것은? (단, 고시는 고려하지 않는다)
① 버너의 불꽃을 제거한 때부터 불꽃을 올리며 연소하는 상태가 그칠 때까지 시간은 30초 이내일 것
② 탄화한 면적은 100 cm² 이내, 탄화한 길이는 30 cm 이내일 것
③ 불꽃에 의하여 완전히 녹을 때까지 불꽃의 접촉횟수는 2회 이상일 것
④ 버너의 불꽃을 제거한 때부터 불꽃을 올리지 아니하고 연소하는 상태가 그칠 때까지 시간은 30초 이내일 것

해설 | 방염성능기준

잔염시간	버너의 불꽃을 제거 한 때부터, 불꽃 올리며 연소 그칠 때까지 시간	20초 이내
잔신시간	버너의 불꽃을 제거한 때부터, 불꽃 올리지 않고 연소 그칠 때까지 시간	30초 이내
탄화면적	불꽃에 의해 탄화된 면적	50 cm² 이내
탄화길이	불꽃에 의해 탄화된 길이	20 cm 이내
불꽃접촉 횟수	불꽃에 의해 녹을 때까지 불꽃의 접촉횟수	3회 이상
최대연기 밀도	발연량 측정으로 최대연기밀도	400 이하

62 소방시설설치 및 관리에 관한 법령상 소방청장이 정하는 내진설계기준에 맞게 설치하여야 하는 소방시설은? (단, 내진설계기준을 적용하여야 하는 소방시설을 설치하여야 하는 특정소방대상물의 경우에 한한다)
① 자동화재탐지설비
② 옥외소화전설비
③ 물분무등소화설비
④ 비상경보설비

64 소방시설설치 및 관리에 관한 법령상 시·도지사가 소방시설관리업 등록을 반드시 취소하여야 하는 사유가 아닌 것은?

① 소방시설관리업자가 거짓이나 그 밖의 부정한 방법으로 등록을 한 경우
② 소방시설관리업자가 소방시설 등의 자체점검 결과를 거짓으로 보고한 경우
③ 소방시설관리업자가 피성년후견인이 된 경우
④ 소방시설관리업자가 관리업의 등록증을 다른 자에게 빌려준 경우

해설 | 소방시설관리업 등록 및 취소

[소방시설관리업 등록의 취소]
1) 거짓이나 그 밖의 부정한 방법으로 등록을 한 경우
2) 등록의 결격사유에 해당하게 된 경우
3) 다른 자에게 등록증이나 등록수첩을 빌려준 경우

[소방시설관리업 등록의 결격사유]
1) 피성년후견인
2) 금고 이상의 실형을 선고받고 그 집행이 끝나거나(집행이 끝난 것으로 보는 경우를 포함한다) 집행이 면제된 날부터 2년이 지나지 아니한 사람
3) 금고 이상의 형의 집행유예를 선고받고 그 유예기간 중에 있는 사람
4) 관리업의 등록이 취소 1)에 해당하여 등록이 취소된 경우에는 제외한다)된 날부터 2년이 지나지 아니한 자
5) 임원 중에 1) ~ 4)까지의 어느 하나에 해당하는 사람이 있는 법인
※ ② 소방시설관리업자가 소방시설 등의 자체점검 결과를 거짓으로 보고한 경우
: 300만 원 이하의 과태료

65 소방시설설치 및 관리에 관한 법령상 소방용품의 성능인증 등을 위반하여 합격표시를 하지 아니한 소방용품을 판매한 경우의 벌칙기준은?

① 200만 원 이하의 과태료
② 300만 원 이하의 벌금
③ 1년 이하의 징역 또는 1,000만 원 이하의 벌금
④ 3년 이하의 징역 또는 3,000만 원 이하의 벌금

해설 | 소방시설법 관련 벌칙기준

징역 (이하)	벌금 (또는, 이하)	위반행위
5년	5,000만 원	소방시설 폐쇄·차단(기능·성능에 지장 있는 경우)
7년	7,000만 원	소방시설 폐쇄·차단으로 사람이 상해 시(신설 2016년)
10년	1억 원	소방시설 폐쇄·차단으로 사람이 사망 시(신설 2016년)
3년	3,000만 원	1. 조치명령 위반사항에 대한 명령을 정당한 사유 없이 위반 2. 관리업 등록을 하지 않고 영업을 한 자 3. 소방용품 형식승인 받지 아니하고 제조·수입 또는 거짓이나 그 밖의 부정한 방법으로 형식승인을 받은 자 4. 제품검사를 받지 아니한 자 또는 거짓이나 그 밖의 부정한 방법으로 제품검사를 받은 자 5. 소방용품(형식승인을 받지 아니한 것, 형상등을 임의로 변경한 것, 제품검사를 받지 아니하거나 합격표시를 하지 아니한 것)을 판매·진열하거나 소방시설공사에 사용한 자 6. 거짓이나 그 밖의 부정한 방법으로 성능인증 또는 제품검사를 받은 자

징역 (이하)	벌금 (또는, 이하)	위반행위
3년	3,000 만 원	7. 제품검사를 받지 아니하거나 합격 표시를 하지 아니한 소방용품을 판매·진열하거나 소방시설공사에 사용한 자 8. 구매자에게 명령을 받은 사실을 알리지 아니하거나 필요한 조치를 하지 아니한 자 9. 거짓이나 그 밖의 부정한 방법으로 전문기관으로 지정을 받은 자
1년	1,000 만 원	1. 자체점검을 하지 않거나 관리업자에게 정기 점검하게 하지 아니한 자 2. 소방시설관리사증을 빌려주거나 빌리거나 이를 알선한 자 3. 동시에 둘 이상의 업체에 취업한 자 4. 자격정지처분을 받고 자격정지기간 중에 관리사의 업무를 한 자 5. 관리업 등록증. 등록수첩을 다른 자에게 빌려주거나 빌리거나 이를 알선한 자 6. 영업정지처분을 받고 영업정지기간 중에 관리업의 업무를 한 자 7. 제품검사 합격표시 허위·위조·변조한 자 8. 형식승인의 변경승인을 받지 아니한 자 9. 제품검사에 합격하지 아니한 소방용품에 성능인증을 받았다는 표시 또는 제품검사에 합격하였다는 표시를 하거나 성능인증을 받았다는 표시 또는 제품검사에 합격하였다는 표시를 위조 또는 변조하여 사용한 자 10. 성능인증의 변경인증을 받지 아니한 자 11. 우수품질 표시 허위·위조·변조하여 사용한 자 12. 관계인의 업무 방해하거나 출입·검사 시 알게 된 비밀 누설한 자
–	300 만 원	1. 업무를 수행하면서 알게 된 비밀을 이 법에서 정한 목적 외의 용도로 사용하거나 다른 사람 또는 기관에 제공하거나 누설한 자

징역 (이하)	벌금 (또는, 이하)	위반행위
–	300 만 원	2. 방염성능검사에 합격하지 아니한 물품에 합격표시를 하거나 합격 표시를 위조하거나 변조하여 사용한 자 3. 방염성능검사 시 거짓 시료 제출 4. 자체점검 결과의 조치를 하지 아니한 관계인 또는 관계인에게 중대위반사항을 알리지 아니한 관리업자 등

66 소방시설설치 및 관리에 관한 법령상 소방청장이 한국소방산업기술원에 위탁할 수 있는 것은?

① 합판·목재를 설치하는 현장에서 방염처리한 경우의 방염성능검사
② 소방용품에 대한 형식승인의 변경승인
③ 소방안전관리에 대한 교육 업무
④ 소방용품에 대한 교체 등의 명령에 대한 권한

해설 | 한국소방산업기술원에 권한의 위임·위탁 등
1) 방염성능검사(합판·목재를 설치하는 현장에서 방염처리한 경우의 방염성능검사는 제외한다)
2) 소방용품의 형식승인 및 형식승인의 취소
3) <u>형식승인의 변경승인</u>
4) 소방용품의 성능인증 및 성능인증의 취소
5) 성능인증의 변경인증
6) 우수품질인증 및 그 취소

정답 66 ②

67 소방시설설치 및 관리에 관한 법령상 방염성능기준 이상의 실내장식물 등을 설치하여야 하는 특정소방대상물에 해당하는 것은?

① 옥외에 설치된 문화 및 집회시설
② 건축물의 옥내에 있는 종교시설
③ 3층 건축물의 옥내에 있는 수영장
④ 층수가 11층 이상인 아파트

해설 | 방염 설치대상
방염성능기준 이상의 실내장식물 등을 설치하여야 하는 특정소방대상물
1) 근린생활시설 중 의원, 치과의원, 한의원, 조산원, 산후조리원, 체력단련장, 공연장 및 종교집회장 〈개정/시행 2024.12.31.〉 개정
2) 건축물 옥내에 있는 문화 및 집회시설, 종교시설, 운동시설(수영장 제외)
3) 의료시설
4) 교육연구시설 중 합숙소
5) 노유자시설
6) 숙박이 가능한 수련시설
7) 숙박시설
8) 방송통신시설 중 방송국 및 촬영소
9) 다중이용업의 영업장
10) 1) ~ 9)호에 해당하지 아니하고 층수가 11층 이상의 것(아파트 제외)

68 위험물안전관리법령상 위험물시설의 안전관리에 관한 설명으로 옳지 않은 것은?

① 위험물안전관리자를 선임한 제조소등의 경우 안전관리자를 선임한 제조소등의 관계인은 그 안전관리자를 해임하거나 안전관리자가 퇴직한 때에는 해임하거나 퇴직한 날부터 30일 이내에 다시 안전관리자를 선임하여야 한다.
② 암반탱크저장소는 관계인이 예방규정을 정하여야 하는 제조소등에 포함된다.
③ 정기검사의 대상인 제조소등이라 함은 액체위험물을 저장 또는 취급하는 50만 L 이상의 옥외탱크저장소를 말한다.
④ 탱크시험자가 되고자 하는 자는 대통령령이 정하는 기술능력·시설 및 장비를 갖추어 소방청장에게 등록하여야 한다.

해설 | 탱크안전성능검사의 대상 및 신청시기
④ 탱크시험자가 되고자 하는 자는 대통령령이 정하는 기술능력·시설 및 장비를 갖추어 시·도지사에게 등록하여야 한다.

검사종류	완공검사 신청 시기	신청 시기
기초·지반검사	옥외탱크저장소의 액체위험물탱크 중 그 용량이 100만 L 이상인 탱크	기초 및 지반에 관한 공사 개시 전
충수·수압검사	액체위험물을 저장 또는 취급하는 탱크	위험물 탱크의 배관 및 부속설비 부착 전
용접부 검사	옥외탱크저장소의 액체위험물탱크 중 그 용량이 100만 L 이상인 탱크	탱크본체에 관한 공사의 개시 전
암반탱크 검사	액체위험물을 저장 또는 취급하는 탱크	암반탱크 본체 공사의 개시 전

1) 탱크안전성능검사 실시자 : 시·도지사
2) 탱크안전성능검사 내용 : 대통령령에 따르며 검사에 필요한 사항은 행정안전부령
3) 탱크안전성능검사에 합격한 경우 탱크안전성능검사의 면제
   (1) 시·도지사가 면제할 수 있는 탱크안전성능검사는 충수 수압검사로 한다.
   (2) 완공검사를 받기 전 시험에 합격증명서를 시·도지사에게 제출한다.

해설 | 탱크안전성능검사의 신청시기

검사종류	완공검사 신청 시기	신청 시기
기초·지반검사	옥외탱크저장소의 액체위험물탱크 중 그 용량이 100만 L 이상인 탱크	기초 및 지반에 관한 공사 개시 전
충수·수압검사	액체위험물을 저장 또는 취급하는 탱크	위험물 탱크의 배관 및 부속설비 부착 전
용접부검사	옥외탱크저장소의 액체위험물탱크 중 그 용량이 100만 L 이상인 탱크	탱크본체에 관한 공사의 개시 전
암반탱크검사	액체위험물을 저장 또는 취급하는 탱크	암반탱크 본체 공사의 개시 전

69 위험물안전관리법령상 지정수량 미만인 위험물의 저장 또는 취급에 관한 기술상의 기준을 정하는 것은?

① 대통령령 ② 행정안전부령
③ 행정자치부령 ④ 시·도의 조례

해설 | 위험물안전관리법령상 지정수량 미만인 위험물
지정수량 미만인 위험물의 저장 또는 취급에 관한 기술상의 기준 : 시·도의 조례

70 위험물안전관리법령상 위험물탱크 안전성능검사를 받아야 하는 경우 그 신청 시기에 관한 설명으로 옳은 것은?

① 기초·지반검사는 위험물탱크의 기초 및 지반에 관한 공사의 개시 후에 한다.
② 층수·수압검사는 탱크에 배관 그 밖의 부속설비를 부착한 후에 한다.
③ 용접부검사는 탱크 본체에 관한 공사의 개시 전에 한다.
④ 암반탱크검사는 암반탱크의 본체에 관한 공사의 개시 후에 한다.

71 위험물안전관리법령상 취급소의 구분에 해당하지 않는 것은?

① 주유취급소 ② 판매취급소
③ 이송취급소 ④ 간이취급소

해설 | 위험물취급소의 종류
1) 주유취급소 2) 판매취급소
3) 이송취급소 4) 일반취급소

72 다중이용업소의 안전관리에 관한 특별법령상 안전시설 등에 해당하지 않는 것은?

① 옥내소화전설비
② 구조대
③ 영업장 내부 피난통로
④ 창문

정답 69 ④ 70 ③ 71 ④ 72 ①

해설 | 다중이용업소의 안전시설 등

시설		종류
소방시설	소화설비	• 소화기 • 자동확산소화기 • 간이스프링클러설비
	경보설비	• 비상벨설비 또는 자동화재탐지설비 • 가스누설경보기
	피난설비	• 유도등 • 유도표지 또는 비상조명등 • 피난유도선 • 휴대용 비상조명등 • 피난기구(미끄럼대, 피난사다리, 완강기, 구조대, 다수인피난장비, 승강식 피난기구)
기타		• 비상구 • <u>영업장 내부 피난통로</u> • 그 밖의 안전시설(영상음향차단장치, 누전차단기, <u>창문</u>)

73 다중이용업소의 안전관리에 관한 특별법령상 다중이용업주와 종업원이 받아야 하는 소방안전교육의 교과과정으로 옳지 않은 것은?

① 심폐소생술 등 응급처치 요령
② 소방시설 및 방화시설의 유지·관리 및 사용방법
③ 소방시설설계 도면의 작성 요령
④ 화재안전과 관련된 법령 및 제도

해설 | 소방안전교육의 교과과정
1) 화재안전과 관련된 법령 및 제고
2) 다중이용업소에서 화재가 발생한 경우 초기대응 및 대피요령
3) 소방시설 및 방화시설의 유지·관리 및 사용방법
4) 심폐소생술 등 응급처치 요령

74 다중이용업소의 안전관리에 관한 특별법령상 다중이용업소의 안전관리기본계획 등에 관한 설명으로 옳은 것은?

① 소방청장은 5년마다 다중이용업소의 안전관리기본계획을 수립·시행하여야 한다.
② 소방본부장은 기본계획에 따라 매년 연도별 안전관리계획을 수립·시행하여야 한다.
③ 소방서장은 기본계획 및 연도별 계획에 따라 매년 안전관리집행계획을 수립한다.
④ 국무총리는 기본계획을 수립하면 대통령에게 보고하고 관계 중앙행정기관의 장과 시·도지사에게 통보한 후 이를 공고하여야 한다.

해설 | 다중이용업소의 안전관리의「집행계획」
1) 수립·시행자 : 소방본부장
2) 수립·시행 : 매년마다
3) 집행계획의 제출 : 소방청장에게
4) 집행계획과 전년도 추진실적 제출 : 매년 1월 31일
5) 집행계획의 수립시기 : 전년 12월 31일

※ 계획의 수립·시행과 통보

구분	분류	수립	수립·시행자	통보·협의	통보기간	법
소방업무	종합계획	5년	소방청장	중장, 시·도지사	전년 10월 31일	기본법
	세부계획	매년	시·도지사	소방청장	전년 12월 31일	

정답 73 ③ 74 ①

구분	분류	수립	수립·시행자	통보·협의	통보기간	법
화재안전정책	기본계획	5년	소방청장이 중장과 협의	중장, 시·도지사	협의: 전년 8월 31일 수립: 전년 9월 30일	예방법
	시행계획	매년	소방청장	중장, 시·도지사	전년: 10월 31일	
	세부시행계획	매년	중장, 시·도지사	소방청장	전년: 12월 31일	
소방안전특별관리시설물	기본계획	5년	소방청장	시·도지사	전년: 10월 31일	예방법
	시행계획	매년	시·도지사	소방청장	전년: 12월 31일 통보: 후년 1월 31일	
다중이용업소안전관리	기본계획	5년	소방청장	중장, 시·도지사	–	다특법
	집행계획	매년	소방본부장	소방청장	전년 실적 1월 31일	

6) 안전관리의 기본계획 및 기본계획 수립지침

안전관리 기본계획의 내용
1) 안전관리 기본방향, 자율적 안전관리 촉진
2) 화재안전에 관한 정보체계의 구축 및 관리
3) 안전관리법령 정비 등 제도 개선에 관한 사항
4) 적정한 유지·관리 교육과 기술연구·개발
5) 화재배상책임보험 기본방향, 가입관리전산망 구축·운영, 정비 및 개선
6) 화재위험평가의 연구·개발
7) 안전관리체제·안전관리실태평가 및 개선계획
8) 시·도 안전관리기본계획에 관한 사항

안전관리 기본계획 수립지침
1. 화재 등 재난 발생 경감대책
   1) 화재피해 원인조사 및 분석
   2) 안전관리정보의 전달·관리체계 구축
   3) 화재 등 재난 발생에 대비한 교육·훈련과 예방에 관한 홍보
2. 화재 등 재난 발생을 줄이기 위한 중·장기 대책
   1) 다중이용업소 안전시설 등의 관리 및 유지계획
   2) 소관법령 및 관련 기준의 정비

75 다중이용업소의 안전관리에 관한 특별법령상 다중이용업소의 화재배상책임보험의 의무가입 등에 관한 설명으로 옳은 것은?

① 보험회사는 화재배상책임보험 외에 다른 보험의 가입을 다중이용업주에게 강요할 수 있다.
② 보험회사는 화재배상책임보험의 보험금 청구를 받은 때에는 지체 없이 지급할 보험금을 결정하고 보험금 결정 후 30일 이내에 피해자에게 보험금을 지급하여야 한다.
③ 다중이용업주가 화재배상책임보험 청약 당시 보험회사가 요청한 화재발생 위험에 관한 중요한 사항을 거짓으로 알린 경우 보험회사는 그 계약의 체결을 거부할 수 있다.
④ 소방서장은 다중이용업주가 화재배상책임보험에 가입하지 아니하였을 때에는 다중이용업주에 대한 인가·허가의 취소를 하여야 한다.

정답 75 ③

해설 | 다중이용업소의 화재배상책임보험
① 보험회사는 화재배상책임보험 외에 다른 보험의 가입을 다중이용업주에게 강요할 수 없다.
② 보험회사는 화재배상책임보험의 보험금 청구를 받은 때에는 지체 없이 지급할 보험금을 결정하고 보험금 결정 후 14일 이내에 피해자에게 보험금을 지급하여야 한다.
④ 소방본부장 또는 소방서장은 다중이용업주가 화재배상책임보험에 가입하지 아니하였을 때에는 허가관청에 다중이용업주에 대한 인가·허가의 취소, 영업의 정지 등 필요한 조치를 취할 것을 요청할 수 있다.
1) 보험회사가 다중이용업주에게 알려야 하는 경우 → 계약종료일 75 ~ 30일 전까지, 30 ~ 10일 전까지의 기간에 알려야 한다.
   (1) 보험기간이 1개월 이내인 계약의 경우
   (2) 다중이용업주가 자기와 다시 계약을 체결한 경우
   (3) 다중이용업주가 다른 회사랑 계약을 체결한 경우
2) 보험회사가 소방청장·본부장·서장에게 알려야 하는 경우 → 계약 체결·해지 사실의 전산입력 5일 이내, 계약효력 30일 초과 금지
   (1) 화재배상책임보험 계약을 체결한 경우
   (2) 체결한 후 계약기간이 끝나기 전에 해지한 경우
   (3) 계약 끝난 후 재계약을 다시 하지 않는 경우
3) 화재배상책임보험의 계약 해제·해지 가능 사유
   (1) 폐업한 경우
   (2) 다중이용업에 해당하지 않게 된 경우
   (3) 천재지변, 사고 등의 사유로 운영불가능 사실을 증명한 경우
   (4) 상법에 따른 보험계약의 해지사유가 발생한 경우

16회 제4과목 위험물의 성상 및 시설기준

목표 점수 : _____   맞은 개수 : _____

76 나이트로셀룰로오스에 관한 설명으로 옳지 않은 것은?

① 질산에스터류에 속하며, 자기반응성물질이다.
② 직사광선에 의해 분해하여 자연발화할 수 있다.
③ 질화도가 클수록 분해도, 폭발성, 위험도가 감소한다.
④ 저장·운반 시에는 물 또는 알코올을 첨가하여 위험성을 감소시킨다.

해설 | 나이트로셀룰로오스
섬유구조를 유지하고 있는 솜털 같은 하얀 고체물질
1) 제법 : 셀룰로오스에 진한 황산과 진한 질산의 혼산으로 반응시켜 제조
2) 저장 : 물, 알코올로 습윤시켜 저장(통상 IPA 30 %로 습윤)
3) 가열, 마찰, 충격에 의하여 격렬히 연소, 폭발
4) 130 ℃에서 서서히 분해, 180 ℃에서 불꽃을 내며 급격하게 연소
5) 질화도가 클수록 폭발성 큼
6) 용도 : 면약, 래커, 콜로디온의 제조
※ 질화도 : N.C 속에 함유된 질소의 함량
  강면약 : 질화도 N > 12.76 %
  약면약 : 질화도 N < 10.18 ~ 12.76 %

77 상온에서 저장·취급 시 물과 접촉하면 위험한 것을 모두 고른 것은?

ㄱ. 과산화나트륨
ㄴ. 적린
ㄷ. 칼륨
ㄹ. 트라이메틸알루미늄

① ㄱ, ㄴ, ㄷ
② ㄱ, ㄴ, ㄹ
③ ㄱ, ㄷ, ㄹ
④ ㄴ, ㄷ, ㄹ

해설 | 물과의 접촉 시 위험한 물질
1) 과산화나트륨(산소 발생)
   $2Na_2O_2 + 2H_2O \rightarrow 4NaOH + O_2 \uparrow$
2) 적린 : 물에 녹지 않음
3) 칼륨(수소 발생)
   $2K + 2H_2O \rightarrow 2KOH + H_2 \uparrow$
4) 트라이메틸알루미늄(메테인 발생)
   $(CH_3)_3Al + 3H_2O \rightarrow Al(OH)_3 + 3CH_4$

78 제2류 위험물에 관한 설명으로 옳지 않은 것은?

① 철분, 마그네슘은 산과 반응하여 산소를 발생한다.
② 황은 가연성고체를 푸른 불꽃을 내며, 연소한다.
③ 적린이 연소하면 유독성의 P_2O_5가 발생한다.
④ 산화제와 혼합하면 가열, 충격, 마찰에 의해 발화·폭발의 위험이 있다.

정답 76 ③ 77 ③ 78 ①

해설 | 제2류 위험물
1) 철분(수소 발생)
   $2Fe + 6HCl \rightarrow 2FeCl_3 + 3H_2$
2) 마그네슘(수소 발생)
   $Mg + 2HCl \rightarrow MgCl_2 + H_2 \uparrow$

79 제3류 위험물인 황린에 관한 설명으로 옳은 것은?

① 증기는 자극성과 독성이 없다.
② 환원력이 약해 산소농도가 높아야 연소한다.
③ 갈색 또는 회색의 고체로 증기는 공기보다 가볍다.
④ 공기 중에서 자연발화의 위험성이 있어 물속에 저장한다.

해설 | 제3류 위험물 황린
1) 백색 또는 담황색의 자연발화성고체이다.
2) 물과 반응하지 않기 때문에 pH9(약알칼리) 물속에 저장한다.
3) 벤젠, 알코올에 일부 용해되고 이황화탄소, 삼염화린, 염화황에 잘 녹는다.
4) 증기는 공기보다 무겁고 자극적이며 맹독성이다.
5) 발화점이 낮아 34℃에서 자연발화를 한다.
   $P_4 + 5O_2 \rightarrow 2P_2O_5$

80 위험물안전관리법령상 제4류 위험물의 품명별 위험등급이 바르게 짝지어진 것은?

① 알코올류 - Ⅰ등급
② 특수인화물 - Ⅰ등급
③ 제2석유류 중 수용성액체 - Ⅱ등급
④ 제3석유류 중 비수용성액체 - Ⅱ등급

해설 | 제4류 위험물 품명별 위험등급

종류	지정수량	위험등급
알코올류	400 L	Ⅱ
특수인화물	50 L	Ⅰ
2석유류 수용성	2,000 L	Ⅲ
3석유류비수용성	2,000 L	Ⅲ

81 제5류 위험물인 유기과산화물에 관한 설명으로 옳지 않은 것은?

① 불티, 불꽃 등의 화기를 엄금한다.
② 직사광선을 피하고 냉암소에 저장한다.
③ 누출 시 과산화수소로 혼합시켜 제거한다.
④ 벤조일퍼옥사이드는 진한 황산과 혼촉 시 분해를 일으켜 폭발한다.

해설 | 제5류 위험물
1) 제5류 위험물 유기과산화물은 누출 시 다량의 물로 냉각소화한다.
2) 산소공급원과 가연성물질을 동시에 함유한 물질로 강산화제, 강산류, 환원제 등 기타 물질 혼입 시 위험성이 높아진다.

82 제6류 위험물에 관한 설명으로 옳지 않은 것은?

① 모두 불연성물질이다.
② 위험물안전관리법령상 모든 품명의 위험등급은 Ⅱ등급이다.
③ 과산화수소 저장용기의 뚜껑은 가스가 배출되는 구조로 한다.
④ 질산이 목탄분, 솜뭉치와 같은 가연물에 스며들면 자연발화의 위험이 있다.

해설 | 제6류 위험물
위험물안전관리법령상 모든 품명의 위험등급은 Ⅰ등급 지정수량 300 kg이다.

83 제1류 위험물에 관한 설명으로 옳지 않은 것은?

① 과망가니즈산칼륨과 다이크로뮴산암모늄의 색상은 각각 등적색과 흑색이다.
② 염소산칼륨은 황산과 반응하여 이산화염소를 발생한다.
③ 아염소산나트륨은 강산화제이며, 가열에 의해 분해하여 산소를 발생한다.
④ 질산암모늄은 급격한 가열, 충격에 의해 분해하여 폭발할 수 있다.

해설 | 제1류 위험물
1) 과망가니즈산칼륨 : 흑자색 주상결정
2) 다이크로뮴산암모늄 : 적색 또는 등적색 (오렌지색)

84 위험물안전관리법령상 제2류 위험물에 관한 설명으로 옳지 않은 것은?

① 황은 순도가 60중량퍼센트 이상인 것을 말하며, 지정수량은 100 kg이다.
② 마그네슘은 직경 2 mm 이상의 막대모양의 것을 말하며 지정수량은 100 kg이다.
③ 인화성고체라 함은 고형알코올 그 밖에 1기압에서 인화점이 섭씨 40도 미만인 고체를 말하며, 지정수량은 1,000 kg이다.
④ 철분이라 함은 철의 분말로서 53마이크로미터의 표준체를 통과하는 것이 50중량퍼센트 이상이어야 하며, 지정수량은 500 kg이다.

해설 | 제2류 위험물
마그네슘 및 물품 중 마그네슘을 함유한 것에 있어서는 다음에 해당하는 것은 제외
1) 2 mm의 체를 통과하지 아니하는 덩어리 상태의 것
2) 직경 2 mm 이상의 막대모양의 것

85 위험물안전관리법령상 제3류 위험물의 품명별 지정수량이 바르게 짝지어진 것은?

① 나트륨, 황린 - 10 kg
② 알킬알루미늄, 알킬리튬 - 20 kg
③ 금속의 수소화물, 금속의 인화물 - 50 kg
④ 칼슘의 탄화물, 알루미늄의 탄화물 - 300 kg

해설 | 제3류 위험물 품명별 지정수량

종류	지정수량	위험등급
나트륨	10 kg	I
황린	20 kg	I
알킬알루미늄	10 kg	I
알킬리튬	10 kg	I
금속의 수소화물	300 kg	III
금속의 인화물	300 kg	III
칼슘의 탄화물	300 kg	III
알루미늄의 탄화물	300 kg	III

86 제6류 위험물인 과염소산에 관한 설명으로 옳지 않은 것은?

① 공기와 접촉 시 황적색인 인화수소가 발생한다.
② 무색·무취의 액체로 물과 접촉하면 발열한다.
③ 무수물은 불안정하여 가열하면 폭발적으로 분해한다.
④ 저장 시에는 가연성물질과의 접촉을 피하여야 한다.

해설 | 과염소산($HClO_4$)
1) 공기와 접촉 시 유독성의 염화수소(HCl)가 발생한다.
2) 강산화제, 환원제, 알코올류, 시안화합물, 알칼리와의 접촉을 금한다.

87 이황화탄소에 관한 설명으로 옳지 않은 것은?

① 인화점이 낮고 휘발이 용이하며 화재 위험성이 크다.
② 공기 중에서 연소하면 유독성의 이산화황을 발생한다.
③ 증기는 공기보다 무겁고 매우 유독하여 흡입 시 신경계통에 장애를 준다.
④ 액체비중이 물보다 작고 물에 녹기 어렵기 때문에 수조탱크에 넣어 보관한다.

해설 | 이황화탄소(CS_2)
1) 순수한 것은 무색투명한 액체이며 시판용은 담황색
2) 4류 위험물 중 착화점 낮고 증기는 유독, 불쾌한 냄새
3) 물에 녹지 않고, 알코올, 에터, 벤젠 등 유기용매에 잘 녹음
4) 가연성 증기 발생 억제 위해 물속에 저장
5) 연소 시 아황산가스를 발생하며, 파란 불꽃을 냄
$CS_2 + 3O_2 \rightarrow CO_2 + 2SO_2$
6) 황, 황린, 생고무, 수지 등을 잘 녹임
7) 액체비중 2.62로 물보다 무거움

88 위험물안전관리법령상 제조소의 특례기준에서 은·수은·동·마그네슘 또는 이들의 합금으로 된 취급설비를 사용해서는 안 되는 위험물은?

① 아세트알데히드 ② 휘발유
③ 톨루엔 ④ 아세톤

해설 | 아세트알데히드 등을 취급하는 제조소 특례
1) 아세트알데히드 등을 취급하는 설비는 은·수은·동·마그네슘 또는 이들을 성분으로 하는 합금으로 만들지 아니할 것
2) 아세트알데히드 등을 취급하는 설비에는 연소성 혼합기체의 생성에 의한 폭발을 방지하기 위한 불활성기체 또는 수증기를 봉입하는 장치를 갖출 것
3) 아세트알데히드 등을 취급하는 탱크(옥외에 있는 탱크 또는 옥내에 있는 탱크로서 그 용량이 지정수량의 5분의 1 미만의 것 제외)에는 냉각장치 또는 저온을 유지하기 위한 보냉장치 및 연소성 혼합기체의 생성에 의한 폭발을 방지하기 위한 불활성기체를 봉입하는 장치를 갖출 것
   - 다만 지하에 있는 탱크가 아세트알데히드 등의 온도를 저온으로 유지할 수 있는 구조인 경우는 냉각장치 및 보냉장치를 갖추지 아니할 수 있다.
4) 3)의 규정에 의한 냉각장치 또는 보냉장치는 둘 이상 설치하여 하나의 냉각장치 또는 보냉장치가 고장난 때에도 일정 온도를 유지할 수 있도록 하고, 다음의 기준에 적합한 비상전원을 갖출 것
   (1) 상용전력원이 고장인 경우에 자동으로 비상전원으로 전환되어 가동되도록 할 것
   (2) 비상전원의 용량은 냉각장치 또는 보냉장치를 유효하게 작동할 수 있는 정도일 것
5) 아세트알데히드 등을 취급하는 탱크를 지하에 매설하는 경우에는 당해 탱크를 탱크전용실에 설치할 것

89 위험물안전관리법령상 제조소에 피뢰침을 설치하여야 하는 경우 취급하는 위험물의 수량은 지정수량의 최소 몇 배 이상이어야 하는가? (단, 제조소에서 취급하는 위험물은 경유이며, 제조소에 피뢰침을 반드시 설치하는 경우에 한한다)

① 5 ② 10
③ 15 ④ 20

해설 | 피뢰설비
지정수량의 10배 이상의 위험물을 취급하는 제조소(제6류 위험물을 취급하는 위험물제조소를 제외)에는 피뢰침을 설치하여야 한다. 다만 제조소의 주위 상황에 따라 안전상 지장이 없는 경우에는 피뢰침을 설치하지 아니할 수 있다.

90 위험물안전관리법령상 연면적 500 m² 이상인 제조소에 반드시 설치하여야 하는 경보설비는?

① 확성장치
② 비상경보설비
③ 비상방송설비
④ 자동화재탐지설비

정답 88 ① 89 ② 90 ④

해설	제조소 및 일반취급소 자동화재탐지설비 설치 대상
제조소 및 일반 취급소	• 연면적 500 m² 이상인 것 • 옥내에서 지정수량의 100배 이상을 취급하는 것(고인화점 위험물만을 100℃ 미만의 온도에서 취급하는 것을 제외) • 일반취급소로 사용되는 부분 외의 부분이 있는 건축물에 설치된 일반취급소(일반취급소와 일반취급소 외의 부분이 내화구조의 바닥 또는 벽으로 개구부 없이 구획된 것을 제외)

91 위험물안전관리법령상 주유취급소의 위치·구조 및 설비의 기준에 관한 조문의 일부이다. ( )에 들어갈 숫자가 바르게 나열된 것은?

> 사무실 등의 창 및 출입구에 유리를 사용하는 경우에는 망입유리 또는 강화유리로 할 것. 이 경우 강화유리의 두께는 창에는 (ㄱ) mm 이상, 출입구에는 (ㄴ) mm 이상으로 하여야 한다.

① ㄱ : 5, ㄴ : 10
② ㄱ : 5, ㄴ : 12
③ ㄱ : 8, ㄴ : 10
④ ㄱ : 8, ㄴ : 12

해설 | 주유취급소의 위치, 구조 및 설비 기준
주유취급소 사무실 등의 창 및 출입구에 유리를 사용하는 경우에는 망입유리 또는 강화유리로 한다. 이 경우 강화유리의 두께는 창에는 8 mm 이상, 출입구에는 12 mm 이상으로 하여야 한다.

92 위험물안전관리법령상 제조소와 수용인원이 300인 이상인 영화상영관과 안전거리 기준으로 옳은 것은? (단, 제6류 위험물을 취급하는 제조소를 제외한다)

① 10 m 이상 ② 20 m 이상
③ 30 m 이상 ④ 50 m 이상

해설 | 학교·병원·극장 그 밖에 다수인을 수용하는 시설 : 30 m 이상
1) 「초·중등교육법」 제2조 및 「고등교육법」 제2조에 정하는 학교
2) 「의료법」 제3조 제2항 제3호에 따른 병원급 의료기관
3) 「공연법」 제2조 제4호에 따른 공연장, 「영화 및 비디오물의 진흥에 관한 법률」 제2조 제10호에 따른 영화상영관 및 그 밖에 이와 유사한 시설로서 3백 명 이상의 인원을 수용할 수 있는 것
4) 「아동복지법」 제3조 제10호에 따른 아동복지시설, 「노인복지법」 제31조 제1호부터 제3호까지에 해당하는 노인복지시설, 「장애인복지법」 제58조 제1항에 따른 장애인복지시설, 「한부모가족지원법」 제19조 제1항에 따른 한부모가족복지시설, 「영유아보육법」 제2조 제3호에 따른 어린이집, 「성매매방지 및 피해자보호 등에 관한 법률」 제5조 제1항에 따른 성매매피해자 등을 위한 지원시설, 「정신보건법」 제3조 제2호에 따른 정신보건시설, 「가정폭력방지 및 피해자보호 등에 관한 법률」 제7조의2 제1항에 따른 보호시설 및 그 밖에 이와 유사한 시설로서 20명 이상의 인원을 수용할 수 있는 것

93 위험물안전관리법령상 제조소에 설치하는 배출설비에 관한 설명으로 옳지 않은 것은?

① 위험물취급설비가 배관이음 등으로만 된 경우에는 전역방식으로 할 수 있다.
② 전역방식 배출설비의 배출능력은 1시간당 바닥면적 1 m²당 15 m³ 이상으로 하여야 한다.
③ 배출구는 지상 2 m 이상으로서 연소의 우려가 없는 장소에 설치하여야 한다.
④ 배풍기·배출덕트·후드 등을 이용하여 강제적으로 배출하는 것으로 하여야 한다.

해설 | 제조소에 설치하는 배출설비
제조소 가연성의 증기 또는 미분이 체류할 우려가 있는 건축물에는 배출설비를 설치하여야 한다.
1) 배출설비는 국소방식으로 하여야 한다. 다만 다음에 해당하는 경우에는 전역방식으로 할 수 있다.
　(1) 위험물취급설비가 배관이음 등으로만 된 경우
　(2) 건축물의 구조·작업장소의 분포 등의 조건에 의하여 전역방식이 유효한 경우
2) 배출설비는 배풍기·배출덕트·후드 등을 이용하여 강제적으로 배출하는 것으로 하여야 한다.
3) 배출능력은 시간당 배출장소 용적의 20배 이상인 것으로 하여야 한다. 다만 전역방식의 경우에는 바닥면적 1 m²당 18 m³ 이상으로 할 수 있다.
4) 배출설비의 급기구 및 배출구는 다음 각 목의 기준에 의하여야 한다.
　(1) 급기구는 높은 곳에 설치하고, 가는 눈의 구리망 등으로 인화방지망을 설치할 것
　(2) 배출구는 지상 2 m 이상으로서 연소의 우려가 없는 장소에 설치하고, 배출덕트가 관통하는 벽부분의 바로 가까이에 화재 시 자동으로 폐쇄되는 방화댐퍼를 설치할 것
5) 배풍기는 강제배기방식으로 하고 옥내덕트의 내압이 대기압 이상이 되지 아니하는 위치에 설치하여야 한다.

94 위험물안전관리법령상 소화설비, 경보설비 및 피난설비의 기준에 관한 조문의 일부이다. ( )에 들어갈 숫자는?

> 제조소등에 전기설비(전기배선, 조명기구 등은 제외한다)가 설치된 경우에는 당해 장소의 면적 100 m²마다 소형수동식 소화기를 ( )개 이상 설치할 것

① 1　　② 2
③ 3　　④ 4

해설 | 전기설비의 소화설비 설치기준
제조소등에 전기설비(전기배선, 조명기구 등은 제외한다)가 설치된 경우에는 당해 장소의 면적 100 m²마다 소형수동식소화기를 1개 이상 설치할 것

정답 93 ② 94 ①

95 옥외탱크저장소의 하나의 방유제 안에 3기의 아세톤 저장탱크가 있다. 위험물안전관리법령상 탱크 주위에 설치하여야 할 방유제용량은 최소 몇 L 이상이어야 하는가? (단, 아세톤 저장탱크의 용량은 각각 10,000 L, 20,000 L, 30,000 L이다)

① 10,000
② 22,000
③ 33,000
④ 60,000

해설 | 옥외탱크저장소의 방유제용량
1) 방유제 안에 설치된 탱크가 1기인 때에는 그 탱크 용량의 110 % 이상, 2기 이상인 때에는 그 탱크 중 용량이 최대인 것의 용량의 110 % 이상으로 한다.
2) 이 경우 방유제의 용량은 당해 방유제의 내용적에서 용량이 최대인 탱크 외의 탱크의 방유제 높이 이하 부분의 용적, 당해 방유제 내에 있는 모든 탱크의 지반면 이상 부분의 기초의 체적, 간막이 둑의 체적 및 당해 방유제 내에 있는 배관 등의 체적을 뺀 것으로 한다.

∴ 방유제 용량 = 30,000 L × 110 %
= 33,000 L

96 위험물안전관리법령상 용량 80 L 수조(소화전용 물통 3개 포함)의 능력단위는?

① 0.5
② 1.0
③ 1.5
④ 2.0

해설 | 소화설비의 능력단위
1) 수동식소화기의 능력단위는 수동식소화기의 형식승인 및 검정기술기준에 의하여 형식승인을 받은 수치로 할 것
2) 기타 소화설비의 능력단위는 다음의 표에 의할 것

소화설비	용량	능력단위
소화전용(轉用) 물통	8 L	0.3
수조(소화전용 물통 3개 포함)	80 L	1.5
수조(소화전용 물통 6개 포함)	190 L	2.5
마른모래(삽 1개 포함)	50 L	0.5
팽창질석 또는 팽창진주암 (삽 1개 포함)	160 L	1.0

97 위험물안전관리법령상 판매취급소의 위치·구조 및 설비의 기준으로 옳지 않은 것은?

① 제1종 판매취급소는 건축물의 1층에 설치할 것
② 제1종 판매취급소의 용도로 사용하는 부분의 창 및 출입구에는 60분+ 방화문, 60분 방화문 또는 30분 방화문을 설치할 것
③ 제2종 판매취급소의 용도로 사용하는 부분은 벽·기둥·바닥 및 보를 내화구조로 할 것
④ 제2종 판매취급소의 용도로 사용하는 부분에 천장이 있는 경우에는 이를 난연재료로 할 것

해설 | 제2종 판매취급소(저장 또는 취급하는 위험물의 수량이 지정수량의 40배 이하)의 위치·구조 및 설비의 기준
1) 벽·기둥·바닥 및 보를 내화구조로 하고, 천장이 있는 경우에는 이를 불연재료로 하며, 판매취급소로 사용되는 부분과 다른 부분과의 격벽은 내화구조로 할 것
2) 상층이 있는 경우에 있어서는 상층의 바닥을 내화구조로 하는 동시에 상층으로의 연소를 방지하기 위한 조치를 강구하고, 상층이 없는 경우에는 지붕을 내화구조로 할 것
3) 연소의 우려가 없는 부분에 한하여 창을 두되, 해당 창에는 60분+ 방화문, 60분 방화문 또는 30분 방화문을 설치할 것
4) 출입구에는 60분+ 방화문, 60분 방화문 또는 30분 방화문을 설치할 것. 다만 해당 부분 중 연소 우려가 있는 벽 또는 창 부분에 설치하는 출입구에는 수시로 열 수 있는 자동폐쇄식의 60분+ 방화문 또는 60분 방화문을 설치하여야 한다.

해설 | 보유공지
1) 제조소의 보유공지

취급하는 위험물의 최대수량	공지너비
지정수량의 10배 이하	3 m 이상
지정수량의 10배 초과	5 m 이상

2) 에틸알코올 지정수량 : 400 L이므로
취급 위험물 최대수량 = $\frac{2,000}{400}$ = 5배
3) ∴ 공지너비는 3 m 이상

98 위험물안전관리법령상 에틸알코올 2,000 L를 취급하는 제조소 건축물 주위에 보유하여야 할 공지의 너비기준으로 옳은 것은?

① 2 m 이상
② 3 m 이상
③ 4 m 이상
④ 5 m 이상

99 위험물안전관리법령상 간이탱크저장소의 위치·구조 및 설비의 기준에 관한 조문의 일부이다. ( )에 들어갈 숫자가 바르게 나열된 것은?

간이저장탱크 두께 (ㄱ) mm 이상 강판으로 흠이 없도록 제작하여야 하며, (ㄴ) kPa의 압력으로 10분간의 수압시험을 실시하여 새거나 변형되지 아니하여야 한다.

① ㄱ : 2.3, ㄴ : 60
② ㄱ : 2.3, ㄴ : 70
③ ㄱ : 3.2, ㄴ : 60
④ ㄱ : 3.2, ㄴ : 70

해설 | 간이탱크저장소의 위치, 구조 및 설비 기준
1) 간이저장탱크는 두께 3.2 mm 이상의 강판으로 흠이 없도록 제작하여야 하며, 70 kPa의 압력으로 10분간의 수압시험을 실시하여 새거나 변형되지 아니하여야 한다.
2) 간이저장탱크의 외면에는 녹을 방지하기 위한 도장을 하여야 한다. 다만 탱크의 재질이 부식 우려가 없는 스테인레스 강판 등인 경우에는 그러하지 아니하다.

정답 98 ② 99 ④

100 위험물안전관리법령상 옥내저장소의 표지 및 게시판의 기준으로 옳지 않은 것은?

① 표지의 바탕은 백색으로 문자는 흑색으로 할 것
② 표지는 한 변의 길이가 0.3 m 이상 다른 한 변의 길이가 0.6 m 이상인 직사각형으로 할 것
③ 인화성고체를 제외한 제2류 위험물에 있어서는 "화기엄금"의 게시판을 설치할 것
④ "물기엄금"을 표시하는 게시판에 있어서는 청색바탕에 백색문자로 할 것

해설 | 표지 및 게시판
1. "위험물 옥내저장소" 표지
   가. 한 변의 길이가 0.3 m 이상, 다른 한 변의 길이가 0.6 m 이상인 직사각형
   나. 표지의 바탕은 백색으로, 문자는 흑색
2. 방화에 관하여 필요한 사항을 게시한 게시판
   가. 한 변의 길이가 0.3 m 이상, 다른 한 변의 길이가 0.6 m 이상인 직사각형
   나. 저장 또는 취급하는 위험물의 유별·품명 및 저장최대수량 또는 취급최대수량, 지정수량의 배수 및 안전관리자의 성명 또는 직명을 기재할 것
   다. 게시판의 바탕은 백색으로, 문자는 흑색으로 할 것
   라. 저장 또는 취급하는 위험물의 주의사항
      1) 제1류 위험물 중 알칼리금속의 과산화물과 이를 함유한 것 또는 제3류 위험물 중 금수성물질에 있어서는 "물기엄금"
      2) 제2류 위험물(인화성고체를 제외한다)에 있어서는 "화기주의"
      3) 제2류 위험물 중 인화성고체, 제3류 위험물 중 자연발화성물질, 제4류 위험물 또는 제5류 위험물에 있어서는 "화기엄금"
   마. 라목의 게시판의 색은 "물기엄금"을 표시하는 것에 있어서는 청색바탕에 백색문자로, "화기주의" 또는 "화기엄금"을 표시하는 것에 있어서는 적색바탕에 백색문자로 할 것

정답 100 ③

16회 제5과목 소방시설의 구조원리

목표 점수 : _____   맞은 개수 : _____

101 도로터널의 화재안전기술기준상 소화기 설치기준으로 옳은 것은?

① 소화기의 총중량은 7 kg 이하로 할 것
② B급 화재 시 소화기의 능력단위는 3단위 이상으로 할 것
③ 소화기는 바닥면으로부터 1.2 m 이하의 높이에 설치할 것
④ 편도 2차선 이상의 양방향 터널에는 한쪽 측벽에 50 m 이내의 간격으로 소화기 2개 이상을 설치할 것

해설 | 도로터널 소화기의 설치기준
1) 소화기의 능력단위는 A급 화재는 3단위 이상, B급 화재는 5단위 이상 및 C급 화재에 적응성이 있는 것으로 할 것
2) 소화기의 총 중량은 사용 및 운반 편리성을 고려하여 7 kg 이하로 할 것
3) 소화기는 주행차로의 우측 측벽에 50 m 이내의 간격으로 2개 이상을 설치하며, 편도 2차선 이상의 양방향 터널과 4차로 이상의 일방향 터널의 경우에는 양쪽 측벽에 각각 50 m 이내의 간격으로 엇갈리게 2개 이상을 설치할 것
4) 바닥면(차로 또는 보행로를 말함)으로부터 1.5 m 이하의 높이에 설치할 것
5) 소화기구함의 상부에 "소화기"라고 조명식 또는 반사식의 표지판을 부착하여 사용자가 쉽게 인지할 수 있도록 할 것

102 가로 40 m, 세로 30 m의 특수가연물 저장소에 스프링클러설비를 하고자 한다. 정방형으로 헤드를 배치할 경우 필요한 헤드의 최소 설치 개수는?

① 130 ② 140
③ 181 ④ 221

해설 | 스프링클러 헤드 설치 개수

[스프링클러 헤드 배치기준]

설치 장소	수평거리(R)
• 무대부 • 특수가연물 저장·취급장소	1.7 m 이하

[헤드 설치 개수]
1) 헤드의 정방향(정사각형) 배치
$S = 2R\cos 45°, \ L = S$

   S : 설치거리 [m]
   R : 수평거리 [m]

2) 특수가연물 저장소이므로 R = 1.7 m
   $S = 2 \times 1.7 \times \cos 45° = 2.404 \ m$

3) 가로설치 헤드 개수
   $= \dfrac{40}{2.404} = 16.6 = 17개$

4) 세로설치 헤드 개수
   $= \dfrac{30}{2.404} = 12.5 = 13개$

5) 총 헤드 개수 = 17 × 13 = 221개

정답 101 ① 102 ④

103 스프링클러설비의 화재안전기술기준상 배관에 관한 기준으로 옳지 않은 것은?

① 배관 내 사용압력이 1.2 MPa 이상일 경우에는 압력배관용 탄소강관(KS D 3562)을 사용한다.
② 배관의 구경 계산 시 수리계산에 따르는 경우 교차배관의 유속은 6 m/s를 초과할 수 없다.
③ 펌프의 성능시험배관은 펌프의 토출측에 설치된 개폐밸브 이전에서 분기하여 설치하여야 한다.
④ 가압송수장치의 체절운전 시 수온의 상승을 방지하기 위하여 체크밸브와 펌프 사이에서 분기한 구경 20 mm 이상의 배관에 체절압력 이하에서 개방되는 릴리프밸브를 설치하여야 한다.

해설 | 스프링클러설비 배관기준
배관의 구경은 수리계산에 의하거나 표 2.5.3.3 기준에 따라 설치한다. 다만 수리계산에 따르는 경우
- 가지배관 유속 6 m/s
- 그 밖의 배관 유속 <u>10 m/s</u>를 초과할 수 없다.

104 바닥면적이 100 m²인 지하주차장에 물분무소화설비를 설치하는 경우 필요한 수원의 최소량은?

① 2,000 L ② 20,000 L
③ 40,000 L ④ 80,000 L

해설 | 물분무소화설비 수원의 양

구분	토출량	비고
• 컨베이어벨트 • 절연유봉입변압기(바닥부분을 제외한 표면적을 합한 면적)	10 L/min·m²	-
• 특수가연물	10 L/min·m²	최소 50 m²
• 케이블트레이 • 케이블덕트	12 L/min·m²	-
• 차고 • 주차장	20 L/min·m²	최소 50 m²

[수원의 양]
$Q = 바닥면적\, m^2 \times 토출량\, L/min·m^2 \times 20\min$
$= 100\, m^2 \times 20\, L/min·m^2 \times 20\min$
$= 40,000\, L$

105 포소화설비의 화재안전기술기준상 자동식기동장치로 자동화재탐지설비의 연기감지기를 사용하는 경우 설치기준으로 옳은 것은?

① 감지기는 보로부터 0.3 m 이상 떨어진 곳에 설치한다.
② 반자부근에 배기구가 있는 경우에는 그 부근에 설치한다.
③ 천장 또는 반자가 낮은 실내에는 출입구의 먼 부분에 설치한다.
④ 좁은 실내에 있어서는 출입구의 먼 부분에 설치한다.

정답 103 ② 104 ③ 105 ②

해설 | 자동화재탐지설비 및 시각경보기 화재안전기술기준
① 감지기는 보로부터 0.6 m 이상 떨어진 곳에 설치한다.
③ 천장 또는 반자가 낮은 실내에는 출입구의 가까운 부분에 설치한다.
④ 좁은 실내에 있어서는 출입구의 가까운 부분에 설치한다.

2) 체적식 방식
(1) 방호공간 : 방호대상물 0.6 m의 둘러싸인 공간

소화약제 저장량
= 저장량 방호공간체적[m³] × Q × 여유율
Q : 방호공간 1m³에 대한 약제량[kg/m³]
$Q = \left(8 - 6\dfrac{a}{A}\right)$

※ 여유율(고압식 1.4 저압식은 1.1)
(2) a : 방호대상물 주위에 벽 면적의 합계 [m²]
(3) A : 방호공간 벽면적(벽이 없으면 가상 벽)[m²]

106 다음 조건에서 이산화탄소소화설비를 설치할 때 필요한 최소 소화약제량은?

- 화재 시 연소면이 한정되고, 가연물이 비산할 우려가 없는 장소
- 방호대상물 표면적 : 20 m²
- 국소방출방식의 고압식

① 260 kg ② 286 kg
③ 364 kg ④ 520 kg

해설 | 국소방출방식의 소화약제저장량
1) 면적식 방식
(1) 윗면이 개방된 용기에 저장하는 경우
(2) 연소면이 한정되고 가연물이 비산할 우려가 없는 경우

소화약제 저장량
= 방호대상물표면적[m²] × 13 kg/m² × 여유율
※ 여유율(고압식 1.4 저압식은 1.1)

소화약제 저장량 계산
= 20 m² × 13 kg/m² × 1.4 = 364 kg

107 분말소화설비의 화재안전기술기준상 전역방출방식일 때 방호구역의 체적 1 m³에 대한 소화약제량으로 옳은 것은?

① 제1종 분말 : 0.60 kg
② 제2종 분말 : 0.24 kg
③ 제3종 분말 : 0.24 kg
④ 제4종 분말 : 0.36 kg

해설 | 분말소화설비의 약제량

구분	소요약제량	개구부가산량 (자동폐쇄장치 미설치 시 적용)
제1종 분말	0.6 kg/m³	4.5 kg/m²
제2·3종 분말	0.36 kg/m³	2.7 kg/m²
제4종 분말	0.24 kg/m³	1.8 kg/m²

108 분말소화설비의 화재안전기술기준상 가압식 분말소화설비 소화약제 저장용기에 설치하는 안전밸브의 작동압력 기준은?

① 최고사용압력의 1.8배 이하
② 최고사용압력의 0.8배 이하
③ 내압시험압력의 1.8배 이하
④ 내압시험압력의 0.8배 이하

해설 | 분말소화설비의 저장용기기준

구분	최대작동압력
가압식	최고사용압력(최고충전압력) × 1.8배
축압식	내압시험압력 × 0.8배 이하

109 자동화재탐지설비의 감지기 설치기준으로 옳은 것은?

① 정온식 감지기는 주방·보일러실 등으로서 다량의 화기를 취급하는 장소에 설치하되, 공칭작동온도가 최고주위온도보다 10 ℃ 이상 높은 것으로 설치할 것
② 감지기(차동식 분포형의 것을 제외한다)는 실내로의 공기유입구로부터 0.8 m 이상 떨어진 위치에 설치할 것
③ 스포트형 감지기는 65° 이상 경사되지 아니하도록 부착할 것
④ 감지기는 천장 또는 반자의 옥내에 면하는 부분에 설치할 것

해설 | 감지기 설치기준
1) 정온식 감지기는 주방·보일러실 등으로서 다량의 화기를 취급하는 장소에 설치하되, 공칭작동온도가 최고주위 온도보다 20 ℃ 이상 높은 것으로 설치
2) 감지기(차동식 분포형 제외)는 실내의 공기유입구로부터 1.5 m 이상 이격하여 설치
3) 스포트형 감지기는 45° 이상 경사되지 않도록 설치

110 승강식 피난기 및 하향식 피난구용 내림식사다리의 설치기준에 관한 설명으로 옳은 것은?

① 대피실 내에는 일반 백열등을 설치할 것
② 사용 시 기울거나 흔들리지 않도록 설치할 것
③ 대피실의 면적은 3 m² (2세대 이상일 경우에는 5 m²) 이상으로 할 것
④ 착지점과 하강구는 상호 수평거리 5 cm 이상의 간격을 둘 것

해설 | 피난기구의 화재안전기술기준
① 대피실 내에는 비상조명등을 설치할 것
③ 대피실의 면적은 2 m² (2세대 이상일 경우에는 3m²) 이상으로 할 것
④ 착지점과 하강구는 상호 수평거리 15 cm 이상의 간격을 둘 것

111 할로겐화합물 및 불활성기체소화설비 설치 시 화재안전기술기준으로 옳지 않은 것은?

① 저장용기는 온도가 65 ℃ 이상이고 온도의 변화가 작은 곳에 설치할 것
② 저장용기를 방호구역 외에 설치한 경우에는 방화문으로 구획된 실에 설치할 것
③ 수동식 기동장치는 해당 방호구역의 출입구 부근 등 조작을 하는 자가 쉽게 피난할 수 있는 장소에 설치할 것
④ 수동식 기동장치는 50 N 이하의 힘을 가하여 기동할 수 있는 구조로 설치할 것

해설 | 할로겐화합물 및 불활성기체소화설비 화재안전기술기준
1) 방호구역 외의 장소에 설치하는데 방호구역 내에 설치할 경우에는 피난 및 조작이 용이하도록 피난구 부근에 설치하여야 한다.
2) 온도가 55 ℃ 이하이고 온도의 변화가 작은 곳에 설치해야 한다.
3) 직사광선 및 빗물이 침투할 우려가 없는 곳에 설치한다.
4) 저장용기를 방호구역 외에 설치한 경우에는 방화문으로 구획된 실에 설치한다.
5) 용기의 설치장소에는 해당 용기가 설치된 곳임을 표시하는 표지를 한다.
6) 용기 간의 간격은 점검에 지장이 없도록 3 cm 이상의 간격을 유지한다.
7) 저장용기와 집합관을 연결하는 연결배관에는 체크밸브를 설치한다(저장용기가 하나의 방호구역만을 담당하는 경우는 제외).

112 누전경보기의 화재안전기술기준상 누전경보기의 설치기준으로 옳은 것은?

① 변류기를 옥외의 전로에 설치하는 경우에는 옥내형으로 설치할 것
② 누전경보기의 전원을 분기할 때에는 다른 차단기에 따라 전원이 차단되도록 할 것
③ 누전경보기 전원의 개폐기에는 누전경보기용임을 표시한 표지를 할 것
④ 누전경보기 전원은 분전반으로부터 전용회로로 하고 각 극에 개폐기 및 25 A 이하의 과전류차단기를 설치할 것

해설 | 누전경보기 화재안전기술기준
1) 변류기를 옥외의 전로에 설치하는 경우에는 옥외형으로 설치한다.
2) 누전차단기의 전원을 분기할 때에는 다른 차단기에 따라 전원이 차단되지 않아야 한다.
3) 전원은 분전반으로부터 전용회로로 하고, 각 극에 개폐기 및 15 A 이하의 과전류 차단기(배선용차단기에 있어서는 20 A 이하의 것으로 각 극을 개폐할 수 있는 것)를 설치할 것

113 비상경보설비 및 단독경보형 감지기의 화재안전기술기준상 용어의 정의로 옳지 않은 것은?

① "비상벨설비"란 화재발생 상황을 경종으로 경보하는 설비를 말한다.
② "자동식 사이렌설비"란 화재발생 상황을 사이렌으로 경보하는 설비를 말한다.
③ "발신기"란 화재발생 신호를 수신기에 자동으로 발신하는 장치를 말한다.
④ "단독경보형 감지기"란 화재발생 상황을 단독으로 감지하여 자체에 내장된 음향장치로 경보하는 감지기를 말한다.

해설 | 발신기
발신기는 화재발생 신호를 수신기에 <u>수동으로 발신하는 장치</u>를 말한다.

114 자동화재속보설비의 화재안전기술기준에 관한 설명으로 옳지 않은 것은?

① 문화재에 설치하는 자동화재속보설비는 속보기에 감지기를 직접 연결하는 방식(자동화재탐지설비 1개의 경계구역에 한함)으로 할 수 있다.
② 조작스위치는 통상 1 m 미만으로 설치하지만 특별한 높이 규정은 없으며 신속한 전달이 중요하다.
③ 자동화재탐지설비와 연동으로 작동하여 자동적으로 화재발생 상황을 소방관서에 전달되는 것으로 하여야 한다.
④ 속보기는 소방관서에 통신망으로 통보하도록 하며, 데이터 또는 코드 전송 방식을 부가적으로 설치할 수 있다.

해설 | 자동화재속보설비의 설치기준
1) 자동화재탐지설비와 연동으로 작동하여 자동적으로 화재신호를 소방관서에 전달되는 것으로 할 것. 이 경우 부가적으로 특정소방대상물의 관계인에게 화재신호를 전달되도록 할 수 있다.
2) 조작스위치는 바닥으로부터 <u>0.8 m 이상 1.5 m 이하</u>의 높이에 설치할 것
3) 속보기는 소방관서에 통신망으로 통보하도록 하며 데이터 또는 코드전송방식을 부가적으로 설치할 수 있다. 다만 데이터 및 코드전송방식의 기준은 소방청장이 정하여 고시한 「자동화재속보설비의 속보기의 성능인증 및 제품검사의 기술기준」 제5조 제12호에 따른다.
4) 문화재에 설치하는 자동화재속보설비는 속보기에 감지기를 직접 연결하는방식(자동화재탐지설비 1개의 경계구역에 한한다)으로 할 수 있다.
5) 속보기는 소방청장이 정하여 고시한 「자동화재속보설비의 속보기의 성능인증 및 제품검사의 기술기준」에 적합한 것으로 설치할 것

정답 113 ③ 114 ②

115 자동화재탐지설비의 수신기 설치기준으로 옳지 않은 것은? (기준 개정으로 문제 수정)

① 수신기는 감지기·중계기 또는 발신기가 작동하는 경계구역을 표시할 수 있는 것으로 할 것
② 해당 특정소방대상물의 경계구역을 각각 표시할 수 있는 회선 수 미만의 수신기를 설치할 것
③ 하나의 경계구역은 하나의 표시등 또는 하나의 문자로 표시되도록 할 것
④ 수신기의 음향기구는 그 음량 및 음색이 다른 기기의 소음 등과 명확히 구별될 수 있는 것으로 할 것

해설 | 수신기 설치기준
② 해당 특정 소방대상물의 경계구역을 각각 표시할 수 있는 <u>회선 수 이상</u>의 수신기를 설치할 것
▶ 수신기의 전화통화 기능 〈삭제 2022.5.9.〉

116 다음 조건의 창고건물에 옥외소화전이 4개 설치되어 있을 때 전동기펌프의 설계 동력은? (단, 주어진 조건 이외의 다른 조건은 고려하지 않고 계산 결과값은 소수점 셋째자리에서 반올림한다)

- 펌프에서 최고위 방수구까지의 높이 : 10 m
- 배관의 마찰손실수두 : 40 m
- 호스의 마찰손실수두 : 5 m
- 펌프의 효율 : 65 %
- 전달계수 : 1.1

① 14.34 kW   ② 15.45 kW
③ 17.75 kW   ④ 30.90 kW

해설 | 전동기의 용량

$$P = \frac{\gamma QH}{\eta} K$$

P : 전동기 동력 [kW]
$\gamma = 9.8$ [kN/m³]
Q : 토출량 [m³/min]
H : 전양정 [m]
K : 전달계수
η : 전효율

1) 옥외소화전설비의 토출량
   $Q = 350 \, L/\min \times N$
   Q : 토출량(유량) [L/min]
   N : 옥외소화전 설치 개수(최대 2개)
   $Q = 350 \, L/\min \times 2$
   $= 700 \, L/\min = 0.7 \, m^3/\min$

2) 옥외소화전설비 전양정(펌프방식)
   $H = h_1 + h_2 + h_3 + 25$
   H : 전양정 [m]
   h_1 : 소방호스의 마찰손실수두 [m]
   h_2 : 배관 및 관부속품의 마찰손실수두 [m]
   h_3 : 실양정(흡입양정+토출양정) [m]

25m : 규정방수압력 환산수두 m
(0.25 MPa → 약 25 m)
$H = 5 + 40 + 10 + 25 = 80m$
3) 전달계수 : 1.1
4) 효율 : 65 % = 0.65

$$\therefore P = \frac{9.8 \times 0.7 \times 80}{0.65 \times 60} \times 1.1$$
$$= 15.4789 ≒ 15.48 \, kW$$

117 광원점등방식의 피난유도선에 관한 설치기준으로 옳은 것을 모두 고른 것은?

ㄱ. 바닥에 설치되는 피난유도 표시부는 노출하는 방식을 사용할 것
ㄴ. 수신기로부터의 화재신호 및 수동조작에 의하여 광원이 점등되도록 설치할 것
ㄷ. 피난유도 표시부는 바닥으로부터 높이 1.5 m 이하의 위치 또는 바닥면에 설치할 것
ㄹ. 피난유도 표시는 50 cm 이내의 간격으로 연속되도록 설치하되 실내장식물 등으로 설치가 곤란할 경우 1 m 이내로 설치할 것

① ㄱ, ㄹ ② ㄱ, ㄷ
③ ㄴ, ㄷ ④ ㄴ, ㄹ

해설 | 광원점등방식 피난유도선 설치기준
1) 바닥에 설치하는 피난유도 표시부는 매립하는 방식으로 사용할 것
2) 피난유도 표시부는 바닥으로부터 높이 1 m 이하의 위치 또는 바닥면에 설치할 것

118 비상조명등의 화재안전기술기준에 따라 지하상가에 휴대용 비상조명등을 설치할 때 옳은 것은?

① 보행거리 50 m마다 3개를 설치하였다.
② 보행거리 50 m마다 1개를 설치하였다.
③ 보행거리 25 m마다 3개를 설치하였다.
④ 바닥으로부터 1.8 m 높이에 설치하였다.

해설 | 휴대용 비상조명등 설치기준
1) 설치장소
  (1) 숙박시설 또는 다중이용업소에는 객실 또는 영업장안의 구획된 실마다 잘 보이는 곳에 1개 이상 설치(외부 설치 시 출입문 손잡이로부터 1 m 이내)
  (2) 대규모점포와 영화상영관에는 보행거리 50 m 이내마다 3개 이상 설치
  (3) 지하상가 및 지하역사에는 보행거리 25 m 이내마다 3개 이상 설치
2) 설치높이 : 바닥으로부터 0.8 m 이상 1.5 m 이하
3) 어둠 속 위치 확인 가능
4) 사용 시 자동으로 점등되는 구조
5) 외함 난연 성능 필요
6) 건전지를 사용할 때는 방전방지조치를 하여야 하고, 충전식 배터리의 경우 상시 충전되도록 할 것
7) 건전지 및 충전식 배터리의 용량 : 20분 이상

정답 117 ④ 118 ③

119 비상콘센트설비의 전원부와 외함 사이의 정격전압이 250 V일 때 절연내력 시험 전압은?

① 1,000 V ② 1,200 V
③ 1,250 V ④ 1,500 V

해설 | 전원부와 외함 사이 절연저항 및 절연내력
1) 절연저항 : 전원부와 외함 사이를 500 V 절연저항계로 측정할 때 20 MΩ 이상
2) 절연내력
 (1) 전원부와 외함 사이 정격전압이 150 V 이하 : 1,000 V의 실효전압
 (2) 정격전압이 150 V 초과인 경우 : (정격전압 [V] × 2) + 1000 V
 (3) 1분 이상 견디는 것으로 할 것
∴ (250 V × 2) + 1000 V = 1,500 V

120 지하구의 화재안전기술기준상 방화벽의 설치기준으로 옳지 않은 것은?

① 내화구조로서 홀로 설 수 있는 구조일 것
② 방화벽의 출입문은 60분+ 방화문 또는 60분 방화문으로 할 것
③ 방화벽을 관통하는 케이블·전선 등에는 내열충전구조로 마감할 것
④ 방화벽은 분기구 및 국사·변전소 등의 건축물과 지하구 연결되는 부위에 설치할 것

해설 | 연소방지설비 방화벽 설치기준
1) 내화구조로서 홀로 설 수 있는 구조일 것
2) 방화벽의 출입문은 60분+ 방화문 또는 60분 방화문으로 설치할 것
3) 방화벽을 관통하는 케이블·전선 등에는 국토교통부 고시(내화구조의 인정 및 관리기준)에 따라 내화채움구조로 마감할 것
4) 방화벽은 분기구 및 국사·변전소 등의 건축물과 지하구 연결되는 부위(건축물로부터 20 m 이내)에 설치할 것

121 연결송수관설비 방수구의 설치기준으로 옳지 않은 것은?

① 아파트의 경우 계단으로부터 5 m 이내에 설치한다.
② 바닥면적이 1,000 m² 미만인 층에 있어서는 계단 부속실로부터 10 m 이내에 설치한다.
③ 방수구는 개폐기능을 가진 것으로 설치하여야 하며 평상시 닫힌 상태를 유지한다.
④ 방수구는 연결송수관설비의 전용방수구 또는 옥내소화전방수구로서 구경 65 mm의 것으로 설치한다.

정답 119 ④ 120 ③ 121 ②

해설 | 연결송수관 방수구
1) 아파트 또는 바닥면적 1,000 m² 미만인 층 계단(계단의 부속실을 포함하며 계단이 2개 이상 있는 경우에는 그중 1개의 계단을 말한다)으로부터 5 m 이내
2) 바닥면적 1,000 m² 이상인 층(아파트 제외) 각 계단(계단의 부속실을 포함하며 계단이 3개 이상 있는 층의 경우에는 그중 2개의 계단을 말한다)으로부터 5 m 이내에 설치

4) 송풍기는 인접장소의 화재로부터 영향을 받지 아니하고 접근 및 점검이 용이한 곳에 설치한다.
5) 송풍기는 옥내의 화재감지기의 동작에 따라 작동하도록 한다.
6) 송풍기와 연결되는 캔버스는 내열성(석면재료를 제외한다)이 있는 것으로 한다.

122 특별피난계단의 계단실 및 부속실 제연설비 화재안전기술기준상 급기송풍기의 설치기준으로 옳지 않은 것은?

① 송풍기의 송풍능력은 송풍기가 담당하는 제연구역에 대한 급기량의 1.5배 이상으로 할 것
② 송풍기에는 풍량조절장치를 설치하여 풍량조절을 할 수 있도록 할 것
③ 송풍기에는 풍량을 실측할 수 있는 유효한 조치를 할 것
④ 송풍기는 옥내의 화재감지기의 동작에 따라 작동하도록 할 것

해설 | 급기송풍기의 설치기준
1) 송풍기의 송풍능력은 송풍기가 담당하는 제연구역에 대한 급기량의 1.15배 이상으로 하는데 풍도에서의 누설을 실측하여 조정하는 경우에는 그러하지 아니한다.
2) 송풍기에는 풍량조절장치를 설치하여 풍량조절을 할 수 있도록 한다.
3) 송풍기에는 풍량을 실측할 수 있는 유효한 조치를 한다.

123 연결살수설비를 설치하여야 할 특정소방대상물 또는 그 부분으로서 연결살수설비 헤드 설치 제외 장소가 아닌 것은?

① 목욕실
② 발전실
③ 병원의 수술실
④ 수영장 관람석

해설 | 연결살수설비 헤드의 설치 제외 장소
1) 상점(바닥면적이 150 m² 이상인 지하층에 설치된 것을 제외한다)으로서 주요 구조부가 내화구조 또는 방화구조로 되어 있고, 바닥면적이 500 m² 미만으로 방화구획되어 있는 특정소방대상물 또는 그 부분
2) 계단실(특별피난계단의 부속실을 포함한다)·경사로·승강기의 승강로·파이프덕트·목욕실·수영장(관람석 부분을 제외한다)·화장실·직접 외기에 개방되어 있는 복도 기타 이와 유사한 장소
3) 통신기기실·전자기기실·기타 이와 유사한 장소
4) 발전실·변전실·변압기·기타 이와 유사한 전기설비가 설치되어 있는 장소
5) 병원의 수술실·응급처치실·기타 이와 유사한 장소

6) 천자와 반자 양쪽이 불연재료로 되어 있는 경우로서 그 사이의 거리 및 구조가 다음 각 목의 어느 하나에 해당하는 부분
   (1) 천장과 반자 사이의 거리가 2 m 미만인 부분
   (2) 천장과 반자 사이의 벽이 불연재료이고 천장과 반자 사이의 거리가 2 m 이상으로서 그 사이에 가연물이 존재하지 아니하는 부분
7) 천장·반자 중 한쪽이 불연재료로 되어 있고 천장과 반자 사이의 거리가 1 m 미만인 부분
8) 천장 및 반자가 불연재료 외의 것으로 되어 있고 천장과 반자 사이의 거리가 0.5 m 미만인 부분
9) 펌프실·물탱크실 그 밖의 이와 비슷한 장소
10) 현관 또는 로비 등으로서 바닥으로부터 높이가 20 m 이상인 장소
11) 냉장창고의 냉장실 또는 냉동창고의 냉동실
12) 고온의 노가 설치된 장소 또는 물과 격렬하게 반응하는 물품의 저장 또는 취급 장소
13) 불연재료로 된 특정소방대상물 또는 그 부분으로서 다음 각 목의 어느 하나에 해당하는 장소
   (1) 정수장·오물처리장 그 밖의 이와 비슷한 장소
   (2) 펄프공장의 작업장·음료수공장의 세정 또는 충전하는 작업장 그 밖의 이와 비슷한 장소
   (3) 불연성의 금속·석재 등의 가공공장으로서 가연성물질을 저장 또는 취급하지 아니하는 장소
14) 실내에 설치된 테니스장·게이트볼장·정구장 또는 이와 비슷한 장소로서 실내 바닥·벽·천장이 불연재료 또는 준불연재료로 구성되어 있고 가연물이 존재하지 않는 장소로서 관람석이 없는 운동시설 부분(지하층은 제외한다)

124 다음 조건의 거실제연설비에서 다익형 송풍기를 사용할 경우 최소 축동력은 얼마인가? (단, 계산 결과값은 소수점 둘째 자리에서 반올림한다)

- 송풍기 전압 : 50 mmAq
- 효율 : 55 %
- 송풍기 풍량 : 39,600 CMH

① 9.8 kW   ② 10.5 kW
③ 11.8 kW   ④ 15.5 kW

해설 | 송풍기의 축동력

$$P = \frac{P_T \cdot Q}{102 \times 60 \eta}$$

$$= \frac{50\,mmAq \times 660\,m^3/min}{102 \times 60 \times 0.55} = 9.8\ kW$$

[풀이]
- P : 송풍기 동력 [kW]
- P_t : 전압 [mmAq, mmH_2O], 50 $mmAq$
- Q : 풍량 [m³/min]

$$= 39,600\ m^3/h \times \frac{1\,h}{60\,min}$$

$$= 660\ m^3/min$$

- η : 전효율[%], 55% = 0.55

정답 124 ①

125 옥내소화전설비의 화재안전기술기준상 수조의 설치기준으로 옳지 않은 것은?

① 수조의 외측에 수위계를 설치할 것
② 동결방지조치를 하거나 동결의 우려가 없는 장소에 설치할 것
③ 수조의 밑 부분에는 청소용 배수밸브 또는 배수관을 설치할 것
④ 수조의 상단이 바닥보다 높은 때에는 수조의 외측에 이동식사다리를 설치할 것

해설 | 옥내소화전 수조
1) 점검에 편리한 곳에 설치할 것
2) 동결방지조치를 하거나 동결의 우려가 없는 장소에 설치할 것
3) 수조의 외측에 수위계를 설치할 것. 다만 구조상 불가피한 경우에는 수조의 맨홀 등을 통하여 수조 안의 물의 양을 쉽게 확인할 수 있도록 하여야 한다.
4) 수조의 상단이 바닥보다 높은 때에는 수조의 외측에 고정식사다리를 설치할 것
5) 수조가 실내에 설치된 때에는 그 실내에 조명설비를 설치할 것
6) 수조의 밑 부분에는 청소용 배수밸브 또는 배수관을 설치할 것
7) 수조의 외측의 보기 쉬운 곳에 "옥내소화전설비용 수조"라고 표시한 표지를 할 것. 이 경우 그 수조를 다른 설비와 겸용하는 때에는 그 겸용되는 설비의 이름을 표시한 표지를 함께 하여야 한다.
8) 옥내소화전펌프의 흡수배관 또는 옥내소화전설비의 수직배관과 수조의 접속부분에는 "옥내소화전설비용 배관"이라고 표시한 표지를 할 것. 다만 수조와 가까운 장소에 옥내소화전펌프가 설치되고 옥내소화전펌프에 표지를 설치한 때에는 그러하지 아니하다.

정답 125 ④

모아바 www.moa-ba.com
모아소방전기학원 www.moate.co.kr

2026 버닝 업 소방시설관리사 1차 과년도 10개년

발행일	2025년 7월 15일 개정판 1쇄
지은이	황모아, 모성은, 표윤석, 윤연호, 이승화
발행인	황모아
발행처	(주)모아교육그룹
주 소	서울특별시 영등포구 영신로 32길 29 세화빌딩 2층
전 화	02-2068-2393(출판, 주문)
등 록	제2015-000006호 (2015.1.16.)
이메일	moagbooks@naver.com
ISBN	979-11-6804-435-7 (13500)

이 책의 가격은 뒤표지에 있습니다.

Copyright ⓒ (주)모아교육그룹 Co., Ltd. All Rights Reserved.

이 책은 저작권법에 의해 보호를 받는 저작물이므로 저자와 출판사의 서면 허락 없이 내용의 전부 또는 일부를 이용하는 것을 금합니다.

시작부터 합격할 때까지 함께하는 모아북스 교재!

소방분야

모아 소방기술사   요해 소방기술사 시리즈   금화도감 소방기술사 시리즈

소방시설관리사 시리즈(버닝 업/그로우 업/엔드 업)

초격차 소방설비기사·산업기사 시리즈   소방기술사 합격비책

뇌박힘 시리즈   뇌풀림 수리계산 핸드북   소방설비 찐 실무

모아북스

   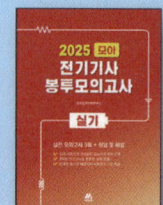

| 모아 전기기사 시리즈 | 모아 전기산업기사 시리즈 | 2025 모아 전기기사 봉투모의고사 |

모아 전기안전기술사 시리즈 　　　　　모아 전기응용기술사

 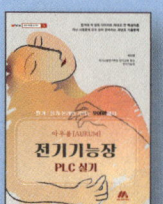 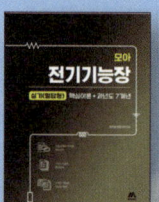  

아우름 전기기능장 시리즈 　　　　　모아 전기기능사 시리즈

모아 발송배전기술사 (기본서/심화서)

모아 위험물기능장·산업기사·기능사 시리즈   모아 가스기능사 시리즈

모아 가스산업기사 시리즈   모아 가스 KGS CODE 뽀개기   모아 공조냉동기계기능사·산업기사 시리즈

 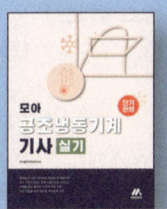   

모아 공조냉동기계기사 시리즈   에너지관리기사·기능사 시리즈

모아 건축설비기사·산업기사 시리즈   모아 화공안전기술사   모아 산업안전기사 시리즈

모아북스

모아북스

"수험생의 불필요한 시간을 아끼는 것"
모아북스가 가장 중요하게 생각하는 가치입니다.

모아북스는 매년 달라지는 법령과 변화하는 출제 경향, 새롭게 제정되는 규정까지 수험생보다 먼저 학습하고, 핵심만을 빠르게 정리합니다. 합격을 위한 가장 빠르고 정확한 수험서를 만들기 위해 한 페이지 한 페이지에 진심을 담아 제작합니다.

▍모아 출판 프로세스

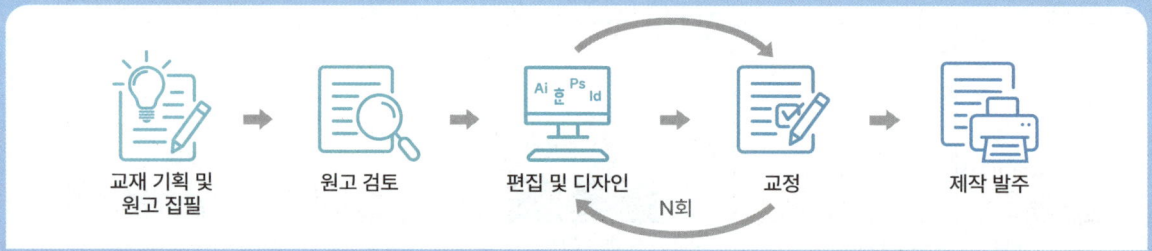

▍모아북스 블로그 소개

수험서를 구매하기 전 책을 훑어보러 서점까지 가기 힘드신가요? 모아북스 블로그에서는 수험생의 소중한 시간을 아껴드리기 위해 책의 구체적인 구성과 강점, 효과적인 학습법까지 직접 보는 것처럼 상세하게 소개해드립니다. 궁금한 교재가 있다면 모아북스 블로그에 '책 제목'을 검색해보세요!

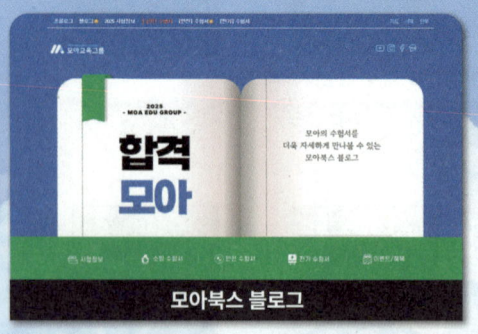
모아북스 블로그

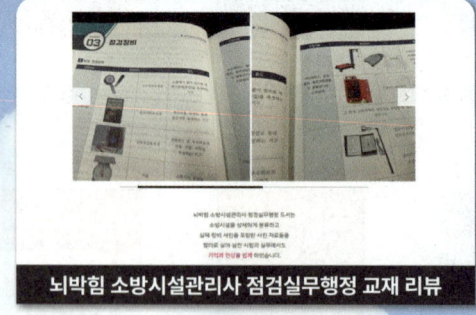
뇌박힘 소방시설관리사 점검실무행정 교재 리뷰

모아북스 블로그

▍고객의 소리

더 나은 교재 제작을 위해 여러분의 소중한 의견을 기다립니다. QR을 통해 남겨주신 피드백 중 우수 글에 선정되신 독자분께는 감사의 마음을 담아 소정의 선물을 드립니다.

고객의 소리